新工科建设·人工智能系列教材

人工神经网络

模型、算法及应用

何春梅　编著

電子工業出版社
Publishing House of Electronics Industry
北京·BEIJING

内 容 简 介

本书较全面地阐述了人工神经网络的理论知识，介绍了多种经典的人工神经网络模型结构、学习算法和实际应用。本书共 11 章，第 1 章介绍人工神经网络的定义、发展、生理学机理、神经元模型、拓扑结构、学习算法等；第 2 章介绍感知机的基本原理、学习算法及应用；第 3 章介绍多层前馈神经网络的基本原理、学习算法及应用；第 4 章介绍不同正则化理论、相应神经网络及应用；第 5 章介绍不同极限学习机模型、支持向量机及应用；第 6 章介绍形态神经网络的模型结构、学习算法、鲁棒性分析及应用；第 7 章介绍自组织映射和核自组织映射的基本原理及应用；第 8 章介绍典型卷积神经网络的模型结构和基本原理，阐述卷积神经网络的变体及应用；第 9 章介绍基本的生成对抗网络、自注意生成对抗网络、进化生成对抗网络、迁移学习和对抗领域自适应等网络模型，阐述生成对抗网络的学习算法、训练技巧及应用；第 10 章介绍长短时记忆网络和递归神经网络的模型、学习算法及应用；第 11 章介绍模糊神经网络，包括模糊集合和模糊逻辑的基本概念和运算，模糊神经网络的模型结构、性能分析、学习算法及应用。

本书可作为计算机科学与技术、软件工程、人工智能、智能科学与技术、生物医学工程等专业本科生和研究生的教材或参考书，也可供相关领域关注人工神经网络理论及应用的工程技术人员和科研人员学习参考。

图书在版编目（CIP）数据

人工神经网络：模型、算法及应用 / 何春梅编著. —北京：电子工业出版社，2022.9

ISBN 978-7-121-43516-4

Ⅰ. ①人… Ⅱ. ①何… Ⅲ. ①人工神经网络－教材 Ⅳ. ①TP183

中国版本图书馆 CIP 数据核字（2022）第 086746 号

责任编辑：戴晨辰　　　　特约编辑：田学清
印　　刷：北京七彩京通数码快印有限公司
装　　订：北京七彩京通数码快印有限公司
出版发行：电子工业出版社
　　　　　北京市海淀区万寿路 173 信箱　　　邮编：100036
开　　本：787×1092　1/16　印张：20.5　字数：551 千字
版　　次：2022 年 9 月第 1 版
印　　次：2024 年 4 月第 3 次印刷
定　　价：69.00 元

凡所购买电子工业出版社图书有缺损问题，请向购买书店调换。若书店售缺，请与本社发行部联系，联系及邮购电话：（010）88254888，88258888。

质量投诉请发邮件至 zlts@phei.com.cn，盗版侵权举报请发邮件至 dbqq@phei.com.cn。

本书咨询联系方式：dcc@phei.com.cn。

前言

人工神经网络的发展经历了高潮和低谷，自2006年深度神经网络提出以来，人工神经网络就受到了学术界和工业界前所未有的关注，同时在各个领域取得了长足的发展和成就。人工神经网络是将人工神经元按照一定拓扑结构进行连接所形成的网络，用以模拟人类进行知识的表示与存储及利用知识进行推理的行为。人工神经网络作为一种人工智能研究的方法，影响着未来科学技术的发展，也深刻改变着人类的生产生活方式。

本书较全面地阐述了人工神经网络的理论知识，介绍了多种经典的人工神经网络模型结构、学习算法和实际应用。全书共11章，第1章介绍人工神经网络的定义、发展、生理学机理、神经元模型、拓扑结构、学习算法等。第2章介绍感知机的基本原理、学习算法及应用。第3章介绍多层前馈神经网络的基本原理、学习算法及应用。第4章介绍不同正则化理论、相应神经网络及应用。第5章介绍不同极限学习机模型、支持向量机及应用。第6章介绍形态神经网络的模型结构、学习算法、鲁棒性分析及应用。第7章介绍自组织映射和核自组织映射的基本原理及应用。第8章介绍典型卷积神经网络的模型结构和基本原理，阐述卷积神经网络的变体及应用。第9章介绍基本的生成对抗网络、自注意生成对抗网络、进化生成对抗网络、迁移学习和对抗领域自适应等网络模型，阐述生成对抗网络的学习算法、训练技巧及应用。第10章介绍长短时记忆网络和递归神经网络的模型、学习算法及应用。第11章介绍模糊神经网络，包括模糊集合和模糊逻辑的基本概念和运算，模糊神经网络的模型结构、性能分析、学习算法及应用。

本书包含配套教学资源，读者可登录华信教育资源网（www.hxedu.com.cn）注册后免费下载。

在这里，要特别感谢我的导师：南京理工大学的叶有培教授、杨静宇教授和长沙理工大学的徐蔚鸿教授，感谢叶老师和杨老师多年以来对我工作和生活的支持和关心，感谢徐老师将我领入神经网络的研究大门。本人指导的学生为完善本书做了大量工作，在此一并表示感谢。

本书的出版得到了“湖南省研究生优质课程：神经网络理论及应用”项目、湖南省学位与研究生教育改革研究一般项目（2019JGYB116）、湖南省高等学校教学改革研究项目（HNJG-2020-0224）的资助，在此一并表示感谢。

鉴于人工神经网络是一门复杂的学科，涉及的知识面广，本书虽凝聚了本人十几年的科研成果，但错误和缺点在所难免，恳请读者指正，并对进一步修改和完善提出宝贵意见。

作　者

前言

目录

第 1 章　绪论

1.1　什么是人工神经网络

神经网络是由大量神经元互连而成的网络。通常来说，神经网络包括生物神经网络和人工神经网络。人工神经网络（Artificial Neural Network，ANN）是将人工神经元按照一定拓扑结构连接所形成的网络，用以模拟人类进行知识的表示与存储及利用知识进行推理的行为。简单地讲，人工神经网络是一个数学模型，可以用电子线路来实现，也可以用计算机程序来模拟，是人工智能研究的一种方法。

在 Simon Haykin 的《神经网络与机器学习》中，**神经网络定义**如下。

神经网络是由简单处理单元构成的大规模并行分布式处理器，天然地具有存储经验知识和使之可用的特性。神经网络在两方面与人类大脑相似。

（1）神经网络是通过学习过程从外界环境中获取知识的。

（2）互连神经元的连接强度，即突触权值，用于存储获取的知识。

人工神经网络模型的灵感来源于人脑。旨在理解人脑的功能，并朝着这一目标努力的认知科学家和神经学家构建了人脑的神经网络模型，并开展了模拟研究。然而在工程上，我们的目标是构建有用的机器，而不是理解人脑的本质。我们对人工神经网络感兴趣，相信它能帮助我们建立更好的计算机系统。

用于完成学习过程的程序称为学习算法，其功能是以有序的方式改变网络的突触权值，以获得想要的设计目标。对突触权值的修改提供了神经网络设计的传统方法，这种方法和现行自适应滤波器理论很接近，而滤波器理论已经很好地建立并成功应用于很多领域。但是，受大脑神经元会死亡及新的突触连接会生长的事实启发，神经网络修改它自身的拓扑结构是可能的。

神经网络的计算能力通过如下两点体现。

（1）神经网络的大规模并行分布式结构。

（2）神经网络的学习能力及由此而来的泛化能力，泛化（Generalization）是指神经网络对未在训练学习过程中遇到的数据可以得到合理的输出。

神经网络具有以下有用的性质和能力。

（1）非线性（Nonlinearity）：人工神经元可以是线性的也可以是非线性的。非线性神经元互连而成的神经网络是非线性的，并且从某种意义上来说非线性是分布于整个网络的。

（2）输入、输出映射（Input-Output Mapping）：从学习的角度来讲，又称为有教师学习或监督学习。它使用带标注的训练样例（Training Sample）或任务样例（Task Sample）对神经网络的突触权值进行修改。每个样例都由一个唯一的输入信号和对应的期望（目标）响应[Desired (Target) Response]组成。在训练集中随机选取一个样例提供给网络，网络就会调整它的突触权值（自由参数），以最小化期望响应和由输入信号以适当的统计准则产生的网络实际响应之间的差别。使用训练集的很多样例重复训练神经网络，直到神经网络达到对突触权值没有显著修正的稳定状态。如此说来，对于当前问题，神经网络是通过建立输入、输出映射从样例中学习的。

（3）自适应性（Self Adaptivity）：神经网络具有调整自身突触权值以适应外界环境变化的固有能力。特别是，一个在特定环境下接受训练的神经网络，在环境条件变化不大的时候可以很容易重新训练。而且，当神经网络在一个不稳定环境中运行时，可以设计神经网络使其突触权值随时间实时变化。用于模式分类、信号处理和控制的神经网络与它的自适应性相耦合，可以变成能进行自适应模式分类、自适应信号处理和自适应控制的有效工具。在系统保持稳定时，一个系统的自适应性越好，它被要求在一个不稳定环境中运行时的性能就越具有鲁棒性。但是，自适应性不一定总能导致鲁棒性。

（4）证据响应（Evidential Response）：在模式分类问题中，神经网络可以设计成不仅提供选择哪个特定模式的信息，还能提供关于决策的置信度信息，后者可以用来拒判那些可能出现的过于模糊的模式，从而进一步改善神经网络的分类性能。

（5）上下文信息（Contextual Information）：神经网络的特定结构和激发状态代表知识。网络中的每个神经元都受网络中其他所有神经元全局活动的潜在影响。因此神经网络能够很自然地处理上下文信息。

（6）容错性（Fault Tolerance）：一个以硬件形式实现的神经网络具有天生的容错性，或者说鲁棒性，在这种意义上，其性能在不利的运行条件下是逐渐下降的。原则上，神经网络从性能上显示了一个缓慢恶化的过程，而不是灾难性的失败。

（7）VLSI 实现（VLSI Implement Ability）：神经网络的大规模并行性使它具有快速处理某些任务的潜在能力。这一能力使得神经网络很适合使用超大规模技术来实现。VLSI 的一个特殊优点是可以提供一个以高度分层的方式来捕捉真实复杂行为的方法。

（8）分析和设计的一致性：神经网络作为信息处理器具有通用性，因为涉及神经网络应用的所有领域都使用同样的记号。这一性质以不同的方式体现。

① 神经元，不管形式如何，在所有的神经网络中都代表一种相同成分。

② 这种共性使得在不同应用中的神经网络共享相同的理论和学习算法成为可能。

③ 模块化网络可以用模块的无缝集成来实现。

（9）神经生物类比：神经网络的设计是由与人脑的类比引发的，人脑是一个容错的并行处理的实例，说明这种处理不仅在物理上是可实现的，而且是快速高效的。神经生物学家将人工神经网络看作一个解释神经生物现象的研究工具。工程师对神经生物学的关注在于将其作为解决复杂问题的新思路。

人工神经网络力求从四个方面模拟人脑的智能行为：物理结构、计算模拟、存储与操作训练。人工神经元是对生物神经元的物理模拟，从结构上包括输入端、输出端和计算单元三部分。人工神经元是通过对生物神经元的高度简单抽象产生的，这种由人工神经元构成的网络不具有人脑那样的能力，但是它可以通过训练实现一些有用的功能。本书将讨论此类人工神经元，以及由此类人工神经元构成的人工神经网络模型和相应的训练方法，本书中将人工神经网络简称神经网络。

1.2 发展历史

本节将简单介绍神经网络的发展历史。神经网络的历史充满传奇色彩，来自不同领域的充满创造力的先驱奋斗了数十年，为我们探索了许多今天看来是理所当然的概念。这段历史在每本神经网络书中都有描述，其中特别有趣的是由 John Anderson 和 Edward Rosenfeld 合著

的 *Neurocomputing: Foundations of Research*《神经计算：研究基础》，该书收集了 43 篇具有历史意义的文章，感兴趣的读者也可以参阅该书。

下面我们简要阐述神经网络的主要发展历史，神经网络崎岖的发展历史可以用三起三落概括。

神经网络的一些基础性工作始于 19 世纪后期和 20 世纪初期。这些工作主要来自物理学、心理学、神经生物学等交叉领域的科学家，如 Hermann Von Helmholtz、Ernst Mach、Ivan Pavlov。这些早期工作致力于学习、视觉、条件反射等方面的理论研究，不包括神经元活动的数学模型。

现代神经网络源于 Warren McCulloch 和 Walter Pitts 在 20 世纪 40 年代的工作。1943 年，美国心理学家 Warren McCulloch 和数理逻辑学家 Walter Pitts 提出了第一个神经网络模型（MP 模型），并给出了神经元的形式化描述及神经网络构建方法，证明了单个神经元能够执行逻辑运算功能，展示了由人工神经元组成的网络在原则上能完成任何算术或逻辑运算，这项工作通常被认为是现代神经网络的起源，从而开启了神经网络的新时代。

在此之后，Donald Hebb 提出了经典的条件反射源于个体神经元的性质，他提出了一套关于生物神经元学习机制的假说。

神经网络的第一个实际应用出现于 20 世纪 50 年代后期。1958 年，神经网络的研究取得了一个突破性进展。美国康奈尔大学的实验心理学家罗森布拉特（Rosenblatt）提出并实现了感知机这一神经网络模型，并展示了这种神经网络的模式识别能力。该模型能够完成一些简单的视觉处理工作，其研究热潮持续了十年。

几乎同时，Bernard Widrow 和 Ted Hoff 提出了一种新的学习算法用于训练自适应网络，这种网络在结构和能力上都类似 Rosenblatt 的感知机。Widrow-Hoff 学习算法直到今天还在使用。

不幸的是，Rosenblatt 和 Widrow 提出的网络都具有同样的内在局限性。这一局限性在 1969 年美国数学家、神经学家明斯基（Minsky）和佩珀特（Papert）出版的《感知机》一书中得以阐述和广泛传播。虽然 Rosenblatt 和 Widrow 当时也认识到了这种局限性，但是他们没能成功地改进感知机学习算法以训练更为复杂的网络。

Minsky 和 Papert 在书中证明感知机不能解决高阶谓词问题，指出感知机不能求解非线性分类问题，许多人认为进一步研究神经网络没有出路，加上当时没有足够计算能力的计算机帮助实验，许多人放弃了对神经网络的研究，导致神经网络的研究陷入十几年的低潮阶段。

虽然神经网络的研究陷入低潮阶段，但是 20 世纪 70 年代仍然有一些重要的研究工作值得提出来。1972 年，Teuvo Kohonen 和 James Anderson 独立发明了具有记忆功能的新型神经网络。Stephen Grossberg 在积极从事自组织神经网络的研究。20 世纪 80 年代，计算设备和研究路线这两个困难均被克服，人们对神经网络的研究兴趣显著增加。

有两个工作对神经网络的重新兴起起着重要作用。第一个是使用统计机制去解释一类回复神经网络的运行，这种网络可以用于联想记忆。这一重要工作是由 Hopfield 提出的，1982 年，美国加州工学院物理学院的 Hopfield 提出了 Hopfield 神经网络模型。第二个是用于训练多层感知机的反向传播算法的提出，1986 年，美国数学心理学家鲁姆哈特（Rumelhart）和麦克莱兰（McClelland）提出了反向传播（Back-Propagation，BP）算法，这个算法是对 20 世纪 60 年代 Minsky 和 Papert 对感知机批评的回答，这使得神经网络的研究再次兴起。

自 20 世纪 80 年代以来，人们发表了很多神经网络论文，开发了无数神经网络应用。

2006 年，深度神经网络得以提出，近年来，随着深度神经网络模型的巨大成功，神经网络的研究和应用得到了长足发展。

神经网络的许多进步都与新的概念息息相关，如新的结构和训练算法。同样重要的是新型计算机的出现，强大的计算能力能够测试新的概念。深度神经网络的巨大成功离不开新型计算机强大的计算能力。

神经网络取得了非常大的进步，但是作为一种数学或工程工具，神经网络不能解决所有问题，它只是在某些适当情况下的重要工具，它没有人脑的精妙，而且我们对人脑是如何工作的还研究得不够，神经网络的未来发展无疑是最为重要的。

1.3 人脑

本书所关注的神经网络与对应的生物神经网络的联系很少。本节我们简单阐述一些人脑的功能特征，其启发了神经网络的发展。

人脑是一种信息处理装置，具有非凡的能力，并在众多领域如视觉、语音识别和学习等超过了当前的工程产品。如果我们能够理解人脑是如何实现这些功能的，那么我们就可以用形式化算法定义这些任务的解并在计算机上实现它们。

人脑和计算机不同。计算机通常只有一个处理器，而人脑包含大量（100 亿个）并行操作的处理单元，称为神经元。这些神经元比计算机的处理器简单且慢很多。令人脑不同寻常且被认为提供了其计算能力的是连通性。人脑的神经元具有连接，称为突触，连接到大约 8000 个其他神经元，所有神经元都是并行操作的。人脑中的处理和存储都在网络上分布，处理由神经元来做，存储在神经元之间的突触中。

1）神经系统框图

人脑，又称为人的神经系统，可分为三阶段，其框图如图 1.1 所示。系统的中央是人脑，由神经网络表示，它持续地接收信息，感知它并做出适当的响应。图中有两组箭头，从左到右的箭头表示携带信息的信号通过系统向前传播，从右到左的箭头表示系统中的反馈。感受器将来自人体或外界的刺激转换成电冲击，对神经网络传送信息。效应器将神经网络产生的电冲击转换为可识别的响应，从而作为系统的输出。

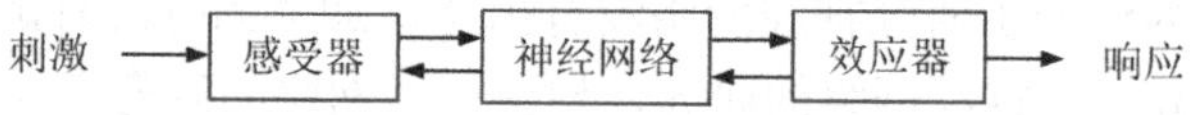

图 1.1　人的神经系统的框图

2）生物神经元结构

神经元是人脑最基本的组织单位和工作单元。据估计，人的大脑皮层大约有 100 亿个神经元和 80 万亿个突触。从组织结构来看，神经元由三个主要部分构成：树突、细胞体和轴突。

树突是由细胞体向外延伸的除轴突以外的分支，用于接收电信号并传给细胞体的神经纤维接收网。

细胞体由细胞核、细胞质和细胞膜等组成，它是神经元的主体，内部是细胞核，外部是细胞膜，细胞膜的外面是许多向外延伸的纤维。细胞体有效地叠加这些传入的信息并用阈值控制电信号的输出。

轴突是一条长的神经纤维，用于向外传递神经网络产生的输出电信号。每个神经元都有一条轴突，作为输出端与其他神经元的树突连接，实现神经元之间的信息传递。每条轴突大约由四部分组成：第一部分是由细胞体发起到开始被髓鞘包裹这一段，通常被称为始段；第二部分是从被髓鞘包裹开始到髓鞘消失这一段，通常被称为主枝；第三部分是髓鞘消失后形成的多条末梢神经纤维，通常被称为轴突末梢；最后一部分是在轴突末梢末端呈纽扣状的膨大体，称为突触。一个神经元的轴突和另一个神经元的树突的连接点称为突触或神经末梢。突触是调节神经元之间相互作用的基本结构和功能单位。

正是因为神经元的结构，以及由复杂化学过程决定的每个突触的连接强度，建立了神经网络的功能。图 1.2 所示为一个生物神经元的结构示意图。图 1.3 所示为生物神经元的信息处理过程。

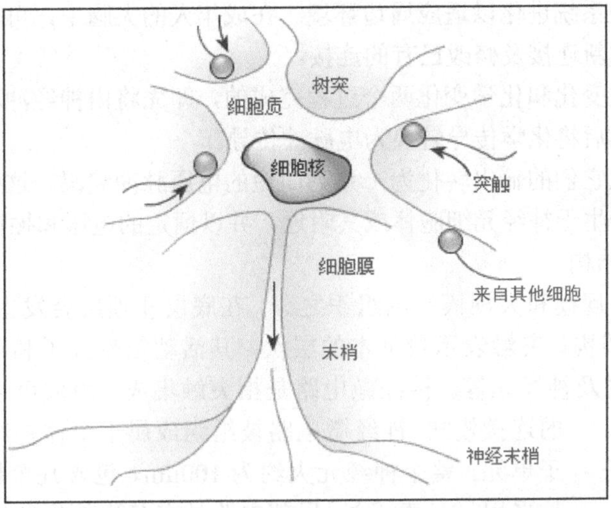

图 1.2　一个生物神经元的结构示意图

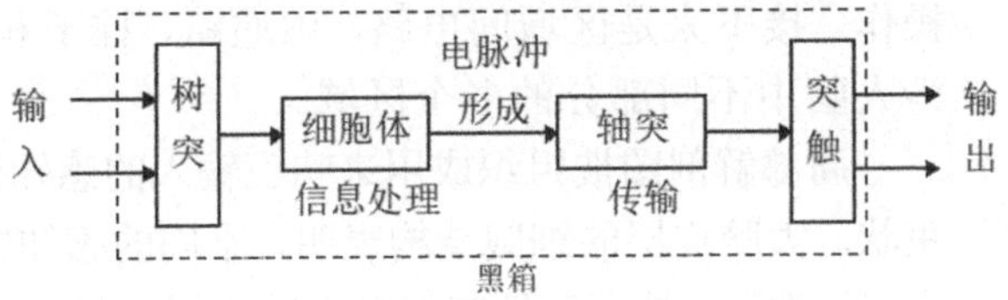

图 1.3　生物神经元的信息处理过程

3）生物神经元的基本功能

根据生物学的研究，生物神经元的主要功能为：神经元的抑制与兴奋；神经元内神经冲动的传导。

抑制与兴奋是生物神经元的两种常规工作状态。抑制状态是神经元没有产生冲动时的工作状态，兴奋状态是神经元产生冲动时的工作状态。通常情况下，在神经元没有受到任何外部刺激时，其膜电位约为-70mV，且膜内为负，膜外为正，神经元处于抑制状态。当神经元受到外部刺激时，其膜电位上升，上升到一定电位时，神经元会产生冲动，进入兴奋状态，该电位称为动作电位。

神经冲动在神经元内的传导过程是一种电传导过程，但其传导速度与电流在导线中的传导速度不一样。电流在导线内按光速运动，而神经冲动沿着神经纤维传导的速度为 3.2～

320km/s，其传导速度与纤维的粗细、髓鞘的有无有一定关系。

4）突触的基本结构和突触传递

突触（Synapse）是调节神经元之间相互作用的基本结构和功能单位。它形成了神经元之间的联系，是构成神经系统最重要的组织基础。突触传递实现了神经元之间的信息交换，是神经系统最重要的工作基础。最普通的一类突触是化学突触，它是这样运行的：前突触过程释放发送器物质，扩散到神经元之间的突触，作用于后突触过程。这样突触就完成了突触前端的电信号向化学信号的转换，突触后端的化学信号向电信号的转换。用电学术语来说，这样的元素称为非互逆的两端口设备。在传统的神经组织描述中，仅假设突触是一个简单的连接，能施加兴奋或抑制，但不同时作用在接受神经元。

可塑性允许神经系统进化以适应周边环境。在成年人的大脑中，可塑性可以解释两个机能：创建神经元间的新连接及修改已有的连接。

突触传递是由电变化和化学变化两个过程完成的，即先将由神经冲动引起的电脉冲传导转化为化学传导，然后将化学传导转换为电脉冲传导。

大多数神经元把它们的输出转化为一系列简短的电压脉冲编码。这些脉冲编码一般称为动作电位或尖峰，产生于神经元细胞体或其附近，并以恒定的电压和振幅穿越个体神经元。

5）人脑的分层结构

在人脑中，有小规模和大规模解剖组织之分，在底层和顶层会发生不同的机能。图 1.4 显示了人脑的分层结构。突触表示最基本的层次，其活动依赖分子和离子。其后的层次有神经微电路、树突树及神经元等。神经微电路是指突触集成，组成可以产生所需功能操作的连接模式。神经微电路被组织成属于个体神经元的树突树的树突子单元。整个神经元大约为 100μm，包含几个树突子单元（度量单位采用 μm 表示）。局部电路处在其次的复杂性水平，由具有相似或不同性质的神经元组成，这些神经元集成完成脑局部区域的特征操作。接下来是区域间电路，由通路、柱子和局部解剖图组成，牵涉人脑中不同部分的多个区域。

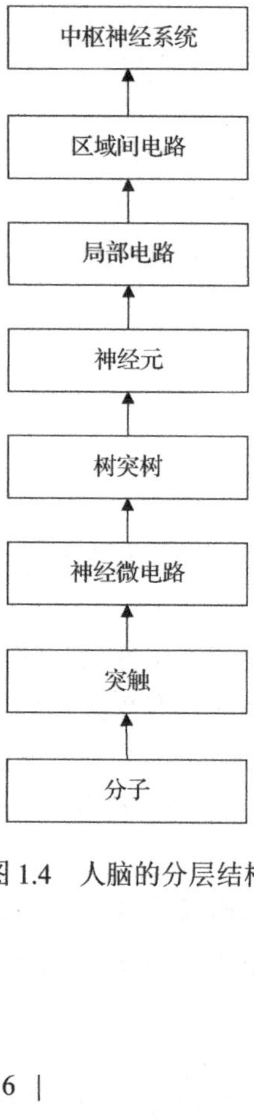

图 1.4　人脑的分层结构

局部解剖图被组织成用来响应输入的感知信息，经常被组织成片束状。大脑皮层的细胞结构表明，不同的感知输入（运动、触觉、视觉、听觉等）被有序地映射到大脑皮层的相应位置。在复杂性的最后一级，局部解剖图和其他区域间电路成为中枢神经系统传递特定行为的媒介。

由上述内容可知，分层结构是人脑的独有特征，在计算机中我们找不到这种结构，在神经网络中也无法近似地重构它们，但是我们在向图 1.4 中描述的分层结构缓慢推进。用以构造神经网络的人工神经元和人脑中的神经元相比的确比较初级，但是我们目前能设计的神经网络和人脑中初级的局部电路和区域间电路相当，而且我们在许多前沿已经有了显著进步。以神经生物类比为灵感的源泉，加上当前理论和技术工具的日新月异，我们对神经网络及其应用的理解一定会越来越深入和宽广。

1.4 Hebb 法则

Hebb 法则认为连接强度的变化与两个相连神经元激活的相关性成比例。如果两个神经元始终同时激活，那么它们之间的连接强度会变大。反之，如果两个神经元从来不同时激活，那么它们之间的连接会消失。这里的思想在于如果两个神经元都会对某件事做出反应，那么它们应该相连。我们看一个例子：假如你有一个能够辨识出你奶奶的神经元，你奶奶每次来看你时都会带给你颗水果糖，那么当辨识奶奶的神经元兴奋时，某些由于你喜爱水果糖的味道而开心的神经元同样会处于兴奋状态。这些神经元同时激活，它们之间就会相连，并且随着时间推移，连接强度会变得越来越大。巴普洛夫（Pavlov）使用这个被称为经典条件反射的思想来训练狗。每次给狗提供食物的同时发出铃声，这样分泌唾液的神经元和听到铃声的神经元就会同时激活，它们之间的连接强度变得很大。随着时间推移，对铃声做出反应的神经元及那些引起反射性分泌唾液的神经元之间的连接强度会变得足够大，以至于听到铃声就会激活分泌唾液的神经元。

这种当神经元同时激活，它们之间形成连接并且变得更强，从而形成神经元集合的思想还有其他名称，如长时程增强效应和神经可塑性，这似乎与实际人脑也有联系。

1.5 神经元模型

神经元是神经网络操作的基本信息处理单位。图 1.5 给出了神经元模型，它是本书其他章节将要讨论的神经网络模型、学习算法及其应用的基础。

在图 1.5 中，x_m 表示神经元的 m 个输入，w_{kj} 是权值，b_k 是外部偏置，y 为输出。人工神经元是一个具有多输入/单输出的非线性器件。我们在这里给出神经元模型的基本元素。

（1）突触或连接链集，每个都有其权值或强度作为特征，第 k 个神经元的突触 j 上的输入 x_j 乘以 k 的权值 w_{kj}，这里 w_{kj} 的第一个下标指的是当前神经元，第二个下标指权值所在的突触的输入端。人工神经元的突触权值有一个范围，可以取正值也可以取负值。

（2）求和节点，用于求输入信号被神经元相应的突触加权的和，这个操作构成一个线性组合器。

（3）激活函数，用于限制神经元输出振幅。由于它将输出信号压制（限制）到允许范围之间的一定值，因此激活函数也称为压制函数。通常一个神经元的输出的正常幅度范围在单位闭区间[0,1]或[−1,+1]上。

（4）外部偏置，其作用在于根据其为正或负，相应地增加或降低激活函数的网络输入。

采用数学术语表示，我们可以用如下两个方程描述神经元：

$$u_k = \sum_{j=1}^{m} w_{kj} x_j \tag{1.1}$$

$$y_k = \phi(u_k + b_k) \tag{1.2}$$

式中，$x_j, j = 1,2,\cdots,m$ 是输入；w_{kj} 是神经元 k 的权值；u_k 是输入的线性组合器的输出；b_k 是外部偏置；$\phi(\cdot)$ 为激活函数；y_k 是神经元的输出。b_k 的作用是对图 1.5 模型中的线性组合器的输出 u_k 做仿射变换 $v_k = u_k + b_k$。

偏置是人工神经元k的外部参数，我们在神经元k上加上一个新的突触，其输入是$x_0=+1$，权值是$w_{k0}=b_k$，因此得到神经元k的新模型，如图1.6所示，采用数学术语表示，我们可以用如下两个方程描述神经元：

$$v_k=\sum_{j=0}^{m}w_{kj}x_j \tag{1.3}$$

$$y_k=\phi(v_k) \tag{1.4}$$

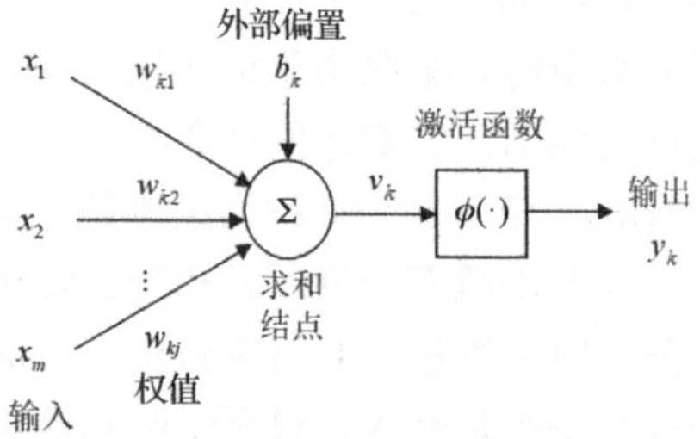

图1.5　神经元模型

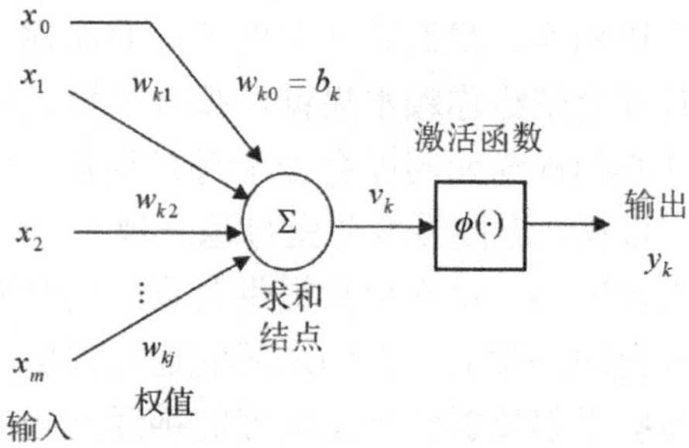

图1.6　神经元的新模型

在图1.6中，偏置的作用为：添加新的固定的输入+1，添加新的等于b_k的突触权值。图1.5和图1.6的模型不同，但是在数学上它们是等价的。

激活函数，记为$\phi(v)$，通过诱导局部域v定义神经元输出。激活函数有如下几种基本类型。

（1）阈值函数。这种模型的神经元没有内部状态，激活函数是一个阶跃函数：

$$\phi(v)=\begin{cases}1, & v\geqslant 0\\ 0, & v<0\end{cases} \tag{1.5}$$

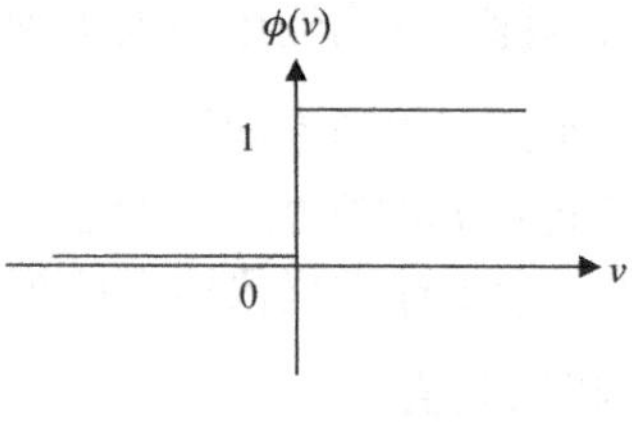

图1.7　阈值函数

在神经计算中，这样的神经元称为McCulloch-Pitts（MP）模型，以纪念McCulloch和Pitts开拓性的工作。在MP模型中，若神经元的诱导局部域非负，则输出为1，否则为0，这描述了MP模型的皆有或皆无特性。阈值函数如图1.7所示。

（2）分段线性型函数。这种模型又称为伪线性，其激活函数是一个分段线性函数：

$$\phi(v)=\begin{cases}1, & v\geqslant \dfrac{1}{k}\\ kv, & 0\leqslant v\leqslant \dfrac{1}{k}\\ 0, & v<0\end{cases} \tag{1.6}$$

式中，k是放大系数。该函数的输入、输出在一定范围内满足线性关系，一直延续到输出最大值为1。到达最大值后，输出就不再增大。分段线性型函数如图1.8所示。

（3）Sigmoid函数。此函数的图形是“S”形的，因此又称为S形函数，其在构造神经网络时是最常用的激活函数。Sigmoid函数是严格的递增函数，是一个连续的神经元模型，在线性和非线性行为之间显现出较好的平衡。这种模型常取指数、对数或双曲正切等Sigmoid函数。Sigmoid函数如图1.9所示。

（4）子阈累积型函数。这是一个非线性函数，当产生的激活值超过T时，该神经元被激活产生反响。在线性范围内，系统的反响是线性的。子阈累积型函数如图1.10所示。

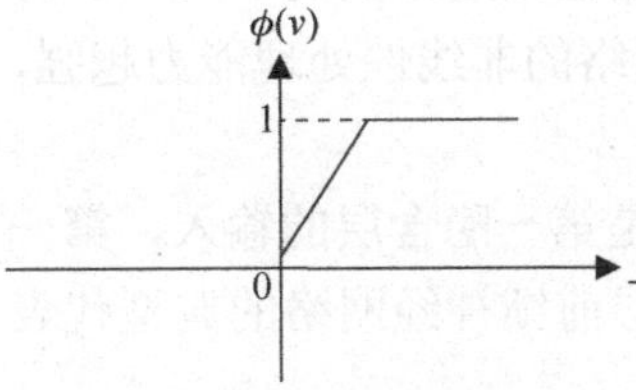

图 1.8　分段线性型函数

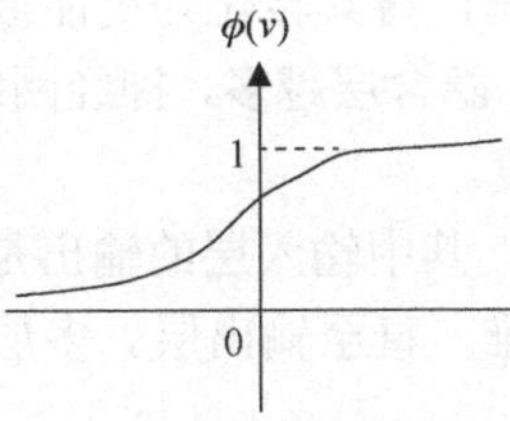

图 1.9　Sigmoid 函数

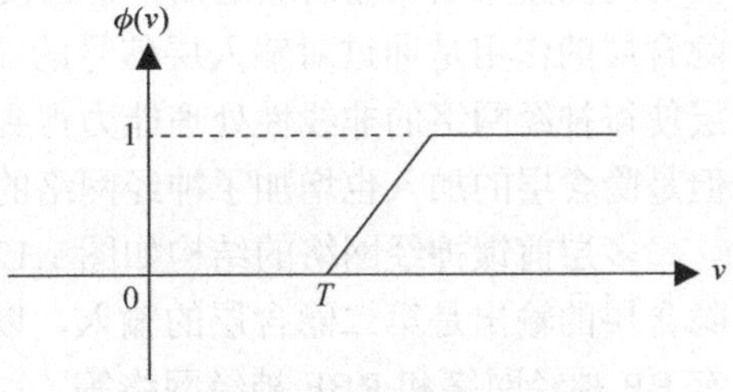

图 1.10　子阈累积型函数

1.6　神经网络的拓扑结构

神经网络里的神经元的构造方式与用于训练网络的学习算法有着紧密联系，因此可以说，用于神经网络设计的学习算法（规则）是被构造的，本节将介绍神经网络的体系结构（又称为拓扑结构或互连结构）。在分层神经网络中，神经元以层的形式组织，通常我们将多个神经元以并行方式运算，这些神经元称为一个“层”。

神经网络的拓扑结构是指单个神经元之间及层与层之间的连接模式，是构造神经网络的基础，也是神经网络诱发偏差的主要来源。从拓扑结构的角度来看，神经网络可分为前馈神经网络和反馈神经网络（又称为递归神经网络）两种。

1）前馈神经网络

前馈神经网络是指只包含前向连接的神经网络。前馈连接是指从上一层所有神经元到下一层所有神经元的连接方式。根据神经网络中拥有计算节点（拥有权值的神经元）的层数，前馈神经网络分为单层前馈神经网络、多层前馈神经网络、输出到输入具有反馈的前馈神经网络和层内互连前馈神经网络等类型。

（1）单层前馈神经网络。

单层前馈神经网络是指只拥有单层计算节点的前馈神经网络，仅含输入层和输出层，且只有输出层的神经元是可计算节点，其结构如图 1.11 所示，其中输入向量 $\boldsymbol{X}=\left(x_1,x_1,\cdots,x_n\right)$，输出向量 $\boldsymbol{Y}=\left(y_1,y_2,\cdots,y_n\right)$，输入层第 i 个神经元和输出层第 j 个神经元之间的权值是 $w_{ij}\left(i=1,2,\cdots,n,\ j=1,2,\cdots,m\right)$，假设第 j 个神经元的阈值为 $b_j\left(j=1,2,\cdots,m\right)$，激活函数为 $\phi(\cdot)$，则各神经元的输出为

$$y_j=\phi\left(\sum_{i=1}^{n}w_{ij}x_i-b_j\right),\ j=1,2,\cdots,m \tag{1.7}$$

其中，由所有的权值 $w_{ij}\left(i=1,2,\cdots,n,\ j=1,2,\cdots,m\right)$ 构成的权值矩阵为

$$\boldsymbol{W}=\begin{bmatrix} w_{11} & w_{12} & \cdots & w_{1m} \\ w_{21} & w_{22} & \cdots & w_{2m} \\ \vdots & \vdots & & \vdots \\ w_{n1} & w_{n2} & \cdots & w_{nm} \end{bmatrix}$$

在实际应用中，该权值矩阵是利用某种学习算法对训练样本进行学习获得的。

（2）多层前馈神经网络。

多层前馈神经网络是指除输入层、输出层以外，还至少包含一个隐含层的前馈神经网络。所谓隐含层是指由那些既不属于输入层又不属于输出层的神经元构成的处理层。由于隐含层

仅与周围输入层、输出层连接，不直接与外部输入层、输出层打交道，因此又被称为中间层。隐含层的作用是通过对输入层信号的加工处理，将其转化为更能被输出层接受的形式。隐含层使得神经网络的非线性处理能力得到提升，隐含层越多，神经网络的非线性处理能力越强，但是隐含层的加入也增加了神经网络的复杂度。

多层前馈神经网络的结构如图 1.12 所示，其中输入层的输出是第一隐含层的输入，第一隐含层的输出是第二隐含层的输入，以此类推，直至输出层。多层前馈神经网络的典型代表有 BP 神经网络和 RBF 神经网络等。

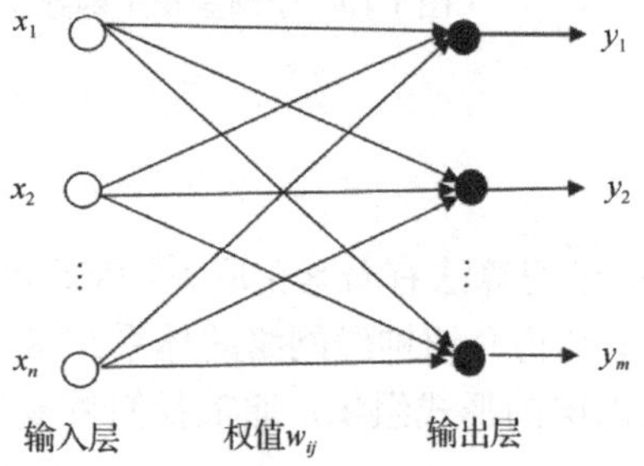

图 1.11　单层前馈神经网络的结构

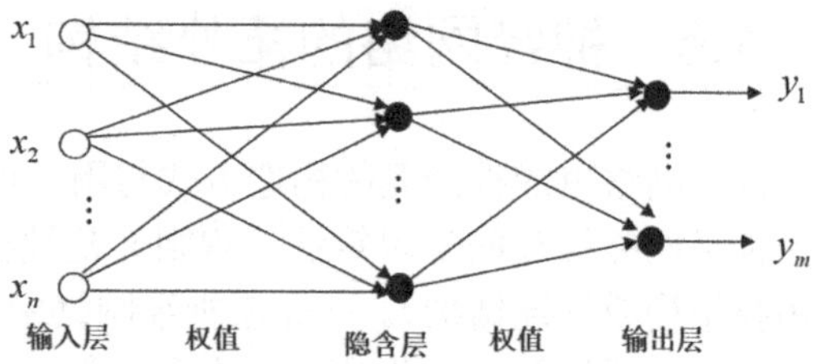

图 1.12　多层前馈神经网络的结构

（3）输出层到输入层具有反馈的前馈神经网络。

图 1.13 所示为输出层到输入层具有反馈的前馈神经网络的结构，其中输出层上存在一个反馈回路，将信号反馈到输入层，而网络本身还是前馈型的。

（4）层内互连前馈神经网络。

图 1.14 所示为层内互连前馈神经网络的结构，外部看是一个前馈神经网络，内部有很多自组织网络在层内互连，从而形成反馈环。

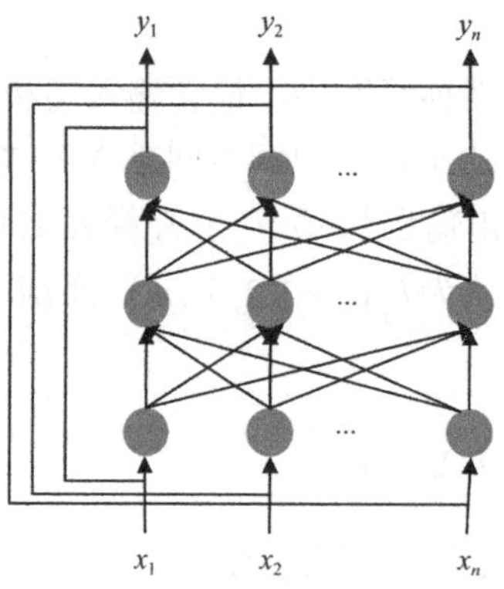

图 1.13　输出层到输入层具有反馈的前馈神经网络的结构

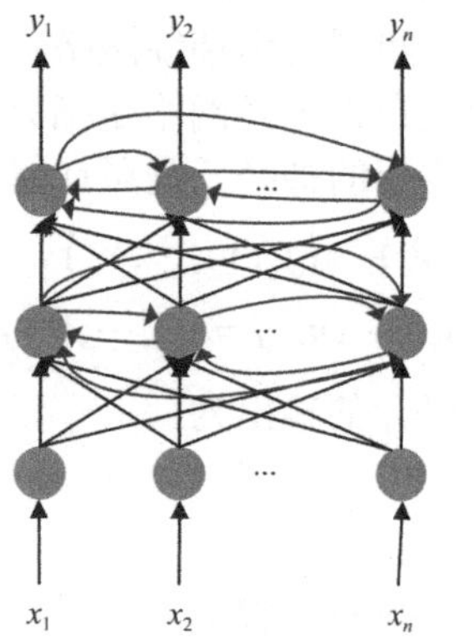

图 1.14　层内互连前馈神经网络的结构

2）反馈神经网络

反馈神经网络是指允许使用反馈连接方式形成的神经网络。反馈神经网络在有些参考书中又叫作递归神经网络或回复神经网络。反馈连接方式是指神经网络的输出可以被反馈至同层或前层神经元重新作为输入。通常把那些引出有反馈连接弧的神经元称为隐神经元，其输出称为内部输出。由于反馈连接方式的存在，一个反馈神经网络中至少含有一条反馈回路，这些反馈回路实际上是一条封闭环路。反馈神经网络又分为如下两种形式。

（1）反馈型全互连网络。

在这种神经网络中，所有计算单元之间都有连接，如 Hopfield 神经网络，图 1.15 所示为离散 Hopfield 神经网络的结构。

（2）反馈型局部连接网络。

在这种神经网络中，每个神经元的输出只与其周围的神经元相连，形成反馈神经网络，图 1.16 所示为反馈型局部连接网络的结构。

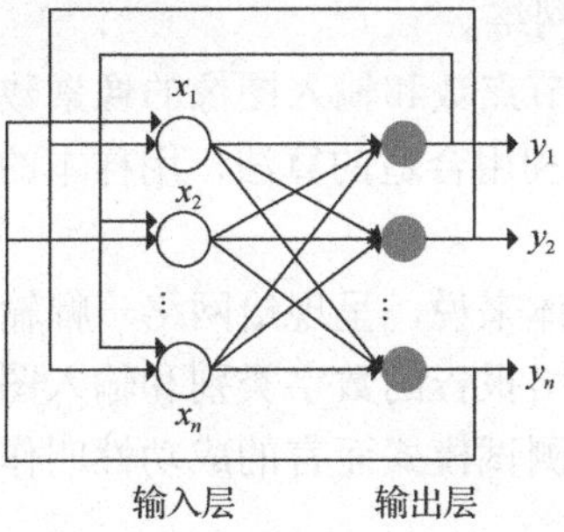

图 1.15 离散 Hopfield 神经网络的结构

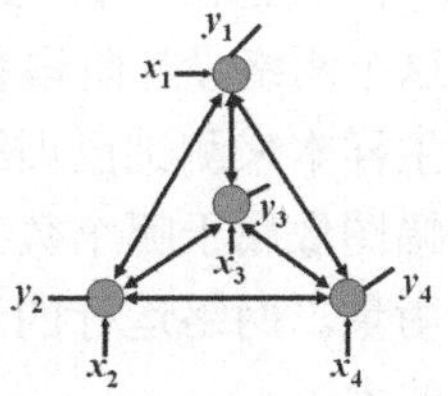

图 1.16 反馈型局部连接网络的结构

无论是哪种反馈神经网络，反馈环的存在都对网络的学习能力和它的性能有深刻的影响，并且由于反馈环涉及使用单位时间延迟元素构成的特殊分支，因此，假设神经网络包含非线性单元时，将导致非线性的动态行为。

1.7 知识表示

首先给出知识的一般性定义：知识就是人或机器存储起来以备使用的信息或模型，用来对外部世界做出解释、预测和适当的反应。

知识表示的主要特征有两个方面：①什么信息是明确表述的；②物理上信息是如何被编码和使用的。按照知识表示的本性，它是目标导向的。在智能机器的现实应用中，可以说好的方案取决于好的知识表示。代表一类特殊智能机器的神经网络也是如此。但是，典型地从输入到内部网络参数的可能表现形式是高度多样性的，这就导致基于神经网络的对满意解的求解成为一个具有挑战性的设计。

神经网络的一个主要任务是学习它所依存的外部世界（环境）模型，并且保持该模型和真实世界足够兼容，使之能够实现感兴趣应用的特定目标。有关世界的知识由两类信息组成。

（1）已知世界的状态，由“什么是”事实和“什么是已知道的”事实表示，这种形式的知识称为先验信息（Prior Information）。

（2）对世界的观察（测量），由神经网络中被设计用于探测环境的传感器获得。一般来说，这些观察是带有固定噪声的，这是由于传感器的噪声和系统的不完善产生的误差。不管怎样，这样得到的观察会提供一个信息池，从中提取样例来训练神经网络。

样例可以是有标号的，也可以是无标号的。对于有标号的样例，每个样例的输入信号都有相应的与之配对的期望响应（目标输出）。无标号的样例包括输入信号自身的不同实现。不管怎样，一组样例，无论有无标号，都代表神经网络通过训练可以学习的环境知识。但是要说明的是，有标号的样例的采集代价较高，因为它们需要“教师”来对每个有标号的样例提供需要的期望响应。与之相反，通常无标号的样例的数目是足够的，因为对于无标号的样例，不需要“教师”。

一组由输入信号和相应的期望响应组成的输入、输出对，称为训练数据集或训练样本。为了说明怎样使用这样的数据集，我们以手写数字识别问题为例。在这个问题中，输入信号是一幅黑白图像，每幅图像代表可以从背景中明显区分出的 10 个数字之一。期望响应就是“确定”网络的输入信号代表哪个数字。通常训练样本是手写数字的大量变形，这代表真实世界的情形。有了这些样本，可以用如下的办法设计神经网络。

（1）为神经网络选择一个合适的结构，输入层的源节点数和输入图像的像素数一样，而输出层包含 10 个神经元（每个数字对应一个神经元）。利用合适的算法，用样本的一个子集来训练网络，这个网络设计阶段称为学习。

（2）用陌生样本来测试已训练网络的识别性能。具体来说，呈现给网络一幅输入图像时并不告诉它这幅图像属于哪个数字。网络的性能就用网络报告的数字类别和输入图像的实际类别的差异来衡量。网络运行的这个阶段叫作测试，对测试模式而言的成功性叫作泛化，这借用了心理学的术语。

这里神经网络的设计与传统信息处理对应部分（模式分类器）的设计有着根本区别。对后一种情况来说，我们通常先设计一个观测环境的数学模型，并利用真实数据来验证这个模型，再以此模型为基础来设计。相反，神经网络的设计直接基于真实数据，“让数据自己说话”。因此神经网络不但提供了其内嵌于环境的隐含模型，也实现了感兴趣的信息处理功能。

用于训练神经网络的例子可以由正例和反例组成。例如，在被动声呐探测问题上，正例是包括感兴趣的目标（如潜艇）的输入训练数据。在被动声呐环境下，测试数据中可能存在的海洋生物经常造成虚警。为了缓解这个问题，可以把反例（如海洋生物的回声）包括在训练集中，从而教会网络不要混淆海洋生物和目标。

在神经网络的独特结构中，周围环境的知识表示是由网络的自由参数（突触权值和偏置）的取值定义的。这种知识表示的形式构成神经网络的设计，因此也是网络性能的关键。

在神经网络中，知识表示是非常复杂的，这里给出有关知识表示的 4 条通用规则。

规则 1 相似类别中的相似输入通常应产生网络中相似的表示，因此可以归入同一类。

测量输入相似性的方法很多，常用的测量方法是利用欧几里得距离的概念，具体来说，令 $\boldsymbol{x}_i$ 定义一个 $m\times 1$ 的向量，即

$$\boldsymbol{x}_i=\left[x_{i1},x_{i2},\cdots,x_{im}\right]^{\mathrm{T}}$$

所有的元素都是实值；上标 T 表示矩阵转置。向量 $\boldsymbol{x}_i$ 就是 m 维欧几里得空间的一个点，记为R^m。两个 $m\times 1$ 的向量 $\boldsymbol{x}_i$ 和 $\boldsymbol{x}_j$ 之间的欧几里得距离定义为

$$d(\boldsymbol{x}_i,\boldsymbol{x}_j)=\left\|\boldsymbol{x}_i-\boldsymbol{x}_j\right\|=\left[\sum_{k=1}^{m}(x_{ik}-x_{jk})^2\right]^{\frac{1}{2}}$$

式中，x_{ik} 和 x_{jk} 分别是向量 $\boldsymbol{x}_i$ 和 $\boldsymbol{x}_j$ 的第 k 个分量。相应地，由向量 $\boldsymbol{x}_i$ 和 $\boldsymbol{x}_j$ 表示的两个输入的相似性就定义为欧几里得距离 $d(\boldsymbol{x}_i,\boldsymbol{x}_j)$。向量 $\boldsymbol{x}_i$ 和 $\boldsymbol{x}_j$ 相距越近，欧几里得距离就越小，相似性就越大。**规则 1** 说明，如果两个向量是相似的，就将它们归入同一类。

另一个测量相似性方法基于点积或内积，它也借用了矩阵代数的概念。给定一对相同维数的向量 $\boldsymbol{x}_i$ 和 $\boldsymbol{x}_j$，它们的内积是 $\boldsymbol{x}_i^{\mathrm{T}}\boldsymbol{x}_j$，定义为向量 $\boldsymbol{x}_i$ 对向量 $\boldsymbol{x}_j$ 的投影，可展开如下

$$\langle \boldsymbol{x}_i, \boldsymbol{x}_j \rangle = \boldsymbol{x}_i^{\mathrm{T}} \boldsymbol{x}_j = \sum_{k=1}^{m} x_{ik} x_{jk}$$

内积 $\langle \boldsymbol{x}_i, \boldsymbol{x}_j \rangle$ 除以范数积 $\|\boldsymbol{x}_i\| \cdot \|\boldsymbol{x}_j\|$，就是两个向量 $\boldsymbol{x}_i$ 和 $\boldsymbol{x}_j$ 的夹角的余弦。

这里定义的两种相似性度量有密切的关系，如图 1.17 所示，该图清晰地展示了欧几里得距离越小，向量 $\boldsymbol{x}_i$ 和 $\boldsymbol{x}_j$ 越相似，内积 $\langle \boldsymbol{x}_i, \boldsymbol{x}_j \rangle$ 越大。

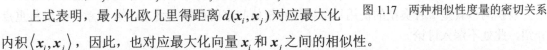

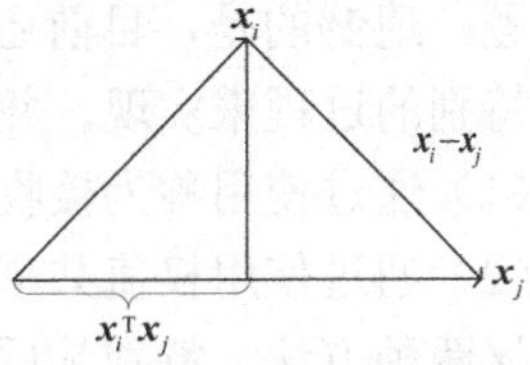

图 1.17 两种相似性度量的密切关系

为了把这种关系置于形式化基础之上，首先将向量 $\boldsymbol{x}_i$ 和 $\boldsymbol{x}_j$ 归一化，即 $\|\boldsymbol{x}_i\| = \|\boldsymbol{x}_j\| = 1$，我们可以将欧几里得距离定义写成

$$d^2(\boldsymbol{x}_i, \boldsymbol{x}_j) = (\boldsymbol{x}_i - \boldsymbol{x}_j)^{\mathrm{T}} (\boldsymbol{x}_i - \boldsymbol{x}_j) = 2 - 2\boldsymbol{x}_i^{\mathrm{T}} \boldsymbol{x}_j$$

上式表明，最小化欧几里得距离 $d(\boldsymbol{x}_i, \boldsymbol{x}_j)$ 对应最大化内积 $\langle \boldsymbol{x}_i, \boldsymbol{x}_j \rangle$，因此，也对应最大化向量 $\boldsymbol{x}_i$ 和 $\boldsymbol{x}_j$ 之间的相似性。

这里的欧几里得距离和内积的定义都是用确定性的术语定义的。如果向量 $\boldsymbol{x}_i$ 和 $\boldsymbol{x}_j$ 是“随机的”，是从不同数据群体或集合中得来的，那么又该如何定义相似性呢？具体来说，假设两个群体的差异仅在于它们的均值向量。令 $\boldsymbol{\mu}_i$ 和 $\boldsymbol{\mu}_j$ 分别表示向量 $\boldsymbol{x}_i$ 和 $\boldsymbol{x}_j$ 的均值，即

$$\boldsymbol{\mu}_i = E[\boldsymbol{x}_i]$$

式中，E 是向量 $\boldsymbol{x}_i$ 的集合体的统计期望算子。用同样的方法定义均值向量 $\boldsymbol{\mu}_j$。为了度量这两个群体的距离，可以用 Mahalanobis 距离来衡量，记为 d_{ij}。从 $\boldsymbol{x}_i$ 到 $\boldsymbol{x}_j$ 的距离的平方值定义为

$$d_{ij}^2(\boldsymbol{x}_i, \boldsymbol{x}_j) = (\boldsymbol{x}_i - \boldsymbol{\mu}_j)^{\mathrm{T}} \boldsymbol{C}^{-1} (\boldsymbol{x}_i - \boldsymbol{\mu}_j)$$

式中，$\boldsymbol{C}^{-1}$ 是协方差矩阵 $\boldsymbol{C}$ 的逆矩阵。假设两个群体的协方差矩阵是一样的，表示如下：

$$\boldsymbol{C} = E\left[(\boldsymbol{x}_i - \boldsymbol{\mu}_i)(\boldsymbol{x}_j - \boldsymbol{\mu}_j)^{\mathrm{T}}\right] = E\left[(\boldsymbol{x}_j - \boldsymbol{\mu}_j)(\boldsymbol{x}_j - \boldsymbol{\mu}_j)^{\mathrm{T}}\right]$$

则对于给定的 $\boldsymbol{C}$，d_{ij} 越小，向量 $\boldsymbol{x}_i$ 和 $\boldsymbol{x}_j$ 越相似。

当 $\boldsymbol{x}_i = \boldsymbol{x}_j$，$\boldsymbol{\mu}_i = \boldsymbol{\mu}_j = \boldsymbol{\mu}$ 且 $\boldsymbol{C}$=$\boldsymbol{I}$（$\boldsymbol{I}$ 为单位矩阵）时，d_{ij} 变为向量 $\boldsymbol{x}_i$ 和均值向量 $\boldsymbol{\mu}$ 之间的欧几里得距离。

无论向量 $\boldsymbol{x}_i$ 和 $\boldsymbol{x}_j$ 是确定的还是随机的，**规则 1** 都讨论了这两个向量之间是如何彼此相关的。相关性不仅在人脑中起着关键作用，对多种信号处理系统来说也是如此。

规则 2 网络对可分离为不同类的输入向量给出了差别很大的表示。

根据**规则 1**，一方面，从一个特定的类中获取的模式之间有一个很小的代数测量值（如欧几里得距离）。另一方面，从不同类中获取的模式之间的代数测量值必须很大。因而，我们说**规则 2** 和**规则 1** 正好相反。

规则 3 如果某个特征很重要，那么网络表示这个向量将涉及大量神经元。

规则 4 如果存在先验信息和不变性，那么应该将其附加在网络设计中，这样就不必因学习这些信息而简化网络设计。

规则 4 很重要，因为坚持这一规则会使网络具有特定结构，这一点是我们所需要的，原因如下。

（1）已知生物视觉和听觉网络是非常特别的。

（2）相对全连接网络，特定网络用于调节的自由参数是较少的，因此特定网络所需的训练数据更少、学习更快、泛化性能更强。

（3）能够加快通过特定网络的信息传输率（网络的吞吐量）。

（4）和全连接网络相比，特定网络的建设成本较低，因为其规模小。

然而，需要说明的是，将先验信息结合神经网络的设计会限制神经网络，使其仅能应用于根据某些感兴趣的知识来解决特定问题。

怎样在神经网络设计中加入先验信息，以此建立一种特定的网络结构，是必须考虑的重要问题。遗憾的是，目前还没有一种有效的规则来实现这一目的。目前，我们更多的是通过某些特别的过程来实现，并已知可以产生一些有用的结果。特别是下面两种方法的结合。

（1）通过使用称为接收域的局部连接，限制网络结构。

（2）通过使用权值共享，限制权值的选择。

这两种方法，特别是后一种，有很好的附带效益，使得网络自由参数的数量显著减少。

卷积网络就是一种典型的使用局部连接和权值共享的前馈网络。在第 8 章中我们将重点介绍，此处不深入讨论。

在神经网络设计中加入先验信息是**规则 4** 的一部分，该规则的剩余部分涉及不变性问题，下面进一步讨论。

考虑以下物理现象。

（1）当感兴趣的目标旋转时，观察者感知到的目标图像通常会产生相应的变化。

（2）在一个提供它周围环境的幅度和相位信息的相干雷达中，由于目标相对雷达射线运动造成的多普勒效应，活动目标的回声在频率上会产生偏移。

（3）人说话的语调会有高低快慢的变化。

为了建立一个对象识别系统、一个雷达目标识别系统和一个语音识别系统来处理这些现象，系统必须应付一定范围内观察信号的变换。相应地，一个模式识别问题的主要任务就是设计对这些变换不变的分类器。也就是说，分类器输出的类别估计不受分类器输入观察信号变换的影响。

至少可以用三种技术使分类器类型的神经网络对变换不变。

（1）结构不变性。适当地组织神经网络的设计，在神经网络设计中建立不变性。具体来说，在建立网络的神经元突触连接时，要求同一输入变换后必须得到同样的输出。例如，考虑利用神经网络对输入图像的分类问题，要求神经网络不受图像关于中心的平面旋转的影响。我们可以在网络中强制加上旋转不变性：让 w_{ij} 表示神经元 j 和输入图像的像素 i 的权值。如果对所有两个到图像中心距离相等的像素 i 和 k 强制 $w_{ij}=w_{jk}$，那么神经网络对平面内的旋转不变。但是为了保护旋转不变性，对从原点出发的相同半径距离上输入图像的每个像素必须复制 w_{ij}。这说明了结构不变性的一个缺点：神经网络即使在处理中等大小的图像时，其连接数目也会变得很大。

（2）训练不变性。神经网络具有天生的模式分类能力。利用这种能力可以直接得到下面的变换不变性：用一些来自同一目标的不同样本来训练网络，这些样本代表目标的不同变换（目标的不同方面）。假设样本足够大且训练后的网络已经学会分辨目标的不同变换，我们可以期望训练后的网络能对已出现目标的不同变换做出正确的泛化。但是从工程的角度来看，训练不变性有两方面不足：第一，即使一个神经网络训练后对已知变换具有不变性，也不一定能保证它对其他类型目标的变换具有不变性。第二，网络的计算要求可能很难达到，特别是在高维特征空间。

（3）不变特征空间。不变特征空间类型系统框图如图 1.18 所示。它依赖这样的前提条件，即能提取表示输入数据本质信息内容的特征，且这些特征对输入的变换保持不变。如果使用这样的特征，那么分类神经网络可以从刻画具有复杂决策边界的目标变换范围的负担中解脱出来。确实，同一目标的不同事例的差异仅在于噪声和偶发事件等不可避免的因素。不变特征空间提供了三个明显的好处：第一，适用于网络的特征数可以降低到理想的水平。第二，网络设计的要求放宽了。第三，所有目标已知变换的不变性都得到了满足。

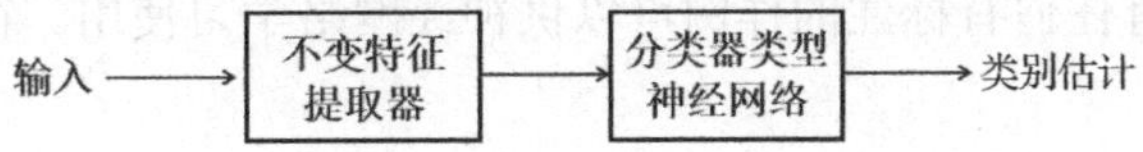

图 1.18 不变特征空间类型系统框图

神经网络中的知识表示和网络结构有着直接关系。遗憾的是，还没有成功的理论可以根据环境来优化网络结构，或者评价修改网络结构对网络内部知识表示的影响。实际上，对这些问题的满意结果要通过经常对感兴趣的具体应用进行彻底的实验研究才能得到，而神经网络的设计者也成为结构学习环的关键部分。

1.8 神经网络的学习算法

神经网络有多种学习算法，通过学习算法，神经网络可以从周围环境中学习。通常来说，可以通过神经网络的功能将神经网络的学习算法分为如下两类：有教师学习（又称为监督学习）和无教师学习。按照同样的标准，无教师学习又分为强化学习和无监督学习。这些神经网络的不同学习算法跟人类学习的形式相似。

1）有教师学习

图 1.19 说明了有教师学习的框图。从概念上讲，我们可以认为教师具有对周围环境的知识，这些知识被表达为一系列输入、输出样本。然而神经网络对环境却一无所知。假设给教师和神经网络提供从同样环境中提取出来的样例（训练向量），教师可以根据自身掌握的一些知识为神经网络提供对训练向量的期望响应。事实上，期望响应一般代表神经网络完成的最优动作。神经网络的参数可以在样例和误差信号的综合影响下进行调整。误差信号可以定义为神经网络的实际响应和期望响应之差。这种调整可以逐步又反复地进行，其最终目的是让神经网络模拟教师，在某种统计的意义下，可以认为这种模拟是最优的。利用这种手段，教师所掌握的关于环境的知识可以通过训练过程最大限度地传授给神经网络。当条件成熟时，可以将教师排除在外，让神经网络完全自主地应对环境。

上述监督学习形式是误差-修正学习的基础。由图 1.19 可知，监督学习系统构成一个闭环反馈系统，但未知的环境不包含在循环中。我们可以采用计算训练样本的均方误差和或平方误差和作为系统性能的测试手段，它可以定义为系统的一个关于突触权值的函数。该函数可以看作一个多维误差-性能曲面，简称误差曲面，其中突触权值作为坐标轴。实际误差曲面是在所有可能的输入、输出样例上的平均。任何一个在教师监督下的系统给定的操作都表示误差曲面上的一个点。该系统要随时间提高性能，就必须向教师学习，操作点必须向误差曲面的最小点逐渐下降，误差极小点可能是局部最小，也可能是全局最小。监督学习系统可以根据系统当前的行为计算误差曲面的梯度，然后利用梯度这一有用信息求得误差极小点。误差曲面上任何一点的梯度都是指向最快速下降方向的向量。实际上，通过样本进行监督学习，系统可以采用梯度向量的“瞬时估计”，这时将样例的索引假定为访问的时间。采取这种方法一般会导致在误差曲面上操作点的运动轨迹经常以“随机行走”的形式出现。然而，如果我们能给定一个设计好的算法来使代价函数最小，而且有足够的输入、输出样本集和充裕的训练时间，那么监督学习系统就能较好地逼近一个未知的输入、输出映射。

2）无教师学习

在监督学习中，学习过程是在教师的监督下进行的。而在无教师学习中，没有教师监督学习过程，也就是没有任何有标注的样例可以供神经网络学习使用。在无教师学习中，有如下两个子类。

（1）强化学习。

在强化学习中，输入、输出映射的学习是通过与环境的不断交互完成的，目的是使一个标量性能指标达到最小。图 1.20 所示为强化学习系统的框图。这种学习系统建立在一个评价的基础上，评价将从周围环境中接收到的原始强化信号转换成一种称为启迪强化信号的高质量强化信号，二者都是标量输入。设计该系统的目的是适应延迟强化情况的学习，意味着系统观察从环境接收的一个时序刺激，最终产生启迪强化信号。

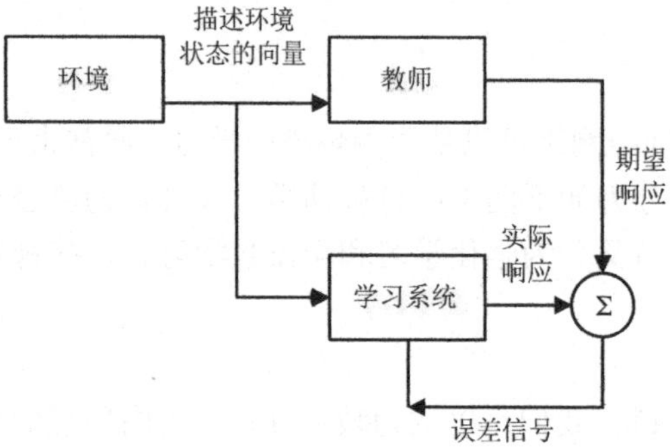

图 1.19　有教师学习的框图

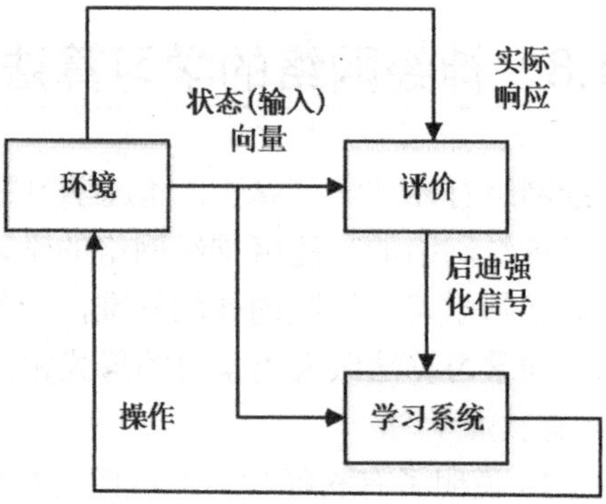

图 1.20　强化学习系统的框图

强化学习的目的是将 Cost-To-Go 函数最小化，Cost-To-Go 函数定义为采取一系列动作的代价累计期望值，而不是简单的直接代价。可以证明：在时间序列上，早期采取的动作事实上是整个系统最好的决定。学习系统的功能是用来发现这些动作并将它们反馈给环境。

基于如下两个原因，延迟强化学习系统很难完成。

① 在学习过程中的每个步骤都没有教师提供一个期望响应。

② 生成原始强化信号的延迟意味着学习机必须解决时间信任赋值问题，即对将导致最终结果的时间序列步中的每个动作，学习机必须各自独立地对信任和责任赋值，而原始强化可能仅评价最终结果。

尽管存在这些困难，但延迟强化学习还是非常有吸引力的，它提供系统与周围环境交互的基础，因此可以在这种仅与环境交互获得经验结果的基础上，发展学习能力来完成指定任务。

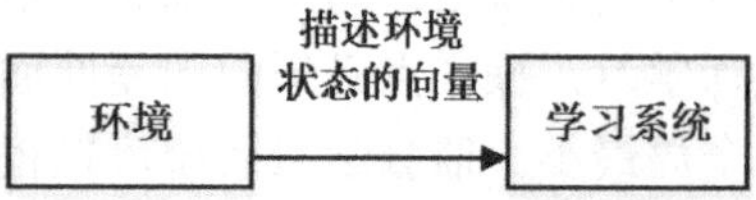

图 1.21　无监督学习的框图

（2）无监督学习。

图 1.21 所示为无监督学习的框图。在无监督或自组织学习系统中，没有外部的教师或评价来监督学习过程。而且必须提供任务独立度量来度量网络的表达质量，让

网络学习该度量，并根据这个度量来最优化网络自由参数。对一个特定的任务独立度量来说，一旦神经网络能够和输入数据的统计规律一致，那么网络将发展其形成输入数据编码特征的内部表示的能力，从而自动创造新的类别。

为了完成无监督学习，我们可以使用竞争性学习规则。例如，可以采用包含两层的神经网络：输入层和竞争层。输入层接收有效数据，竞争层由相互竞争（根据一定的学习规则）的神经元组成，它们力图获得响应包含在输入数据中的特征的“机会”。最简单的形式就是神经网络采用“胜者全得”的策略。在这种策略中，具有最大总输入的神经元赢得竞争而被激活，其他神经元被关掉。

1.9 神经网络的学习任务

前面讨论了一些不同的学习范例，本节将讨论一些基本的学习任务。对特定学习规则的选择与神经网络需要完成的学习任务密切相关，而学习任务的多样性正是神经网络通用性的证明。

1）模式联想

联想记忆是与人脑相似的依靠联想学习的分布式记忆。从亚里士多德时代起，联想就被视为人类记忆的一个显著特征，而且认知的所有模型都以各种形式使用联想作为其基本行为。

联想有两种方式：自联想和异联想。在自联想方式中，神经网络被要求通过不断出示一系列模式（向量）给网络而存储这些模式。其后将某已存模式的部分描述或畸变（噪声）形式出示给网络，网络的任务是检索（回忆）已存储的该模式。异联想与自联想的不同之处在于一个任意的输入模式集合与另一个输出模式集合配对。自联想需要使用无监督学习，而异联想采用监督学习。

假设 $\boldsymbol{x}_k$ 表示在联想记忆中的关键模式，$\boldsymbol{y}_k$ 表示存储模式。网络完成的模式联想为

$$\boldsymbol{x}_k \to \boldsymbol{y}_k,\ k=1,\cdots,q \tag{1.8}$$

式中，q 是存储在网络中的模式数。$\boldsymbol{x}_k$ 作为输入，不仅决定 $\boldsymbol{y}_k$ 的存储位置，而且拥有恢复该模式的键码。

在自联想方式中，$\boldsymbol{y}_k = \boldsymbol{x}_k$，所以输入、输出数据的空间维数相同。在异联想方式中，$\boldsymbol{y}_k \neq \boldsymbol{x}_k$，因此输入、输出数据的空间维数可能相同，也可能不同。

模式联想器输入、输出关系如图 1.22 所示。

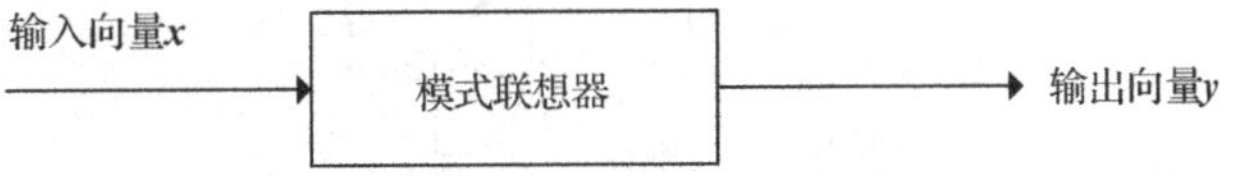

图 1.22　模式联想器输入、输出关系

联想记忆模式的操作一般包括两个阶段。

（1）存储阶段，这阶段根据式（1.8）对网络进行训练。

（2）回忆阶段，网络根据呈现的有噪声的或畸变的关键模式恢复对应的存储模式。

令刺激（输入）$\boldsymbol{x}$ 表示关键模式 $\boldsymbol{x}_j$ 的有噪声或畸变形式。如图 1.22 所示，这个刺激产生响应（输出）$\boldsymbol{y}$。对理想的回忆来说，我们有 $\boldsymbol{y} = \boldsymbol{y}_j$，其中 $\boldsymbol{y}_j$ 为由 $\boldsymbol{x}_j$ 联想的记忆模式。如果对 $\boldsymbol{x} = \boldsymbol{x}_j$ 来说有 $\boldsymbol{y} \neq \boldsymbol{y}_j$，那么表示联想记忆有回忆错误。

联想记忆中存储的模式数 q 提供网络存储能力的一个直接度量。在设计联想记忆时，关

键是使存储能力 q（表示与构建网络的神经元总数 N 的百分比）尽量大，并且保持记忆中的大部分模式能被正确回忆。

2）模式识别

人类是通过学习过程来成功地实现模式识别的，神经网络也是如此。

模式识别被形式地定义为一个过程，由这个过程接收到的模式或信号确定为一些指定类中的一个类。神经网络要实现模式识别首先需要通过训练过程，在此过程中，网络会不断地接受一个模式集合及每个特定模式所属的类；然后把一个以前没有见过但属于用于训练网络的同一模式总体的新模式呈现给神经网络。神经网络能根据从训练数据中提取的信息识别特定模式的类。神经网络的模式识别本质上是基于统计特性的，各个模式可表示成多维决策空间的一些点。决策空间被划分为不同的区域，每个区域都对应一个模式类。决策边界由训练过程决定。我们可以根据各个模式类内部及它们之间的固有可变性统计方式来确定边界。

模式识别是神经网络诞生时就应用的领域之一。最开始的感知器可以用于求解线性分类问题，后来的 BP 神经网络能求解非线性分类问题。神经网络应用于模式识别时，可以将神经网络作为单独的分类器使用，也可以将神经网络作为特征提取器和模式分类器一起使用。一般来说，采用神经网络的模式识别机分为如下两种形式。

（1）如图 1.23（a）的混合系统所示，模式识别机分为两部分：用作特征提取的无监督网络和作为分类的监督网络。这种方法遵循传统的统计特性模式识别方法。用概念术语表示，一个模式是一个 m 维的可观察数据，即 m 维观察空间集中的一个点 $\boldsymbol{x}$。如图 1.23（b）所示，特征提取被描述成一个变换，它将点 $\boldsymbol{x}$ 映射成一个 q 维特征空间对应的中间点 $\boldsymbol{y}$（$q<m$）。这种变换可视为维数缩减（数据压缩），这种做法主要是为了简化分类任务。分类本身可描述为一个变换，它将中间点 $\boldsymbol{y}$ 映射成 r 维决策空间上的一个类，其中 r 是要区分的类别数。

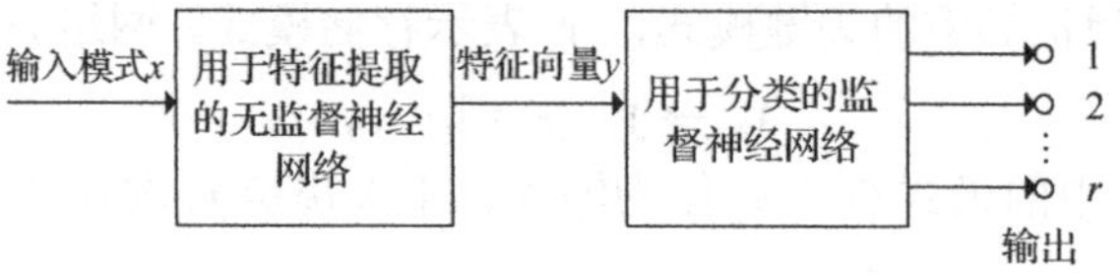

（a）混合系统

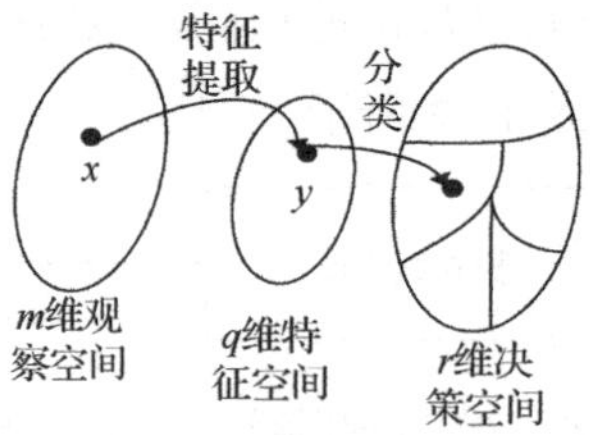

（b）空间映射

图 1.23　模式分类的两种方法

（2）设计一个采用监督学习算法的前馈神经网络，在这种方法中，特征提取由网络的隐含层的计算单元执行。

3）函数逼近

函数逼近是一个令人感兴趣的学习任务。考虑由函数关系 $\boldsymbol{d}=f(\boldsymbol{x})$ 描述的一个非线性输入、输出映射，其中向量 $\boldsymbol{x}$ 是输入，向量 $\boldsymbol{d}$ 是输出。向量值函数 $f(\cdot)$ 假定为未知。为了弥补函数$f(\cdot)$知识的缺乏，我们假定有如下的有标号的样例集合$\Gamma=\{\boldsymbol{x}_i,\boldsymbol{d}_i\}_{i=1}^N$，要求设计一个神经网络用于逼近未知函数$f(\cdot)$，使由网络实际实现的描述输入、输出映射的函数$F(\cdot)$在欧几里得距离的意义下与$f(\cdot)$足够接近，即

$$\|F(\boldsymbol{x})-f(\boldsymbol{x})\|<\varepsilon, \text{ 对于所有的}\boldsymbol{x} \tag{1.9}$$

式中，ε是一个很小的正数。假定Γ的样本数N足够大，神经网络也有适当数目的权值，那么对于特定的任务，逼近误差ε应该是足够小的。

本质上来说，函数逼近问题其实是一个很完整的监督学习，其中$\boldsymbol{x}_i$是输入向量，$\boldsymbol{d}_i$是期望响应。我们也可以将监督学习看作一个逼近问题。神经网络逼近一个未知输入、输出映射的能力可以从两个重要途径加以利用：系统辨识和逆模型。

4）控制

神经网络的一个重要学习任务是对设备进行控制操作。这里的设备是指一个过程或在被控条件下维持运转的系统的一个关键部分。人脑就是一个计算机（信息处理器），作为整个系统的输出是实际的动作，也就是控制。在控制的这种意义下，人脑是一个生动的例子，它证明可以建立一个广义控制器，充分利用并行分布式硬件，能够并行控制多个制动器（如肌肉神经纤维），处理非线性和噪声，并且可以在长期计划水平上进行优化。

图1.24所示为反馈控制系统的框图。该系统涉及利用被控设备的单元反馈，即设备的输出直接反馈给输入。因此设备输出$\boldsymbol{y}$减去从外部信息源提供的参考信号$\boldsymbol{d}$，产生误差信号$\boldsymbol{e}$，并将其应用到控制器，以便调节它的权值。控制器的主要功能是为设备提供相应的输入，从而使设备输出$\boldsymbol{y}$跟踪参考信号$\boldsymbol{d}$。也就是说，控制器不得不对设备的输入、输出行为进行转换。

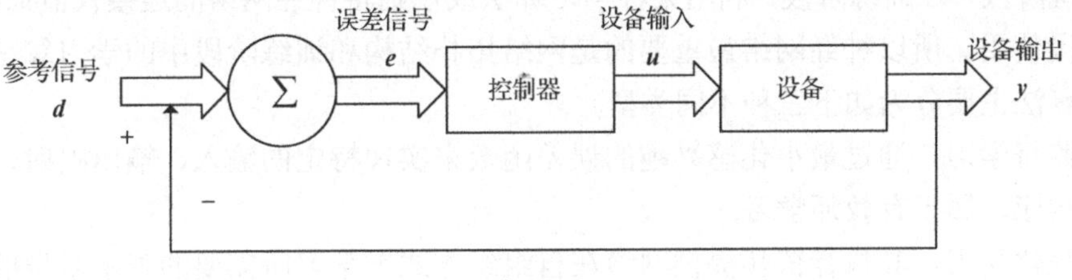

图1.24 反馈控制系统的框图

在图1.24中，误差信号$\boldsymbol{e}$在到达设备之前先通过控制器。结果，根据误差-修正学习算法，为了实现对设备权值的调节，我们必须知道如下Jacobi矩阵

$$\boldsymbol{J}=\left\{\frac{\partial y_k}{\partial u_j}\right\}_{j,k} \tag{1.10}$$

式中，y_k是设备输出$\boldsymbol{y}$的一个元素；u_j是设备输入$\boldsymbol{u}$的一个元素。令人遗憾的是，偏导数$\partial y_k/\partial u_j$对于不同的$k, j$依赖设备的运行点，因而是未知的。可以采用如下两种方法来近似计算该偏导数。

（1）间接学习。利用设备的实际输入、输出测量值，首先构造神经网络模型，产生一个它的复制品。然后利用这个复制品提供矩阵$\boldsymbol{J}$的一个估计值。随后把构成矩阵$\boldsymbol{J}$的偏导数用于误差-修正学习算法，以便计算对控制器的突触权值的调节。

（2）直接学习。偏导数的符号通常是已知的，且在设备的动态区域内一般是不变的。这表明我们可以通过各自的符号来逼近这些偏导数。它们的绝对值由控制器突触权值的一种分布式表示给出。因此神经控制能够直接从设备中学习如何调节它的突触权值。

5）波束形成

波束形成是用来区分目标信号和背景噪声之间的空间性质的。用于实现波束形成的设备称为波束形成器。波束形成适合应用于如蝙蝠回声定位听觉定位系统的特征映射这样的任务。蝙蝠的回声定位根据发送短时频率调制声呐信号来了解周围环境，然后利用它的听觉系统集中注意于它的猎物（如飞行的昆虫）。蝙蝠的耳朵提供波束形成能力，听觉系统利用它产生注意选择性。

波束形成通常用于雷达和声呐系统，它们的基本任务是在接收器噪声和干扰信号出现的情况下探测和跟踪感兴趣的目标。

此处仅简单介绍波束形成的基本概念，更多信息请参考相关资料。

1.10 小结

本章介绍了神经网络的基本知识，给出了神经网络的概念，介绍了神经网络的生物学机理，探讨了人工神经元模型，重点阐述了神经网络的不同结构：前馈神经网络和反馈型神经网络，重点介绍了神经网络学习算法，最后总结了神经网络多种不同的学习任务。

神经网络是以生物神经网络为基础，模拟人脑的结构和功能建立的一种数学模型。神经网络首先需要构建其网络结构，其生命周期大体上可以分为训练阶段和测试阶段，其中更重要的是训练阶段。在训练阶段，利用某种学习算法或规则将神经网络的连接权值训练调整好，供测试阶段使用。所以神经网络最重要的是网络拓扑结构和训练阶段中的学习算法。神经网络的学习算法主要分为如下三种不同类型。

（1）监督学习，通过最小化感兴趣的误差函数来实现特定的输入、输出映射，其中需要提供期望响应，属于有教师学习。

（2）强化学习，其执行依赖提供网络在自组织方式下学习所需要的表示质量的任务独立度量。

（3）无监督学习，学习系统通过持续地与环境的交互来最小化一个标量性能指标，从而实现输入、输出映射。

监督学习依赖有标号的样例的训练样本，每个样例都由一个输入信号和对应的期望响应构成。但是在实际中，人工收集有标号的样例费时而昂贵，而且很多实际领域无法收集到大量标号。因此很多时候有标号的样例是短缺的。此外，无监督学习仅依赖无标号的样例，样例仅由输入信号或刺激构成，因而通常无标号的样例的供应很充分。在这种形势下，半监督学习研究引起了业界的高度关注。半监督学习的训练数据包括有标号和无标号的样例。半监督学习的最大挑战在于当处理大规模模式分类问题时如何设计学习系统，使其运行过程实际可行。

强化学习介于监督学习和无监督学习之间。它通过学习系统和环境之间的持续交互而工作。学习系统提供行动并从环境对该行动的反应中学习。

参考文献

[1] SIMON H. 神经网络与机器学习[M]. 申富饶，徐烨，郑俊，等译. 北京：机械工业出版社，2011.

[2] MARTIN T H，HOWARD B D，MARK H B. 神经网络设计[M]. 章毅，译. 北京：机械工业出版社，2017.

[3] 王万森. 人工智能原理及其应用[M]. 北京：电子工业出版社，2018.

[4] 埃塞姆·阿培丁. 机器学习导论[M]. 范明，译. 北京：机械工业出版社，2016.

第 2 章　感知机

2.1　引言

前馈神经网络的早期形式为单层感知机（Perceptron），它是 Frank Rosenblatt 在 1957 年提出的一种神经网络模型，这类神经网络中的神经元和 McCulloch、Pitts[1]曾经提出的人工神经元模型极为相似。Rosenblatt[2]的主要贡献在于：他们引入了一种学习规则，用来训练感知机网络去解决模式识别问题。Rosenblatt 证明：只要最优权值存在，他所提出的学习规则就一定会使神经网络收敛到该权值上。这一学习规则的提出，使得一个随机初始化参数的感知机网络可以根据输出值与实际值的偏差自动调整网络参数，直至收敛。

然而，单层感知机由于其自身的局限性，在复杂问题的应用上受到限制。直到 20 世纪 80 年代，研究者在单层感知机的基础上提出了多层感知机（Multi-Layer Perceptron，MLP），有效地克服了单层感知机的缺陷。

近年来，深度学习在模式识别等领域获得了巨大成就，使得感知机又重新得到了关注，虽然感知机具有一定的局限性，但其仍旧是深度学习的基础，所以理解感知机的原理，对学习其他深度学习算法有很大帮助。

那么神经网络是如何利用节点来模拟人脑中的神经网络，并且达到一个惊人的良好效果的呢？1949 年，心理学家 Hebb 提出了 Hebb 学习，认为人脑神经细胞的突触上的强度是可以变化的，于是计算科学家们开始考虑用调整权值的方法来让机器学习，这为后面的学习算法奠定了基础。

2.2　实例引入

某零配件生产商有一个仓库，里面存储了各式各样的零配件。每天生产出来的零配件都会放进仓库进行存储，但是生产出来的零配件中含有少量不合格产品，所以仓库管理员希望拥有一台能够将已生产的零配件按照产品质量进行分类的机器。生产出来的零配件通过一条传输带进行运输，载有零配件的传输带会通过一组传感器。这组传感器可以检测零配件的三种特征：重量、硬度、形状。但其功能设计有些简陋：当零配件的重量值在某个设定的区间时，重量传感器输出 1，否则输出 0；当零配件的硬度值在某个设定的区间时，硬度传感器输出 1，否则输出 0；当零配件的形状为某形状时，形状传感器输出 1，否则输出 0。

这三个传感器的输出将作为一个神经网络的输入。这个神经网络的目的是判断传输带上送来的零配件是否是不合格产品，然后根据判断把合格的零配件送往仓库，把不合格产品返回工厂继续加工改造。

当每个零配件通过传感器时，都会被表示成一个三维向量 $\boldsymbol{p}$。这个向量的第 1 个元素代表重量，第 2 个元素代表硬度，第 3 个元素代表形状：$\boldsymbol{p}=\left[\text{重量，硬度，形状}\right]$。

所以，一个合格的零配件产品可以表示成 $\boldsymbol{p}=[1,1,1]$，一个不合格的零配件产品可以表示

成 $\boldsymbol{p}=[-1,-1,-1]$。对于传输带上的每个零配件，神经网络都会收到与之对应的三维向量，并输出其对应类别。

上面这个例子定义了一个简单的分类问题，那么如何利用神经网络来解决实际中类似这样的问题呢？接下来，本章将通过介绍几种常见前馈神经网络的原理和功能，以及在解决分类问题上的运行方式，来理解神经网络的作用。

2.3 Rosenblatt 感知机

2.3.1 感知机的结构

Rosenblatt 感知机建立在一个非线性神经元上，即神经元的 McCulloch-Pitts 模型，其网络结构如图 2.1 所示，该感知机具有 n 个输入神经元和一个输出神经元，可以将输入的 n 维向量分为两类。在图 2.1 中，感知机的权值记为 $w_1,w_2,\cdots,w_n$，偏置记为 b。

一个感知机有如下组成部分。

输入权值：一个感知机可以接收多个输入 $x_1,x_2,\cdots,x_n$，每个输入上都有一个权值 w，此外还有一个偏置 b。

激活函数：感知机的激活函数有多种选择，如第 1 章介绍的阈值函数、分段线性型函数、Sigmoid 函数、子阈累积型函数等。

输出：感知机的计算为

$$y=f\left(\sum_{i=1}^{n}w_i x_i+b\right) \tag{2.1}$$

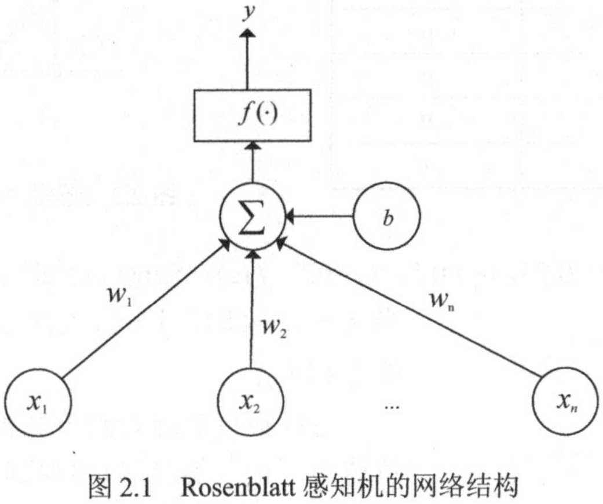

图 2.1 Rosenblatt 感知机的网络结构

2.3.2 单层感知机与多层感知机

在最简单的线性情况下，输出 y 是输入的线性加权和（见图 2.1），如式（2.2）所示，其中，b 表示偏置，输出神经元上的激活函数是线性的恒等映射。感知机可以通过这种方式实现多元线性拟合。

$$y=x_1w_1+x_2w_2+x_3w_3+b \tag{2.2}$$

同样可以将这种线性拟合方式进行推广，如式（2.3）所示。当有 n 个输入时，输出 y 是输入对应的加权和，并可由感知机确定 n 维空间上的一个分界平面

$$y=\sum_{j=1}^{n}w_jx_j+b \tag{2.3}$$

为了简单起见，通常把式（2.3）表示成点积形式：$y=\boldsymbol{w}^{\mathrm{T}}\boldsymbol{x}$，式中，$\boldsymbol{w}=[b,w_1,w_2,\cdots,w_n]^{\mathrm{T}}$，$\boldsymbol{x}=[1,x_1,x_2,\cdots,x_n]^{\mathrm{T}}$。

由此可见，当有一个确定的向量 $\boldsymbol{w}$ 时，对任意输入向量 $\boldsymbol{x}$，通过输出神经元计算后都可以获得输出 y，计算后的结果理想程度取决于当前的参数 $\boldsymbol{w}$。

在实际生活中，通常使用单层感知机来实现样本分类功能，因此可以在输出神经元上使用一个非线性激活函数，以得到输入样本对应的类。

第 1 章介绍了许多功能不同的激活函数，为了简单起见，本节使用 Sgn(x)函数来对输入数据进行分类。当函数的输入大于 0 时，输出为 1，否则为 0，具体如下：

$$\mathrm{Sgn}(x)=\begin{cases}1, & x\geqslant 0\\ 0, & \text{other}\end{cases} \tag{2.4}$$

为了更好地理解单层感知机的计算过程，接下来将使用单层感知机实现几个常见的逻辑运算。

用感知机实现逻辑“与”功能，逻辑“与”的真值表如表 2.1 所示，当且仅当 x_1 和 x_2 同时为 1 时，y 才为 1，对应的坐标图如图 2.2 所示。首先将真值表里的数值绘至坐标图上，如图 2.2 所示，○表示 x_1 或 x_2 等于 0 的点，*表示 x_1 或 x_2 均等于 1 的点，实现逻辑“与”运算等价于在坐标图上找到一条分界线，区分不同类的数据。

表 2.1　逻辑“与”的真值表

x_1	x_2	y
0	0	0
0	1	0
1	0	0
1	1	1

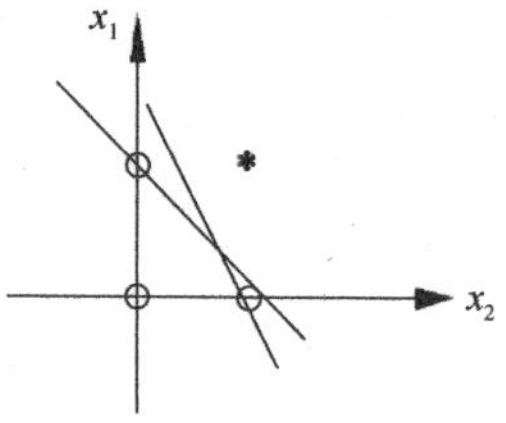

图 2.2　逻辑“与”对应的坐标图

由式(2.3)可知，令 $b=-0.75$，$w_1=0.5$，$w_2=0.5$，$f(z)=\mathrm{Sgn}(z)$，此时 $y=f(0.5x_1+0.5x_2-0.75)$，当 $x_1=x_2=1$ 时，$y=1$。它对应的感知机结构示意图如图 2.3 所示。

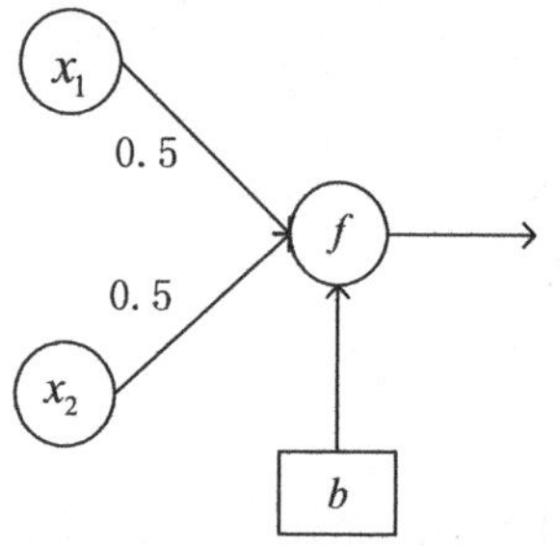

图 2.3　逻辑“与”运算感知机结构示意图

可以很直观地看到该数据是线性可分的，并且决策边界不止一条，所以要找到一条决策边界，使得边界下方区域中的点的 y 值都为 0，边界上方区域中的点的 y 值都为 1。

（2）用感知机实现逻辑“或”运算，逻辑“或”的真值表如表 2.2 所示，当且仅当 x_1 和 x_2 同时为 0 时，y 才等于 0，对应的坐标图如图 2.4 所示。

将真值表里面的数值绘至坐标图上，如图 2.4 所示，○表示 y 等于 0 的点，*表示 y 等于 1 的点，根据逻辑“或”运算对应的真值表，感知机将 x_1 和 x_2 作为输入，并输出对应的 y，以将它们正确区分。

表 2.2 逻辑“或”的真值表

x_1	x_2	y
0	0	0
0	1	1
1	0	1
1	1	1

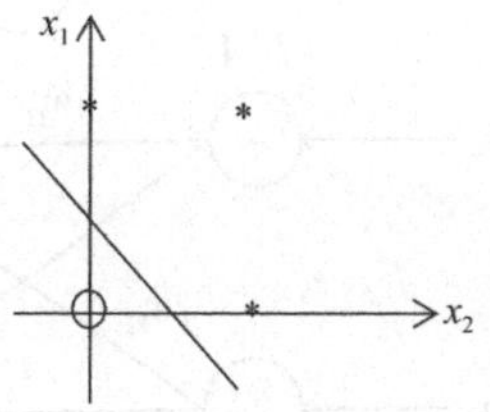

图 2.4 逻辑“或”对应的坐标图

由式（2.3）可知，令 $b=-0.5$，$w_1=1$，$w_2=1$，$f(z)=\text{Sgn}(z)$，此时，$y=f(x_1+x_2-0.5)$，当 $x_1=1$ 或 $x_2=1$ 时，$y=1$，它对应的感知机结构示意图如图 2.5 所示。

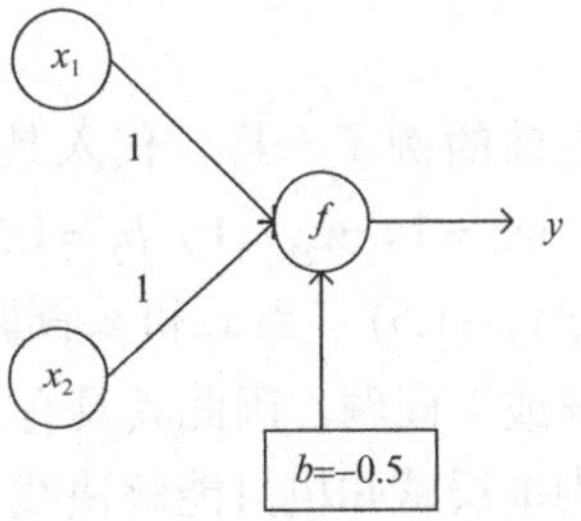

图 2.5 逻辑“或”运算感知机结构示意图

通过上述两个例子可以看到，感知机可以实现简单的逻辑运算，那么是不是所有的逻辑运算都能实现呢？

答案是否定的，如逻辑“异或”运算，按照之前的方式，可以先列出逻辑“异或”的真值表（见表 2.3），并把真值表对应的数据绘至坐标图上，如图 2.6 所示，图中无法用一条直线将所有数据正确划分到对应区域，单层感知机在面对非线性可分数据时变得“束手无策”。

表 2.3 逻辑“异或”的真值表

x_1	x_2	y_1	y_2	y
0	0	1	1	0
0	1	1	0	1
1	0	1	1	1
1	1	0	1	0

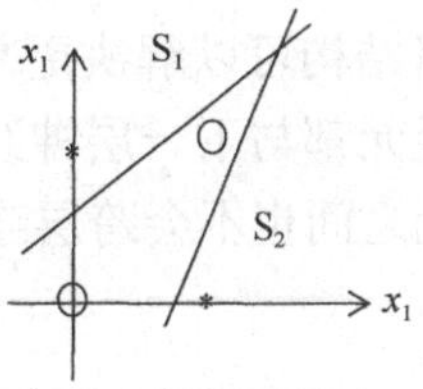

图 2.6 逻辑“异或”对应的坐标图

若要解决非线性可分数据问题，添加多层功能神经元来扩充单层感知机的功能能否实现呢？

通过这个实例来验证，因为单层感知机只有输出层神经元进行激活函数处理，即只拥有一层功能神经元，其学习能力非常有限。倘若在单层感知机的输入层与输出层之间添加一个新的功能层，此时的单层感知机就变成了双层感知机，如图 2.7 所示，其中 L 表示层，w_{ij} 表示第 i 层的第 j 个权值，那么非线性的“异或”问题就可迎刃而解了。

在图 2.7 中，输出层与输入层之间的一层神经元（L=2 对应的神经元）被称作隐层或隐含层，隐含层和输出层神经元都是拥有激活函数的功能神经元。

在这个问题中，给出一个具有单隐含层的感知机，其中隐含层的两个节点相当于两个独立的符号单元（单计算节点感知机）。这两个符号单元可分别在由 x_1、x_2 构成的平面上确定两条分界直线 S_1 和 S_2（见图 2.6），从而构成一个开放式凸域。显然，通过适当调整两条直线的位置，可使两类线性不可分样本分别位于该开放式凸域的内部和外部。

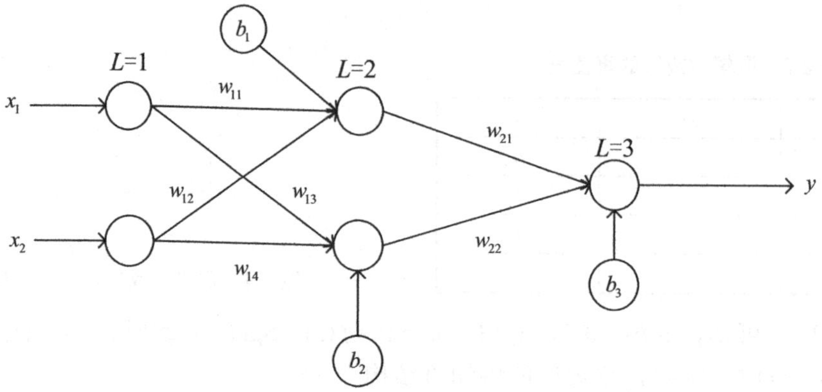

图 2.7　双层感知机网络结构

同之前的例子一样，代入具体的数值进行计算。令 $w_{11}=1$，$w_{12}=1$，$b_1=-0.5$，$w_{13}=-1$，$w_{14}=-1$，$w_{21}=1$，$w_{22}=1$，$b_2=1.5$，$b_3=-1.5$。此时 $y_1=f(x_1+x_2-0.5)$，$y_2=f(-x_1-x_2+1.5)$，$y=f(y_1+y_2-1.5)$，当 x_1 和 x_2 同时为 0 或为 1 时，y 为 0。可以看出单隐含层感知机确实可以解决“异或”问题，因此其具有解决线性不可分问题的能力。

因为单层感知机只能解决线性可分问题，而日常生活中人们遇到的大多是线性不可分问题，一种有效的解决办法是在输入层和输出层之间引入隐含层作为输入模式的“内部表示”，将单层感知机变成多层感知机，同时使用非线性连续函数作为激活函数，使区域边界线由直线变成曲线。

在感知机中，不同的隐含层数带来的功能不同，分类的能力也有差异，如图 2.8 所示，双隐含层的网络结构可以解决更复杂的问题。更一般的神经网络结构是如图 2.9 所示的层级结构，每层神经元都与下一层神经元全部相互连接，相同层级的神经元之间不会相互连接，跨层级的神经元之间也不会跨层连接，这样的神经网络结构通常称为多层前馈神经网络。

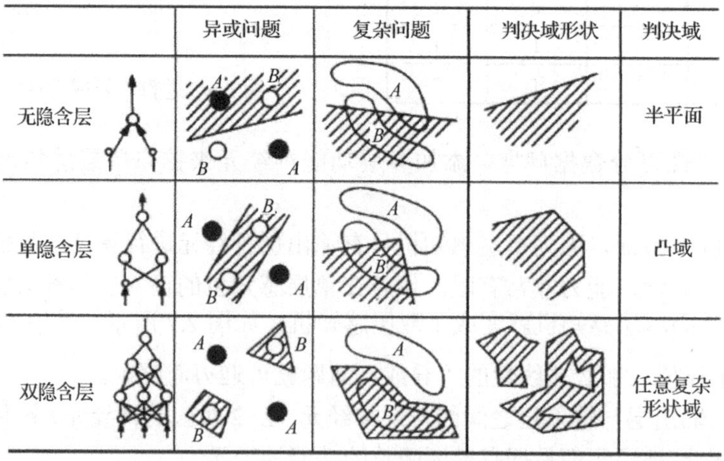

异或问题
复杂问题
判决域形状
判决域
无隐含层
半平面
单隐含层
凸域
双隐含层
任意复杂形状域
A
B

图 2.8　具有不同隐含层数的感知机的分类能力对比图

在多层前馈神经网络结构中，输入层神经元通常接收外界输入，隐含层与输出层神经元对接收到的信号进行处理，最后处理的结果由输出层神经元输出。值得注意的是，在多层前馈神经网络结构中，并不意味着网络中信号不能够向后传，而是指网络拓扑结构上不存在回路或环。

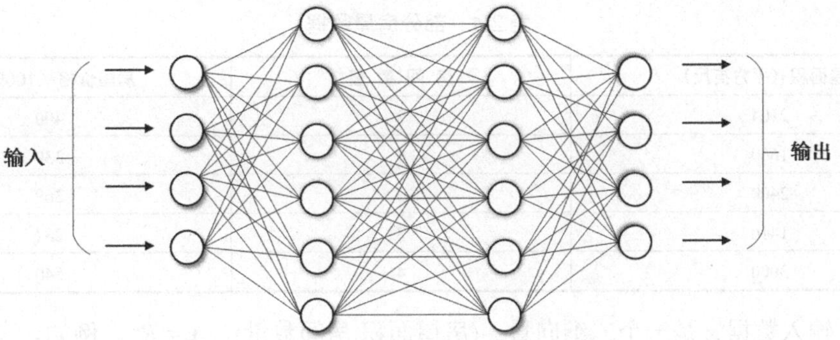

图 2.9 多层前馈神经网络结构

2.3.3 感知机的学习

更一般地说，给定一个训练数据集，权值 $w_i\,(i\text{=}1,2,\cdots,n)$ 及偏置 b 可以通过学习得到，偏置 b 可看作一个固定输入的权值 w_0，这样权值与偏置的学习就可以统一为权值的学习。对于给定的某对训练样本 (x,y)，若当前感知机的输出是 $\overline{y}$，则感知机权值将根据这样的学习规则进行调整

$$w_i \longleftarrow w_i + \Delta w_i \tag{2.5}$$

$$\Delta w_i = \eta(y - \overline{y})x_i \tag{2.6}$$

式中，$\eta \in (0,1)$ 表示学习率。从式（2.6）可以看出，当感知机的实际输出与期望输出相同时，$\Delta w_i = 0$，权值不需要调整，否则将根据错误的程度进行调整。

总的来说，感知机的学习过程主要包含以下几个步骤。

（1）对各权值 $w_i (i = 0,1,\cdots,n)$ 赋予较小的非零随机数。

（2）输入样本对 (x_i, y_i)，其中 $i = 0,1,\cdots,N$，N 为样本的总数。

（3）计算各节点的实际输出，如 $y\text{=}\mathrm{Sgn}(\boldsymbol{w}^{\mathrm{T}}\boldsymbol{x})$，$\boldsymbol{w}$ 和 $\boldsymbol{x}$ 分别表示网络权值和输入的样本向量。

（4）利用式（2.5）和式（2.6）调节各节点对应的权值，其中学习率的大小用于控制调整的速度，太大会影响训练的稳定性，甚至引发振荡现象，太小则会使训练的收敛速度变慢。

（5）返回到步骤（2）输入下一对样本，周而复始直到输完所有样本，感知机的实际输出与期望输出都相等或满足一定误差精度。

2.4 最小均方误差

2.4.1 线性回归问题引入

本节将介绍一个非常流行的在线学习算法，称为最小均方（Least Mean Square，LMS）算法，由 Widrow 和 Hoff 在 1960 年提出的。在介绍 LMS 算法之前，先通过一个回归问题来引入。

假设有一个数据集，给出了部分房屋的房屋面积（平方英尺）、房间数量、房屋价格（1000$），数据如表 2.4 所示。

表 2.4　部分房屋数据

房屋面积（平方英尺）	房 间 数 量	房屋价格（1000$）
2104	3	400
1600	3	330
2400	3	369
1416	3	232
3000	4	540

这里，输入数据 $\boldsymbol{x}$ 是一个二维向量：(房屋面积,房间数量)，$\boldsymbol{x} \in R^2$。例如，在训练集中，$x_1^{(i)}$ 是第 i 个房屋的房屋面积，$x_2^{(i)}$ 是第 i 个房屋的房间数量。

举出这个例子的目的是确定一个函数 $h(\boldsymbol{x})$ 来拟合表格中的数据，并预测房屋价格。最开始，假设 y 为 $\boldsymbol{x}$ 的线性函数，即

$$\theta_i(\boldsymbol{x})=\theta_0+\theta_1 x_1+\theta_1 x_2 \tag{2.7}$$

式中，θ_i 是线性函数的参数，也称为权值。为了不产生混淆，将 $h_\theta(\boldsymbol{x})$ 简写为 $h(\boldsymbol{x})$。简单起见，引入 $x_0=1$，将线性函数的表达式用向量的方式表达，如式（2.8）所示。其中，$\boldsymbol{\theta}=[\theta_0,\theta_1,\theta_2]^{\mathrm{T}}$，$\boldsymbol{x}=[1,x_1,x_2]^{\mathrm{T}}$，则

$$\theta(\boldsymbol{x})=\sum_{i=0}^{n}\theta_i x_i=\boldsymbol{\theta}^{\mathrm{T}}\boldsymbol{x} \tag{2.8}$$

现在，给定一个训练集，该如何确定参数呢？一种可行的方法是让线性输出的值 $h(\boldsymbol{x})$ 无限接近真实值 y。为了形式化，将定义一个函数来度量输出值 $h(\boldsymbol{x}^{(i)})$ 对应的真实值 $y^{(i)}$ 之间的差距。该函数定义如式（2.9）所示，可称为代价函数：

$$J(\theta)=\frac{1}{2}\sum_{i=1}^{m}(h(\boldsymbol{x}^{(i)})-y^{(i)})^2 \tag{2.9}$$

要使定义的线性方程 $h(\boldsymbol{x})$ 能够很好地预测房屋价格，等价于让线性函数更好地拟合训练集中的数据，即参数 θ 不断被调整，使得 $h(\boldsymbol{x}^{(i)})$ 与对应的真实值 $y^{(i)}$ 之间的差距越来越小，即最小化代价函数。接下来具体介绍参数的优化过程。

2.4.2　最小均方算法

接着上面的问题，要选择合适的参数 θ，以便最小化 $J(\theta)$。为此，使用一个搜索算法，从 θ 的初始值开始，反复更新 θ，使得 $J(\theta)$ 逐渐变小，直到 θ 收敛到一个值，并能使 $J(\theta)$ 最小化。

根据之前列出的 $J(\theta)$，见式（2.9），考虑使用梯度下降算法，它从 θ 初始值开始，并反复执行更新，具体更新规则为

$$\theta_j:=\theta_j-\eta\frac{\partial}{\partial\theta_j}J(\theta),\quad j=0,1,\cdots,n \tag{2.10}$$

式中，η 为学习率。这是一个反复朝 $J(\theta)$ 的下降幅度最大的方向迈出的非常自然的算法。

为了实现这一算法，首先要计算式（2.10）中等号右边的偏导数项。在计算前，假设只有一个样本(x,y)，这样就可以忽略在 $J(\theta)$ 中定义的求和部分，偏导数项的推导过程如式（2.11）所示。求出偏导数项后，将偏导数项代入式（2.10），更新参数 θ_j，过程如式（2.12）所示。

$$
\begin{aligned}
\frac{\partial J(\theta)}{\partial \theta_j} &= \frac{\partial}{\partial \theta_j}\frac{1}{2}(h_\theta(x)-y)^2 \\
&= 2\times\frac{1}{2}(h_\theta(x)-y)\frac{\partial}{\partial \theta_j}(h_\theta(x)-y) \\
&= (h_\theta(x)-y)\frac{\partial}{\partial \theta_j}\left(\sum_{i=0}^{n}\theta_i x_i - y\right) \\
&= (h_\theta(x)-y)x_j
\end{aligned} \tag{2.11}
$$

$$
\theta_j := \theta_j + \alpha(y^{(i)} - h_\theta(x^{(i)}))x_j^{(i)} \tag{2.12}
$$

这个规则叫作 LMS（Least Mean Square）更新规则，也称为 Widrow-Hoff 学习规则。通过中间的推导公式可以看到：每次更新的大小与误差项都是成比例的，并且当预测值接近真实值时，参数更新的幅度很小；如果预测值与真实值具有较大的偏差，参数的变化幅度就会变大。

上面的推导过程是在假设只有一个样本的基础上完成的，而实际上，参与训练的数据远远多于一个，甚至有成千上万个数据。在拥有大批量数据的情况下，有两种方法可以对这种方法进行改进。

第一种方法是通过误差累加的算法替换式（2.12），得到式（2.13）。该式与式（2.12）的区别是，右边的误差项中多了一个累加运算符。

$$
\theta_j := \theta_j + \alpha\sum_{i=1}^{m}(y^{(i)} - h_\theta(x^{(i)}))x_j^{(i)} \tag{2.13}
$$

读者能够很容易地证明，在上面这个更新规则中，求和项的值是 $\partial J(\theta)/\partial \theta_j$。所以这个更新规则实际上就是对原始的代价函数 J(θ) 进行简单的梯度下降。此方法在每次迭代过程中都会检查整个训练集中的所有训练数据，这种方法也叫作批量梯度下降法（Batch Gradient Descent）。

这里要注意，因为梯度下降法容易陷入局部最优（后面章节将会介绍），因为这里要解决的线性回归的优化问题只有一个全局最优解，没有其他局部最优解，因此，梯度下降法应该总是收敛到全局最小值。

对之前的房屋数据集进行批量梯度下降来拟合θ，即把房屋价格当作关于房屋面积的一个函数来进行预测，得到的结果是 θ_0=71.27，θ_1=0.1345。如果把 $h(x)$关于 x（房屋面积）的函数绘制出来，同时标上训练数据的点，那么会得到图 2.10。这个结果就是使用批量梯度下降法获得的。

还有第二种方法能够替代批量梯度下降法，效果也不错，如式（2.14）所示。

for i=1 to m,{

$$
\theta_j := \theta_j + \alpha(y^{(i)} - h_\theta(x^{(i)}))x_j^{(i)},\quad j=0,1,\cdots,n \tag{2.14}
$$

}

在这个算法里，对整个训练集进行了循环遍历，每次遇到一个训练样本，只针对单一的训练样本的误差梯度来对参数进行更新。这个算法叫作随机梯度下降法（Stochastic Gradient Descent）或增量梯度下降法（Incremental Gradient Descent）。

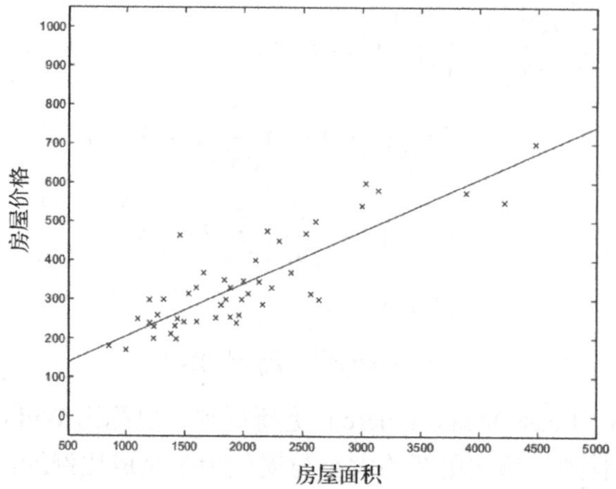

图 2.10　房价预测回归图

批量梯度下降法要在运行第一个步骤之前对整个训练集进行扫描遍历，当训练集的规模 m 变得很大的时候，引起的性能开销很不划算；随机梯度下降法就没有这个问题，而是可以立即开始，它对处理到的每个样本都单独进行运算。通常情况下，随机梯度下降法查找到足够“接近”（Close）最低值的θ的速度要比批量梯度下降法更快一些。由于以上种种原因，通常更推荐使用随机梯度下降法，而不是批量梯度下降法，尤其是在训练用的数据集规模很大的时候。

2.5　实战 Iris 模式分类

现在通过几行简短的代码实现感知机的模式分类功能。本次使用的数据集是来自 Sklearn（Scikit-Learn）库中封装好的 Iris 数据集。Sklearn 是机器学习中常用的第三方模块，对常用的机器学习算法进行了封装，包括回归（Regression）、降维（Dimensionality Reduction）、分类（Classfication）、聚类（Clustering）等。Sklearn 还自带许多在机器学习中常用的数据集，是初学者实战机器学习的最佳选择。

简单介绍一下由 Fisher 在 1936 年整理的 Iris（鸢尾花）数据集，该数据集中每个数据都包含四个特征：Sepal.Length（花萼长度）、Sepal.Width（花萼宽度）、Petal.Length（花瓣长度）、Petal.Width（花瓣宽度）。不同特征的数据对应不同类型的花，目标是将这些花正确分类到对应类别：Iris Setosa（山鸢尾）、Iris Versicolour（杂色鸢尾）、Iris Virginica（维吉尼亚鸢尾）。

首先导入数据集，为了方便用图更加直观地看到分类结果，只使用两组特征来对数据进行分类，输入数据相当于一个二维向量。代码如下：

```
Iris = datasets.load_iris()
X = iris.data[:,[2,3]]
Y = iris.target
```

获取到数据集后，将数据切分成训练集和测试集，并进行标准化处理。训练集的数据用来训练感知机，测试集的数据用来验证感知机的性能。这个功能可以直接使用 Sklearn 中的 Train_test_split 方法实现，标准化功能可以直接使用 Sklearn 中的 StandardScaler()方法实现。

接下来导入 Sklearn 中封装好的感知集模型（Code:from Sklearn.linear_model import Perceptron）。导入好模型后，就可以训练模型了，因为 Sklearn 已经搭建好了模型，只要直接训练里面的参数即可。Perceptron()方法中的参数可以自定义，这里用的是 Sklearn 的默认参数值，代码中的 X_train_std 和 Y_train 是已经切分好并标准化后的数据和分类标签。代码如下：

```
Pn = Perceptron()
Pn.fit(X_train_std,Y_train)
```

通过上述过程，感知机的训练过程基本结束，接下来看看已经训练好的感知机分类效果。如图 2.11 所示，3 种图示分别代表不同类别的数据，横纵坐标分别表示所使用的特征信息，即花瓣长度和花瓣宽度，分类精度为 89%，整体来说，效果不错。

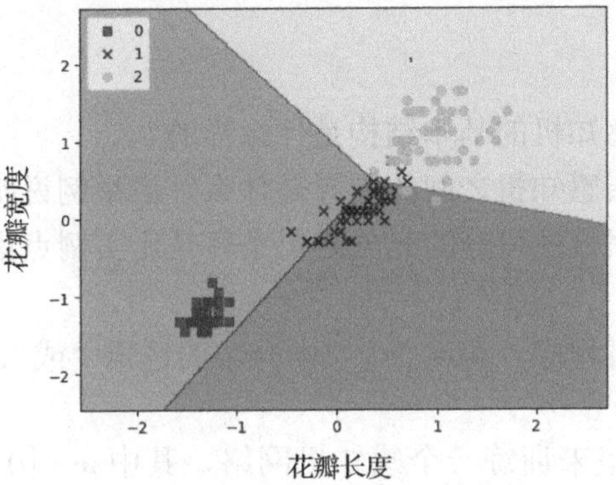

图 2.11　分类结果图

2.6　小结

本章讨论了著名的 Rosenblatt 感知机和 LMS 算法。Rosenblatt 感知机是解决线性可分模式分类问题的第一个学习算法。LMS 算法的提出受到了感知机的启发，应用于现在诸多信号处理的实际问题。

感知机学习过程，简而言之就是五个阶段：权值初始化→输入样本对→计算输出→根据感知机学习规则调整权值→返回第二步输入下一对样本。周而复始，直到满足一定的条件。

虽然感知机网络被论证无法实现一些基本的函数，但它依旧具有研究价值。20 世纪 80 年代后期，改进的多层感知机网络的提出弥补了感知机的局限性。在之后的章节中将介绍 BP 神经网络、RBF 神经网络，它们的学习能力远远强于 Rosenblatt 感知机，并且利用自身的计算优势有效地克服了感知机的局限性。

随着 Rosenblatt 感知机的提出，Widrow 和他的学生们发明了 LMS 算法。LMS 算法比感知机学习规则有更为广泛的实际应用，尤其是在数字信号处理领域。例如，大多数长距离电话线路使用 ADALINE（自适应线性神经元）网络来消除回声，等等。感知机与 LMS 算法的重要性一直延续至今，对之后学习其他类型的神经网络具有重要意义。

参考文献

[1] WARREN S M, WALTER P. A logical calculus of the ideas immanent in nervous activity[J]. The bulletin of mathematical biophysics, 1943, 5(4): 115-133.

[2] ROSENBLATT F. The perceptron: A probabilistic model for information storage and organization in the brain[J]. Psychological Review, 1958, 65: 386-408.

[3] WIDROW B, HOFF M E. Adaptive switching circuits[R]. Stanford: Univ. of California Stanford, 1960.

习题

2.1 什么是感知机？感知机的基本结构是什么样的？

2.2 单层感知机与多层感知机之间的差异是什么？请举例说明。

2.3 证明定理：样本集线性可分的充分必要条件是正实例点集构成的凸壳与负实例点集构成的凸壳互不相交。

2.4 请设计一个感知机程序，实现 2.3 节中介绍的逻辑“或”、逻辑“与”运算，并绘出判别示意图。

2.5 使用下面的训练集来训练一个感知机网络，其中 $\boldsymbol{w}=[0,0]$，$b=0.5$。并判断样本 $\boldsymbol{x}=(1,1)$ 所属的类别。

类别 1：$\boldsymbol{x}_1=(0,1)$；$\boldsymbol{x}_2=(-1,0)$；$\boldsymbol{x}_3=(-1,1)$。

类别 2：$\boldsymbol{x}_4=(0,2)$；$\boldsymbol{x}_5=(2,0)$；$\boldsymbol{x}_6=(1,2)$。

第 3 章　多层前馈神经网络

3.1　引言

第 2 章介绍了 Rosenblatt 感知机和 LMS 算法，并证明了该网络局限于线性可分模式的分类问题。Rosenblatt 感知机本质上是一个单层神经网络。LMS 算法的提出只是为了训练单层感知机网络，算法的计算能力也受到了限制。多层前馈神经网络和反向传播算法的出现突破了 Rosenblatt 感知机和 LMS 算法的局限性。

前馈神经网络作为人工智能领域较早提出的简单神经网络类型，是神经网络中一种典型的分层结构，信息从输入层进入网络后逐层向前传递至输出层。根据前馈神经网络中神经元转移函数、隐含层数及权值调整规则的不同，可以形成具有各种功能特点的神经网络。

本章首先介绍多层前馈神经网络模型结构，然后重点阐述两种常见的前馈神经网络模型：BP 神经网络、RBF 神经网络，其次分析多层前馈神经网络的泛化能力和逼近能力，最后引入一个应用实例，采用多层前馈神经网络实现人脸识别。

3.2　多层前馈神经网络模型结构

多层前馈神经网络在感知机（单隐含层神经网络）上增加了额外的计算层，增加的计算层的数量决定了多层前馈神经网络的计算能力，通常情况下，层数越多计算能力越强，学习的复杂度也会提高。“前馈”指网络中的数据走向都是向前传播的，或者说从输入层传播至输出层，中间没有反向传播的过程。

针对问题的特性，选择恰当的神经网络结构可以达到惊人的效果。首先来简单了解一下多层前馈神经网络模型结构。

首先定义一个简单的前馈神经网络模型，其结构如图 3.1 所示，这是一个单隐含层神经网络。

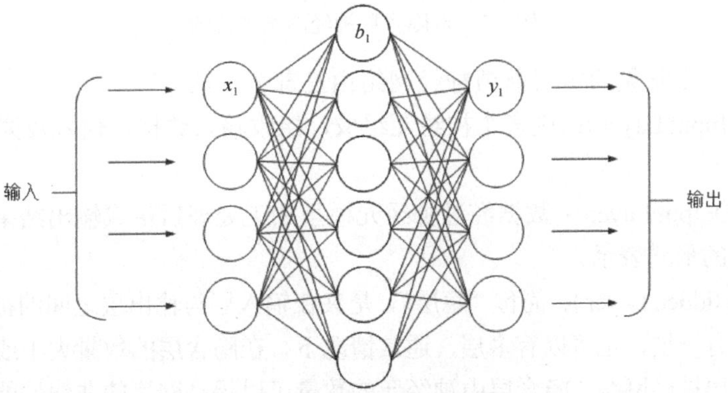

图 3.1　单隐含层神经网络结构图

神经网络中的输入层和输出层的节点数往往是固定的，中间隐含层的节点数可以自由指定。神经网络结构图中的箭头表示预测过程中数据的流向，这与训练过程中数据的流向具有一定的区别。结构图中的每个圆圈都表示一个神经元，每条与神经元相连接的线对应一个权值，而最优权值需要通过训练才能得到。

除了类似图 3.1（从左到右传播形式）的结构图，还有一种常见的表达形式是从下到上的，此时输入层在最下方，输出层在最上方，如图 3.2 所示。这两种表达方式的形式不同，但意义一样。

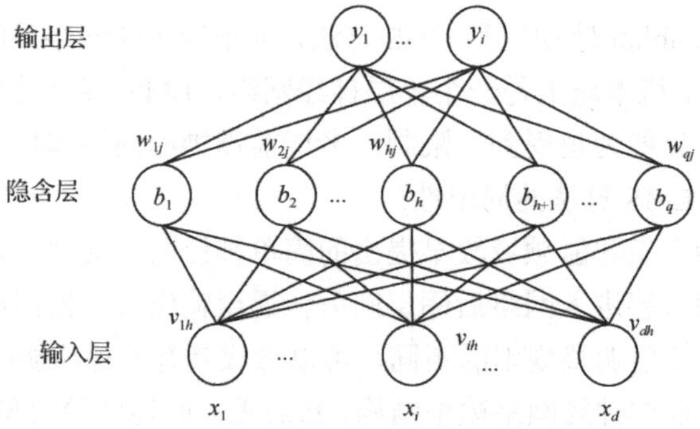

图 3.2　从下到上的神经网络结构图

在复杂的前馈神经网络模型中，隐含层的层数通常大于或等于 2，如图 3.3 所示的双隐含层神经网络结构图。实际上，隐含层的层数和隐含层神经元的数量虽然不受限制，但也不是随意设定的，要想神经网络达到较好的效果，需要考虑数据集的大小及问题的要求。

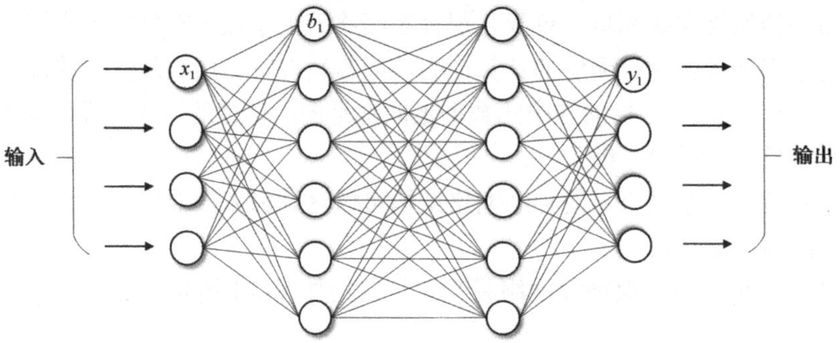

图 3.3　双隐含层神经网络结构图

总的来说，一个常见的多层前馈神经网络由三部分组成。

- 输入层（Input Layer）：由多个神经元组成，接收输入数据，输入数据通常以向量的形式表示。
- 输出层（Output Layer）：数据经过神经元模型加工处理后生成输出结果，输出数据以向量或标量的形式表示。
- 隐含层（Hidden Layer）：简称“隐层”，是夹在输入层与输出层之间的神经元模型，隐含层可以只有一层，也可以有多层，通常情况下，在隐含层的数量大于或等于 2 时，称该网络为深层神经网络。隐含层中神经元的数量可以提高网络的非线性能力，以增强网络的鲁棒性（Robustness）。习惯上，隐含层神经元数设定为输入节点数目的 1.2～1.5 倍。

3.3　BP 神经网络

3.3.1　BP 神经网络的介绍

通过上一节的介绍，可以看到多层前馈神经网络的学习能力比单层感知机强得多。若想训练多层神经网络，单层感知机的学习规则显然不够，需要更加强大的学习算法。反向传播（Back Propagation，BP）算法是其中的杰出代表，BP 算法的训练方式最先由 Werbos 提出，1986 年由 Rumelhart 和 McClelland 整理后重新提出。BP 神经网络是一种按照 BP 算法训练的多层前馈神经网络，是应用最广泛的神经网络。

BP 神经网络的关键是 BP 算法，BP 算法根据每次训练得到的结果与预想结果进行误差分析，进而修改权值和阈值，一步一步得到能输出和预想结果一致的模型。例如，某厂商生产一种产品，投放到市场之后得到了消费者的反馈，根据反馈，厂商对产品进一步升级、优化，从而生产出让消费者更满意的产品。BP 神经网络具有任意复杂的模式分类能力和优良的多维函数映射能力，解决了单层感知机不能解决的复杂问题。

图 3.4 所示为一个单隐含层的 BP 神经网络，输入层具有 n 个输入神经元，隐含层具有 q 个隐含神经元，输出层具有 1 个输出神经元。BP 神经网络的目的是将输入的 n 维向量样本通过网络的计算，输出一维向量，通常其向量的大小等于类别数量。

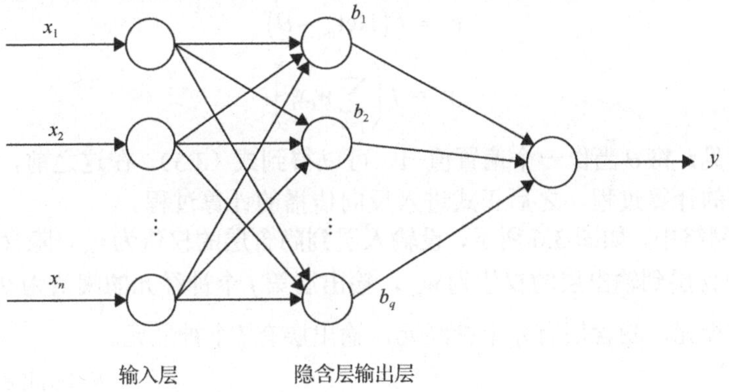

图 3.4　单隐含层的 BP 神经网络

3.3.2　BP 算法

接下来看看 BP 算法究竟是什么样的。

给定一个训练集 $D=\{(x_1,y_1),\cdots,(x_n,y_n)\}$，其中 $x_n\in R^d$，$y_n\in R^l$，表示输入示例由 d 个属性组成的 d 维输入向量，输出 l 维向量。现在，看看如何通过输出值进一步调整权值和阈值，从而使网络的输出满足预期。

通过之前的了解，我们已经知道神经元是以生物研究及人脑的响应机制建立的拓扑结构，模拟神经冲突的过程，多个树突的末端接受外部信号，并传输给神经元处理融合，最后通过轴突将神经传给其他神经元或效应器。神经元的拓扑结构如图 3.5 所示。

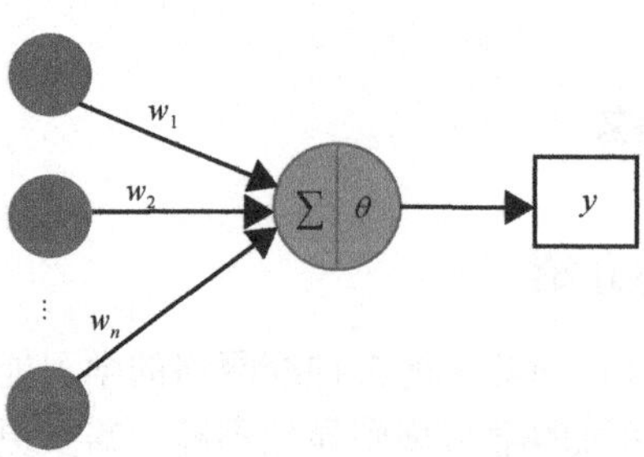

图 3.5　神经元的拓扑结构

$x_1, x_2, \cdots, x_n$ 为神经元的输入，输入常为对系统模型起关键影响的自变量，$w_1, w_2, \cdots, w_n$ 为权值，用于调节各个输入量的占重比。将信号结合输入到神经元有多种方式，选取最便捷的线性加权求和可得，神经元净输入为

$$\mathrm{Net}_{\mathrm{in}} = \sum_{i=1}^{n} w_i x_i \tag{3.1}$$

θ 表示该神经元的阈值，根据生物学中的知识，只有当神经元接收到的刺激信号超过阈值时才会被激活。因此将 $\mathrm{Net}_{\mathrm{in}}$ 和 θ 进行比较，然后通过激活函数处理，以产生神经元的输出。

激活函数本节不再赘述。若输出值有范围约束，则选择对应函数。例如，在分类问题上，一般用得最多的是 Sigmoid 函数，它可以把输出信号压缩在 0 到 1 之间输出。若没有约束，则可以使用线性激活函数（权值相乘之和）。这样得到的输出为

$$y_j = f\left(\mathrm{Net}_{\mathrm{in}} - \theta\right) \tag{3.2}$$

$$y_j = f\left(\sum_{i=0}^{n} w_i x_i\right) \tag{3.3}$$

为了简单起见，将 θ 当作一个偏置值-1，可以得到式（3.3）。在这之前，仅简单地介绍神经网络前向传播的计算过程，之后正式进入反向传播的计算过程。

在 BP 神经网络中，如图 3.6 所示，设输入层到隐含层的权值为 v_{ih}，隐含层第 h 个神经元的阈值为 γ_h，隐含层到输出层的权值为 w_{hj}，输出层第 j 个神经元的阈值为 θ_j。在图 3.6 中，输入层有 d 个神经元，隐含层有 q 个神经元，输出层有 l 个神经元。

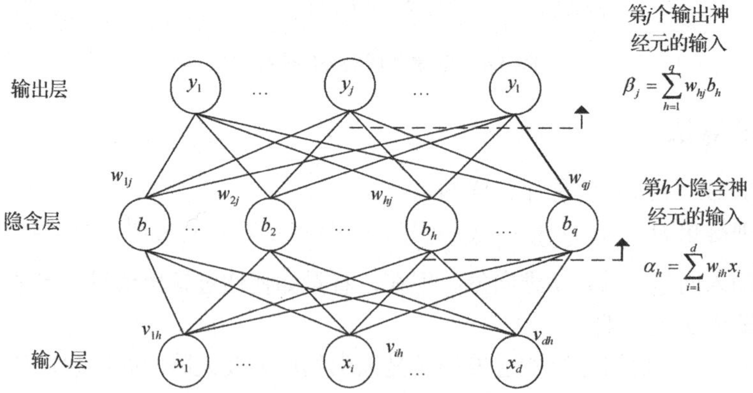

图 3.6　BP 神经网络结构

在图 3.6 中，β_j 中的 $b_h = f\left(\alpha_h - \theta_h\right)$。该神经网络中功能神经元的激活函数暂时全部使用 Sigmoid 函数。

在某个训练示例(x_k, y_k)中，假设神经网络的训练输出为$z_k = (z_1^k, z_2^k, \cdots, z_l^k)$，其中$z_i^k = f(\beta_i - \theta_i)$。

通过该网络预测的误差可以用最小二乘法表示

$$E_k = \frac{1}{2}\sum_{j=1}^{l}\left(z_j^k - y_j^k\right)^2 \tag{3.4}$$

而现在要做的就是根据这个误差调整$(d+l+l)q+l$个参数的值，逐步缩小误差E_k。那么从现在开始，就要进入数学的世界了。

这里使用最常用的算法——梯度下降法来更新参数。函数永远是沿着梯度的方向变化最快，对每个需要调整的参数求偏导数，若偏导数大于0，则按照偏导数相反的方向变化；若偏导数小于0，则按照此方向变化。于是使用-1乘以偏导数可以得到参数需要变化的值。同时设定一个学习率η，这个学习率的值不能设定得过大或过小，因此可以得到参数调整的公式为

$$\text{Param} = \text{Param} + \left(-\eta \times \frac{\partial E_k}{\partial \text{Param}}\right) \tag{3.5}$$

上式给出的是权值调整思路的数学表达，并非神经网络权值调整的具体计算公式，下面进一步给出三层BP神经网络权值的具体计算公式。

BP算法基于梯度下降法，以目标的负梯度方向对参数进行调整。对于式（3.4）的误差E_k，一般设置给定学习率η。

可以先写出神经网络中隐含层到输出层之间更新的权值的偏导数公式，即

$$\Delta w_{hj} = -\eta\frac{\partial E_k}{\partial w_{hk}} = -\eta\frac{\partial E_k}{\partial z_j^k} \times \frac{\partial z_j^k}{\partial \beta_j} \times \frac{\partial \beta_j}{\partial w_{hk}} \tag{3.6}$$

然后，写出神经网络中输入层到隐含层之间更新的权值的偏导数公式，即

$$\Delta v_{ih} = -\eta\frac{\partial E_k}{\partial w_{hk}} = -\eta\frac{\partial E_k}{\partial b_j^k} \times \frac{\partial b_j^k}{\partial \alpha_j} \times \frac{\partial \alpha_j}{\partial v_{hk}} \tag{3.7}$$

为了简单起见，分别用符号δ、ξ定义输出层和隐含层的信号，可得

$$\delta_j = -\frac{\partial E_k}{\partial z_j^k} \times \frac{\partial z_j^k}{\partial \beta_j} \tag{3.8}$$

$$\xi_h = -\frac{\partial E_k}{\partial b_j^k} \times \frac{\partial b_j^k}{\partial \alpha_j} \tag{3.9}$$

此时，可以简化更新公式，即

$$\Delta w_{hj} = \eta\delta_j b_h \tag{3.10}$$

$$\Delta v_{ih} = \eta\xi_h x_i \tag{3.11}$$

通过式（3.10）和式（3.11）可以看出，要完成神经网络权值调整的计算推导，只需要计算式（3.8）和式（3.9）的误差信号，接下来继续展开求导。

对输出层信号进行展开，即

$$\delta_j = -\frac{\partial E_k}{\partial z_j^k} \times \frac{\partial z_j^k}{\partial \beta_j} = -(z_j^k - y_j^k)f'(\beta_j - \theta_j) = z_j^k(1-z_j^k)(y_j^k - z_j^k) \tag{3.12}$$

对隐含层信号进行展开，其中γ是隐含层的阈值，可得

$$\xi_h=-\frac{\partial E_k}{\partial b_h}\times\frac{\partial b_h}{\partial \alpha_j}=-\sum_{j=1}^{l}\frac{\partial E_k}{\partial \beta_j}\times\frac{\partial \beta_j}{\partial b_h}f'\left(\alpha_h-\gamma_h\right)=b_h\left(1-b_h\right)\sum_{j=1}^{l}w_{hj}g_j \tag{3.13}$$

至此，关于两个误差信号的推导已经完成，在 BP 算法中，学习率 $\eta\in(0,1)$ 控制着算法每轮迭代中更新的步长，通过上述过程可以顺利地更新神经网络中每个参与计算的参数。

对于每个训练样本，BP 算法的主要流程可以总结如下（见图 3.7）。

先将输入样本提供给输入层神经元，然后逐层将信号前传，直到产生输出结果；再根据输出结果与实际值进行对比计算误差，将误差逆向传播至隐含层神经元，并更新隐含层到输出层之间的参数值（包含权值与阈值），然后将误差信号传递到输入层，并更新输入层与隐含层之间的权值。该迭代过程循环进行，直到满足某些条件。

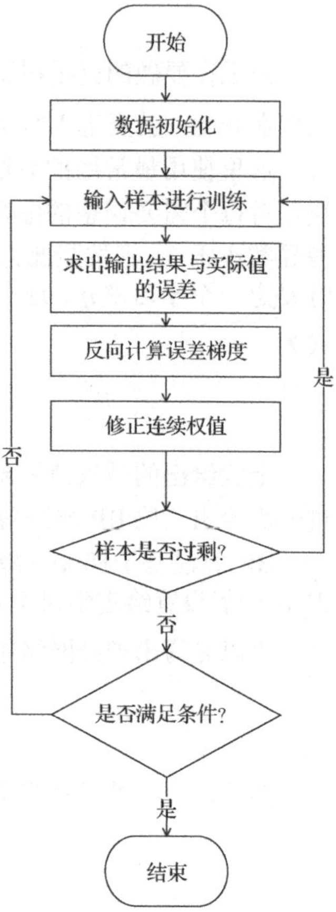

图 3.7　BP 算法的主要流程

3.3.3　编程实战

BP 神经网络编程实战主要分为两个部分，第一个部分是 BP 神经网络的训练，第二个部分是 BP 神经网络的测试。

1）BP 神经网络的训练

数据集：通过随机函数产生一些训练数据，此处使用均匀分布函数产生随机数据，并将数据划分为两个类别（0 和 1）。具体实现代码如下：

```
1   dataset0 = np.random.uniform(0, 1,(50, 3))
2   dataset1 = np.random.uniform(1, 2,(50, 3))
3   dataset = np.vstack((dataset0,dataset1))
4   labels1 = np.ones(50)
5   labels0 = np.zeros(50)
6   labels = np.hstack((labels0, labels1))
```

第一行代码中 uniform 函数是 numpy 库中的一个随机函数，其功能是从一个均匀分布中随机采样，0 表示采样下界，1 表示采样上界，(50,3)表示返回的数组的形状。

通过第一行和第二行代码，可以产生两个大小为 50×3 的数组，并通过第三行代码合并数据集。第四行和第五行代码分别为两个数据集分配 0、1 类标签，并通过第六行代码实现类标签合并，形成一个整体。

初始化：在训练之前，需要对神经网络中的参数（权值和阈值）进行初始化，具体的实现代码如下：

```
def parameter_initialization(x, y, z):
    # 隐含层阈值
    value1 = np.random.randint(-5, 5, (1, y)).astype(np.float64)
    # 输出层阈值
    value2 = np.random.randint(-5, 5, (1, z)).astype(np.float64)
    # 输入层与隐含层的权值
    weight1 = np.random.randint(-5, 5, (x, y)).astype(np.float64)
```

```
    # 隐含层与输出层的权值
    weight2 = np.random.randint(-5, 5, (y, z)).astype(np.float64)
    return weight1, weight2, value1, value2
```

在参数初始化方法中，输入参数：*x* 为输入层神经元个数，*y* 为隐含层神经元个数，*z* 为输出层神经元个数。通过 numpy 库中的随机函数 randint 来初始化权值，它与之前的随机函数的区别是：randint 用来生成随机整数。生成的随机权值以矩阵的方式进行存储，矩阵中的每个节点都表示对应神经元之间的权值。

训练过程：训练过程也分为前向传播和后向传播两个过程。将前向传播过程和后向传播放在一个方法里面实现，具体的实现代码如下：

```
1 def trainning(dataset, labelset, weight1, weight2, value1, value2):
2     # x 为步长
3     x = 0.01
4     for i in range(len(dataset)):
5         # 输入数据
6         inputset = np.mat(dataset[i]).astype(np.float64)
7         # 数据标签
8         outputset = np.mat(labelset[i]).astype(np.float64)
9         # 隐含层输入
10        input1 = np.dot(inputset, weight1).astype(np.float64)
11        # 隐含层输出
12        output2 = sigmoid(input1 - value1).astype(np.float64)
13        # 输出层输入
14        input2 = np.dot(output2, weight2).astype(np.float64)
15        # 输出层输出
16        output3 = sigmoid(input2 - value2).astype(np.float64)
17        # 更新公式由矩阵运算表示
18        a = np.multiply(output3, 1 - output3)
19        g = np.multiply(a, outputset - output3)
20        b = np.dot(g, np.transpose(weight2))
21        c = np.multiply(output2, 1 - output2)
22        e = np.multiply(b, c)
23        value1_change = -x * e
24        value2_change = -x * g
25        weight1_change = x * np.dot(np.transpose(inputset), e)
26        weight2_change = x * np.dot(np.transpose(output2), g)
27        # 更新参数
28        value1 += value1_change
29        value2 += value2_change
30        weight1 += weight1_change
31        weight2 += weight2_change
32    return weight1, weight2, value1, value2
```

第 6 行到第 16 行代码表示前向传播的计算过程，后面的部分表示后向传播的计算过程。然后返回更新的参数值，不断迭代循环，优化网络参数。

2）BP 神经网络的测试

训练 BP 神经网络的目的是分类目标数据，我们将上述训练好的神经网络参数保存下来，用于测试，测试所用的代码如下：

```
def testing(dataset, labelset, weight1, weight2, value1, value2):
    # 记录预测正确的个数
    rightcount = 0
    for i in range(len(dataset)):
        # 计算每个样本通过该神经网络后的预测值
        inputset = np.mat(dataset[i]).astype(np.float64)
        outputset = np.mat(labelset[i]).astype(np.float64)
        output2 = sigmoid(np.dot(inputset, weight1) - value1)
        output3 = sigmoid(np.dot(output2, weight2) - value2)
        # 确定其预测标签
        if output3 > 0.5:
            flag = 1
        else:
            flag = 0
        # flag = int(output3)
        if labelset[i] == flag:
            rightcount += 1
        # 输出预测结果
        print("预测为%d   实际为%d" % (flag, labelset[i]))
    # 返回正确率
    return rightcount / len(dataset)
```

当 BP 神经网络训练迭代 500 次后用来测试分类时，得到的结果如图 3.8 所示。

通过上述实验，可以总结如下经验。

影响 BP 神经网络性能的参数主要有：隐含层神经元的个数、激活函数的选择及学习率的选择等。隐含层神经元的个数越少，BP 神经网络模拟的效果越差，隐含层神经元的个数越多，模拟的效果越好，然而训练较慢。激活函数对于识别率和收敛速度都有显著的影响，在逼近高次曲线时，Sigmoid 函数精度比线性函数高得多，但计算量也大得多。学习率直接影响网络的收敛速度及网络能否收敛。

图 3.8　BP 神经网络的预测结果图

虽然 BP 神经网络得到了广泛的应用，但其自身也存在一些缺陷和不足，主要包括以下几个方面。

（1）由于学习率是固定的，因此网络的收敛速度慢，需要较长的训练时间。对于一些复杂问题，BP 算法需要的训练时间可能非常长，这主要是学习率太小造成的，可采用变化的学习率或自适应的学习率加以改进。

（2）BP 算法可以使权值收敛到某个值，但很容易陷入局部极小问题，这是因为采用梯度下降法可能产生一个局部极小值。对于这个问题，可以采用附加动量法来解决。

（3）网络隐含层的层数和单元数的选择尚无理论上的指导，一般根据经验或通过反复实验确定。因此可能导致网络冗余，无法充分训练，从而产生浪费。在增加了时间成本的同时占用了额外的空间。

（4）网络的学习和记忆具有不稳定性，也就是说，如果增加了学习样本，训练好的网络就需要从头开始训练，对于以前的权值和阈值是没有记忆的。解决方式是：每次训练时都保存网络的参数值。

3.4 RBF 神经网络

通过上一节的介绍，了解到 BP 神经网络是使用 BP 算法进行导数计算的层级模型，只要模型是一层一层的，并使用 BP 算法，就能称其为 BP 神经网络。而径向基函数（Radial Basis Function，RBF）神经网络是其中的一个特例，RBF 神经网络的训练过程中可以使用 BP 算法，因此可以将其纳入 BP 神经网络的范畴。

3.4.1　什么是 RBF 神经网络

介绍 RBF 神经网络之前，先说下 RBF 函数。1985 年，Powell 提出了多变量插值的 RBF 函数。RBF 函数是一个取值仅依赖离原点距离的实值函数，也就是 $\phi(x)=\phi(\|x\|)$，或者依赖任意一点 c 的距离，点 c 称为中心点，也就是 $\phi(x,c)=\phi(\|x-c\|)$。任意一个满足 $\phi(x)=\phi(\|x\|)$ 特性的函数 ϕ 都叫作 RBF 函数，常用的高斯 RBF 函数形如 $\rho(x,c_i)=\mathrm{e}^{-\beta_i\|x-c_i\|^2}$。

RBF 神经网络[5]是一种三层前馈神经网络，包括输入层、隐含层、输出层。它使用 RBF 作为隐含层神经元的激活函数，而输出层则是对隐含层神经元输出的线性组合，其拓扑结构如图 3.9 所示，其中，中间隐含层神经元的激活函数分别是：$\phi(X,X^1)$、$\phi(X,X^2)$、…、$\phi(X,X^p)$，p 为隐含层神经元个数。

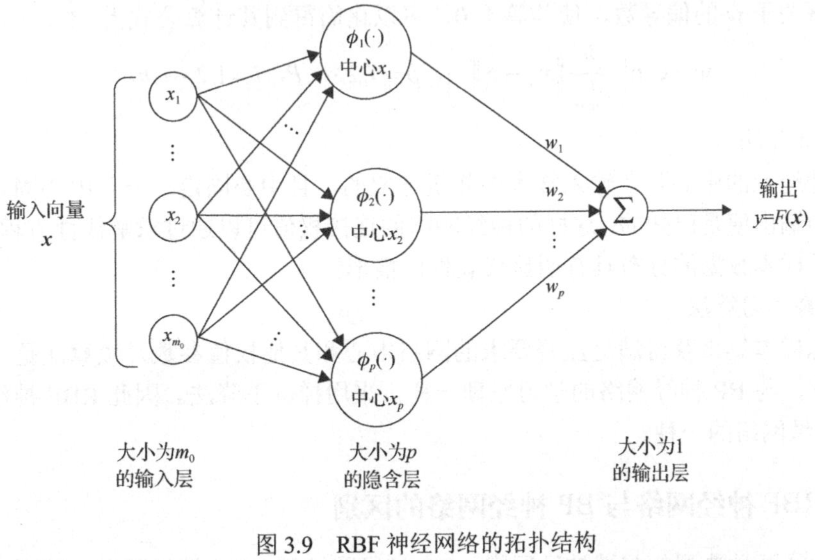

图 3.9　RBF 神经网络的拓扑结构

RBF 神经网络的基本思想是：用 RBF 作为隐单元的“基”构成隐含层空间，这样就可以将输入矢量直接映射到隐含层空间，而不需要通过权值连接。当 RBF 的中心点确定以后，这种映射关系也就确定了。而隐含层空间到输出层空间的映射是线性的，即网络的输出是隐单元输出的线性加权和，此处的权值为网络可调参数。实际上，隐含层使用 RBF 将数据从低维空间映射到高维空间，这样低维度线性不可分的情况到高维度就变得线性可分了，这也是 RBF 的核心思想。

这样，网络由输入到输出的映射是非线性的，而网络输出对可调参数而言又是线性的。网络的权值可由线性方程组直接解出，从而大大加快学习速度并避免局部极小问题。

假定输入为 d 维向量 $\boldsymbol{x}$，输出为实值，则 RBF 神经网络的激活函数可表示为 $\rho(\boldsymbol{x},c_i)=\mathrm{e}^{-\beta_i\|\boldsymbol{x}-c_i\|^2}$；网络的输出为

$$\phi(\boldsymbol{x})=\sum_{i=1}^{q}w_i\rho(\boldsymbol{x},c_i) \tag{3.14}$$

式中，q 为隐含层神经元个数；w_i 为第 i 个隐含层神经元对应的权值。

3.4.2 RBF 神经网络的学习过程

RBF 神经网络的学习过程需要求解的参数主要有三个：RBF 的中心、方差及隐含层到输出层的权值。该过程根据不同的中心选择方法可以采用以下三种不同的方法来实现。

1）自组织选取中心学习方法

（1）无监督学习过程，求解隐含层 RBF 的中心与方差。

（2）有监督学习过程，求解隐含层到输出层之间的权值。

首先，选取 h 个中心做 k-Means 聚类，对于高斯核函数的 RBF，其方差为

$$\sigma_i=\frac{c_{\max}}{\sqrt{2h}} \tag{3.15}$$

式中，$c_{\max}$ 为所选取中心点之间的最大距离。

然后，隐含层至输出层之间的神经元的连接权值可以用最小二乘法直接计算得到，即对损失函数求解关于 w 的偏导数，使其等于 0，可以化简得到其计算公式为

$$w=\exp\left(\frac{h}{c_{\max}^2}\|\boldsymbol{x}_p-c_i\|^2\right),\ p=1,2,\cdots,P,\ i=1,2,\cdots,h \tag{3.16}$$

2）直接计算法

隐含层神经元的中心是在输入样本中随机选取的，且中心固定。一旦中心固定下来，隐含层神经元的输出便是已知的，这样的神经网络的连接权值可以通过求解线性方程组来确定。该方法适用于样本数据的分布具有明显代表性的情形。

3）有监督学习算法

通过训练样本集来获得满足监督要求的网络中心和其他权值参数，该算法是一个误差修正学习的过程，与 BP 神经网络的学习原理一样，采用梯度下降法。因此 RBF 神经网络可以被当作 BP 神经网络的一种。

3.4.3 RBF 神经网络与 BP 神经网络的区别

上面介绍了两种典型的前馈神经网络：BP 神经网络和 RBF 神经网络，下面从几个方面稍微阐述一下这两种神经网络之间的区别。

（1）局部逼近与全局逼近：BP 神经网络的隐含层神经元采用输入模式与权向量的内积作为激活函数的自变量，而激活函数采用的函数为非 RBF。各参数对 BP 神经网络的输出具有同等地位的影响，因此 BP 神经网络是对非线性映射的全局逼近。

RBF 神经网络的隐含层节点采用输入模式与中心向量的距离（如欧式距离）作为函数的自变量，并使用 RBF（如 Gaussian 函数）作为激活函数。神经元的输入离 RBF 中心越远，神经元的激活程度就越低（高斯函数）。

（2）中间层数的区别：BP 神经网络可以有多个隐含层，但是 RBF 神经网络只有一个隐含层。

（3）训练速度的区别：RBF 神经网络的训练速度快，一方面是因为隐含层较少，另一方面是因为局部逼近可以简化计算量。对于一个输入 x，只有部分神经元有响应，其他都近似为 0，对应的 w 不参与调参。

（4）Poggio 和 Girosi 已经证明，RBF 神经网络是连续函数的最佳逼近，而 BP 神经网络不是。

介绍完 BP 神经网络和 RBF 神经网络后，下面我们将通过一个实际应用对比两种神经网络，这有助于更进一步地理解 BP 神经网络和 RBF 神经网络的原理及二者的差别。

3.5 泛化能力

3.5.1 什么是泛化

通过前面几节的介绍可以知道，一个神经网络模型在进行模式分类时可以通过反向传播算法，不断调整网络中的参数大小，网络输出结果与实际值相近或相等。倘若训练数据在神经网络中不断训练，直到网络完全拟合数据才停止，这样训练出来的神经网络真的是大家想要的吗？

答案是否定的。神经网络在训练数据上不断拟合，可以使它在训练集上表现良好，但是在测试数据（在训练过程中从未出现过的数据）上未必也有良好的表现。在未知数据上的表现能力可以看作神经网络的推广能力或泛化能力，这是评估神经网络性能的重要指标。

什么是泛化能力？周志华在《机器学习》中[7]提到，学习的目的是学到隐含在数据背后的规律，对于具有同一规律的学习集以外的数据，经过训练的网络也能给出合适的输出，该能力称为泛化能力。简单地说，泛化能力是指学到的模型（网络）对未知数据的预测能力。

好的模型对训练数据有很好的拟合，在测试数据上也有很好的泛化能力。模型在测试过程中产生的误差也称作泛化误差。

举个例子，通过学习，小学生可以熟练地掌握加减法，那么他们是怎么做到的呢？第一步，学生们先感性地知道在有一个苹果的基础上再拿来一个苹果就是一种加法；第二步，知道个数可以用阿拉伯数字抽象地表示，知道 0 到 9 这十个数字和它们的抽象含义；第三步，学习十以内的加减法；第四步，推广到多位数的加减法。

通常训练一个机器学习算法也是如此，通过感性地告诉机器一个加上一个等于两个，之后算法通过自己的学习，推广计算多位数的加减法，多位数的加减法是无穷个的，如果机器在不断的测试中都能够算对，就可以认为机器已经总结出了加减法的内部规律，并且能够学以致用；如果机器只会计算你给机器看过的如 3+3=6，而不会计算没有教过的 8+9=17，则说明机器只是死记硬背，并没有学以致用的能力，也就是说泛化能力非常低，同时把这种现象叫作过拟合（Over-Fitting）。

过拟合通常可以理解为，模型的复杂度高于实际的问题，所以模型会“记住”数据，而不会理解数据中存在的规律。在这种情况下，训练好的神经网络模型会在训练数据上具有惊人的表现，但是在测试数据上的表现不尽人意。这看起来就像学生在考试前提前记住了考卷的答案，在考试的时候只要在“记忆库”中搜索对应的答案即可；如果换一份考卷，学生可能就无法找到对应的答案，从而获得较差的成绩。倘若模型学习到了数据规律，具有一定的泛化能力，就像学生掌握了解题方法，无论来什么样的数据，出什么样的题目，只要在考试范围内，一样也可以获得高分。

与过拟合相反的是欠拟合，过拟合的出现是因为模型的学习能力过于强大，以至于将数据中包含的无关特征或噪声都学到了，那么欠拟合的出现就与之相反，模型的复杂度较低，没法很好地学习到数据背后的规律。通常是因为模型的学习能力太弱，以至于训练数据中的关键特征没有学到，所以模型在训练数据上的表现效果通常不佳。

图 3.10 展示了在三种情况下（欠拟合、拟合和过拟合）神经网络的拟合情况，×表示训练数据点，线条表示拟合曲线。在第 1 个坐标图中，模型只学到了数据的部分特征趋势，尾部的数据特征并没有很好地学到；在第 2 个坐标图中，模型学到了数据的大概走势和规律，但是忽视了训练数据中的干扰点；在第 3 个坐标图中，模型学到了所有数据的特征，以至于曲线完全拟合训练数据，相当于模型根据训练数据计算得到一个多元函数，对于在函数上的每个训练数据，都能找到唯一对应的输出值。

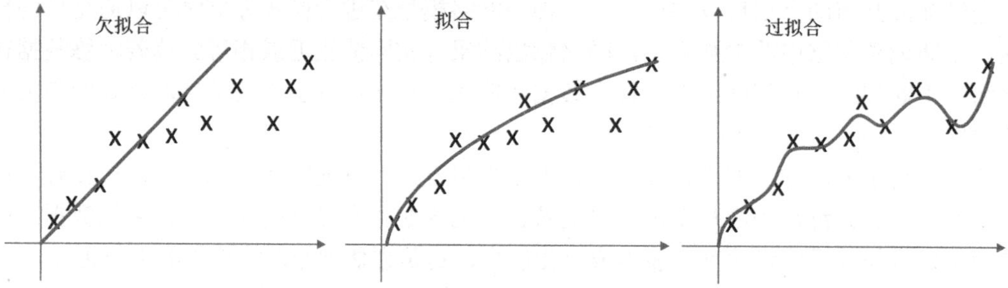

图 3.10　在三种情况下神经网络的拟合情况

也许有人会疑惑，难道模型拟合所有的训练数据不好吗？在图 3.10 的第 3 个坐标图中，过拟合看似很完美，但在实际场景中，训练数据中含有噪声，噪声是随机的，在测试数据时，模型可能会因为训练数据中的噪声数据误导测试结果。

所以评价一个模型的好坏需要引入 Occam 剃刀原则，它的核心是选择“最简单”函数。《神经网络与机器学习》中[8]提到，最简单函数是指在给定的误差标准下逼近一个给定映射的函数中最光滑的函数。也就是利用最少的参数或最少的资源来拟合数据，能用简单的方法完成任务就尽量不要复杂，在这里就是能用简单的模型去拟合就不用复杂的能把噪声都刻画出来的方法。

3.5.2　如何提高泛化能力

在上一节了解了什么是泛化能力及泛化能力的重要性。本节将谈谈如何提高泛化能力。

在不同情况下，提高泛化能力的方法不同，本节将在欠拟合和过拟合的情况下讨论如何提高神经网络的泛化能力。

在之前的讨论中，了解到过拟合的出现是因为模型的学习能力太强，除学习了样本空间的共有特性之外，还学习了训练样本集上的噪声，所以模型就会记住数据，而不会理解数据中存在的规律。一般来说主要有三种方法来克服。

1）从数据上提高泛化能力

训练数据的质量往往决定模型的质量，若模型中的参数较多或模型的复杂度较高，参与训练的数据量较少，则容易导致过拟合。增加数据量让模型中的每个参数都能得到充分的学习，即可提高泛化能力。

除了简单地增加数据量，还可进行数据增强操作，如对数据进行缩放、归一化、旋转等，强化数据中的有用特征，使得模型更加关注数据背后的规律。

2）从网络结构上提高泛化能力

若模型的复杂度高于实际问题，则可以考虑降低模型的复杂度，如删减若干网络结构中的隐含层、删减隐含层神经元个数等，这些方法都可以降低模型的复杂度。

最常见的方法是 Dropout 方法。在复杂神经网络中使用 Dropout 方法，不仅可以提高模型的泛化能力，还可以减少模型训练的耗时。Dropout 方法会在训练过程中随机忽略部分隐含层神经元，其产生的网络结构变化如图 3.11 所示。

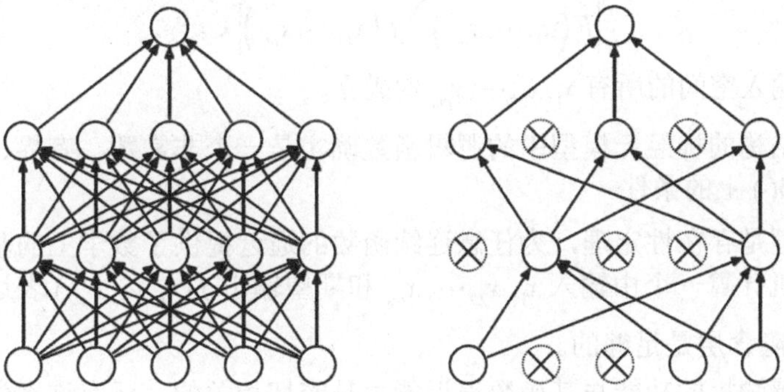

图 3.11　Dropout 方法产生的网络结构变化

3）加入正则化项

在过拟合情况下，拟合函数的系数往往非常大，加入正则化项实际上是对函数中系数的约束，也称为权值衰减。通常情况下，正则化项加在代价函数的后面，用来约束权值。正则化项主要有两种：L_1 正则化项和 L_2 正则化项。L_1 正则化项，即所有权值的绝对值的和，乘以 λ/n；L_2 正则化项：所有权值的平方的和，乘以 $\lambda/2n$，其中λ是正则化项系数，是一个超参数，可以自行调整。关于正则化的计算将在之后的章节中详细介绍。

模型出现欠拟合通常是因为学习能力不足，可能的原因有：①网络结构过于简单，无法充分学习数据规律，可以尝试增加网络中隐含层的数量或增加隐含层神经元个数，还可以与其他模型结构组合，增加模型的学习能力；②数据特征的不足也会导致网络学习能力不足，可以考虑添加数据特征，从数据中挖掘更多有用的特征，也可以运用之前提到的数据增强的方法来强化数据特征。

3.6 函数逼近

3.6.1 通用逼近定理

一个由 BP 算法训练的多层感知机可以视为一个实现一般性质的非线性映射的实际工具。通常情况下，一个包含 n 个输入神经元和 m 个输出神经元的多层感知机可以将 n 个输入数据映射到 m 个输出空间。当激活函数为非线性连续函数时，感知机实现的是对输入、输出的非线性映射。

本节引入通用逼近定理来回答一个多层感知机的输入、输出映射能够提供融合一个连续映射的近似实现。该定理如下。

定理 1： 令 $\phi(\cdot)$ 是一个非常数、有界、单调增的连续函数，令 I_{m_0} 表示 m_0 维单位超立方体 $[0,1]^{m_0}$。I_{m_0} 上连续函数空间用 $C\left(I_{m_0}\right)$ 表示。那么，给定任何函数 $f \in C\left(I_{m_0}\right)$ 和 $\varepsilon>0$，存在这样的一个整数 m_1 和实常数 α_i、b_i 和 ω_{ij}，其中 $i=1,\cdots,m_1$，$j=1,\cdots,m_0$，定义如下：

$$F\left(x_1,\cdots,x_{m_0}\right)=\sum_{i=1}^{m_1}\alpha_i\phi\left(\sum_{j=1}^{m_0}w_{ij}x_j+b_j\right) \tag{3.17}$$

作为 $f(\cdot)$ 函数的一个近似实现，即

$$\left|F\left(x_1,\cdots,x_{m_0}\right)-f\left(x_1,\cdots,x_{m_0}\right)\right|<\varepsilon \tag{3.18}$$

对于存在于输入空间的所有 $x_1,x_2,\cdots,x_{m_0}$ 均成立。

多层感知机结构的神经元模型中的逻辑函数确实是一个非常数、有界、单调递增函数，而且它满足函数 $\phi(\cdot)$ 上的条件。

通用逼近定理是存在性定理，为任意连续函数的逼近提供了数学上的基础。这个定理说明对于多层感知机计算一个由输入 $x_1, x_2,\cdots, x_{m_0}$ 和期望输出 $f(x_1,\cdots,x_{m_0})$ 表达的给定训练集的一致ε逼近，单个隐含层是足够的。

因此，多层感知机的功能与其函数逼近能力是密切相关的。已有许多学者对多层感知机的函数逼近能力进行过研究，研究结果表明[11]：当隐含层神经元具有 Sigmoid 和高斯等函数特性时，三层感知机可以逼近任意连续函数。

这也证明了神经网络的强大之处，它可以在理论上证明：一个包含足够多隐含层神经元的多层前馈神经网络，能以任意精度逼近任意连续函数。换句话说，无论函数有多复杂，神经网络都能近似它。

3.6.2 逼近误差的边界

假设多层感知机模型使用的激活函数为Sigmoid函数，Barron 建立了多层感知机的逼近性质。令 $\hat{f}(\boldsymbol{\omega})$ 表示函数 $f(x)$ 的傅里叶变化，$x\in R^{m_0}$；$\boldsymbol{\omega}$ 为频率向量。函数 $f(x)$ 由 $\hat{f}(\boldsymbol{\omega})$ 的反变换公式形式定义为

$$f(x)=\int_{R^{m_0}}\hat{f}(\boldsymbol{\omega})\exp\left(\mathrm{j}\boldsymbol{\omega}^{\mathrm{T}}x\right)\mathrm{d}\boldsymbol{\omega} \tag{3.19}$$

式中，$\mathrm{j}=\sqrt{-1}$，定义函数 $f(x)$ 傅里叶幅度分布的一阶绝对动量为

$$C_f = \int_{R^{m_0}} \hat{f}(\boldsymbol{\omega}) \times \|\boldsymbol{\omega}\|^{\frac{1}{2}} \mathrm{d}\boldsymbol{\omega} \tag{3.20}$$

一阶绝对动量 C_f 量化了函数 $f(x)$ 的光滑度或均匀性。

C_f 为使用以式（3.20）中输入、输出映射函数 $F(x)$ 为表示的多层感知机来逼近 $f(x)$ 而导致的误差范围的界提供了基础。逼近误差可以用与一个半径 $r>0$ 的球体 $B_r=\{x:\|x\|\leqslant r\}$ 中任意可能的概率测度 μ 相关的积分平方误差来衡量。在此基础上，Barron 提出的逼近误差范围的界提出了如下命题。

定理 2：对于每个具有有限 C_f 的连续函数 $f(x)$，且 $m_1\geqslant 1$，则存在一个由式（3.20）定义的 Sigmod 函数的线性组合得到的函数，即

$$F(x)=\int_{B_r}\left(f(x)-F(x)\right)^2 \mu(\mathrm{d}x)\leqslant \frac{C_f'}{m_1} \tag{3.21}$$

式中，$C_f'=\left(2rC_f\right)^2$。

当观察到函数 $f(\boldsymbol{x})$ 由 $\{x_i\}_{i=1}^N$ 表示的输入向量 $\boldsymbol{x}$ 的集合严格属于 B_r 内部的时候，这个结果对风险提供的界为

$$R=\frac{1}{N}\sum_{i=1}^{N}\left(f(x_i)-F(x_i)\right)^2\leqslant \frac{C_f'}{m_1} \tag{3.22}$$

使用具有 m_0 个输入神经元和 m_1 个隐含层神经元的多层感知机而导致的风险的界为

$$R\leqslant O\left(\frac{C_f'^{\,2}}{m_1}\right)+O\left(\frac{m_0 m_1}{N}\log N\right) \tag{3.23}$$

风险的界中的两项表达了对隐含层大小的两种矛盾要求的平衡。

最佳逼近的精度：这要求隐含层的大小 m_1 必须足够大。

逼近的经验拟合精度：这要求必须使用一个较小的比值 m_1/N。对于训练集的大小 N 和隐含层的大小 m_1 都必须较小，然而这一要求与最佳逼近的精度相矛盾。

经验拟合和最佳逼近之间的误差可以看作估计误差。令 ε_0 表示估计误差的均方值。然后忽视式（3.23）的第二项的对数因子 $\log N$，可以推断出一个好的泛化所需要的训练集大小 N 大约等于 $m_0 m_1/\varepsilon_0$。N 近似值中的分子部分等于神经网络中自由参数 W 的总数。总结以上的分析过程可知，若想网络得到很好的泛化能力，参与训练的训练集大小 N 应该大于网络中自由参数总数和估计误差均方值之比。

3.6.3　维数灾难

当对隐含层的大小通过式（3.24）进行优化时，风险由 $O\left(C_f\sqrt{m_0\left(\log N/N\right)}\right)$ 界定。

$$m_1\approx C_f\left(\frac{N}{m_0\log N}\right)^{\frac{1}{2}} \tag{3.24}$$

根据风险的一阶行为，训练集的大小 N 的收敛速率取决于 $(1/N)^{\frac{1}{2}}$（乘以一个对数因子的倍数）。对于传统的光滑函数，假设用 s 表示光滑度，其可定义为函数可导的次数。总风险的极大、极小的收敛速度取决于 $(1/N)^{2s/(2s+m_0)}$。该式表明，收敛速率的高低依赖输入空间的维数

m_0，这就产生了维数灾难，从而导致许多函数在实际应用中受到限制。

Richard Bellman 在对自适应控制过程的研究中介绍了维数灾难。为了从几何上解释这个概念，令 $\boldsymbol{x}$ 表示一个 m_0 维的输入向量，$\{(x_i,d_i)\}$，$i=1,2,\cdots,N$ 表示训练样本。采样密度与 $N^{\frac{1}{m_0}}$ 成正比。令函数 $f(x)$ 代表一个存在于 m_0 维输入空间的平面，通过点 $\{(x_i,d_i)\}_{i=1}^{N}$。现在如果函数 $f(x)$ 是任意复杂且（对绝大部分来说）完全未知的，那么需要密集的样本（数据）来进行很好的学习。不幸的是，密集样本在"高维"中是很难找到的，因此产生了维数灾难。在个别情况下，维数增加的结果导致复杂度呈指数增长，从而导致高维空间中均匀随机分布点的空间填充性质退化。

产生维数灾难的原因是定义在高维空间的函数远远比定义在低维空间的函数复杂得多，并且这些复杂的东西难以区分。

若想在实际应用中减轻维数灾难，主要有两个途径：一是结合需要逼近的函数的部分先验知识；二是设计网络使未知函数的光滑度随着输入维数的增加而增加。

3.7 BP 算法的优点和缺点

3.7.1 BP 算法的优点

BP 算法是在 LMS 算法上的推广，根据之前对 LMS 算法的介绍，在单层感知机中，LMS 算法可以根据输出值与实际值之间的差异更新单层感知机中的参数，此时的 LMS 算法与 BP 算法等价。但是 LMS 算法只适用于单层感知机，对于多层神经网络或更复杂的网络结构，反向传播算法可以更好地更新权值。

LMS 算法与 BP 算法的差异，源于单层线性网络与多层非线性网络均方误差性能曲面之间的不同。在单层线性网络中，它的性能曲面拥有恒定的曲率，并且曲面呈"凹"形，含有一个最小值点。对于多层非线性网络，它的性能曲面的曲率不如单层线性网络那般恒定，该曲面可能拥有多个凹陷处（"凹"形），也就意味着含有多个局部极小值点。在 3.7.2 节会具体介绍性能曲面的差异带来的影响。

直到今天 BP 算法依旧是学习神经网络必不可少的工具，并且在流行的深度学习、卷积神经网络中得到了广泛的认可，这都源于它自身独特的优势，具体优势如下。

（1）连接机制：BP 算法在局部计算上的能力尤为突出，而局部计算在神经网络的设计中有利于模拟生物神经网络、保证平稳性能、实现并行体系结构。所以 BP 算法在多层神经网络结构中更具优势。

（2）恒等映射：当隐含层神经元作为特征检测器时，BP 算法对隐含层神经元的训练具有重要意义，如果利用多层神经网络作为编码器，那么此时神经网络的估计误差为神经网络输出向量 $\hat{\boldsymbol{x}}$ 与输入向量 $\boldsymbol{x}$ 之间的差，BP 算法可以在无监督的环境下充分发挥其作用。

（3）函数逼近：通过 BP 算法训练的多层感知机网络是一个嵌套的非线性连续函数结构，根据上一节的讨论可知，它是一个通用逼近器。

（4）计算效率：算法的计算复杂度通常包含时间复杂度和空间复杂度。Sigmoid 函数提到一个学习算法从一次迭代到下一次迭代，若它的计算复杂度对于要更新的可调整参数的数目是多项式的，则这个算法是计算有效的。通过 3.3 节关于 BP 算法的讨论，可以认为反向传播算法是计算有效的。

（5）灵敏度：使用 BP 算法的另一个好处是可以通过它实现函数的灵敏度分析。映射函数 F 关于函数某个参数的灵敏度，用 ω 表示，定义为

$$S_{\omega}^{F}=\frac{\partial F/F}{\partial \omega/\omega} \tag{3.25}$$

（6）容错性：在 LMS 算法中，轻微的噪声不会引发较大的估计误差，从这个角度看它是鲁棒的。同样，在反向传播算法中，Hassibi 和 Kailath 证明了它与 LMS 算法一样具有鲁棒性。

3.7.2　BP 算法的缺点

BP 算法虽然能够有效地训练多层神经网络，并且实现任何映射函数的通用逼近。但它在训练过程中依旧存在一些难以避免的缺陷。

回顾之前推导的多层神经网络使用 BP 算法时的误差函数，如式（3.26）所示，它是关于网络中各层权值与输入样本的函数。可以通过误差函数调整网络中的参数（所有权值和偏置，假设共为 n 个）。所以误差函数 E_k 是在 $n+1$ 维空间上的曲面，这个空间也成为误差的权空间，在曲面上的每个点对应的高度都有一个误差值，为了简单起见，以二维权值向量为例，展示一个三维的权空间，如图 3.12 所示。

$$E_k=\frac{1}{2}\sum_{j=1}^{l}\left(z_j^k-y_j^k\right)^2 \tag{3.26}$$

在这个误差曲面上，有如下几个显著的特点。

（1）首先，它不是一个简单的二次函数。它的曲率大小在曲面空间上急剧变化，这就意味着 BP 算法要想找到一个恒定的学习率是困难的。在理想情况下，人们希望在误差曲面平缓的区域使用较大的学习率，在误差曲面陡峭的区域使用较小的学习率。

（2）其次，可以观察到误差曲面上有部分平坦区域，在这些区域中，误差的梯度变化比较缓慢，出现这种现象的原因与各功能神经元的输入有关。平坦区域梯度小意味着 $\partial E/\partial Z$ 接近于 0，通过神经网络的输出信号的展开式

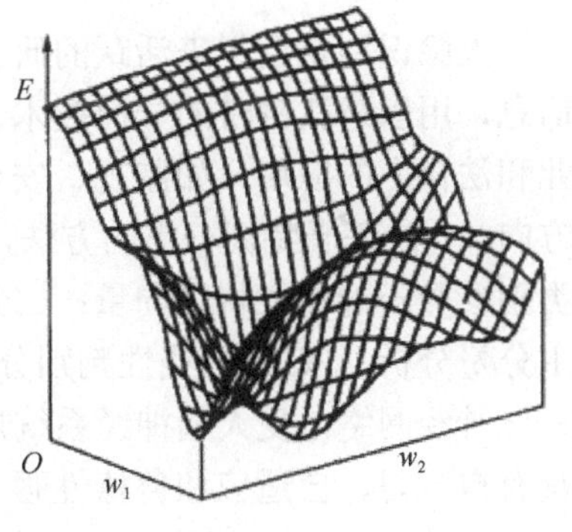

图 3.12　二维权值向量的三维权空间

$$\delta_j=-\frac{\partial E_k}{\partial Z_j^k}\times\frac{\partial Z_j^k}{\partial \beta_j}=-(z_j^k-y_j^k)f'(\beta_j-\theta_j)=z_j^k(1-z_j^k)(y_j^k-z_j^k) \tag{3.27}$$

$$f(x)=\frac{1}{1+\mathrm{e}^{-x}} \tag{3.28}$$

可知（式中，Z 表示预测输出；y 表示期望值；β 表示隐含层输出），$\partial E/\partial Z$ 接近于 0 有三种情况：①输出值与期望值很接近，也就是在误差曲面上找到了一个极小值点；②输出层的输出值始终接近于 0；③输出层的输出值始终接近于 1。在后两种情况下的误差值不一定是极小值，可以是任意值，这就远离了初衷。

导致这个现象的原因是常用的激活函数（如 Sigmoid、Tanh）具有饱和性，以 Sigmoid 函数为例（其他激活函数可以详见第 1 章的介绍），它的函数表达式为式（3.28），通过图 1.9 的 Sigmoid 函数可以更加直观地看到该函数的“S”形特点。当输入 x 的值大于 3 或小于−0.5 时，

函数的输出趋近于 1 或 0，也就是进入了饱和区，因此在这块区域内，即使误差值 E 很大，也会因为饱和的原因导致梯度变小，使得训练收敛过程变得缓慢。

（3）最后，可以观察到误差曲面上存在多个凹陷，即局部极小值点。当训练过程陷入局部极小值点的时候，误差函数梯度为 0，神经网络中的参数不会发生改变。实际上，这不是大家想要的最优结果，在理想情况下，希望得到误差函数的全局最优，即最小值点。现在已有此问题的相关解决方法，感兴趣的同学可以自行查阅相关资料。

BP 算法的局限性除了体现在误差曲面上，还存在于计算上，如梯度消失和梯度爆炸问题。梯度消失问题通常会在神经网络层数较多的时候遇到，在 3.3.2 节中，BP 算法运用的数学法则是链式求导，即通过链式求导将各层连接起来。因为 Sigmoid 函数的取值在[−1,1]之间，因此每次求导都比原来小，当网络层数较多时，导致求导的结果趋近于 0。解决方法有两种：改变激活函数和减少网络层数。但是在实际应用中，考虑更多的是改变激活函数，尤其是在深度学习中。

与梯度消失问题相反的是梯度爆炸问题，即在反向传播过程中，每层的梯度呈指数型增长，当网络层数很多的时候，梯度将非常大，最后到输入时，神经元会得到一个非常大的权值更新，这种现象通常是由初始权值较大引起的，解决方法有很多，如批量归一化、恰当的参数初始化方式、非饱和激活函数等。

3.8 人脸识别应用

人脸识别是近年来活跃的研究领域，是利用计算机分析人脸图像，从中提取有效的识别信息，用以辨认身份的一门技术。除了有在纯理论上研究的重要意义，人脸识别还有很多商业和法律上的应用，如监视、安全通信和人机智能交换等。一般来说，人脸识别主要有两个方向：一是基于特征分析的方法，利用人脸局部特征（如眼睛、鼻子、嘴巴等）的形状参数或类别参数一起构成特征向量；二是基于整体特性的方法，利用从整个脸部获得的信息。包括主分量分析（PCA）、线性判别分析（LDA）及神经网络方法等。

神经网络是受人脑神经系统启发，利用大量简单处理单元互连而成的并行分布式处理器，具有自学习、自适应和鲁棒性强等特点，将它用于人脸识别是可行的。不同的神经网络具有不同的功能，在解决同一个问题上的效果大不相同。

采用神经网络进行人脸识别时，由于人脸特征向量维数很高，直接将人脸图像送入神经网络分类器中，会导致网络难以分类或分类效果很差。因此在分类识别前，必须进行特征提取、降低人脸特征向量维数以提高识别率。特征提取的方法有基于 KL 变换的方法和 Foley-Sammon 鉴别变换等，在特征提取上，这两种方法都有较好的效果，而本节将小波变换用于特征提取。小波变换具有良好的时域和频域局部化性质，而且对高频成分采用逐步精细的时域或空域取样步长，可以聚焦到信号的任意细节，被誉为“数学显微镜”。本节将定位和校准后的人脸图像进行二层小波分解，选用低频图像作为神经网络分类器的特征向量，分别送入 BP 神经网络和 RBF 神经网络两种分类器中进行分类识别[16]。

由于人脸识别在某种意义上是纯脸识别，不必要的信息会对识别产生干扰，因此本节首先对输入的人脸图像进行定位和校准，去除人脸图像中可能影响识别效果的数据，如头发和背景等。

在人脸图像中，一般眼睛区域的灰度明显比眼睛周围的灰度高，可通过选择适当的阈值

将眼睛区域孤立起来，设输入图像为

$$I=\{I(x,y)|0\leqslant x\leqslant M,0\leqslant y\leqslant N\}$$

给定阈值 θ，对输入图像 I 做阈值化处理可得到二值化图像为

$$F_{\theta}(x,y)=\begin{cases}0, & I(x,y)<\theta \\ 255, & I(x,y)>\theta\end{cases}$$

对于二值图像 $F_{\theta}(x,y)$ 中的任意一个黑点 (x_i,y_i)，可用区域生长法生成一个区域：记黑块 B_i 的外接矩形为 $R(B_i)$，并将 $R(B_i)$ 的中心位置作为 B_i 的中心位置，并记为 $P(B_i)=(\overline{x_i},\overline{y_i})$。这种黑块可能是眼睛区域，也可能是头发、嘴巴、鼻子或输入图像中的其他黑色区域，称为可能眼睛区域，其全体记为 $B_{\theta}=\{B_1,B_2,\cdots,B_k\}$，假设对人脸图像中人脸的尺度大小有一定的了解，如已经知道两个眼睛之间的距离肯定不会小于 a，也不会大于 b。若 $P(B_i)$ 与 $P(B_j)$ 之间的距离不在 $[a,b]$ 范围内，则可认定 B_i 与 B_j 不会正好是两个眼睛。考虑如下条件。

（1）$R(B_i)\cup R(B_j)$ 是空集。

（2）$P(B_i)$ 与 $P(B_j)$ 满足 $|\overline{x_i}-\overline{x_j}|\geqslant|\overline{y_i}-\overline{y_j}|$。

（3）$P(B_i)$ 与 $P(B_j)$ 满足 $P(B_j)a\leqslant P(B_i)P(B_j)\leqslant b$。

若 B_i 与 B_j 满足上述三个条件，则其中心位置 $P(B_i)$ 与 $P(B_j)$ 为可能的两个眼睛中心位置，称为可能眼睛中心位置对，记为 $\langle P(B_i),P(B_j)\rangle$。对给定的阈值 θ，将所有可能眼睛中心位置对的全体记为 $P_{\theta}=\{\langle P(B_i),P(B_j)\rangle|B_i,B_j\in B_{\theta}$ 且满足条件（1）、（2）、（3）$\}$。

由于输入图像 I 的灰度分布变化可以很大，对于给定的阈值 θ，集合 P_{θ} 里面未必包含真实的两个眼睛中心位置，所以只用一个阈值往往不能得到令人满意的结果。现给出若干个阈值 $\theta_1,\theta_2,\cdots,\theta_q$，将所有可能眼睛中心位置对的全体记为 $P=\cup_{t=1}^{q}P_{\theta_t}=\{\langle P_i,P_j\rangle|\exists\theta$ 使得 $\langle P_i,P_j\rangle\in P_{\theta}\}$。然后，考虑用模板匹配方法从所有可能眼睛中心位置对的全体集合 P 中找出最优的眼睛中心位置对，从而实现人脸图像的自动校准。选取一个包括眼睛、鼻子与嘴巴的灰度标准人脸正面脸部模板 T，通过做旋转伸缩变换，可将输入图像 I 中与模板对应的四边形部分变换为与模板匹配的图像 S。人脸总是相似的，若 $\langle P_i,P_j\rangle$ 是输入人脸图像 I 中两个眼睛的真实位置，则从人脸图像 I 变换得到的与模板匹配的图像 S 与模板 T 的相关匹配程度会较大，反之，图像 S 与模板 T 的相关匹配程度会较小。图 3.13 所示为人脸定位和校准的示例，其中，模板（a）为 32×32 的图像，待识别的输入图像（b）是 128×128 的图像，定位校准后的图像（c）与模板具有相同大小，为 32×32 的图像。

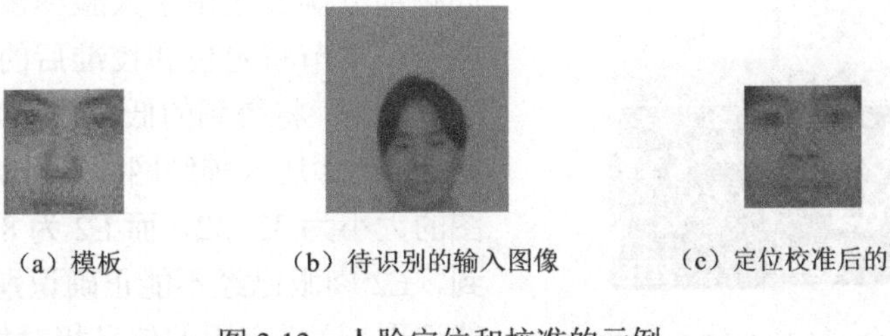

（a）模板　　（b）待识别的输入图像　　（c）定位校准后的图像

图 3.13　人脸定位和校准的示例

3.8.1 人脸图像的小波变换

本节中运用到的小波变换是一种信号的时频分析方法，它具有多分辨率分析（Multiresolution Analysis）的特点，提供了灵活的时频窗口，具有良好的时频局部性，把信号投影到一组互相正交的小波函数构成的子空间上，形成了信号在不同尺度上的展开，提供了信号在不同频率的特征，同时保留了信号在各尺度上的时域特征。本节采用的是二维离散小波变换，它的基本原理如下。

定义 1： 设$\psi(t)\in L^2(R)$，其傅里叶变换为$\hat{\psi}(\omega)$，当$\hat{\psi}(\omega)$满足容许条件$C_\psi=\int_R\frac{\left|\hat{\psi}(\omega)\right|^2}{|\omega|}\mathrm{d}\omega<\infty$时，称$\psi(t)$为一个基本小波或母小波。将母函数$\psi(t)$伸缩和平移后得到$\psi_{a,b}(t)=\frac{1}{\sqrt{|a|}}\psi\left(\frac{t-b}{a}\right)$，$a,b\in R$，$a\neq 0$，称为一个连续小波序列，其中 a 为伸缩因子，b 为平移因子。

在计算机上实现时，连续小波变换必须加以离散化。在连续小波中，母小波函数对应的离散小波函数为

$$\psi_{j,k}(t)=a_0^{-\frac{1}{2}}\psi\left(\frac{t-ka_0^jb_0}{a_0^j}\right)=a_0^{-\frac{1}{2}}\psi\left(a_0^{-j}t-kb_0\right) \tag{3.29}$$

而离散化小波系数可表示为

$$C_{j,k}=\int_{-\infty}^{+\infty}f(t)\psi_{j,k}^*(t)\mathrm{d}t=\left\langle f,\psi_{j,k}\right\rangle \tag{3.30}$$

其重构公式为

$$f(t)=C\sum_{-\infty}^{+\infty}\sum_{-\infty}^{+\infty}C_{j,k}\psi_{j,k}(t) \tag{3.31}$$

式中，C 是一个与信号无关的常数。

本节采用二层小波变换将信号分解为低频 L1 和高频 H1 两部分以后，在下一层的分解中又将上一层的低频部分 L1 分解为低频 L2 和高频 H2 两部分，依次类推，可以进行更高层次的分解。对于人脸图像，小波变换经过一次行变换和一次列变换完成一次分解。本节对人脸图像进行了二层分解，经过多次实验表明，采用 Daubechies 小波的识别效果最好，图 3.14 展示了经过 Daubechies 小波分解的人脸图像。

在图 3.14 中，L1 表示一层小波变换得到的低频信号，HL1、LH1、HH1 分别表示一层小波变换后得到的水平、垂直和斜线方向的高频信号，L2 是二层小波变换的低频图像。可以看到，低频部分确实集中了人脸图像的绝大部分信息和能量。本节将定位和校准后的人脸图像经过二层小波分解，将得到的低频图像 L2 作为人脸识别的特征向量，送入神经网络进行训练和识别，其中原图的大小为 32×32，而 L2 为 8×8 的矩阵。可以看到，L2 肉眼已经不能正确识别，但是神经网络还能识别，这样有用的信息相对集中，冗余信息得到剔除，特征向量的大小大大降低。

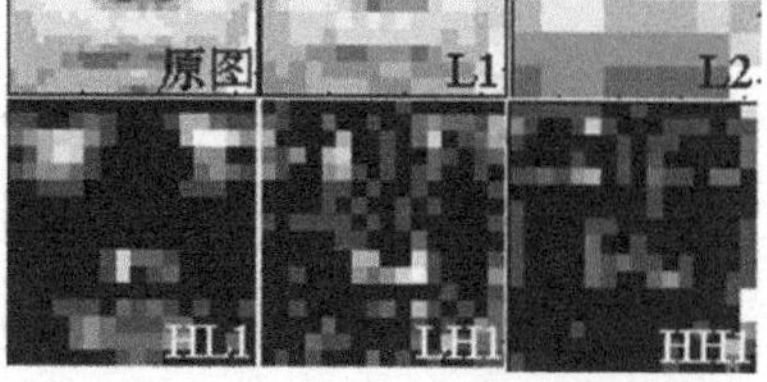

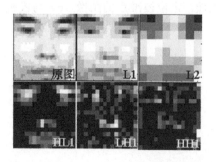

图 3.14 经过 Daubechies 小波分解的人脸图像

3.8.2　BP 神经网络的分类识别

基于 BP 算法的多层前馈神经网络具有很强的学习能力、自适应能力及较好的鲁棒性，可用作人脸识别分类器，本节采用的 BP 神经网络的具体结构如图 3.15 所示。

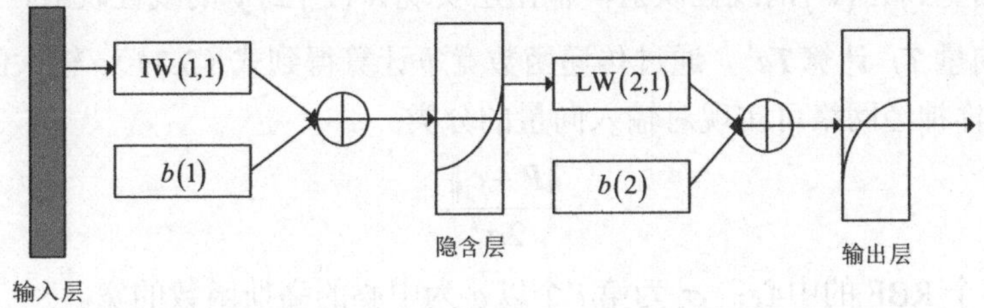

图 3.15　BP 神经网络的具体结构

对于上述 BP 神经网络，采用弹性 BP 算法对其进行训练，弹性 BP 算法的目的是消除梯度幅值的不利影响，在修正权值时，只用到偏导的符号，其幅值不影响权值的修正，权值大小的改变取决于与幅值无关的修正值，当连续两次迭代的梯度方向相同时，可将权值和阈值的修正值乘以一个增量因子，使其修正值增加；当连续两次迭代的梯度方向相反时，可将权值和阈值的修正值乘以一个减量因子，使其修正值减小，当梯度为 0 时，权值和阈值的修正值保持不变。具体如下。

设 k 为迭代次数，每层权值和阈值的修正为

$$x(k+1)=x(k)+\Delta x(k) \tag{3.32}$$

式中，$\Delta x(k)$ 为权值或阈值第 k 次迭代的幅度修正值，即

$$\Delta x(k)=\Delta x(k+1)\times \text{sign}(g(k)) \tag{3.33}$$

初始值 $\Delta x(0)$ 设置为 0.07，增量因子设置为 1.2，减量因子设置为 0.5。本节的实验验证了弹性 BP 算法在识别过程中的收敛速度比其他 BP 算法快得多。

3.8.3　RBF 神经网络的分类识别

RBF 神经网络也是一种双层前馈神经网络，包含一个具有 RBF 神经元的隐含层和一个具有线性神经元的输出层，该网络主要用于模式分类问题的研究。RBF 神经网络分为基于插值的 RBF 神经网络和基于核回归的 RBF 神经网络。本节采用基于核回归的 RBF 神经网络——概率神经网络，这种网络结构和基于插值的 RBF 神经网络结构类似，只是在隐含层有些微差异。网络的具体结构如图 3.16 所示。

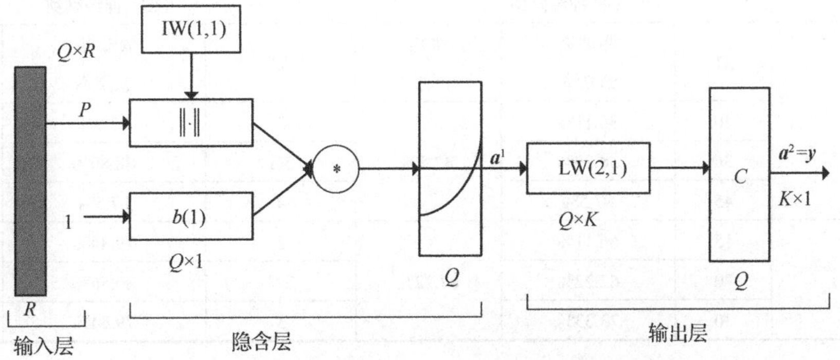

图 3.16　基于核回归的 RBF 神经网络的具体结构

图中 IW(1,1)为网络第一层的输入权值，LW(2,1)为第二层的输入权值，$\boldsymbol{a}^1$ 为第一层的输出，R 为训练样本个数，即第一层神经元个数，Q 为训练样本类别个数，即第二层神经元个数，期望值为 K 维向量，其中表示类别只有一个元素为 0.8，其余为 0.2。隐含层的 RBF 神经元实现从输入向量到 $R_i(P)$ 的线性映射，输出层实现 $R_i(P)$ 到 $\boldsymbol{y}$ 的线性映射，首先将 LW(2,1)设置为期望值向量 $\boldsymbol{T}$，计算 $\boldsymbol{Ta}^1$，通过传递函数竞争计算得到式（3.34），较大的元素取为 0.8，其余为 0.2，这样神经网络可实现对输入向量的分类。

$$\frac{\left\|\boldsymbol{P}-c_i\right\|^2}{2\sigma_i^2} \tag{3.34}$$

式中，c_i 为第 i 个 RBF 的中心；σ_i 为第 i 个以 c_i 为中心的高斯函数的宽。

3.8.4 实验结果

为了比较两种神经网络分类器的性能，BP 神经网络和 RBF 神经网络采用相同的训练样本和训练策略。两种神经网络的结构设计采用多输出型，即一个网络有多个输出，能够识别多个模式。在训练阶段，若输入训练样本的类别标号是 i，则训练时将第 i 个输出节点的期望输出值设置为 0.8，而其余节点均设置为 0.2。在识别阶段，当一个未知类别的样本作用到输入端时，考察各输出，并将这个样本的类别判定为与输出值最大的节点对应的类别。对于两种神经网络的训练样本和测试样本的训练，本节提供以下两种选择方案。

方案一：取每个人的前 4 幅图像，共 72 幅图像组成训练集，其余 144 幅图像作为测试集，且训练样本和测试样本互不重叠，输入人脸图像，经过定位校准和特征提取后，由 128×128 变成 8×8 的特征向量。

方案二：取每个人的前 2 幅图像，共 36 幅图像组成训练集，其余 180 幅图像组成测试集，且训练样本和测试样本互不重叠。由于在实际应用中，小样本的问题十分突出，所以方案二采用更少的训练样本和更多的测试样本，能够更好地衡量神经网络的分类性能。

完成了训练样本和测试样本的选择后，进行训练，在训练网络以前，需要把特征向量转换成列向量。对两种方案的训练采用相同的训练策略，即样本完全训练。训练完成后对网络进行测试，得到两种网络分类的识别率，其比较如表 3.1 所示，其中 $S1$ 和 $S2$ 分别是 BP 神经网络的隐含层神经元个数和 RBF 神经网络的散布常数。

表 3.1　BP 神经网络和 RBF 神经网络识别率的比较

	BP 神经网络			RBF 神经网络		
	$S1$	测试集识别率	平均识别率	$S2$	测试集识别率	平均识别率
方案一	20	86.11%	87.5%	2	87.5%	87.96%
	36	88.89%		3.3	88.89%	
	45	87.5%		4	87.5%	
方案二	15	66.11%	67.22%	2	79.44%	79.81%
	20	62.22%		2.7	80.56%	
	30	73.33%		3	79.44%	

由于在 BP 神经网络的训练中，$S1$ 对于网络分类性能具有重大影响，在 RBF 神经网络的

训练中，散布常数 S2 对于网络分类性能具有重大影响，因此列出了不同 S1 和不同 S2 时两种神经网络的识别率。当 S1 太小时，BP 神经网络识别率太低，当 S1 太大时，训练时间增长，识别率也不会有太大提高，以方案一为例，当 S1 小于 10 时，识别率过低，当 S1 大于 60 时，识别率也不会增加而且网络变得复杂。对于 RBF 神经网络，只有 S2 取值在某一个范围内时，RBF 神经网络识别率才能达到最高，在此范围外，识别率将下降，以方案一为例，S2 取值在 3.3 时，RBF 神经网络具有最高的识别率，在此范围外，识别率将有不同程度的下降。

从表 3.1 中可以看到，在方案一中，当训练样本合适时，RBF 神经网络识别率略高于 BP 神经网络；在方案二中，当训练样本显著减少时，BP 神经网络识别率大大下降，而 RBF 神经网络识别率虽也略有下降，但仍能接受，因此得出结论，RBF 神经网络用于人脸识别分类器时，其性能要优于 BP 神经网络，因此，在实际应用中可以优先选择 RBF 神经网络作为人脸识别分类器。

3.9 小结

一个多层前馈神经网络通常是由一个输入层、一个或多个隐含层、一个输出层组成的，网络中的每一层（除了输出层）都连接着下一层网络。这种连通性是前馈神经网络结构的核心，它有两种基本特性：加权特征和激活特征。本章主要介绍了两种常见的多层前馈神经网络：BP 神经网络和 RBF 神经网络。

BP 神经网络中使用的 BP 算法解决了多层神经网络的训练问题，通过迭代的方式更新网络中的参数权值。RBF 神经网络中使用的 RBF 算法考虑了低维数据线性不可分问题，并将低维数据映射到高维空间进行线性区分，提高了传统感知机的泛化能力。

虽然反向传播学习算法得到了广泛应用，但其依旧存在一些缺陷，如梯度消失、梯度爆炸、陷入局部极小值等。随着技术的进步，这些局限性也在后来学者们一次又一次的研究中得到完善。

在最后，将 BP 神经网络和 RBF 神经网络应用到人脸识别上，并对比这两种神经网络人脸识别的效果，结果表明，RBF 神经网络优于 BP 神经网络，由此看出，相比 BP 神经网络，RBF 神经网络的泛化能力更强。

参考文献

[1] EPELBAUM T. Deep learning: Technical introduction[J]. arXiv preprint arXiv:1709.01412, 2017.

[2] WERBOS P. Beyond regression: New tools for prediction and analysis in the behavioral sciences[D]. Ph. D. dissertation, Harvard University, 1974.

[3] DE RUMELHART, HINTON G E , WILLIAMS R J . Learning representations by back propagating errors[J]. Nature, 1986, 323(6088): 533-536.

[4] REED R D, MARKS R J. Neural smithing-supervised learning in feedforward artificial neural networks[J]. Pattern Analysis & Applications, 2001, 4(1): 73-74.

[5] BROOMHEAD, D S, D LOWE. Multivariate functional interpolation and adaptive networks[C]. Complex Systems. 1988, 2(3): 321-355.

[6] GIROSI F, JONES M, POGGIO T. Regularization theory and neural networks architectures[J]. Neural Comp, 1995, 7(2): 219-269.

[7] 周志华. 机器学习[M]. 北京：清华大学出版社，2016.

[8] SIMON HAYKIN，神经网络与机器学习[M]. 北京：机械工业出版社，2011.

[9] KRIZHEVSKY A, SUTSKEVER I, HINTON G. ImageNet classification with deep convolutional neural networks[C]. Advances in neural information processing systems, 2012, 25(2).

[10] YAN P. Some views on the research of multilayer feedforward neural networks[J]. Acta Electronica Sinica, 1999, 23(1).

[11] 韦岗，贺前华，欧阳景正. 关于多层感知器的函数逼近能力[J]. 信息与控制，1996（06）：2-5.

[12] BARRON A R. Universal approximation bounds for superpositions of a sigmoidal function[J]. IEEE Trans.inf.theory, 1993, 39(3): 930-945.

[13] WRIGHT E M, BELLMAN R. Adaptive control processes: A guided tour[J]. The Mathematical Gazette, 1962, 46(356): 160.

[14] FRIEDMAN J H. An overview of predictive learning and function approximation[J]. From statistics to neural networks, 1994: 1-61.

[15] NIYOGI P, GIROSI F. On the relationship between generalization error, hypothesis complexity, and sample complexity for radial basis functions[J]. Neural Computation, 2014, 8(4): 819-842.

[16] 周昕. 基于 BP 神经网络的人脸识别技术的研究[M]. 南京：南京理工大学，2016.

习题

3.1 画出一个含有两个双隐含层，并且神经元总数为 20 的数据由左往右传播的前馈神经网络模型。

3.2 什么是 BP 算法？什么是 RBF 算法？它们各自的特点是什么？

3.3 什么是泛化能力？通常如何评价一个网络模型的泛化能力？

3.4 请设计一个简单的三层 BP 神经网络分类 Sklearn 中自带的鸢尾花数据集。

3.5 请设计一个简单的三层 RBF 神经网络分类 Sklearn 中自带的鸢尾花数据集。

3.6 对比 BP 神经网络和 RBF 神经网络在鸢尾花数据分类问题上的效果，并进行分析。

第 4 章 正则化理论

正则化理论（Regularization Theory）是 Tikhonov 于 1963 年提出的一种用于解决逆问题的不适定性的方法。不适定性通常由一组线性代数方程定义，这组方程具有很大的系数，使得它的反问题（已知系统输出求输入）存在多解。正则化理论用来对原问题的最小化经验误差函数（损失函数）加上某种约束，这种约束可以看作人为引入的某种先验知识，正则化参数等价于对参数引入先验分布，从而对原问题中参数的选择起到引导作用，缩小了解空间，也减小了噪声对结果的影响和求出错误解的可能，使得模型由多解变为更倾向于其中一个解。

也就是说，正则化项本质上是一种先验信息，整个最优化问题从贝叶斯观点来看是一种贝叶斯最大后验估计，其中正则化项对应后验估计中的先验信息，不同的正则化项具有不同的先验分布，损失函数对应后验估计中的似然函数，二者的乘积则对应贝叶斯最大后验估计的形式。为了让模型参数尽可能小，正则化项一般是模型复杂度的单调递增函数，模型越复杂，正则化项就越大。将其与原始的损失函数（经验风险）相加构成新的损失函数（结构风险），努力找到一个全局最优解作为最终的参数唯一取值。常用的正则化项有 L_0、L_1 和 L_2 等，其中 L_0 和 L_1 都有使参数稀疏的特点，实现了特征筛选，由于 L_1 比 L_0 更易优化，故更常用；与之不同，L_2 有使参数整体都趋向于 0 而非等于 0 的特点，能够在保证参数数量基本不变的前提下对所有参数实现权值压缩，避免因某个参数权值过大而对结果起到过大影响。

4.1 引言

在监督学习算法中，尽管算法不同过程不同，但是它们都有一个共同点。

通过样本训练一个网络，对于给定的输入模式给出输出模式，等价于构建一个超平面（多维映射），用输入模式定义输出模式。

从样本中学习是一个可逆的问题，因为其公式建立在由相关直接问题的实例中获得的指示之上；后一类问题包含潜在的位置物理定律。但是在现实情况下，我们通常发现训练样本会受到极大的限制。

训练样本所包含的信息内容通常不能充分地由自身唯一地重构未知的输入、输出映射。由此产生了机器学习的过拟合的可能性。

为了克服这个严重的问题，可以采用正则化理论，其目的是通过最小化如下的代价函数，把超平面重构问题的求解限制在压缩子集中

正则化代价函数=经验代价函数+正则化参数×正则化项

给定一个训练样本，假设经验风险或标准代价函数可以由误差平方和定义。附加的正则化算子是用来平滑超平面重构问题的解。因此，通过选择一个适当的正则化参数，正则化代价函数提供了在训练样本的精度（包含在均方误差中）和解的光滑程度之间的折中。

本章我们将描述如下两个基本的重要问题。

（1）经典正则化理论，建立在刚刚描述的正则化代价函数上。这是 Tikhonov 于 1963 年提出来的理论，它为正则化算子提供了统一的数学基础，此外还提出了新的思想。

（2）广义正则化理论，通过引入第三项，扩展了 Tikhonov 的经典正则化理论公式。这个

第三项叫作流形正则化算子，是 Belkin 于 2006 年提出来的，研究用于产生无类标样本（没有预期响应的样本）的输入空间的边缘概率分布。因此，广义正则化理论对依赖结合使用带类标样本和无类标样本的半监督学习提供了数学基础。

4.2 良态问题的 Hadamard 条件

良态（Well Posed）这个词最初是 Hadamard 于 1902 年提出来的，下面我们解释一下这个术语。假设定义一个定义域 X 和一个值域 Y，通过一个固定但未知的映射 f 关联。如果以下 3 个 Hadamard 条件成立，那么称重构映射 f 的问题为良态的。

存在性。对于每个输入向量 $\boldsymbol{x}\in X$，都存在一个输出 $\boldsymbol{y}=f(\boldsymbol{x})$，其中 $\boldsymbol{y}\in Y$。

唯一性。对于任意输入向量对 $\boldsymbol{x},\boldsymbol{t}\in X$，都有 $f(\boldsymbol{x})=f(\boldsymbol{t})$，当且仅当 $\boldsymbol{x}=\boldsymbol{t}$。

连续性。映射 f 是连续的，即对于任意的 $\varepsilon>0$，都存在 $\delta=\delta(\varepsilon)$，使得条件 $\rho_x(\boldsymbol{x},\boldsymbol{t})<\delta$ 蕴含 $\rho_y\left(f(\boldsymbol{x}),f(\boldsymbol{t})\right)<\varepsilon$，其中 $\rho(\cdot,\cdot)$ 表示两个变量各自空间之间的距离。连续性也称为稳定性。

若这些条件中的任何一个都不满足，则称重构映射 f 的问题为病态的（Ill Posed）。从根本上说，病态意味着大的数据集可能只包含关于预期解的一小部分信息。

在监督学习的环境下，Hadamard 条件可能由于以下原因被破坏：①对于每个输入不一定存在唯一的输出，存在性被破坏；②训练样本不足以提供用于构造一个唯一的输入、输出映射的信息，唯一性被破坏；③在实际训练数据中，输入数据中的噪声级别很高，那么神经网络或机器学习会对定义域 X 中的特定输入 $\boldsymbol{x}$ 产生一个在值域 Y 之外的输出，则连续性被破坏。如果一个学习问题不具有连续性，那么所计算的输入、输出映射与学习问题的准确解无关。没有什么办法可以解决这些困难，除非我们可以得到一些关于输入、输出映射的先验信息。在这个背景下，Lanczos 关于线性微分算子的一句论断可以提醒我们：任何数学技巧都不能补救信息的缺失。

4.3 正则化理论

Tikhonov 于 1963 年提出了一种用以解决病态问题的新方法，就是正则化理论。在曲面重构的问题上，正则化理论的基本思想是通过某些含有解的先验知识的非负的辅助泛函来稳定解。先验知识的一般形式涉及假设输入、输出映射函数（重构问题的解）是光滑的，即对于一个光滑的输入、输出映射，相似的输入对应相似的输出。

具体来说，我们将用于逼近的输入、输出数据（训练样本）集描述如下：

$$\begin{gathered}\text{输入信号 } x_i\in R^m,\ i=1,2,\cdots,N\\ \text{期望响应 } d_i\in R,\ i=1,2,\cdots,N\end{gathered}\tag{4.1}$$

注意，这里假定输出是一维的。这种假设并不会限制这里讨论的正则化理论的一般性应用。用 $F(x)$ 表示逼近函数，为了方便表达，在变量中省掉了神经网络的权值向量 $\boldsymbol{w}$。从根本上说，Tikhonov 的正则化理论包含如下两项。

（1）误差函数，该项用 $\xi_s(F)$ 表示，以逼近函数 $F(x_i)$ 和训练样本 $\{x_i,d_i\}_{i=1}^N$ 的形式定义。例如，对于最小二乘估计，标准代价函数为

$$\xi_s(F)=\frac{1}{2}\sum_{i=1}^{N}\left[d_i-F(x_i)\right]^2 \tag{4.2}$$

其中，ξ_s 的下标 s 表示标准化。对于另外一个不同的例子，即支持向量机，边缘损失函数为

$$\xi_s(F)=\frac{1}{N}\sum_{i=1}^{N}\max\left[0,1-d_iF(x_c)\right],\ d_i\in\{-1,+1\}$$

当然我们也可以把所有的例子包含在一个简单的公式中，但这两个函数的含义是完全不同的，它们的理论研究也会被不同对待。本章主要关注式（4.2）中的误差函数。

（2）正则化项，用 $\xi_c(F)$ 表示，依赖逼近函数 $F(x_i)$ 的几何性质。具体定义为

$$\xi_c(F)=\frac{1}{2}\|DF\|^2 \tag{4.3}$$

式中，ξ_c 的下标 c 表示复杂度，D 是线性微分算子。关于解［输入、输出映射函数 $F(x)$］的形式的先验知识就包含在 D 中，这使得 D 的选取与所解的问题有关。我们也称 D 为稳定因子（Stabilizer），因为它使正则化问题的解稳定、光滑，从而满足连续性的要求。但是光滑性意味着连续性，而相反未必成立。用于处理式（4.3）所描述的情况的解析方法建立在 Hilbert 空间的概念之上。在这样的多维空间中，一个连续函数由一个向量表示。通过使用几何图像，我们可以在线性微分算子和矩阵之间建立深刻的联系。由此，对线性系统的分析就可以转变为对线性微分方程的分析。于是，式（4.3）中的符号 $\|\|$ 表示定义在 $DF(x)$ 所属的 Hilbert 空间上的范数。把 D 看作一个从 F 所属的函数空间到 Hilbert 空间的映射，我们在式（4.3）中使用 L_2 范数。

训练样本 $J=\{x_i,d_i\}_{i=1}^{N}$，由一个物理过程产生，用如下的回归模型表示

$$d_i=f(x_i)+\varepsilon_i,\ i=1,2,\cdots,N$$

式中，x_i 是回归量；d_i 是响应；ε_i 是解释误差。严格来说，我们需要函数 $f(x)$ 是具有 Dirac Delta 分布形式的带有再生核的再生核 Hilbert 核空间。

令 $\xi_s(F)$ 表示标准代价函数，$\Omega(F)$ 表示正则化函数，则在正则化理论中，用于最小化的最小二乘损失量为

$$\xi(F)=\xi_s(F)+\Omega(F)=\frac{1}{2}\sum_{i=1}^{N}\left[d_i-F(x_i)\right]^2+\frac{1}{2}\lambda\|DF\|^2 \tag{4.4}$$

式中，λ 是一个称为正则化参数的正实数；$\xi(F)$ 叫作 Tikhonov 泛函。泛函（定义在一些适当的函数空间中）把函数映射为实数。$\xi(F)$ 的最小点（正则化问题的解）用 $F_\lambda(x)$ 表示。需要注意的是，式（4.4）可以看作一个有约束的最优化问题，在施加在 $\Omega(F)$ 上的约束条件下最小化 $\xi_s(F)$。为了实现这一目的，我们强调一个在逼近函数 $F(x_i)$ 的复杂度上的显式约束。

另外，我们可以把正则化参数 λ 视为由给定训练样本确定的解 $F_\lambda(x)$ 的充分条件的指示器。特别地，在 $\lambda\to 0$ 的极限条件下，此问题是无约束的，因为 $F_\lambda(x)$ 的解完全由训练样本确定。在 $\lambda\to\infty$ 的极限条件下，由 D 施加的先验光滑约束对求解 $F_\lambda(x)$ 是充分的。换句话说，样本是不可靠的。在实际应用中，λ 被赋予一个在这两种极限条件之间的值，所以训练样本和先验知识都可以对求解 $F_\lambda(x)$ 起作用。因此 $\xi(F)=\frac{1}{2}\|DF\|^2$ 代表一个复杂度函数模型，其对最终解的影响由 λ 控制。

另外，我们可以把正则化过程看作对有偏方差问题的解决。特别地，正则化参数的最优

选择可用来通过加入正确的先验信息，以在模型偏置和模型方差中平衡来实现。此方法可以解决一些学习问题。

1）正则化应用

在对正则化理论的讨论中，我们强调使用式（4.1）中 $d_i \in R$ 的回归问题。然而，我们也应该认识到正则化理论可以应用到如下两个领域。

（1）分类。此问题可简单通过如把二值类标当成标准最小二乘回归中的实值来解决。在另外的例子中，我们可以使用经验风险函数，如适合模式分类问题的关键损失。

（2）结构预测。已有很多工作将正则化理论用于结构预测，如输出空间可以是一个序列、一棵树或一些其他结构的输出空间。

需要强调的是，正则化理论在几乎所有需要从有限数量的训练样本中学习的应用中都处于核心地位。

2）Tikhonov 泛函的 Frechet 微分

正则化理论可以表述如下。

求使 Tikhonov 泛函 $\xi(F)$ 最小的逼近函数 $F_\lambda(x)$，Tikhonov 泛函由 $\xi(F)=\xi_s(F)+\lambda\xi_c(F)$ 定义，其中 $\xi_s(F)$ 是标准误差项，$\xi_c(F)$ 是正则化项，λ 是正则化参数。

为最小化 $\xi(F)$，我们首先需要求 $\xi(F)$ 微分的规则，可以用 Frechet 微分来处理。在初等微积分中，曲线上某点的切线是在该点邻域上的曲线的最佳逼近直线。同理，一个泛函的 Frechet 微分可以解释为一个最佳局部线性逼近。这样 $\xi(F)$ 的 Frechet 微分可正式定义为

$$\mathrm{d}\xi(F,h)=\left[\frac{\mathrm{d}}{\mathrm{d}\beta}\xi(F+\beta h)\right]_{\beta=0} \tag{4.5}$$

式中，h 表示 $h(\boldsymbol{x})$，是一个固定的关于向量 $\boldsymbol{x}$ 的函数。在式（4.5）中应用通常的微分法则，对于所有的 $h\in H$，函数 $F(\boldsymbol{x})$ 为 $\xi(F)$ 的一个相对极值的必要条件是，$\xi(F)$ 的 Frechet 微分 $\mathrm{d}\xi(F,h)$ 在 $F(\boldsymbol{x})$ 处均为零，即

$$\mathrm{d}\xi(F,h)=\mathrm{d}\xi_s(F,h)+\lambda\mathrm{d}\xi_c(F,h)=0 \tag{4.6}$$

式中，$\mathrm{d}\xi_s(F,h)$ 和 $\mathrm{d}\xi_c(F,h)$ 分别是 $\xi_s(F)$ 和 $\xi_c(F)$ 的 Frechet 微分。

计算式（4.2）中 $\xi_s(F,h)$ 的 Frechet 微分为

$$\begin{aligned}\mathrm{d}\xi_s(F,h)&=\left[\frac{\mathrm{d}}{\mathrm{d}\beta}\xi(F+\beta h)\right]_{\beta=0}=\left[\frac{1}{2}\frac{\mathrm{d}}{\mathrm{d}\beta}\sum_{i=1}^{N}\left[d_i-F(x_i)-\beta h(x_i)\right]^2\right]_{\beta=0}\\&=-\sum_{i=1}^{N}\left[d_i-F(x_i)-\beta h(x_i)\right]h(x_i)|_{\beta=0}=-\sum_{i=1}^{N}\left[d_i-F(x_i)\right]h(x_i)\end{aligned} \tag{4.7}$$

3）Riesz 表示理论

为了继续处理 Hilbert 空间中的 Frechet 微分问题，我们发现引入 Riesz 表示理论是有益的，陈述如下。

令 f 为 Hilbert 空间 H 上的一个有界线性泛函。存在一个 $h_0\in \mathrm{H}$，使得

$$f(h)=\langle h,h_0\rangle_{\mathrm{H}},\quad h\in \mathrm{H}$$

且

$$\|f\|=\|h_0\|_{\mathrm{H}}$$

式中，h_0 和 f 在它们各自空间上都存在范数。

这里所用的$\langle,\rangle_{\mathrm{H}}$表示空间 H 上两个函数的内积（标量）。因此，根据 Riesz 表示定理，可以重写式（4.7）中的 Frechet 微分为

$$\mathrm{d}\xi_{\mathrm{s}}(F,h)=-\left\langle h,\sum_{i=1}^{N}(d_i-F)\delta_{x_i}\right\rangle_{\mathrm{H}} \tag{4.8}$$

式中，δ_{x_i} 表示以 x_i 为中心的 x 的 Dirac Delta 分布，即

$$\delta_{x_i}(x)=\delta(x-x_i) \tag{4.9}$$

下面计算式（4.3）的$\delta_{\mathrm{c}}(F)$的 Frechet 微分。用与上面同样的方法可以得出假设［假设 $DF\in L_2(R^{m_0})$］

$$\begin{aligned}\mathrm{d}\xi_{\mathrm{c}}(F,h)&=\frac{\mathrm{d}}{\mathrm{d}\beta}\xi_{\mathrm{c}}(F+\beta h)|_{\beta=0}=\frac{1}{2}\frac{\mathrm{d}}{\mathrm{d}\beta}\int_{R^{m_0}}(D[F+\beta h])^2\mathrm{d}x|_{\beta=0}\\&=\int_{R^m}D[F+\beta h]Dh\mathrm{d}x|_{\beta=0}=\int_{R^m}DFDh\mathrm{d}x=\langle Dh,DF\rangle_{\mathrm{H}}\end{aligned} \tag{4.10}$$

式中，$\langle Dh,DF\rangle_{\mathrm{H}}$是函数$Dh(x)$和$DF(x)$的内积，函数$Dh(x)$和$DF(x)$分别代表 D 作用在$h(x)$和$F(x)$上的结果。

4）Euler-拉格朗日方程

给定一个线性微分算子 D，我们可以唯一确定其伴随算子（Adjoint Operator）$\tilde{D}$，使得对于任意一对足够可微且满足恰当边界条件的函数$u(x)$和$v(x)$都有

$$\int_{R^m}u(x)Dv(x)\mathrm{d}x=\int_{R^m}v(x)\tilde{D}u(x)\mathrm{d}x \tag{4.11}$$

式（4.11）叫作 Green 恒等式，它为通过给定微分算子 D 来确定其伴随算子 $\tilde{D}$ 提供了一个数学基础。将 D 看作一个矩阵，其伴随算子 $\tilde{D}$ 类似转置矩阵。

比较式（4.11）等号的左边和式（4.10），我们可得出

$$u(x)=DF(x)$$
$$Dv(x)=Dh(x)$$

根据 Green 恒等式，可将式（4.10）重写为

$$\mathrm{d}\xi_{\mathrm{c}}(F,h)=\int_{R^{m_0}}h(x)\tilde{D}DF(x)\mathrm{d}x=\langle h,\tilde{D}DF\rangle_{\mathrm{H}} \tag{4.12}$$

将式（4.8）和式（4.12）代入（4.6），可以重新得到

$$\mathrm{d}\xi(F,h)=\left\langle h,\left[\tilde{D}DF-\frac{1}{\lambda}\sum_{i=1}^{N}(d_i-F)\delta_{x_i}\right]\right\rangle_{\mathrm{H}} \tag{4.13}$$

因为正则化参数λ通常取开区间$(0,\infty)$上的某个值，所以当且仅当下列条件在广义函数 $F=F_\lambda$ 下满足时，对于空间 x 中所有的函数 $h(x)$，$\mathrm{d}\xi(F,h)$都为零。

$$\tilde{D}DF_\lambda-\frac{1}{\lambda}\sum_{i=1}^{N}(d_i-F_\lambda)\delta_{x_i}=0$$

等价于

$$\tilde{D}DF_\lambda(x)=\frac{1}{\lambda}\sum_{i=1}^{N}\left[d_i-F_\lambda(x_i)\right]\delta(x-x_i) \tag{4.14}$$

式（4.14）是 Tikhonov 泛函$\xi(F)$的 Euler-拉格朗日方程，它定义了$\xi(F)$在$F_\lambda(x)$处极值的必要条件。

5）Green 函数

式（4.14）表示逼近函数 F_λ 的偏微分方程。该方程的解是由方程右边的积分变换组成的。我们现在先简单地介绍 Green 函数，然后继续求解式（4.14）。

令 $G(\boldsymbol{x},\xi)$ 表示向量 $\boldsymbol{x}$ 和 ξ 的一个函数，两个向量的地位相同，但它们的目的不同：向量 $\boldsymbol{x}$ 作为参数，而向量 ξ 则作为自变量。对于给定的线性微分算子 L，我们规定函数 $G(\boldsymbol{x},\xi)$ 满足如下条件。

（1）固定的 $\xi, G(\boldsymbol{x},\xi)$ 是 $\boldsymbol{x}$ 的函数，且满足规定的边界条件。

（2）除了 $\boldsymbol{x}=\xi$ 处，$G(\boldsymbol{x},\xi)$ 对于 $\boldsymbol{x}$ 的导数是连续的。导数的次数由 L 的阶数决定。

（3）将 $G(\boldsymbol{x},\xi)$ 看作 $\boldsymbol{x}$ 的函数，除了在 $\boldsymbol{x}=\xi$ 外奇异，它还满足偏微分方程

$$LG(\boldsymbol{x},\xi)=0 \tag{4.15}$$

即函数 $G(\boldsymbol{x},\xi)$ 满足（广义函数的意义下）

$$LG(\boldsymbol{x},\xi)=\delta(\boldsymbol{x}-\xi) \tag{4.16}$$

式中，$\delta(\boldsymbol{x}-\xi)$ 是位于 $\boldsymbol{x}=\xi$ 处的 Dirac Delta 函数。

上述函数 $G(\boldsymbol{x},\xi)$ 叫作 L 的 Green 函数。Green 函数对于线性微分算子的作用类似一个矩阵的逆矩阵对于该矩阵方程的作用。

令 $\varphi(\boldsymbol{x})$ 表示一个关于 $\boldsymbol{x}\in R^{m_0}$ 的连续或分段连续的函数，那么

$$F(\boldsymbol{x})=\int_{R^{m_0}} G(\boldsymbol{x},\xi)\varphi(\xi)\mathrm{d}\xi \tag{4.17}$$

就是微分方程

$$LF(\boldsymbol{x})=\varphi(\boldsymbol{x}) \tag{4.18}$$

的解，其中 $G(\boldsymbol{x},\xi)$ 是 L 的 Green 函数。

为了证明 $F(\boldsymbol{x})$ 为式（4.18）的解，我们将 L 应用于式（4.17）的两端，可得

$$LF(\boldsymbol{x})=L\int_{R^{m_0}} G(\boldsymbol{x},\xi)\varphi(\xi)\mathrm{d}(\xi)=\int_{R^{m_0}} LG(\boldsymbol{x},\xi)\varphi(\xi)\mathrm{d}\xi \tag{4.19}$$

L 将 ξ 视为常量，它作用于 $G(\boldsymbol{x},\xi)$ 时仅将其视为 $\boldsymbol{x}$ 的函数，将式（4.16）代入式（4.19），有

$$LF(\boldsymbol{x})=\int_{R^{m_0}} \delta(\boldsymbol{x}-\xi)\varphi(\xi)=\varphi(\xi)\mathrm{d}\boldsymbol{\xi}$$

最后，利用 Dirac Delta 函数的筛选性质，可得

$$\int_{R^{m_0}} \varphi(\xi)\delta(\boldsymbol{x}-\xi)\mathrm{d}(\xi)=\varphi(\boldsymbol{x})$$

这样就得到了式（4.18）所描述的 $LF(\boldsymbol{x})=\varphi(\boldsymbol{x})$。

6）正则化问题的解

回到当前的问题，下面我们来解释 Euler-拉格朗日微分方程，即式（4.14）。令

$$L=\tilde{D}D \tag{4.20}$$

和

$$\varphi(\xi)=\frac{1}{\lambda}\sum_{i=1}^{N}\left[d_i-F(x_i)\right]\delta(\xi-x_i) \tag{4.21}$$

根据式（4.17），有

$$F_\lambda(\boldsymbol{x})=\int_{R^{m_0}} G(\boldsymbol{x},\zeta)\left\{\frac{1}{\lambda}\sum_{i=1}^{N}\left[d_i-F(x_i)\right]\delta(\xi-x_i)\right\}\mathrm{d}\xi$$

$$=\frac{1}{\lambda}\sum_{i=1}^{N}\left[d_i-F\left(x_i\right)\right]\int_{R^{m_0}}G\left(\boldsymbol{x},\xi\right)\delta\left(\xi-x_i\right)\mathrm{d}\xi$$

上式第二行交换了积分和求和的次序。最后利用 Dirac Delta 函数的筛选性质，可以得到式（4.14）的解为

$$F_\lambda\left(\boldsymbol{x}\right)=\frac{1}{\lambda}\sum_{i=1}^{N}\left[d_i-F\left(x_i\right)\right]G\left(\boldsymbol{x},x_i\right) \tag{4.22}$$

式（4.22）说明正则化问题的最小化解 $F_\lambda(\boldsymbol{x})$ 是 N 个 Green 函数的线性叠加。x_i 代表扩展中心，权值 $\frac{\left[d_i-F\left(x_i\right)\right]}{\lambda}$ 代表展开系数。换句话说，正则化问题的解在光滑函数的空间的一个 N 维子空间上，以 x_i，$i=1,2,\cdots,N$ 为中心的一组 Green 函数 $\left\{G\left(\boldsymbol{x},x_i\right)\right\}$ 组成了该子空间的基。注意，在式（4.22）中，展开系数具有如下性质。

（1）与系统的估计误差［定义为应有输出 d_i 和相应的网络实际计算输出 $F\left(x_i\right)$ 之差］呈线性关系。

（2）与正则化参数 λ 成反比。

7）确定展开系数

下面要解决的问题是如何确定式（4.22）中的展开系数。令

$$w_i=\frac{1}{\lambda}\left[d_i-F\left(x_i\right)\right],\ i=1,2,\cdots,N \tag{4.23}$$

则式（4.22）可以改写为

$$F_\lambda\left(\boldsymbol{x}\right)=\sum_{i=1}^{N}w_iG\left(\boldsymbol{x},x_i\right) \tag{4.24}$$

分别在 x_j，$j=1,2,\cdots,N$ 上计算式（4.24）的值，可得

$$F_\lambda\left(x_j\right)=\sum_{i=1}^{N}w_iG\left(x_j,x_i\right),\ j=1,2,\cdots,N \tag{4.25}$$

现在我们引入如下定义：

$$F_\lambda=\left[F_\lambda\left(x_1\right),F_\lambda\left(x_2\right),\cdots,F_\lambda\left(x_N\right)\right]^{\mathrm{T}} \tag{4.26}$$

$$\boldsymbol{d}=\left[d_1,d_2,\cdots,d_N\right]^{\mathrm{T}} \tag{4.27}$$

$$\boldsymbol{G}=\begin{bmatrix} G\left(x_1,x_1\right) & G\left(x_1,x_2\right) & \cdots & G\left(x_1,x_N\right) \\ G\left(x_2,x_1\right) & G\left(x_2,x_2\right) & \cdots & G\left(x_2,x_N\right) \\ \vdots & \vdots & & \vdots \\ G\left(x_N,x_1\right) & G\left(x_N,x_2\right) & \cdots & G\left(x_N,x_N\right) \end{bmatrix} \tag{4.28}$$

$$\boldsymbol{w}=\left[w_1,w_2,\cdots,w_N\right]^{\mathrm{T}} \tag{4.29}$$

然后式（4.23）和式（4.25）可分别写成矩阵形式，即

$$\boldsymbol{w}=\frac{1}{\lambda}\left(\boldsymbol{d}-F_\lambda\right) \tag{4.30}$$

和

$$F_\lambda=\boldsymbol{G}\boldsymbol{w} \tag{4.31}$$

消去式（4.30）和式（4.31）中的 F_λ，重新调整项可得

$$(\boldsymbol{G}+\lambda\boldsymbol{I})\boldsymbol{w}=\boldsymbol{d} \tag{4.32}$$

式中，$\boldsymbol{I}$ 是一个 $N\times N$ 的单位矩阵；$\boldsymbol{G}$ 称为 Green 矩阵。

式(4.20)所定义的 L 是自伴的，它的伴随算子等于它自身。因此，与其相关的函数 $G(x,x_i)$ 的对称矩阵，对所有的 i，j 都有

$$\boldsymbol{G}(x_i,x_j)=\boldsymbol{G}(x_j,x_i) \tag{4.33}$$

式（4.33）表明函数 $\boldsymbol{G}(\boldsymbol{x},\xi)$ 的两个向量 $\boldsymbol{x}$ 和 ξ 的位置可以互换且不影响它的值。等价地，式（4.28）所定义的矩阵 $\boldsymbol{G}$ 是对称矩阵，即

$$\boldsymbol{G}^{\mathrm{T}}=\boldsymbol{G} \tag{4.34}$$

现在我们回顾一下插值定理，利用插值矩阵 $\boldsymbol{\Phi}$ 对定理进行描述。我们首先注意到矩阵 $\boldsymbol{G}$ 在正则化理论中所起的作用与插值矩阵 $\boldsymbol{\Phi}$ 在 RBF 插值理论中所起的作用相同，都是 $N\times N$ 阶的对称矩阵。因此，我们可以说，对于某类 Green 函数，只要所提供的数据点 $x_1,x_2,\cdots,x_N$ 是互不相同的，矩阵 $\boldsymbol{G}$ 就是正定的。满足 Micchelli 定理的 Green 函数包括逆多二次函数和高斯函数，但是没有多二次函数。实际上，我们总是将 λ 选得足够大，使 $G+\lambda\boldsymbol{I}$ 正定，从而可逆。这样式（4.32）所表示的线性方程组就具有唯一解，即

$$\boldsymbol{w}=(\boldsymbol{G}+\lambda\boldsymbol{I})^{-1}\boldsymbol{d} \tag{4.35}$$

因此，只要选定了 D，确定了相应的函数 $G(x_i,x_j),i,j=1,2,\cdots,N$，我们就可以通过式（4.35）得到与某一特定期望输出向量 $\boldsymbol{d}$ 及合适的正则化参数 λ 相对应的权值向量 $\boldsymbol{w}$。

总之，我们可以说正则化问题的解可以由以下展开式给出

$$F_\lambda(\boldsymbol{x})=\sum_{i=1}^{N}\boldsymbol{w}_i\boldsymbol{G}(\boldsymbol{x},x_i) \tag{4.36}$$

相应地，我们可以给出如下三条论断。

（1）最小化式（4.4）中的正则化代价函数的逼近函数 $F_\lambda(\boldsymbol{x})$。由一系列 Green 函数的线性加权组合而成，其中每个 Green 函数都仅依赖一个稳定因子 D。

（2）在展开式中用到的 Green 函数的个数与训练过程中用到的样本数据点的个数相同。

（3）展开式中相应的 N 个权值由式（4.23）中的训练样本 $\{x_i,d_i\}_{i=1}^{N}$ 和正则化参数的形式定义。

如果所选的稳定因子 D 具有平移不变性，那么以 x_i 为中心的 $\boldsymbol{G}(\boldsymbol{x},x_i)$ 只取决于 $\boldsymbol{x}$ 和 x_i 之差，即

$$\boldsymbol{G}(\boldsymbol{x},x_i)=\boldsymbol{G}(\boldsymbol{x}-x_i) \tag{4.37}$$

如果稳定因子 D 是平移不变和旋转不变的，那么 $\boldsymbol{G}(\boldsymbol{x},x_i)$ 只取决于 $\boldsymbol{x}-x_i$ 的欧几里得范数，表示为

$$\boldsymbol{G}(\boldsymbol{x},x_i)=\boldsymbol{G}(\|\boldsymbol{x}-x_i\|) \tag{4.38}$$

在这些条件下，Green 函数一定是 RBF。此时，式（4.36）的正则化问题的解可表示为

$$F_\lambda(\boldsymbol{x})=\sum_{i=1}^{N}\boldsymbol{w}_i\boldsymbol{G}(\|\boldsymbol{x}-x_i\|) \tag{4.39}$$

式（4.39）所描述的解构造了一个依赖已知数据点的欧几里得距离度量的线性函数空间，叫作严格插值解，因为所有 N 个已知训练数据点都被用于生成插值函数 $F(\boldsymbol{x})$。但是，值得注

意的是式（4.39）所表示的解有根本不同。式（4.39）的解被式（4.35）给出的权值向量 $\boldsymbol{w}$ 的定义正则化。只有当我们将正则化参数 λ 设为 0 时，这两个解才是一样的。

8）多元高斯函数

函数 $\boldsymbol{G}(\boldsymbol{x},x_i)$ 的相应的线性微分算子 D 是平移不变和旋转不变的，并且满足式（4.38），此时 Green 函数具有重要实际意义。这类 Green 函数的一个例子是多元高斯函数，定义为

$$\boldsymbol{G}(\boldsymbol{x},x_i)=\exp\left(-\frac{1}{2\sigma_i^2}\|\boldsymbol{x}\|-\|x_i{}^2\|\right) \tag{4.40}$$

式中，x_i 表示函数的中心；σ_i 表示宽度。与式（4.40）的 Green 函数相对应的自伴随算子为

$$L=\sum_{n=0}^{\infty}(-1)^n\alpha_n\nabla^{2n} \tag{4.41}$$

其中

$$\alpha_n=\frac{\sigma_i^{2n}}{n!2^n} \tag{4.42}$$

而 ∇^{2n} 是 m_0 维多重拉普拉斯算子，即

$$\nabla^2=\frac{\partial^2}{\partial x_1^2}+\frac{\partial^2}{\partial x_2^2}+\cdots+\frac{\partial^2}{\partial x_{m_0}^2} \tag{4.43}$$

因为式（4.41）中 L 的项数允许到无穷大，所以从标准意义上说 L 并不是一个微分算子。因此，我们将式（4.41）中的 L 称为伪微分算子。

由于定义 $L=\tilde{D}D$，由式（4.41）可以推导出 D 和 $\tilde{D}$ 为

$$D=\sum\alpha_n^{\frac{1}{2}}\left(\frac{\partial}{\partial x_1}+\frac{\partial}{\partial x_2}+\cdots+\frac{\partial}{\partial x_{m_0}}\right)=\sum_{a+b+\cdots+k=n}\alpha_n^{\frac{1}{2}}\frac{\partial^n}{\partial x_1^a\partial x_2^b\cdots\partial x_{m_0}^k} \tag{4.44}$$

$$\tilde{D}=\sum_n(-1)^n\alpha_n^{\frac{1}{2}}\left(\frac{\partial}{\partial x_1}+\frac{\partial}{\partial x_2}+\cdots+\frac{\partial}{\partial x_{m_0}}\right)^n=\sum_{a+b+\cdots+k=n}(-1)^n\alpha_n^{\frac{1}{2}}\frac{\partial^n}{\partial x_1^a\partial x_2^b\cdots\partial x_{m_0}^k} \tag{4.45}$$

因此通过使用所有可能偏导数在内的稳定因子，可以得到式（4.39）形式的正则化解。

将式（4.40）～式（4.42）代入式（4.16）且令 $\boldsymbol{\xi}$ 为 x_i，则有

$$\sum_{n=0}^{\infty}(-1)^n\frac{\sigma_i^{2n}}{n!2^n}\nabla^{2n}\exp\left(-\frac{1}{2\sigma_i^2}\|\boldsymbol{x}-x_i\|^2\right)=\delta(\boldsymbol{x}-x_i) \tag{4.46}$$

利用式（4.40）定义的函数 $\boldsymbol{G}(\boldsymbol{x},x_i)$ 的特殊形式，可以将式（4.36）给出的正则化解写成多元高斯函数的线性叠加形式，即

$$F_\lambda(\boldsymbol{x})=\sum_{i=1}^{N}\boldsymbol{w}_i\exp\left(-\frac{1}{2\sigma_i^2}\|\boldsymbol{x}-x_i\|^2\right) \tag{4.47}$$

式中，线性权值 $\boldsymbol{w}_i$ 由式（4.23）定义。

在式（4.47）中，定义逼近函数 $F_\lambda(\boldsymbol{x})$ 的各高斯项的方差是不同的。为简化起见，通常认为在 $F(\boldsymbol{x})$ 中对于所有 i 都有 $\sigma_i=\sigma$。尽管这样设计的 RBF 神经网络受到一定限制，但其仍不失为一个通用逼近器。

4.4 正则化网络

式（4.36）给出的正则化逼近函数 $F_\lambda(\boldsymbol{x})$ 关于中心在 $\boldsymbol{x}$ 的函数 $\boldsymbol{G}(\boldsymbol{x}, x_i)$ 的展开形式，体现了如图 4.1 所示的网络结构的一个实现方法。基于明显的原因，这种网络结构被称为正则化网络。该网络共三层。第一层是输入层，由输入节点组成，输入节点数等于输入向量 $\boldsymbol{\alpha}$ 的维数 m，即问题的独立变量数。第二层是隐含层，由直接与所有输入节点相连的非线性单元组成。每个隐含单元都对应一个数据点 x_i，$i=1,2,\cdots,N$，其中 N 表示训练样本的长度。每个隐含单元的激活函数都由 Green 函数定义。因此第 i 个隐含单元的输出是 $\boldsymbol{G}(\boldsymbol{x}, x_i)$。第三层是输出层，仅包含一个线性单元，它与所有隐含单元相连。这里所谓的“线性”指的是网络的输出是隐含单元输出的线性加权和。输出层的权值就是未知的展开系数，如式（4.23）所示，它是由函数 $\boldsymbol{G}(\boldsymbol{x}, x_i)$ 和正则化参数 λ 决定的。图 4.1 描绘了一个单输出的正则化网络。显然，我们可以将其推广为包括任意期望输出数的正则化网络。

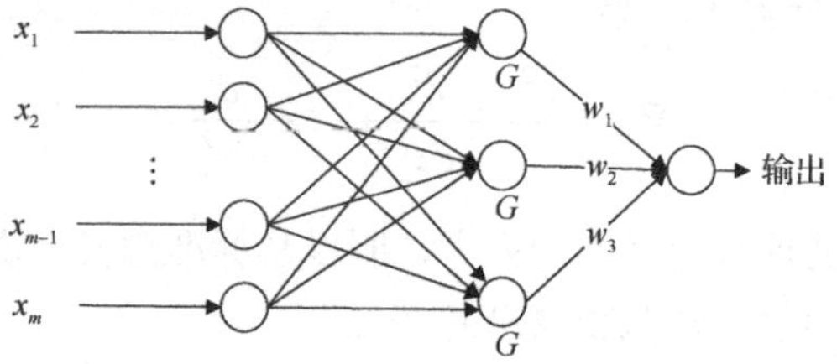

图 4.1 单输出的正则化网络

如图 4.1 所示的正则化网络假设函数 $\boldsymbol{G}(\boldsymbol{x}, x_i)$ 对所有的 i 都是正定的。假设上述条件成立，函数 $\boldsymbol{G}(\boldsymbol{x}, x_i)$ 具有式（4.40）的高斯形式，则由该网络得到的解在泛函 $\xi(F)$ 最小化的意义下将是一个“最佳”的内插解。而且，由逼近理论的观点可得，正则化网络具有如下两个性质。

（1）正则化网络是一个通用逼近器，只要有足够多的隐含单元，它就可以任意精度逼近定义在 R^{m_0} 的紧子集上的任何多元连续函数。

（2）由于正则化理论导出的逼近理论的未知系数是线性的，因此该网络具有最佳逼近性能。这说明给定一个未知的非线性函数 f，总可以选择一组系数，使得它对 f 的逼近优于其他选择。由正则化网络求得的解是最佳的。

4.5 广义 RBF 神经网络

输入向量 $\boldsymbol{x}_i$ 与函数 $\boldsymbol{G}(\boldsymbol{x}, \boldsymbol{x}_i)$（$i=1,2,\cdots,N$）之间一一对应，如果 N 太大，实现它的计算量将大得惊人。特别是在计算网络的权值向量[式(4.36)中的展开系数]时，要求计算一个 $N \times N$ 矩阵的逆，其计算量按 N 的多项式增长（大约为 N^3）。另外，矩阵越大，其病态的可能性越高，一个矩阵的条件数被定义为该矩阵的最大特征值与其最小特征值的比值。要克服这些计算上的困难，通常会降低神经网络的复杂度，或者加大正则化参数。

图 4.2 描绘了降低复杂度的 RBF 神经网络，在一个较低维数的空间中求一个次优解，以此来逼近式（4.36）给出的正则化解。这可以通过变分问题中通称 Galerkin 方法的标准技术实

现。根据这个技术，近似解 $F^*(\boldsymbol{x})$ 将在一个有限基上进行扩展，表示为

$$F^*(\boldsymbol{x})=\sum_{i=1}^{m_1}w_i\varphi(\boldsymbol{x},\boldsymbol{t}_i) \tag{4.48}$$

式中，$\left\{\varphi(\boldsymbol{x},\boldsymbol{t}_i)|_{i=1,2,\cdots,m_1}\right\}$ 是一组新的 RBF，不失一般性，我们假设它们线性独立。在典型情况下，这组新的 RBF 的个数小于输入数据点的个数（$m_1 \leqslant N$），并且 w_i 组成一组新的权值集。根据 RBF，设

$$\varphi(\boldsymbol{x},\boldsymbol{t}_i)=\boldsymbol{G}(\|\boldsymbol{x}-\boldsymbol{t}_i\|),\ i=1,2,\cdots,m_1 \tag{4.49}$$

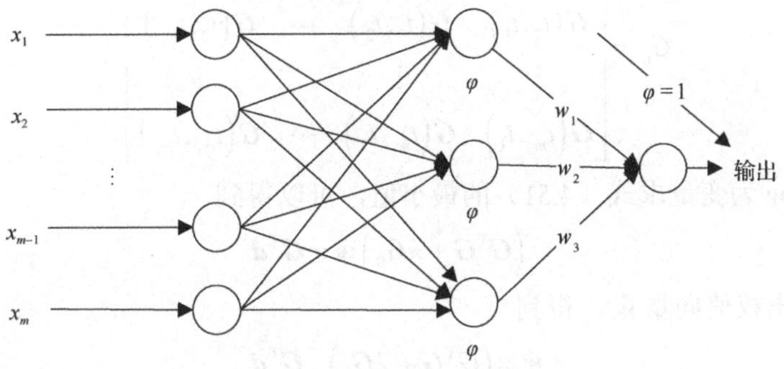

图 4.2　降低复杂度的 RBF 神经网络

RBF 的这个特定选择是唯一的选择，只有当 $m_1=N$，且 $\boldsymbol{t}_i=\boldsymbol{x}_i$，$i=1,2,\cdots,N$ 时，其解才能与式（4.39）的正确解一致。因此将式（4.49）代入式（4.48），可得

$$F^*(\boldsymbol{x})=\sum_{i=1}^{m_1}w_i\boldsymbol{G}(\boldsymbol{x},\boldsymbol{t}_i)=\sum_{i=1}^{m_1}w_i\boldsymbol{G}(\|\boldsymbol{x}-\boldsymbol{t}_i\|) \tag{4.50}$$

对于给定的逼近函数 $F^*(\boldsymbol{x})$ 的式（4.50）的展开形式，我们要解决的问题是确定一组新的权值 $\{w_i\}_{i=1}^{m_1}$，使新的泛函 $\xi(F^*)$ 最小化，新的泛函为

$$\xi(F^*)=\sum_{i=1}^{N}\left(d_i-\sum_{j=1}^{m_1}w_j\boldsymbol{G}(\|\boldsymbol{x}_i-\boldsymbol{t}_j\|)\right)^2+\lambda\|DF^*\|^2 \tag{4.51}$$

式（4.51）等号右边第一项可以写成欧几里得范数平方 $\|\boldsymbol{d}-\boldsymbol{G}\boldsymbol{w}\|^2$，其中

$$\boldsymbol{d}=[d_1,d_2,\cdots,d_N]^{\mathrm{T}} \tag{4.52}$$

$$\boldsymbol{G}=\begin{bmatrix} G(x_1,t_1) & G(x_1,t_2) & \cdots & G(x_1,t_{m_i}) \\ G(x_2,t_1) & G(x_2,t_2) & \cdots & G(x_2,t_{m_i}) \\ \vdots & \vdots & & \vdots \\ G(x_N,t_1) & G(x_N,t_2) & \cdots & G(x_N,t_{m_i}) \end{bmatrix} \tag{4.53}$$

$$\boldsymbol{w}=[w_1,w_2,\cdots,w_{m_i}]^{\mathrm{T}} \tag{4.54}$$

与前面一样，期望响应向量 $\boldsymbol{d}$ 是 N 维的。但是，矩阵 $\boldsymbol{G}$ 和权值向量 $\boldsymbol{w}$ 却有不同的维数；矩阵 $\boldsymbol{G}$ 现在是 $N\times m_1$ 的，不再是对称的，而向量 $\boldsymbol{w}$ 是 $m_1\times 1$ 的。由式（4.50）注意到，逼近函数 F^* 是由稳定因子 D 决定的 Green 函数的线性组合。因此，可以将式（4.51）等号右边第二项写为

$$\begin{aligned}\|DF^*\|^2 &= \langle DF^*, DF^* \rangle_{\mathrm{H}} = \left[\sum_{i=1}^{m_1} w_i \boldsymbol{G}(\boldsymbol{x},\boldsymbol{t}_i), \tilde{D}D\sum_{i=1}^{m_1} w_i \boldsymbol{G}(\boldsymbol{x},\boldsymbol{t}_i)\right]_{\mathrm{H}} \\ &= \left[\sum_{i=1}^{m_1} w_i \boldsymbol{G}(\boldsymbol{x},\boldsymbol{t}_i), \sum_{i=1}^{m_1} \boldsymbol{w}\delta_{t_i}\right]_{\mathrm{H}} = \sum_{j=1}^{m_1}\sum_{i=1}^{m_1} w_j w_i \boldsymbol{G}(\boldsymbol{t}_j,\boldsymbol{t}_i) = \boldsymbol{w}^{\mathrm{T}}\boldsymbol{G}_0\boldsymbol{w}\end{aligned} \tag{4.55}$$

式中，第二和第三相等项分别利用伴随算子的定义和式（4.16）。矩阵 $\boldsymbol{G}_0$ 是一个 $m_1 \times m_1$ 的对称矩阵，定义为

$$\boldsymbol{G}_0 = \begin{bmatrix} \boldsymbol{G}(t_1,t_1) & \boldsymbol{G}(t_1,t_2) & \cdots & \boldsymbol{G}(t_1,t_{m_1}) \\ \boldsymbol{G}(t_2,t_1) & \boldsymbol{G}(t_2,t_2) & \cdots & \boldsymbol{G}(t_2,t_{m_1}) \\ \vdots & \vdots & & \vdots \\ \boldsymbol{G}(t_{m_1},t_1) & \boldsymbol{G}(t_{m_1},t_2) & \cdots & \boldsymbol{G}(t_{m_1},t_{m_1}) \end{bmatrix} \tag{4.56}$$

以权值向量 $\boldsymbol{w}$ 为变量求式（4.51）的最小值，可以得到

$$\left(\boldsymbol{G}^{\mathrm{T}}\boldsymbol{G} + \lambda\boldsymbol{G}_0\right)\hat{\boldsymbol{w}} = \boldsymbol{G}^{\mathrm{T}}\boldsymbol{d}$$

在等式中解出权值向量 $\hat{\boldsymbol{w}}$，得到

$$\hat{\boldsymbol{w}} = \left(\boldsymbol{G}^{\mathrm{T}}\boldsymbol{G} + \lambda\boldsymbol{G}_0\right)^{-1}\boldsymbol{G}^{\mathrm{T}}\boldsymbol{d} \tag{4.57}$$

当正则化参数 λ 趋近于 0 时，权值向量 $\hat{\boldsymbol{w}}$ 趋近于一个超定的最小二乘数据拟合问题（因为 $m_1 < N$）的伪逆（最小范数）解，表示为

$$\boldsymbol{w} = \boldsymbol{G}^{+}\boldsymbol{d},\ \lambda=0 \tag{4.58}$$

式中，$\boldsymbol{G}^{+}$ 是矩阵 $\boldsymbol{G}$ 的伪逆矩阵，即

$$\boldsymbol{G}^{+} = \left(\boldsymbol{G}^{\mathrm{T}}\boldsymbol{G}\right)^{-1}\boldsymbol{G}^{\mathrm{T}} \tag{4.59}$$

式（4.50）中的范数通常指的是欧几里得范数。然而，当输入向量 $\boldsymbol{x}$ 的分量属于不同的类时，将其视为一般的加权范数会更加合理，加权范数的平方形式为

$$\|\boldsymbol{x}\|_C^2 = (\boldsymbol{Cx})^{\mathrm{T}}(\boldsymbol{Cx}) = \boldsymbol{x}^{\mathrm{T}}\boldsymbol{C}^{\mathrm{T}}\boldsymbol{Cx} \tag{4.60}$$

式中，$\boldsymbol{C}$ 是 $m_0 \times m_0$ 加权矩阵；m_0 是输入向量 $\boldsymbol{x}$ 的维度。

利用加权范数的定义，我们可以将式（4.50）中正则化问题的近似解写成如下更一般的形式，即

$$F^*(\boldsymbol{x}) = \sum_{i=1}^{m_1} w_i \boldsymbol{G}\left(\|\boldsymbol{x} - \boldsymbol{t}_i\|_C\right) \tag{4.61}$$

引入加权范数可以从两方面解释。一方面，我们可以简单地将其视为对原始输入空间做一个仿射变换。原则上这种变换并不会降低原来不加权的结果，因为不加权的范数实际上对应一个单位矩阵的加权范数。另一方面，加权范数可以视为直接从式（4.44）定义的 m_1 维 Laplace 伪微分算子 D 的少许推广。使用加权范数的合理性在 RBF 背景下可以解释如下。一个以 $\boldsymbol{t}_i$ 为中心和具有范数加权矩阵 $\boldsymbol{C}$ 的 RBF 可写成

$$\boldsymbol{G}\left(\|\boldsymbol{x} - \boldsymbol{t}_i\|_C\right) = \exp\left[-(\boldsymbol{x} - \boldsymbol{t}_i)^{\mathrm{T}}\boldsymbol{C}^{\mathrm{T}}\boldsymbol{C}(\boldsymbol{x} - \boldsymbol{t}_i)\right] = \exp\left[-\frac{1}{2}(\boldsymbol{x} - \boldsymbol{t}_i)^{\mathrm{T}}\boldsymbol{\Sigma}^{-1}(\boldsymbol{x} - \boldsymbol{t}_i)\right] \tag{4.62}$$

式中，逆矩阵 $\boldsymbol{\Sigma}^{-1}$ 定义为

$$\frac{1}{2}\boldsymbol{\Sigma}^{-1} = \boldsymbol{C}^{\mathrm{T}}\boldsymbol{C}$$

式（4.62）中的广义多维高斯分布有一个指数等于 Mahalanobis 距离，见式（1.7）。因此，由式（4.62）定义的核为 Mahalanobis 核。

式（4.51）中逼近问题的解为具有结构的广义 RBF 神经网络提供了一个框架。在这种网络中，输出单元上有一个偏置（独立于数据的变量）。要做到这一点可以简单地将输出层的一个线性权值置为偏置，同时将与该权值对应的 RBF 视为一个等于+1 的常量。

从结构上看，广义 RBF 神经网络与正则化 RBF 神经网络相似，但它们在以下两个重要方面有所不同。

（1）广义 RBF 神经网络隐含层神经元个数为 m_1，通常 m_1 总是小于用于训练的样本数 N；正则化 RBF 网络的隐含单元恰为 N。

（2）在广义 RBF 神经网络中，与输出层相连的线性权值向量、与隐含层相连的 RBF 神经网络的中心，以及范数加权矩阵均为待学习的未知参数。而正则化 RBF 神经网络隐含层激活函数是已知的，它定义为一组以训练样本点为中心的 Green 函数；输出层的权值向量是网络的唯一未知参数。

4.6 正则化最小二乘估计

本节将介绍一个相对简单但有效的最小二乘估计方法，用于计算 RBF 神经网络的输出层。此处我们要注意以下两点。

式（4.57）包括正则化最小二乘估计，但后者是前者的一个特例。

与其他核方法一样，正则化最小二乘估计受到 Riesz 表示理论的控制。

1）把最小二乘估计看作式（4.57）的一个特例

对于给定的训练样本 $\{x_i, d_i\}_{i=1}^{N}$，最小二乘估计的正则化标准代价函数为

$$\xi(\boldsymbol{w}) = \frac{1}{2}\sum_{i=1}^{N}\left(d_i - \boldsymbol{w}^{\mathrm{T}}x_i\right)^2 + \frac{1}{2}\lambda\|\boldsymbol{w}\|^2 \tag{4.63}$$

式中，权值向量 $\boldsymbol{w}$ 通过训练步长确定，是一个正则化参数，逼近此式和式（4.4）中的代价函数，我们可以发现，正则化以 $\boldsymbol{w}$ 的形式简单地定义为

$$\|DF\|^2 = \|\boldsymbol{w}\|^2 = \boldsymbol{w}^{\mathrm{T}}\boldsymbol{w}$$

根据上式，我们可以设式（4.57）中的对立矩阵 $\boldsymbol{G}_0$ 为单位矩阵。相应地，式（4.57）之前的项缩减为

$$\left(\boldsymbol{G}^{\mathrm{T}}\boldsymbol{G} + \lambda\boldsymbol{I}\right)\hat{\boldsymbol{w}} = \boldsymbol{G}^{\mathrm{T}}\boldsymbol{d}$$

接下来，因为最小二乘估计是线性的，且缺失隐含层，我们可以把式（4.53）中的剩余矩阵 $\boldsymbol{G}$ 的转置表示为

$$\boldsymbol{G}^{\mathrm{T}} = \left[x_1, x_2, \cdots, x_N\right] \tag{4.64}$$

然后，对 $\boldsymbol{G}^{\mathrm{T}}$ 使用此式，对关于权值向量 $\hat{\boldsymbol{w}}$ 的式（4.57）中正则化解的期望响应 $\boldsymbol{d}$ 使用式（4.52），得到（经过一些代数操作）

$$\hat{\boldsymbol{w}} = \left(\boldsymbol{R}_{xx} + \lambda\boldsymbol{I}\right)^{-1}\boldsymbol{r}_{dx} \tag{4.65}$$

其中

$$\boldsymbol{R}_{xx} = \sum_{i=1}^{N}\sum_{j=1}^{N}x_i x_j^{\mathrm{T}}$$

且

$$\boldsymbol{r}_{dx}=\sum_{i=1}^{N}x_i d_i$$

式（4.65）是用于最大后验（MAP）估计的公式的重复，如前所述，此式同样可用于正则化最小二乘估计。

对相关矩阵 $\boldsymbol{R}_{xx}$ 和相关向量 $\boldsymbol{r}_{dx}$ 使用此，以训练样本 $\{x_i,d_i\}_{i=1}^{N}$ 的形式重申式（4.65），可得

$$\hat{\boldsymbol{w}}=(\boldsymbol{X}^{\mathrm{T}}\boldsymbol{X}+\lambda\boldsymbol{I})^{-1}\boldsymbol{X}^{\mathrm{T}}\boldsymbol{d} \tag{4.66}$$

式中，$\boldsymbol{X}$ 是输入数据矩阵

$$\boldsymbol{X}=\begin{bmatrix} x_{11} & x_{12} & \cdots & x_{1M} \\ x_{21} & x_{22} & \cdots & x_{2M} \\ \vdots & \vdots & & \vdots \\ x_{N1} & x_{N2} & \cdots & x_{NM} \end{bmatrix} \tag{4.67}$$

式中，下标 N 是训练样本数；下标 M 是权值向量 $\hat{\boldsymbol{w}}$ 的维数。$\boldsymbol{d}$ 是期望响应向量，由式（4.52）定义。在此，为了方便起见，我们重新写为

$$\boldsymbol{d}=\left[d_1,d_2,\cdots,d_N\right]^{\mathrm{T}}$$

2）把最小二乘估计视为表示定理的形式

接下来，把最小二乘估计看作一个“核机器”，把它的核表示成内积的形式，即

$$k\left(\boldsymbol{x},x_i\right)=\langle\boldsymbol{x},x_i\rangle=\boldsymbol{x}^{\mathrm{T}}x_i,\ i=1,2,\cdots,N \tag{4.68}$$

下面引入表示定理，通过正则化最小二乘估计表示逼近函数为

$$F_\lambda\left(\boldsymbol{x}\right)=\sum_{i=1}^{N}a_i k\left(\boldsymbol{x},x_i\right) \tag{4.69}$$

式中，表示系数 $\{a_i\}_{i=1}^{N}$ 由训练样本 $\{x_i,d_i\}_{i=1}^{N}$ 唯一确定。问题是如何确定呢？

要解决这个问题，首先使用

$$\boldsymbol{X}^{\mathrm{T}}(\boldsymbol{X}\boldsymbol{X}^{\mathrm{T}}+\lambda\boldsymbol{I}_N)^{-1}\boldsymbol{d}=(\boldsymbol{X}^{\mathrm{T}}\boldsymbol{X}+\lambda\boldsymbol{I}_M)^{-1}\boldsymbol{X}^{\mathrm{T}}\boldsymbol{d} \tag{4.70}$$

式中，$\boldsymbol{X}$ 是一个 $N\times M$ 的矩阵；$\boldsymbol{d}$ 是一个 $N\times 1$ 的期望响应向量，是正则化参数；$\boldsymbol{I}_N$ 和 $\boldsymbol{I}_M$ 分别是 N 维和 M 维的单位矩阵。其中 M 是权值向量 $\boldsymbol{w}$ 的维数。对于式（4.70）中矩阵等式的证明可见相关习题。此等式的右端被认为是最优化权值向量 $\hat{\boldsymbol{w}}$ 的公式，见式（4.66）。使用式（4.70）中的等式，可以通过正则化最小二乘估计，以权值向量和输入向量 $\boldsymbol{x}$ 的形式表示逼近函数为

$$F_\lambda\left(\boldsymbol{x}\right)=\boldsymbol{x}^{\mathrm{T}}\hat{\boldsymbol{w}}=\boldsymbol{x}^{\mathrm{T}}\boldsymbol{X}^{\mathrm{T}}(\boldsymbol{X}\boldsymbol{X}^{\mathrm{T}}+\lambda I_N)^{-1}\boldsymbol{d} \tag{4.71}$$

内积形式表示为

$$F_\lambda\left(\boldsymbol{x}\right)=k^{\mathrm{T}}\left(\boldsymbol{x}\right)a=a^{\mathrm{T}}k\left(\boldsymbol{x}\right) \tag{4.72}$$

式（4.72）是式（4.69）的表示理论的矩阵形式。由此得出如下内容。

（1）核的行向量以输入向量 $\boldsymbol{x}$ 和输入数据矩阵 $\boldsymbol{X}$ 的形式定义为

$$k^{\mathrm{T}}\left(\boldsymbol{x}\right)=\left[k\left(\boldsymbol{x},x_1\right),k\left(\boldsymbol{x},x_2\right),\cdots,k\left(\boldsymbol{x},x_N\right)\right]=\boldsymbol{x}^{\mathrm{T}}\boldsymbol{X}^{\mathrm{T}}=(\boldsymbol{X}\boldsymbol{x})^{\mathrm{T}} \tag{4.73}$$

此向量是一个 $1\times N$ 的行向量。

（2）表示系数向量 $\boldsymbol{a}$ 由估计算子中的 $N\times N$ 的 Gram 矩阵或核矩阵 $\boldsymbol{K}$、正则化参数和期望响应向量 $\boldsymbol{d}$ 的形式定义为

$$\boldsymbol{a}=\left[a_1,a_2,\cdots,a_N\right]^{\mathrm{T}}=(\boldsymbol{K}+\lambda\boldsymbol{I}_N)^{-1}\boldsymbol{d} \tag{4.74}$$

式中

$$K = XX^{\mathrm{T}} = \begin{bmatrix} x_1^{\mathrm{T}}x_1 & x_1^{\mathrm{T}}x_2 & \cdots & x_1^{\mathrm{T}}x_N \\ x_2^{\mathrm{T}}x_1 & x_2^{\mathrm{T}}x_2 & \cdots & x_2^{\mathrm{T}}x_N \\ \vdots & \vdots & & \vdots \\ x_N^{\mathrm{T}}x_1 & x_N^{\mathrm{T}}x_2 & \cdots & x_N^{\mathrm{T}}x_N \end{bmatrix} \tag{4.75}$$

4.7 半监督学习

在本书中，从感知机开始，我们就一直在关注监督学习，即根据给定的训练样本 $\{x_i, d_i\}_{i=1}^{N}$，学习输入、输出映射关系。我们称这样的训练样本数据集为带标记的，即对于每个 i，输入向量 $\boldsymbol{x}$ 都配对了一个期望响应或类标 $\{d_i\}_{i=1}^{N}$。从实用的角度上看，以监督的方式训练一个网络，对样本手动标记类标不仅是一个耗费大量时间和成本的过程，而且这个过程极其容易出错。相反，收集无类标样本（不带有期望响应的样本）成本相对低，并且通常可以容易地获得大量样本。根据这些现实，我们如何利用可得到的带类标及不带类标的样本来训练网络呢？这个具有挑战性的问题的答案就是使用半监督学习。

在这个新的学习方法中，输入数据集 $\{x_i\}_{i=1}^{N}$ 被分成两部分：一个样本子集记为 $\{x_i\}_{i=1}^{l}$，每个样本的类标 $\{d_i\}_{i=1}^{l}$ 都是已知的；另一个样本子集记为 $\{x_i\}_{i=l+1}^{N}$，每个样本的类标都是未知的。

基于此，我们可以把半监督学习看作一种在监督学习和非监督学习之间的新的学习形式。它比监督学习困难一些，但又比非监督学习容易一些。

作为一个具有许多潜在应用的课题，半监督学习使用广泛的学习算法。在本节中，我们关注基于流形正则化的核方法。“流形”是指一个 k 维的拓扑空间嵌入一个维数大于 k 的 n 维的欧几里得空间。如果描述流形的函数是可偏微分的，那么我们称这个流形是可微流形，我们可以把一个流形的概念看作 R^3 空间中一个面的概念的泛化。同理，可以把可微分流形看作 R^3 空间中可微面的泛化。

对于关注基于流形正则化的核方法有以下三点原因。

（1）对于半监督学习，核方法对本章所讨论的正则化理论很适合。

（2）流形正则化提供了对于构造一个用于半监督学习的依赖数据的、无参数的核的有力方法。

（3）使用流形正则化可以使一些分类任务产生较好的结果。

简单地说，基于核方法的流形正则化具有对半监督学习产生深远影响的潜能。

4.8 正则化参数估计

正则化参数 λ 在 RBF 神经网络、最小二乘估计和支持向量机的正则化理论中起着核心作用。为了更好地利用这个理论，我们需要一个估计 λ 的相当于原理性的方法。

要形成我们的思想，先考虑一个非线性回归问题，它由一个模型描述，其中与第 i 时间步的输入向量 $\boldsymbol{x}_i$ 相对应的可观测输出 y_i 定义为

$$d_i = f(\boldsymbol{x}_i) + \varepsilon_i, i = 1, 2, \cdots, N \tag{4.76}$$

式中，$f(\boldsymbol{x}_i)$是一条“光滑曲线”；ε_i是一个均值为零和方差如下的白噪声过程的采样，即

$$E[\varepsilon_i\varepsilon_k]=\begin{cases}\sigma^2, & k=i\\ 0, & \text{否则}\end{cases} \tag{4.77}$$

问题是在给定一组训练样本$\{x_i,y_i\}_{i=1}^N$的条件下，重构该模型的固有函数$f(\boldsymbol{x}_i)$。

令$F_\lambda(\boldsymbol{x})$为$f(\boldsymbol{x})$相对某个正则化参数$\lambda$的正则化估计，即$F_\lambda(\boldsymbol{x})$为使表示非线性回归问题的 Tikhonov 泛函［见式（4. 4）］达到最小的最小化函数，即

$$\xi(F)=\frac{1}{2}\sum_{i=1}^N\left[d_i-F(\boldsymbol{x}_i)\right]^2+\frac{\lambda}{2}\left\|DF(\boldsymbol{x})\right\|^2$$

选择一个合适的λ并不是一件简单的事情，它需要在以下两种矛盾的情况之间加以权衡。

（1）由$\left\|DF(\boldsymbol{x})\right\|^2$项来度量解的粗糙度。

（2）由$\sum_{i=1}^N\left[d_i-F(\boldsymbol{x}_i)\right]^2$项来度量数据的失真度。

本节主要讨论如何选择好的正则化参数λ。

1）均方误差

令$R(\lambda)$表示模型的回归函数$f(\boldsymbol{x})$和在正则化参数λ某一值下的解的逼近函数$F_\lambda(\boldsymbol{x})$之间在整个给定集上的均方误差。即

$$R(\lambda)=\frac{1}{N}\sum_{i=1}^N\left[f(\boldsymbol{x}_i)-F_\lambda(\boldsymbol{x}_i)\right]^2 \tag{4.78}$$

所谓最佳λ指使$R(\lambda)$最小的λ。

将$F_\lambda(\boldsymbol{x}_k)$表示为给定的一组可观察值的线性组合，即

$$F_\lambda(\boldsymbol{x}_k)=\sum_{i=1}^N a_{ki}(\lambda)d_i \tag{4.79}$$

用等价的矩阵形式写成

$$\boldsymbol{F}_\lambda=\boldsymbol{A}(\lambda)\boldsymbol{d} \tag{4.80}$$

式中，$\boldsymbol{d}$是期望响应向量（回归模型中的响应向量）

$$\boldsymbol{F}_\lambda=\left[F_\lambda(x_1),F_\lambda(x_2),\cdots,F_\lambda(x_N)\right]^{\mathrm{T}}$$

且

$$\boldsymbol{A}(\lambda)=\begin{bmatrix}a_{11} & a_{12} & \cdots & a_{1M}\\ a_{21} & a_{22} & \cdots & a_{2M}\\ \vdots & \vdots & & \vdots\\ a_{N1} & a_{N2} & \cdots & a_{NM}\end{bmatrix} \tag{4.81}$$

式中，$\boldsymbol{A}(\lambda)$为影响矩阵。

用上述的矩阵符号，可将式（4.78）重新写成

$$\boldsymbol{R}(\lambda)=\frac{1}{N}\left\|\boldsymbol{f}-\boldsymbol{F}_\lambda\right\|^2=\frac{1}{N}\left\|\boldsymbol{f}-\boldsymbol{A}(\lambda)\boldsymbol{d}\right\|^2 \tag{4.82}$$

式中，$N\times1$的向量$\boldsymbol{f}$为

$$\boldsymbol{f}=\left[f(x_1),f(x_2),\cdots,f(x_N)\right]^{\mathrm{T}}$$

可以进一步将式（4.78）也写成矩阵形式：

$$\boldsymbol{d}=\boldsymbol{f}+\boldsymbol{\varepsilon} \tag{4.83}$$

其中

$$\boldsymbol{\varepsilon}=\left[\varepsilon_1,\varepsilon_2,\cdots,\varepsilon_N\right]^{\mathrm{T}}$$

因此，将式（4.83）代入式（4.82）并展开，可得

$$\begin{aligned}\boldsymbol{R}(\lambda)&=\frac{1}{N}\left\|\left[\boldsymbol{I}-\boldsymbol{A}(\lambda)\right]\boldsymbol{f}-\boldsymbol{A}(\lambda)\boldsymbol{\varepsilon}\right\|^2\\&=\frac{1}{N}\left\|\boldsymbol{I}-\boldsymbol{A}(\lambda)\boldsymbol{f}\right\|^2-\frac{2}{N}\boldsymbol{\varepsilon}^{\mathrm{T}}\boldsymbol{A}^{\mathrm{T}}(\lambda)\left[\boldsymbol{I}-\boldsymbol{A}(\lambda)\right]\boldsymbol{f}+\frac{1}{N}\left\|\boldsymbol{A}(\lambda)\boldsymbol{\varepsilon}\right\|^2\end{aligned} \tag{4.84}$$

式中，$\boldsymbol{I}$ 是一个 $N\times N$ 的单位矩阵。求 $\boldsymbol{R}(\lambda)$ 的期望值，需要注意下述几点。

（1）式（4.84）等号右边第一项是一个常数，因此它不受期望算子的影响。

（2）由式（4.84）可知，第二项的期望为零。

（3）$\left\|\boldsymbol{A}(\lambda)\boldsymbol{\varepsilon}\right\|^2$ 的期望为

$$\begin{aligned}E\left[\left\|\boldsymbol{A}(\lambda)\boldsymbol{\varepsilon}\right\|^2\right]&=E\left[\boldsymbol{\varepsilon}^{\mathrm{T}}\boldsymbol{A}^{\mathrm{T}}(\lambda)\boldsymbol{A}(\lambda)\boldsymbol{\varepsilon}\right]\\&=\mathrm{tr}\left\{E\left[\boldsymbol{\varepsilon}^{\mathrm{T}}\boldsymbol{A}^{\mathrm{T}}(\lambda)\boldsymbol{A}(\lambda)\boldsymbol{\varepsilon}\right]\right\}=E\left\{\mathrm{tr}\left[\boldsymbol{\varepsilon}^{\mathrm{T}}\boldsymbol{A}^{\mathrm{T}}(\lambda)\boldsymbol{A}(\lambda)\boldsymbol{\varepsilon}\right]\right\}\end{aligned} \tag{4.85}$$

其中我们首先用到了标量的迹等于标量本身的性质，然后交换了期望运算和求迹运算的次序。

（4）接下来利用矩阵代数中的如下规则：给定两个具有相容维数的矩阵 $\boldsymbol{B}$ 和 $\boldsymbol{C}$，$\boldsymbol{BC}$ 的迹等于 $\boldsymbol{CB}$ 的迹。令 $\boldsymbol{B}=\boldsymbol{\varepsilon}^{\mathrm{T}}$，$\boldsymbol{C}=\boldsymbol{A}^{\mathrm{T}}(\lambda)\boldsymbol{A}(\lambda)\boldsymbol{\varepsilon}$，则式（4.85）可以写成等价形式：

$$E\left[\left\|\boldsymbol{A}(\lambda)\boldsymbol{f}\right\|^2\right]=E\left\{\mathrm{tr}\left[\boldsymbol{A}^{\mathrm{T}}(\lambda)\boldsymbol{A}(\lambda)\boldsymbol{\varepsilon}\boldsymbol{\varepsilon}^{\mathrm{T}}\right]\right\}=\sigma^2\mathrm{tr}\left[\boldsymbol{A}^{\mathrm{T}}(\lambda)\boldsymbol{A}(\lambda)\right] \tag{4.86}$$

上式中的最后一行根据式（4.71）可得。最后注意到 $\boldsymbol{A}^{\mathrm{T}}(\lambda)\boldsymbol{A}(\lambda)$ 的迹等于 $\boldsymbol{A}^2(\lambda)$ 的迹，则

$$E\left[\left\|\boldsymbol{A}(\lambda)\boldsymbol{f}\right\|^2\right]=\sigma^2\mathrm{tr}\left[\boldsymbol{A}^2(\lambda)\right] \tag{4.87}$$

将这三项结果结合起来，$\boldsymbol{R}(\lambda)$ 期望值可表示为

$$E\left[\boldsymbol{R}(\lambda)\right]=\frac{1}{N}\left\|\boldsymbol{I}-\boldsymbol{A}(\lambda)\boldsymbol{f}\right\|^2+\frac{\sigma^2}{N}\mathrm{tr}\left[\boldsymbol{A}^2(\lambda)\right] \tag{4.88}$$

但是，一个给定数据集的均方误差 $\boldsymbol{R}(\lambda)$ 在实际中并不好用，因为式（4.82）中需要回归函数 $f(x)$ 的知识，它是有待重构的函数。引入如下定义作为 $\boldsymbol{R}(\lambda)$ 的估计：

$$\hat{\boldsymbol{R}}(\lambda)=\frac{1}{N}\left\|\left[\boldsymbol{I}-\boldsymbol{A}(\lambda)\right]d\right\|^2+\frac{\sigma^2}{N}\mathrm{tr}\left[\boldsymbol{A}^2(\lambda)\right]-\frac{\sigma^2}{N}\mathrm{tr}\left\{\left[\boldsymbol{I}-\boldsymbol{A}(\lambda)\right]^2\right\} \tag{4.89}$$

它是无偏估计，因此［按照式（7.90）所述的相似过程］可证明

$$E\left[\hat{\boldsymbol{R}}(\lambda)\right]=E\left[\boldsymbol{R}(\lambda)\right] \tag{4.90}$$

所以，使 $\hat{\boldsymbol{R}}(\lambda)$ 最小的 λ 可以作为正则化参数 λ 的一个好的选择。

2）广义交叉验证

使用 $\hat{\boldsymbol{R}}(\lambda)$ 的一个缺陷是它要求噪声的方差 σ^2 已知。在实际情况中，σ^2 通常是未知的。要处理这种情况，下面将介绍广义交叉验证，它最早是由 Craven 和 Wahba 提出的。

我们从修改普通交叉验证的留一形式开始处理这个问题。具体地说，令 $F_{\lambda}^{[k]}(\boldsymbol{x})$ 为使泛函最小化的函数，则

$$\xi_{\text{modified}}(F)=\frac{1}{2}\sum_{\substack{i=1\\i\neq k}}^{N}\left[d_i-F_\lambda(x_i)\right]^2+\frac{\lambda}{2}\left\|DF(\boldsymbol{x})\right\|^2 \tag{4.91}$$

其中标准误差项中省略了第 k 项$\left[d_k-F_\lambda(x_k)\right]$。通过留出这一项，我们将用 $F_\lambda^{[k]}(x_k)$ 预报缺损数据点 d_k 的能力来衡量λ 的好坏。因此，引入性能度量为

$$V_0(\lambda)=\frac{1}{N}\sum_{k=1}^{N}\left[d_k-F_\lambda^{[k]}(x_k)\right]^2 \tag{4.92}$$

$V_0(\lambda)$ 仅依赖数据点本身。这样 λ 的普通交叉验证估计即 $V_0(\lambda)$ 最小化的函数。

$F_\lambda^{[k]}(x_k)$ 的一个有用的性质是如果用预测 $F_\lambda^{[k]}(x_k)$ 来代替数据点 d_k 的值，使用数据点 $d_1,d_2,\cdots,d_{k-1},d_k,d_{k+1},\cdots,d_N$ 使式（4.4）的原始 Tikhonov 泛函 $\xi(F)$ 最小，那么 $F_\lambda^{[k]}(x_k)$ 就是所求的解。对于每个输入向量 $\boldsymbol{x}$，该性质都使 $\xi(F)$ 的最小化函数 $F_\lambda(\boldsymbol{x})$ 线性依赖 d_k，这使

$$F_\lambda^{[k]}(x_k)=F_\lambda(x_k)+\left[F_\lambda^{[k]}(x_k)-d_k\right]\frac{\partial F_\lambda(x_k)}{\partial d_k} \tag{4.93}$$

由式（4.79）定义的影响矩阵 $\boldsymbol{A}(\lambda)$ 的分量，我们很容易看出

$$\frac{\partial F_\lambda(x_k)}{\partial d_k}=a_{kk}(\lambda) \tag{4.94}$$

式中，$a_{kk}(\lambda)$ 是影响矩阵 $\boldsymbol{A}(\lambda)$ 对角线上的第 k 个元素。将式(4.94)代入式(4.93)并解 $F_\lambda^{[k]}(x_k)$ 的方程，可得

$$F_\lambda^{[k]}(x_k)=\frac{F_\lambda(x_k)-a_{kk}(\lambda)d_k}{1-a_{kk}(\lambda)}=\frac{F_\lambda(x_k)-d_k}{1-a_{kk}(\lambda)}+d_k \tag{4.95}$$

将式（4.95）代入式（4.92），可重新定义

$$V_0(\lambda)=\frac{1}{N}\sum_{k=1}^{N}\left(\frac{d_k-F_\lambda(x_k)}{1-a_{kk}(\lambda)}\right)^2 \tag{4.96}$$

但是，对于不同的 k，$a_{kk}(\lambda)$ 是不同的，这说明不同的数据点在 $V_0(\lambda)$ 中具有不同的作用。为了避免普通交叉验证的这一特性，Craven 和 Wahba 通过坐标旋转引入了广义交叉验证。特别地，式（4.96）中的 $V_0(\lambda)$ 改变为

$$V(\lambda)=\frac{1}{N}\sum_{k=1}^{N}w_k\left(\frac{d_k-F_\lambda(x_k)}{1-a_{kk}(\lambda)}\right)^2 \tag{4.97}$$

式中，权值系数为

$$w_k=\left(\frac{1-a_{kk}(\lambda)}{\frac{1}{N}\mathrm{tr}\left[\boldsymbol{I}-\boldsymbol{A}(\lambda)\right]}\right)^2 \tag{4.98}$$

这样广义交叉验证函数就变为

$$V(\lambda)=\frac{\frac{1}{N}\sum_{k=1}^{N}\left[d_k-F_\lambda(x_k)\right]^2}{\left(\frac{1}{N}\mathrm{tr}\left[\boldsymbol{I}-\boldsymbol{A}(\lambda)\right]\right)^2} \tag{4.99}$$

最后，将式（4.79）代入式（4.99），可得

$$V(\lambda)=\frac{\frac{1}{N}\left\|\left[\boldsymbol{I}-\boldsymbol{A}(\lambda)\right]d\right\|^2}{\left(\frac{1}{N}\mathrm{tr}\left[\boldsymbol{I}-\boldsymbol{A}(\lambda)\right]\right)^2} \tag{4.100}$$

式（4.100）在计算中仅依赖和数据有关的量。

3）广义交叉验证函数的最优性

广义交叉验证的期望无效度可定义为

$$I^*=\frac{E\left[\boldsymbol{R}(\lambda)\right]}{\min\limits_{\lambda} E\left[\boldsymbol{R}(\lambda)\right]} \tag{4.101}$$

式中，$\boldsymbol{R}(\lambda)$是由式（4.80）定义的数据集的均方误差。I^* 的渐近值满足

$$\lim_{N\to\infty} I^*=1 \tag{4.102}$$

换句话说，对于一个很大的 N，使$V(\lambda)$最小的λ，同时使$\boldsymbol{R}(\lambda)$接近最小的可能值，这使得$V(\lambda)$成为一个很好的估计 λ 的工具。

4.9　流形正则化

图 4.3 描述了一个半监督学习的模型。在图中和本章余下部分，为了简化表示，用“分布”指代“概率密度函数”。为了继续下面的讨论，图 4.3 中的模型简化为如下的数学形式。

输入空间用 H 表示，并假设是静态的；它提供两个输入数据集，一个记为$\{x_i\}_{i=1}^{l}$，另一个记为$\{x_i\}_{i=i+1}^{N}$，二者都服从一个固定的分布 $p_x(x)$，我们假设这也属于一个稳定的过程。对于$\{x_i\}_{i=1}^{l}$ 中的每个输入向量 $\boldsymbol{x}$，“教师”都提供类标 d_i。类标来自输入空间 H，并同条件分布 $P_{D|\boldsymbol{x}}(d\,|\,\boldsymbol{x})$一致，是固定但未知的。

此机器学习对于两个数据集产生一个输出：$\{x_i,d_i\}_{i=1}^{l}$ 来自输入空间，并由教师给出带类标数据，服从联合分布

$$p_{\boldsymbol{x},D}(\boldsymbol{x},d)=p_{D|\boldsymbol{x}}(d\,|\,\boldsymbol{x})p_{\boldsymbol{x}}(\boldsymbol{x}) \tag{4.103}$$

根据这个定义，$p_{\boldsymbol{x}}(\boldsymbol{x})$是边缘分布，通过对联合分布 $p_{\boldsymbol{x},D}(\boldsymbol{x},d)$在期望响应 d 上积分得到。无类标数据$\{x_i\}_{i=i+1}^{N}$在输入空间 H 中直接得到，服从分布 $p_{\boldsymbol{x}}(\boldsymbol{x})$。

因此，不同于监督学习，半监督学习中的样本组成为

$$\text{训练样本}=\{x_i,d_i\}_{i=1}^{l};\{x_i\}_{i=l+1}^{N} \tag{4.104}$$

在模式识别或回归相关问题中，由于用流形正则化在改进的函数学习中有所不同，因此假定在分布 $p_{\boldsymbol{x}}(\boldsymbol{x})$和条件分布 $p_{\boldsymbol{x}|D}(\boldsymbol{x}\,|\,d)$之间存在一个等价关系。基于如下两个重要的假定，我们可以构造这两个分布之间可能的关联。

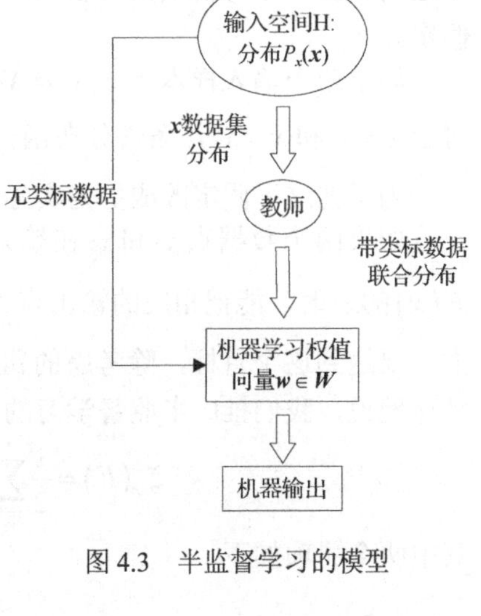

图 4.3　半监督学习的模型

1）流形假设

输入空间 H 下的边缘分布 $p_x(\boldsymbol{x})$ 由低维流形提供。

这个假设的含义是指条件概率函数 $p_{x|D}(\boldsymbol{x}|d)$ 相对流形结构而缓慢地变化（作为 $\boldsymbol{x}$ 的函数）。

那么如何使用此流形假设？简单地说，随着输入空间维数的增加，一个学习任务对于样本数量的需求是指数增长的。如果已知数据在一个低维流形上，那么我们可以通过在相应的低维空间上实施学习，以避免维数灾难。

假设流形对于某些物理过程是恰当的。例如，考虑语音生成过程，语音可以看作在一个发声源激发一个发声系统滤波器时，产生的一种滤波的形式。发声系统由一系列非一致的交叉区域组成，由声门开始，到嘴唇结束。语音随局部发声系统传递，语音信号的频谱由发声系统的频率选择性形成，这个效果与从管风琴中观察到的共鸣现象有些相似。这里的要点是，语音信号空间是一个低维流形，变化的参数是发声系统的长度和宽度。

2）聚类假设

随着应用于函数学习的样本形成，边缘分布 $p_x(\boldsymbol{x})$ 定义为：如果特定的样本点位于相同的聚类中，那么它们很有可能是同一类。

这个假设具有合理性，因为它对于一个模式分类问题中的各类是可行的。特别地，如果两个样本输入两个不同的类，那么我们观察到它们位于同一类的可能性相对较低。

4.10 广义正则化理论

在 Tikhonov 经典正则化理论中，使用了一个反映带类标样本所在外围空间的简单罚函数。本节将推广此理论，使用另一个反映无类标样本所在的输入空间内在几何结构的罚函数。实际上，这个新理论，即广义正则化理论，使用了基于带类标样本和无类标样本的半监督学习的思想，还包括在特殊情形下仅基于无类标样本的半监督学习。

成对出现的带类标样本记为$(\boldsymbol{x},d)$，由式（4.103）定义的联合分布函数 $P_{\boldsymbol{x},D}(\boldsymbol{x},d)$ 产生。无类标样本，$\boldsymbol{x}\in X$，由边缘分布函数 $p_x(\boldsymbol{x})$ 产生。此广义正则化理论潜在的前提是这两个分布之间存在一个等价关系。否则，边缘分布的知识不可能被实际使用。因此，我们做出如下假定。

如果两个输入样本点 $x_i,x_j\in X$ 在边缘分布函数 $P_x(\boldsymbol{x})$ 的内在几何结构中是接近的，那么对于 $\boldsymbol{x}=x_i$ 和 $\boldsymbol{x}=x_j$，条件分布函数 $P_{x|D}(\boldsymbol{x}|d)$ 是相似的。

为了把这个假定改成更为实际的方式，得到实用的办法，我们做出如下表述。

如果两个数据点 x_i 和 x_j 在输入空间中很接近，那么半监督学习的目标是找到一个记为 $F(\boldsymbol{x})$的映射，能把相应的输出点 $F(x_i)$ 和 $F(x_j)$ 映射到同一条实线上且距离很近的可能性较大。要达到这个目标，除考虑的罚项之外，还需要在经典正则化理论中引入一个新的罚项。具体地说，我们推广半监督学习的正则化代价函数，向其中引入一个新的罚项，即

$$\xi_\lambda(F)=\frac{1}{2}\sum_{i=1}^{l}\left[d_i-F(x_i)\right]^2+\frac{1}{2}\lambda_A\|F\|_K^2+\frac{1}{2}\lambda_1\|F\|_1^2 \qquad (4.105)$$

其中两个罚项如下。

（1）由外围正则化参数 λ_A 控制的罚项 $\|F\|_K^2$，反映了外围空间中逼近函数 F 的复杂度。特别地，这个罚项以特征空间（下标 K）复制核 Hibert 空间（RKHS）表示形式给出。

（2）由内在正则化参数 λ 控制的罚项 $\|F\|_I^2$，反映了输入空间（下标 I）的内在几何结构。$\xi_\lambda(F)$ 中的下标 λ 代表两个正则化参数 λ_A 和 λ_I。注意式（4.105）等号右边第一项，我们使用 l 表示带类标样本的数量。

因为没有内在罚项 $\|F\|_I^2$，所以 RKHS 上的函数 $\xi_\lambda(F)$ 的最小点由如下经典表示理论定义

$$F_\lambda^*(x)=\sum_{i=1}^{l}a_i k(x,x_i),\ \lambda_I=0 \tag{4.106}$$

据此，这个问题可以规约到一个在由系数 $\{a_i\}_{i=1}^{l}$ 定义的有穷维空间上的优化。我们可以推广此理论以同样包含内在罚项 $\|F\|_I^2$。

为了实现此目标，我们提出用一个图来对输入空间的内在几何结构建模的办法。而如下面讨论的那样，假设用于构造此图的无类标样本是足够多的。

4.11　用半监督学习对模式分类的实验

本节首先介绍双月模式分类实验，然后阐述一个案例：利用 USPS 数据进行模式分类，以便读者更好地理解上述半监督学习的原理。

1）双月模式分类实验

为了说明拉普拉斯 RLS 算法的模式分类能力，基于抽取自图 4.4 的双月图的合成数据来进行一个小的实验。特别地，把实验中的两个参数设置为固定不变。

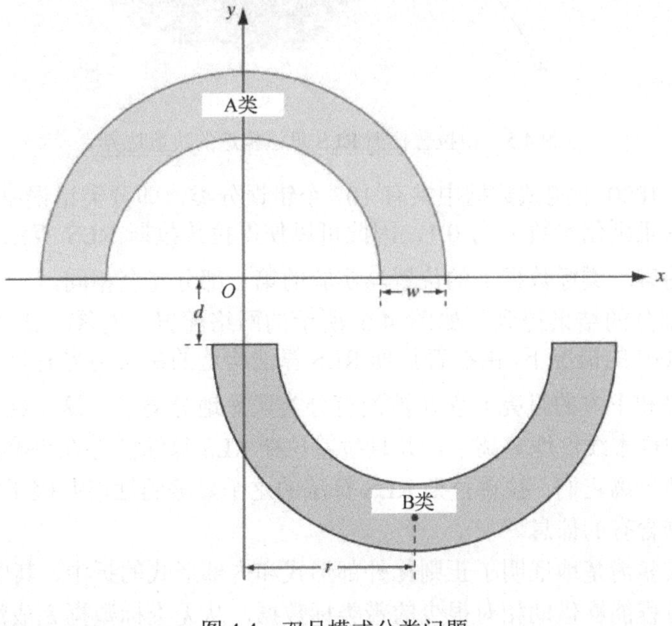

图 4.4　双月模式分类问题

两个月亮之间的垂直分离，$d=-1$。

外围正则化参数，$\lambda=0.001$。

实验中唯一变化的参数是内正则化参数 λ_I。

当 λ_I 正好被设置为零时，拉普拉斯 RLS 算法简化成传统的 RLS 算法。其中带类标数据是提供学习信息的唯一来源。从实验的角度来看，我们关注的是在半监督学习的过程中，加入无类标数据是如何通过变化的参数 λ_I 影响由拉普拉斯 RLS 算法构造的决策边界的。在实验的第二部分中，λ_I 被赋予了一个足够大的值，使得无类标数据对算法产生完全的影响。

对于两部分实验，每类只提供两个类标数据点，一类代表图 4.4 中上方的月亮，另一类代表下方的月亮。训练样本的总和（包括带类标样本和无类标样本）N= 1000 个；测试样本数也有 1000 个。

内在正则化参数 λ_I=0.0001。对于这个设置，图 4.5 给出了由拉普拉斯 RLS 算法构造的决策边界。距离为 $d=-1$，每类中的两个带类标数据点用符号△和○表示。尽管对 λ_I 赋予了一个很小的值，但显著地改变了由 RLS 算法（$\lambda_I=0$）确定的决策边界。RLS 算法的决策边界是一条具有正坡度的直线。

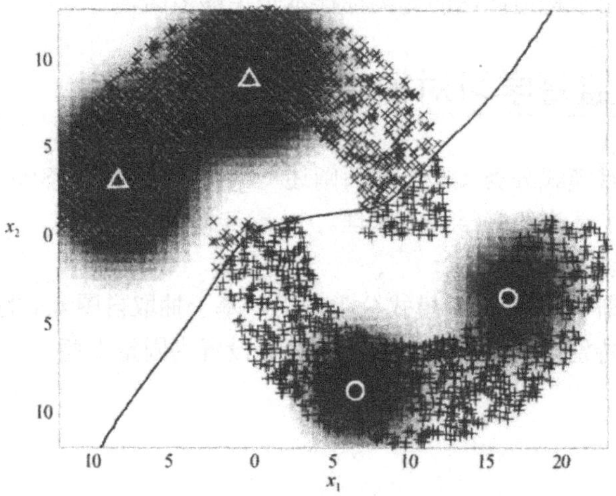

图 4.5 由拉普拉斯 RLS 算法构造的决策边界

从效果上看，1000 个测试数据中共有 107 个错误分类，即分类错误率是 10.7%。在实验的第二部分中，内正则化参数 λ_I 为 0.1，因此可以使得拉普拉斯 RLS 算法完全地利用无类标数据的内在信息内容。类标数据点的位置与实验的第一部分完全相同。

实验的第二部分的结果得到了如图 4.6 所示的网络配置。与图 4.5 相比，我们看到在 $\lambda_I=0.1$ 和 $\lambda_I=0.0001$ 的情况下，由拉普拉斯 RLS 算法构造的决策边界有显著的不同。特别地，两类（上方的月亮和下方的月亮）现在被没有分类误差地分离了。这个结果在设置 $d=-1$ 时最为明显，两类的样本线性地分离了，并且拉普拉斯 RLS 算法能够在每类仅用两个带类标数据的情况下成功地分离它们。拉普拉斯 RLS 算法的这个显著的性能归因于它能够充分地利用两类的无类标数据含有的信息。

两个部分的实验清楚地证明了正则化外部形式和内部形式的折中，其中拉普拉斯 RLS 算法的半监督学习过程能够借助相对很少的带类标数据，从无类标数据完成泛化。

2）使用 USPS 数据进行模式分类

图 4.7 指出了 RLS 算法和拉普拉斯 RLS 算法对于实际图像的分类问题，使用美国邮政服务（USPS）的数据集的学习曲线。这些数据集包含 10 个手写数字类的 2007 个图像样本，其

中每个图像样本都用一个 256 维的像素矢量表示。对于此 10 个类中的每个类，使用 RLS 算法和拉普拉斯 RLS 算法分别训练一个两类分类器。多类分类通过选取最大输出的类来实行，即用一类对剩余的多类的模式分类。图 4.7 描绘了平均分类误差率和两个算法作为由训练集中 2007 个样本提供的带类标样本的函数的标准差。图 4.7 中的每个点都由随机选择 10 个类标获得。我们使用了一个高斯 RBF 核。对于拉普拉斯 RLS 算法，使用了 10 个近邻图来构造拉普拉斯，使用的正则化参数为 $\lambda_A = 10^{-6}$ 和 $\lambda_I = 0.01$；对于 RLS 算法，在许多值上调试，使其得到一个如图 4.7 所示的最优学习曲线。图 4.7 中的结果进一步证明了，与 RLS 算法相比，使用无类标数据可以显著提升拉普拉斯 RLS 算法的性能。

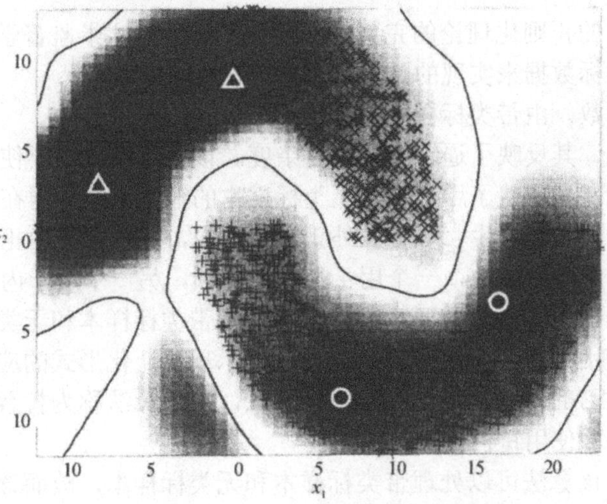

图 4.6　对双月图用拉普拉斯 RLS 算法分类

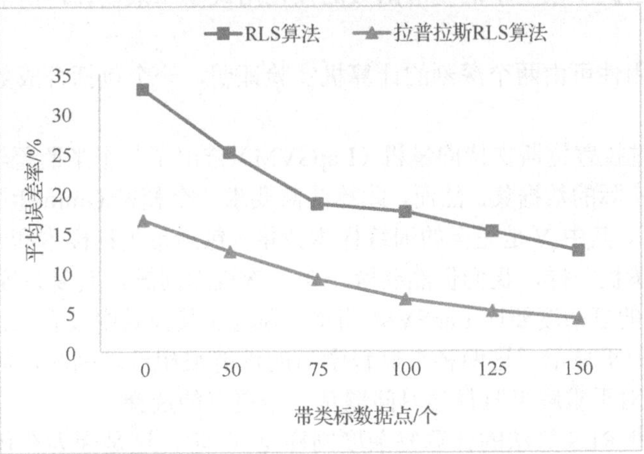

图 4.7　对 USPS 数据使用 RLS 算法和拉普拉斯 RLS 算法

4.12　小结

正则化理论是所有学习理论的核心。在本章中，我们对正则化理论进行了详细的介绍。从 Tikhonov 的使用带类标样本用于监督学习的经典正则化理论开始，到应用于使用带类标样本和无类标样本的半监督学习的广义正则化理论结束。

1）Tikhonov 的正则化理论

在其最基本的形式中，用于 Tikhonov 正则化理论的泛函由两项组成：一项是经验代价函数，用带类标训练样本的方式定义；另一项是正则化项，利用应用于逼近函数的微分算子定义。此微分算子作为一个光滑约束，作用在由最小化代价函数得到的解上。该代价函数与逼近函数的未知权值向量有关。这个最优解的重点是 Green 函数，作为一个 RBF 神经网络的核。然而，要记住的是，对网络复杂性的约减成为决定光滑正则化算子的关键因素。无论选择何种正则化算子，为了使 Tikhonov 的正则化理论的优点被设计的正则化网络使用，需要一个估计正则化参数的原则性的方法。4.8 节中描述的广义交叉验证过程符合这个特定的要求。

2）半监督学习

随着对监督学习的正则化理论的完整学习，我们转而关注半监督学习的正则化。这是使用带类标数据和无类标数据来实现的。代价函数现在由三项组成。

（1）经验代价函数，由带类标样本定义。

（2）外正则化项，其反映了逼近函数的复杂度。该逼近函数需要使用带类标样本。

（3）内正则化项，其反映了用来产生无类标样本的输入空间的内在几何结构。

相应地，有两个正则化产生，一个在外正则化项中，另一个在内正则化项中。

相应地，有两个正则化参数，一个用于外正则化项，另一个用于内正则化项。

作为广义正则化理论的一个重要实例，我们使用带类标样本和无类标样本来考虑最小二乘估计问题。通过使用一个包含拉普拉斯算子和表示理论泛化形式的应用的核光滑函数，可以推出一个半监督学习的正则化最小二乘估计算法，这个算法称为拉普拉斯正则化最小二乘算法，其有两个重要的使用特性。

（1）对于训练，该算法可以处理带类标样本和无类标样本，故而该算法拓宽了其对更为困难的模式识别问题的应用。

（2）通过算法公式中很基本的光滑函数的核化用最小二乘估计，对非线性可分模式的识别变得更为可行。

这个算法的实用性可由两个深刻的计算机实验证明，一个包括合成数据，另一个包括实际数据。

Belkin 等人通过拉普拉斯支持向量机（LapSVM）推出了一个半监督学习算法。此算法能够成功地测试一些实际的数据集。然而，此算法需要求一个稠密 Gram 矩阵的逆，因此会使计算复杂度达到 N^3 阶，其中 N 是完全的训练样本数量（包括带类标样本和无类标样本）；另外，就像标准的支持向量机一样，我们仍然要解一个二次规划问题，其复杂度同样达到了 N^3 阶。拉普拉斯 RLS 算法的复杂度要比 LapSVM 简单，因为在其公式中没有二次规划问题。更为重要的是，实验结果似乎显示了这两种半监督学习的性能很相近。因此，从实用的角度来看，拉普拉斯 RLS 算法对于求解半监督学习问题是一个更好的选择。

然而，拉普拉斯 RLS 算法的计算复杂度同样是 N^3 阶，这是因为在代价泛函中包括了内项。这个额外的高的计算复杂度使得拉普拉斯 RLS 算法很难应用于包含大规模数据集的实际问题。所以研发可用于大规模数据的半监督学习算法在当前仍然是一个热门的话题。

参考文献

[1] SIMON H. 神经网络与机器学习[M]. 申富饶，徐烨，郑俊，等译. 北京：机械工业出版社，2011.

习题

4.1 薄板样条函数描述为

$$\phi(r)=\left(\frac{r}{\sigma}\right)^2\log\left(\frac{r}{\sigma}\right)$$

对于某个$\sigma>0$及$r\in \boldsymbol{R}$，验证使用此函数可以作为一个平移和旋转的变形 Green 函数。

4.2 高斯函数是仅有的可因式分解的 RBF。利用高斯函数的这个性质证明定义为多元高斯分布的函数$\boldsymbol{G}(\boldsymbol{x},\boldsymbol{t})$可分解成

$$\boldsymbol{G}(\boldsymbol{x},\boldsymbol{t})=\prod_{i=1}^{m}G(x_i,t_i)$$

式中，$\boldsymbol{x}_i$和$\boldsymbol{t}_i$是$m\times1$维向量$\boldsymbol{x}$和$\boldsymbol{t}$的第i个分量。

4.3 我们认为高斯函数、逆超二次函数和超二次函数这三种 RBF 都满足 Micchelli 定理。但是，Green 函数类仅包含前两个 RBF。解释为何 Green 函数类不包含超二次函数。

4.4 考虑代价泛函为

$$\xi(F^*)=\sum_{i=1}^{N}\left[d_i-\sum_{j=1}^{m_1}w_i\boldsymbol{G}(\|x_j-t_i\|)\right]^2+\lambda\|DF^*\|^2$$

它用到逼近函数

$$F^*(\boldsymbol{x})=\sum_{i=1}^{m_1}w_i\boldsymbol{G}(\|\boldsymbol{x}-t_i\|)$$

利用 Frechet 微分，证明当

$$(\boldsymbol{G}^{\mathrm{T}}\boldsymbol{G}+\lambda\boldsymbol{G}_0)\hat{\boldsymbol{w}}=\boldsymbol{G}^{\mathrm{T}}\boldsymbol{d}$$

时，$\xi(\boldsymbol{F}^*)$最小，其中$N\times m_1$维矩阵$\boldsymbol{G}$，$m_1\times m_1$维矩阵$\boldsymbol{G}_0$，$m_1\times1$向量$\hat{\boldsymbol{w}}$及$N\times1$向量$\boldsymbol{d}$，分别由式（4.53）、式（4.56）、式（4.54）及式（4.27）定义。

4.5 考虑一个定义如下的正则化项

$$\int_{R^{m_0}}\|DF(\boldsymbol{x})\|^2\mathrm{d}\boldsymbol{x}=\sum_{k=0}^{\infty}\alpha_k\int_{R^{m_0}}\|D^kF(\boldsymbol{x})\|^2\mathrm{d}\boldsymbol{x}$$

式中

$$\alpha_k=\frac{\sigma^{2k}}{k!2^k}$$

线性微分算子D由梯度算子∇和拉普拉斯算子∇^2定义为

$$D^{2k}=(\nabla^2)^k$$

且

$$D^{2k+1}=\nabla(\nabla^2)^k$$

证明

$$DF(\boldsymbol{x})=\sum_{k=0}^{\infty}\frac{\sigma^{2k}}{k!2^k}\nabla^{2k}F(\boldsymbol{x})$$

4.6 在 4.3 节中，由式（4.46）导出了关于 $F_\lambda(\boldsymbol{x})$ 的式（4.47）。在这个习题中，我们希望从由式（4.46）开始利用多维傅里叶变换导出式（4.47）。利用函数 $\boldsymbol{G}(\boldsymbol{x})$ 的多维傅里叶变换的定义

$$\boldsymbol{G}(\boldsymbol{s})=\int_{R^{m_0}}\boldsymbol{G}(\boldsymbol{x})\exp\left(-i\boldsymbol{s}^{\mathrm{T}}\boldsymbol{x}\right)\mathrm{d}\boldsymbol{x}$$

完成推导，式中，$i=\sqrt{-1}$；$\boldsymbol{s}$ 是 m_0 维的变换变量。关于傅里叶变换的性质可以参考相关内容。

4.7 考虑描述的非线性回归问题。令 α_i 表示矩阵 $(\boldsymbol{G}+\lambda\boldsymbol{I})^{-1}$ 的第 i 个元素。那么，从式（4.39）出发，证明回归函数 $f(\boldsymbol{x})$ 的估计可以表示为

$$\hat{f}(\boldsymbol{x})=\sum_{k=1}^{N}\psi(\boldsymbol{x},x_k)d_k$$

式中，d_k 是对应模型输入 x_k 的输出，且

$$\psi(\boldsymbol{x},x_i)=\sum_{i=1}^{N}\boldsymbol{G}(\|\boldsymbol{x}-x_i\|)a_i,\ k=1,2,\cdots,N$$

式中，$\boldsymbol{G}(\|\cdot\|)$ 是 Green 函数。

4.8 样条函数是分段多项式逼近器的例子。样条方法的基本思想如下：将一个被逼近区域用节点分为有限个子区域；节点可以是固定的，这样逼近器就是线性参数化的；节点也可以是可变的，这样逼近器就是非线性参数化的。在这两种情况下，在每个逼近区域中使用一个阶数最高为 n 的多项式，且要求整个函数必须是 $n-1$ 次可微的。多项式样条函数是相对光滑函数，容易在计算机上存储、操作及计算。

在实际使用的样条函数中，三次样条函数可能是应用最广泛的。一个一维输入的三次样条函数的代价泛函定义为

$$\xi(f)=\frac{1}{2}\sum_{i=1}^{N}\left[d_i-f(x_i)\right]^2+\frac{\lambda}{2}\int_{x_1}^{x_N}\left[\frac{\boldsymbol{d}^2 f(\boldsymbol{x})}{\mathrm{d}\boldsymbol{x}^2}\right]\mathrm{d}\boldsymbol{x}$$

式中，λ 在样条函数中表示光滑性参数。

（1）验证这个问题解 $f_\lambda(\boldsymbol{x})$ 的如下性质。

① 两个相续的 $\boldsymbol{x}$ 节点值之间 $f_\lambda(\boldsymbol{x})$ 是一个三次多项式。

② $f_\lambda(\boldsymbol{x})$ 及前两阶导数都是连续的，除其二阶导数值在边界点为零。

（2）因为 $\xi(f)$ 有唯一最小值，所以必须有

$$\xi(f_\lambda+ag)\geqslant\xi(f_\lambda)$$

式中，g 是与 f 一类的二次可微函数；a 为任意实值常数。这意味着 $\xi(f_\lambda+ag)$ 作为 a 的函数在 $a=0$ 处局部最小。因此，证明

$$\int_{x_1}^{x_N}\left(\frac{\boldsymbol{d}^2 f_\lambda(\boldsymbol{x})}{\mathrm{d}\boldsymbol{x}^2}\right)\left(\frac{\boldsymbol{d}^2 g(\boldsymbol{x})}{\mathrm{d}\boldsymbol{x}^2}\right)\mathrm{d}\boldsymbol{x}=\frac{1}{2}\sum_{i=1}^{N}\left[\boldsymbol{d}-f_\lambda(x_i)\right]g(x_i)$$

上式是关于三次样条函数的 Euler-拉格朗日方程。

4.9 式（4.75）定义了最小二乘法的 Gram 矩阵或核矩阵 $\boldsymbol{K}$，证明此矩阵 $\boldsymbol{K}$ 是非负定的。

4.10 由式（4.57）推出用于正则化最小二乘估计的式（4.65）。

4.11 证明式（4.70），其中包括数据矩阵 $\boldsymbol{X}$ 和期望响应向量 $\boldsymbol{d}$。

4.12 从带类标样本和无类标样本中学习是一个可逆的问题。证明此论断的有效性。

4.13　用于带类标样本和无类标样本的表示定理和仅用于带类标样本的表示定理具有相同的数学形式。解释用于半监督学习的表示定理如何包含用于监督学习的表示定理，且后者是前者的一个特例。

4.14　带类标数据点的集合可以看作拉普拉斯 RLS 算法的初始化条件。像这样，对于一个给定的无类标训练样本，我们预期由算法构造的决策边界依赖带类标数据点的位置。在此实验中，使用双月构造中抽取的合成数据研究此相关性。

（1）每类一个带类标数据点。用与过去相同的条件，重复 4.11 节中的计算机实验，但此次实验探求决策边界是如何被两个带类标数据点的位置影响。其中这两个数据点分别属于两个类。

（2）每类两个带类标数据点。采用与（1）相同的设置，每类两个带类标数据点，重复该实验。评价此次实验的结果。

第 5 章　极限学习机模型及应用

5.1　引言

极限学习机（Extreme Learning Machine，ELM）是一种单隐含层前馈神经网络，其隐含层参数随机初始化，采用最小二乘法训练网络权值，训练速度很快。支持向量机（Support Vector Machine，SVM）是一种通用的前馈神经网络，可以用来解决模式识别和非线性回归问题，但是对于复杂的模式分类问题，SVM 具有尤为重要的影响。对于 SVM 的设计，核方法本质上是最优的，而最优性是凸最优理论。但是 SVM 这些令人满意的特点是通过增加计算复杂度得到的。SVM 可以统一到极限学习机的框架里。

核方法（Kernel Methods，KMs）是一类模式识别的算法，其目的是找出并学习一组数据中的相互关系。用途较广的核方法有 SVM 和高斯过程等。正则化理论是解决过拟合问题的一种重要方法。核极限学习机（Kernel Extreme Learning Machine，KELM）和正则极限学习机（Regularization Extreme Learning Machine，RELM）分别利用核方法和正则化理论对极限学习机进行了改进，从不同方面提升了极限学习机的性能。

本章主要阐述极限学习机及其改进模型，同时介绍它们的实际应用。首先，将 RELM 应用到图像复原领域；接着，提出一种非基于正规方程式的核极限学习机用于医学分类；然后，提出一种基于共轭梯度的核极限学习机，并将其应用到图像复原领域；再次，一种基于流行正则化的核极限学习机得以提出，并将其应用到糖尿病检测原领域；最后，提出一种基于核极限学习机的医疗诊断系统，将其应用到医疗诊断原领域。

5.2　预备知识

本节主要介绍核方法和支持向量机等一些预备理论知识。

5.2.1　核方法

核方法是解决非线性模式分析问题的一种有效途径，其核心思想是：首先，通过某种非线性映射将原始数据嵌入合适的高维空间；然后，利用通用的线性学习器在这个新的空间中分析和处理模式。相对于使用通用非线性学习器直接在原始数据上进行分析的范式，核方法有如下明显的优势。

首先，通用非线性学习器不便反映具体应用问题的特性，而核方法的非线性映射面向具体应用问题设计，便于集成问题相关的先验知识。

其次，线性学习器相对于非线性学习器有更好的过拟合控制，从而可以更好地保证泛化能力。

最后，很重要的一点是核方法还是实现高效计算的途径，它能利用核函数将非线性映射隐含在线性学习器中进行同步计算，使得计算复杂度与高维空间的维数无关。

核方法的主要思想基于这样一个假设：“在低维空间中不能线性分割的点集，在转化为高维空间中的点集时，很有可能变为线性可分”。例如，有两类数据，一类为 $x\langle a \bigcup x\rangle b$；另一类为 $a<x<b$，要想在一维空间上线性分开是不可能的。然而我们可以通过 $F(x)=(x-a)(x-b)$ 把一维空间上的点转化到二维空间，这样就可以划分两类数据 $F(x)>0$，$F(x)<0$，从而实现线性分割。

然而，如果直接把低维数据转化到高维空间，然后去寻找线性分割平面，那么会遇到两个大问题，一是在高维空间中计算，导致维度祸根（Curse of Dimension）问题；二是非常麻烦，每个点都必须先转换到高维空间，然后求取分割平面的参数等。怎么解决这些问题？答案是通过核戏法（Kernel Trick）。

核戏法：定义一个核函数 $K(x_1,x_2)=\langle \varphi(x_1),\varphi(x_2)\rangle$，其中，$x_1$ 和 x_2 是低维空间中的点（在这里可以是标量，也可以是向量），$\varphi(x_i)$ 是低维空间中的点转化为高维空间中的点的表示，$\langle\rangle$ 表示向量的内积。这里核函数的表达方式一般不会显式地写为内积的形式，即不关心高维空间的形式。

核函数巧妙地解决了上述问题，在高维空间中，向量的内积通过低维数据的核函数就可以计算了。这种技巧被称为核戏法。

这里还有一个问题：为什么我们要关心向量的内积？一般地，我们可以把分类（或回归）的问题分为两类：参数学习的形式和基于实例的学习形式。参数学习的形式就是通过一堆训练数据，把相应模型的参数学习出来，然后训练数据就没有用了，对于新的数据，用学习出来的参数即可得到相应的结论；而基于实例的学习（又叫作基于内存的学习）形式则是在预测的时候也会使用训练数据，如 KNN 算法。而基于实例的学习形式一般只需要判定两个点之间的相似程度，一般通过向量的内积来表达。从这里可以看出，核戏法不是万能的，它一般只针对基于实例的学习形式。

紧接着，我们还需要解决一个问题，即核函数的存在性判断和如何构造？既然我们不关心高维空间的表达形式，那么怎么才能判断一个函数是否是核函数呢？这里需要介绍一下 Mercer 定理。

Mercer 定理：任何半正定函数都可以作为核函数。所谓半正定函数 $f(x_i,x_j)$，是指拥有训练数据集 $(X_1,X_2,\cdots,X_n)$ 的函数。我们定义一个矩阵的元素 $a_{ij}=f(x_i,x_j)$，这个矩阵是 $N\times N$ 的，如果这个矩阵是半正定矩阵，那么 $f(x_i,x_j)$ 就称为半正定函数。Mercer 定理不是核函数的必要条件，只是一个充分条件，即不满足 Mercer 定理的函数也可以是核函数。

函数 $K\left(X_1,X_2\right):\chi\times\chi\mapsto R$ 是核函数的充要条件，对于输入空间的任意向量，都有

$$\left\{X_1,X_2,\cdots,X_m\right\}\in R \tag{5.1}$$

其核矩阵（Kernel Matrix），即如式（5.2）所示的 Gram 矩阵是半正定矩阵

$$\boldsymbol{G}\left(X,X\right)=\begin{bmatrix} K\left(X_1,X_1\right) & K\left(X_1,X_2\right) & \cdots & K\left(X_1,X_m\right) \\ K\left(X_2,X_1\right) & K\left(X_2,X_2\right) & \cdots & K\left(X_2,X_m\right) \\ \vdots & \vdots & & \vdots \\ K\left(X_m,X_1\right) & K\left(X_m,X_2\right) & \cdots & K\left(X_m,X_m\right) \end{bmatrix} \tag{5.2}$$

上述结论被称为 Mercer 定理[1,2]。定理的证明从略，结论性地，作为充分条件：特征空间内两个函数的内积是一个二元函数，在其核矩阵为半正定矩阵时，该二元函数具有可再生性，即

$$K\left(X_1,X_2\right)=K(\cdot,X_1)^{\mathrm{T}}K\left(\cdot,X_2\right) \tag{5.3}$$

因此，其内积空间是一个赋范向量空间（Normed Vector Space），可以完备化得到希尔伯特空间，即再生核希尔伯特空间（Reproducing Kernel Hilbert Space，RKHS）。作为必要条件，对核函数构造核矩阵后易知[2]

$$\sum_{i,j=1}^{m}\boldsymbol{G}\left(X_i,X_j\right)=\left\|\sum\varphi(X_i)^2\right\|\geqslant 0 \tag{5.4}$$

常见的核函数有高斯核函数、多项式核函数等，在这些常见核的基础上，通过核函数的性质（如对称性等）可以进一步构造新的核函数。SVM 是核戏法应用的经典模型。

在构造核函数后，验证其对输入空间内的任意 Gram 矩阵为半正定矩阵都是困难的，因此，通常的选择是使用现成的核函数[2]。以下给出一些核函数的例子，其中未做说明的参数均是该核函数的超参数（Hyper-Parameter）[3]。

常用的核函数类型如下。

1）线性核函数

线性核函数构造容易，其优点是参数少、速度快，一般将线性核函数用于分类，其数学模型为

$$K\left(x,x_i\right)=\left(x,x_i\right) \tag{5.5}$$

2）多项式核函数

多项式核函数依靠映射增大样本维度，不过其参数较多。在阶数较高的时候，运算难度增大，可能造成超出现有计算技术的问题。其数学模式为

$$K(x_1,x_2)=(x_1^{\mathrm{T}}x_2+c)^d \tag{5.6}$$

3）高斯核函数

高斯核（Gaussian Kernel）函数受外界影响小，能够增大样本维度，应用十分广泛。对样本规模适应性强，参数选择要求较为严格，可以考虑优先选用。其数学模型为

$$K\left(x,x_i\right)=\mathrm{e}^{-\gamma\|x-x_i\|^2} \tag{5.7}$$

4）Sigmoid 核函数

Sigmoid 核函数是随着机器学习的研究发展而来的，目前的应用范围很广，其数学模型呈现 S 形，一般用作激活函数，其数学模型为

$$K\left(x,x_i\right)=\tanh(\gamma\left(x,x_i\right)+c) \tag{5.8}$$

当多项式核函数的阶为 1 时，被称为线性核函数，对应的非线性分类器退化为线性分类器。高斯核函数也被称为 RBF 核，其对应的映射函数将样本空间映射至无限维空间。核函数的线性组合和笛卡尔积也是核函数，此外，特征空间内的函数 $g\left(X\right)$、$g\left(X_1\right)$、$g\left(X_2\right)$、$K\left(X_1,X_2\right)$ 也是核函数[2]。

5.2.2 支持向量机

支持向量机是一种通用的前馈神经网络，从本质上来说，支持向量机是具有很多优秀性能的分类机器学习方法。要解释它是如何工作的，从模式分类中可分离模式的情况开始可能是最容易的。在此背景下，支持向量机的主要思想可以总结如下。

给定训练样本，支持向量机建立一个超平面作为决策曲面，使得正例和反例之间的隔离边缘被最大化。

在处理更加复杂的线性不可分模式时，我们原则性地对算法的基本思想进行扩展。

在支持向量 x_i 和从输入空间提取的向量 x 之间的内积核这一概念是构造支持向量机学习算法的关键。最重要的是，支持向量是由算法从训练数据中抽取的小的子集构成的。事实上，支持向量机被称为核戏法是由于其构造过程中这一关键的性质。对于支持向量机的设计，核戏法本质上是最优的，而最优性是凸最优理论。但是支持向量机这些令人满意的特点是通过增加计算复杂度得到的。

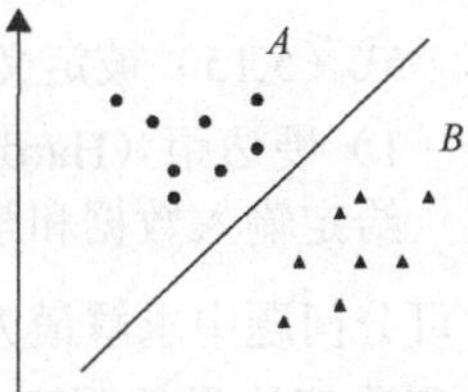

图 5.1 支持向量机

支持向量机可以用来求解模式识别和非线性回归问题，而且对于复杂解的模式分类问题，支持向量机具有尤为重要的影响。图 5.1 所示为一个支持向量机。

1. 线性支持向量机（Linear SVM）

在分类问题中给定输入数据和学习目标

$$\boldsymbol{X}=\{X_1,\cdots,X_N\},\ y=\{y_1,\cdots,y_N\} \tag{5.9}$$

其中，输入数据的每个样本都包含多个特征并由此构成特征空间

$$X_i=[x_1,\cdots,x_n]\in\chi \tag{5.10}$$

而学习目标为二元变量 $y\in\{-1,1\}$，表示负类（Negative Class）和正类（Positive Class）。

若输入数据所在的特征空间存在作为决策边界的超平面将学习目标按正类和负类分开，并使任意样本的点到平面的距离大于或等于 1[3]

$$\text{决策边界：}\quad \boldsymbol{w}^{\mathrm{T}}\boldsymbol{X}+b=0 \tag{5.11}$$

$$\text{点到平面的距离：}\quad y_i(\boldsymbol{w}^{\mathrm{T}}X_i+b)\geqslant 1 \tag{5.12}$$

则称该分类问题具有线性可分性（Linear Separability），图 5.2 所示为线性可分示意图，参数 $\boldsymbol{w}$、b 分别为超平面的法向量和截距。

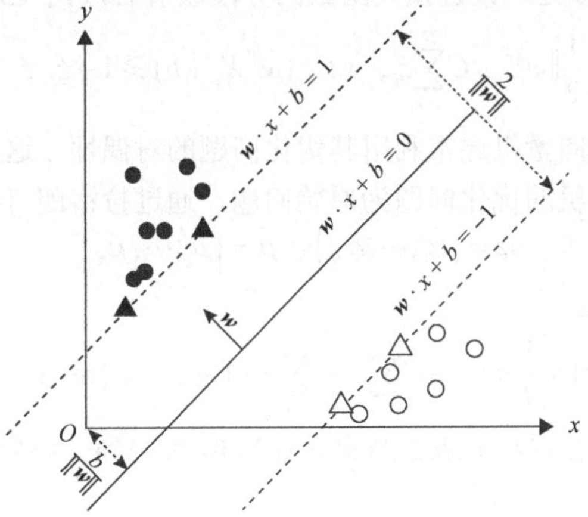

图 5.2 线性可分：决策边界（实），间隔边界（虚），支持向量（三角形）

满足该条件的决策边界实际上构造了两个平行的超平面作为间隔边界，以判别样本的分类

$$\boldsymbol{w}^{\mathrm{T}}X_i+b\geqslant +1\Rightarrow y_i=+1 \tag{5.13}$$

$$\boldsymbol{w}^{\mathrm{T}}X_i+b\leqslant -1\Rightarrow y_i=-1 \tag{5.14}$$

所有在上间隔边界上方的样本都属于正类，在下间隔边界下方的样本都属于负类。两个间隔边界的距离为

$$d=\frac{2}{\|\boldsymbol{w}\|} \tag{5.15}$$

式（5.15）被定义为边距，位于间隔边界上的正类和负类样本为支持向量。

1）硬边距（Hard Margin）支持向量机

给定输入数据和学习目标：$\boldsymbol{X}=\{X_1,\cdots,X_N\}$，$y=\{y_1,\cdots,y_N\}$，硬边距支持向量机是在线性可分问题中求解最大边距超平面（Maximum-Margin Hyperplane）的算法，约束条件是样本点到决策边界的距离大于或等于 1。硬边距支持向量机可以转化为一个等价的二次凸优化（Quadratic Convex Optimization）问题进行求解，即

$$\max_{\boldsymbol{w},b}\frac{2}{\boldsymbol{w}},\ s.t. y_i(\boldsymbol{w}^{\mathrm{T}}X_i+b)\geqslant 1 \quad\Leftrightarrow\quad \min_{\boldsymbol{w},b}\frac{1}{2}\|\boldsymbol{w}\|^2,\ s.t. y_i(\boldsymbol{w}^{\mathrm{T}}X_i+b)\geqslant 1 \tag{5.16}$$

由式（5.16）得到的决策边界可以对任意样本进行分类：$\mathrm{sign}[y_i(\boldsymbol{w}^{\mathrm{T}}X_i+b)]$。

注意，虽然超平面法向量 $\boldsymbol{w}$ 是唯一优化目标，但学习数据和超平面的截距通过约束条件影响了该优化问题的求解[3]。硬边距支持向量机是正则化系数取零时的软边距支持向量机，其对偶问题和求解参见软边距支持向量机，这里不额外列出。

2）软边距（Soft Margin）支持向量机

在线性不可分问题中，使用硬边距支持向量机将产生分类误差，因此可在最大化边距的基础上引入损失函数构造新的优化问题。软边距支持向量机使用铰链损失函数，沿用硬边距支持向量机的优化问题形式，其优化问题为

$$\min_{\boldsymbol{w},b}\frac{1}{2}\|\boldsymbol{w}\|^2+C\sum_{i=1}^{N}L_i,\ L_i=\max[0,1-y_i(\boldsymbol{w}^{\mathrm{T}}X_i+b)],\ s.t. y_i(\boldsymbol{w}^{\mathrm{T}}X_i+b)\geqslant 1-L_i, L_i\geqslant 0 \tag{5.17}$$

式（5.17）表明，软边距支持向量机是一个 L2 正则化分类器，式中，L_i 表示铰链损失函数。使用松弛变量，$\xi\geqslant 0$ 处理铰链损失函数的分段取值后，式（5.17）可化为

$$\min_{\boldsymbol{w},b}\frac{1}{2}\|\boldsymbol{w}\|^2+C\sum_{i=1}^{N}\xi_i,\ s.t. y_i(\boldsymbol{w}^{\mathrm{T}}X_i+b)\geqslant 1-\xi_i, \xi_i\geqslant 0 \tag{5.18}$$

求解上述软边距支持向量机通常利用其优化问题的对偶性，这里给出推导。

定义软边距支持向量机的优化问题为原始问题，通过拉格朗日乘子

$$\alpha=\{\alpha_1,\cdots,\alpha_N\},\ \mu=\{\mu_1,\cdots,\mu_N\} \tag{5.19}$$

可得其拉格朗日函数[3, 4]为

$$L(\boldsymbol{w},b,\xi,\alpha,\mu)=\frac{1}{2}\|\boldsymbol{w}\|^2+C\sum_{i=1}^{N}\xi_i+\sum_{i=1}^{N}\alpha_i\left[1-\xi_i-y_i\left(\boldsymbol{w}^{\mathrm{T}}X_i+b\right)\right]-\sum_{i=1}^{N}\mu_N\xi_i \tag{5.20}$$

令拉格朗日函数对优化目标 $\boldsymbol{w},b,\xi$ 的偏导数为 0，可得到一系列包含拉格朗日乘子的表达式[3, 4]为

$$\frac{\partial L}{\partial \boldsymbol{w}}=0\Rightarrow \boldsymbol{w}=\sum_{i=1}^{N}\alpha_i y_i X_i \tag{5.21}$$

$$\frac{\partial L}{\partial b}=0\Rightarrow \sum_{i=1}^{N}\alpha_i y_i=0 \tag{5.22}$$

$$\frac{\partial L}{\partial \xi}=0\Rightarrow C=\alpha_i+\mu_i \tag{5.23}$$

将其代入拉格朗日函数后可得原始问题的对偶问题为

$$\max_{\alpha}\sum_{i=1}^{N}\alpha_j-\frac{1}{2}\sum_{i=1}^{N}\sum_{j=1}^{N}\left[\alpha_i y_i\left(X_i\right)^{\mathrm{T}}\left(X_j\right)y_j\alpha_j\right],\ s.t.\sum_{i=1}^{N}\alpha_i y_i=0, 0\leqslant\alpha_i\leqslant C \tag{5.24}$$

对偶问题的约束条件中包含不等关系，因此其存在局部最优的条件是拉格朗日乘子满足 Karush-Kuhn-Tucker（KKT）条件，即

$$\begin{cases}\alpha_i\geqslant 0,\ \mu_i\geqslant 0\\ \xi_i\geqslant 0,\ \mu_i\xi_i=0\\ y_i\left(\boldsymbol{w}^{\mathrm{T}}X_i+b\right)-1+L_i\geqslant 0\\ \alpha_i\left[y_i\left(\boldsymbol{w}^{\mathrm{T}}X_i+b\right)-1+L_i\right]=0\end{cases} \tag{5.25}$$

由式（5.25）可知，对任意样本$\left(X_i,y_i\right)$，总有$\alpha_i=0$或$y_i\left(\boldsymbol{w}^{\mathrm{T}}X_i+b\right)=1-\xi_i$，对前者，该样本不会对决策边界$\boldsymbol{w}^{\mathrm{T}}X_i+b=0$产生影响，对后者，该样本满足$y_i\left(\boldsymbol{w}^{\mathrm{T}}X_i+b\right)=1-\xi_i$，意味着其处于间隔边界上（$\alpha_i<C$）、间隔内部（$\alpha_i=C$）或被错误分类（$\alpha_i>C$），即该样本是支持向量。由此可见，软边距支持向量机决策边界的确定仅与支持向量有关，使用铰链损失函数使得支持向量机具有稀疏性。

2．非线性支持向量机（Nonlinear SVM）

使用非线性函数将输入数据映射至高维空间后应用线性支持向量机可得到非线性支持向量机。非线性支持向量机有如下优化问题：

$$\min_{\boldsymbol{w},b}\frac{1}{2}\|\boldsymbol{w}\|^2+C\sum_{i=1}^{N}\xi_i,\ s.t. y_i(\boldsymbol{w}^{\mathrm{T}}\varphi(X_i)+b)\geqslant 1-\xi_i,\ \xi_i\geqslant 0 \tag{5.26}$$

类比软边距支持向量机，非线性支持向量机有如下对偶问题：

$$\max_{\alpha}\sum_{i=1}^{N}\alpha_i-\frac{1}{2}\sum_{i=1}^{N}\sum_{j=1}^{N}\left[\alpha_i y_i\varphi\left(X_i\right)^{\mathrm{T}}\varphi\left(X_j\right)y_j\alpha_j\right],\ s.t.\sum_{i=1}^{N}\alpha_i y_i=0,\ 0\leqslant\alpha_i\leqslant C \tag{5.27}$$

注意，式中存在映射函数内积，因此可以使用核戏法，即直接选取核函数

$$K\left(X_i,X_j\right)=\varphi(X_i)^{\mathrm{T}}\varphi\left(X_j\right) \tag{5.28}$$

非线性支持向量机的对偶问题的 KKT 条件可同样类比软边距支持向量机。

支持向量机的求解可以使用二次凸优化问题的数值方法，如内点法和序列最小优化法，在拥有充足学习样本时也可使用随机梯度下降法。这里对以上 3 种数值方法在支持向量机中的应用进行介绍。

1）内点法（Interior Point Method，IPM）

以软边距支持向量机为例，IPM 使用对数阻挡函数（Logarithmic Barrier Function）将支持向量机的对偶问题由极大值问题转化为极小值问题，并将其优化目标和约束条件近似表示为

$$\begin{gathered}h(\alpha,\beta)=-\sum_{i=1}^{N}\alpha_i+\frac{1}{2}\sum_{i=1}^{N}\sum_{j=1}^{N}\left(\alpha_i Q\alpha_j\right)+\sum_{i=1}^{N}I\left(-\alpha_i\right)+\sum_{i=1}^{N}I\left(\alpha_i-C\right)+\beta\sum_{i=1}^{N}\alpha_i y_i\\ I(x)=-\frac{1}{t}\log(-x)\\ Q=y_i(X_i)^{\mathrm{T}}(X_j)y_j\end{gathered} \tag{5.29}$$

式中，I为对数阻挡函数，本质上使用连续函数对约束条件中的不等关系渐近逼近。

对于任意超参数t，使用牛顿迭代法（Newton-Raphson Method）可求解$\hat{\alpha}=\arg\min_{\alpha}h(\alpha,\beta)$，

该数值解也是原始对偶问题的近似解：$\lim_{t\to\infty}\hat{\alpha}=\alpha$。

IPM 在计算$Q=y_i\left(X_i\right)^{\mathrm{T}}\left(X_j\right)y_j$时，需要对$N$阶矩阵求逆，在使用牛顿迭代法时也需要计算 Hessian 矩阵的逆，是一个内存开销大且复杂度为$O\left(n^3\right)$的算法，仅适用于少量学习样本[6, 7]。一些研究通过低秩近似（Low-Rank Approximation）和并行计算提出了更适用于大数据的 IPM，并在支持向量机的实际学习中进行了应用和比较[6-8]。

2）序列最小优化法（Sequential Minimal Optimization，SMO）

SMO 是一种坐标下降法（Coordinate Descent），以迭代方式求解支持向量机的对偶问题，其设计是在每次迭代中选择拉格朗日乘子中的两个变量α_i和α_j，并固定其他参数，将原始优化问题化简至一维子可行域（Feasible Subspace），此时约束条件有如下等价形式[9]

$$\sum_{i=1}^{N}\alpha_i y_i=0\Leftrightarrow \alpha_i y_i+\alpha_j y_j=-\sum_{k\neq i,j}\alpha_k y_k=\mathrm{Const} \tag{5.30}$$

将上式右侧代入支持向量机的对偶问题并消去求和项中的α_j，可以得到仅关于α_i的二次规划问题，该问题有闭式解可以快速计算。在此基础上，SMO 有如下计算框架[9]。

（1）初始化所有拉格朗日乘子。

（2）识别一个不满足 KKT 条件的拉格朗日乘子，并求解其二次规划问题。

（3）反复执行上述步骤，直到所有拉格朗日乘子都满足 KKT 条件或参数的更新量小于设定值。

可以证明，在二次凸优化问题中，SMO 的每次迭代都严格地优化了支持向量机的对偶问题，且迭代会在有限次后收敛至全局极大值[10]。SMO 的迭代速度与所选取拉格朗日乘子对 KKT 条件的偏离程度有关，因此 SMO 通常采用启发式方法选取拉格朗日乘子。

3）随机梯度下降法（Stochastic Gradient Descent，SGD）

SGD 是机器学习问题中常见的优化算法，适用于样本充足的学习问题。SGD 每次迭代都随机选择学习样本更新模型参数，以减少一次性处理所有样本带来的内存开销，其更新规则为

$$\boldsymbol{w}^{(i+1)}=\boldsymbol{w}^{(i)}-\gamma\nabla_{\boldsymbol{w}}J\left(X_i,\boldsymbol{w}^{(i)}\right) \tag{5.31}$$

式中，γ是学习速率（Learning Rate）；J是代价函数（Cost Function）。由于支持向量机的优化目标是凸函数，因此可以直接将其改写为极小值问题，并作为代价函数运行 SGD。以非线性支持向量机为例，其 SGD 迭代规则为[12]

$$\boldsymbol{w}^{(i+1)},b^{(i+1)}=\begin{cases}\boldsymbol{w}^{(i)}-2\gamma\boldsymbol{w}^{(i)}b^{(i)} & \boldsymbol{w}^{(i)\mathrm{T}}\varphi(X_i)+b^{(i)}>1\\ \boldsymbol{w}^{(i)}+\gamma[2\boldsymbol{w}^{(i)}-Cy^{(i)}\varphi(X_i)],b^{(i)}+\gamma Cy^{(i)} & \text{否则}\end{cases} \tag{5.32}$$

由上式可知，在每次迭代时，SGD 首先判定约束条件，若该样本不满足约束条件，则 SGD 按学习速率最小化结构风险；若该样本满足约束条件，为支持向量机的支持向量，则 SGD 根据正则化系数平衡经验风险和结构风险，即 SGD 的迭代保持了支持向量机的稀疏性。

这里提供一个在 Python 3 环境下使用 Sklearn 封装模块的支持向量机，代码如下：

```
# 导入模块
import numpy as np
import matplotlib.pyplot as plt
from Sklearn import svm, datasets
% matplotlib inline
```

```
    # 鸢尾花数据
    iris = datasets.load_iris()
    X = iris.data[:, :2] # 为便于绘图仅选择 2 个特征
    y = iris.target
    # 测试样本（绘制分类区域）
    xlist1 = np.linspace(X[:, 0].min(), X[:, 0].max(), 200)
    xlist2 = np.linspace(X[:, 1].min(), X[:, 1].max(), 200)
    XGrid1, XGrid2 = np.meshgrid(xlist1, xlist2)
    # 非线性 SVM：RBF 核，超参数为 0.5，正则化系数为 1，SMO 迭代精度为 1e-5，内存占用 1000MB
    svc = svm.SVC(kernel='rbf', C=1, Gamma=0.5, tol=1e-5, cache size=1000).
fit(X, y)
    # 预测并绘制结果
    Z = svc.predict(np.vstack([XGrid1.ravel(), XGrid2.ravel()]).T)
    Z = Z.reshape(XGrid1.shape)
    plt.contourf(XGrid1, XGrid2, Z, cmap=plt.cm.hsv)
    plt.contour(XGrid1, XGrid2, Z, colors=('k',))
    plt.scatter(X[:, 0], X[:, 1], c=y, edgecolors='k', linewidth=1.5, cmap=
plt.cm.hsv)
```

实验结果如图 5.3 所示。

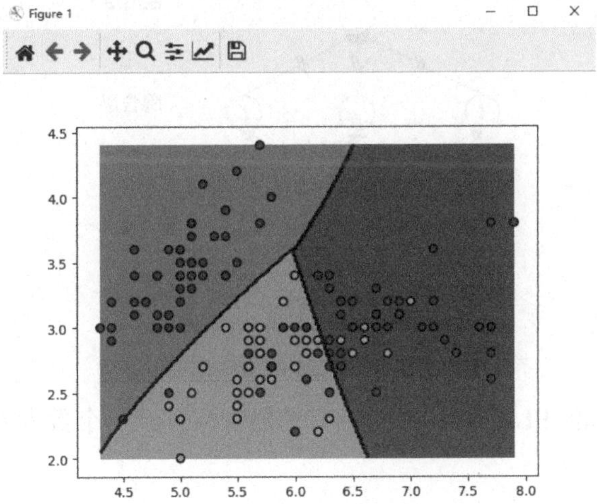

图 5.3　实验结果

5.3　极限学习机模型

极限学习机（ELM）是 Huang[13]等人提出的一种机器学习算法，它是一种特殊的前馈神经网络。从其数学本质和结构上看，能将其归为一种新的单隐含层前馈神经网络，隐含层数量为 1。把它与一些传统的依赖梯度学习的神经网络（如采用梯度下降的 BP 神经网络）对比，其最优异的地方体现在它别具一格的学习算法上。

ELM 省去了传统算法需要不断地依靠研究者人为去调整输入权值和偏置参数的步骤，原因是它的这些参数一开始便是通过系统采用随机函数的方式设定的。这些参数一经确定便不会再更改，而且初始参数与用作 ELM 网络训练用途的样本数据之间不会产生任何关联。

ELM 的输出权值求解完全不采用梯度算法，而是采取最小二乘法，通过计算伪逆求得，所以网络只要完成一次训练便能够达到要求，彻底舍弃了迭代步骤。

通过以上两点能够窥见，ELM 的最优异之处在于它的学习算法步骤更简单，这使得网络训练能够在更短的时间内完成。与其他神经网络相区别的特点是只需要设置隐含层神经元个数，在算法执行过程中，无须调整网络的输入权值及隐含层偏置，无须通过迭代即可产生唯一的最优解。

在 ELM 中，首先通过特征映射阶段将输入数据转化到特征空间，然后通过分类、回归来学习输出权值[14]。ELM 的基本组成如图 5.4 所示。

给定由 N 个学习样本组成的数据集

$$\left\{\left(\boldsymbol{x}_j,\boldsymbol{t}_j\right)\right\}_{j=1}^{N},\ j=1,2,\cdots,N \tag{5.33}$$

输入数据为

$$\boldsymbol{x}_j=[x_1,x_2,\cdots,x_n]^{\mathrm{T}}\in R^n \tag{5.34}$$

目标输出为

$$\boldsymbol{t}_j=[t_1,t_2,\cdots,t_m]^{\mathrm{T}}\in R^m \tag{5.35}$$

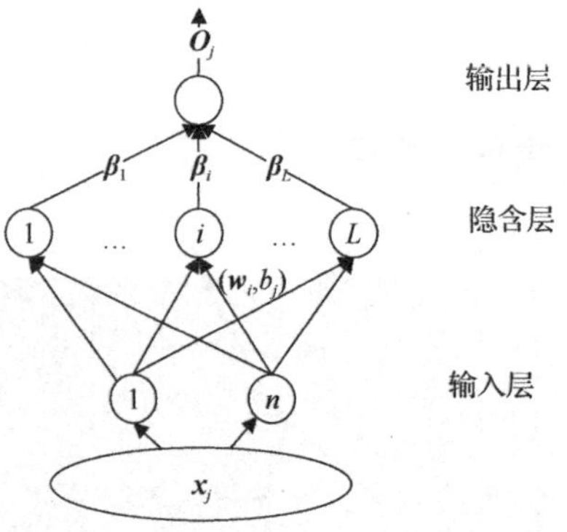

图 5.4　ELM 的基本组成

给定一个三层的标准 ELM 网络，它拥有的隐含层神经元个数为 L，激活函数为 $g(x)$，那么它的数学模型为

$$\sum_{i=1}^{L}\boldsymbol{\beta}_i g\left(\boldsymbol{w}_i\cdot\boldsymbol{x}_j+b_i\right)=\boldsymbol{O}_j,\ j=1,2,\cdots,N \tag{5.36}$$

式中，$\boldsymbol{w}_i=[w_{i1},w_{i2},\cdots,w_{in}]^{\mathrm{T}}$，代表给定 ELM 的输入权值；$b_i$ 代表 ELM 中隐含层第 i 个神经元的偏置；$\boldsymbol{\beta}_i=[\beta_{i1},\beta_{i2},\cdots,\beta_{im}]^{\mathrm{T}}$，表示 ELM 中隐含层神经元与输出层神经元之间的输出权值；$\boldsymbol{w}_i\cdot x_j$ 是 $\boldsymbol{w}_i$ 和 x_j 两个参数的内积；$\boldsymbol{O}_j$ 是网络的实际输出值。

ELM 训练学习的最终目标是使 $\boldsymbol{O}_j$ 与 $\boldsymbol{t}_j$ 之间的误差逼近于 0，最终可得

$$\sum_{j=1}^{N}\left\|\boldsymbol{O}_j-\boldsymbol{t}_j\right\|=0 \tag{5.37}$$

即学习目的为最终存在参数 $\boldsymbol{w}_i$、$\boldsymbol{x}_j$ 和 b_i 使得

$$\sum_{i=1}^{L}\boldsymbol{\beta}_i g\left(\boldsymbol{w}_i\cdot\boldsymbol{x}_j+b_i\right)=\boldsymbol{t}_j,\ j=1,2,\cdots,N \tag{5.38}$$

设定 ELM 隐含层单个神经元输出为 $h_i(x)=g\left(\boldsymbol{w}_i\cdot\boldsymbol{x}_j+b_i\right)$，$i=1,2,\cdots,L$，则隐含层输出可以表示为

$$h(x)=\left[h_1(x),h_2(x),\cdots,h_L(x)\right]^{\mathrm{T}}=\begin{bmatrix} g\left(w_1\cdot x_1+b_1\right) & \cdots & g\left(w_L\cdot x_1+b_1\right) \\ \vdots & & \vdots \\ g\left(w_1\cdot x_N+b_1\right) & \cdots & g\left(w_L\cdot x_N+b_L\right) \end{bmatrix} \tag{5.39}$$

ELM 网络模型输出用函数表达为

$$f_L(x)=\sum_{i=1}^{L}\boldsymbol{\beta}_i h_i(x)=h(x)\boldsymbol{\beta} \tag{5.40}$$

将上述方程式转化为矩阵形式为

$$\boldsymbol{H}\cdot\boldsymbol{\beta}=\boldsymbol{T} \tag{5.41}$$

式中

$$\boldsymbol{H}=h(x)=\begin{bmatrix} g\left(w_1\cdot x_1+b_1\right) & \cdots & g\left(w_L\cdot x_1+b_1\right) \\ \vdots & & \vdots \\ g\left(w_1\cdot x_N+b_1\right) & \cdots & g\left(w_L\cdot x_N+b_L\right) \end{bmatrix} \tag{5.42}$$

$$\boldsymbol{\beta}=\left[\beta_1^{\mathrm{T}},\cdots,\beta_L^{\mathrm{T}}\right]^{\mathrm{T}}$$
$$\boldsymbol{T}=\left[t_1^{\mathrm{T}},\cdots,t_N^{\mathrm{T}}\right]^{\mathrm{T}} \tag{5.43}$$

$\boldsymbol{H}$ 表示 ELM 网络中隐含层映射生成的中间矩阵，$\boldsymbol{\beta}$ 表示隐含层神经元到输出层神经元的权值矩阵，$\boldsymbol{T}$ 表示期望目标矩阵。

训练 ELM 网络的目的是得到一组参数 $\hat{\boldsymbol{w}}_i$、$\hat{b}_i$ 及 $\hat{\boldsymbol{\beta}}_i$，使得

$$\left\|\boldsymbol{H}\left(\hat{\boldsymbol{w}}_i,\hat{b}_i\right)\hat{\boldsymbol{\beta}}_i-\boldsymbol{T}\right\|=\min_{w,b,\beta}\left\|\boldsymbol{H}\left(\boldsymbol{w}_i,b_i\right)\boldsymbol{\beta}_i-\boldsymbol{T}\right\|,\ i=1,\cdots,L \tag{5.44}$$

上式的目的等价于把以下损失函数达到最优：

$$E=\sum_{i=1}^{N}\left(\sum_{i=1}^{L}\boldsymbol{\beta}_i g\left(\boldsymbol{w}_i\cdot\boldsymbol{x}_j+b_i\right)-\boldsymbol{t}_j\right)^2 \tag{5.45}$$

在一般情况下，可以采用传统的一些依赖梯度的算法来求解这种类型的问题。但是这些依赖梯度的算法通常有个缺点，它们在训练过程中往往需要通过不断地迭代来获得问题的最优解，同时在迭代过程中要不断地调整网络参数。这就导致这些算法不仅计算十分复杂，而且要浪费大量的时间在迭代过程中。

在 ELM 算法中，输入层神经元到隐含层神经元的权值 $\boldsymbol{w}_i$ 和隐含层神经元的偏置 b_i 是由系统通过随机函数给定的，并且在后面的学习过程中不再需要调整，这一特点使得隐含层映射矩阵 $\boldsymbol{H}$ 在经过计算得出后就是唯一确定的。也可以认为，ELM 网络的学习算法归结为计算 $\boldsymbol{H}\cdot\boldsymbol{\beta}=\boldsymbol{T}$。

当采用最小二乘法来求解，即通过一次计算得到最佳的隐含层到输出层权值 $\boldsymbol{\beta}^*$ 时，目的是使误差函数达到最小值。通常把网络的实际输出值跟期望输出值差的平方和作为误差函数。根据广义逆的理论，可以求得式（5.45）的唯一解为

$$\boldsymbol{\beta}^*=\boldsymbol{H}^+\boldsymbol{T} \tag{5.46}$$

式中，$\boldsymbol{H}^+$ 为 ELM 网络中隐含层映射矩阵 $\boldsymbol{H}$ 的 Moore-Penrose 广义逆，其求解方法主要有正交投影法、奇异值分解法（SVD）、迭代法等。

在 ELM 算法中，通常采用正交投影法来求解广义逆。

当 $\boldsymbol{H}^{+}\boldsymbol{H}$ 为非奇异矩阵时

$$\boldsymbol{H}^{+}=(\boldsymbol{H}^{+}\boldsymbol{H})^{-1}\boldsymbol{H}^{\mathrm{T}} \tag{5.47}$$

当 $\boldsymbol{H}^{+}\boldsymbol{H}\cdot\boldsymbol{H}\boldsymbol{H}^{+}$ 为非奇异矩阵时

$$\boldsymbol{H}^{+}=\boldsymbol{H}^{\mathrm{T}}(\boldsymbol{H}\boldsymbol{H}^{\mathrm{T}})^{-1} \tag{5.48}$$

通过以上分析，总结 ELM 的训练过程如下。

输入训练样本数据 $\left\{\left(\boldsymbol{x}_j,\boldsymbol{t}_j\right)\right\}_{j=1}^{N}$，$j=1,2,\cdots,N$，网络隐含层神经元个数为 L，激活函数为 $g\left(x\right)$。

由计算机系统自动随机生成参数 $\boldsymbol{w}_i,b_i$，$i=1,2,\cdots,L$。

根据式（5.39）求解隐含层映射矩阵 $\boldsymbol{H}$。

根据式（5.41）求解输出权值 $\boldsymbol{\beta}$。

根据上述四步运算过程计算得出输出权值 $\boldsymbol{\beta}$ 后，ELM 的训练过程便宣告完成了。

ELM 相较传统的依赖梯度求解的神经网络，其优异之处体现在学习效率高，能够节省大量时间。ELM 还能够绕开训练中无法逼近最优值、要求研究员不断更改学习率、过拟合时常发生等问题，并且泛化能力在大多数应用情况下依然保持良好。

5.4 核极限学习机

核极限学习机（KELM）是基于核函数的 ELM，为了进一步增强 ELM 的泛化能力和稳定性，Huang 等人结合支持向量机，将核函数的概念引入 ELM，提出了 KELM 算法[15]。KELM 将 ELM 从显示激活函数推广到隐式激活函数，这使得此算法可以在多数应用中拥有更好的泛化能力。

KELM 在 ELM 的基础上最小化如下约束优化问题：

$$L_{\mathrm{DELM}}=\frac{1}{2}\|\boldsymbol{\beta}\|^{2}+\frac{1}{2}C\sum_{i=1}^{N}\boldsymbol{\xi}_i^{2} \tag{5.49}$$

约束如下：

$$h\left(x_i\right)\boldsymbol{\beta}=\boldsymbol{t}_i^{\mathrm{T}}-\boldsymbol{\xi}_i^{\mathrm{T}},\ i=1,\cdots,N \tag{5.50}$$

这种方法可以使 ELM 的输出有更好的分类结果。此时，$\boldsymbol{\xi}_i=[\xi_{i1},\cdots,\xi_{im}]^{\mathrm{T}}$ 是训练样本的训练误差向量；C 为正则化参数；$h\left(x\right)\boldsymbol{\beta}$ 是 ELM 模型的输出向量。由 KKT 理论可知，上述问题可以转化为对等的对偶优化问题

$$L_{\mathrm{DELM}}=\frac{1}{2}\|\boldsymbol{\beta}\|^{2}+\frac{1}{2}C\sum_{i=1}^{N}\boldsymbol{\xi}_i^{2}-\sum_{i=1}^{N}\sum_{j=1}^{m}\alpha_{ij}\left(h\left(x_i\right)\boldsymbol{\beta}_j-t_{ij}+\xi_{ij}\right) \tag{5.51}$$

式中，$\boldsymbol{\beta}=\left[\beta_1,\cdots,\beta_m\right]$ 且 $\boldsymbol{\beta}_j$ 是隐含层与输出层之间的权值向量；$\boldsymbol{\alpha}=[\alpha_1,\cdots,\alpha_m]^{\mathrm{T}}$；$\boldsymbol{\alpha}_i=[\alpha_{i1},\cdots,\alpha_{im}]^{\mathrm{T}}$ 且 α_{ij} 是拉格朗日乘子，对应第 i 个样本的第 j 个输出。对于上述参数，可得到如下优化条件

$$\frac{\partial L_{\mathrm{DELM}}}{\partial\boldsymbol{\beta}_j}=0\rightarrow\boldsymbol{\beta}_j=\sum_{i=1}^{N}\alpha_{ij}h(x_i)^{\mathrm{T}}\rightarrow\boldsymbol{\beta}=\boldsymbol{H}^{\mathrm{T}} \tag{5.52}$$

$$\frac{\partial L_{\mathrm{DELM}}}{\partial\boldsymbol{\xi}_i}=0\rightarrow\boldsymbol{\alpha}_i=C\boldsymbol{\xi}_i,\ i=1,\cdots,N \tag{5.53}$$

$$\frac{\partial L_{\mathrm{DELM}}}{\partial \boldsymbol{\alpha}_i}=0 \rightarrow h(x_i)\boldsymbol{\beta}-\boldsymbol{t}_i^{\mathrm{T}}+\boldsymbol{\xi}_i^{\mathrm{T}}=0,\ i=1,\cdots,N \tag{5.54}$$

通过上述三式运算，可得到

$$\left(\frac{\boldsymbol{I}}{C}+\boldsymbol{H}\boldsymbol{H}^{\mathrm{T}}\right)\boldsymbol{\alpha}=\boldsymbol{T} \tag{5.55}$$

$$\boldsymbol{T}=\begin{bmatrix} \boldsymbol{t}_1^{\mathrm{T}} \\ \vdots \\ \boldsymbol{t}_N^{\mathrm{T}} \end{bmatrix}=\begin{bmatrix} t_{11} & \cdots & t_{1m} \\ \vdots & & \vdots \\ t_{N1} & \cdots & t_{Nm} \end{bmatrix} \tag{5.56}$$

因此，ELM 分类器的输出函数表达式为

$$f(x_i)=h(x_i)\boldsymbol{\beta}=h(x_i)\boldsymbol{H}^{\mathrm{T}}\left(\frac{\boldsymbol{I}}{C}+\boldsymbol{H}\boldsymbol{H}^{\mathrm{T}}\right)^{-1}\boldsymbol{T} \tag{5.57}$$

通过上述可得，ELM 的特征映射函数 $h(x_i)$ 是可知的。那么，假设特征映射是不可知的，利用 Mercer 条件可以定义 ELM 的核矩阵为

$$\begin{cases} \boldsymbol{\Omega}_{\mathrm{ELM}}=\boldsymbol{H}\boldsymbol{H}^{\mathrm{T}} \\ \boldsymbol{\Omega}_{\mathrm{ELM}_{q,t}}=h(x_q)h(x_t)=K(x_q,x_t) \end{cases} \tag{5.58}$$

此时可得到 KELM 的输出[16]为

$$f(x_i)=h(x_i)\boldsymbol{H}^{\mathrm{T}}\left(\frac{\boldsymbol{I}}{C}+\boldsymbol{H}\boldsymbol{H}^{\mathrm{T}}\right)^{-1}\boldsymbol{T}=\begin{bmatrix} K(x_i,x_1) \\ \vdots \\ K(x_i,x_p) \end{bmatrix}^{\mathrm{T}}\left(\frac{\boldsymbol{I}}{C}+\boldsymbol{\Omega}_{\mathrm{ELM}}\right)^{-1}\boldsymbol{T} \tag{5.59}$$

最后可得，KELM 的输出权值为

$$\boldsymbol{\beta}_{\mathrm{KELM}}=\left(\frac{\boldsymbol{I}}{C}+\boldsymbol{\Omega}_{\mathrm{ELM}}\right)^{-1}\boldsymbol{T} \tag{5.60}$$

通过上述描述，我们可以知道，在标准 ELM 模型中引入核的理念，避开了用隐含层特征映射函数 $h(x)$ 带来的不稳定情况，而采用核映射的方法取代它。核函数的运算采用内积的形式，隐含层神经元个数不需要研究员人为地设定，初始的输入权值和偏置设置步骤也得以省略，只需要确定核函数 $K(\mu,\upsilon)$ 的具体表示即可求出输出表达式。核函数的引入不仅极大地减少了 ELM 网络的训练复杂度，而且优化了在标准 ELM 中由随机函数设置输入权值与偏置带来的稳定性欠缺、泛化能力波动问题。

核函数的类型在一定程度上决定了 KELM 的泛能力能强弱，选取不同类型的核函数会造成泛化能力不一致，而相同类型核函数在参数选择不同的情况下，KELM 泛化能力也不相同。核函数选择不一样，优化核参数所花费的时间和技术也不一样。常用的核函数类型及其数学模型见 5.2.1 节。

5.5　正则极限学习机

ELM 算法虽然有学习效率高、训练操作容易、参数更改少等诸多优点，但是也存在不少缺点。

输出权值 $\boldsymbol{\beta}$ 的求解是通过计算隐含层映射的广义逆得到的，在隐含层神经元个数过多时，

有可能会产生过拟合，这将导致网络的泛化能力降低。

从数学上的风险理论来看，优秀的风险函数有必要考虑经验、结构这两部分。但是 ELM 在建立模型时，从其公式推导可以看出其对结构方面的风险有不当处理，因此对 ELM 可从这几方面入手加以改进。

综上，从标准 ELM 模型建立推导过程来看，存在可能产生过拟合的情况，使得网络泛化能力退化、稳定性波动的现象，多方考虑来看并不能算是最佳的模型，待改进之处颇多。

出于改进标准 ELM 模型的目的，为了使得网络的泛化能力得以增强，可以在标准 ELM 算法的基础上引入正则化理论，然后将其用于建立正则极限学习机（Regular Extreme Learning Machine，RELM）。

RELM 的目标函数为

$$\min E = \min_{\beta}\left\{\frac{\lambda}{2}\|\boldsymbol{\varepsilon}\|^2 + \frac{1}{2}\|\boldsymbol{\beta}\|^2\right\} \tag{5.61}$$

式中，λ 作为惩罚系数加入标准 ELM 算法；$\|\boldsymbol{\varepsilon}\|^2$ 表示经验风险；$\|\boldsymbol{\beta}\|^2$ 代表结构风险。训练误差之和为

$$\varepsilon_j = \sum_{i=1}^{L}\boldsymbol{\beta}_j g\left(\boldsymbol{\omega}_j \cdot \boldsymbol{X}_j + b_j\right) - \boldsymbol{t}_j, j = 1,2,\cdots,n \tag{5.62}$$

构造拉格朗日方程得到

$$L\left(\boldsymbol{\alpha},\varepsilon,\boldsymbol{\beta}\right) = \frac{\lambda}{2}\|\boldsymbol{\varepsilon}\|^2 + \frac{1}{2}\|\boldsymbol{\beta}\|^2 - \boldsymbol{\alpha}\left(\boldsymbol{H}\boldsymbol{\beta} - T - \boldsymbol{\varepsilon}\right) \tag{5.63}$$

式中，$\alpha_i \in R$，$i = 1,2,\cdots,N$ 表示拉格朗日算子。

分别对式（5.63）中的各个变量求偏导得到

$$\frac{\partial L}{\partial \boldsymbol{\beta}} \to \boldsymbol{\beta}^{\mathrm{T}} = \boldsymbol{\alpha}\boldsymbol{H} \tag{5.64}$$

$$\frac{\partial L}{\partial \varepsilon} \to \lambda\boldsymbol{\varepsilon}^{\mathrm{T}} + \boldsymbol{\alpha} = 0 \tag{5.65}$$

$$\frac{\partial L}{\partial \boldsymbol{\alpha}} \to \boldsymbol{H}\boldsymbol{\beta} - \boldsymbol{T} - \boldsymbol{\varepsilon} = 0 \tag{5.66}$$

由以上三式可以求出新的输出权值矩阵为

$$\hat{\boldsymbol{\beta}} = \left(\boldsymbol{H}^{\mathrm{T}}\boldsymbol{H} + \frac{\boldsymbol{I}}{\gamma}\right)^{-1}\boldsymbol{H}^{\mathrm{T}}T \tag{5.67}$$

式中，$\boldsymbol{I}$ 为单位矩阵。由以上分析可得 RELM 的回归模型为

$$\boldsymbol{y} = \sum_{i=1}^{L}\hat{\boldsymbol{\beta}}_i g\left(\boldsymbol{\omega}_i x + b_i\right) \tag{5.68}$$

式中，$\boldsymbol{y}$ 代表 RELM 模型的最终输出向量；$\boldsymbol{x}$ 代表 RELM 模型的样本输入向量。

综合以上各式，可以总结出 RELM 算法的基本步骤如下。

给定训练集 $P = \left\{\left(\boldsymbol{x}_j,\boldsymbol{t}_j\right)\middle|\boldsymbol{x}_j \in R^n,\boldsymbol{t}_j \in R^m\right\}$，$j = 1,2,\cdots,m$。

由系统给定输入权值 ω 及偏置向量 $\boldsymbol{b}$。

通过式（5.39）获得隐含层映射矩阵 $\boldsymbol{H}$。

通过式（5.67）计算得出 RELM 算法的输出权值矩阵 $\hat{\boldsymbol{\beta}}$。

由式（5.68）可得最终输出向量 $\boldsymbol{y}$。

5.6 基于正则极限学习机的图像复原

RELM 具有良好的泛化能力，其应用非常广泛，本节将介绍其在图像复原方面的实验，同时对比分析 RELM、ELM、BP 神经网络和均值滤波器在图像复原方面的性能。

实验选择 Lena、Cameraman 清晰图及其高斯模糊图，复原的图像质量采用能够量化的指标来表示，本实验采用信噪比（SNR）来比较复原图像与原始清晰图的逼真度。为了比较 RELM 算法性能优劣，设计基于标准 ELM 算法的图像复原实验、均值滤波实验作为对比。

RELM、ELM 算法实验采用 MATLAB 读取高斯模糊 Lena 图的像素点灰度值生成矩阵作为网络的输入，读取清晰 Lena 图像素点灰度值生成矩阵作为期望输出，输入权值与偏置是系统通过随机函数生成的，通过它们之间建立的非线性映射关系获得输出权值。最终采用前面获取的输入、输出权值，偏置用于处理高斯模糊 Cameraman 图像素点灰度值矩阵，得到复原图像。BP 算法与之类似，不再赘述。均值滤波算法不需要训练，直接用即可。

RELM 和 ELM 算法对 Lena 图进行复原的实验结果如图 5.5 所示。Lena 图作为训练样本，训练的不同复原算法如表 5.1 所示。

原始图像

模糊图像

RELM 复原图像

ELM 复原图像

BP 复原图像

均值滤波复原图像

图 5.5 Lena 图实验结果

表 5.1 Lena 图训练的不同复原算法

算　法	BP	ELM	RELM	均值滤波
时间（s）	31.88	0.06	0.06	0.73
信噪比（dB）	38.69	34.75	35.83	11.57

采用 Lena 图训练得到的网络用于 Cameraman 图测试，实验结果如图 5.6 所示。Cameraman 图测试的不同复原算法如表 5.2 所示。

原始图像

模糊图像

RELM 复原图像

ELM 复原图像

BP 复原图像

均值滤波复原图像

图 5.6 Cameraman 图实验结果

表 5.2 Cameraman 图测试的不同复原算法

算　法	BP	ELM	RELM	均值滤波
时间（s）	0.09	0.04	0.04	0.73
信噪比（dB）	34.15	32.46	33.25	12.16

仅从图 5.5 和图 5.6 中 Lena、Cameraman 图的视觉效果来看，RELM、ELM、BP 三种算法复原的图像明显比均值滤波算法更好，但是这三种算法之间的进一步比较则要通过严格的

数据标准，视觉效果差距不大。通过分析表 5.1 和表 5.2 的各项数据，我们发现在图像复原方面，RELM 与 ELM 方面均拥有良好的表现，不仅耗费时间极短，而且效果优良。BP 算法的训练时间明显比 ELM 算法长，信噪比却相差不大。均值滤波算法表现欠佳，说明基于神经网络的技术效果更好。因此可以得出结论，采用 RELM、ELM 算法可以在极短的时间内实现高斯模糊图像的实时复原。

5.7　基于正规方程式的核极限学习机

基本的 ELM 具有随机选择部分网络参数的特性，以及快速学习、人为干预少、易于实现的特点，逐渐发展成为人工智能的热门方向，并建树颇丰。KELM 是 ELM 引入核戏法后的产物，其实质是通过核函数将低维空间的线性不可分样本转换到高维空间的线性可分状态。

KELM 作为一种快速的分类器算法得到了广泛的研究和应用，然而 KELM 在学习和预测阶段需要大量的矩阵运算，增加了算法的计算复杂度。针对这一问题，提出了一种有效的基于正规方程式的核极限学习机（Normal Equations-Kernel Extreme Learning Machine，NE-KELM），采用正规方程式的方法对核极限学习机的权值进行求解。NE-KELM 提高了核极限学习机的分类精度，降低了分类预测的计算复杂度。

5.7.1　模型结构与算法

下面对 NE-KELM 模型进行推导。模型的输入、输出权值和期望输出的定义为

$$\boldsymbol{X}=\begin{bmatrix}\left[x^{(1)}\right]^{\mathrm{T}}\\ \left[x^{(2)}\right]^{\mathrm{T}}\\ \vdots\\ \left[x^{(m)}\right]^{\mathrm{T}}\end{bmatrix},\ \boldsymbol{\beta}=\begin{bmatrix}\beta_1\\ \beta_2\\ \vdots\\ \beta_m\end{bmatrix},\ \boldsymbol{y}=\begin{bmatrix}y^{(1)}\\ y^{(2)}\\ \vdots\\ y^{(m)}\end{bmatrix} \tag{5.69}$$

实际输出与期望输出的差值为

$$h\boldsymbol{\beta}\left[x^{(i)}\right]-y^{(i)}=\boldsymbol{X\beta}-\boldsymbol{y}=\begin{bmatrix}\left[x^{(1)}\right]^{\mathrm{T}}\boldsymbol{\beta}\\ \vdots\\ \left[x^{(m)}\right]^{\mathrm{T}}\boldsymbol{\beta}\end{bmatrix}-\begin{bmatrix}y^{(1)}\\ \vdots\\ y^{(m)}\end{bmatrix}=\begin{bmatrix}h\boldsymbol{\beta}\left[x^{(1)}\right]-y^{(1)}\\ \vdots\\ h\boldsymbol{\beta}\left[x^{(m)}\right]-y^{(m)}\end{bmatrix} \tag{5.70}$$

式中，$h\boldsymbol{\beta}\left[x^{(i)}\right]$ 为 NE-KELM 的实际输出。可以推出，代价函数的定义为

$$J\left(\beta_0,\beta_1,\cdots,\beta_n\right)=\frac{1}{2m}\sum_{i=1}^{m}\left\{h\boldsymbol{\beta}\left[x^{(i)}\right]-y^{(i)}\right\}^2 \tag{5.71}$$

因为对于任意向量都有 $\boldsymbol{x}^{\mathrm{T}}\boldsymbol{x}=\sum_i x_i^2$，所以可以得到

$$J(\boldsymbol{\beta})=\frac{1}{2}(\boldsymbol{X\beta}-\boldsymbol{y})^{\mathrm{T}}(\boldsymbol{X\beta}-\boldsymbol{y}) \tag{5.72}$$

根据正规方程式原理[17, 18]，可以得到

$$\begin{aligned}
\nabla\boldsymbol{\beta}J(\boldsymbol{\beta}) &= \nabla\boldsymbol{\beta}\frac{1}{2}(\boldsymbol{X\beta}-\boldsymbol{y})^{\mathrm{T}}(\boldsymbol{X\beta}-\boldsymbol{y}) \\
&= \frac{1}{2}\nabla\boldsymbol{\beta}\left(\boldsymbol{\beta}^{\mathrm{T}}\boldsymbol{X}^{\mathrm{T}}\boldsymbol{X\beta}-\boldsymbol{\beta}^{\mathrm{T}}\boldsymbol{X}^{\mathrm{T}}\boldsymbol{y}-\boldsymbol{y}^{\mathrm{T}}\boldsymbol{X\beta}+\boldsymbol{y}^{\mathrm{T}}\boldsymbol{y}\right) \\
&= \frac{1}{2}\nabla\boldsymbol{\beta}\mathrm{tr}\left(\boldsymbol{\beta}^{\mathrm{T}}\boldsymbol{X}^{\mathrm{T}}\boldsymbol{X\beta}-\boldsymbol{\beta}^{\mathrm{T}}\boldsymbol{X}^{\mathrm{T}}\boldsymbol{y}-\boldsymbol{y}^{\mathrm{T}}\boldsymbol{X\beta}+\boldsymbol{y}^{\mathrm{T}}\boldsymbol{y}\right) \\
&= \frac{1}{2}\nabla\boldsymbol{\beta}\left(\mathrm{tr}\boldsymbol{\beta}^{\mathrm{T}}\boldsymbol{X}^{\mathrm{T}}\boldsymbol{X\beta}-2\mathrm{tr}\boldsymbol{y}^{\mathrm{T}}\boldsymbol{X\beta}\right) \\
&= \frac{1}{2}\left(\boldsymbol{X}^{\mathrm{T}}\boldsymbol{X\beta}+\boldsymbol{X}^{\mathrm{T}}\boldsymbol{X\beta}-2\boldsymbol{X}^{\mathrm{T}}\boldsymbol{y}\right) \\
&= \boldsymbol{X}^{\mathrm{T}}\boldsymbol{X\beta}-\boldsymbol{X}^{\mathrm{T}}\boldsymbol{y}
\end{aligned} \tag{5.73}$$

为了最小化代价函数，将其导数置为0，可得

$$\boldsymbol{X}^{\mathrm{T}}\boldsymbol{X\beta}=\boldsymbol{Xy} \tag{5.74}$$

因此，得到最小化代价函数的$\boldsymbol{\beta}$NE-KELM 的方程式为

$$\boldsymbol{\beta}\text{NE-KELM}=\left(\boldsymbol{X}^{\mathrm{T}}\boldsymbol{X}\right)^{-1}\boldsymbol{X}^{\mathrm{T}}\boldsymbol{y} \tag{5.75}$$

NE-KELM 提高了 KELM 的测试精度，降低了分类预测时的计算复杂度。将线性 KELM 的核函数代入正规方程式，此时的线性核函数为

$$K\left(x_i,x_j\right)=x_i^{\mathrm{T}}x_j \tag{5.76}$$

与传统的线性 KELM 相比，NE-KELM 得到的权值泛化能力更好。

在训练阶段，训练数据（Training Data）是带标识符的数据矩阵，用于对 NE-KELM 的权值进行求解；在测试阶段，测试数据（Testing Data）是无标识符的数据矩阵，用于对预测模型进行精度测量。

NE-KELM 算法具体步骤描述如下。

1）NE-KELM 训练阶段

（1）对输入的训练数据进行格式匹配。

与核极限学习机进行比较，NE-KELM 对输入数据 $\boldsymbol{X}$ 的要求稍有不同，由 KELM 的输出权值公式可知，需要加入 $X_0=1$ 项，即加入 $\boldsymbol{X}_0=[1,1,\cdots,1]^{\mathrm{T}}$。

在原始矩阵中，假设原始矩阵大小为 $m\times n$（m 为训练集特征样本数，n 为每个训练样本中的特征值数量），那么加入 $\boldsymbol{X}_0$ 后，矩阵大小变为 $m\times(n+1)$。得到训练数据的期望输出 $\boldsymbol{Y}=\left[y^{(1)},y^{(2)},\cdots,y^{(m)}\right]^{\mathrm{T}}$，其中 m 为训练集特征样本数。

（2）根据式（5.75）得到$\boldsymbol{\beta}$NE-KELM 。

2）NE-KELM 测试阶段

（1）对测试数据的输入 $\boldsymbol{X}$ 如训练阶段一样进行格式匹配。

（2）求测试集的实际输出为

$$\boldsymbol{y}=\boldsymbol{X}\times\boldsymbol{\beta}\text{NE-KELM} \tag{5.77}$$

可得测试数据的实际输出，即预测值。

5.7.2　基于 NE-KELM 的模式识别实验

为了验证 NE-KELM 模型的性能，本节给出了 NE-KELM 模型在 UCI Wine、Breast Cancer Wisconsin、UCI Heart Disease 和胃上皮肿瘤四个数据集上的模式识别仿真实验，并将 NE-KELM 与 ELM 和 KELM 进行了比较。

1）仿真实验步骤

在训练阶段，设 K 为核函数，$\boldsymbol{X}$ 为训练数据的特征向量矩阵，$\boldsymbol{Y}$ 为训练数据，分别表示为

$$\boldsymbol{X}=\begin{bmatrix}1 & x_1^{(1)} & \cdots & x_n^{(1)}\\ 1 & x_1^{(2)} & \cdots & x_n^{(2)}\\ \vdots & \vdots & & \vdots\\ 1 & x_1^{(m)} & \cdots & x_n^{(m)}\end{bmatrix}_{m\times(n+1)},\ \boldsymbol{Y}=\begin{bmatrix}y^{(1)}\\ y^{(2)}\\ \vdots\\ y^{(m)}\end{bmatrix}_{m\times 1},\ K\left(x_i,x_j\right)=x_i^{\mathrm{T}}x_j \tag{5.78}$$

在测试阶段，将 $\boldsymbol{X\_TV}$ 设置为测试阶段的测试数据，$\boldsymbol{O\_TV}$ 为测试数据的期望输出，表示为

$$\boldsymbol{X\_TV}=\begin{bmatrix}xt_1^{(1)} & xt_2^{(1)} & \cdots & xt_n^{(1)}\\ xt_1^{(2)} & xt_2^{(2)} & \cdots & xt_n^{(2)}\\ \vdots & \vdots & & \vdots\\ xt_1^{(m)} & xt_2^{(m)} & \cdots & xt_n^{(m)}\end{bmatrix}_{m\times n} \tag{5.79}$$

$$\boldsymbol{O\_TV}=\begin{bmatrix}yt^{(1)}\\ yt^{(2)}\\ \vdots\\ yt^{(m)}\end{bmatrix}_{m\times 1} \tag{5.80}$$

整个模式识别实验步骤如下。

由式（5.75）中的矩阵数据进行权值求解，可解得 NE-KELM 的权值 $\boldsymbol{\beta}$NE-KELM 。

计算实际输出矩阵 $\boldsymbol{y_TV}=\boldsymbol{X_TV}\times\boldsymbol{\beta}$NE-KELM 。

将模型实际输出 $\boldsymbol{y\_TV}$ 与期望输出 $\boldsymbol{O\_TV}$ 进行比对，得到模型的准确率。

根据式（5.77）可以得到 KELM 的测试输出，NE-KELM 仅执行输入数据和输出权值之间的直接运算，其计算复杂度为 $O\left(n^2\right)$。在传统的核极限学习机中，输入数据需要进行核计算之后，再与输出权值相乘得到预测输出，其计算复杂度为 $O\left(n^3\right)$。因此，本节提出的改进算法 NE-KELM 降低了计算复杂度。

2）模式识别实验结果

为了验证 NE-KELM 算法的性能，本节给出了在四个数据集上的模式识别仿真。将 NE-KELM 的仿真实验结果与 ELM 和 KELM 进行比较。

（1）UCI Wine 数据集。

Wine 数据的来源是 UCI[19]数据集，它是一个关于葡萄酒化学成分的数据集，数据共有三个类别，178 个样本，单个样本有 13 个特征分量和 1 个类别标签。我们选取其中 90 个不同分类的样本作为训练集，剩余 88 个样本作为测试集。表 5.3 显示了 UCI Wine 数据集中不同算法的识别结果。

表 5.3　UCI wine 数据集中不同算法的识别结果

算　法	训练时间（s）	训练精度（%）	测试精度（%）
ELM	0.0489	1	0.5682
KELM	0.0045	0.9889	0.9091
NE-KELM	0.0011	0.9667	0.9318

（2）Breast Cancer Wisconsin 数据集。

本数据集是由 UW-Madison 医学院建立的，它描述的是乳腺肿瘤细胞的细胞核显微图像，可以用于诊断乳腺肿瘤是良性的还是恶性的。本数据集中的每组数据都包括细胞核图像的细胞核半径、质地等 10 个量化特征，这些特征与肿瘤的性质有密切关系。数据集中共包含 569 个病例，其中良性 357 例，恶性 212 例，将 10 个量化特征进行特定计算后得出的 30 个数据作为单个样本的数据特征记录在本数据集中。本次实验随机抽取其中 500 例作为训练数据，剩余 69 例作为测试数据。表 5.4 显示了 Breast Cancer Wisconsin 数据集中不同算法的识别结果。

表 5.4　Breast Cancer Wisconsin 数据集中不同算法的识别结果

算　法	训练时间（s）	训练精度（%）	测试精度（%）
ELM	0.5733	0.9540	0.7971
KELM	0.1512	0.9460	0.9420
NE-KELM	0.0374	0.9640	0.9855

（3）UCI Heart Disease 数据集。

UCI Heart Disease 数据集[20]描述了心脏病目录的内容，其包含 270 个样本，每个样本的特征分量都有 14 个，此次实验选取 170 个样本作为训练数据，剩余 100 个样本作为测试数据。UCI Heart Disease 数据集中不同算法的识别结果如表 5.5 所示。

表 5.5　UCI Heart Disease 数据集中不同算法的识别结果

算　法	训练时间（s）	训练精度（%）	测试精度（%）
ELM	0.1488	1	0.5900
KELM	0.0234	0.8588	0.8600
NE-KELM	0.0064	0.8706	0.8600

在 UCI Wine 数据集中，NE-KELM 相比 KELM 的测试精度提高了 2%；在 Breast Cancer Wisconsin 数据集中，NE-KELM 相比 KELM 的测试精度提高了 4%；在 UCI Heart Disease 数据集中，NE-KELM 与 KELM 的测试精度基本一致。NE-KELM 在测试集进行预测计算时降低了计算复杂度，这正是 NE-KELM 的优势。

（4）胃上皮肿瘤数据集。

这里使用的胃上皮细胞图像来自南昌第一附属医院病理科的实际细胞图像集。从病理学的角度来说，这些图像大致可以分为三类：正常、增生和癌变。其中，增生图像又可以分为轻度增生、中度增生和重度增生三类。如图 5.7 所示。

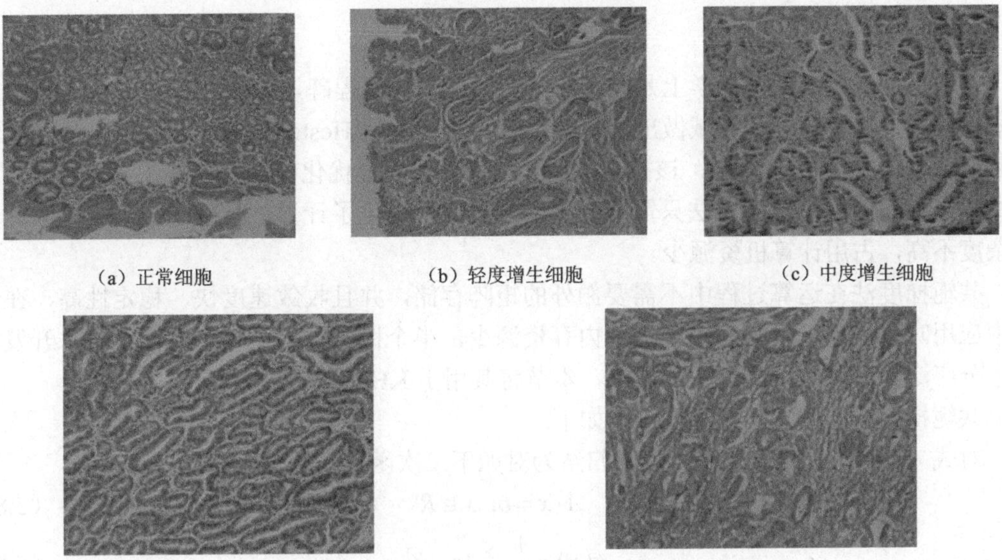

（a）正常细胞　（b）轻度增生细胞　（c）中度增生细胞

（d）重度增生细胞　（e）癌变细胞

图 5.7　不同类别形态的胃上皮细胞图像

从上述图像可知，正常细胞和病变细胞之间是有一定区别的，不过因为数据集数量不够多，本节不对增生细胞进行详细区分。本实验在每类细胞图像中选择 50 张，共 150 张作为训练数据集；选择 20 张，共 60 张作为测试数据集。胃上皮肿瘤数据集中不同算法的识别结果如表 5.6 所示。

表 5.6　胃上皮肿瘤数据集中不同算法的识别结果

算　法	测试时间（s）	训练精度（%）	测试精度（%）
ELM	0.0468	1	0.8167
KELM	0.0105	1	0.8157
NE-KELM	0.0042	1	0.8000

在胃上皮肿瘤数据集中，NE-KELM 与 ELM、KELM 相比，分类结果并无明显提高，还有待改进。但是 NE-KELM 在测试集进行预测计算时减少了时间，降低了计算复杂度，证明其是有意义的。由上述实验结果可知，相比 ELM 和 KELM，NE-KELM 所需的训练时间或测试时间相对较少，但是 NE-KELM 的测试精度均高于其他两种算法，验证了 NE-KELM 的有效性。

5.8　基于共轭梯度的核极限学习机

本节继续介绍一种改进的 KELM 模型——基于共轭梯度的核极限学习机（Conjugate Gradient KELM，CG-KELM），CG-KELM 无须计算逆矩阵，极大地提高了网络训练速度，并且节省了内存空间，同时可以避免在极端情况下逆矩阵不存在的情况，也无须调整惩罚系数 C，从而进一步减少优化神经网络的时间。同时我们将提出的 CG-KELM 进行图像复原，通过对 Lena 图和 Cameraman 图的复原仿真实验验证提出的 CG-KELM 算法的有效性。

5.8.1 共轭梯度法

共轭梯度法的设计在数学上是一项极具伟大意义的里程碑，其诞生于 1952 年。该方法在大规模线性方程组的计算领域做出了卓越贡献，发明人是 Hestenes 和 Stiefle，从原理上看是一种迭代优化算法。1964 年，该方法被用于处理非线性最优化问题，取得了显著成效，为该领域极为优秀的方法。该方法只需要计算一阶导数，简化了计算，且中间矩阵少，因此计算复杂度不高，占用计算机资源少。

共轭梯度法在运算过程中不需要额外的矩阵存储，并且收敛速度快、稳定性高，在计算机中应用时表现为耗费时间短、占用内存资源少，半个世纪以来在科学研究和技术开发中用途十分广泛。鉴于此法具有多种优点，本节将其用于 KELM 算法的优化。

共轭梯度法的数学模型可以归纳如下。

对式（5.80）的计算求解，可以归结为对如下二次函数的运算

$$A \cdot x = b,\ x \in R^n \tag{5.81}$$

$$\phi(x) = \frac{1}{2}x^{\mathrm{T}}Ax - b^{\mathrm{T}}x \tag{5.82}$$

其步骤如下。

（1）置初始值 $x_0 \in R^n$，令 $r_0 = b - Ax_0$，$d_0 = r_0$，设置精度误差要求 $\varepsilon \in R^n$ 和迭代次数 $k = 0$。

（2）计算步长因子 $\alpha_k = \dfrac{{r_k}^{\mathrm{T}} r_k}{{d_k}^{\mathrm{T}} A d_k}$，令 $x_{k+1} = x_k + \alpha_k d_k$，$r_{k+1} = r_k + {\alpha_k}^{A} d_k$。

（3）判断 $r_{k+1} < \varepsilon$，若成立，则停止计算（x_{k+1} 作为方程组的解）；否则计算 $\beta_{k+1} = \dfrac{{r_{k+1}}^{\mathrm{T}} r_k}{{r_k}^{\mathrm{T}} r_k}$，$d_{k+1} = r_{k+1} + \beta_{k+1} d_k$，$k = k+1$，转到步骤（2）。

5.8.2 模型结构与算法

鉴于共轭梯度法收敛快、存储量少、计算复杂度低，将该方法与 KELM 算法相结合，采用共轭梯度这一迭代优化算法来代替 KELM 算法中输出权值依赖计算逆矩阵的求解方法，这一结合而来的新算法称为 CG-KELM。

CG-KELM 的模型结构和 KELM 类似，共轭梯度法的 KELM 算法步骤描述如下。

（1）输入给定的数据集 $P = \left\{ (x_j, t_j) \middle| x_j \in R^n, t_j \in R^m \right\},\ j = 1, 2, \cdots, m$，选择线性核函数 $K(\mu, \upsilon) = \mu \cdot \upsilon$ 作为 CG-KELM 的核函数，根据实际确定共轭梯度法的精度误差值 ε、惩罚系数 λ、激活函数 $g(x)$。

（2）构建核矩阵 $\boldsymbol{\Omega}_{\mathrm{ELM}} = \boldsymbol{X}\boldsymbol{X}^{\mathrm{T}}$，其中，$\boldsymbol{X} = \left[{x_1}^{\mathrm{T}}, {x_2}^{\mathrm{T}}, \cdots, {x_n}^{\mathrm{T}} \right]$。

（3）用共轭梯度法在方程 $(\lambda \boldsymbol{I} + \boldsymbol{\Omega}_{\mathrm{ELM}})\beta = \boldsymbol{T}$ 上计算输出权值 β。

我们在 KELM 的基础上，结合共轭梯度法提出了 CG-KELM。这两种算法的区别在于计算完核矩阵后对输出权值 β 的计算。KELM 通过逆矩阵计算 β，而 CG-KELM 通过共轭梯度法，采用迭代的方式计算 β。下面对比分析一下这两种算法的复杂度。由于 KELM 采用高斯消元法来求逆矩阵，而 CG-KELM 采用共轭梯度法求逆矩阵，故从时间和空间复杂度方面来对两种算法进行比较。

在时间复杂度方面，高斯消元法需要完成大量的计算，其时间复杂度为 $O(n^3)$；而共轭梯

度法只是简单的矩阵加减运算，并且迭代必然会终止于 n^n 步以内，其时间复杂度仅为 $O(n)$。在空间复杂度方面，高斯消元法在计算过程中需要大量的存储空间，而共轭梯度法只需要暂存少数几个矩阵。

通过以上分析可以看出，相对高斯消元法，共轭梯度法具有更小的时间和空间复杂度。从而相对 KELM，CG-KELM 具有更小的时间和空间复杂度。

5.8.3　基于 CG-KELM 的图像复原实验

1）图像复原效果的评价标准

为了客观公正地评价一张复原图像，比较不同的图像复原算法复原退化图像的能力，应该建立一个适当的数学模型，通过一个合适的数学公式来计算量化的指标，从而对图像做出合乎科学原理的判断。

一般的判断标准是通过测定复原图像与给定的原始图像之间的误差值来做出比较，误差值越小，复原图像与原始图像之间的逼真程度越好。常用的图像量化评价指标有结构相似度索引测度（SSIM）、峰值信噪比（PSNR）等。此处采用信噪比作为评价复原图像逼真程度的量化指标，其数学模型为

$$\mathrm{SNR} = \lg \frac{\|x\|_2^2}{\|x - y\|_2^2} \tag{5.83}$$

式中，x 和 y 分别代表复原图像和原始图像。

2）图像复原实验

为了验证所提出算法的有效性，本节将 CG-KELM 算法应用于图像复原领域，同时与 BP、KELM 和均值滤波算法进行对比实验分析。实验中对 Lena 和 Cameraman 的高斯模糊图像进行滤波，对比分析 CG-KELM、KELM、BP 和均值滤波算法在系统运行时间和信噪比等参数的区别。

Lena 图的滤波实验结果如图 5.8 所示。

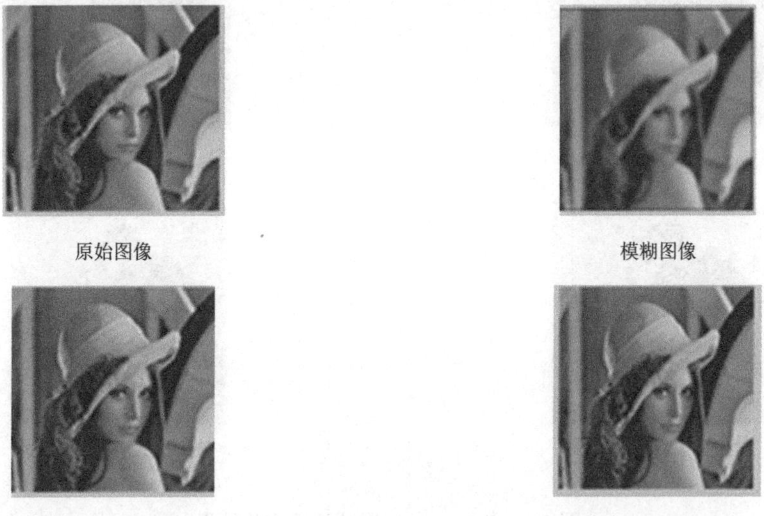

原始图像　模糊图像

CG-KELM 复原图像　KELM 复原图像

图 5.8　Lena 图的滤波实验结果

BP 复原图像

均值滤波复原图像

图 5.8 Lena 图的滤波实验结果（续）

表 5.7 给出了不同复原算法对 Lena 图进行滤波时所用时间和信噪比的对比情况。

表 5.7 Lena 图实验结果

算　法	BP	KELM	CG-KELM	均值滤波
时间（s）	31.88	20.36	5.15	0.73
信噪比（dB）	38.69	36.08	36.95	11.57

Cameraman 图的滤波实验结果如图 5.9 所示。

原始图像

模糊图像

CG-KELM 复原图像

KELM 复原图像

BP 复原图像

均值滤波复原图像

图 5.9 Cameraman 图的滤波实验结果

表 5.8 给出了不同复原算法对 Cameraman 图进行滤波时所用时间和信噪比的对比情况。

表 5.8 Cameraman 图实验结果

算 法	BP	KELM	CG-KELM	均值滤波
时间（s）	0.09	0.57	0.59	0.73
信噪比（dB）	34.15	37.34	36.70	12.16

由图 5.8 中 Lena 图和图 5.9 中 Cameraman 图的高斯模糊复原实验结果可以看出，仅从视觉上分析，三种算法修复高斯模糊图像的效果几乎是一致的，均比均值滤波算法好。从表 5.7、表 5.8 各项数据指标来量化分析，基于共轭梯度法改进而来的 CG-KELM 算法不仅保持了良好的复原效果，而且极大地减少了图像复原所耗费的时间，说明新改进算法在退化数字图像复原领域是有效果的。KELM 算法相对 BP 算法，时间上依然有优势，而改进的 CG-KELM 算法耗时更短。这说明采用共轭梯度法来改进 KELM 算法，可以有效地减少 KELM 神经网络的训练时间，并且泛化能力也得以保持。

5.9 流形正则化核极限学习机

5.9.1 流形正则化核极限学习机的模型结构与算法

引入流形正则化理论来进一步优化 KELM，称为流形正则化核极限学习机（MR-KELM），综合 4.9 节各式，可得出目标函数为

$$\min\frac{1}{2}\|\boldsymbol{\Omega\beta}-\boldsymbol{T}\|_2^2+\frac{C_1}{2}\|\boldsymbol{\beta}\|_2^2+\frac{C_2}{2}\mathrm{tr}\left(\boldsymbol{\beta}^{\mathrm{T}}\boldsymbol{\Omega}^{\mathrm{T}}\boldsymbol{L\Omega\beta}\right) \tag{5.84}$$

式中，$\boldsymbol{\Omega}$ 为 KELM 中隐含层的核映射矩阵；C_1 和 C_2 为实数；拉普拉斯矩阵 $\boldsymbol{L}$ 是在 KELM 输入训练样本的特征空间中计算得出的。

对式（5.84）中的输出权值矩阵 $\boldsymbol{\beta}$ 求导可得

$$\nabla=\boldsymbol{\Omega}^{\mathrm{T}}\left(\boldsymbol{\Omega\beta}-\boldsymbol{T}\right)+C_1\boldsymbol{\beta}+C_2\boldsymbol{\Omega}^{\mathrm{T}}\boldsymbol{L\Omega\beta} \tag{5.85}$$

令 $\nabla=0$，求解得到

$$\boldsymbol{\beta}=\left(\boldsymbol{\Omega}^{\mathrm{T}}\boldsymbol{\Omega}+C_1\boldsymbol{I}+C_2\boldsymbol{\Omega}^{\mathrm{T}}\boldsymbol{L\Omega}\right)^{-1}\boldsymbol{\Omega}^{\mathrm{T}}\boldsymbol{T} \tag{5.86}$$

综合以上分析可以总结出 MR-KELM 算法的训练步骤如下。

（1）设定核极限学习机的核函数类型、实数 C_1 和 C_2 的值。

（2）输入样本数据将其映射到 KELM 特征空间。

（3）利用输入样本特征空间构建拉普拉斯矩阵 $\boldsymbol{L}$ 。

（4）根据式（5.86）计算输出权值矩阵 $\boldsymbol{\beta}$ 。

5.9.2 基于 MR-KELM 的糖尿病检测实验

为了验证 MR-KELM 模型的性能，本节将其应用于糖尿病检测，并与 5.8 节所提出的 CG-KELM 及 KELM 进行对比分析，将检测结果分为正常和不正常两类。本实验数据采用开源糖尿病数据集“Diabetes”，该数据集划分为训练集 Diabetes_Train 及测试集 Diabetes_Test，训练集有 576 组数据，测试集有 192 组数据。在 MATLAB 2014 环境下，采用 MR-KELM、CG-KELM 和 KELM 三种不同算法在 Diabetes 数据集上得到的糖尿病检测实验结果如表 5.9 所示。

表 5.9 不同算法下糖尿病检测实验结果

算 法	CG-KELM	MR-KELM	KELM
训练时间（s）	0.0091	3.4116	0.3522
测试时间（s）	0.0047	0.0053	0.0081
训练精度（%）	65.8	64.76	65.97
测试精度（%）	65.63	68.23	67.71

由表 5.9 各项数据分析可知，CG-KELM 算法耗时最短，而 MR-KELM 算法在精度上略占优势。前面已经通过 Lena 图和 Cameraman 图高斯模糊复原实验验证了 CG-KELM 算法对于 KELM 算法在学习速度上的优势，这个分类实验依然验证了这一结论。由于 MR-KELM 算法需要构建拉普拉斯矩阵，因此其需要花费更多的时间。

5.10 基于核极限学习机的医疗诊断系统

本节将介绍一个实际的医疗诊断系统供读者参考，该系统采用 PCA 和 LDA 对医疗图像进行特征降维处理，采用前面的 KELM 作为分类器进行医疗诊断分类，该系统取得了较好的医疗诊断精度，本节将该系统简称 PL-KELM，该系统可以处理医疗图像数据，辅助医生进行医疗图像的诊断分类，具有一定的实际应用价值。

5.10.1 PL-KELM 的流程

PL-KELM 以 PCA 和 LDA 的叠加作为特征降维功能，以标准 KELM 作为分类器进行数据分类，最后得到分类结果，其流程图如图 5.10 所示。

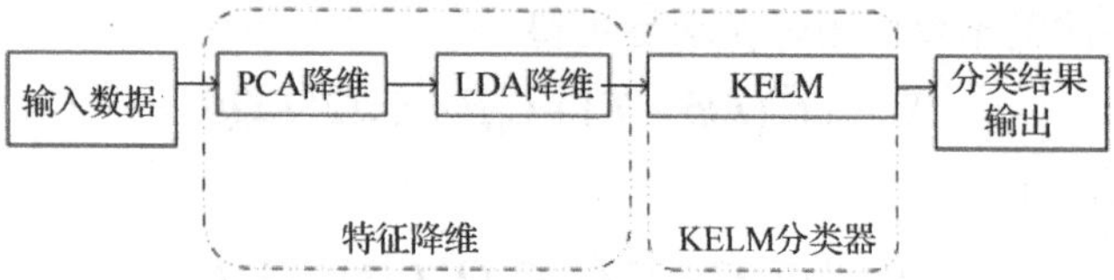

图 5.10 PL-KELM 流程图

（1）将样本集输入模型，此时样本集包含样本特征与类别标签，进入特征降维。

（2）特征降维。

① PCA 对样本的特征向量进行降维，得到无监督分类的结果，进入 LDA 降维。

② LDA 对样本的特征向量进行降维，以 LDA 类内散度最小/类间散度最大得到特征向量。

（3）得到降维后的特征矩阵，进入分类模块。

（4）利用 KELM 进行分类，其输入为包含数据类别标签的训练数据和测试数据，保存结果。

1）特征降维

在 PL-KELM 中，特征降维主要分为两个模块：PCA 和 LDA。PCA 是一种非监督的非线性特征降维算法，对于带类标数据无法分辨，有一些负面的影响；LDA 是监督学习的特征降维算法，它要求的数据集中的样本是有类别标签的，得到的输出也是有类别表示的，这弥补了 PCA 在这一部分的不足。将这两种特征降维算法综合起来，利用 PCA 的非线性降维特点对数据集进行降维的初步处理，可以解决类内散度矩阵 S_w 不一定可逆的问题；利用 LDA 的监督学习特征进行第二阶段的特征降维处理，并将最终取得的特征数据作为分类器的输入数据。具体流程图如图 5.11 所示。

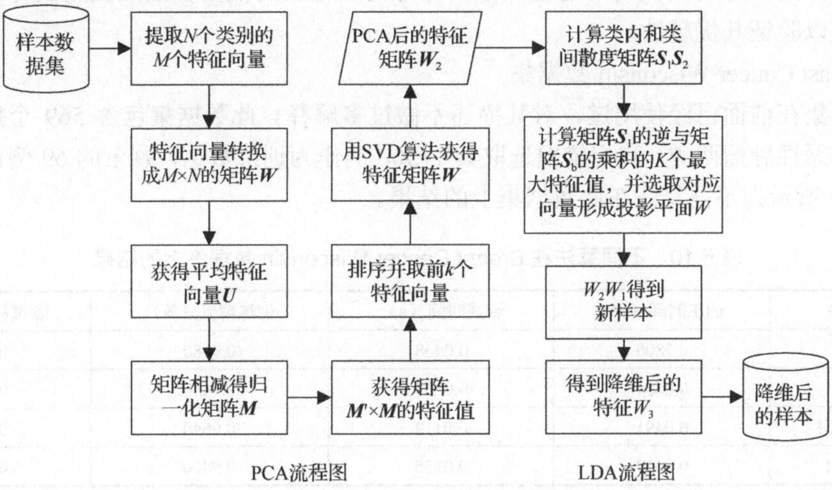

图 5.11　PCA 和 LDA 流程图

2）KELM 分类器部分

在 PL-KELM 中，以标准 KELM 为分类器进行数据分类，其分类运行过程如图 5.12 所示。

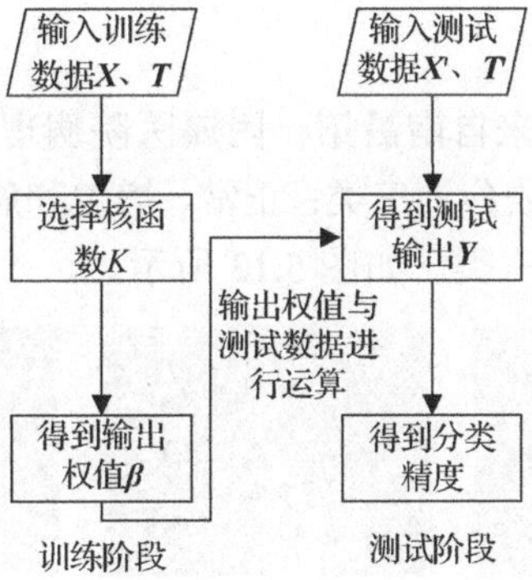

图 5.12　KELM 分类运行过程

具体步骤及运算如下。

（1）训练阶段。

① 输入训练数据，X 为数据特征，T 为数据的类别标签。

② 选择 KELM 的核函数 K 。

③ 将数据特征 X 与核函数 K 进行计算，得到输出权值 β。

（2）测试阶段。

① 输入测试数据，X' 为测试数据的特征值（待分类数据的特征值），T' 为类别标签（期望类别输出）。

② 通过输出权值 β 与测试数据的 X' 进行计算，得到测试集的真正输出（模型分类结果）Y 。

③ 通过 Y 与 T' 的数据对比得到 KELM 分类器的测试精度。

5.10.2 基于 PL-KELM 的模式识别实验

本实验分为训练与测试两个过程，在训练时得到相应的模型参数，在测试时得到本模型的测试精度以验证其优越性。

1）Breast Cancer Wisconsin 数据集

本数据集在前面已经使用过，对其描述不做过多解释。此数据集包含 569 个病例，分为良性肿瘤和恶性肿瘤两类。我们依旧选取其中 500 例作为训练数据，剩余的 69 例作为测试数据。表 5.10 所示为不同算法在此数据集上的结果。

表 5.10 不同算法在 Breast Cancer Wisconsin 数据集上的结果

算 法	训练时间（s）	测试时间（s）	训练精度（%）	测试精度（%）
ELM	0.7800	0.0468	0.9480	0.8986
KELM	0.0664	0.0233	0.9420	0.9805
PCA-KELM	0.0491	0.0119	0.9640	0.9710
PL-KELM	0.0549	0.0155	0.9420	0.9855

值得说明的是，在实验过程中，我们发现 ELM 算法的实验结果稳定性较差，表中内容选取了其出现的结果较好的一次。分析表中的内容，我们可以看出，PL-KELM 算法在测试分类精度中表现出了令人欣喜的效果，相比其他三种算法，准确率有所提高，这说明特征降维算法是有效的。

2）胃上皮肿瘤数据集

此次使用的胃上皮细胞图像来自南昌第一附属医院病理科的实际细胞图像集。从病理学的角度来说，这些数据集可以大致分为三类：正常、增生和癌变。其中，增生图像又可以分为轻度增生、中度增生和重度增生三类。如图 5.13 所示。

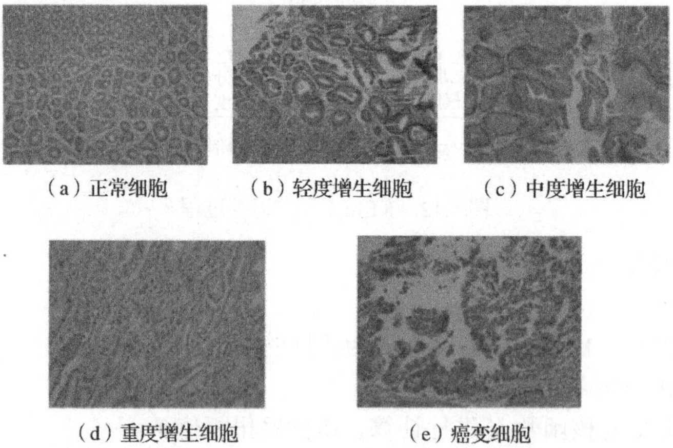

（a）正常细胞　（b）轻度增生细胞　（c）中度增生细胞

（d）重度增生细胞　（e）癌变细胞

图 5.13 不同类别形态的胃上皮细胞图像

从上述图像可知，正常细胞和病变细胞之间是有一定区别的，不过因为数据集数量不够多，本节不对增生细胞进行详细区分。本实验将对数据集分三类进行实验，每类选择 50 张（共 150 张）图像作为训练数据；每类选择 20 张（共 60 张）图像作为测试数据。

由表 5.11 可知，PL-KELM 算法在测试数据中表现出了明显的优势，相对 ELM、KELM、

PCA-KLEM 算法，准确度提高了很多，这说明提出的模型在处理医学图像数据时是有优势的、可行的。理论上讲，训练集精度（Training Accuracy）不能达到真正的“1”，但是因为数据集样本较少，所以这样的误差是可以接受的。通过表 5.11 还可以分析出来，在处理图像数据时，PL-KELM 算法在训练时间与测试时间上都有较好的表现，相对其他算法用时较短。

表 5.11 不同算法在胃上皮细胞数据集上的结果

算 法	训练时间（s）	测试时间（s）	训练精度（%）	测试精度（%）
ELM	2.2776	0.3744	1	0.6667
KELM	0.4358	0.4217	1	0.7833
PCA-KELM	0.0106	0.0105	1	0.8167
PL-KELM	0.0078	0.0072	1	0.8333

5.10.3 肿瘤细胞识别系统

本节将上述 PL-KELM 模型做成了一个具有可视化界面的系统。在这个系统中，实现了对 PL-KELM 模型的精度测量、单个细胞图像的预测分类，其具体流程及实现步骤如图 5.14 所示。在这一系统中，每个模块都含有退出系统及返回导航页的功能，这是为了系统的设计逻辑更加简单明了，并提高系统的交互体验。

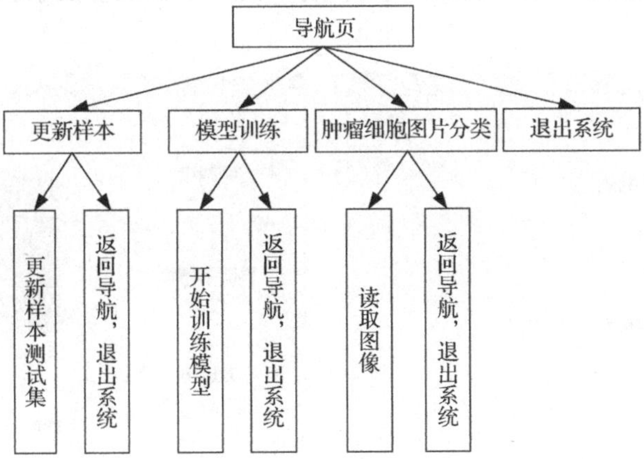

图 5.14 肿瘤细胞识别系统具体流程及实现步骤

1）导航页

如图 5.15 所示，本系统一共包含四个模块：更新样本模块、模型训练模块、肿瘤细胞图片分类模块及退出系统模块。在导航页中，通过单击按钮进入不同的模块，实现训练、分类等功能。

2）更新样本模块

更新样本模块如图 5.16 所示，其主要包括更新训练样本、更新测试样本的功能，单击相应功能的按钮，进入存放训练图像集或测试图像集的文件夹，将需要添加或更新的图像数据按照要求加入文件夹。

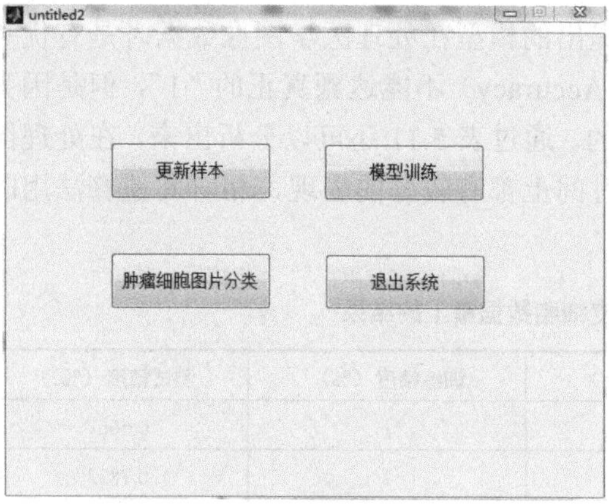

图 5.15　导航页

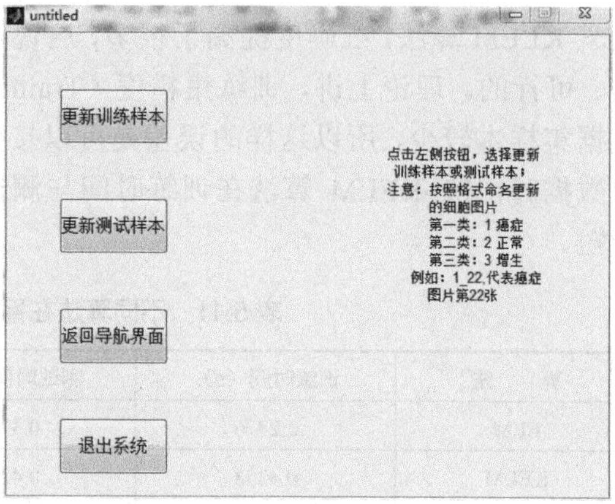

图 5.16　更新样本模块

3）模型训练模块

如图 5.17 所示，该模块的主要功能是进行模型训练，在这一部分中，通过 PL-KELM 模型的训练会计算出相应的参数以供调用。训练得出的训练精度及测试精度可评测本系统算法的可行性。

4）肿瘤细胞图片分类模块

肿瘤细胞图片分类模块如图 5.18 所示，主要设置了读取图片及显示预测结果的功能，在单击“读取图片”按钮后，选择需要识别的图像，此时界面上会显示出选择的识别图像和预测结果。

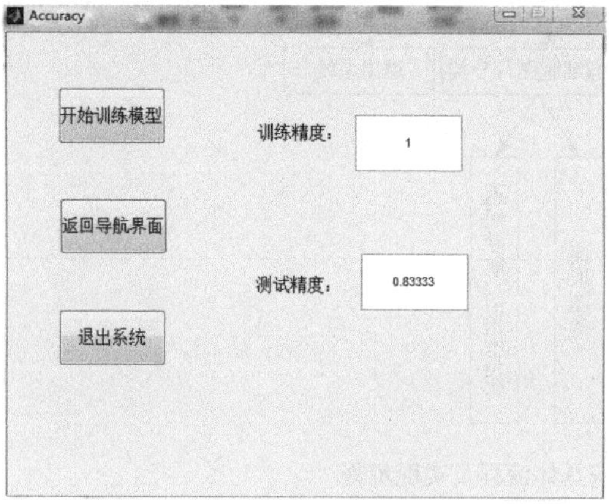

图 5.17　模型训练模块

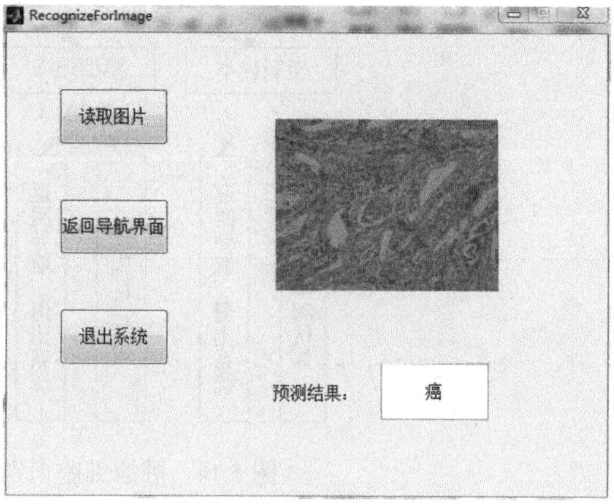

图 5.18　肿瘤细胞图片分类模块

5）退出系统模块

该模块实现了系统退出功能，单击该按钮后，会退出这个肿瘤细胞识别系统并清除相应数据。

5.11　小结

本章主要讨论了 ELM 及其改进模型，并将其应用到不同领域。总的来说，前面简单介绍了几种常用的核方法，另外介绍了支持向量机，一种简单的传统分类器，并给出了一个代码示例。与 ELM 类似，支持向量机也是一种快速的分类器，是一种单隐含层前馈神经网络。接着，介绍了 ELM 的几种常用的改进版本：KELM、RELM。然后，提出了几种新型 ELM，并在模式识别或医疗诊断等领域进行了实验，并且通过与其他算法进行对比，表明了所提出的改进的 ELM 的有效性。

参考文献

[1] VAPNIK V. Statistical learning theory[M]. New York, Wiley, 1998.

[2] 李航. 统计学习方法[M]. 北京：清华大学出版社，2012.

[3] 周志华. 机器学习[M]. 北京：清华大学出版社，2016.

[4] FRIEDMAN J, HASTIE T, TIBSHIRANI R. The elements of statistical learning[M].New York, NY: Springer, 2001.

[5] GONDZIO J. Using interior point methods for optimization in training very large scale support vector machines[D]. School of Mathematics, University of Edinburgh, 2010.

[6] WOODSEND K. Using interior point methods for large-scale support vector machine training[D]. University of Edinburgh, 2010.

[7] FINE S, SCHEINBERG K. Efficient SVM training using low-rank kernel representations[J]. Journal of Machine Learning Research, 2001, 2: 243-264.

[8] FERRIS MC, MUNSON TS. Interior-point methods for massive support vector machines[J]. SIAM Journal on Optimization, 2002,13(3): 783-804.

[9] PLATT J. Sequential minimal optimization: A fast algorithm for training support vector machines[J]. CiteSeerX, 1998, 10(1.43): 4376.

[10] OSUNA E, FREUND R, GIROSI F. An improved training algorithm for support vector machines[C]. In Neural Networks for Signal Processing, IEEE Workshop, 1997.

[11] PLATT J. Fast training of support vector machines using sequential minimal optimization[C]. MIT Press, 2000.

[12] BOTTOU L. Large-scale machine learning with stochastic gradient descent[C]. In Proceedings of COMPSTAT, 2010.

[13] HUANG G B, ZHU Q Y, SIEW C K. Extreme learning machine: Theory and applications [J]. Neurocomputing, 2006, 70(1): 489-501.

[14] CHEN CHEN, LI WEI, SU HONGJUN, et al. Spectral-spatial classification of hyperspectral image based on kernel extreme learning machine [J]. Remote Sensing, 2014, 6(6): 5795-5814.

[15] YE F, SHI Z, SHI Z. A comparative study of PCA, LDA and Kernel LDA for image classification[C]. International Symposium on Ubiquitous Virtual Reality, 2009.

[16] SHLENS J. A tutorial on principal component analysis [J]. International Journal of Remote Sensing, 2014.

[17] C BLAKE, E KEOGH, C J MERZ. UCI repository of machine learning databases[C]. Neural Information Processing Systems, 1998.

[18] 康博. 基于特征值分解的多阵元空时抗干扰技术研究[A]. 卫星导航定位与北斗系统

应用，深化北斗应用促进产业发展[C]. 中国卫星导航定位协会，2018：5.

[19] ZHANG Q, LI B. Discriminative K-SVD for dictionary learning in face recognition[C]. IEEE Computer Society Conference on Computer Vision and Pattern Recognition, 2010.

习题

5.1 阐述支持向量机与 ELM 之间的联系。

5.2 设计一个基本的 ELM，对人脸数据集进行分类。

5.3 阐述 KELM 与 ELM 的区别和联系。

5.4 设计一个 L2 RELM，实现对 UCI Wine 数据集的识别。

第 6 章　形态神经网络

6.1　引言

本章将对形态神经网络展开较为深入的研究和探讨。神经网络和形态学结合产生了形态神经网络（Morphology Neural Networks，MNN）。MNN 的概念来自图像代数，在 MNN 中，每个神经元都执行相应的形态学算子，数学形态学是一种用于数字图像处理和识别的新理论和新方法，对于二值图像和灰度图像，它是一种具有严密理论的非线性几何滤波方法。形态神经元（Morphological Neuron）的模型源自数学形态学理论，同时糅合了图像几何学中两种主要的运算——膨胀（Dilation）和腐蚀（Erasion）。由于它的高度非线性特性，以及与数学形态学理论的密切关系，正日益受到越来越多学者的关注。

多层形态神经网络（Multi-Layer Morphological Neural Network，多层 MNN）是一种隐含层由形态神经元组成的多层前馈神经网络。由于将非线性运算 Min/Max 引入权值的计算，多层 MNN 具有较高的非线性逼近能力，在各类复杂的非线性问题包括图像复原中得到了广泛应用。

本章主要介绍 MNN 的基本模型及其两种改进模型：形态联想记忆神经网络和形态进化神经网络。形态神经网络有很多改进模型，其中形态学和联想记忆神经网络结合形成了形态联想记忆神经网络，而形态神经网络和进化算法结合产生了形态进化神经网络。本章首先介绍数学形态学算法基本理论，然后阐述形态联想记忆神经网络的模型结构，在形态联想记忆神经网络模型的模式发生摄动时，其网络存储能力会发生巨大变化，因此本章将对两种形态联想记忆神经网络模型（形态双向联想记忆神经网络和模糊形态联想记忆神经网络）的模式摄动鲁棒性展开深入探讨。再次，本章结合形态神经网络和进化算法提出了一种形态进化神经网络模型，同时为形态神经网络提出了一种新的学习算法：基于遗传算法的共轭梯度算法，并将其应用到图像复原领域。

6.2　形态学算法基础

6.2.1　数学形态学的定义

在介绍形态神经网络模型之前，先介绍数学形态学的定义。数学形态学是一种非线性滤波方法，它首先用于处理二值图像，后来用于处理灰度图像。它的基本思想是用一定形态的结构元素度量和提取图像中的对应形状，去除不相干的结构，以达到图像分析和识别的目的。

数学形态学有四个基本运算：膨胀、腐蚀、开运算和闭运算。基于这些运算可以推导和组合各种数学形态学实用算法。

设 $f(x,y)$ 为输入图像，$g(x,y)$ 为结构元素，其中 (x,y) 分别是图像平面空间的坐标点，f 为点 (x,y) 的图像灰度值，g 为点 (x,y) 的结构函数值。D_f 和 D_g 分别是函数 f 和 g 的定义域。

1）腐蚀

腐蚀是数学形态学最基本的运算，用结构元素 $g(x,y)$ 对输入图像 F 进行灰度腐蚀，记为 $f\Theta g$，其定义为

$$(f\Theta g)(s,t)=\min\left\{f(s+x,t+y)-g(x,y)\mid(s+x),(t+y)\in D_f,(x,y)\in D_g\right\}$$

腐蚀可以消除小于结构元素的明亮区域，从而有效去除孤立噪声点和边界上不平滑的凸出部分。

2）膨胀

膨胀是腐蚀的对偶运算，是数学形态学的第二个基本运算，记为 $f\oplus g$，其定义为

$$(f\oplus g)(s,t)=\max\left\{f(s+x,t+y)-g(x,y)\mid(s+x),(t+y)\in D_f,(x,y)\in D_g\right\}$$

膨胀是将与目标物体接触的所有背景点合并到物体中的过程，可填补空洞、形成连通域，以及填平图像边界上不平滑的凹陷部分。

3）开运算

形态滤波开运算和闭运算用腐蚀与膨胀的级联来定义，即 f 和 g 的开运算记为 $f\circ g$，其定义为

$$(f\circ g)(x,y)=\left[(f\Theta g)\oplus g\right](x,y)$$

开运算先对图像进行腐蚀，再进行膨胀，能去除图像中的孤立区域和毛刺，用它可消除形状小于结构元素的正峰值，根据目标和噪声的特点，选择适应的结构元素，就能去除噪声，从而将背景保留下来。开运算有些像非线性低通滤波器，但是又与低通滤波器不同，其允许高频部分中大于结构元素的部分通过。

4）闭运算

f 和 g 的闭运算记为 $f\cdot g$，其定义为

$$(f\cdot g)(x,y)=\left[(f\oplus g)\Theta g\right](x,y)$$

闭运算先对图像进行膨胀，再进行腐蚀，可填充物体内部的细小空洞，连接邻近物体和平滑物体边界。

6.2.2 数学形态滤波

数学形态滤波基于图像的几何结构特征，利用预先定义的结构元素对图像进行匹配或局部修正，以达到提取信号、抑制噪声的目的。多尺度形态滤波是单尺度形态滤波的拓展，其中多尺度腐蚀、膨胀滤波是形态滤波的基本运算，多尺度开、闭滤波是它们的复合运算。

在实际图像中，不仅存在微小的噪声干扰，处理对象上还存在一些干扰区域，为了方便对图像进行识别处理，这些干扰区域也应该加以滤除。这些干扰区域有些是高亮度的噪声，有些是低灰度的噪声。为了滤除这些噪声，可选用一组逐渐增加宽度的结构元素交替进行开、闭运算。

Top-Hat 变换算子根据使用开、闭运算的不同分为 Top-Hat 算子和 Bottom-Hat 算子。

Top-Hat 算子定义为

$$\text{Top-Hat}(f)=f-(f\cdot g),\quad \text{Bottom-Hat}(f)=(f\cdot g)-f$$

可见 Top-Hat 运算是原始图像与其开运算后的信号之差，所以经 Top-Hat 变换处理后的图像能抑制平缓变化的背景和不相关的结构信息，提取出形状类似结构元素的孤立目标和噪声，即 Top-Hat 算子可以检测出图像信号中的灰度峰值，而 Bottom-Hat 算子可以检测出图像信号

中的灰度谷值。因此 Top-Hat 运算具有高通滤波的特性。将原始图像、Top-Hat 图像、Bottom-Hat 图像三者进行灰度图像融合的方法是将原始图像、Top-Hat 图像相加，再减去 Bottom 图像并取反得到的。

6.3 形态神经网络模型

基于格代数的矩阵算子被广泛地应用到工程科学。在这些应用中，传统的矩阵加法和乘法算子被相应的格代数算子代替。将格代数引入矩阵算子产生了一类完全不同的非线性变换的观点。以格代数的矩阵算子为基础形成的形态神经网络最初是由 Davidson 和 Ritter 等人[18-20]提出的，本节将简单介绍形态神经网络模型。

在一般的神经网络中，第 m 层节点 j 的输入、输出关系为

$$x_j(m+1)=f\left(\sum_{i=1}^{n}x_i(m)\cdot w_{ij}-\theta_j\right) \tag{6.1}$$

而在多层形态神经网络中，式（6.1）中加法和乘法运算将分别用加法和取最值（最大或最小）运算取代，其中神经网络的节点的输入、输出关系被修改为非线性的计算。多层形态神经网络的拓扑结构如图 6.1 所示，由图可知，多层形态神经网络是一个多输入/单输出的多层前馈神经网络。

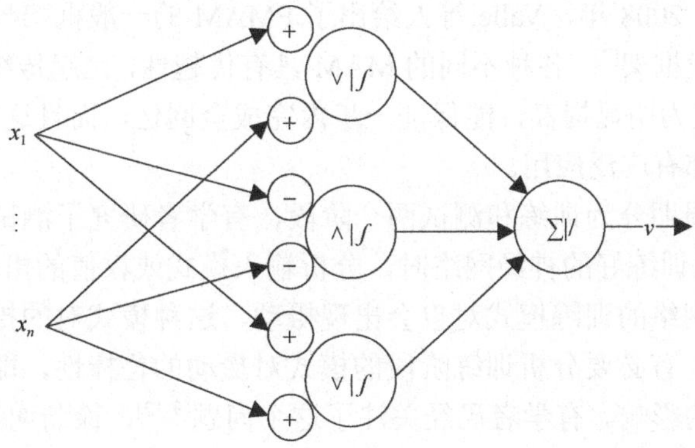

图 6.1 多层形态神经网络的拓扑结构

设网络的第 i 个输入训练样本为 $x_i=\{x_{i1},x_{i2},\cdots,x_{iN}\}$，$i=1,2,\cdots,K$，第 j 个隐含层神经元输出为 $u_j(t)$，$j=1,2,\cdots,H$ 。K 表示训练样本个数；N 为每个训练样本的维数；H 为隐含层神经元个数。N 取决于结构元素的大小（若本节选择的 9 邻域的结构元素，则 N=9），而 H 可以自由选择。整个网络的输出为 $v(t)$ 。Wi_{ij} 表示输入层第 i 个节点到隐含层第 j 个神经元的权值，Wo_j 表示隐含层的第 j 个神经元到输出层的权值，它们之间的关系为

$$u_j(t)=f_j\left\{\bigvee_{n}^{i=1}\left[x_i(t)+Wi_{ij}\right]\right\}\text{或}\,u_j(t)=f_j\left\{\bigwedge_{i=1}^{n}\left[x_i(t)+Wi_{ij}\right]\right\} \tag{6.2}$$

式中，∨和∧分别表示取最大或最小值运算；N 为输入神经元个数（输入训练样本维数）。

输出层由一个节点组成，整个网络的输出为

$$v(t)=f\left(\sum_{j=1}^{H}Wo_j\cdot u_j(t)\right) \tag{6.3}$$

上述式（6.1）到式（6.3）中，隐含层的激活函数为 $u_j(t)=f(z)=\dfrac{1}{\left(1+\mathrm{e}^{-z}\right)}$，其中 $z=\vee_n^{i=1}\left[x_i(t)+Wi_{ij}\right]$；输出层的激活函数为 $f(z)=z$，即 $v=f(z)=z$，其中 $z=\sum_{j=1}^{H}Wo_j\cdot u_j(t)$。由式（6.3）可以看出，隐含层与输出层的权值是变化的，因此该网络具有自组织功能。

形态神经网络具有很多变体，本章后续将介绍形态联想记忆神经网络和形态进化神经网络两种变体。

6.4 形态联想记忆神经网络模型及其摄动鲁棒性

最近，不同于传统神经网络的形态联想记忆（Morphology Associative Memories，MAM）神经网络及其应用逐渐兴起[1-7]。形态联想记忆神经网络是将形态学与联想记忆神经网络结合起来形成的一种新的神经网络。1998 年，Ritter 等人提出了形态学联想记忆[2]，这是一种极为新颖的神经网络。1999 年，Ritter 等人又进一步提出了形态双向联想记忆（Morphology Bidirectional Associative Memories，MBAM）[3]。2003 年，王敏等人提出了模糊形态联想记忆（Fuzzy Morphology Associative Memories，FMAM）[4]模型，解决了 MAM 的模糊规则记忆问题。2005 年，吴锡生等人[5]提出了模糊形态双向联想记忆神经网络（FMBAM），解决了 MBAM 的模糊规则记忆问题。2008 年，Valle 等人给出了 FMAM 的一般框架[6]。2010 年，冯乃勤等人给出了 MAM 的一般框架[7]。各种不同的 MAM 具有优越性，比起传统的 Hopfield、FAM 和 FBAM，它们的存储能力明显提高，能保证一步内完成全回忆，而且这些 MAM 在联想记忆、图像处理和识别领域都有广泛应用。

神经网络的生命周期分为训练和测试两个阶段，有学者研究了测试阶段的神经网络的敏感性能[8]，即在使用已训练好的神经网络时，分析输入模式或权值的摄动对神经网络的影响。然而训练阶段的神经网络的训练模式对也会出现摄动，这种模式对的摄动会对网络输出产生一定的副作用。因此，有必要分析训练阶段的模式对摄动的鲁棒性，即分析这种训练模式对的摄动带给网络输出的影响。有学者已经关注了这个问题[9-12]，徐蔚鸿等人对 MBAM 神经网络的模式对摄动的影响进行了研究[9]，HE 等人对单体模糊神经网络的模式对摄动问题进行了研究[10,11]，文献[12]对 FMAM 神经网络的模式对摄动问题进行了探讨。由于 MAM 神经网络的类型多种多样，学习算法也很丰富，而且 MAM 具有广泛的应用前景，因此本章将对文献[3]中的 MBAM 神经网络和文献[5]中的 FMBAM 记忆神经网络的模式对摄动问题进行深入研究[20,21]，这种研究对 MBAM 神经网络的模式对获取和学习算法的选取都具有重要指导意义。

6.4.1 MAM 神经网络的数学基础与相关定义

在阐述本节的定理及证明之前，先给出一些符号术语及相关的定义。本节总假设 $I=\{1,2,\cdots,m\}$，$J=\{1,2,\cdots,n\}$ 为非空有限指标集。

定义 6.1[9-11] 设 $\boldsymbol{A}=\left(a^1,a^2,\cdots,a^m\right)\in[0,1]^m$，$\Delta\boldsymbol{A}=\left(\Delta a^1,\Delta a^2,\cdots,\Delta a^m\right)\in[-1,1]^m$，则 $\boldsymbol{A}$ 的最大摄动误差为 $\boldsymbol{A}+\Delta\boldsymbol{A}=\left(a^1+\Delta a^1,a^2+\Delta a^2,\cdots,a^m+\Delta a^m\right)\in[0,1]^m$，其中若 $a^i+\Delta a^i>1$，则 $a^i+\Delta a^i$ 调整为 1；若 $a^i+\Delta a^i<0$，则 $a^i+\Delta a^i$ 调整为 0，其余类似情况可类似定义。

定义 6.2[9-11]　设 $\boldsymbol{A}^*, \boldsymbol{A} \in [0,1]^{m\times n}$，称 $H(\boldsymbol{A}^*, \boldsymbol{A}) = \bigvee_{i\in I, j\in J} \left|a_{ij}^* - a_{ij}\right|$ 为 $\boldsymbol{A}^*$ 与 $\boldsymbol{A}$ 的最大摄动误差，且 $H(\boldsymbol{A}^*, \boldsymbol{A}) = H(\boldsymbol{A}, \boldsymbol{A}^*)$。

定义 6.3[9-11]　当模式对 $(\boldsymbol{A},\boldsymbol{B}) = (\boldsymbol{A}^*, \boldsymbol{B}^*)$，且 $H(\boldsymbol{A},\boldsymbol{A}^*) \vee H(\boldsymbol{B},\boldsymbol{B}^*) \leqslant \gamma$ 时，称该模式对发生了最大 γ 摄动。

定义 6.4[9-11]　设任意神经网络采用学习算法 f，对任意的训练模式对集 $S=\left\{\left(a^k, b^k\right) \mid k=1,2,\cdots,p\right\}$ 和 $\gamma \in (0,1)$，当各模式对 $\left(a^k, b^k\right)$ 发生任意最大 γ 摄动使得 S 变成新训练模式对集 new_S 时，若对一切任意输入 $X \in \left[0,1\right]^m$，总有

$$H\left[f\left(X,S\right), f\left(X, \text{new\_}S\right)\right] \leqslant h\cdot\gamma,\ \text{其中} h>0 \tag{6.4}$$

则称采用学习算法 f 的神经网络对训练模式对集的摄动在系数为 h 的条件下全局拥有好的鲁棒性，即神经网络对训练模式对集的摄动幅度全局不放大。

6.4.2　两种 MAM 神经网络的摄动鲁棒性

对于任意 MBAM 神经网络，设其输入向量为 $\boldsymbol{X}$，输出向量为 $\boldsymbol{Y}$，$\boldsymbol{X} \to \boldsymbol{Y}$ 的联想矩阵 $\boldsymbol{M}$ 和 $\boldsymbol{Y} \to \boldsymbol{X}$ 的联想矩阵 $\boldsymbol{W}$ 都通过一定的学习算法确定。MBAM 的工作方式无论是由输入 $\boldsymbol{X}$ 端的任意初始态 $\boldsymbol{X}_0$ 激发，还是由输出 $\boldsymbol{Y}$ 端的任意初始态 $\boldsymbol{Y}_0$ 激发，还是由双向任意组态 $(\boldsymbol{X}_0, \boldsymbol{Y}_0)$ 激发，网络都可以按照产生的输出状态序列概括为 $\boldsymbol{Y}=\boldsymbol{M} \wedge \boldsymbol{X}_0$ 或 $\boldsymbol{X}=\boldsymbol{W} \wedge \boldsymbol{Y}_0$。

设在 MBAM 的训练阶段，训练模式对集为 $S=\left\{\left(\boldsymbol{A}^k, \boldsymbol{B}^k\right) \mid k=1,\cdots,p\right\}$，其中 $\boldsymbol{A}^k = \left(a_1^k, a_2^k, \cdots, a_n^k\right) \in \left[0,1\right]^n$，$\boldsymbol{B}^k = \left(b_1^k, b_2^k, \cdots, b_n^k\right) \in \left[0,1\right]^n$，我们先分析文献[3]中 MBAM 的摄动鲁棒性，然后分析文献[5]中 FMBAM 的摄动鲁棒性。

1）MBAM 的摄动鲁棒性

文献[3]中的 MBAM 神经网络的学习算法如下。

（1）首先考虑 $\boldsymbol{X} \to \boldsymbol{Y}$ 的 MAM 神经网络。

先将每个训练模式对 (x^k, y^k) 转换为一个 $m \times n$ 的临时联想矩阵 $\boldsymbol{M}^k = y^k \wedge (-x^k)' = y_j^k - x_i^k$，再用最大算子 $\vee$ 将 p 个 $\boldsymbol{M}^k$ 组合成最终的权值矩阵 $\boldsymbol{M} = \bigvee_{k=1}^{p} \boldsymbol{M}^k\left(y_j^k - x_i^k\right)$。

那么 $\boldsymbol{X} \to \boldsymbol{Y}$ 的 MAM 神经网络的联想矩阵为 $\boldsymbol{M}$，对于任意输入 $\boldsymbol{X}$，对应输出为 $\boldsymbol{Y}=\boldsymbol{M} \wedge \boldsymbol{X}$。

（2）然后考虑 $\boldsymbol{Y} \to \boldsymbol{X}$ 的反馈 MAM 神经网络，其对应的联想矩阵为 $\boldsymbol{W}$，其中 $\boldsymbol{W}$ 为 $\boldsymbol{M}$ 的共轭或对偶矩阵，$\boldsymbol{W} = -\boldsymbol{M} = -\bigvee_{k=1}^{p}\left(y_j^k - x_i^k\right) = \bigwedge_{k=1}^{p}(y_j^k - x_i^k)$，对于任意输入 $\boldsymbol{Y}$，对应的网络输出为 $\boldsymbol{X}=\boldsymbol{W} \vee \boldsymbol{Y}$。

引理 6.1[9]　设 $a', a \in [0,1]^m$，则有

$$\left|\bigvee_{i\in I} a'^i - \bigvee_{i\in I} a^i\right| \leqslant \bigvee_{i\in I} \left|a'^i - a^i\right|$$

$$\left|\bigwedge_{i\in I} a'^i - \bigwedge_{i\in I} a^i\right| \leqslant \bigvee_{i\in I} \left|a'^i - a^i\right|$$

定理 6.1　当采用文献[3]中的学习算法和神经网络模型时，MBAM 神经网络对训练模式对集的摄动幅度在系数为 2 的条件下全局不放大。

证明：此处记 $\gamma = \bigvee_{k=1}^{p} \gamma^k$。

（1）首先分析 $\boldsymbol{X} \to \boldsymbol{Y}$ 的 MAM 神经网络。

设任意训练模式对集 $S=\left\{\left(\boldsymbol{A}^k, \boldsymbol{B}^k\right) \mid k=1,\cdots,p\right\}$，采用文献[3]中的学习算法，将 MBAM 训练好，让网络开始工作，对于任意输入 $\boldsymbol{X} \in R^n$，记此时的联想矩阵为 $\boldsymbol{M}$，得到的网络输出为 $\boldsymbol{Y}=\boldsymbol{M} \wedge \boldsymbol{X}$。当训练模式对集 S 由于某些原因发生最大 γ_k 摄动后变为 new_$S=\left\{\left(\boldsymbol{C}^k, \boldsymbol{D}^k\right) \mid k=1,2,\cdots,p\right\}$，即

$$H\left(\boldsymbol{A}^k, \boldsymbol{B}^k\right) \vee H\left(\boldsymbol{C}^k, \boldsymbol{D}^k\right)=\gamma^k,\ k=1,2,\cdots,p$$

此时仍旧采用文献[3]中的学习算法对 MBAM 进行训练，由于训练模式对集发生了一些变化，因此训练好后网络的联想矩阵也会发生一些变化，记为 $\boldsymbol{M}_1$，让网络开始工作，对于同样的输入 $\boldsymbol{X} \in R^n$，得到 $\boldsymbol{X} \to Y$ 的 MAM 神经网络的输出为 $\boldsymbol{Y}_1=\boldsymbol{M}_1 \wedge \boldsymbol{X}$，计算两个网络输出的差异为 $\forall k \in K$

$$\begin{aligned}
&|\boldsymbol{Y}-\boldsymbol{Y}_1| \\
&=\left|\bigwedge_{j=1}^{n}\left[\bigvee_{k=1}^{p}\left(b_{kj}-a_{ki}\right)+x_j^k\right]-\bigwedge_{j=1}^{n}\left[\bigvee_{k=1}^{p}\left(d_{kj}-c_{ki}\right)+x_j^k\right]\right| \\
&\leqslant \bigwedge_{j=1}^{n}\left|\left[\bigvee_{k=1}^{p}\left(b_{kj}-a_{ki}\right)+x_j^k\right]-\left[\bigvee_{k=1}^{p}\left(d_{kj}-c_{ki}\right)+x_j^k\right]\right| \\
&\leqslant \bigwedge_{j=1}^{n}\bigvee_{k=1}^{p}\left|\left(b_{kj}-a_{ki}\right)-\left(d_{kj}-c_{ki}\right)\right|=\bigwedge_{j=1}^{n}\bigvee_{k=1}^{p}\left|\left(b_{kj}-d_{kj}\right)-\left(c_{ki}-a_{ki}\right)\right| \\
&\leqslant \bigwedge_{j=1}^{n}\bigvee_{k=1}^{p} 2\gamma^k=2\gamma
\end{aligned}$$

（2）然后，我们可以分析与上述类似的 $\boldsymbol{Y} \to \boldsymbol{X}$ 的反馈 MAM 神经网络。

对于任意训练模式对集 $S=\left\{\left(\boldsymbol{A}^k, \boldsymbol{B}^k\right) \mid k=1,\cdots,p\right\}$，采用文献[3]中的学习算法，将 MBAM 训练好。让网络开始工作，对于任意输入 $Y \in R^m$，记此时的联想矩阵为 $\boldsymbol{W}$，得到 $\boldsymbol{Y} \to \boldsymbol{X}$ 的反馈 MAM 神经网络的输出为 $\boldsymbol{X}=\boldsymbol{W} \vee \boldsymbol{Y}$。

当训练模式对集 S 由于某些原因发生最大 γ_k 摄动后变为 new_$S=\left\{\left(C^k, D^k\right) \mid k=1,2,\cdots,p\right\}$，此时仍旧采用文献[3]中的学习算法对 MBAM 进行训练，训练好后网络的联想矩阵记为 $\boldsymbol{W}_1$，让网络开始工作，对于同样的输入 $\boldsymbol{Y} \in R^m$，得到 $\boldsymbol{Y} \to \boldsymbol{X}$ 的反馈 MAM 神经网络的输出为 $\boldsymbol{X}_1=\boldsymbol{W}_1 \vee \boldsymbol{Y}$，计算两个网络输出的差异 $|\boldsymbol{X}-\boldsymbol{X}_1|$ 为 $\forall k \in K$

$$\begin{aligned}
&|x_j^k-x_{1j}^k|=\left|\bigvee_{j=1}^{n}\left(w_{ij}+y_i^k\right)-\bigvee_{j=1}^{n}\left(w_{1ij}+y_i^k\right)\right| \\
&=\left|\bigvee_{j=1}^{n}\left[\bigwedge_{k=1}^{p}\left(a_i^k-b_j^k\right)+y_i^k\right]-\bigvee_{j=1}^{n}\left[\bigwedge_{k=1}^{p}\left(c_i^k-d_j^k\right)+y_i^k\right]\right| \\
&\leqslant \bigvee_{j=1}^{n}\left|\left[\bigwedge_{k=1}^{p}\left(a_i^k-b_j^k\right)+y_i^k\right]-\left[\bigwedge_{k=1}^{p}\left(c_i^k-d_j^k\right)+y_i^k\right]\right| \\
&\leqslant \bigvee_{j=1}^{n}\bigwedge_{k=1}^{p}\left|\left[a_i^k-b_j^k \bigvee_{j=1}^{n}\bigwedge_{k=1}^{p}\left|\left(a_i^k-b_j^k\right)-\left(c_i^k-d_j^k\right)\right|\right]-\left(c_i^k-d_j^k\right)\right| \\
&=\bigvee_{j=1}^{n}\bigwedge_{k=1}^{p}\left|\left(d_j^k-b_j^k\right)-\left(c_i^k-a_i^k\right)\right| \leqslant \bigvee_{j=1}^{n}\bigwedge_{k=1}^{p} 2\gamma^k=2\gamma
\end{aligned}$$

该定理表明，当 MBAM 神经网络采用文献[3]中的学习算法和网络模型时，对训练模式的摄动具有较好的鲁棒性，而且该定理表明这种 MBAM 对训练模式摄动的最大放大幅度为 2，因

此采用该算法时，训练模式对集的适度“粗糙”对后续网络的输出副作用不大，此时不需要为 MBAM 寻找一个精确的训练模式，可以适当降低对训练数据的采集设备精度要求。

例 6.1 用 MBAM 模型存储下面的模式对向量 $S=\left\{\left(\boldsymbol{A}^k,\boldsymbol{B}^k\right)\mid k=1,2\right\}$，用图像采集设备采集的 p 张灰度图像，其灰度级别是$[0,\frac{1}{256},\frac{2}{256},\cdots,\frac{255}{256}]$，并设 0 表示黑色，灰度值越大像素点越亮。向量的每个分量均属于集合$\{0,\frac{1}{256},\frac{2}{256},\cdots,\frac{255}{256}\}$，即

$$\boldsymbol{A}^1=\begin{pmatrix}\frac{5}{256}\\\frac{6}{256}\end{pmatrix},\ \boldsymbol{A}^2=\begin{pmatrix}\frac{7}{256}\\\frac{8}{256}\end{pmatrix},\ \boldsymbol{B}^1=\begin{pmatrix}\frac{9}{256}\\\frac{9}{256}\end{pmatrix},\ \boldsymbol{B}^2=\begin{pmatrix}\frac{9}{256}\\\frac{9}{256}\end{pmatrix}$$

首先考虑 $\boldsymbol{X}\to\boldsymbol{Y}$ 的形态联想记忆神经网络。相应的训练模式对集为 $S=\left\{\left(\boldsymbol{A}_1,\boldsymbol{B}_1\right),\left(\boldsymbol{A}_2,\boldsymbol{B}_2\right)\right\}$，按照文献[3]中的学习算法，用训练模式集 S 对网络进行训练，经学习得到最终的权值矩阵为

$$\boldsymbol{M}=\mathop{\vee}_{k=1}^{2}\left(\boldsymbol{M}^k\right)=\begin{pmatrix}\frac{4}{256}&\frac{2}{256}\\\frac{4}{256}&\frac{2}{256}\end{pmatrix}\vee\begin{pmatrix}\frac{3}{256}&\frac{1}{256}\\\frac{3}{256}&\frac{1}{256}\end{pmatrix}=\begin{pmatrix}\frac{4}{256}&\frac{2}{256}\\\frac{4}{256}&\frac{2}{256}\end{pmatrix}$$

此时具体网络记为 MBAM_0。对于任意输入 $\boldsymbol{X}=\begin{pmatrix}\frac{4}{256}&\frac{9}{256}\\\frac{7}{256}&\frac{5}{256}\end{pmatrix}$，$\text{MBAM}_0$ 输出为

$$\boldsymbol{Y}=\boldsymbol{M}\wedge\boldsymbol{X}=\begin{pmatrix}\frac{4}{256}&\frac{2}{256}\\\frac{4}{256}&\frac{2}{256}\end{pmatrix}\wedge\begin{pmatrix}\frac{4}{256}&\frac{9}{256}\\\frac{7}{256}&\frac{5}{256}\end{pmatrix}=\begin{pmatrix}\frac{5}{256}&\frac{7}{256}\\\frac{5}{256}&\frac{7}{256}\end{pmatrix}$$

原模式对集 S 发生摄动变成

$$\text{new\_}S=\left\{\left(\boldsymbol{C}^k,\boldsymbol{D}^k\right)\mid k=1,2\right\},\ \boldsymbol{C}^1=\begin{pmatrix}\frac{7}{256}\\\frac{7}{256}\end{pmatrix},\ \boldsymbol{C}^2=\begin{pmatrix}\frac{7}{256}\\\frac{7}{256}\end{pmatrix},\ \boldsymbol{D}^1=\begin{pmatrix}\frac{8}{256}\\\frac{8}{256}\end{pmatrix},\ \boldsymbol{D}^2=\begin{pmatrix}\frac{8}{256}\\\frac{8}{256}\end{pmatrix}$$

采用上述相同的学习算法，用摄动后的训练模式对集对网络进行训练，经学习得到最终的权值矩阵为 $\boldsymbol{M}_1=\mathop{\vee}_{k=1}^{2}\left(\boldsymbol{M}_1^k\right)=\begin{pmatrix}\frac{1}{256}&\frac{1}{256}\\\frac{1}{256}&\frac{1}{256}\end{pmatrix}$，此时记具体的网络为 MBAM_1，对于同样的输入 $\boldsymbol{X}$，MBAM_1 输出为

$$\boldsymbol{Y}_1=\boldsymbol{M}_1\wedge\boldsymbol{X}_1=\begin{pmatrix}\frac{1}{256}&\frac{1}{256}\\\frac{1}{256}&\frac{1}{256}\end{pmatrix}\wedge\begin{pmatrix}\frac{1}{256}&\frac{9}{256}\\\frac{7}{256}&\frac{5}{256}\end{pmatrix}=\begin{pmatrix}\frac{2}{256}&\frac{6}{256}\\\frac{2}{256}&\frac{6}{256}\end{pmatrix}$$

计算两个输入的差异 $H(\boldsymbol{Y}_1-\boldsymbol{Y})=\frac{3}{256}\leqslant 2\gamma=\frac{4}{256}$。

对 $\boldsymbol{Y}\to\boldsymbol{X}$ 的反馈 MAM 神经网络进行类似分析，可知 $H(\boldsymbol{X}_1-\boldsymbol{X})\leqslant 2\gamma$，此处略。

从定理 6.1 和例 6.1 可以得出以下结论。

（1）$MBAM_1$ 和 $MBAM_0$ 能完整可靠地回想出所存储的模式对集。

（2）采用相同的网络模型、相同的学习算法、相同的输入，仅在神经网络训练时的训练模式存在摄动，此时采用文献[3]中的学习算法，MBAM 模型对训练模式对集的摄动全局拥有好的鲁棒性。

2）FMBAM 神经网络的摄动鲁棒性

文献[5]中的 FMBAM 神经网络的学习算法如下。

（1）首先考虑 $\boldsymbol{X}\to\boldsymbol{Y}$ 的 MAM 神经网络。

先将每个训练模式对$\left(x^k,y^k\right)$转换为一个 $m\times n$ 的临时联想矩阵 $\boldsymbol{M}^k=y^k\wedge\left(\dfrac{1}{x^k}\right)=\dfrac{y_j^k}{x_i^k}$，再用最大算子$\vee$将 p 个 $\boldsymbol{M}^k$ 组合成最终的权值矩阵 $\boldsymbol{M}^k=\overset{p}{\underset{k=1}{\vee}}\boldsymbol{M}^k=\overset{p}{\underset{k=1}{\vee}}\left(\dfrac{y_j^k}{x_i^k}\right)$，那么 $\boldsymbol{X}\to\boldsymbol{Y}$ 的 MAM 神经网络的联想矩阵为 $\boldsymbol{M}$，对于任意输入 $\boldsymbol{X}$，对应输出为 $\boldsymbol{Y}=\boldsymbol{M}\wedge\boldsymbol{X}$。

（2）然后考虑 $\boldsymbol{Y}\to\boldsymbol{X}$ 的反馈 MAM 神经网络，其对应的联想矩阵为 $\boldsymbol{W}$，其中 $\boldsymbol{W}$ 为 $\boldsymbol{M}$ 的共轭或对偶矩阵，即 $\boldsymbol{W}=\dfrac{1}{\boldsymbol{M}}=\overset{p}{\underset{k=1}{\wedge}}\left(\dfrac{x_i^k}{y_j^k}\right)$对于任意输入 $\boldsymbol{Y}$，对应的反馈 MAM 神经网络输出为 $\boldsymbol{X}=\boldsymbol{W}\vee\boldsymbol{Y}$。

以下的定理 6.2 表明了文献[5]中的 FMBAM 的摄动鲁棒性。

定理 6.2 当采用文献[5]中的学习算法和神经网络模型时，FMBAM 神经网络对训练模式对集的摄动拥有不好的鲁棒性。

证明： 根据定义 6.3，如果我们能够证明，对 $\forall h>0$，总存在某个 $\gamma\in(0,1)$ 及某个训练模式对集 S_0，使得当 S_0 中的训练模式对发生最大 γ 摄动变成新的模式对集 new_S_0 时，总存在任意输入 $\boldsymbol{A}'$，使得 $H[f(\boldsymbol{X},S_0),f(\boldsymbol{X},\mathrm{new}\_S_0)]>h\cdot\gamma$，那么定理 6.2 成立。此处我们只分析 $\boldsymbol{X}\to\boldsymbol{Y}$ 的 FMBAM，对于 $\boldsymbol{Y}\to\boldsymbol{X}$ 的反馈 FMBAM 神经网络也可以类似分析。

对于给定的 $\forall h>0$，取 $\gamma\in\left[0,\min\left(\dfrac{1}{h},\dfrac{1}{2}\right)\right],t\in\left(0,\dfrac{1-\gamma h}{1+\gamma h}\right)\subset(0,1)$，则 $t^2\gamma,t\gamma,(t+1)\gamma\in(0,1]$ 均成立。构造训练模式对集 $S_0=\{(\boldsymbol{A}^1,\boldsymbol{B}^1)\}=\{[(t\gamma,t\gamma,\cdots,t\gamma)_n,(t^2\gamma,t^2\gamma,\cdots,t^2\gamma)_m]\}$，同时该集发生最大$\gamma$摄动后变成新的模式对集为

$$\mathrm{new}\_S_0=\{(\boldsymbol{C}^1,\boldsymbol{D}^1)\}=\{([(t+1)\gamma,(t+1)\gamma,\cdots,(t+1)\gamma]_n,[(t^2+1)\gamma,(t^2+1)\gamma,\cdots,(t^2+1)\gamma]_m)\}$$

基于原训练模式对集 S_0，按照文献[5]中的算法，$\boldsymbol{X}\to\boldsymbol{Y}$ 的 FMBAM 输出为 $\boldsymbol{Y}=\boldsymbol{M}\wedge\boldsymbol{X}$；基于摄动后的训练模式对集 new_S_0，按照文献[5]中的算法，$\boldsymbol{X}\to\boldsymbol{Y}$ 的 FMBAM 输出为 $\boldsymbol{Y}_1=\boldsymbol{M}_1\wedge\boldsymbol{X}$。

接着取特定输入 $\boldsymbol{A}'=(1,1,\cdots,1)$，计算两次输入的误差$|\boldsymbol{Y}-\boldsymbol{Y}_1|$为 $\forall j\in J$

$$|y_j-y_{1j}|=|\overset{n}{\underset{i=1}{\wedge}}m_{ij}\cdot a_j'-\overset{n}{\underset{i=1}{\wedge}}m_{1ij}\cdot a_j'|=|\overset{n}{\underset{i=1}{\wedge}}\left[\overset{p}{\underset{k=1}{\vee}}\left(\frac{b_j^k}{a_i^k}\right)\right]\cdot a_j'-\overset{n}{\underset{i=1}{\wedge}}\left[\overset{p}{\underset{k=1}{\vee}}\left(\frac{d_j^k}{c_i^k}\right)\right]\cdot a_j'|$$

$$=|\overset{n}{\underset{i=1}{\wedge}}\left[\overset{p}{\underset{k=1}{\vee}}\left(\frac{b_j^k}{a_i^k}\right)\right]\cdot 1-\overset{n}{\underset{i=1}{\wedge}}\left[\overset{p}{\underset{k=1}{\vee}}\left(\frac{d_j^k}{c_i^k}\right)\right]\cdot 1|=|\overset{n}{\underset{i=1}{\wedge}}\left[\overset{p}{\underset{k=1}{\vee}}\left(\frac{t^2\gamma}{t\gamma}\right)\right]-\overset{n}{\underset{i=1}{\wedge}}\left[\overset{p}{\underset{k=1}{\vee}}\left(\frac{(t^2+1)\gamma}{(t+1)\gamma}\right)\right]|$$

$$=|t-\frac{t^2+1}{t+1}|=|1-\frac{2}{t+1}|>\gamma h\quad(0<t<\frac{1-\gamma h}{1+\gamma h})$$

又 $H[f(\boldsymbol{X},S_0),f(\boldsymbol{X},\text{new}\_S_0)]>\bigvee_{j=1}^{m}|y_{1j}-y_j|>\bigvee_{j=1}^{m}h\cdot\gamma=h\gamma$，由 h 的任意性和定义 6.4 可知，定理 6.2 成立。

以下的例 6.2 验证了 $\boldsymbol{X}\to\boldsymbol{Y}$ 的 FMBAM 对于训练模式对的摄动具有不好的鲁棒性。

例 6.2 任取放大倍数 $h=5$ 摄动幅度为 $\gamma=0.1$，$h\cdot\gamma=0.5$，又取 $t=5$，$n=2$，$m=3$，则 $t\gamma=0.02$，$t^2\gamma=0.04$ 训练模式对为：$\boldsymbol{x}=\begin{pmatrix}0.02\\0.02\end{pmatrix}$，$\boldsymbol{y}=\begin{pmatrix}0.04\\0.04\\0.04\end{pmatrix}$ 计算得到的权值矩阵为 $\boldsymbol{M}=\begin{pmatrix}2&2\\2&2\\2&2\end{pmatrix}$，对于任意输入 $\boldsymbol{A}'=\begin{pmatrix}1\\1\end{pmatrix}$，$\boldsymbol{Y}=\boldsymbol{M}\wedge\boldsymbol{X}=\begin{pmatrix}2&2\\2&2\\2&2\end{pmatrix}$。

训练模式对发生摄动后变为 $\boldsymbol{x}'=\begin{pmatrix}0.12\\0.12\end{pmatrix}$，$\boldsymbol{y}'=\begin{pmatrix}0.104\\0.104\\0.104\end{pmatrix}$，基于摄动后训练得到的新的权值矩阵为：$\boldsymbol{M}_1=\begin{pmatrix}0.867&0.867\\0.867&0.867\\0.867&0.867\end{pmatrix}$，对于同样的输入 $\boldsymbol{A}'=\begin{pmatrix}1\\1\end{pmatrix}$，$\boldsymbol{Y}=\boldsymbol{M}_1\wedge\boldsymbol{X}=\begin{pmatrix}0.867&0.867\\0.867&0.867\\0.867&0.867\end{pmatrix}$。两次输出的最大摄动误差 $H|\boldsymbol{Y}-\boldsymbol{Y}_1|=2-0.867=1.133>h\cdot\gamma=0.5$。

6.5 进化形态神经网络

本节将遗传算法和多层形态神经网络结合起来，构建了一种改进的形态神经网络模型，称为进化形态神经网络，并为其提出了一种新的学习算法：基于遗传算法的共轭梯度算法。同时将训练好的进化形态神经网络应用于脉冲噪声图像复原。

形态神经网络有多种改进模型。文献[13]提出了用遗传算法训练模块化形态神经网络（Modular Morphological Neural Network，MMNN）的参数，包括内部权值、网络结构和模块的数目，并将训练好的 MNNN 用于灰度图像复原和边缘检测；文献[14]提出了一种由形态秩滤波器和线性滤波器组合而成的非线性滤波器，用于灰度图像复原和辨识，其中滤波器训练采用的学习算法是最小均方差算法。文献[15, 16]提出将多层形态神经网络用于彩色图像复原，将彩色图像看作由 RGB 三通带的灰度分量图像组合而成，实质也是灰度图像处理，仍然采用最小均方差算法训练多层形态神经网络的权值。可见在上述文献中，对于形态神经网络的训练算法多数采用最小均方差算法，其算法中学习率和动量因子都是固定的，不具有自适应性，而且学习率的设置需要人工设置，设置不当可能导致算法振荡或不收敛。本节将一种进化算法：遗传算法和多层形态神经网络结合形成进化形态神经网络，进化形态神经网络的拓扑结构和计算基础与形态神经网络一样，不同的是训练学习过程。在进化形态神经网络的学习训练中，本节基于遗传算法为网络提出了一种新的学习训练算法，并将训练好的进化形态神经网络用于脉冲噪声图像复原。用于图像处理的神经网络模型众多，如 Hopfield 神经网络[22]、混沌神经网络[22]、模糊神经网络[23]、脉冲耦合神经网络[24]和形态神经网络[13-16]

等，本节将所提出的进化形态神经网络用于图像复原，仿真效果良好，为今后图像复原提供了一种新的实用途径。

下面我们先详细阐述所提出的基于遗传算法的共轭梯度算法，并给出图像复原的实验，验证所提出网络模型和算法的有效性。

6.5.1 进化形态神经网络的学习算法

进化形态神经网络和多层形态神经网络的计算基础大体一样，具体参考前面章节，此处不再阐述。为此我们将详细阐述进化形态神经网络的学习算法：基于遗传算法的共轭梯度算法。采用该算法，可以将进化形态神经网络的权值 W_0 和 W_i 训练好。假设每个输入训练样本的维数都为 N（对应网络输入层神经元个数为 N），训练样本数为 L。

在整个图像复原中，网络的训练是一个监督学习的过程，即训练进化形态神经网络使得期望输出和实际网络输出的均方误差达到最小，选用的均方误差指导函数为

$$E\left(Wi_{ij},Wo_j\right)=\frac{1}{2N}\sum_{i=1}^{N}\left(d_i-y_i\right)^2 \tag{6.5}$$

式中，d_i和y_i 分别表示第 i 个输入训练样本对应的网络的实际输出和期望输出，即实际输出 y_i 的复合函数为

$$y_i=v(t)=f(z_1),\ z_1=\sum_{j=1}^{H}Wo_j\cdot u_j(t),\ u_j(t)=f(z_2)=\frac{1}{1+\mathrm{e}^{-z_2}},\ z_2=\vee_{i=1}^{n}[z_3(i)],\ z_3(i)=x_i(t)+Wi_{ij}$$

采用基于遗传算法的共轭梯度算法来训练网络的权值 Wi_{ij} 和 Wo_j，在每次迭代都用遗传算法获取学习率 η 的最优值，其网络权值的调整公式为

$$Wi_{ij}\left(t+1\right)=Wi_{ij}\left(t\right)-\eta\cdot\frac{\partial E}{\partial Wi_{ij}\left(t\right)}+\alpha\cdot\left[Wi_{ij}\left(t\right)-Wi_{ij}\left(t-1\right)\right] \tag{6.6}$$

式中，η 为学习率；α 为动量因子；$\dfrac{\partial E}{\partial Wi_{ij}(t)}$ 和 $\dfrac{\partial E}{\partial Wo_j(t)}$ 是误差指导函数 E 对两个权值的梯度向量，按照复合函数偏导的链式求导规则，其计算过程如下

$$\begin{aligned}\frac{\partial E}{\partial Wi_{ij}(t)}&=\frac{\partial E}{\partial y_i}\cdot\frac{\partial y_i}{\partial z_1}\cdot\frac{\partial z_1}{\partial u_j(t)}\cdot\frac{\partial u_j(t)}{\partial z_2}\cdot\frac{\partial z_2}{\partial Wi_{ij}(t)}\\&=-(d_i-y_i)\cdot Wo_j(t)\cdot u_j(t)\cdot[1-u_j(t)]\cdot\frac{\partial z_2}{\partial Wi_{ij}(t)}\end{aligned} \tag{6.7}$$

$$\frac{\partial E}{\partial Wo_j(t)}=\frac{\partial E}{\partial y_i}\cdot\frac{\partial y_i}{\partial z_1}\cdot\frac{\partial z_1}{\partial Wo_j(t)}=-(d_i-y_i)\cdot 1\cdot u_j(t) \tag{6.8}$$

式中，偏导数 $\dfrac{\partial z_2}{\partial Wi_{ij}(t)}$ 在 $x_i(t)=Wi_{ij}(t)$ 处并不连续，受文献[13,14]的启发，定义偏导数为

$$\begin{aligned}\frac{\partial z_2}{\partial Wi_{ij}(t)}&=\frac{\partial\vee_{i=1}^{n}[x_i(t)+Wi_{ij}]}{\partial[x_i(t)+Wi_{ij}]}\cdot\frac{\partial[x_i(t)+Wi_{ij}]}{\partial Wi_{ij}(t)}\\&=\frac{\partial\vee_{i=1}^{n}[x_i(t)+Wi_{ij}]}{\partial[x_i(t)+Wi_{ij}]}=\frac{\partial\vee_{i=1}^{n}\{x_s(t)+Wi_{sj},\vee_{i\neq s}[x_i(t)+Wi_{ij}]\}}{\partial[x_i(t)+Wi_{ij}]}\end{aligned}$$

$$
=\begin{cases}1, & x_s(t)+Wi_{sj}>\vee_{i\neq s}[x_i(t)+Wi_{ij}] \\ 0.5, & x_s(t)+Wi_{sj}=\vee_{i\neq s}[x_i(t)+Wi_{ij}] \\ 0, & x_s(t)+Wi_{sj}<\vee_{i\neq s}[x_i(t)+Wi_{ij}]\end{cases} \tag{6.9}
$$

算法 6.1　基于遗传算法的共轭梯度算法

Step 1 初始化：给出学习算法的训练模式对<***x***，***d***>，其中 ***x*** 是网络的输入向量，***d*** 是网络的期望向量，***y*** 为网络的实际输出。设定误差上限 $\varepsilon>0$，迭代次数最多为 MaxTime，令迭代次数 *t*=1，随机初始化权值 $\boldsymbol{W}_i$ 和 $\boldsymbol{W}_o$。

Step 2 对网络进行第一次训练，计算误差函数的值。

Step 3 WHILE（$E<\varepsilon$ and $t<$MaxTime），Do

（1）按照式（6.8）和式（6.9）分别计算误差函数 E 的两个梯度向量 $\dfrac{\partial E}{\partial Wi_{ij}(t)}$ 和 $\dfrac{\partial E}{\partial Wo_j(t)}$。

（2）采用遗传算法获取学习率的最优值为

$$
\eta[t]=\max\{\eta>0\,|\,E\left(\boldsymbol{W}_i(t)+\lambda\cdot\frac{\partial E}{\partial \boldsymbol{W}_i}\right)\text{对}\lambda\in(0,\eta)\text{递减}\}
$$

（3）按照式（6.6）和式（6.7）计算网络的两个权值 $\boldsymbol{W}_i$ 和 $\boldsymbol{W}_o$，其中 η 为学习率，α 为动量因子。

（4）*t*=*t*+1。

（5）计算第 i 个训练样本输入 x_i 网络的误差函数 $E(Wi_{ij},Wo_j)=\dfrac{1}{2N}\sum_{i=1}^{N}\left(d_i-y_i\right)^2$。

ENDWHILE

Step 4　保存 $\boldsymbol{W}_i$ 和 $\boldsymbol{W}_o$ 用于测试。

采用遗传算法来获取上述算法中的最优学习率的主要过程如下。

（1）编码。将每个学习率 η 近似地表示为一个固定长度的二进制数。每个二进制串代表一个可能解，所有可能解共同组成了解空间。

（2）初始化。设置进化过程中的群体个体的总数为 n。从解空间中随机选取 n 个点 $\lambda(0,j)$，$j=1,2,\cdots,n$ 组成初始群体 $P(0)=\{\lambda(0,j),\cdots,\lambda(0,n)\}$，并设置迭代次数 *t*=0，最多迭代次数 MaxTime=50。

（3）计算适应度。任取 $\lambda(t,j)\in P(t)$，计算 $G[\lambda(t,j)]$，其中 $P(t)$ 为第 t 代群体。

（4）遗传选择。采用赌轮选择机制，个体 $\lambda(t,j)$ 生存概率为 $P_j=G[\lambda(t,j)]/\sum_{j=1}^{n}G[\lambda(t,j^{'})]$。

（5）遗传算子。从群体 $P(t)$中随机选取两两配对的个体$[\lambda(t,j_1),\lambda(t,j_2)]$，设 C_r 是交叉算子，其中的交叉概率为 P_C。

变异算子使二进制串个体的某些基因位的值发生改变，变异概率选取较小的值，如 0.005。

（6）停止条件，重复步骤（3）～（5），直至找到满意的解或达到最多迭代次数。

6.5.2　基于进化形态神经网络的图像复原

将上述提出的进化形态神经网络用于图像复原。假设原始图像为进化形态神经网络对应的期望输出 ***d***，将原始图像加入脉冲噪声得到退化图像 A，按照下列方法采样以获取网络输入矩阵 ***X***。

设退化图像为灰度图像 A，选用结构元素为 3×3 的滑动窗口，即退化图像像素 a_{pq}，$p=1,2,\cdots,m$，$q=1,2,\cdots,n$ 周围的一个 9 邻域。首先沿着退化图像的前三行从左到右依次取 a_{pq} 周围 9 邻域的 9 个像素作为一个训练样本 x_i，然后是接下来三行进行取样，从而获得输入矩阵 $\boldsymbol{X}$。采用滑动窗口对图像整体进行全局取样，以获得输入矩阵 $\boldsymbol{X}$，因此退化图像边缘处的两行两列像素点不会被扫描到，如果退化图像是 $m\times n$ 的矩阵，那么可以采样获取 $K=(m-2)(n-2)$ 个训练样本，每个训练样本都是一个 9 维向量，因此网络输入层神经元个数为 $N=9$。

从而得到网络的输入矩阵 $\boldsymbol{X}$，其中第 i 个输入样本为 $x_i=\{x_{i1},x_{i2},\cdots,x_{iN}\}$，$i=1,2,\cdots,K$。设网络的结构元素为 $B=\{B_1,B_2,\cdots,B_N\}$，则灰度形态滤波运算为 $y_i=f\left(x_i,B\right)$，其中 f 表示取最大或最小运算，或者由最大和最小运算组合而成的复合运算，包含以下两种取最大或最小运算（又称为膨胀和腐蚀算子）：$y_i=\bigvee_{k=1}^{N}(x_{ik}+B_k)$ 和 $y_i=\bigvee_{k=1}^{N}(x_{ik}-B_k)$。

为了有利于不同输入样本的统一分析，我们可以对输入训练样本进行归一化处理，使得每个样本的能力统一到单位能量上。此处为灰度图像，我们可以用图像的最大灰度值来归一化输入训练样本和结构元素，使得形态运算的动态范围为[0,1]，期望输出也要进行归一化处理。

在 MATLAB 2010 环境下，应用上述多层形态神经网络对被脉冲噪声污染的图像和模糊图像进行复原，其中隐含层神经元个数为 $H=5$，选择结构元素为 3×3 的滑动窗口，则输入层神经元个数为 $N=9$，图 6.2 显示了脉冲噪声图像采用进化形态神经网络和中值滤波器复原的比较及误差随迭代时间变化的情况，图 6.3 显示了模糊图像用进化形态神经网络及用中值滤波器复原的结果。

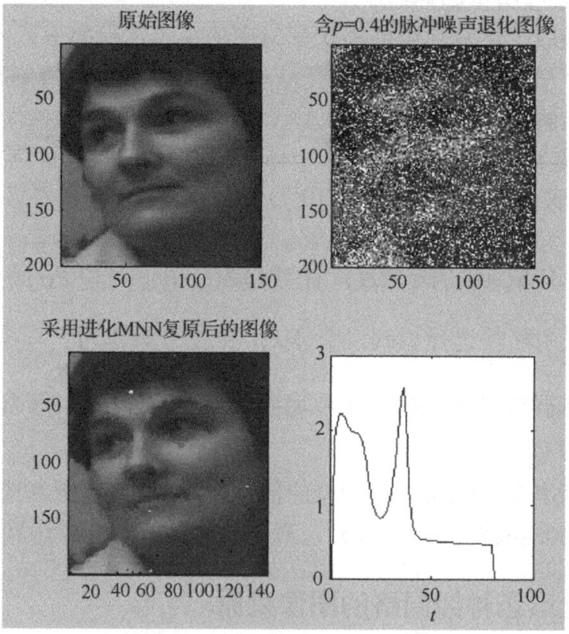

图 6.2　脉冲噪声图像的复原结果

图 6.3 模糊图像的复原结果

6.6 小结

本章从新的角度研究了 MBAM 神经网络，分析了 MBAM 神经网络训练模式对的摄动鲁棒性，用理论、实例和仿真实验指出：训练模式对发生最大 γ 摄动时，文献[3]中的 MBAM 神经网络输出摄动幅度不大，该网络对训练模式对集的摄动拥有好的鲁棒性，而文献[5]中的 FMBAM 神经网络对训练模式对集的摄动具有不好的鲁棒性。这将为训练神经网络选择合适的学习算法提供必要的参考，对训练模式采集设备的精度要求提供指导，前一种网络的训练模式采集可以适度粗糙，而后一种网络的训练模式采集精度要求高，否则网络输出将面目全非。本章主要研究了 MBAM 和 FMBAM，这为下一步研究其他类型的 MAM 及一般框架下的 MAM 的摄动鲁棒性打下了基础。

本章将形态神经网络和遗传算法结合起来，提出了进化形态神经网络的概念，为该网络提出了一种新的学习算法：基于遗传算法的共轭梯度算法，给出了进化形态神经网络权值的调整公式，同时将进化形态神经网络模型应用于脉冲噪声图像复原，采用上述学习算法将训练好的进化形态神经网络用于图像复原，仿真实验表明，该算法具有良好的效果。遗传算法只是进化算法中的一种，今后的研究方向可以将其他的类似进化算法如量子遗传算法或蛙跳算法等引入形态神经网络，提出更多的进化形态神经网络，并寻求进化形态神经网络在模式识别和预测等方面的应用。

参考文献

[1] SUSSNER P, VALLE M E. Classification of fuzzy mathematical morphologies based on concepts of inclusion measure and duality [J]. Journal of Mathematical Imaging and Vision, 2008, 32(2): 139-159.

[2] RITTER G X, SUSSNER P, DIAZ DE LEON J L. Morphological associative memories [J]. IEEE Transactions on Neural Networks, 1998, 9 (2): 281-293.

[3] RITTER G X, DIAZ DE LEON J L, SUSSNER P. Morphological bidirectional associative memories [J]. Neural Network, 1999, 12(6): 851-867.

[4] 王敏，王士同，吴小俊. 新模糊形态学联想记忆网络的初步研究[J]. 电子学报，2003，31（5）：690-693.

[5] 吴锡生，王士同. 模糊形态双向联想记忆网络的研究[J]. 计算机工程，2005，31（20）：22-24.

[6] VALLE M E, SUSSNER P. A general framework for fuzzy morphological associative memories [J]. Fuzzy Sets and Systems, 2008, 159 (7): 747-768.

[7] 冯乃勤，刘春红，张聪品，等. 形态学联想记忆框架研究[J]. 计算机学报，2010，33（1）：157-166.

[8] XIAOQIN ZENG, YINGFENG WANG, KANG ZHANG. Computation of adelines' sensitivity to weight perturbation [J]. IEEE Transactions on Neural Networks, 2006, 17(2): 515-519.

[9] 徐蔚鸿，宋鸾姣，李爱华，等. 训练模式对的摄动对模糊双向联想记忆网络的影响及其控制[J]. 计算机学报，2006，29（2）：337-344.

[10] HE CHUNMEI, YE YOUPEI, XU WEIHONG. Research on perturbation of training pattern pairs on monolithic fuzzy neural networks [J]. Journal of Information Computational Science, 2007, 4(3): 905-911.

[11] 何春梅，叶有培，徐蔚鸿. 训练模式对的摄动对单体模糊神经网络的影响[J]. 南京理工大学学报，2009，33（1）：12-15.

[12] 曾水玲，徐蔚鸿，杨静宇. 训练模式摄动对模糊形态学联想记忆网络的影响[J]. 模式识别与人工智能，2010，23（1）：91-96.

[13] LUCIO F C PESSOA, PETROS MARAGOS. MRL-Filters: A general class of nonlinear systems and their optimal design for image processing [J]. IEEE Trans. On Image Processing,1998, 7(7): 966-978

[14] DE A ARAUJO R, MADEIRO F. Improved evolutionary hybrid method for designing morphological operators[C]. IEEE International Conference on Image Processing, 2006: 2417-2420.

[15] ZHANG LING, ZHANG YUN, YANG YI MIN. Colour image restoration with multi-layer Morphological Neural network[C]. Proceeding of thc sccond International Conference on Machine learning and Cybernetics, Xian, 2003.

[16] UMA S, ANNADURAI DR S. Colour image restoration using morphological neural network [J]. GVIP Journal, 2005, 5(8): 53-60.

[17] RITTER G X. Recent developments in image algebra[M]. Advances in Electronics and Electron Physics. New York: Academic Press, 1991.

[18] DAVIDSON J L, RITTER G X. A theory of morphological neural networks[C]. In Digital Optical Computing II, volume 1215 of Proceedings of SPIE, 1990.

[19] RITTER G X, J L DAVIDSON. Recursion and feedback in image algebra[C]. In SPIE's 19th AIPR Workshop on Image Understanding in the 90's, Proceedings of SPIE, McLean, Va, 1990.

[20] 何春梅，叶征春，叶有培，等. 形态双向联想记忆网络中训练模式对的摄动研究[J]. 南京理工大学学报（自科版），2011，35（5）：664-669.

[21] HE CHUNMEI. Influences of perturbation of training pattern pairs on morphological

bidirectional associative memories[C]. 2011 Fourth International Conference on Intelligent Computation Technology and Automation, 2: 1118-1121.

[22] 丁伟. 基于神经网络的图像恢复方法研究[D]. 江苏：江苏科技大学，2009.

[23] LIU PU YIN, LI HONG XING. Fuzzy techniques in image restoration research-A survey [J]. International Journal of Computational Cognition, 2004, 2(2): 131-149.

[24] 张军英，卢志军，石林，等. 基于脉冲耦合神经网络的脉冲噪声图像滤波[J]. 中国科学，2004，34（8）：882-894.

[25] BLANCO A, DELGADO M, REQUENA E. Identification of fuzzy relational equations by fuzzy neural networks [J]. Fuzzy Sets and Systems, 1995, 71: 215-226.

[26] LIU P, YANG W. Four-layer regular fuzzy neural networks and its fuzzy BP learning algorithm [J]. WSEAS Trans. On Systems, 2006, 3(5): 598-604.

习题

6.1　形态学算子主要有哪几种算子？

6.2　阐述模式摄动的主要含义。

6.3　阐述进化形态神经网络与形态神经网络的差别和联系。

第 7 章　自组织映射

本章学习如何运用自组织原则来产生“拓扑映射”，介绍自组织映射（Self-Organizing Maps，SOM）这种特殊的神经网络模型。SOM 是根据人脑神经元的特点提出的一种竞争学习网络，学习过程可以无监督、自组织地进行，是一种无监督的聚类网络。

7.1　引言

本章考虑一种称为 SOM 的特殊神经网络学习自组织系统。这类网络基于竞争学习，网络的输出神经元之间相互竞争以求被激活或点火，结果在每个时刻只有一个输出神经元，或者每组只有一个输出神经元被激活。赢得竞争的一个输出神经元被称为胜者全得神经元或获胜神经元。在输出神经元中导出获胜神经元的方法是在它们之间使用侧抑制连接（负反馈路径），这个思想最早是 Rosenblatt 于 1958 年提出来的。SOM 由多层前馈神经网络组成，同一层的神经元之间有相互抑制、相互竞争的作用，避免了基于 BP 等神经网络必须提供学习样本的缺点。

SOM 神经网络反映了人脑神经细胞的记忆方式及神经细胞被刺激时的兴奋规律等一系列生物神经系统的特点，它有许多自身的特点。SOM 模拟人的大脑皮层中许多完成特定功能的网络区域，如语言、视觉、运动控制等，各细胞之间的信息是通过突触传递的，传递后的结果既有兴奋又有抑制。而且人脑的神经细胞并不是与记忆模式一一对应的，而是一组神经元对应一个模式，以某些细胞为中心的一个区域记忆某一信息，在这一区域中的细胞对这一信息的记忆作用有“强弱之分”，其分布呈一种墨西哥帽的形式。SOM 除了无监督学习方法，还可以通过有监督学习方法进行训练，所以 SOM 神经网络具有很好的稳定性。基于以上特点及优点，SOM 神经网络在模式识别、语音识别、图像处理、数据压缩和矢量量化等方面有着广泛的应用。

在 SOM 里，神经元被放置在网格节点上，这个网格通常是一维或二维的，更高维映射也可以，但不常见。在竞争学习过程中，神经元变化依据不同输入模式（刺激）或输入模式的类型而选择性调整。调整后的神经元彼此之间有序，使得对不同的输入特征，在网格上建立起有意义的坐标系。因此 SOM 由输入模式的拓扑映射结构表征，其中网格神经元的空间位置（坐标）表示输入模式包含的内在统计特征，这是 SOM 得名的由来。

作为一个神经网络模型，SOM 在两个自适应层次之间提供桥梁。

（1）在单个神经元的微观层次形成自适应规则。

（2）在神经元层次的微观层次上形成特征选择的在实验上更好和可实现的模式。

SOM 本质是非线性的，其作为神经网络模型是由人脑的一个突出特征激发的。

人脑在许多地方以这样一种方式组织起来，使得不同的感觉输入由拓扑有序的计算映射表示。

特别地，感觉输入如触觉、视觉和听觉用拓扑有序的方式映射到大脑皮层的不同区域。这样在神经系统的信息处理基本结构中，计算映射组成一个基本构件。一个计算映射由神经元阵列定义，这些神经元表示略微不同调制的处理器和滤波器，它们并行处理携带信息的传感信号。所以神经元将输入信号转变为坐标编码的概率分布，通过映射中最大相关激活的位置表示参数的计算值。用这种方式导出的信息属于这样一种形式，可以用于使用相对简单的连接模式的高阶处理器。

7.2　两个基本的特征映射模型

人脑几乎完全被大脑皮层包围，它遮蔽了其他部分。大脑皮层非常复杂，其也许超过了宇宙中任何已知结构。在人脑中，将不同的感觉输入（运动、身体的体觉、视觉、听觉等）以一种有序的方式映射到相应的大脑皮层区域的方法令人印象深刻。计算映射的使用提供以下特性。

（1）在每次映射中，神经元并行地处理自然相似的信息片段，但这些信息片段来自感知输入空间的不同区域。

（2）在表示的每个阶段，每个新来的信息片段都保持在合适的位置。

（3）处理高度相关的信息片段的神经元被紧密地联系到一起，短的突触使得它们能够交互。

（4）上下文映射能通过从高维空间到大脑皮层表面的决策-衰减映射来理解。

我们的目的是模拟人脑，建立人工拓扑映射，它以神经生物学奖励的方式通过 SOM 来学习。从上述描述中发现，人脑计算映射的讨论所体现的重要一处是拓扑映射构成原则，即在拓扑映射中，输出神经元的坐标对应特殊的定义域或从输入空间抽取数据的特征。这个原则提供了这里描述的两个基本的不同特征映射模型的神经学生物基础。

图 7.1 展示了两个特征映射模型的布局。在这两种情况下，输出神经元被安排在二维网格中。这种拓扑确保了每个神经元都有一组领域。模型间的区别在于输入模式的指定方式。

图 7.1（a）由 Willshaw And Von Der Malsburg 于 1976 年在生物学基础上首先提出，用以解释从视网膜到视觉皮层的视觉映射问题。具体地，有两个不同的二维网格神经元连接在一起，一个投射到另一个。一个网格代表前突触（输入）神经元，另一个网格代表后突触（输出）神经元。后突触神经元使用短程兴奋机制和长程兴奋机制，这两种机制本质上都是局部的，且对自组织特别重要。这两个神经元由 Hebb 型的可调突触相互连接。因此严格地说，后突触神经元并不是获胜神经元，相反使用阈值确保在任意时刻仅有一些后突触神经元被激活。为了防止可能导致网络不稳定性权值的稳定建立，每个后突触神经元的总权值都有一个上界。因此对一些神经元权值的上升都伴随着另外神经元权值的下降。Willshaw-Von Der Malsburg 模型的基本思想是对前突触神经元的几何邻近编码为它们电位活动的相关形式，并且在后突触神经元中利用这些相关形式使相邻的前突触神经元连接到相邻的后突触神经元，从而由自组织产生拓扑有序的映射。需要注意的是，Willshaw-Von Der Malsburg 模型限制为输入和输出维数相同的映射。

图 7.1（b）由 Kohonen 于 1982 年提出，并不再说明神经生物学的细节。该模型抓住了人脑中计算映射的被指特征且保留了计算的易行性。Kohonen 模型比 Willshaw-Von Der Malsburg 模型更为一般，前者能进行数据压缩。

在现实中，Kohonen 模型属于向量-编码算法的类型。该模型提供一个拓扑映射，最优地设置固定数目的向量（编码字）到高维输入空间，有利于数据压缩。Kohonen 模型因此可由两种方式导出。首先可以用由神经生物学考虑激发的自组织的基本思想导出模型，这是传统的方法。另外，可以用向量量化的方法，使用包含编码器和解码器的模型，这由通信理论的考虑激发。本章我们考虑这两种方法。

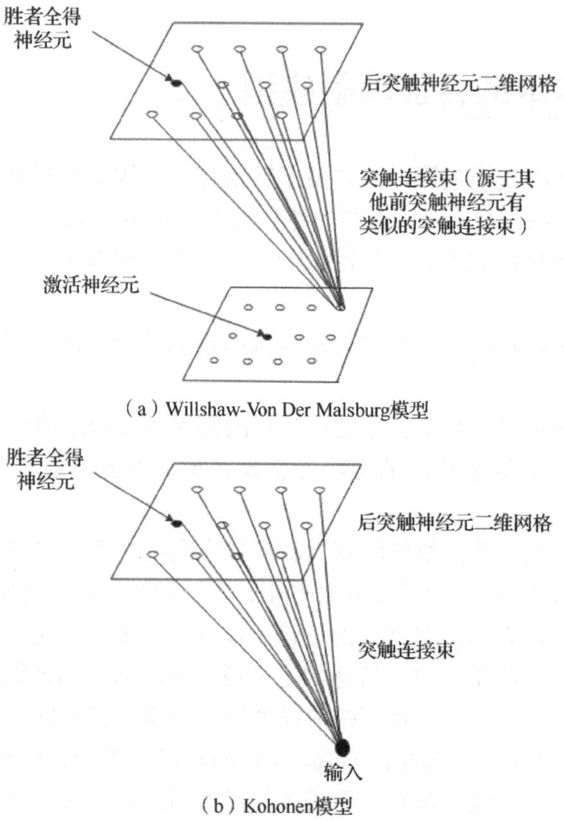

图 7.1　两个特征映射模型的布局

Kohonen 模型比 Willshaw-Von Der Malsburg 模型受到更多的关注。它拥有一些性质，使得 Kohonen 模型可用于捕捉皮层映射的特质特征。

7.3　SOM 概述

SOM 的主要目的是将任意维数的输入信号模式转变为一维或二维的离散映射，并且以拓扑有序的方式自适应实现这个转变。图 7.2 给出了常用作离散映射的神经元二维网格的简要图表。网格中每个神经元的源节点全链接。这个网络表示具有神经元按行和列排列的单一计算层的前馈结构。一维网格是图 7.2 描述的构形的一个特例：在这种特殊情形里，计算层仅由单一的列或行神经元构成。

呈现给网络的每个输入模式，通常包含面对平静背景的一个局部化活动区域或点。这个点的位置和性质通常随输入模式的实现不同而不同。因此，网络中所有神经元应经历输入模式的足够次数的不同实现，确保有机会完成恰当的自组织过程。

负责形成 SOM 算法，先进行网络权值的初始化。这个工作可以从随机数产生器中挑选较小的值赋予它们，这样在特征映射上没有加载任何先验的序。一旦网络被恰当初始化，在 SOM 的形成中就会有如下三个主要过程。

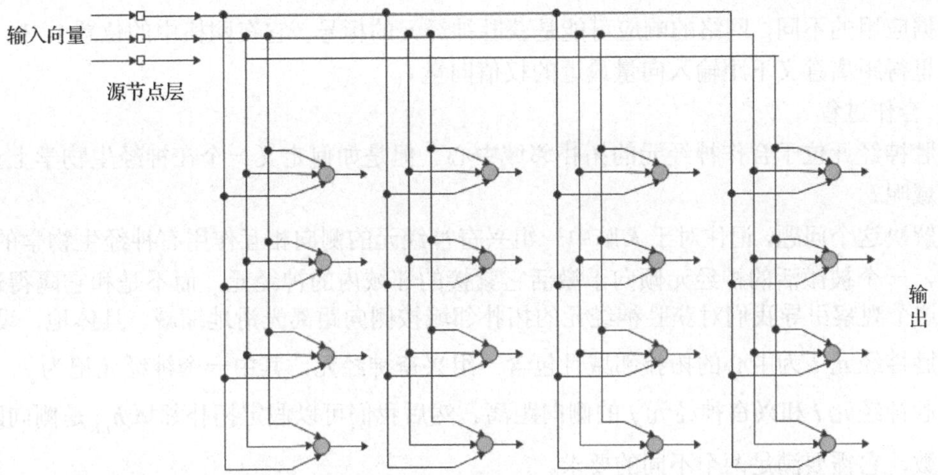

图 7.2 神经元的二维网格，以三维输入和 4×4 输出为例说明

（1）竞争。对于每个输入模式，网络中的神经元计算它们各自的判别函数的值。这个判别函数为神经元之间的竞争提供基础。具有判别函数最大值的特定神经元成为胜者神经元。

（2）合作。获胜神经元决定兴奋神经元的拓扑邻域的坐标，从而提供这样的相邻神经元合作的基础。

（3）突触自适应。最后的这一机制使得兴奋神经也通过对它们权值的适当调节以增加关于该输入模式的判别函数值。所做的调节是增强获胜神经元对以后相似输入模式的响应。

竞争和合作过程符合四个自组织原则中的两个。对于自增强原则，其源于自适应过程的 Hebb 学习的修正形式。输入数据中的冗余对学习是必要的，因为它提供了输入激活模式中所隐含的结构知识。下面给出竞争、合作和突触自适应过程的详细描述。

1）竞争过程

令 m 表示输入（数据）空间的维数。从输入空间中随机选择输入模式（向量）记为 $\boldsymbol{x}_i=[x_1,x_2,\cdots,x_m]^{\mathrm{T}}$。网络中每个神经元的权值向量和输入空间的维数都相同。神经元 j 的权值向量记为 $\boldsymbol{w}_i=[w_{j1},w_{j2},\cdots,w_{jm}]^{\mathrm{T}}$，$j=1,2,\cdots,l$，其中 l 是网络中神经元的总数。为了找到输入向量 $\boldsymbol{x}$ 与权值 $\boldsymbol{w}_j$ 的最佳匹配，对 $j=1,2,\cdots,l$ 比较内积 $\boldsymbol{w}_j^{\mathrm{T}}\boldsymbol{w}_j$ 并取最大值。这里假定所有的神经元具有相同的阈值，阈值偏置取负。这样，通过选择具有最大内积 $\boldsymbol{w}_j^{\mathrm{T}}\boldsymbol{w}_j$ 的神经元，实际上决定了兴奋神经元的拓扑邻域中心的位置。

基于内积 $\boldsymbol{w}_j^{\mathrm{T}}\boldsymbol{w}_j$ 最大化的最优匹配准则，在数学上等价于向量 $\boldsymbol{x}$ 和 $\boldsymbol{w}_j$ 的欧几里得距离的最小化。如果用索引 $i(\boldsymbol{x})$ 标识最优匹配输入向量 $\boldsymbol{x}$ 的神经元，那么 $i(\boldsymbol{x})$ 可以通过下列条件决定

$$i(\boldsymbol{x})=\arg\min_j\left\|\boldsymbol{x}-\boldsymbol{w}_j\right\|,\ j\in A \tag{7.1}$$

这概括了神经元竞争过程的本质，其中 A 表示网格神经元。根据式（7.1），$i(\boldsymbol{x})$ 是注意的目标，因为我们要识别神经元 i。满足这个条件的特定神经元 i 被称为输入向量 $\boldsymbol{x}$ 的最佳匹配或获胜神经元。式（7.1）导出了如下内容。

激活模式的连续输入空间通过网络中神经元之间的竞争过程映射到神经元的离散输出空间。

根据应用的不同，网络的响应可能是获胜神经元的标号（它在网格中的位置），也可能是在欧几里得距离意义下距输入向量最近的权值向量。

2）合作过程

获胜神经元位于合作神经元的拓扑邻域中心。但是如何定义一个在神经生物学上正确的拓扑邻域呢？

要解决这个问题，记住对于人脑中一组兴奋神经元的侧向相互作用有神经生物学的证据。特别地，一个被激活的神经元倾向于激活它紧接的邻域内的神经元，而不是和它隔得远的神经元。这个观察引导我们对获胜神经元的拓扑邻域按侧向距离光滑地缩减。具体地，设 $h_{j,i}$ 表示以获胜神经元 i 为中心的拓扑邻域且包含一组兴奋神经元，其中一个神经元记为 j。设 $d_{j,i}$ 表示获胜神经元 i 和兴奋神经元 j 的侧向距离。然后我们可以假定拓扑邻域 $h_{j,i}$ 是侧向距离的单峰函数，它需要满足两个不同的要求。

（1）拓扑邻域 $h_{j,i}$ 关于 $d_{j,i}=0$ 定义的最大点是对称的，即在距离 $d_{j,i}$ 为零的获胜神经元 i 处达到最大值。

（2）拓扑邻域 $h_{j,i}$ 的幅度值随侧向距离 $d_{j,i}$ 的增加而单调递减，当 $d_{j,i}\to\infty$ 时趋于零，对收敛来说这是一个必要条件。

满足这些要求的 $h_{j,i}$ 的一个最优选择是高斯函数，即

$$h_{j,i}=\exp\left(-\frac{d_{j,i}^2}{2\sigma^2}\right),\ j\in A \tag{7.2}$$

它是平移不变的（不依赖获胜神经元 i 的位置）。参数 σ 是拓扑邻域的“有效宽度”，如图 7.2 所示，它度量靠近获胜神经元的兴奋神经元在学习过程中参与的程度。就量化来说，式（7.2）的高斯拓扑邻域比矩形形式的拓扑邻域在神经生物学上更合适。它的使用使得 SOM 算法的收敛速度比矩形拓扑邻域更快。

对于邻域函数神经元之间的合作，必然求拓扑邻域函数 $h_{j,i}$ 依赖获胜神经元 i 和兴奋神经元 j 在输出空间的侧向距离 $d_{j,i}$，而不依赖原始输入空间的某种距离度量，这正是式（7.2）表达的意义。就一维网格而言，$d_{j,i}$ 是整数且等于 $|j-i|$。在二维网格下，它定义为

$$d_{j,i}^2=\left\|\boldsymbol{r}_j-\boldsymbol{r}_i\right\|^2 \tag{7.3}$$

式中，离散向量 $\boldsymbol{r}_j$ 表示兴奋神经元 j 的位置；$\boldsymbol{r}_i$ 表示胜神经元 i 的离散位置，二者都是在离散输出空间中度量的。

SOM 算法的另一个独有特征是拓扑邻域的大小随时间收缩。这要求通过拓扑邻域函数 $h_{j,i}$ 的宽度 σ 随时间下降。对于 σ 依赖离散时间 n 的流行选择是由

$$\sigma(n)=\sigma_0\exp\left(-\frac{n}{\tau_1}\right),\ n=0,1,2,\cdots \tag{7.4}$$

描述的指数衰减，式中，σ_0 是 SOM 算法中 σ 的初值；τ_1 是由设计者选择的时间常数。因此拓扑邻域假定具有时变形式，表示为

$$h_{j,i(\boldsymbol{x})}(n)=\exp\left(-\frac{d_{j,i}^2}{2\sigma^2(n)}\right),\ n=0,1,2,\cdots \tag{7.5}$$

式中，$\sigma(n)$ 由式（7.4）定义。于是随着 n（迭代次数）的增加，宽度 $\sigma(n)$ 以指数形式下降，

拓扑邻域以相应的方式缩减。然而，需要指出的是，邻域函数对于获胜神经元 i 最终仍然具有单位值，因为兴奋神经元 j 的距离 $d_{j,i}$ 是在网格空间中计算并和获胜神经元 i 相比较的。

存在另一种关于邻域函数 $h_{j,i(\boldsymbol{x})}(n)$ 在获胜神经元 $i(\boldsymbol{x})$ 周围随时间 n 变动的有用观点。宽度 $h_{j,i(\boldsymbol{x})}(n)$ 的目标是使网格中大量兴奋神经元的权值更新方向相关。随着 $h_{j,i(\boldsymbol{x})}(n)$ 宽度减少，更新方向相关的神经元数量也在减少。当 SOM 的训练在计算机图形屏幕显示时，这个现象尤为明显。以相关形式在获胜神经元周围移动大量自由度是非常耗费计算机资源的，就像标准 SOM 算法一样。相反，使用重正规化（Renormalized）SOM 的训练形式会更好，根据这一情况，我们选用更小数量的正规化自由度。通过使用恒定宽度的邻域函数 $h_{j,i(\boldsymbol{x})}(n)$，但逐渐增加邻域函数中神经元的数量，这个操作很容易以离散形式完成。新的神经元被插到已有的神经元之间，而 SOM 算法的平滑性保证新的神经元以很好的方式参与突触自适应。

3）突触自适应过程

下面我们来讨论特征映射自组织形成过程的突触自适应过程。为了使网络成为自组织，要求神经元 j 的权值向量 $\boldsymbol{w}_j$ 随输入向量 $\boldsymbol{x}$ 改变。但如何改变呢？在 Hebb 学习假设中，权值随着前突触和后突触的激活同时发生而增加，此方法非常适合联想学习（如主分量分析）。然而对于此处的无监督学习，Hebb 假设的基本形式是不能令人满意的，因为连接的改变仅发生在一个方向上，这样最终所有的权值都趋于饱和。为了解决这个问题，我们通过一个遗忘项 $g(y_i)\boldsymbol{w}_j$ 来改变 Hebb 假设，其中 $\boldsymbol{w}_j$ 是神经元 j 的权值向量，$g(y_i)$ 是响应 y_i 的正的标量函数。对 $g(y_j)$ 的唯一强制要求是它的 Taylor 级数展开的常数项为零，这样可写成

$$g\left(y_i\right)=0,\ \ y_i=0 \tag{7.6}$$

给定这样一个函数，我们可以把网格中神经元 j 的权值向量改变表示为

$$\Delta \boldsymbol{w}_j=\eta y_j \boldsymbol{x}-g\left(y_j\right)\boldsymbol{w}_j \tag{7.7}$$

式中，η 是算法的学习率。式（7.7）等号右边第一项是 Hebb 项，第二项是遗忘项。为了满足式（7.6），对 $g\left(y_j\right)$ 选择线性函数为

$$g\left(y_j\right)=\eta y_j \tag{7.8}$$

对于获胜神经元 $i\left(\boldsymbol{x}\right)$，我们可以简化式（7.7），设

$$y_j=h_{j,i(\boldsymbol{x})} \tag{7.9}$$

将式（7.8），式（7.9）代入式（7.7）得

$$\Delta \boldsymbol{w}_j=\eta y_j h_{j,i(\boldsymbol{x})}\left(\boldsymbol{x}-\boldsymbol{w}_j\right) \tag{7.10}$$

最后使用离散时间形式，假定在时间 n 时神经元 j 的权值向量为 $\boldsymbol{w}_j\left(n\right)$，更新权值向量 $\boldsymbol{w}_j\left(n+1\right)$ 在时间 n+1 时被定义为

$$\boldsymbol{w}_j\left(n+1\right)=\boldsymbol{w}_j\left(n\right)+\eta\left(n\right)h_{j,i(\boldsymbol{x})}\left(n\right)\left[\boldsymbol{x}\left(n\right)-\boldsymbol{w}_j\left(n\right)\right] \tag{7.11}$$

它被应用到网格中获胜神经元 i 的拓扑邻域中的所有神经元。式（7.11）具有获胜神经元 i 的权值向量 $\boldsymbol{w}_i$ 向输入向量 $\boldsymbol{x}$ 移动的作用。随着训练数据的重复出现，邻域更新使得权值向量服从输入向量的分布。因此算法导致在输入空间中特征映射的拓扑排序，这意味着网格中相邻神经元会有相似的权值向量。

式（7.11）为计算特征映射权值所期望的公式。除了这个公式，我们还需要用于选择领域

函数 $h_{j,i(x)}(n)$ 的启发式规则——式（7.5）。

学习率 $\eta(n)$ 应如式（7.11）的时变形式一样，这也是它用于随机逼近的要求。特别地，它应从初始值 η_0 开始，然后随时间 n 增加而逐渐下降。这个要求可以通过如下的启发式来满足

$$\eta(n)=\eta_0\exp\left(-\frac{n}{\tau_2}\right),\ n=0,1,2,\cdots \tag{7.12}$$

式中，τ_2 是 SOM 算法的另一个时间常数。即使在式（7.5）和式（7.12）中描述的邻域函数宽度和学习率分别以指数衰减可能不是最优的，但它们对于以自组织方式构成特征映射是足够的。

1）自适应过程的两个阶段：排序阶段和收敛阶段

假定算法的参数选择正确，从完全无序的初始状态开始，SOM 算法令人惊奇地逐步导致一个从输入空间抽取的激活模式有组织地表示。我们可以根据式（7.11）计算的网络权值向量，将自适应过程分解为两个阶段：排序阶段及其后的收敛阶段。自适应过程的这两个阶段描述如下。

（1）排序阶段。在自适应过程中，这一阶段形成权值向量的拓扑排序。这一阶段可能需要 SOM 算法的 1000 次迭代，甚至更多。要仔细考虑学习率和邻域函数的选择。

学习率 $\eta(n)$ 的初始值需要接近 0.1，然后逐渐减少，但要大于 0.01（不允许为 0）。这些要求的值可在式（7.12）中选择

$$\eta_0=0.1$$
$$\tau_2=1000$$

得到满足。

邻域函数 $h_{j,i}(n)$ 的初始化应包括以获胜神经元 i 为中心的几乎所有神经元，然后随时间慢慢收缩。

具体来说，排序阶段可能需要 1000 次迭代或更多，允许 $h_{j,i}(n)$ 减少到仅有围绕获胜神经元的少量神经元的小的值或减少到获胜神经元自身。假定对离散映射使用神经元二维网格，则可以设定邻域函数的初始值 σ_0 等于网格的半径。相应地，设定式（7.4）的时间常数为

$$\tau_1=\frac{1000}{\log\sigma_0}$$

（2）收敛阶段。自适应过程的另一个阶段需要微调特征映射，从而提供输入空间的准确统计量。而且达到收敛需要的迭代次数强烈依赖输入空间的维数。作为一般性规则，组成收敛阶段的迭代次数至少是网络中神经元个数的 500 倍。这样收敛阶段才可能进行几千甚至上万次迭代。学习率和邻域函数的选择可以如下实现。

① 对于好的统计精度，在收敛阶段学习率 $\eta(n)$ 应保持在较小的值上，为 0.01 量级。不管怎样，不允许它下降到零，否则网络会进入亚稳定状态。亚稳定状态属于有拓扑结构缺陷的特征映射结构。式（7.12）的指数衰减保证不可能进入亚稳定状态。

② 邻域函数 $h_{j,i(x)}$ 应该仅包括获胜神经元的最近邻域，最终减到一个或零个邻域神经元。

作为另一个评论：在讨论排序和收敛问题时，我们强调了完成这一过程需要的迭代次数。然而在一些算法中，回合（而不是迭代次数）被用于描述这两个问题。

2）SOM 算法小结

Kohonen 的 SOM 算法本质是用一个简单的几何计算代替类 Hebb 规则的复杂性质和侧向相互作用。算法的主要构成参数如下。

（1）根据一定概率分布产生激活模式的连续输入空间。

（2）以神经元的网格形式表示的网络拓扑，定义一个离散输出空间。

（3）在获胜神经元 $i(\boldsymbol{x})$ 周围定义随时间变化的邻域函数 $h_{j,i(\boldsymbol{x})}(n)$。

（4）学习率 $\eta(n)$ 的初始值是 η_0，然后随时间 n 递减，但永不为零。

对于邻域函数和学习率，在排序阶段分别使用式（7.5）和式（7.12）。为了更好地统计精度，收敛阶段的 $\eta(n)$ 应在相当长的时间内保持一个较小值（0.01 或更小），一般为几千次迭代。对于邻域函数，在收敛阶段之初，应仅包含获胜神经元的最近邻域，并且最终缩减到一个或零个邻域神经元。

初始化后，算法的应用中涉及三个基本步骤：取样、相似性匹配和更新。重复这三个步骤直到完成特征映射的形成。算法总结如下。

（1）初始化。对初始权值向量 $\boldsymbol{w}_j(0)$ 选择随机值。这里只限制 $j=1,2,\cdots,l$，$\boldsymbol{w}_j(0)$ 互不相同，其中 l 是网格中神经元个数。可能希望保持较小的权值。

另一种算法初始化方法是从输入向量的可用集 $\{\boldsymbol{x}_i\}_{i=1}^{N}$ 里随机选择权值向量 $\{\boldsymbol{w}_j(0)\}_{j=1}^{l}$。这一不同选择的优势在于初始映射将在最终映射的范围内。

（2）取样。以一定概率从输入空间取样本 $\boldsymbol{x}$，表示应用于网格的激活模式，其维数等于 m。

（3）相似性匹配。在时间 n 内使用最小距离准则寻找最匹配的获胜神经元为

$$i(\boldsymbol{x})=\arg\min_j\|\boldsymbol{x}(n)-\boldsymbol{w}_j\|,\ j=1,2,\cdots,l$$

（4）更新。调整所有神经元的权值向量为

$$\boldsymbol{w}_j(n+1)=\boldsymbol{w}_j(n)+\eta(n)h_{j,i(\boldsymbol{x})}(n)\left[\boldsymbol{x}(n)-\boldsymbol{w}_j(n)\right]$$

式中，$\eta(n)$ 是学习率；$h_{j,i(\boldsymbol{x})}(n)$ 是获胜神经元 $i(\boldsymbol{x})$ 周围的邻域函数。为了获得最好的结果，$\eta(n)$ 和 $h_{j,i(\boldsymbol{x})}(n)$ 在学习过程中是动态变化的。

（5）继续。继续步骤（2）直到特征映射里观察不到明显的变化。

7.4　特征映射的性质

一旦 SOM 算法收敛，由该算法计算的特征映射就会显示输入空间的重要统计特性。

开始令 $\wp$ 表示连续输入空间，它的拓扑由向量 $\boldsymbol{x}\in\wp$ 的度量关系定义。令 A 表示离散输出空间，其拓扑由一组神经元作为网格的计算节点来赋予。令 Φ 表示称为特征映射的非线性变换，它映射连续输入空间 $\wp$ 到离散输出空间 A，表示为

$$\Phi:\ \wp\rightarrow A \tag{7.13}$$

式（7.13）可视为式（7.1）的抽象，式（7.1）定义为响应输入向量 $\boldsymbol{x}$ 而产生的获胜神经元 $i(\boldsymbol{x})$ 的位置。相应地，离散输出空间 A 表示体感觉接收器投影到大脑皮层的神经元集。

给定输入向量 $\boldsymbol{x}$，SOM 算法首先根据特征映射 Φ 确定在离散输出空间 A 中的最佳匹配或获胜神经元 $i(\boldsymbol{x})$。$i(\boldsymbol{x})$ 的权值向量 $\boldsymbol{w}_i$ 可视为神经元指向连续输入空间 $\wp$ 的指针。

因此如图 7.3 所示，SOM 算法包含两个定义该算法的成分。

（1）从连续输入空间 $\wp$ 到离散输出空间 A 的投影。根据 7.3 节中算法小结的相似性匹配步骤，输入向量被映射到网格的获胜神经元。

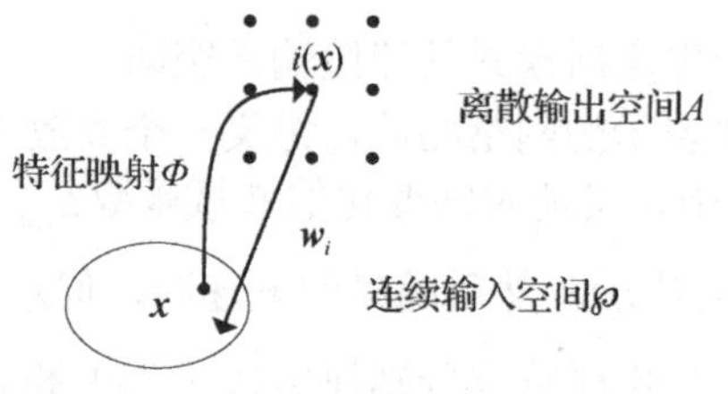

图 7.3 特征映射Φ和获胜神经元 i 权值向量 $\boldsymbol{w}_i$ 的关系

（2）从输出空间到输入空间的指针。实际上，由获胜神经元的权值向量定义的指针表示输入空间中的一个特别点，这个点可作为获胜神经元的映射，这一操作是根据 7.3 节算法小结中的步骤（4）完成的。

换句话说，在存在网格神经元的输出空间和产生样本的输入空间之间有反向或前向通信。

SOM 算法具有如下一些重要性质。

性质 1 输入空间的近似

由离散输出空间 A 的权值向量集$\left\{\boldsymbol{w}_j\right\}$表示的特征映射$\boldsymbol{\Phi}$对连续输入空间$\wp$提供一个好的近似。

SOM 算法的基本目标是通过寻找原型$\boldsymbol{w}_j \in A$的一个较小的集合存储输入空间$\boldsymbol{x} \in \wp$的一个大集合，从而对原始输入空间$\wp$提供一个好的近似。刚刚描述的思想的理论基础源于向量量化理论，它的动机是维数的削减或数据的压缩。因此，此处给出这个理论的简要讨论。

如图 7.4 所示，其中 $c(\boldsymbol{x})$为输入向量 $\boldsymbol{x}$ 的编码器，而 $\boldsymbol{x}'(c)$ 为 $c(\boldsymbol{x})$的解码器。向量 $\boldsymbol{x}$ 从满足固有概率密度函数 $p_{\boldsymbol{x}}(\boldsymbol{x})$ 的训练样本中随机选择。变化函数 $c(\boldsymbol{x})$和 $\boldsymbol{x}'(c)$ 决定最优编码器-解码器模型使其极小化由

$$D=\frac{1}{2}\int_{-\infty}^{\infty} p_{\boldsymbol{x}}(\boldsymbol{x}) d(\boldsymbol{x},\boldsymbol{x}')\mathrm{d}\boldsymbol{x} \tag{7.14}$$

定义的平均失真度量，式中，引入因子$\frac{1}{2}$是为了表达方便；$d(\boldsymbol{x},\boldsymbol{x}')$是失真度量。积分在假定维数为 m 的整个连续输入空间$\wp$上进行，因此式(7.14)使用了微分变量 $\mathrm{d}\boldsymbol{x}$。失真度量$d(\boldsymbol{x},\boldsymbol{x}')$的一个常用选择是输入向量$\boldsymbol{x}$和重建向量$\boldsymbol{x}'$之间的欧几里得距离的平方，即

$$d(\boldsymbol{x},\boldsymbol{x}')=\|\boldsymbol{x}-\boldsymbol{x}'\|^2=(\boldsymbol{x}-\boldsymbol{x}')^{\mathrm{T}}(\boldsymbol{x}-\boldsymbol{x}') \tag{7.15}$$

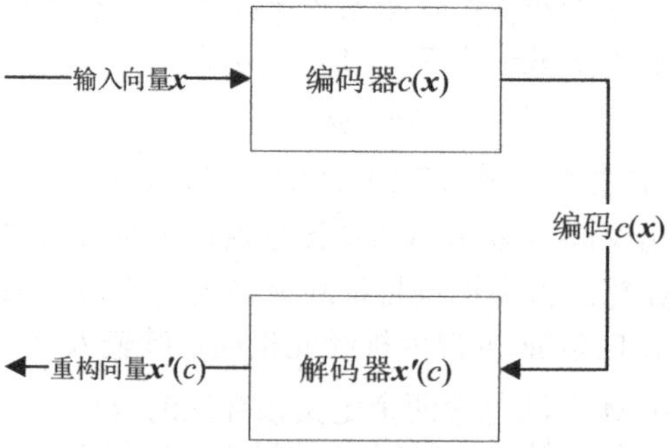

图 7.4 描述 SOM 模型性质 1 的编码器-解码器模型

这样可以重写式（7.14）为

$$D=\frac{1}{2}\int_{-\infty}^{\infty}p_{x}\left(\boldsymbol{x}\right)\left\|\boldsymbol{x}-\boldsymbol{x}'\right\|^{2}\mathrm{d}\boldsymbol{x} \tag{7.16}$$

平均失真度量 D 最小化的必要条件包含在广义 Lloyd 算法中。有如下两方面条件。

条件 1：给定输入向量 $\boldsymbol{x}$，选择编码 $c=c(\boldsymbol{x})$使其最小化平方误差失真 $\left\|\boldsymbol{x}-\boldsymbol{x}'(c)\right\|^{2}$。

条件 2：给定编码 c，计算重构向量 $\boldsymbol{x}'=\boldsymbol{x}'(c)$ 作为满足条件 1 的输入向量 $\boldsymbol{x}$ 的中心。

条件 1 称为最近邻编码规则。条件 1 和条件 2 意味着平均失真度量 D 关于编码器 $c(\boldsymbol{x})$和解码器 $\boldsymbol{x}'(c)$ 的变化是稳定的（在局部极小）。为了实现向量量化，广义 Lloyd 算法以批量训练方式进行。基本上，算法交替按照条件 1 优化编码器 $c(\boldsymbol{x})$，按照条件 2 优化解码器 $\boldsymbol{x}'(c)$，直到平均失真 D 达到最小。要克服局部最小化问题，可能需要以不同初值运行广义 Lloyd 算法若干次。

广义 Lloyd 算法和 SOM 算法紧密相关。可以通过如图 7.5 所示的系统描述这种关系，其中在编码器 $c(\boldsymbol{x})$之后引入了独立于数据的噪声过程。噪声 $\boldsymbol{v}$ 附加在编码器和解码器之间虚构的“通信信道”上，它的目的是说明输出编码 $c(\boldsymbol{x})$失真的可能性。在如图 7.5 所示模型的基础上，可以考虑平均失真的一种修正形式为

$$D_{1}=\frac{1}{2}\int_{-\infty}^{\infty}p_{x}\left(\boldsymbol{x}\right)\int_{-\infty}^{\infty}\pi\left(\boldsymbol{v}\right)\left\|\boldsymbol{x}-\boldsymbol{x}'\left[c\left(\boldsymbol{x}\right)+\boldsymbol{v}\right]\right\|^{2}\mathrm{d}\boldsymbol{v}\mathrm{d}\boldsymbol{x} \tag{7.17}$$

式中，$\pi(\boldsymbol{v})$ 是加性噪声 $\boldsymbol{v}$ 的概率密度函数，内部积分是对这个噪声的所有可能实现之上的积分，因而式（7.17）使用了增加变量 $\mathrm{d}\boldsymbol{v}$。

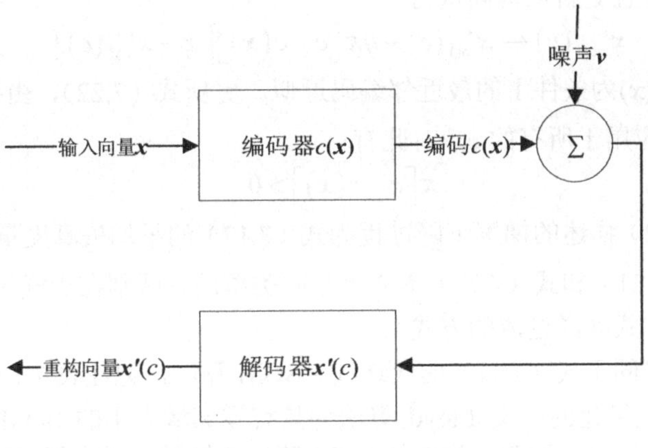

图 7.5 噪声编码器-解码器模型

根据广义 Lloyd 算法描述的策略，对如图 7.5 所示的模型可以考虑两个不同的优化，一个属于编码器，另一个属于解码器。为了找到给定 $\boldsymbol{x}$ 的最优编码器，我们需要平均失真度量 D_1 对编码器 $c(\boldsymbol{x})$的偏导数。利用式（7.17），可得

$$\frac{\partial D_{1}}{\partial c}=\frac{1}{2}p_{x}\left(\boldsymbol{x}\right)\int_{-\infty}^{\infty}\pi\left(\boldsymbol{v}\right)\frac{\partial}{\partial c}\left\|\boldsymbol{x}-\boldsymbol{x}'\left(c\right)\right\|^{2}\Big|_{c=c(\boldsymbol{x})+\boldsymbol{v}}\mathrm{d}\boldsymbol{v} \tag{7.18}$$

为了找到给定 c 的最优解码器，我们需要平均失真度量 D_1 对解码器 $\boldsymbol{x}'(c)$ 的偏导数。利用式（7.17），可得

$$\frac{\partial D_{1}}{\partial\boldsymbol{x}'\left(c\right)}=\frac{1}{2}p_{x}\left(\boldsymbol{x}\right)\int_{-\infty}^{\infty}\pi\left[c-c\left(\boldsymbol{x}\right)\right]\left[\boldsymbol{x}-\boldsymbol{x}'\left(c\right)\right]\frac{\partial}{\partial c}\mathrm{d}\boldsymbol{x} \tag{7.19}$$

因此根据式（7.18）和式（7.19），以前的广义 Lloyd 算法的条件 1 和条件 2 必须修改如下。

条件Ⅰ：给定输入向量 $\boldsymbol{x}$，选择编码 $c=c(\boldsymbol{x})$ 使其最小化平均失真度量，即

$$D_2=\int_{-\infty}^{\infty}\pi(\boldsymbol{v})\left\|\boldsymbol{x}-\boldsymbol{x}'\left[c(\boldsymbol{x})+\boldsymbol{v}\right]\right\|^2\mathrm{d}\boldsymbol{v} \tag{7.20}$$

条件Ⅱ：给定编码 c，计算重构向量 $\boldsymbol{x}'(c)$ 使其满足条件

$$\boldsymbol{x}'(c)=\frac{\int_{-\infty}^{\infty}p_{\boldsymbol{x}}(\boldsymbol{x})\pi\left[c-c(\boldsymbol{x})\right]\boldsymbol{x}\mathrm{d}\boldsymbol{x}}{\int_{-\infty}^{\infty}p_{\boldsymbol{x}}(\boldsymbol{x})\pi\left[c-c(\boldsymbol{x})\right]\mathrm{d}\boldsymbol{x}} \tag{7.21}$$

令式（7.19）中的偏导数 $\partial D_1/\partial\boldsymbol{x}'(c)$ 为 0，然后解出 $\boldsymbol{x}'(c)$ 可得式（7.21）。特别地，如果噪声 $\boldsymbol{v}$ 的概率密度函数 $\pi(\boldsymbol{v})$ 等于 Dirac Delta 函数 $\delta(\boldsymbol{v})$，那么条件Ⅰ和条件Ⅱ分别退化为广义 Lloyd 算法的条件 1 和条件 2。

为了简化条件Ⅰ，假设 $\pi(\boldsymbol{v})$ 为 $\boldsymbol{v}$ 的光滑函数。可以证明式（7.20）定义的平均失真度量 D_2 的二阶近似包含如下两项。

① 常规失真项，由平方误差失真 $\left\|\boldsymbol{x}-\boldsymbol{x}'(c)\right\|^2$ 定义。

② 由函数 $\pi(\boldsymbol{v})$ 引起的曲率（Crvature）项。

假设曲率项小，对于图 7.5 的模型，条件Ⅰ可以近似为条件 1。这样又使条件Ⅰ变成以前的最近邻编码规则。

至于条件Ⅱ，可以使用随机下降学习来实现。具体地，根据 $p_x(\boldsymbol{x})$ 从连续输入空间 $\wp$ 随机选择输入向量 $\boldsymbol{x}$，并且更新重构向量为

$$\boldsymbol{x}'_{\text{new}}(c)\leftarrow\boldsymbol{x}'_{\text{old}}(c)+\eta\pi\left[c-c(\boldsymbol{x})\right]\left[\boldsymbol{x}-\boldsymbol{x}'_{\text{old}}(c)\right] \tag{7.22}$$

式中，η 为学习率；$c(\boldsymbol{x})$ 为条件Ⅰ的最近邻编码近似。更新式（7.22），由检查式（7.19）的偏导数可得。这个更新应用于所有的 c，对此有

$$\pi\left[c-c(\boldsymbol{x})\right]>0 \tag{7.23}$$

可以认为式（7.22）描述的梯度下降过程为式（7.17）的平均失真度量 D_1 的一种最小化方法。也就是说，式（7.21）和式（7.22）本质上是同类型的，区别在于式（7.21）为批量方式，而式（7.23）为连续方式（经过流的方式）。

更新式（7.21）等同于式（7.11）的（连续）SOM 算法，记住表 7.1 中所列的对应关系。因此可以说，用于向量量化的广义 Lloyd 算法为具有零邻域大小的 SOM 算法的批量训练模式；对于零邻域，$\pi(0)=1$。注意，为了从 SOM 算法的批量方式中得到广义 Lloyd 算法，我们无须做任何近似，因为零邻域时，曲率项（和所有高阶项）不起任何作用。

表 7.1 在 SOM 算法和图 7.5 的模型之间的对应关系

图 7.5 的编码器-解码器模型	SOM 算法
编码器 $c(\boldsymbol{x})$	最佳匹配神经元 $i(\boldsymbol{x})$
重构向量 $\boldsymbol{x}'(c)$	权值向量 $\boldsymbol{w}_j$
概率密度函数 $\pi\left[c-c(\boldsymbol{x})\right]$	邻域函数 $h_{j,i(\boldsymbol{x})}$

下面给出这里的讨论需要注意的重要之处。

（1）SOM 算法为向量量化算法，它提供连续输入空间 $\wp$ 的良好近似。这个观点提供了导

出 SOM 算法的另一种途径，如式（7.22）。

（2）根据这个观点，SOM 算法中的邻域函数 $h_{j,i(\boldsymbol{x})}$ 有一个概率密度函数的形式。Luttrell 考虑对图 7.5 模型中噪声 $\boldsymbol{v}$ 而言合适的零均值高斯模型，我们对采用式（7.2）的高斯邻域函数有了一个理论依据。

用求和作为对式（7.21）等号右端的分子和分母的积分的近似，SOM 算法的指方式仅是式（7.21）的重写。注意，在 SOM 算法的这种方式中，输入模式呈现给网络的顺序对特征映射的最终形式没有影响，且无须学习率调度，但算法仍需要利用邻域函数。

性质 2　拓扑排序

通过 SOM 算法计算的特征映射 Φ 是拓扑有序的，这意味着网格中神经元的坐标对应输入模式的特定区域或特征。

拓扑排序的特性是更新式（7.11）的直接结果，它使得获胜神经元 $i(\boldsymbol{x})$ 的权值向量 $\boldsymbol{w}_i$ 移向输入向量 $\boldsymbol{x}$，同样对于获胜神经元 $i(\boldsymbol{x})$ 近邻的神经元 j 的权值向量 $\boldsymbol{w}_j$ 的移动有作用。因此我们可以将特征映射 Φ 看作一个弹性网或虚拟网，它有在离散输出空间 A 中描述的一维或二维网格，并且它的神经元具有权值作为连续输入空间 $\wp$ 中的坐标。因此算法总的目标可以描述如下。

指针或原型以权值向量 $\boldsymbol{w}_j$ 的形式逼近连续输入空间 $\wp$，使得特征映射 Φ 以这样一种方式提供根据某个统计准则表征输入向量 $\boldsymbol{x} \in \wp$ 的重要特征的可信赖表示。

特征映射 Φ 通常在连续输入空间 $\wp$ 中显示。具体地，所有的指针（权值向量）显示为点，相邻神经元的权值向量按照网格的拓扑用线相连。因此使用连线将两个权值向量 $\boldsymbol{w}_i$ 和 $\boldsymbol{w}_j$ 连起来，表示相应神经元 i 和 j 在网格中是相邻神经元。

性质 3　密度匹配

特征映射 Φ 反映输入分布在统计上的变化：在 $\wp$ 中，样本向量 $\boldsymbol{x}$ 以高概率抽取的区域映射到输出空间的更大区域，从而比在 $\wp$ 中样本向量 $\boldsymbol{x}$ 以低概率抽取的区域有更好的分辨率。

令 $p_{\boldsymbol{x}}(\boldsymbol{x})$ 表示随机输入向量 $\boldsymbol{x}$ 的多维概率密度函数。由定义可知，$p_{\boldsymbol{x}}(\boldsymbol{x})$ 在整个输入空间上的积分必须等于 1，即

$$\int_{-\infty}^{\infty} p_{\boldsymbol{x}}(\boldsymbol{x}) \mathrm{d}\boldsymbol{x} = 1 \tag{7.24}$$

对于准确匹配输入密度的 SOM 算法，要求

$$m(\boldsymbol{x}) \propto p_{\boldsymbol{x}}(\boldsymbol{x}) \tag{7.25}$$

这个性质意味着，如果输入空间中的一个特殊区域包含经常发生的刺激，那么与刺激出现较少的输入空间的区域相比，它将用特征映射中更大的区域表示。

一般地，在二维特征映射中放大因子 $m(\boldsymbol{x})$ 不能表示为输入向量 $\boldsymbol{x}$ 的概率密度函数 $p_{\boldsymbol{x}}(\boldsymbol{x})$ 的一个简单函数。只有在一维特征映射时才可能导出这样的关系。对于这种特殊情况，我们发现，与早些推测相反，它的放大因子 $m(\boldsymbol{x})$ 不与 $p_{\boldsymbol{x}}(\boldsymbol{x})$ 成比例。基于采用的编码方法，在有关文献中报告了两种不同的结果。

（1）最小失真编码，根据这个编码，式（7.20）的平均失真度量中的曲率项和高阶项由于噪声模型 $\pi(\boldsymbol{v})$ 仍然保留。这种编码方法可以产生结果

$$m(\boldsymbol{x}) \propto p_{\boldsymbol{x}}^{\frac{1}{3}}(\boldsymbol{x}) \tag{7.26}$$

这与标准的向量量化器得到的结果相同。

（2）最近邻编码，如同在 SOM 算法的标准形式中，它出现在忽略曲率项的时候。这个编码方法产生结果

$$m(\boldsymbol{x}) \propto p_{\boldsymbol{x}}^{\frac{2}{3}}(\boldsymbol{x}) \tag{7.27}$$

我们前面关于一族经常发生的刺激可以在特征映射中由更大的区域来表示的陈述仍然成立，虽然是用式（7.25）中描述的理想条件的失真形式。

作为一个一般规则（由计算机仿真确认），由 SOM 算法计算的特征映射往往趋向于过高表示低输入密度区域和过低表示高输入密度区域。换句话说，SOM 算法不能作为输入数据固有的概率分布提供可信赖的表示。

性质 4　特征选择

从输入空间中给定数据，SOM 能够为逼近固有分布选择一组最好的特征。

这个性质是性质 1 到性质 3 的自然结论。性质 4 使人想起主分量分析的思想，但如图 7.6 所示，它们有一个重要的区别。图 7.6（a）展示了被加性噪声损坏的线性输入、输出映射导出的零均值数据点的二维分布。在这种情况下，主分量分析工作得很好，它告诉我们，在图 7.6（a）中的“线性”分布的最好描述是，定义成通过原点且平行于数据相关矩阵的最大特征值对应的特征向量平行的直线（一维的“超平面”）。接下来考虑图 7.6（b）描述的情况，这是受零均值加性噪声损坏的非线性输入、输出映射的二维分布。在这种情形下，从主分量分析计算的直线逼近不可能提供可接受的数据描述。另外，利用建立在一维神经元网格的 SOM，它的拓扑有序性质能够克服这个逼近问题。在图 7.6（b）中说明的后一个逼近仅当网格的维数和分布的固有维数匹配时工作良好。

（a）线性输入、输出映射的二维分布　　（b）非线性输入、输出映射的二维分布

图 7.6　二维分布

7.5　核 SOM 概述

Kohonen 的 SOM 算法对于探测大量高维数据是强大的工具，这从多个大规模视觉和数据挖掘应用中得到了证明。然而，从理论的角度，SOM 算法存在两个基本的局限。

（1）由 SOM 算法提供的输入空间概率密度函数的估计缺少精度。这一缺点从理论上也是存在的，在式（7.26）或式（7.27）中，SOM 算法的密度匹配性质都是不完美的。

（2）SOM 算法的构成中不存在可以用于最优化的目标函数。考虑算法的非线性随机特征，缺少目标函数使得对于收敛性的证明变得更为困难。

实际上，在很大程度上是因为 SOM 算法的这两个局限，尤其是后者，促使很多研究者设

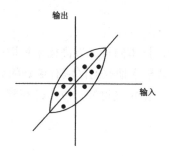

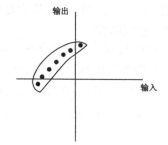

计不同的途径来构成特征映射模型。本节将介绍由 Van Hulle 提出的核 SOM，其目的在于改善拓扑映射。

1）目标函数

在支持向量机和核主分量分析等核方法的应用中，核参数通常是固定的。与支持向量机和核主分量分析等核方法相比，在核 SOM 中，网格结构的每个神经元作为一个核。这样使得核参数根据预定义的目标函数各自调整，而目标函数迭代性地最大化以形成满意的拓扑映射。

在本节中，我们主要关注核输出的联合熵，称为目标函数。考虑连续随机变量 Y_i，其概率密度函数定义为 $p_{Y_i}(y_i)$，其中样本值 y_i 范围为 $0 \leqslant y_i < \infty$。Y_i 的微分熵定义为

$$H(Y_i) = -\int_{-\infty}^{\infty} p_{Y_i}(y_i) \log p_{Y_i}(y_i) \mathrm{d}y_i \tag{7.28}$$

对于核 SOM，随机变量 Y_i 与网格中第 i 个核的输出相关，y_i 是 Y_i 的一个样本值。

下面将进行自底向上方式。

（1）首先最大化给定核的微分熵。

（2）然后当达到最大化时，调整核参数来最大化核输出和输入之间的交互信息。

2）核的定义

记核为 $k(\boldsymbol{x}, \boldsymbol{w}_i, \sigma_i)$，其中 $\boldsymbol{x}$ 是 m 维输入向量，$\boldsymbol{w}_i$ 是第 i 个核的权值向量，σ_i 是核宽，$i = 1,2,\cdots,l$，其中 l 是构成映射的网格结构的神经元总个数。分配 i 给核宽及权值向量的基本原理是这两个参数将被迭代性地调整。由于核呈放射状地围绕其中心对称，定义为 $\boldsymbol{w}_i$，因此有

$$k(\boldsymbol{x}, \boldsymbol{w}_i, \sigma_i) = k(\|\boldsymbol{x} - \boldsymbol{w}_i\|, \sigma_i),\ i = 1,2,\cdots,l \tag{7.29}$$

式中，$\|\boldsymbol{x} - \boldsymbol{w}_i\|$ 是输入向量 $\boldsymbol{x}$ 和权值向量 $\boldsymbol{w}_i$ 之间的欧几里得距离，二者具有相同的维数。

现在我们期望用概率分布（某种高斯形式）来定义核。我们也将寻找概率分布但采用核的不同定义。

设核输出 y_i 具有“有界”支撑，则由式（7.28）定义的微分熵 $H(Y_i)$ 将在 Y_i 服从均匀分布时达到最大。刚提到的最优性的条件在输出分布和输入空间的累计分布函数相匹配时发生。对于高斯分布输入向量 $\boldsymbol{x}$，我们发现，相应的欧几里得距离 $\boldsymbol{x} \to \boldsymbol{w}_i$ 的累计分布函数是不完全 Gamma 分布。

令输入向量 $\boldsymbol{x}$ 的 m 个元素是统计独立分布的，第 j 个元素服从均值为 μ_j，方差为 σ^2 的高斯分布。令 v 定义输入向量 $\boldsymbol{x}$ 和均值向量 $\boldsymbol{\mu} = [\mu_1, \mu_2, \cdots, \mu_m]^{\mathrm{T}}$ 之间的欧几里得距离的平方，即

$$v = \|\boldsymbol{x} - \boldsymbol{\mu}\|^2 = \sum_{j=1}^{m} (x_j - \mu_j)^2 \tag{7.30}$$

随机变量 V，由样本值 v 表示，具有卡方分布，即

$$p_V(v) = \left[\frac{1}{\sigma^m 2^{\frac{m}{2}} \Gamma\left(\frac{m}{2}\right)} \right]^{v,\left(\frac{m}{2}\right)-1} \exp\left(-\frac{v}{2\sigma^2}\right),\ v \geqslant 0 \tag{7.31}$$

式中，m 是分布的自由度个数；$\Gamma(\cdot)$ 是 Gamma 函数，定义为

$$\Gamma(\alpha) = \int_0^{\infty} z^{\alpha-1} \exp(-z) \mathrm{d}z \tag{7.32}$$

令 r 记为核中心的半径距离，定义为

$$r = v^{\frac{1}{2}} = \|\boldsymbol{x} - \boldsymbol{\mu}\| \tag{7.33}$$

这表示了新的随机变量 R 的样本值。然后，利用将随机变量 V 变换为随机变量 R 的规则，有

$$p_R(r) = \frac{p_V(v)}{\left|\frac{\partial r}{\partial v}\right|} \tag{7.34}$$

利用这一变换，我们发现经过一些合适的代数操作之后，由 r 表示的随机变量 R 的概率密度函数为

$$p_R(r) = \begin{cases} \dfrac{1}{2^{\left(\frac{m}{2}\right)-1}\Gamma\left(\frac{m}{2}\right)}\left(\dfrac{r}{\sigma}\right)^{m-1}\exp\left(-\dfrac{r^2}{2\sigma^2}\right), & r \geqslant 0 \\ 0, & r<0 \end{cases} \tag{7.35}$$

随着输入空间维数 m 的增加，概率密度函数 $P_R(r)$快速接近高斯函数。更具体地说，逼近高斯函数的二阶统计参数定义为

$$\left.\begin{aligned} E(R) &\approx \sqrt{m}\sigma \\ \mathrm{Var}[R] &\approx \frac{\sigma^2}{2} \end{aligned}\right\}\text{对于大的}m \tag{7.36}$$

随机变量 R 的累计分布函数的解由不完全 Gamma 分布定义为

$$p_R(r|m) = \sigma\underbrace{\left(1 - \frac{\Gamma\left(\frac{m}{2}, \frac{r^2}{2\sigma^2}\right)}{\Gamma\left(\frac{m}{2}\right)}\right)}_{\text{完全Gamma分布}} \tag{7.37}$$

$\dfrac{\Gamma\left(\frac{m}{2}, \frac{r^2}{2\sigma^2}\right)}{\Gamma\left(\frac{m}{2}\right)}$是不完全 Gamma 分布的补，将 r^2 看作输入向量 $\boldsymbol{x}$ 和第 i 个神经元的权值向量 $\boldsymbol{w}_i$ 之间欧几里得距离的平方，最后相应的核 $k(\boldsymbol{x}, \boldsymbol{w}_i, \sigma_i)$ 定义为

$$k(\boldsymbol{x}, \boldsymbol{w}_i, \sigma_i) = \frac{1}{\Gamma\left(\frac{m}{2}\right)}\Gamma\left(\frac{m}{2}, \frac{\|\boldsymbol{x} - \boldsymbol{w}_i\|^2}{2\sigma_i^2}\right),\ i = 1, 2, \cdots, l \tag{7.38}$$

注意，以 $r = \boldsymbol{x} - \boldsymbol{w}_i$ 为中心的核对于所有的 i 都是放射状对称的。更重要的是，不完全 Gamma 分布的采用保证了当输入分布是高斯时核的微分最大。

3）映射构造的学习算法

式（7.38）的核函数为构成自组织拓扑公式的算法做好了准备，在映射中利用核函数来描述每个神经元。

通过推导式（7.28）定义的目标函数 $H(Y_i)$ 对于核参数（权值向量 $\boldsymbol{w}_i$ 和核宽 σ_i，

$i=1,2,\cdots,l$）的梯度公式开始。然而，如目前的状况，目标函数$H(Y_i)$定义在第i个神经元输出之上

$$y_i = k(\boldsymbol{x}, \boldsymbol{w}_i, \sigma_i),\ i=1,2,\cdots,l \tag{7.39}$$

式（7.35）的分布定义在到核的中心的半径距离r之上。因而我们需要将随机变量R变换到Y_i，且相应地得到

$$p_{Y_i}(y_i) = \frac{p_R(r)}{\left|\frac{\mathrm{d}y_i}{\mathrm{d}r}\right|} \tag{7.40}$$

这里等号右端的分母部分说明了y_i对于r的依赖性。因此将式（7.40）代入式（7.28），可以重新定义目标函数为

$$H(Y_i) = -\int_0^{\infty} p_R(r)\log p_R(r)\mathrm{d}r + \int_0^{\infty} p_R(r)\log\left|\frac{\partial y_i(r)}{\partial r}\right|\mathrm{d}r \tag{7.41}$$

接着，我们首先考虑$H(Y_i)$关于权值向量$\boldsymbol{w}_i$的梯度。等号右端的第一项独立于$\boldsymbol{w}_i$。第二项是偏导数$\log\left|\frac{\partial y_i(r)}{\partial r}\right|$的期望。因此可以将$H(Y_i)$对于$\boldsymbol{w}_i$的导数表达为

$$\frac{\partial H(Y_i)}{\partial w_i} = \frac{\partial}{\partial w_i} E\left[\log\left|\frac{\partial y_i(r)}{\partial r}\right|\right] \tag{7.42}$$

现假设对于每个核都从 r 的一个训练样本开始逼近概率密度函数$p_R(r)$以最大化核输出$y_i(r)$的微分熵。然后将式（7.42）等号右端项的期望用确定量来代替，即

$$E\left[\log\left|\frac{\partial y_i(r)}{\partial r}\right|\right] = \log\left|\frac{\partial \overline{y}_i(r)}{\partial r}\right| \tag{7.43}$$

式中，$\overline{y}_i(r)$是$y_i(r)$在r的训练样本之上的平均值。相应地，重写式（7.42）为

$$\frac{\partial H(Y_i)}{\partial w_i} = \frac{\partial}{\partial w_i}\left(\log\left|\frac{\partial \overline{y}_i(r)}{\partial r}\right|\right) = \frac{\partial}{\partial w_i}\frac{\partial}{\partial r}\log\left|\frac{\partial \overline{y}_i(r)}{\partial r}\right| \tag{7.44}$$

平均值$\overline{y}_i(r)$具有和式（7.28）定义的不完全 Gamma 分布相似的形式，它的使用产生了

$$\frac{\partial \overline{y}_i(r)}{\partial r} = \frac{-2}{\Gamma\left(\frac{m}{2}\right)2\left(\sqrt{2}\sigma^2\right)^{m-1}} r^{m-1}\exp\left(-\frac{r^2}{2\sigma^2}\right) \tag{7.45}$$

回忆核是以下面的点为中心对称的，即

$$r = \|\boldsymbol{x} - \boldsymbol{w}_i\|$$

因而，实现式（7.45）的$\partial \overline{y}_i(r)/\partial r$对$\boldsymbol{w}_i$的偏微分且将其结果代入式（7.44），得到

$$\frac{\partial H(Y_i)}{\partial \boldsymbol{w}_i} = \frac{\boldsymbol{x}-\boldsymbol{w}_i}{\sigma_i^2} - (m-1)\left(\frac{\boldsymbol{x}-\boldsymbol{w}_i}{\|\boldsymbol{x}-\boldsymbol{w}_i\|^2}\right) \tag{7.46}$$

下面关于式（7.46）的两个备注值得注意。

（1）等号右端对于大的迭代次数收敛到输入向量$\boldsymbol{x}$的中心。

（2）对于维数为m的高斯分布输入向量$\boldsymbol{x}$，期望为

$$E\left[\|\boldsymbol{x}-\boldsymbol{w}_i\|^2\right]=m\sigma^2 \tag{7.47}$$

因此，对于所有 m，等号右端的第二项期望比第一项更小。

从计算的观点来看，高度期望简化式（7.46）使得我们可以对关于权值向量 $\boldsymbol{w}_i$ 的更新规则利用单一的学习率来完成。对此我们选择一个启发式建议：将平方欧几里得项 $\boldsymbol{x}-\boldsymbol{w}_i^2$ 用式(7.47)的期望来代替，因而可通过如下方式来逼近式（7.46）

$$\frac{\partial H(\overline{y}_i)}{\partial \boldsymbol{w}_i}\approx\frac{\boldsymbol{x}-\boldsymbol{w}_i}{m\sigma_i^2}，对所有的i \tag{7.48}$$

最大化目标函数，权值更新很自然地作用在式（7.48）的梯度向量的相同方向上，与梯度上升一致。我们可以写

$$\Delta\boldsymbol{w}_i=\eta_w\left(\frac{\partial H(Y_i)}{\partial \boldsymbol{w}_i}\right)$$

式中，η_w 是第一个学习率。将输入向量 $\boldsymbol{x}$ 的固定维数 m 吸收到 η_w，最后可以表示权值更新为

$$\Delta\boldsymbol{w}_i\approx\eta_w\left(\frac{\boldsymbol{x}-\boldsymbol{w}_i}{\sigma_i^2}\right) \tag{7.49}$$

因此关于核 SOM 算法的第一个更新公式为

$$\boldsymbol{w}_i^+=\boldsymbol{w}_i+\Delta\boldsymbol{w}_i=\boldsymbol{w}_i+\eta_w\left(\frac{\boldsymbol{x}-\boldsymbol{w}_i}{\sigma_i^2}\right) \tag{7.50}$$

式中，$\boldsymbol{w}_i$ 和 $\boldsymbol{w}_i^+$ 分别表示旧的和新的神经元 i 的权值向量。

下面考虑目标函数 $H(\overline{y}_i)$ 对于核宽 σ_i 的梯度。同以前所讲述的梯度向量 $\partial H(\overline{y}_i)/\partial\boldsymbol{w}_i$ 相似的方式进行，得到

$$\frac{\partial H(\overline{y}_i)}{\partial \boldsymbol{w}_i}=\frac{1}{\sigma_i}\left(\frac{\|\boldsymbol{x}-\boldsymbol{w}_i\|^2}{m\sigma_i^2}-1\right) \tag{7.51}$$

然后定义核宽的调整为

$$\Delta\sigma_i=\eta_\sigma\frac{\partial H(\overline{y}_i)}{\partial \boldsymbol{w}_i}=\frac{\eta_\sigma}{\sigma_i}\left(\frac{\|\boldsymbol{x}-\boldsymbol{w}_i\|^2}{m\sigma_i^2}-1\right) \tag{7.52}$$

式中，η_σ 为第二个学习率。对于核 SOM 算法的第二个更新公式，我们有

$$\sigma_i^+=\sigma_i+\Delta\sigma_i=\sigma_i+\eta_\sigma\frac{\partial H(\overline{y}_i)}{\partial \boldsymbol{w}_i}=\frac{\eta_\sigma}{\sigma_i}\left(\frac{\|\boldsymbol{x}-\boldsymbol{w}_i\|^2}{m\sigma_i^2}-1\right) \tag{7.53}$$

由式（7.50）和式（7.53）给出的两个更新规则对于单一神经元工作良好。下面我们将其扩展到多个神经元。

4）目标函数的联合最大化

在一个神经元接着一个神经元的基础上最大化目标函数 $H(\overline{y}_i)$ 对可使用的算法而言是不充分的。为了了解为什么这是真的，考虑由两个神经元组成的网格，其相应的核输出记为 y_1 和 y_2。当使用式（7.50）和式（7.53）时，假设高斯输入分布，这两个核最终将相互一致，换句话说，两个核输出 y_1和y_2 成为统计相关。为了预防这一不满意的可能性，我们需要将核自适应放入竞争学习框架来最大化目标函数 $H(\overline{y}_i)$，这和我们推导 Kohonen 的 SOM 算法是一样的。在竞争中，获胜神经元的核将降低其和邻域神经元交互作用的范围，尤其是当获胜神经

元强烈活跃时，因此邻域神经元之间的覆盖减少了。而且，正如 Kohonen 的 SOM 算法那样，为了对输入空间的数据分布拓扑保持其神经元网格，我们需要对学习过程强加一个邻域函数。相应地，竞争学习和邻域函数的组合使用使得我们能够对多个神经元运用两个更新规则，这将在下面讨论。

5）拓扑映射构造

考虑由 l 个神经元组成的网格 A，这些神经元是由相应的核集（不完全 Gamma 分布的补）刻画的，即

$$y_i = k\left(\boldsymbol{x}, \boldsymbol{w}_i, \sigma_i\right),\ i = 1,2,\cdots,l \tag{7.54}$$

带着拓扑映射构造的目的，引入基于活跃程度的网格 A 的 l 个神经元之间的竞争，获胜神经元被定义为

$$i\left(\boldsymbol{x}\right) = \arg\max_{i} y_j\left(\boldsymbol{x}\right),\ j \in A \tag{7.55}$$

注意，这里的相似性匹配准则和式（7.1）不一样，式（7.1）基于最短距离神经元竞争，式（7.1）和式（7.55）这两个准则仅在当所有的神经元核都具有相同的核宽（半径）时才等价。

为了提供拓扑映射构造所需要的信息，正如 Kohonen 的 SOM 算法那样，引入邻域函数 $h_{j,i(\boldsymbol{x})}$，以获胜神经元 $i\left(\boldsymbol{x}\right)$ 为中心。而且根据 7.3 节的讨论，采用距获胜神经元 $i\left(\boldsymbol{x}\right)$ 网格距离的单调减函数。特别地，选择式（7.2）的高斯函数，这里复制为

$$h_{j,i(\boldsymbol{x})} = \exp\left(-\frac{\left\|\boldsymbol{x} - \boldsymbol{w}_i\right\|^2}{2\sigma^2}\right),\ j \in A \tag{7.56}$$

式中，σ 是邻域函数 $h_{j,i(\boldsymbol{x})}$ 的范围，不要将邻域范围 σ 和核宽 σ_i 混淆。

5）核 SOM 算法小结

我们将核 SOM 算法总结如下。

（1）初始化。对初始权值向量 $\boldsymbol{w}_i\left(0\right)$ 和核宽 $\sigma_i\left(0\right)$，$i = 1,2,\cdots,l$ 选择随机值，这里 l 是网格结构中神经元的总个数。这里仅有的限制是对于不同的神经元，$\boldsymbol{w}_i\left(0\right)$ 和 $\sigma_i\left(0\right)$ 不同。

（2）取样。从输入分布中按一定的概率取出一个样本 $\boldsymbol{x}$。

（3）相似性匹配。在算法的时间 n 内，用如下的准则来确定获胜神经元为

$$i\left(\boldsymbol{x}\right) = \arg\max_{i} y_j\left(\boldsymbol{x}\right),\ j = 1,2,\cdots,l$$

（4）自适应。调整权值向量和每个核的核宽，使用相应的更新公式，即

$$\boldsymbol{w}_j\left(n+1\right) = \begin{cases} \boldsymbol{w}_i + \eta_w \dfrac{h_{j,i(\boldsymbol{x})}}{\sigma_j^2}\left(\boldsymbol{x}\left(n\right) - \boldsymbol{w}_j\left(n\right)\right), & j \in A \\ \boldsymbol{w}_j\left(n\right), & \text{否则} \end{cases} \tag{7.57}$$

$$\sigma_j\left(n+1\right) = \begin{cases} \sigma_j\left(n\right) + \dfrac{\eta_\sigma h_{j,i(\boldsymbol{x})}}{\sigma_j\left(n\right)}\left(\dfrac{\left\|\boldsymbol{x}\left(n\right) - \boldsymbol{w}_j\left(n\right)\right\|^2}{m\sigma_j^2\left(n\right)} - 1\right), & j \in A \\ \sigma_j\left(n\right), & \text{否则} \end{cases} \tag{7.58}$$

式中，η_w 和 η_σ 分别是学习算法的两个学习率；$h_{j,i(\boldsymbol{x})}$ 是以获胜神经元 $i\left(\boldsymbol{x}\right)$ 为中心的邻域函数，根据式（7.55）定义。如 Kohonen 的 SOM 算法一样，邻域范围 σ 允许随时间指数衰减。

7.6 小结

本章研究了一种称为自组织映射（SOM）的特殊神经网络学习自组织系统。介绍了该系统的两个基本的特征映射模型 Kohonen 和 Willshaw-Von Der Malsburg 的一些性质，并阐述了SOM 算法，介绍了该算法的竞争、合作、突触自适应过程，以及性质。然后在此基础上介绍了另外一种核 SOM 算法的相关内容，最后对这两种算法进行了应用与仿真实验，并把 SOM 算法和核 SOM 算法进行了对比。我们对本章内容做如下小结。

1）SOM 算法

由 Kohonen 于 1982 年提出的 SOM 是一个简单但强大的算法，它建立在一维或二维的神经元网格上，用于捕获包含在输入空间中感兴趣的重要特征。为此，它利用神经元权值向量作为原型提供一个输入数据的结构表示。SOM 算法受到神经生物学的激发，综合所有自组织的基本机制：竞争、合作、突触自适应及结构化信息。因此它可以作为退化但一般的模型，描述在复杂系统中从完全混乱开始最终出现整体有序的现象。换句话说，SOM 算法具有通过时间进程的演化从无序中产生有序的内在能力。

SOM 也可以被看作向量量化器，从而提供一个导出调整权值向量的更新规则的原理性方法。后一种方法明确地强调了邻域函数作为概率密度函数的作用。

然而要强调的是，基于使用在式（7.31）中的平均失真度量 D_1 作为极小化代价函数的后一种方法，仅当特征映射被很好地排序后才是合理的。Erwin 等人证明了在自适应过程的排序阶段，SOM 的学习动态系统不能用一个代价函数的随机梯度下降描述。但就一维网格来说，它可以用一组代价函数描述，对于网络中的每个神经元，一个对应的代价函数随随机梯度下降独立地最小化。

2）SOM 算法的收敛考虑

关于 Kohonen 的 SOM 算法，它是如此简单，但在一般设置下分析它的性质却很困难。虽然几个研究者使用了非常有力的方法来分析它，但是他们仅获得了有限的应用结果。Cottre 等人给出了关于 SOM 算法理论方面的结果的综述。由 Forte And Pages 得出的结果尤其引人注目，结果表明就一维网格而言，可严格证明：在自组织过程结束后，SOM 算法“几乎确定”收敛到一个唯一状态。这个重要的结果已被证明对一大类邻域函数成立。然而，多维网格尚未得到同样的结论。

3）神经生物学考虑

既然 SOM 是由大脑皮层映射的思想激发的，自然会问这种模型是否可以实际解释皮层映射的形成。Erwin 等人进行了这项研究，他们发现 SOM 可以解释猕猴初级视觉皮层中计算映射的形成。这项研究的输入空间是五维：二维为视觉空间接收域的位置，剩下的三维代表方向优先、方位选择和视觉优势。皮层表面被分为小块，每块都被视为二维网格的计算单元（人工神经元）。在一定假设下，表明 Hebb 学习导致空间模式的定位和视觉优势与在猕猴初级视觉皮层中发现的非常类似。

4）SOM 算法的应用

SOM 算法的简单性和强大的可视能力的组合促使该算法在多个大规模应用中得到使用。典型地，SOM 算法在非监督模式下训练，使用大量的训练数据样本。特别地，如果数据包含语义相关目标群（类），那么属于用户定义的类的向量子集被 SOM 算法通过如下方式映射：该算法计算的映射上数据向量的分布提供了原始数据空间固有分布的二维离散逼近。基于这一思想，Laaksonen 和 Viitaniemi 等人成功地将 SOM 算法应用于检测和描述语义目标类之间的存在关系，语义目标在一个包含 2618 张图像的视觉数据库中，每张图像都属于一个或多个预定义的语义类。在这个研究中，使用的存在关系包括如下几点。

（1）在一张图像中同时存在从两个或更多目标类而来的目标。

（2）视觉相似性的分类。

（3）在一张图像中不同目标类的空间关系。

在另一个不同的应用中，Honkela 等人利用 SOM 算法研究自然语言单词的与规则。

本章后面部分介绍了 Van Hulle 的核 SOM 算法，这一算法的主要目的是提供改进的拓扑映射和逼近分布能力。核 SOM 算法的一个优秀特征是其推导是从构造一个熵目标函数开始的。更重要的是，核 SOM 算法是在线的基于随机梯度的算法。

对比本章中介绍的两个 SOM 算法，我们可以说，对于神经元网格中的权值向量，SOM 算法和核 SOM 算法具有相似的更新规则。而且它们在同一方向上对权值更新，但采用不同的学习率。和 SOM 算法不同，核 SOM 算法具有对网格中每个神经元 i 自动调整核宽σ_i的内在能力，从而最大化核输出的联合熵。

然而，核 SOM 算法需要对两个学习率 η_w 和 η_σ 进行仔细调整，以保证权值和核宽的更新不发生爆炸性增长。当核宽的方差 σ_i^2 的逆比学习率 η_w 和 η_σ 大时，就会发生爆炸性增长。这一不希望的行为是由于这样的事实：在式（7.50）和式（7.53）中，学习率 η_w 和 η_σ 分别被 σ_i^2 和 σ_i 除。为了避免 $\boldsymbol{w}_i$ 和 σ_i 的爆炸性增长，我们可以将 σ_i^2 用和 $\sigma_i^2+\alpha$ 代替，其中 α 是预先给定的小常数。

参考文献

[1] WILLSHAW D J. How Patterned Neural Connections Can Be Set Up by Self-Organization [C]. Proceedings of the Royal Society B Biological Sciences, 1976.

[2] KOHONEN T. Self-organized formation of topologically correct feature maps [J]. Biological Cybernetics, 1982, 43(1): 59-69.

[3] AMARI S I. Topographic organization of nerve fields [J]. Bulletin of Mathematical Biology, 1980, 42(3): 339-364.

[4] GERSHO A, GRAY R M. Vector Quantization II: Optimality and Design [J]. 1992, (11): 345-405.

[5] BAUER H U, PAWELZIK K R. Quantifying the neighborhood preservation of self-organizing feature maps [J]. IEEE Transactions on Neural Networks, 1992, 3(4): 570.

习题

7.1 函数 $g(y_j)$ 表示响应 y_j 的非线性函数，它如同式（7.7）那样用于 SOM 算法，如果 $g(y_j)$ 的 Taylor 展开的常数项不为零，讨论会产生什么结果？

7.2　假设 $\pi(\boldsymbol{v})$ 为图 7.5 模型的噪声 $\boldsymbol{v}$ 的光滑函数，利用式(7.17)的平均失真度量的 Taylor 展开，确定噪声模型 $\pi(\boldsymbol{v})$ 导致的曲率项。

7.3　有时说 SOM 算法保持输入空间中存在的拓扑关系。严格来说，这种性质是输入空间的维数与神经元网格的维数相等或低时才能保证的。讨论这个陈述的正确性。

7.4　一般来说，基于竞争学习的 SOM 算法对硬件故障不具有容错性，但是 SOM 算法对输入的小的扰动引起输出从获胜神经元跳到邻近神经元具有容错性。讨论这两个陈述的含义。

7.5　最大特征滤波器和 SOM 的更新规则都利用 Hebb 学习假设的修正。比较这两个修正，说明它们的异同点。

第 8 章　卷积神经网络模型及应用

前面章节提及的都是浅层神经网络，而本章涉及的卷积神经网络是一种深度神经网络。若一个神经网络具有多个隐含层且每个隐含层中都包含大量神经元，则称该神经网络为深度神经网络，它催生了深度学习这一新的学习领域。深度神经网络又名深层神经网络（Deep Neural Networks，DNN），通常指网络模型结构中隐含层数不少于 2 的神经网络模型。深层神经网络是目前深度学习的网络基础，比较典型的深层神经网络一般有卷积神经网络（Convolutional Neural Network，CNN）、深度玻尔兹曼机（Deep Boltzmann Machine，DBM）和深度信念网络（Deep Belief Network，DBN）等，本章主要讨论卷积神经网络。

8.1　引言

卷积神经网络是一类包含卷积计算且具有深度结构的前馈神经网络，是深度学习的代表之一。卷积神经网络具有表征学习能力，能按其层结构输入信息进行平移不变分类，因此也被称为平移不变神经网络。目前较为流行的卷积神经网络大多是由若干个卷积层（Convolution Layer）和子采样层（池化层，Pooling Layer）交替堆叠而成的深层神经网络结构。卷积神经网络最早出现于生物学领域，由生物学中的“感受野”（Receptive Field）概念启发，通过逐层抽象、抽丝剥茧般的逐层迭代方式，将原本复杂的数据进行一系列处理，在一定程度上满足了行业从业人员的要求。下面先介绍卷积神经网络在生物学上的视觉认知机制，然后阐述其发展历程。

1）视觉认知机制

我们先简单介绍视觉认知机制的神经生物学机理。在生物学领域的神经生理学中，人类眼球的感光系统由视网膜上的感光细胞及其余连接部分功能构成，视网膜可分为前端的节细胞层、中端的双极细胞层和后端的感光细胞层，其中感光细胞层是接收层，负责接收经过节细胞层和双极细胞层的光信号；而节细胞层、双极细胞层能够被光线直接穿过，呈现透明状。整个感光系统的作用是把进入视网膜的光学信号转换成神经信号。感光细胞层中的感光细胞又分为两种：锥体细胞和棒体细胞。锥体细胞是白昼环境的视觉细胞，作用是分辨视觉图像中细微的特征信息和色觉信息，在视网膜上大概有 600 万个；棒体细胞是昏暗环境的视觉细胞，其分辨视觉图像中细微特征信息的能力差，无法提供色觉信息，在视网膜上大概有 1.2 亿个。双极细胞层负责连接感光细胞层和节细胞层，这也是其名称的由来。节细胞层收到从双极细胞层来的信号输入后，将神经信号传递给视神经。

美国生物学家 Hubel 及 Wiesel 在 1962 年对猫视觉皮层的研究中发现[1]：当受到光照刺激，视觉通路上某个神经元被激活之后，视网膜上所有与此神经元有关的感光细胞构成的这一块区域，称为“感受野”，其具有一定的层次结构。在上述认知过程中，600 万个锥体细胞和 1.2 亿个棒体细胞明显跟 100 万个节细胞不在一个量级上，锥体细胞和棒体细胞所接收到的信息远超过节细胞，当通过双极细胞进行连接时，会出现把多个感光细胞信息集中到一个或少数几个节细胞中的情况。

上述现象体现了视觉认知机制中的两个特性：一是感受野随着神经元层次变换而相应变

化，随着神经元层次的提高，感受野会随着变大，如节细胞的感受野明显高于锥体细胞和棒体细胞，反之亦然；二是人类对于视觉信息的了解和认知逐步迭代，进而逐层抽象，这是一个抽丝剥茧般的过程。

视网膜上的感光系统、视神经的传导机制和大脑皮层的中枢机制构成了整个视觉认知机制。视神经接收到从节细胞传来的神经信号后，在视交叉处将左右眼视觉信息进行交叉后传递给丘脑的外侧膝状体，外侧膝状体先对获得的不同视觉信息进行粗加工，再传给位于中枢系统的纹状皮层。纹状皮层在大脑皮层内的分区结构被称为视区，也就是视觉认知机制的 V1 区，主要进行如提取视觉信息的边缘特征这样的初加工操作，完成后将提取特征传给视觉联合皮层的 V2 区。而视觉联合皮层又名纹外皮层，处于纹状皮层外围，作用是对纹状皮层给予的特征进行深加工，产生一个整体视觉。总结一下就是中枢系统的视区预处理完收到的视觉信息，传给近邻的视觉联合区进行细加工后，才完成了一次对事物的完整认知。

由以上内容可以得到，人类中枢视觉认知得到的高维特征均由低维特征组合而来，整体过程可以视为一个从低维到高维的逐步抽象化的过程。

2）发展历程

时间推进到 20 世纪 80 年代。1980 年，日本学者 Fukushima 在感受野的概念基础上，提出了神经认知机（Neocognitron）[2]。神经认知机可以理解为卷积神经网络的第一版，是卷积神经网络的雏形。神经认知机是一种自组织的多层神经网络模型，其将一个视觉模式分解为多个子模式，对于模式的识别不受位置、形状变化及尺度大小的影响，分解完毕后，将进入由低到高的逐层交替处理方式，每层响应都由上一层的感受野激发得到，核心点在于将视觉系统模型化，并且不受视觉中的位置和大小等影响。

随着计算机视觉理论和研究的迅速发展，对样本的特征进行定位和提取变得更为方便，深度学习领域的飞速发展也保证了计算机视觉在图像领域的高速突破。2006 年后，随着计算机视觉领域的发展，特别是卷积神经网络，能够准确提取生物特征的这一特性，使得其在深度学习领域已经成为具有代表性的神经网络之一，在图像分析和处理领域取得了众多突破性的进展。在学术界常用的标准图像标注集 ImageNet 上，基于卷积神经网络取得了很多成就，包括图像特征提取、图像分类、场景识别、目标检测和目标跟踪等。而卷积神经网络相较传统的图像处理算法的优点之一在于其在一定程度上避免了对图像复杂的前期预处理过程，尤其是人工参与图像预处理，对图像进行一系列的操作过程，卷积神经网络可以直接输入原始图像进行一系列处理，实现端到端的图像加工处理，已经广泛应用于各类图像相关的应用。

8.2 卷积神经网络模型

8.2.1 卷积神经网络的基本结构和原理

卷积神经网络的辉煌历史从一个名为“LeNet”的较为简单的深层神经网络模型开始，该模型于 1994 年首次被提出并多次修订。1998 年，Yann LeCun 提出了该模型[3]，同时制作了手写数字数据集 MNIST。

LeNet 模型被应用在手写体数字识别中，达到了较好的实验效果，极大地推动了深度学习的发展。其网络架构的基本思路源于一种思想：如何将图像像素中分布于多像素中的数据信息融合到一个数据结构中以进行信息的提取，并采用什么样的方式将这样的数据结构的参数参与自更新迭代过程，再进一步考虑，如何用不多的参数在多维度上进行信息提取？由此，联系科学历史上对生物和数学卷积的应用，计算机图像计算中的卷积核及相关操作被引入。在当时的计算机硬件条件下，还没有 GPU（Graphics Processing Unit，计算机图像处理器）这样的专用矩阵计算单元加入图像数据的处理计算，因而大多于此时期设计的网络只能用浅层的结构来表述，但仍成功地实现了鲁棒性，具有良好效果。在网络的多次改进后，目前一般提及的 LeNet 都是指 LeNet-5。

在以 LeNet 为典例的卷积神经网络结构中，其主要由卷积层、激励层、池化层和全连接层等组成，分别有特定的结构功能和意义，依照具体需求设计网络结构。这里以一个简单的例子介绍卷积神经网络结构，今后还有更多额外的设计和改进，以适应新的需求与更高的精度、更快的训练速度，会在后面的其他网络中逐渐铺开阐述。另外，在第一次介绍卷积神经网络结构时会尽量多地用到比喻和例子，以更通俗的方式向大家介绍其原理，但在今后的其他网络的相同结构中将一笔带过，不再赘述。

输入（Input）：如图 8.1 所示的图像输入是一个 7×7 的像素矩阵，构成了输入卷积神经网络的数据结构单位，即人类直观意义上的“一张图像”。该矩阵上每个点（也可以理解为该矩阵的第 i 行第 j 列所指的数值）都是人眼所见的一个像素。在计算机存储 RGB 彩色图像的方式中，一个像素由 R（Red，红色）、G（Green，绿色）、B（Blue，蓝色）三基色通道叠加而成，若图像采用 8 位二进制数存储，则每个通道值根据色彩需要通常由 0～255 这 256 位数字表示各通道颜色的“浓郁程度”。白色所对应的三基色通道值就是(255,255,255)（对应 R、G、B 数值），而黑色就是(0,0,0)，若所有通道都没有色彩，则以黑色的形式呈现。详情可参考 Photoshop 或网络上的相关色彩知识，同理，以 CMYK 方式存储的图像由四色通道组成，因此通道值要多一个。黑白纯二值图像如原生的二维码就只有一个色彩通道，以 0 或 1 存储黑或白信息。这里简单介绍一下图像色彩存储方式。因此这里输入的一张图像的输入值就是一个 7×7×3 大小的三维矩阵，最后一维表示通道数值。卷积神经网络的输入多为图像，若是其他形式的输入如语音、文本等，也以类似的原理进行输入。

卷积层（Convolution）：卷积层能提取特征信息，由于自然图像的固有特征，从图像某一部分学到的特征可以作用于其余部分上。如图 8.1 所示，卷积层由图像像素矩阵和卷积核组成，其行为是将卷积核与图像像素值做卷积运算，卷积运算将图像的矩阵数值与构造的卷积核做乘法。

在图 8.1 中，最左侧一列的三个大矩阵分别表示输入图像 RGB 三通道对应的图像像素值。例如，第一个矩阵的坐标(0,0)的“0”表示该图像在第一行第一列，即第一个像素的红色通道值为 0，后面的绿色、蓝色通道的处理方式同理。而“$\boldsymbol{x}$[:, :, 0]”是 Python 中矩阵切片的写法，中括号表示截取 $\boldsymbol{x}$ 这个三维数据结构的某些部分，常以 numpy 数据的形式存储，其中“:”表示所有，这里第一个“:”指取 $\boldsymbol{x}$ 矩阵的第一维，即图像的所有行，第二个“:”表示第二维，即图像的所有列，这样就取出了整张图像的像素矩阵，最后一位“0”是计算机中的第一位。在 Python 中，三通道的默认排列方式是 R、G、B，但需要注意的是，Python 中 Opencv 处理库的图像通道排列方式是 B、G、R。因此，这里的 $\boldsymbol{x}$[:, :, 0]表示将输入图像的第一红色通道的所有像素值参与运算：取出它与卷积核（部分资料也叫作过滤器、滤波器或特征过滤器）同大小的矩阵与卷积核矩阵做乘法和。其次是卷积核，卷积核的大小由网络设计需求决定，其通道值与原始图像一致，原始图像为 RGB 彩色图像卷积核就是三通道，体现到图 8.1 就是

卷积核 $W0$ 为 3×3 的三个矩阵，分别与各通道下的图像矩阵值做卷积乘法，同样 $W1$ 也是卷积核。代码中的卷积操作分为主要的四个参数：卷积核尺寸、步长（Stride）、像素扩展（像素填充，Padding）和偏置。

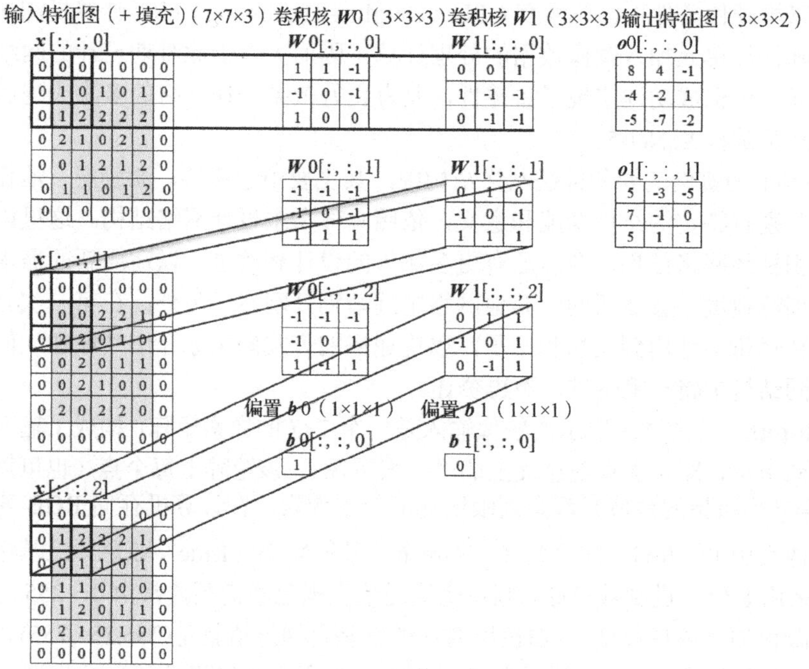

图 8.1　卷积操作演示

（1）卷积核尺寸。以图 8.2 为例，左上角 3×3 矩阵部分为对应的卷积核大小，各元素右下角数值是卷积核上的参数值，将它们与原始图像素值相乘后的值相加得到输出的卷积特征图左上角的值“4”，因此，这里的卷积核尺寸就是 3×3，通常代码中以一个 3 代表 3×3。卷积操作的原理源于一种将矩阵信息浓缩提取的思想，即如何将原本大的图像尺寸逐渐浓缩为要提取的信息，而卷积核上的参数就是将这些信息选择性提取的过滤器。由此可见，大的卷积核可以提取更大范围的特征信息。例如，在医学上的 CT 图像分类中，病毒感染区域的特征通常较小，它们需要的卷积核通常也较小；而常见手机自拍中的人脸图像像素占用较大，这样需要的卷积核也较大才能提取更完整的关键信息。那么也衍生出一种思考，如果同一张图像对应多个不同大小的卷积核，那么是不是可以同时提取不同范围内的信息？简单来说，是的，后面的 GoogleNet 及其衍生网络就是源于这一思想。此外，每个卷积核的通道值和原始图像通道值一样。例如，图 8.1 中原始图像为 RGB 三通道，则其右边的卷积核 $W0$ 和 $W1$ 均为三通道。

（2）步长。步长意味着下一步要进行卷积操作的间隔。在原始图像上进行卷积的顺序是依次将该卷积核先从左到右、再从上到下。从图 8.2 到图 8.3 的卷积顺序，每次运算卷积核只滑动一个单位元素值，行间滑动也是一样的原理，这种情况就是步长为 1。

图 8.4 则是步长为 2 的例子。可以看到，当步长变为 2 时，相比步长为 1 时卷积所得到的特征图变小，体现的直接效果就是信息更加浓缩，被重复计算的元素变少了。而不同的步长设置则由具体需求设定。

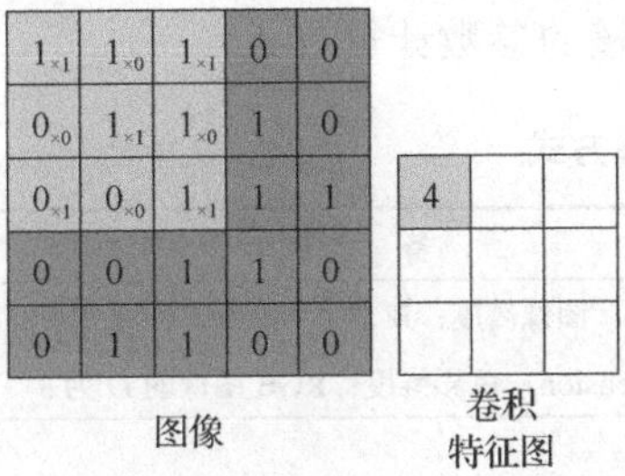

图 8.2　滑动卷积（一）

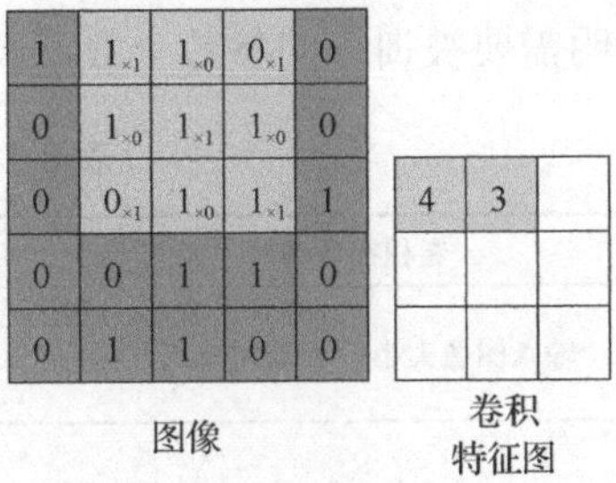

图 8.3　滑动卷积（二）

（3）像素扩展。这一项是可选项，根据需求设置。以步长为 1 的图像卷积为例，会发现小步长下总有一定量的元素被重复计算，如图像中央的元素，而图像边缘的元素通常只被计算很少的次数，导致部分信息损失，像素扩展的出现就是为了解决这一问题。

如图 8.5 所示，若将原始图像（中间的 5×5 矩阵）元素的外围包上一个元素单位厚度的“壳”（图中虚线部分），这些“壳”上的元素均填充 0，则会产生一种妙用：0 本身并不影响卷积操作结果，但会让原本边缘部分的元素变成非边缘元素，使它们的重复率与原始图像中心元素接近，保证全图像信息的完整度。

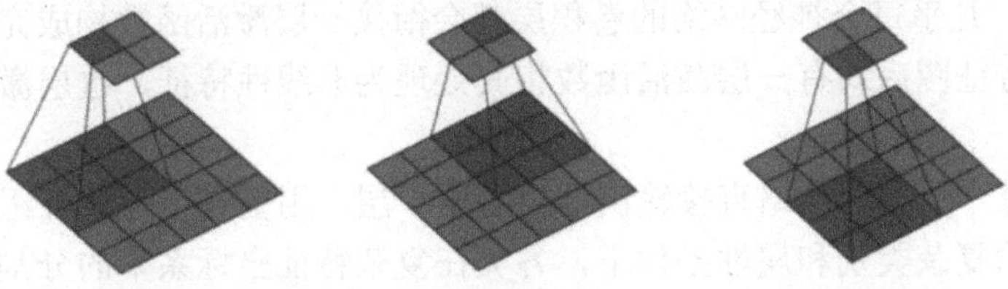

图 8.4　步长为 2 的卷积对应关系

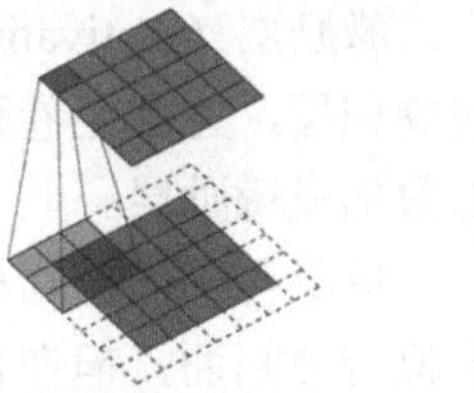

图 8.5　像素扩展为 1 的卷积方式

（4）偏置。以一个简单的数学公式表示卷积操作，即 $O = W \times \text{Input} + b$，$O$ 表示输出特征图上的元素值，W 为卷积核上的参数值，b 为偏置，每个卷积核均有一个偏置。偏置为一个实值，其具体计算过程为：首先将各卷积核与原始图像矩阵各元素分别相乘，再相加得到一个实值，三通道这样的实值加起来再加上偏置即可得到该卷积核对应的输出特征图的对应元素值，下面还是以图 8.1 为例来讲述计算过程。从图 8.1 中可以看出，卷积核 $\boldsymbol{W}1$ 的输出特征图为第二个输出矩阵，卷积核的三通道分别做卷积求和后再加上偏置 $b1$，得到的输出特征图的对应元素值为 3。

在卷积神经网络中，设置偏置 b 的意义在于不同的偏置将使图像的分类界面（或分割面）左右移动，而当 $b = 0$ 时，分割面会通过特征图坐标的原点，如果没有偏置，那么所有分割面都是经过原点的，但是现实问题并不会如理想那样都是经过原点且线性可分的。可能读者还不能清晰地明白其含义，但在进行了更多的学习实践后就能明白，偏置的设置有其必要性。图 8.6 中假设的任务是分类输入图像中的三角形与圆形，偏置的意义就是使分割面控制在坐标轴的一端使其能够实现线性可分。

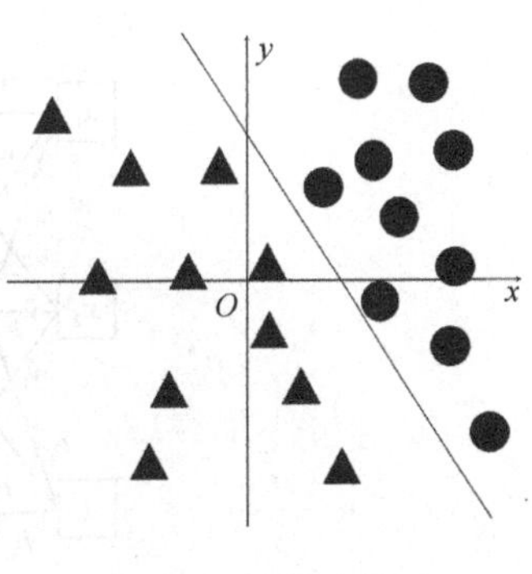

图 8.6　偏置分割面

通过以上例子，我们了解了卷积层的结构原理及操作过程，那么在该层需要通过网络训练得到的参数应该是该层所有卷积核内部元素的偏置，我们用图像分类时卷积神经网络的一个简单公式说明需要被训练的参数个数，表 8.1 所示为卷积核的参数计算方式。

表 8.1　卷积核的参数计算方式

卷积核参数	备　注
输入图像大小：$H_1 \times W_1 \times D_1$	H 表示 Height，图像高度；W 表示 Width，图像宽度；D 表示 Dimension，色彩维度；RGB 图像的 D 为 3
四个超参数	
卷积核个数 K	假设 K 个卷积核同尺寸
卷积核大小 F	卷积核尺寸默认为 $F \times F$
步长 S	参考卷积核步长的说明
像素扩展 P	参考卷积核像素扩展的说明
输出特征图像尺寸：$H_2 \times W_2 \times D_2$	
$H_2 = (H_1 - F + 2P) / S + 1$	
$W_2 = (W_1 - F + 2P) + 1$　注：向下取整	
$D_2 = K$	
需要训练的参数个数：$(F \times F + 1) \times K$	

激励层（Activating Layer）：几乎每个神经网络的卷积层都会衔接一层激活函数构成完整的卷积层，也就是卷积层输出特征图后均有一层激活函数将其处理为非线性特征，这层激活函数构成激励层。

单隐含层的感知机网络通过一层神经网络直接输出结果到下一层，用更复杂的线性组合来拟合分割面，但在自然环境的复杂类别和属性条件下，各类在复杂特征坐标系下的分割面通常是不规则的曲面，导致线性函数不能很好地拟合分割面，只能用越来越多的线性函数模拟靠近它，然而这也会导致参数量的“爆炸”增长，这就引出了卷积神经网络的非线性映射方式来解决这一问题，即激励层。同理，卷积层也是一层线性映射层，因此也需要加入非线性的激活函数，卷积神经网络就能够用平滑的曲面来实现类别分割。

激励层的结构如图 8.7 所示，在 $a_1 \sim a_3$ 的一层神经元处理后并不马上将其传入下一层，而在其输出位置进行非线性映射 $\sigma(\cdot)$ 后再将其结果输出到下一层，图中有

$$a_1 = w_{1-11}x_1 + w_{1-21}x_2 + b_{1-1}$$
$$a_2 = w_{1-12}x_1 + w_{1-22}x_2 + b_{1-2}$$
$$a_3 = w_{1-13}x_1 + w_{1-23}x_2 + b_{1-3}$$
$$y = \sigma[w_{2-1}\sigma(a_1) + w_{2-2}\sigma(a_2) + w_{2-3}\sigma(a_3)]$$

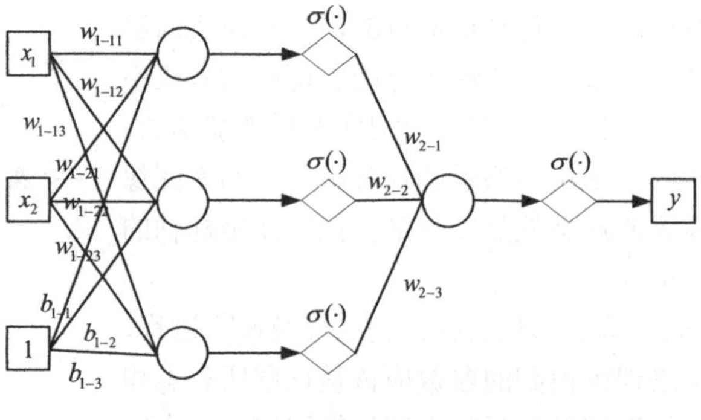

图 8.7　激励层的结构

常见的激活函数及其图形如表 8.2 所示。

表 8.2　常见的激活函数及其图形

常见的激活函数	图　形
Sigmoid: $f(z)=\dfrac{1}{1+e^{-z}}$	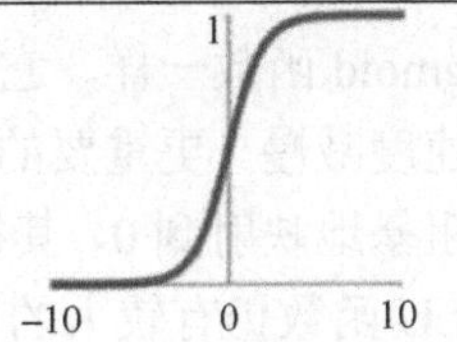
Tanh: $\text{Tanh}(x)=\dfrac{e^{x}-e^{-x}}{e^{x}+e^{-x}}$	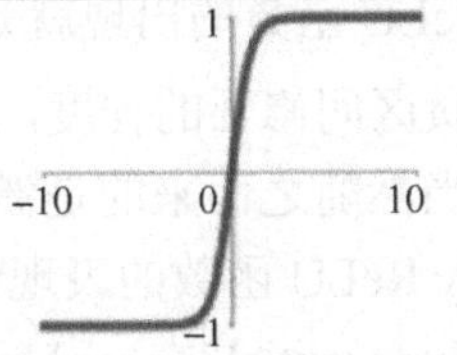
ReLU: $\text{ReLU}=\max(0,x)$	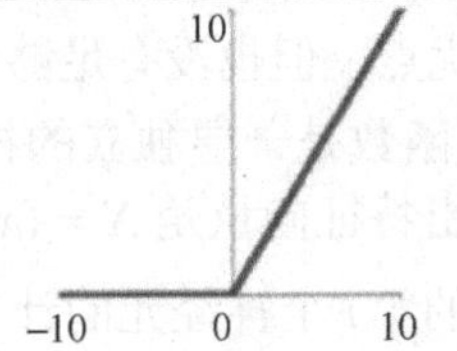
Leaky ReLU: $f(x)=\max(\alpha x,x)$ ，α 自行拟定	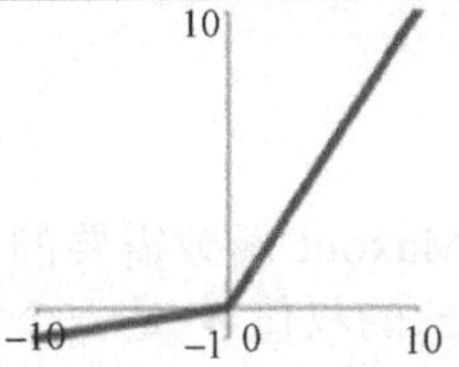
ELU: $\begin{cases} x, & x\geqslant 0 \\ \alpha(e^{x}-1), & x<0 \end{cases}$	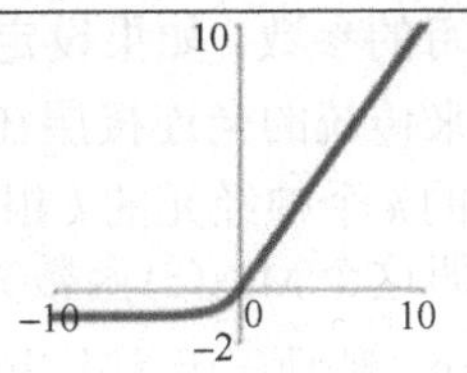
Maxout: $\max(\boldsymbol{W}_1^{\mathrm{T}}x+b_1,\boldsymbol{W}_2^{\mathrm{T}}x+b_2)$	

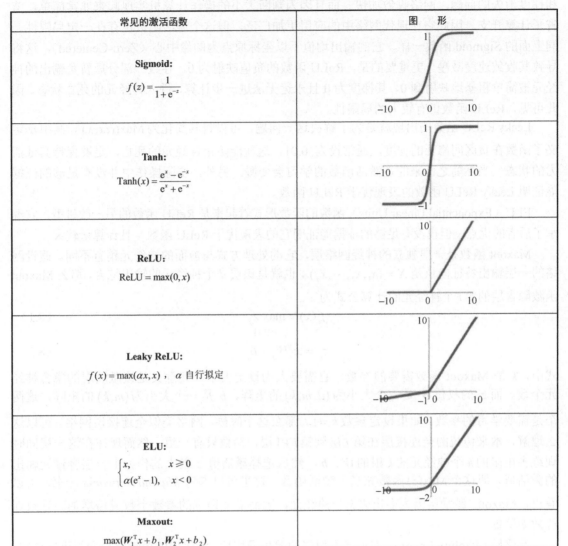

以上激活函数各有优劣，因此也各有适应的场景。

Sigmoid 函数是早期神经网络使用最频繁的激活函数，由其图形可见，它将实数范围的值映射到(0,1)区间，0 代表该输出完全不激活，1 代表完全激活，将网络的输出根据其活性程度划分为 0 到 1，在一定程度上很好地解释了神经元在收到输入后向后传播的影响权值，但根据其图形也可以看出，低传播度的值在映射到 Sigmoid 函数后会太过靠近 0 而导致梯度值近乎消失——在多层的传播映射后根据放大效应这一现象会显得尤其明显，因为每层的反向传播都会乘以它的导数而导致梯度越来越小。较大传播度的输出值在经过多层网络后根据映射也会导致其趋近于 1 而梯度过饱和，被称为神经元的“死亡状态”。因为这个原因，现在 Sigmoid 函数在卷积神经网络中应用得越来越少。

同样，Tanh 函数也有类似特点，也存在梯度弥散或过饱和的问题，在网络结构很深时更为明显。

ReLU 函数其实就是一个最大值函数，即 $\mathrm{Max}(0,x)$ 。虽然它不是全区间都可导，但可以取其次梯度（Sub-Gradient）。同时因为它在正区间上的值域是无限大的，因此解决了梯度弥散和梯度消失的问题，网络收敛加快。而且因为判断大小的操作计算机实现起来非常简单，节省了计算开支。因此它在现代网络中的应用更加广泛，但这个激活函数也存在一定局限性。同上面的 Sigmoid 函数一样，它的输出均值不以坐标原点为图像中心（Zero-Centered），这将导致其收敛速度减慢。更重要的是，ReLU 函数的负值映射为 0，导致一部分短暂负输出的神经元被简单粗暴地映射到 0，其梯度为 0 且永远无法进一步计算，进入神经元的死亡状态。因此可见，ReLU 函数仍有较大的局限性。

Leaky ReLU 函数的出现就是为了解决这一问题，可以将其简化为 $\mathrm{Max}(\alpha x,x)$ ，其中 α 定义了函数在负区间修正的程度，通常设为 0.01，这就能防止神经元的死亡，足够保持其低活力的状态。当然随之而来的是激活函数的学习会变慢。另外，实际操作中并没有足够的证据能证明 Leaky ReLU 函数的表现优于 ReLU 函数。

ELU（Exponential Linear Units）函数的函数形式看起来是 ReLU 函数的另一改进型，它继承了后者的优点，但也没有足够的证据能证明它的表现优于 ReLU 函数，且计算量较大。

Maxout 函数是一层独立的神经网络层，它的处理方式与前面的神经元稍有不同。假设网络的一层输出特征向量是 $\boldsymbol{X}=(x_1,x_2,\cdots,x_d)$ ，也就是该层 d 个神经元的输出综合，那么 Maxout 函数隐含层的第 i 个神经元的计算公式为

$$f_i(x)=\max_{j\in[1,k]} z_{ij} \tag{8.1}$$

$$z_{ij}=\boldsymbol{x}^{\mathrm{T}}\boldsymbol{W}_{ij}+\boldsymbol{b}_{ij} \tag{8.2}$$

式中，k 是 Maxout 函数需要的参数，它需要人为设定大小，其意义是该激活层的隐含神经元个数。而 z_{ij} 的权值 $\boldsymbol{W}$ 是一个大小为 (d,m,k) 的矩阵，$\boldsymbol{b}$ 是一个大小为 (m,k) 的矩阵，这两个是需要学习的参数。如果设定参数 $k=1$，那么这个时候，网络类似全连接层网络。可以这么理解，本来传统的全连接层在第 i 层到第 $i+1$ 层，参数只有一组，然而现在在这一层同时训练多出来的 k 个神经元的 k 组的 $\boldsymbol{W}$、$\boldsymbol{b}$ ，然后选择激活值 z 最大的作为上一层神经元输出的激活值，即这个 $\mathrm{Max}(z)$ 函数充当了激活函数。这里可以参考 *Maxout Networks* 一书。可以看出，Maxout 激励层因为多出来 k 个神经元，因而需要训练的参数个数成倍增加。导致训练效率降低。

池化层（Pooling Layer）：在理清卷积层的卷积操作后，池化层的逻辑就会变得更好理解。池化层的作用为减小参数规模，减低计算复杂度。常用的池化层为最大池化层，它意味着将大的感受野的矩阵降低为凝练信息后的小矩阵。以图 8.8 为例，图中的大矩阵以四个元素的方形区域为单位，取其单位内最大的数值作为其提炼后的数值，小矩阵即池化操作后的输出。

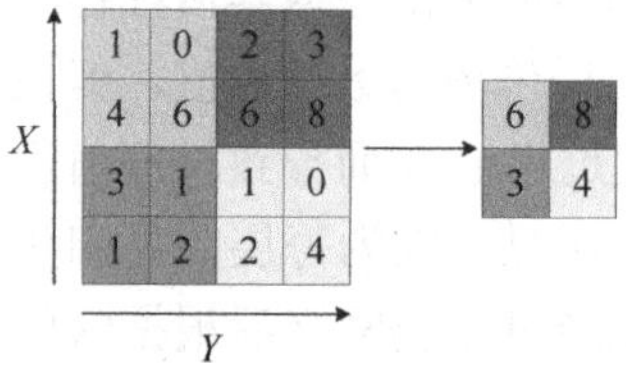

图 8.8 池化操作演示

此外，池化层也有一些衍生版本，但其核心逻辑都是信息的压缩提取。由于在图像中发现一个特征后，它的精确位置远不如它和其他特征的相对位置重要，因而池化层会不断减小数据的空间大小，参数和计算量也会下降，这样在一定程度上控制了过拟合。简单地说，过拟合就是指模型对训练数据集的学习过度，连训练数据集有而实际操作验证集等没有的缺点都学习了，导致模型泛化能力下降的现象。因此在通常情况下，卷积层间会周期性地插入池化层。同样，

凝练信息的方式不止一种，部分网络甚至会直接用卷积层替代池化层，这将在后面的网络中提到。

全连接层的网络结构与之前的浅层神经网络相同，其作用是计算图像的类别、实现图像分类、完成图像识别，此处不再赘述。

介绍了卷积神经网络的基本结构和原理后，下面着重阐述几种有代表性的卷积神经网络模型，主要包括 LeNet-5、AlexNet、VGGNet、Inception、ResNet 和 Inception-ResNet。

8.2.2 LeNet-5

LeNet 的网络结构由如下 7 层结构构成（不包括输入）：卷积层 C1、池化层 S2、卷积层 C3、池化层 S4、卷积层 C5、全连接层 F6 及输出层，如图 8.9 所示。

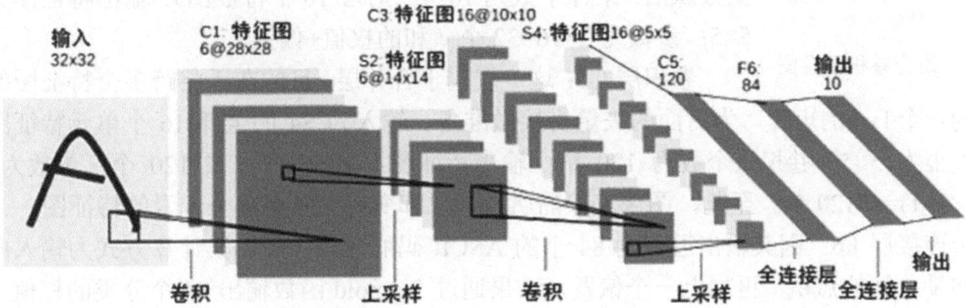

图 8.9 LeNet 的网络结构

输入：LeNet 的输入是一张张黑白图像，因此这里一张图像的输入值就是一个 32×32×1 的三维矩阵，最后一维表示通道值为 1（黑白）。

卷积层 C1：卷积核大小为 5×5，有 6 个同等大小的卷积核；输出特征图大小为 28×28，因而也有 6 个；参数为(5×5+1)×6 个（每个卷积核都有 5×5=25 个元素参数和一个偏置参数，一共 6 个卷积核）。

池化层 S2：输入为 28×28×6；采样区域为 2×2；采样方式为四个输入相加，乘以一个可训练参数，加上一个可训练偏置，注意非最大池化，结果通过 Sigmoid 函数激活；输出特征图大小为 14×14；参数为 2×6 个。

卷积层 C3：这一层稍有不同，输入为 S2 中所有或几个特征图的组合；卷积核大小为 5×5；卷积核数量为 16；输出特征图大小为 10×10。其特殊点在于 C3 中的每个特征图都是连接到 S2 中的所有或几个特征图的，表示本层的特征图是上一层提取到的特征图的不同组合；参数为 6×(3×5×5+1)+6×(4×5×5+1)+3×(4×5×5+1)+1×(6×5×5+1)=1516 个；其从上一层的 6 个 14×14 的特征图到这一层的 16 个 10×10 的卷积方式如图 8.10 所示。

	0	1	2	3	4	5	6	7	8	9	10	11	12	13	14	15
0	X				X	X	X			X	X	X	X		X	X
1	X	X				X	X	X			X	X	X	X		X
2	X	X	X				X	X	X			X		X	X	X
3		X	X	X			X	X	X	X			X		X	X
4			X	X	X			X	X	X	X		X	X		X
5				X	X	X			X	X	X	X		X	X	X

图 8.10 LeNet 的组合卷积

C3 的前 6 个特征图（对应图 8.10 第一个框的 6 列）与 S2 相连的 3 个特征图相连接（图 8.10 左起第一个小框），后面 6 个特征图与 S2 相连的 4 个特征图相连接（图 8.10 左起第二个小框），后面 3 个特征图与 S2 部分不相连的 4 个特征图相连接，最后一个特征图与 S2 的所有特征图相连接。

卷积核大小依然为 5×5，所以总共有 6×(3×5×5+1)+6×(4×5×5+1)+3×(4×5×5+1)+1×(6×5×5+1)=1516 个参数。而 C3 与 S2 中前 3 个特征图相连的卷积结构如图 8.11 所示。

文献[3]指出这样的组合方式可以减少参数量，加快训练效率，且这种巧妙的组合连接方式有利于提取多种不同感受野的复杂特征。

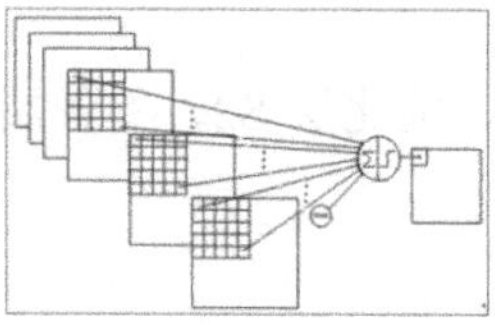
图 8.11 组合卷积示意图

池化层 S4：输入为 16 个 10×10；采样区域为 2×2；采样方式为四个输入相加，乘以一个权值参数，再加一个偏置。结果通过 Sigmoid 函数激活；采样个数为 16 个（对应 16 个特征图）；输出特征图大小为 5×5；参数为 2×16=32 个（和的权值+偏置）。

卷积层 C5：这一层属于合并层，目的在于将跨多个特征图的信息合并为一个1×1的矩阵，为后面的矢量拼接做准备。输入为 S4 的全部 16 个单元特征图；卷积核大小为 5×5；卷积核个数为 120 个；输出特征图大小为1×1，共 120 个；参数为 120×(16×5×5+1)=48120 个。至此，图像获取的所有信息都变为 120 个单个元素的特征图。

全连接层 F6：因其输出近似为 84 个的 ASCII 码的分类，所以其计算方式为输入向量和权值向量之间的点积，再加上一个偏置，结果通过 Sigmoid 函数输出 84 个分类的权值。参数为 84×(120+1)=10164 个。

输出层：采用全连接方式加上 RBF 的连接方式，即 RBF 的输出为

$$y_i = \sum_j (x_j - w_{ij})^2 \tag{8.3}$$

w_{ij} 的值由 i 的比特图编码确定，i 从 0 到 9，j 取值从 0 到 7×12−1。RBF 输出的值越接近于 0，则越接近于 i，即越接近于 i 的 ASCII 码，表示当前网络输入的识别结果是字符 i。该层有 84×10=840 个参数和连接。

8.2.3 AlexNet

卷积神经网络已初步展示了自身相较传统机器学习算法的优势，但由于受到计算机性能的影响（如缺乏上文提及的高效 GPU），虽然 LeNet 在图像分类中取得了较好的成绩，但是并没有引起很多关注。直到 2012 年，AlexNet 在 ImageNet 大赛上以远超第二名的成绩夺冠，卷积神经网络乃至深度学习才重新引起了广泛的关注。

ILSVRC（ImageNet Large Scale Visual Recognition Challenge）比赛即所说的 ImageNet 大赛，是近年来机器视觉领域最具权威的学术竞赛之一，代表图像领域的最高水平。ImageNet 大赛于 2010 年首次举办，ImageNet 数据集是 ImageNet 大赛使用的数据集，由斯坦福大学李飞飞教授主导，包含超过 1400 万张全尺寸的有标记图像。ImageNet 大赛每年都会从 ImageNet 数据集中抽出部分样本，以 2012 年为例，比赛的训练集包含 1281167 张图像，验证集包含 50000 张图像，测试集为 100000 张图像。ImageNet 大赛的项目主要包括以下几个领域：图像分类（Classification）、目标定位（Location）、目标检测（Detection）、视频目标检测（Video Detection）和场景分类（Scene），其中场景分类中还有一个子问题是场景分割（Segmentation）。

ImageNet 2017 已是最后一届举办的比赛。2018 年起，由 WebVision 竞赛（Challenge On

Visual Understanding By Learning From Web Data）接棒。WebVision 竞赛所使用的数据集抓取自浩瀚的网络，不经过人工处理与标记，难度大大提高，但也会更加贴近实际运用场景。ImageNet 大赛虽然已经结束，但是其对计算机科学造成的影响不会被磨灭。图 8.12 所示为 ImageNet 大赛历年冠军及其错误率，其中取得较好效果的冠军 AlexNet、GoogleNet、ResNet 都会在本章进行介绍。

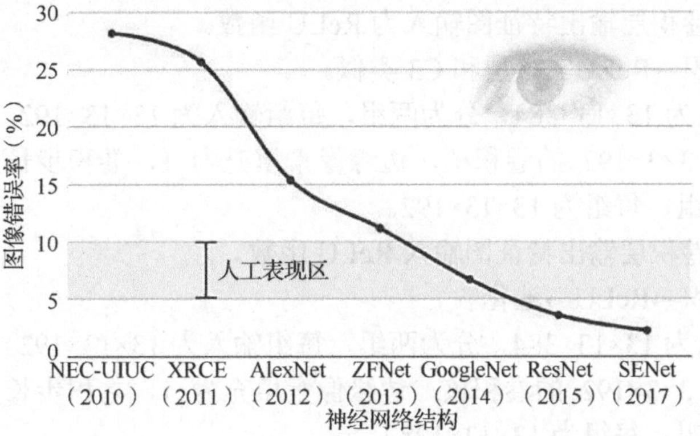

图 8.12　ImageNet 大赛历年冠军及其错误率

AlexNet 的网络结构如图 8.13 所示，其在整体上类似 LeNet，都是先卷积再全连接，但在细节上有很大不同，AlexNet 更为复杂。AlexNet 共有 60964128 个参数和 65000 个神经元，包含五层卷积和三层全连接，最后一层全连接层的输出是 1000 维 Softmax 逻辑回归模型的输入，Softmax 逻辑回归模型产生 1000 类标签的分布。

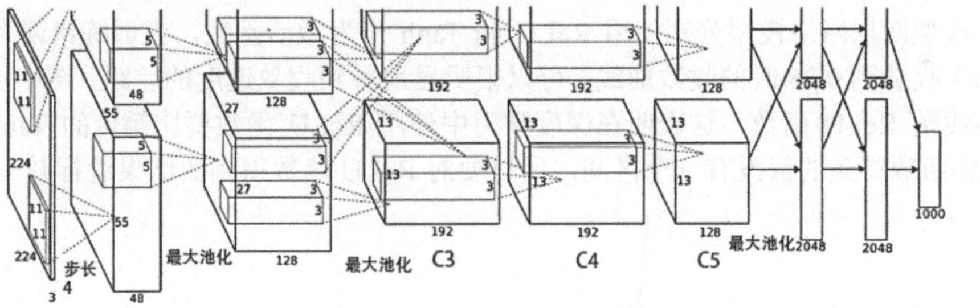

图 8.13　AlexNet 的网络结构

AlexNet 在 LeNet 的基础上加深了网络结构，能学习更丰富、更高维的图像特征。AlexNet 具有以下几个跟 LeNet 显著不同的特点。

（1）出现了层叠的卷积层，除了 LeNet 中的卷积-池化结构，还出现了卷积层+卷积层+池化层结构来提取图像的特征。

（2）使用 ReLU 替换 Sigmoid 作为激活函数，局部响应归一化有助于泛化。

（3）使用数据增强（Data Augmentation）抑制过拟合。

（4）使用层叠池化抑制过拟合。

（5）使用 Dropout 抑制过拟合。

（6）进行多 GPU 训练。

AlexNet 论文[4]中有一个较为明显的小失误，如图 8.13 所示，原始图像中输入层的图像分辨率为 224×224，使用 224×224 的图像分辨率，可以通过上文提到的卷积计算公式得到下一层的输入不是 55×55，经过一致探讨，应该使用 227×227 的图像分辨率作为网络原始输入。

1）层叠卷积层（此处网络结构输入层、卷积层 C1、卷积层 C2 跟 LeNet 非常相似，故不赘述）

卷积层 C3：卷积→ReLU。

（1）卷积：输入为 13×13×256，使用 2 组共 384 个尺寸为 3×3×256 的卷积核，边缘像素填充为 1，卷积步长为 1，输出特征图为 13×13×384，分为两组，每组为 13×13×192。

（2）ReLU：将卷积层输出特征图输入为 ReLU 函数。

卷积层 C4：卷积→ReLU。该层和 C3 类似。

（3）卷积：输入为 13×13×384，分为两组，每组输入为 13×13×192。卷积核共使用 2 组，每组 192 个尺寸为 3×3×192 的卷积核，边缘像素填充为 1，卷积步长为 1，输出特征图为 13×13×384，分为两组，每组为 13×13×192。

（4）ReLU：将卷积层输出特征图输入 ReLU 函数。

卷积层 C5：卷积→ReLU→池化。

（5）卷积，输入为 13×13×384，分为两组，每组输入为 13×13×192。卷积核共使用 2 组，每组 128 个尺寸为 3×3×192 的卷积核，边缘像素填充为 1，卷积步长为 1，输出特征图为 13×13×256，分为两组，每组为 13×13×128。

（6）ReLU，将卷积层输出特征图输入 ReLU 函数。

（7）池化，最大池化（MaxPooling）运算的尺寸为 3×3，步长为 2，池化后图像的尺寸为 (13−3)/2+1=6，即池化后的输出为 6×6×256。

2）局部响应归一化（Local Response Normalization，LRN）

ReLU 函数跟一般 Tanh 函数和 Sigmoid 函数不一样，这些饱和的非线性函数在计算梯度的时候要比非饱和的线性函数 $f(x)=\max(0,x)$ 慢很多。图 8.14 是在以 CIFAR-10 为数据集的实验中，典型四层网络模型分别使用 ReLU 和 Tanh 作为激活函数，当训练错误率（Training Error Rate）收敛到 0.25 时的收敛曲线，可以很明显地看到收敛速度的差距。图中虚线为 Tanh 函数，实线是 ReLU 函数，这表明在深度学习中使用 ReLU 函数要比等价的 Tanh 函数快很多。ReLU 函数得到的值没有一个区间，所以要对 ReLU 函数得到的结果进行归一化。

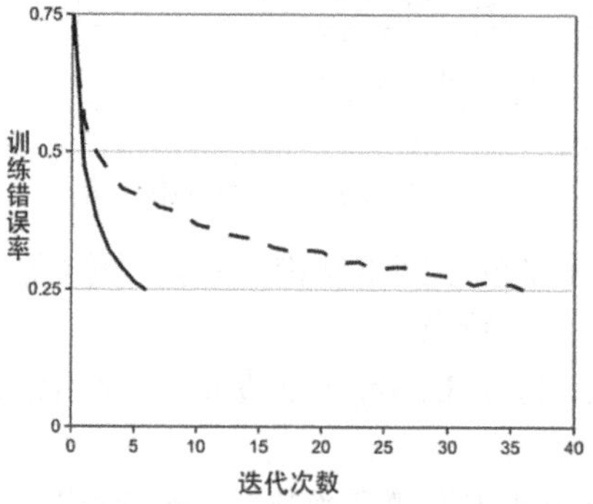

图 8.14　AlexNet 使用不同激活函数且训练错误率相同时的收敛曲线

局部响应归一化的公式为

$$b_{(x,y)}^{i}=\frac{a_{(x,y)}^{i}}{\left(k+\alpha\sum_{j=\max(0,i-n/2)}^{\min(N-1,i+n/2)}\left(a_{(x,y)}^{j}\right)^{2}\right)^{\beta}} \tag{8.4}$$

式中，$a^i_{(x,y)}$ 代表 ReLU 函数在第 i 个 Kernel 的 (x,y) 位置的输出；n 表示 $a^i_{(x,y)}$ 的邻居个数；N 表示通道总数；$b^i_{(x,y)}$ 表示同一位置下 LRN 映射后的结果。

图 8.15 中的每个矩形都表示一个卷积核生成的特征映射图。所有像素已经经过了 ReLU 函数，现在要对具体的像素进行 LRN。假设最大号的箭头指向的是第 i 个卷积核对应的特征映射图，其余四个小号箭头是它周围卷积核对应的特征映射图，如 5×5 矩形正中央像素的位置为(3,3)，那么需要提取出来进行 LRN 的数据就是周围卷积核对应的特征映射图的(3,3)位置的像素值，也就是式（8.4）中的 $a^i_{(x,y)}$。然后把这些像素值平方再求和，乘上系数 α 再加上常数 k，然后进行 β 次幂，就是式（8.4）的分母，而分子是第 i 个卷积核对应的特征映射图的 (x,y) 位置的像素值。

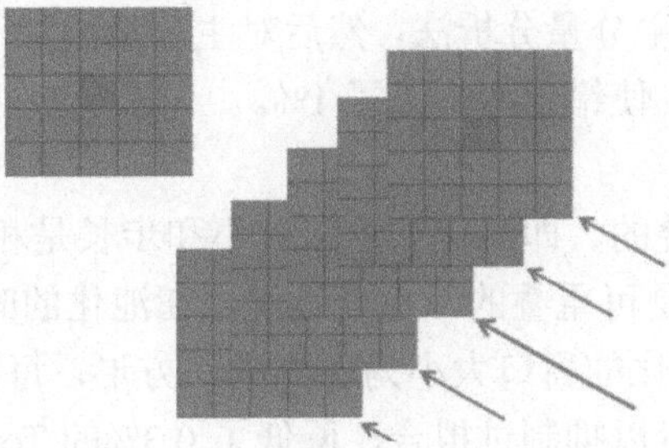

图 8.15　局部响应归一化示意图

再举一个具体的例子，假设某个网格里面的数据为[1,2,4]，令 $(k,\alpha,\beta,n)=(0,1,1,N)$（$N$ 为通道总数），则从左往右数第三个通道第一行第一列元素经过 LRN 之后的值为

$$b = 2/[0+1\times(1^2+2^2+4^2)]^1 \approx 0.95$$

取一个 3×3×4 的特征图进行 LRN，其效果如图 8.16 所示，通道总数 N 为 4，设置超参数 $(k,\alpha,\beta,n)=(0,1,1,2)$。

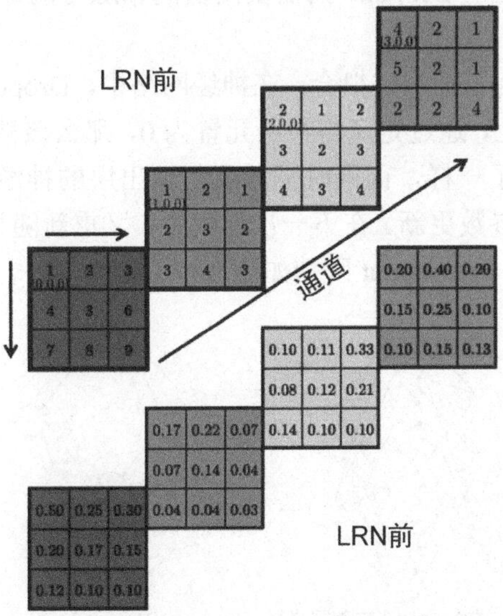

图 8.16　LRN 效果

其中的关键参数 α、β、k 如何确定，文献[4]中提及这些参数在验证集的确定，最终确定

的结果为：$k=2$，$n=5$，$\alpha=10^{-4}$，$\beta=0.75$。ReLU 函数输出的结果和它周围一定范围的相邻结果进行的 LRN，有助于网络的泛化。

3）数据增强抑制过拟合

神经网络由于训练参数多，表达能力强，所以需要较多的数据量，不然容易过拟合。当训练数据有限时，可以通过一些变换从已有的训练集中生成一些新的数据，以快速地扩充训练数据。对于图像数据集，可以对图像进行一些形变操作。而 AlexNet 对数据做了以下操作。

（1）随机裁剪，对 256×256 的图像随机裁剪到 227×227，然后进行水平翻转，即对原始数据进行合适的变换，得到更多有差异的数据集，抑制过拟合。

（2）测试的时候，对左上、右上、左下、右下、中间分别做了 5 次裁剪，然后翻转，共 10 次裁剪，之后对结果求平均。

（3）在 RGB 空间使用了主分量分析法，然后对主分量添加了一个分布为(0, 0.1)的高斯扰动，对颜色、光照做了变换，使错误率下降了 1%。

4）层叠池化

在 LeNet 中池化是不重叠的，即池化的窗口大小和步长是相等的。

而在 AlexNet 中池化却是可重叠的，也就是说，在池化的时候，每次移动的步长都小于池化的窗口大小。AlexNet 池化的窗口大小为 3×3 的正方形，每次池化移动步长为 2，这样就会出现重叠。而重叠的池化可以抑制过拟合，降低了 0.3%的 Top-5 错误率。

5）Dropout 抑制过拟合

2012 年，Hinton 在文献[5]中提出了 Dropout 的思想。当一个复杂的前馈神经网络被训练在小的数据集时，容易造成过拟合。为了抑制过拟合，可以通过阻止特征检测器的共同作用来提高神经网络的性能。在论文 *ImageNet Classification With Deep Convolutional Neural Networks*[4]中首次应用，Dropout 是 AlexNet 一个很大的创新。

Dropout 也可以看作一种模型组合，每次生成的网络结构都不一样，通过组合多个模型的方式能够有效地减少过拟合，Dropout 只需要两倍的训练时间即可实现模型组合（类似取平均）的效果，非常高效。

引入 Dropout 主要是为了抑制过拟合。在神经网络中，Dropout 通过修改神经网络结构来实现，对于某一层的神经元，通过定义将神经元置为 0，那么该神经元就不参与前向和后向传播，如同在网络中被删除了一样，而同时输入层与输出层的神经元个数保持不变，然后按照神经网络的学习方法进行参数更新。在下一次迭代中，又重新随机删除一些神经元（置为 0），直至训练结束。Dropout 与非 Dropout 区别如图 8.17 所示。

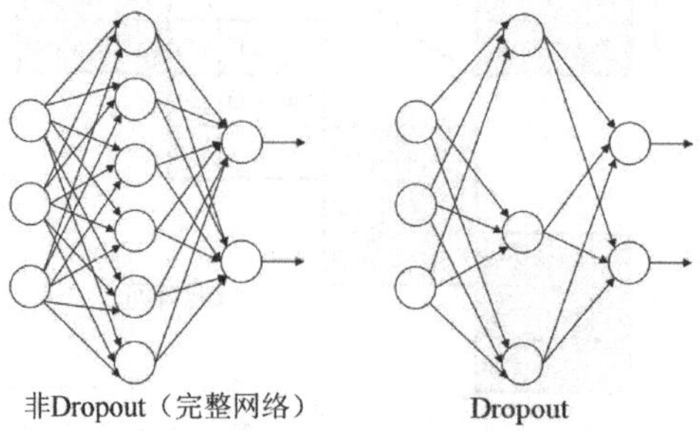

图 8.17　Dropout 与非 Dropout 区别

6）多 GPU 训练

AlexNet 利用了两个 GPU 进行计算，大大提高了运算效率。从 AlexNet 的网络结构可以看出，其把整个网络在某些层分为上下两个部分，这两部分网络分别对应两个 GPU。2012 年，AlexNet 使用了两个 NVIDIA GTX 580 3GB 的 GPU，由于单个 GTX 580 GPU 只有 3GB 内存，在一定程度上限制了可以在其上训练的网络的最大尺寸。而 ImageNet 大赛上的 120 万个训练样本又在一定程度上不适合使用单个 GPU 进行训练，因此 Alex 将网络分布在两个 GPU 上，即便如此也花费了近五到六天的时间来训练。

由于 GPU 具有能够直接读写对方的内存，而无须通过主机内存，适合跨 GPU 并行化操作的特性，因此 AlexNet 采用并行化的思想，将半个内核（或神经元，Neuron）放在一个 GPU 上，同时使用了只有到特定的网络层后才需要两个 GPU 进行交互的技巧，即 GPU 只在某些层间进行通信。例如，C3 的内核从前一层的所有内核映射（Kernel Maps）中获取输入。然而，C4 中的内核又仅从位于同一 GPU 上的 C3 中的内核映射获取输入。这种设置完全利用两个 GPU 来提高运算的效率。

在卷积内核数量相同的情况下进行控制变量实验，AlexNet 的并行化方案将 Top-1 和 Top-5 错误率分别降低了 1.7%和 1.2%，同时双 GPU 网络的训练时间比单 GPU 网络更少。

以下给出 AlexNet 的一部分代码，若读者想更详细地了解 AlexNet 的实验细节，则可查看文献[4]及 GitHub 网站。

```
class AlexNet:
    def build(width,height,depth,classes,reg=0.0002):
        model = Sequential()
        inputShape = (height,width,depth)
        chanDim = -1

        #若为通道-高-宽排列，应先改为此格式
        if K.image_data_format() == "channels_first":
            inputShape = (depth,height,width)
            chanDim = 1

        #卷积层 C1：卷积-ReLU-批量正则化-最大池化-Dropout
        model.add(Conv2D(96,(11,11),strides=(4,4),input_shape=inputShape, \
                    padding="same",Kernel_regularizer=l2(reg)))
        model.add(Activation("relu"))
        model.add(BatchNormalization(axis=chanDim))
        model.add(MaxPooling2D(pool_size=(3,3),strides=(2,2)))
        model.add(Dropout(0.25))

        #卷积层 C2：卷积-ReLU-批量正则化-最大池化-Dropout
        model.add(Conv2D(256,(5,5),padding="same",Kernel_regularizer=l2(reg)))
        model.add(Activation("relu"))
        model.add(BatchNormalization(axis=chanDim))
        model.add(MaxPooling2D(pool_size=(3,3),strides=(2,2)))
        model.add(Dropout(0.25))
```

```
        #卷积层 C3：卷积-ReLU-批量正则化
        model.add(Conv2D(384,(3,3),padding="same",Kernel_regularizer=l2(reg)))
        model.add(Activation("relu"))
        model.add(BatchNormalization(axis=chanDim))

        #卷积层 C4：卷积-ReLU-批量正则化
        model.add(Conv2D(384,(3,3),padding="same",Kernel_regularizer=l2(reg)))
        model.add(Activation("relu"))
        model.add(BatchNormalization(axis=chanDim))

        #卷积层 C5：卷积-最大池化-Dropout
        model.add(Conv2D(256,(3,3),padding="same",Kernel_regularizer=l2(reg)))
        model.add(MaxPooling2D(pool_size=(3,3),strides=(2,2)))
        model.add(Dropout(0.25))

        #全连接层 FC6：全连接-ReLU-批量正则化-Dropout
        model.add(Flatten()) #降到一维
        model.add(Dense(4096,Kernel_regularizer=l2(reg)))
        model.add(Activation("relu"))
        model.add(BatchNormalization())
        model.add(Dropout(0.25))

        #全连接层 FC7：全连接-ReLU-批量正则化-Dropout
        model.add(Dense(4096,Kernel_regularizer=l2(reg)))
        model.add(Activation("relu"))
        model.add(BatchNormalization())
        model.add(Dropout(0.25))

        #全连接层（输出层）：全连接-Softmax
        model.add(Dense(classes,Kernel_regularizer=l2(reg)))
        model.add(Activation("softmax"))

        return model
```

所有经过预训练的模型都希望输入图像以相同的方式 LAN，即形状为(Channel, Height, Width)的 RGB 图像的 Mini-Batch，必须将图像加载到[0, 1]范围内，然后使用 ImageNet 的均值 Mean=[0.485, 0.456, 0.406]和标准差 Std =[0.229, 0.224, 0.225]进行 LAN。

```
# 模型预训练
import torch
model = torch.hub.load('pytorch/vision:v0.6.0', 'alexnet', pretrained=True)
model.eval()

# 从 pytorch 网站下载一张示例图像
import urllib
url, filename = ("https://github.com/pytorch/hub/raw/master/dog.jpg", "dog.jpg")
try: urllib.URLopener().retrieve(url, filename)
```

```
    except: urllib.request.urlretrieve(url, filename)

    # 执行实例（需要安装 torchvision）
    from PIL import Image
    #此处 PIL 库可能已经因为版本更新换名等更改，请根据实际更新
    from torchvision import transforms
    input_image = Image.open(filename)
    preprocess = transforms.Compose([
        transforms.Resize(256),
        transforms.CenterCrop(224),
        transforms.ToTensor(),
        transforms.Normalize(Mean=[0.485, 0.456, 0.406], std=[0.229, 0.224, 0.225]),
    ])
    input_tensor = preprocess(input_image)
    input_batch = input_tensor.unsqueeze(0) # create a mini-batch as expected
by the model

    # 使用 NVIDIA GPU
    if torch.cuda.is_available():
        input_batch = input_batch.to('cuda')
        model.to('cuda')

    with torch.no_grad():
        output = model(input_batch)
    print(output[0])
    # 输出为非归一化分数，为了得到概率需要使用 Softmax
    print(torch.nn.functional.softmax(output[0], dim=0))
```

8.2.4 VGGNet

VGGNet 是由牛津大学的 Visual Geometry Group 和谷歌 DeepMind 公司研究院设计的卷积神经网络。在 Krizhevsky 等人提出了 AlexNet 而引起的深度学习大浪潮中，Simonyan 等人认为 AlexNet 中的超参数过多，从而提出了一种专注于构建卷积层的神经网络——VGGNet[6]，这种网络相较 AlexNet 超参数较少，简化了网络结构，从而在 ImageNet 2014 取得了第二名的成绩，并将 Top-5 错误率降低到 7.3%。相比常用的 ResNet、GoogleNet 等，该网络的常用结构只有 19 层，因而至今在部分硬件条件有限及实验场合有其适用性。

VGGNet 总共配置了 A、A-LRN、B、C、D、E 六种网络结构，网络的总层数分别对应 11、11、13、16、16、19 层。网络的参数并没有集中于卷积层，而主要集中在三层全连接层。滤波器的通道大小从 64 开始，每经过一个最大池化层，滤波器通道大小就翻一倍，直到达到 512。

1）VGGNet 的卷积设计

VGGNet 共有 5 段卷积，每段含有 2～3 个卷积层，使用的卷积滤波器大小均为 3×3，使用连续卷积层的原因是这些叠加的卷积层相较直接使用一个较大的卷积层而言，卷积过程需要保留的参数少。在卷积完成之后使用最大池化来调整图像尺寸（缩小），池化滤波器大小均为 2×2。这里也通过用 1×1 的卷积核来控制数据特征的通道值，再通过 ReLU 函数进行非线

性处理，以提高决策函数的非线性。又利用两个 3×3 的卷积核串联替代 5×5 的卷积核，三个 3×3 的卷积核替代 7×7 卷积核，这样在保证不同感受野信息的同时减少了计算参数，并且更小的卷积核因为有更深的网络层次而得到更好的非线性映射，这一重要的设计思想也沿用到后面的 GoogleNet。因此，VGGNet 的网络更深，训练时间相较 AlexNet 却更少。在该网络内部，训练中全连接层是耗时最高的部分，三层全连接层的参数数量占据了网络需要训练参数的大部分，但利于进行模型迁移，在这样多样的设计下提高网络深度并没有导致参数爆炸。

在图 8.18 中，A～E 的区别基本只是层数变化而总体结构没有太大变化，Conv 指卷积核，MaxPool 为最大池化层，FC 指全连接层，激活函数为 Softmax，后面没有特别说明的结构也是这些缩写，并且文献[6]中这些结构的缩写均为小写。

卷积神经网络配置					
A	A-LRN	B	C	D	E
11 Weight Layers	11 Weight Layers	13 Weight Layers	16 Weight Layers	16 Weight Layers	19 Weight Layers
input（224 × 224 RGB image）					
Conv3-64	Conv3-64 **LRN**	Conv3-64 **Conv3-64**	Conv3-64 Conv3-64	Conv3-64 Conv3-64	Conv3-64 Conv3-64
MaxPool					
Conv3-128	Conv3-128	Conv3-128 **Conv3-128**	Conv3-128 Conv3-128	Conv3-128 Conv3-128	Conv3-128 Conv3-128
MaxPool					
Conv3-256 Conv3-256	Conv3-256 Conv3-256	Conv3-256 Conv3-256	Conv3-256 Conv3-256 **Conv3-256**	Conv3-256 Conv3-256 **Conv3-256**	Conv3-256 Conv3-256 Conv3-256 **Conv3-256**
MaxPool					
Conv3-512 Conv3-512	Conv3-512 Conv3-512	Conv3-512 Conv3-512	Conv3-512 Conv3-512 **Conv3-512**	Conv3-512 Conv3-512 **Conv3-512**	Conv3-512 Conv3-512 Conv3-512 **Conv3-512**
MaxPool					
Conv3-512 Conv3-512	Conv3-512 Conv3-512	Conv3-512 Conv3-512	Conv3-512 Conv3-512 **Conv3-512**	Conv3-512 Conv3-512 **Conv3-512**	Conv3-512 Conv3-512 Conv3-512 **Conv3-512**
MaxPool					
FC-4096					
FC-4096					
FC-1000					
Softmax					

图 8.18　VGG 的网络结构

在随后的 NIN（Network In Network）中，采用全局平均池化层替代全连接层，在保证输出精度的前提下大幅减小了训练难度，也成为后续网络的借鉴典范。

2）全连接层思想

由于全连接层的参数量很大，因而如今的神经网络通常都倾向于不用或少用全连接层，然而 VGGNet 的逻辑是三层全连接层的设计有利于进行参数迁移（具体的方式可参考 8.3 节的深度迁移学习部分），保证网络精度。在训练的过程中，先训练层级次数较浅的 A 级网络，然后通过将 A 级网络中的参数直接复制到更深层次的网络以实现迁移学习中的模型迁移，这样的好处是以浅层网络加速深层网络训练得到更好的性能。

3）Multi-Scale 数据增强

VGGNet 也做了一定的数据增强来增加数据量，实现了不错的效果。文献[6]将原始图像缩放为[256,512]范围，这个范围在处理采样的过程中是在范围内随机抖动缩放的，并非定值。

再随机裁剪为 224×224 的图像尺寸，这样得到了更多的样本，在抑制过拟合方面取得了良好的效果。

前面提到过 LRN，文献[6]也进行了相关的实验，但实验证明，LRN 并不能在 ImageNet 数据集上提升精度，反而增加了更多内存消耗和运算时间。

以下是 VGGNet16 的代码，平台是 TensorFlow，有兴趣的读者可参考论文原文。

```
# 网络结构
class Vgg16(torch.nn.Module):
    def __init__(self):
        super(Vgg16, self).__init__()
        self.conv1_1 = nn.Conv2d(3, 64, Kernel_size=3, stride=1, padding=1)
        self.conv1_2 = nn.Conv2d(64, 64, Kernel_size=3, stride=1, padding=1)

        self.conv2_1 = nn.Conv2d(64, 128, Kernel_size=3, stride=1, padding=1)
        self.conv2_2 = nn.Conv2d(128, 128, Kernel_size=3, stride=1, padding=1)

        self.conv3_1 = nn.Conv2d(128, 256, Kernel_size=3, stride=1, padding=1)
        self.conv3_2 = nn.Conv2d(256, 256, Kernel_size=3, stride=1, padding=1)
        self.conv3_3 = nn.Conv2d(256, 256, Kernel_size=3, stride=1, padding=1)

        self.conv4_1 = nn.Conv2d(256, 512, Kernel_size=3, stride=1, padding=1)
        self.conv4_2 = nn.Conv2d(512, 512, Kernel_size=3, stride=1, padding=1)
        self.conv4_3 = nn.Conv2d(512, 512, Kernel_size=3, stride=1, padding=1)

        self.conv5_1 = nn.Conv2d(512, 512, Kernel_size=3, stride=1, padding=1)
        self.conv5_2 = nn.Conv2d(512, 512, Kernel_size=3, stride=1, padding=1)
        self.conv5_3 = nn.Conv2d(512, 512, Kernel_size=3, stride=1, padding=1)

# 前向传播部分
    def forward(self, X):
        h = F.relu(self.conv1_1(X))
        h = F.relu(self.conv1_2(h))
        relu1_2 = h
        h = F.max_pool2d(h, Kernel_size=2, stride=2)

        h = F.relu(self.conv2_1(h))
        h = F.relu(self.conv2_2(h))
        relu2_2 = h
        h = F.max_pool2d(h, Kernel_size=2, stride=2)

        h = F.relu(self.conv3_1(h))
        h = F.relu(self.conv3_2(h))
        h = F.relu(self.conv3_3(h))
        relu3_3 = h
        h = F.max_pool2d(h, Kernel_size=2, stride=2)
```

```
        h = F.relu(self.conv4_1(h))
        h = F.relu(self.conv4_2(h))
        h = F.relu(self.conv4_3(h))
        relu4_3 = h

        return [relu1_2, relu2_2, relu3_3, relu4_3]
```

8.2.5 Inception

迄今为止，提升神经网络性能的方法有很多，包括提升硬件水平及更大容量的数据集等，但是从神经网络结构本身提升性能最直接的方法往往是增加网络的深度和宽度，深度是为了让网络在更大的信息维度上提炼出有效信息，而宽度是为了在同一信息层下凝练不同感受野信息。但这些操作都会带来过拟合、训练时长大幅增加、梯度弥散和梯度饱和等副作用。为了解决以上问题，学者借鉴了生物学上的神经元稀疏特性，提出了神经网络的全连接层稀疏连接、正则化等思想，进一步嵌入神经网络，这就是 GoogleNet 的雏形。而为了解决梯度弥散和梯度饱和，引入了残差网络、批归一化等思想，这就是后面会提到的 ResNet（Residual Network）。

GoogleNet 为了向最初始的 LeNet-5 致敬而得名。发展至今一共有四个主版本，从 v1 到 v4。现在 GoogleNet 特指 Inception v1[7]，如图 8.19 所示。后面的 Inception v2 又名 BN-Inception[8]。GoogleNet 包含不同大小的滤波器，这样的滤波器进行拼接，融合不同大小的特征，根据选择的网络，代替人工来自己选择是否使用卷积、池化，以及卷积滤波器的大小。

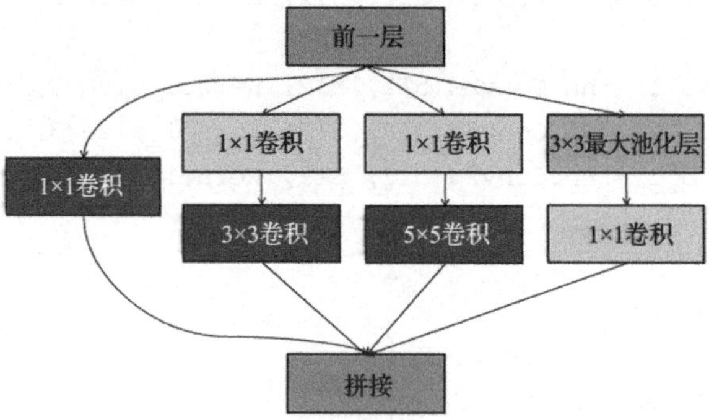

图 8.19 Inception v1

GoogleNet 由 Inception 模块组成，各个版本的 Inception 模块各有特点，但基本都是从 Inception v1 的大框架逐步进行小幅改进迭代，而到最新的 Inception v4，在 ImageNet 大赛取得过很好的成绩。值得一提的是，文献[7]采用 Inception 作为功能模块的命名的灵感源于《盗梦空间》中的梦境层层叠加，对应滤波器拼接的结果选择。

Lin M 等人提出的 NIN 思想虽然在当时没有得到重视，但是其相对直接使用大规模的卷积滤波器而言，1×1 滤波器能够在达到同样目的的同时，减小网络的运算次数。而 GoogleNet 借鉴了此思想，加入了 1×1 的卷积层，使得网络进行了降维，减少了过拟合情况和运算成本。相比 AlexNet 的 6000 万个参数，GoogleNet 的 500 万个参数取得了同样优秀的分类精度，而 VGGNet 的参数更是 AlexNet 的 3 倍多。如此大的计算成本差异却毫不逊色的分类精度使得 GoogleNet（后面也泛称 Inception）得以迅速推广。

1）Inception v1

Inception 系列的结构框架在 Inception v1 的时候就基本确定下来了，因此学者对于 Inception 的解读也都侧重于从 Inception v1 开始。总的来说，Inception v1 的两大设计理念也是其后续版本得以发扬光大的关键。

Inception v1 的多分支（Multi-Branch）结构如图 8.20 所示，每个 Inception 模块分为四个分支，输出时将所有分支的输出结果进行拼接。

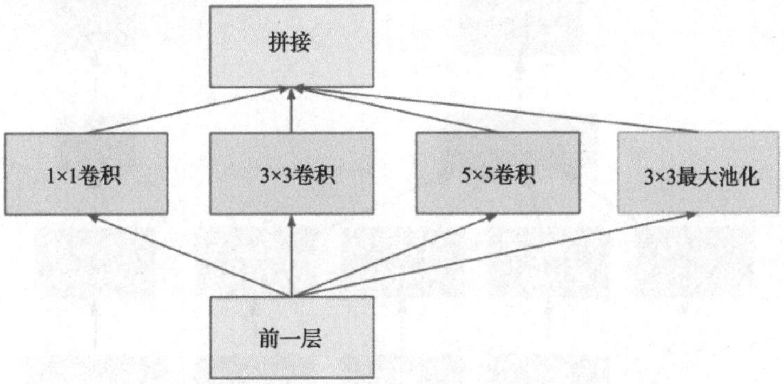

图 8.20 Inception v1 的多分支结构

Inception v1 的多种类分支（Heterogeneous Branch）结构如图 8.21 所示，每个分支分别使用不同大小的卷积核，用以搜集同一抽象层下不同感受野信息。使用 1×1，3×3，5×5 三种尺寸是为了方便对齐。而越到深层神经网络，训练得到的特征越抽象，因而 3×3 和 5×5 的卷积比例也会增加。

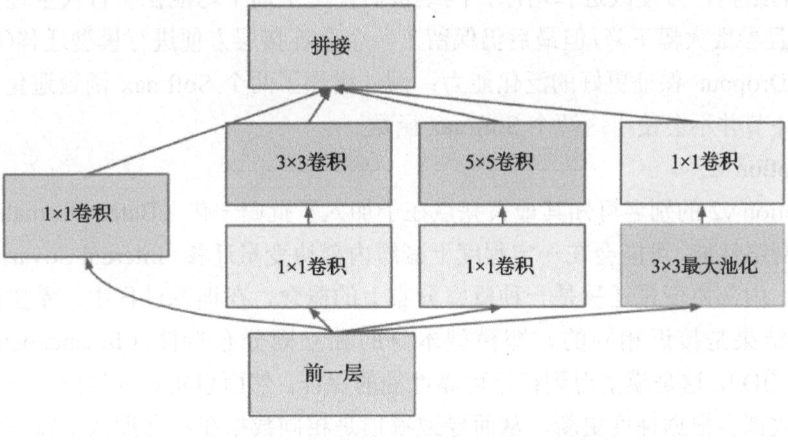

图 8.21 Inception v1 的多种类分支结构

此外，Inception v1 还使用了辅助分类器来提高末端分类的精度。图 8.22 所示为 Inception v1 网络结构的中间部分，右分支为辅助分类器，此外还有两个 Softmax 函数：一个最终的分类函数和一个辅助分类函数。在网络的中后段加入辅助分类器能在一定程度上避免离末端 Softmax 函数（最终的分类函数）较远的层一般难以训练的问题。在训练完完整网络后，测试阶段这两个辅助分类的分支会被去掉。

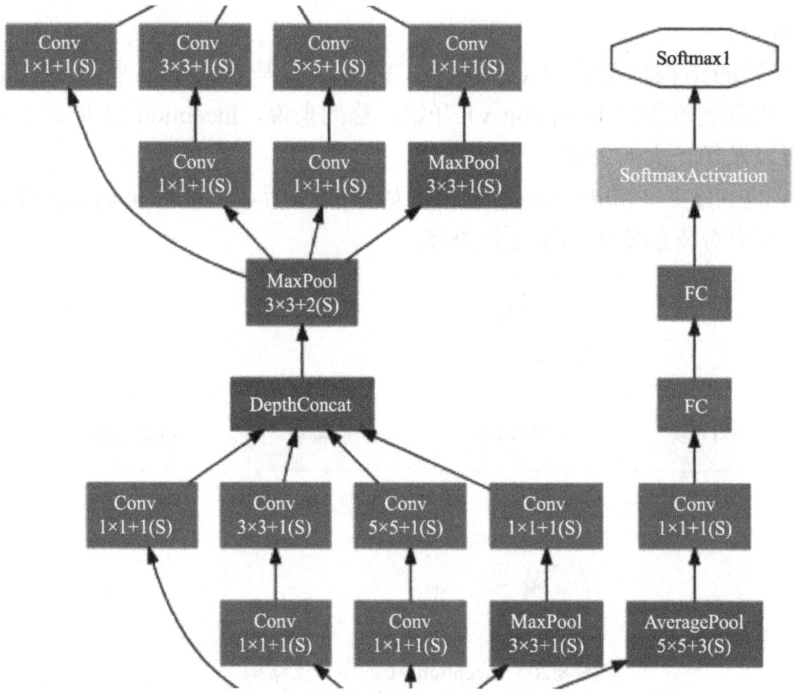

注：DepthConcat 表示拼接；AveragePool 表示平均池化层；MaxPool 表示最大池化层

图 8.22　Inception v1 网络结构的中间部分

因为 Inception v1 网络结构很大，这里不再详述。总体而言，Inception v1 及其后续版本使用了模块化的结构，方便改进和增添；网络最后使用全局平均池化层替代全连接层，精度得以提高 0.6%且参数大幅下降，但最后仍保留了一个全连接层方便进行模型迁移（Fine-Tuning）；网络保留了 Dropout 保证更好的泛化能力；额外增加了两个 Softmax 函数避免梯度弥散，但在实际测试环节并不会使用这两个 Softmax 函数。

2）Inception v2

由 Inception v2 的别名可知其最大亮点在于加入了批归一化（Batch Normalization，BN），大幅提高了网络性能，可能会在一定程度上减缓内部协变量迁移（Internal Covariate Shift，ICS）问题的发生。内部协变量迁移是一种概率分布上的概念，在训练过程中，希望同一输入每次训练得到的结果是接近相同的，即模型本身的独立同分布特性（Independently Identically Distribution，IID），这是模型得到稳定可靠性能的保证。然而事实是神经网络在每批次训练后的每层的参数都会根据梯度更新，从而导致哪怕是相同数据在不同批次下输入都会得到不同的输出结果，这就是 ICS。而在多层非线性变换后，因为数据分布的变化，它对应的同一输入即使条件分布一样（一般指 $P_s(Y|x=X)=P_t(Y|x=X)$，P_s 指每层的输入数据分布，P_t 指该层的输出，x 是数据特征总和，而 Y 是该数据的对应标签。事实上 s 指 Source，源域，t 指 Target，目标域，这里将输入数据比作源域，输出结果比作目标域，这样的类比在 8.3 节的迁移学习中会详细介绍），边缘概率也会变化 $[P_s(X)=P_t(X)]$，但标签 Y 却一直未变，如此条件下的模型在测试集的测试结果难以得到保证。但新的研究也有证据说明，在大多数情况下，BN 的加入并不是因为解决了 ICS 问题而使网络变得更加可靠，而是因为它使数据的分布更加符合需要，不管争议如何，BN 的加入都有其重大意义。

（1）BN 的出现可能在一定程度上使数据分布更加平缓。

如果说前面学习到的 LRN 是在横向层面增加不同位置、不同通道内数据信息的对比度，那么 BN 就是在同一批次内纵向地将一个数据训练批次（Mini-Batch）根据其数据的均值与方差将其分布映射到 Zero-Centered 特点的原点中心（类似普通正态分布的标准化），其流程如下。

输入：小批次输入 $\boldsymbol{x}=\{x_1,x_2,\cdots,x_m\}$

$\mu_{\boldsymbol{x}}=(x_1+\cdots+x_m)/m$ 计算输入均值

$\sigma^2=\sum_{i=1}^{m}(x_i-\mu_{\boldsymbol{x}})^2/m$ 计算批次方差

$x_i=(x_i-\mu_{\boldsymbol{x}})/\sigma$ 标准化

$y_i=\gamma\times x_i+\beta=\mathrm{BN}_{\gamma\beta}(x_i)$ 尺寸变换和偏移

输出：$\boldsymbol{y}=\{y_1,\cdots,y_m\}$，学习到的参数 γ 和 β

其中 γ 是尺度因子，β 是平移因子。BN 后的 x_i 会被限制在正态分布下导致网络的表达能力下降，为了解决这一问题引入了 γ 和 β，这两个参数由网络训练时自行学习。若 $\gamma=\sqrt{(\sigma^2+\varepsilon)}$ 且 $\beta=\mu$，则数据会恢复为 BN 之前的值，从而保留一定的原有信息。

实际上将原有输入的分布整体右移和将分布曲线控制到方差为 1 的区域。可以看到，图 8.23 从左图到右图数据间的微小变化变得更大了，将原有数据的值拖离梯度饱和区使其训练收敛加速。但这样也会带来一个问题，标准化的数据分布加上 Sigmoid 函数这样“标准化”的激活函数会导致非线性映射的功能变得不那么有效，参考前面对激活函数功能的解释，这样会导致网络表达能力下降，于是 BN 又打了一个“补丁”：加入参数 γ 和 β 使其在网络表达能力和下降梯度之间找到一个平衡点，既得到更好的收敛性又得到非线性的强表达能力，这巧妙的设计使得 BN 在后续的其他网络中大放异彩。

为了解决 BN 的部分不足，有学者提出了 Layer Normalization 横向标准化操作，读者可自行了解。

（2）使得梯度变得平滑。

前面我们已经知道，在神经网络的学习中，若学习率和优化器选择不当，则会导致梯度抖动甚至模式崩溃，这样不稳定的模型不是我们想看到的。而在加入了 BN 后，每批次数据的变换变得更加平滑，从而敢于使用大的学习率加速运算而不易导致崩溃，如图 8.23 所示。

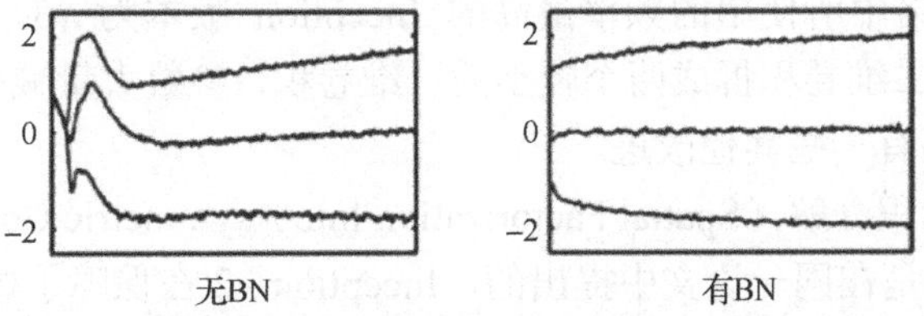

图 8.23　有无 BN 在不同学习率下的表现

（3）优化激活函数。

前面提到 BN 对激活函数有促进作用。

（4）增强优化器。

BN 会让优化器的表现变得更好。

（5）模型具有正则化效果。

现在很多模型都用 BN 来替代 L1/L2 这样的正则化操作，依然取得了不俗的效果，提升了模型的泛化能力。图 8.24 所示为有无 BN 的平均权值数量级。

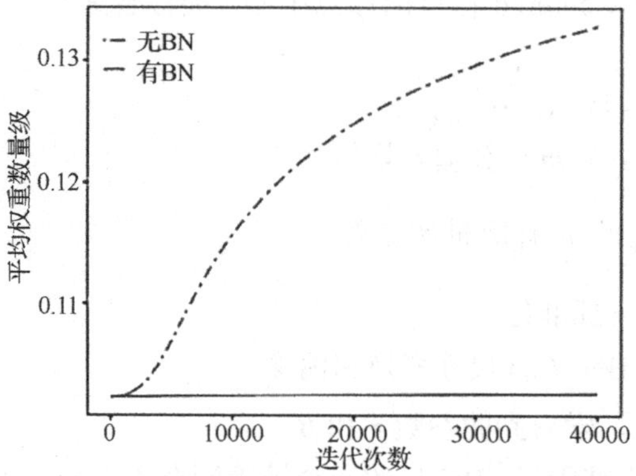

图 8.24　有无 BN 的平均权值数量级

（6）其他改进。

Inception v2 还将 5×5 的卷积核替换为两个串联的 3×3 卷积核，参考前面，在保证了感受野的同时减少了参数量，这一设计也沿用到后续版本。

3）Inception v3

Inception v3 由前面两版网络的结构总结得到[9]，因而其设计的总原则背后的逻辑十分具有指导意义。

- 避免表征瓶颈（Representational Bottleneck），数据特征的大小应该慢慢变小，在减小的同时增加维度。表征瓶颈是指在对某层空间维度进行比较大比例的压缩，如池化操作时，导致很多信息的损失，因此要通过一些方法减少信息的损失。
- 高维特征更容易局部处理，收敛也更快（高维易分）。意思是相互独立的特征数量越多，输入的信息就会被分解得越彻底，子特征内部的相关性就越强，于是收敛更快。
- 维度的拼接可通过在低维操作而几乎无损信息（Concat 前可降维，几乎不会损失精度）。例如，前面提到的 1×1 卷积降维操作，在保证精度的同时减小计算量。
- 合理平衡深度和宽度。一般等比例地增大深度和宽度才会提升网络性能。

2018 年，神经网络中所使用的频率最高的 Inception 版本为 v3，在 Inception v3 中，GoogleNet 将一个大的二维卷积拆成两个较小的一维卷积，参数大量减少，运算更快，过拟合情况更难发生，此外还有一些其他改进。

（1）非对称空间卷积分解（Spatial Factorization Into Asymmetric Convolutions）。

Inception v3 和 v2 是在同一论文中提出的，Inception v2 在保障了感受野和信息的同时减小了参数量，于是文献[9]又引入了另一种有效的方式——Asymmetric：用串联的 1×3 和 3×1 的卷积核替代 3×3 卷积核，1×7 和 7×1 的卷积核替代 7×7 卷积核，改进后的网络结构如图 8.25 所示，这是 Inception v3 的模块核心之一。此外，多层小卷积替代大卷积还会使激活函数多一层，因而其非线性表达能力更强。

（2）降尺寸升通道。

降尺寸是指减小输入特征图的大小，原有的降尺寸升通道是利用步长为 1 的卷积操作后再池化，但这样计算量过大，参数过多，也有步长为 2 的卷积，但造成了信息的丢失。因而文献[9]采用组合式卷积来实现降尺寸升通道，如图 8.26 所示。

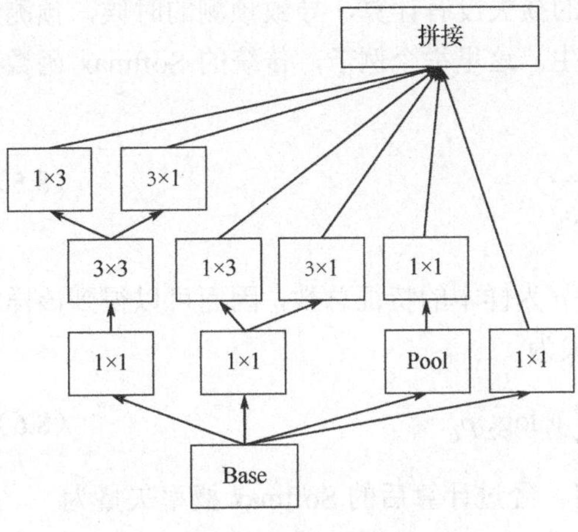

图 8.25 非对称空间卷积分解网络结构

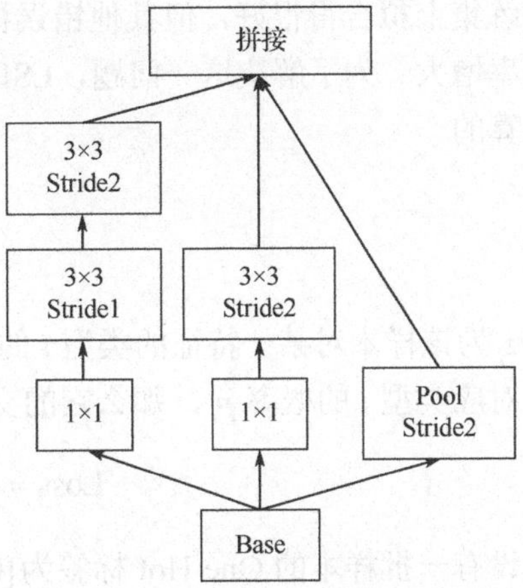

图 8.26 组合式卷积实现降尺寸升通道

（3）改进辅助分类器。

Inception v1 引进辅助分类器的原本目的是提高深层网络的收敛性，其原始动机在于加大梯度向更前层的流动（缓解梯度弥散），从而加速训练过程中的收敛。最初有人认为辅助分类器有助于更稳定地训练和更好地收敛。但有趣的是，文献[9]后来发现辅助分类器并不能加速训练过程的早期收敛：辅助分类器并没有加速网络的早期收敛，在训练后期，有辅助分类器的网络开始超越没有辅助分类器的网络的准确率。Inception v1 使用了两个辅助分类器，去掉低层辅助分类器并不会对网络的最终效果产生负面影响。结合上一段，这意味着 Inception v1 关于辅助分类器的假设（辅助分类器有助于低层特征的演变）是错误的。取而代之，认为辅助分类器的作用是一个正则化器，如果辅助分类器进行 BN 或 Dropout，那么网络的主分类器的性能会更好。这也间接说明了 BN 作为一个正则化器的推测。Inception v3 的改进辅助分类器如图 8.27 所示。文献[7]说明辅助分类器中的 BN 可为网络带来大约 Top-1 精度 0.4%的性能提升。

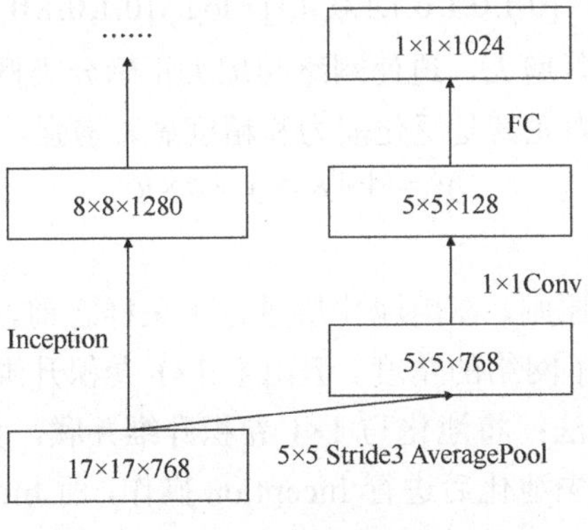

图 8.27 Inception v3 的改进辅助分类器

（4）标签平滑正则化（Model Regularization Via Label Smoothing，LSR）。

在深度学习的训练过程中，采用 One-Hot 的标签进行计算交叉熵（Cross-Entropy）损失时，只考虑了训练样本中正确标签位置（One-Hot 中正确的标签值为 1，其他标签值都是 0）的损失，而忽略了错误标签位置（One-Hot 中标签值为 0 的位置）的损失。这样一来，模型可以在训练集上拟合得很好，但其他错误标签位置的损失没有计算，导致预测的时候，预测错误的概率增大。为了解决这一问题，LSR 应运而生。这里举个例子，传统的 Softmax 函数是这样计算的

$$p_i = \frac{\mathrm{e}^{z_i}}{\sum_{i=1}^{n} \mathrm{e}^{z_i}} \tag{8.5}$$

式中，z_i 为该样本对某一特征的类型 i 的激活度；n 为样本的特征总数，因而可以得到该样本在样本对应类型 i 的概率 p_i，那么它的交叉熵损失为

$$\mathrm{Loss} = -\frac{1}{m}\sum_{k=1}^{m}\sum_{i=1}^{n} y_i \log_2 p_i \tag{8.6}$$

假设有一批样本的 One-Hot 标签为$[0,0,0,1,0]$，经过计算后的 Softmax 概率矢量为

$$\boldsymbol{p} = [p_1, p_2, p_3, p_4, p_5] = [0.1, 0.1, 0.1, 0.36, 0.34]$$

那么该样本的普通损失为

$$\mathrm{Loss} = -(0\times\log_2 0.1 + 0\times\log_2 0.1 + 0\times\log_2 0.1 + 1\times\log_2 0.36 + 0\times\log_2 0.4) = -\log_2 0.36 = 1.47$$

可见，普通的 Softmax 函数加交叉熵损失的计算方式只考虑了止确标签位置的损失而没有考虑其他标签位置的损失，这里假设最高概率和次高的概率值很接近，这样的计算就会过于关注预测到的最大概率标签位置而导致模型泛化能力下降，训练了一个识别猫和狗的正面照的网络，在识别侧面的时候错误率增大这样的现象。

然后采用 LSR。还是同样的 One-Hot 矢量和 Softmax 概率矢量，采用 LSR 的计算方式是这样的：设置好一个平滑因子 $\varepsilon = 0.1$，使得

$$y_1 = (1-\varepsilon)\times[0,0,0,1,0] = [0,0,0,0.9,0]$$

$$y_2 = \varepsilon\times[1,1,1,1,1] = [0.1,0.1,0.1,0.1,0.1]$$

$$y = y_1 + y_2 = [0.1,0.1,0.1,1.0,0.1]$$

而这里的交叉熵为

$$\mathrm{Loss} = -y\times\log_2 p = -[0.1,0.1,0.1,1.0,0.1]\times\log_2([0.1,0.1,0.1,0.36,0.34]) = 2.63$$

可以看到这里的损失显著增大，迫使网络向增大正确分类概率和减小错误分类概率的方向进行，使得模型的学习能力尤其是泛化能力和精度显著增强。LSR 的公式为

$$y' = \left(1-\varepsilon\right)\times y + \varepsilon\times u$$

（5）高效的下采样设计。

按照上面提到的第一个原则，在用池化层进行下采样之前，数据需要先升维。如此既减小了特征图的大小，又保证了网络的精度。但由于 1×1 卷积升维会带来很大的计算量，于是文献[9]采用了一个折中的办法：将池化与 1×1 卷积升维并联，如图 8.28 所示。可以看出，原始的卷积网络结构表现为先池化后进行 Inception 操作，而 Inception v1 的设计方式计算量较大。

在图 8.29 中，可以看出 Inception v3 采用并联的方式兼容二者的优势。Inception 的网络结构很长，由于篇幅关系，这里不再给出 Inception 的代码，读者可自行查阅原文。

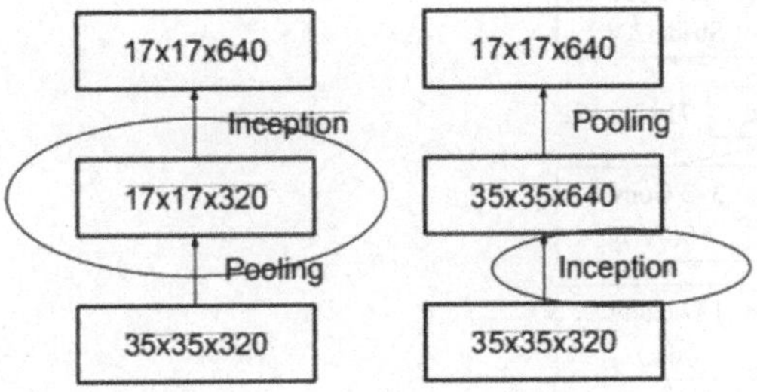

图 8.28　原始的卷积网络结构和 Inception v1 的设计方式

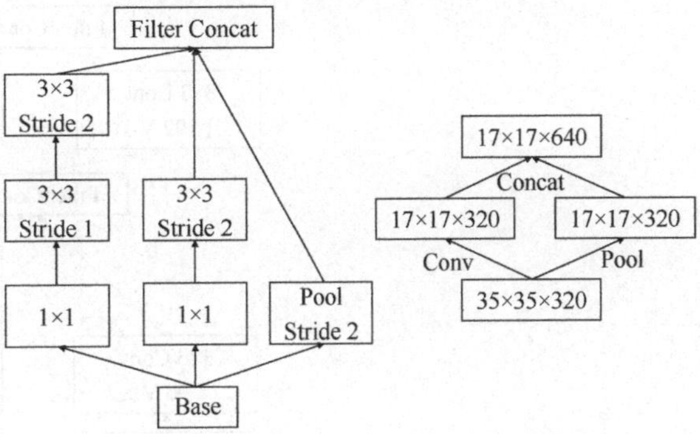

图 8.29　Inception v3 开始改进网络结构

4）Inception v4

2015 年，何凯明提出了残差神经网络（ResNet），该网络以更深的结构保证了网络收敛的速度，而同时期的 Inception 更关注维度上的利用。Szegedy 提出了新的 Inception v4[10]，Inception v4 和 v3 使用的网络模块基本一致，区别在于 Stem 模块将和原有 Inception 结构上的风格统一，以及加入了 Reduction 模块。文献[9]是这么解释的："以往的 Inception 网络，对 Inception 结构方面的选择比较保守，没有在结构上做很大的改动。以前结构的保守、固定直接导致了网络和结构的灵活性欠佳，反而导致网络看起来更复杂。因此这次做的工作摆脱了以往的包袱，做了一个统一，为每个 Inception 模块做出了统一的选择。"新的网络在 ImageNet 大赛上达到了 3.08%的 Top-5 错误率，可以称作十分先进（State-of-Art）了。2016 年，Szegedy 将这两种方向的网络结合到一起提出了 Inception-ResNet，收敛速度很快且精度和 Inception 相同，将在 8.2.6 节介绍。

2015 年，闻名业界的 TensorFlow 框架还没有推出，神经网络总是需要占用过多的内存，因此那时候的 Inception v2 和 v3 的结构有很明显的分片痕迹，一个网络代码需要分配到多台计算机中训练，每台计算机只训练其中的一部分，结构设计有很多掣肘。

2016 年 TensorFlow 框架提出后，对神经网络的内存占用进行了大量的优化，Szegedy 对网络进行了改进并将风格统一化，因而得到了 Inception v4 的网络结构，如图 8.30 所示。

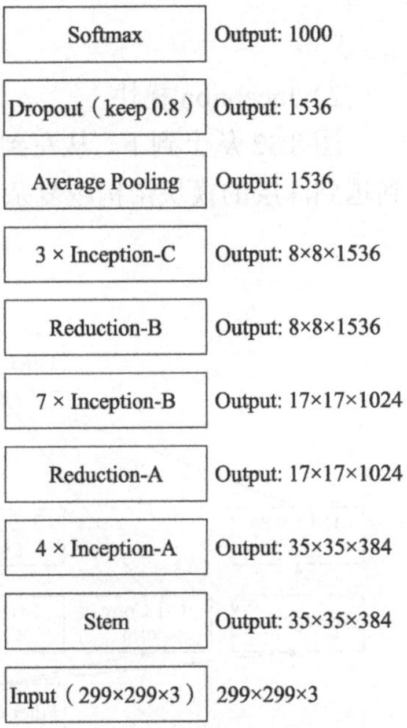

图 8.30　Inception v4 的网络结构

图 8.30 中，Reduction 为 Inception v4 或 Inception ResNet v2 带有的一种降维升通道的结构，Stem 为数据预处理模块。总结而言，Inception v4 的网络结构就是先用一个 Stem 模块预处理数据特征信息，再用 3 种共 14 个 Inception 模块提取特征，模块间加入 Reduction 模块起到减小特征图大小的作用。

1）Stem 模块

如图 8.31 所示，Stem 模块用于在 Inception 模块前对数据进行预处理。它采用 Inception v3 所述的卷积和池化并联的方式来防止表征瓶颈，使得提取信息的同时增加通道，从而保证信息完整度。

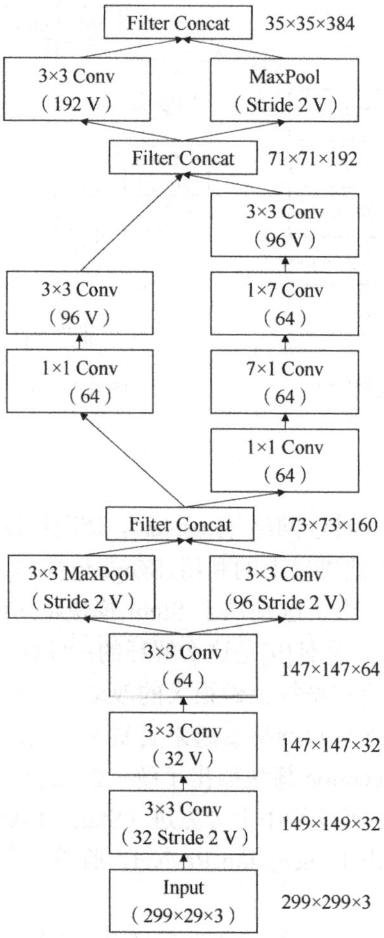

图 8.31 Stem 模块

2）Inception 模块

图 8.32 从上到下、从左到右分别为 Inception-A，Inception-B 和 Inception-C 模块，可以看到越到深层的模块结构越复杂，感受野越大，意味着深层提取的特征更加抽象。

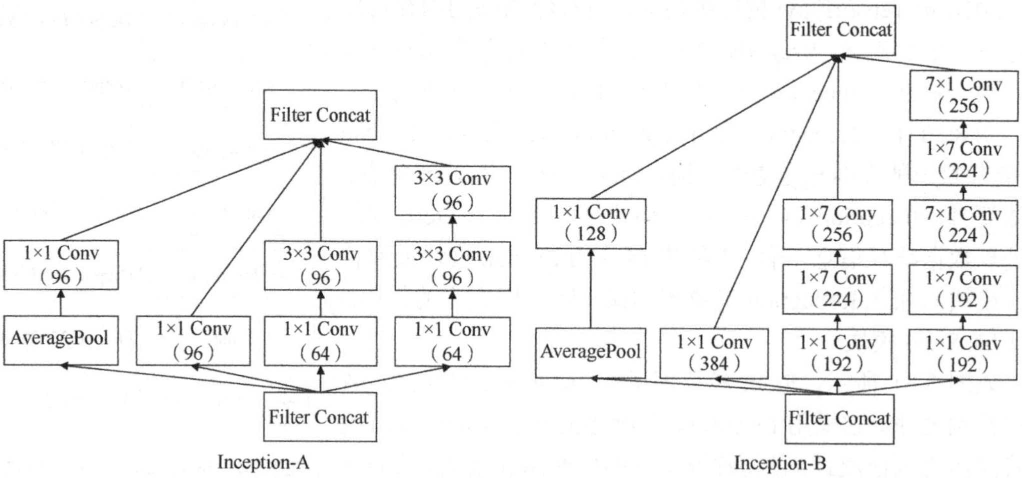

图 8.32 Inception v3 的三个主要模块

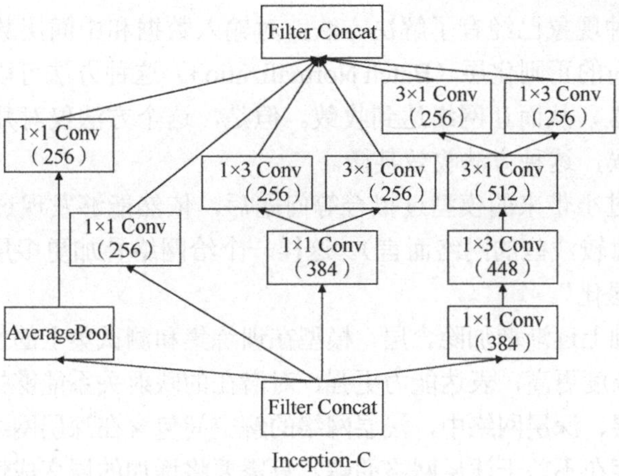

图 8.32　Inception v3 的三个主要模块（续）

3）Reduction 模块

图 8.33 中，Reduction-A 和 Reduction-B 模块的 l、k 参数值不同，代表对特征图不同程度的压缩。

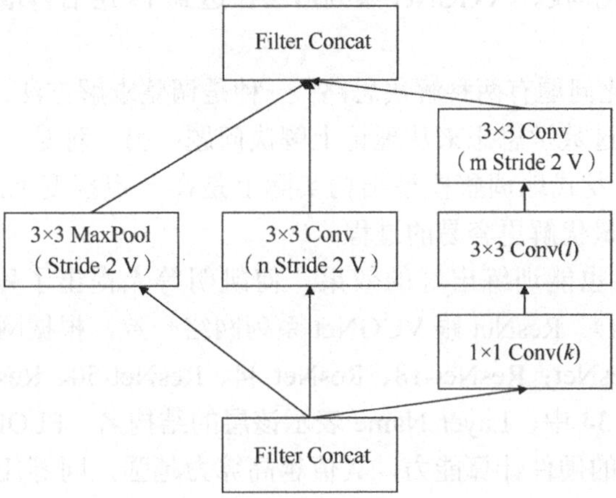

图 8.33　Reduction 模块结构

8.2.6　ResNet

在 VGGNet 的系列网络中，研究人员尝试探寻深度学习网络的深度这一要素究竟对一般问题中的分类准确率有着怎样的影响，是否可以随着网络深度层次的不断增强而持续地提高分类精度。在一般印象中，网络越深，能获取的信息越多，而且特征也越丰富，深度学习往往越深、越复杂、参数越多，这样的子网络越是有着更强的表达能力。凭着这一基本准则，CNN 分类网络自 AlexNet 的 7 层发展到了 VGGNet 的 16 甚至 19 层，后来有了 GoogleNet 的 22 层等。人们在实验的过程中逐渐发现了一个问题：深度 CNN 在达到一定深度后，如果再一味地增加如层数这样的条件，往往并不能带来进一步的分类性能提高，反而导致网络收敛变得更慢，同时在测试集上的分类准确率变得更差。

在信息传递的过程中，传统的 CNN 或全连接网络有时会丢失信息，而人们往往为了达到更好的效果而简单地对网络增加深度，这样会造成梯度消失或梯度爆炸，无法进行良好的训练优化。目前针对这种现象已经有了解决方法：对输入数据和中间层数据进行归一化操作，如正则化初始化和中间的正则化层（Batch Normalization）这种方法可以保证网络在反向传播中采用随机梯度下降法，从而让网络达到收敛。但是，这个方法仅对几十层的网络有用，当网络再往深处走的时候，这种方法收效甚微。

在排除了数据集过小带来的模型过拟合等问题后，依然能够发现过于深度的网络还会使分类准确度下降（相对较浅些的网络而言）。这样一个给网络叠加更多层次后，性能却快速下降的情况，被称为“退化”。

在浅层网络的基础上逐渐增加隐含层，模型在训练集和测试集上的性能在一般情况下会变好，这是因为模型复杂度更高，表达能力更强，对潜在的映射关系能够拟合得更好。在一对具有一定相同层数的浅层、深层网络中，浅层网络的解空间包含在深层网络的解空间中，在深层网络的解空间中至少存在不差于浅层网络的解，只需要将增加的层变成恒等映射，其他层的权值与浅层网络保持一致，就可以获得与浅层网络同样的性能。这就产生了一个疑问：明明存在更好的解，为什么找不到？找到的反而是更差的解？为什么会出现退化问题。

可以看出这个问题是个优化问题，同时容易得知即便是结构非常相似的模型，其优化难度也是不一样的，更不用提增加网络层次的情况，难度增长并不是线性增长，越深的模型越难以优化。受制于此优化问题，VGGNet 系列网络在达到 19 层后再增加层数就开始导致分类性能下降。

一般来说，面对优化问题有两种解决思路。一种是调整求解方法，如更好的初始化、更好的梯度下降算法等，通过数学思想来从理论上解决问题；另一种是启发式地调整模型结构，让模型更易于优化，启发式地调整模型结构实际上是在一定程度上改变网络误差面（Error Surface）形态、让寻求最优解更容易的过程。

为了让更深的网络也能训练出好的效果，何凯明等人提出了残差神经网络（Residual Neural Network，ResNet）。ResNet 跟 VGGNet 系列网络一致，根据网络层数的不同分为目前而言使用较广的五种 ResNet：ResNet-18、ResNet-34、ResNet-50、ResNet-101 和 ResNet-152，如图 8.34 所示。在图 8.34 中，Layer Name 表示该层的结构名，FLOPS 指每秒浮点计算量，通常用来衡量单位时间的硬件计算能力，其值越高算力越强，同等任务量完成得越快，这里用来指网络计算量大小，数值越大需要计算的参数量越多。其中 ResNet-152 这一网络模型结构，在 ImageNet 2015 大赛中取得了图像分类和物体识别的冠军，Top-5 错误率为 3.57%，同时参数量比 VGGNet 低。网络模型具体介绍参考文献[12]。ResNet 可以加速神经网络训练，模型的准确率也有较大提升，同时推广性非常好，甚至可以直接用到 Inception 系列网络中，也就是下一节中的 Inception-ResNet。

ResNet 结构的想法主要源于 Highway Network[11]和 VLAD 算法，二者合并产生了跳跃连接（Skip Connection）和残差。Highway Networks 论文由 Rupesh Kumar Srivastava 等人发表于 International Conference On Machine Learning（ICML），其提出了如下的 Highway Networks，即

$$y = H(x,\boldsymbol{W}_{\mathrm{H}}) \cdot T\left(x,\boldsymbol{W}_{\mathrm{T}}\right) + x \cdot C\left(x,\boldsymbol{W}_{\mathrm{C}}\right) \tag{8.7}$$

式中，$T(x)=\sigma(\boldsymbol{W}_{\mathrm{T}}{}^{\mathrm{T}}x+b_{\mathrm{T}})$，$\sigma$ 为激活函数。

Highway Networks 增加了两个非线性转换层，T（Transform Gate）和 C（Carry Gate），T 表示输入信息被转换的部分，C 表示原始信息 x 保留的部分，C 和 T 的激活函数都是 Sigmoid 函数。普通前馈神经网络对输入 x 进行非线性化后直接传递给下一层，而 Highway Networks 的每层都有两个通道，一个把输入 x 的一部分（以 C 为权值）经过 C 直接传递到下一层，不

经过处理；另一个（权值为 T）经过 T 后进行非线性处理再传递到下一层。

Layer Name	Output Size	18-Layer	34-Layer	50-Layer	101-Layer	152-Layer
Conv1	112×112	7×7, 64, Stride 2				
		3×3 MaxPool, Stride 2				
Conv2_x	56×56	$\begin{bmatrix}3\times3, 64\\3\times3, 64\end{bmatrix}\times2$	$\begin{bmatrix}3\times3, 64\\3\times3, 64\end{bmatrix}\times3$	$\begin{bmatrix}1\times1, 64\\3\times3, 64\\1\times1, 256\end{bmatrix}\times3$	$\begin{bmatrix}1\times1, 64\\3\times3, 64\\1\times1, 256\end{bmatrix}\times3$	$\begin{bmatrix}1\times1, 64\\3\times3, 64\\1\times1, 256\end{bmatrix}\times3$
Conv3_x	28×28	$\begin{bmatrix}3\times3, 128\\3\times3, 128\end{bmatrix}\times2$	$\begin{bmatrix}3\times3, 128\\3\times3, 128\end{bmatrix}\times4$	$\begin{bmatrix}1\times1, 128\\3\times3, 128\\1\times1, 512\end{bmatrix}\times4$	$\begin{bmatrix}1\times1, 128\\3\times3, 128\\1\times1, 512\end{bmatrix}\times4$	$\begin{bmatrix}1\times1, 128\\3\times3, 128\\1\times1, 512\end{bmatrix}\times8$
Conv4_x	14×14	$\begin{bmatrix}3\times3, 256\\3\times3, 256\end{bmatrix}\times2$	$\begin{bmatrix}3\times3, 256\\3\times3, 256\end{bmatrix}\times6$	$\begin{bmatrix}1\times1, 256\\3\times3, 256\\1\times1, 1024\end{bmatrix}\times6$	$\begin{bmatrix}1\times1, 256\\3\times3, 256\\1\times1, 1024\end{bmatrix}\times23$	$\begin{bmatrix}1\times1, 256\\3\times3, 256\\1\times1, 1024\end{bmatrix}\times36$
Conv5_x	7×7	$\begin{bmatrix}3\times3, 512\\3\times3, 512\end{bmatrix}\times2$	$\begin{bmatrix}3\times3, 512\\3\times3, 512\end{bmatrix}\times3$	$\begin{bmatrix}1\times1, 512\\3\times3, 512\\1\times1, 2048\end{bmatrix}\times3$	$\begin{bmatrix}1\times1, 512\\3\times3, 512\\1\times1, 2048\end{bmatrix}\times3$	$\begin{bmatrix}1\times1, 512\\3\times3, 512\\1\times1, 2048\end{bmatrix}\times3$
	1×1	AveragePool, 1000-d FC, Softmax				
FLOPs		1.8×10^9	3.6×10^9	3.8×10^9	7.6×10^9	11.3×10^9

图 8.34　不同层数的一种 ResNet

VLAD 是局部聚合描述子向量（Vector of Locally Aggregated Descriptors）的简称，由 Jegou 及其他研究人员于 2010 年提出，其核心思想是积聚（Aggregate），主要应用于图像检索领域。在深度学习之前，图像检索领域及分类主要使用的常规算法有 BoW、Fisher Vector（FV）及 VLAD 等。VLAD 中码本的概念不得不提到 BoW 和 FV 这两种算法。

BoW（Bag-of-Words，一般称为词袋）最早出现在自然语言处理和信息检索领域。BoW 模型是信息检索领域常用的文档表示方法。在信息检索领域中，BoW 模型假定对于一个文档，忽略它的单词顺序、语法、句法等要素，将其仅看作若干个词汇的集合，文档中每个单词的出现都是独立的，不依赖其他单词是否出现。也就是说，文档中任意一个位置出现的任何单词，都不受该文档语意影响而应该被独立选择。在图像检索领域中，BoW 算法的核心思想是提取出关键点描述子向量后利用聚类的方法训练一个码本，码本中根据类别出现了多个中心向量，而使用每张图像的各描述子向量在码本中各中心向量出现的次数来表示该图像，该方法的缺点是需要的码本较大。

FV 是一种类似 Bow 的编码方式，其提取图像的尺度不变特征变换（Scale-Invariant Feature Transform，SIFT），核心思想是利用高斯混合模型（Gaussian Mixture Model，GMM）构建码本，通过计算高斯混合模型中的均值、协方差等参数来表示每张图像。该方法准确度高，但是由于不仅存储视觉词典在一张图像中出现的频率，还统计码本与局部特征（如 SIFT）的差异，因此计算量较大。

VLAD 算法可以看作一种简化的 FV，其主要通过聚类方法训练一个小的码本，对于每张图像中的特征找到最近的码本聚类中心，随后所有特征与聚类中心的差值进行累加，得到一个 $k\times d$ 维的矩阵，其中 k 是聚类中心个数，d 是特征的维数，随后将该矩阵扩展为一个 $k\times d$ 维的列向量，并对其进行 L2 归一化，所得到的向量为 VLAD。

VLAD 将特征和聚类中心的差值进行累加的这一想法，与前面所述 Highway Networks 放松限制，让其中一部分快速通过的思想结合，ResNet 的残差模块（Residual Block）应运而生。

1）残差模块

图 8.35 所示为残差模块示意图。由前文可知，深层网络的解空间中至少存在不差于浅层

网络的解，只需要将增加的层变成恒等映射。残差模块解决学习恒等映射函数问题，如果直接让一些层去拟合一个潜在的恒等映射函数 $H(x)=x$，比较困难，这在一定程度上是深层网络难以训练的原因。残差的定义为观测值与估计值之间的差，$H(x)$ 就是观测值，x 就是估计值。但是如果把网络设计为 $H(x)=F(x)+x$，如图 8.35 所示，那么原本难以学习的 $H(x)$ 可以转换为学习一个残差函数 $F(x)=H(x)-x$。如果浅层网络的解 x 已经最优，那么只要 $F(x)$ 尽可能地逼近 0，就可以构成一个恒等映射 $H(x)=x$，同时拟合残差肯定更加容易。$F(x)+x$ 这样形式的模块称为残差块，多个相似的残差块串联构成 ResNet。

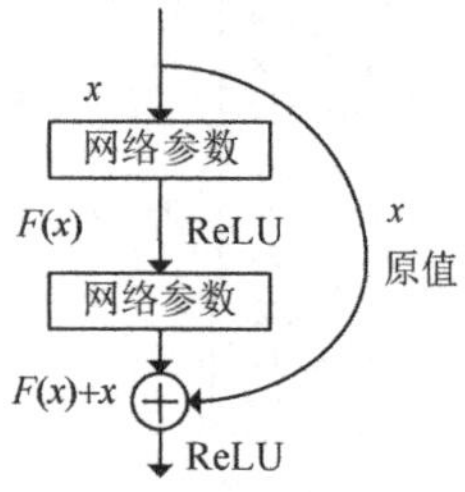

图 8.35　残差模块示意图

为什么残差有效？这里举一个较为简单的例子。G 是一个没有残差和的网络映射，H 是在 G 的基础上具有残差和的网络映射。假设 G 和 H 具有把 5 映射为 5.1 的效果，那么引入残差前是 $G_0(5)=5.1$，引入残差后总结果不变，$H(5)=5.1$，按照残差公式，$H(5)=G_1(5)+5$，可得 $G_1(5)=0.1$，引入残差后的映射对输出的变化更敏感。例如，输出从 5.1 变到 5.2，映射 G_0 的输出增加了约 2%，而同样对于残差结构，输出从 5.1 到 5.2，映射 G_1 从 0.1 变为 0.2，增加了 100%。明显残差结构的输出变化对权值的调整作用更大，所以效果更好。残差的思想可以简单理解为去掉相同的主体部分，突出微小的变化。

一个残差块共有 2 条路径 $F(x)$ 和 x，$F(x)$ 路径用于拟合残差，称为残差路径，x 路径为恒等映射路径（Identity Mapping），称为“Shortcut”。图 8.35 中的 ⊕ 符号为逐元素相加（Element-Wise Addition），其中 Element-Wise 表示逐元素操作，即要求参与运算的 $F(x)$ 和 x 的尺寸相同。

Shortcut 思想脱胎于 Highway Networks，其中 Highway Networks 使用了带有参数门函数的 Shortcut，而 ResNet 的 Shortcut 不需要参数。当 Highway Networks 的 Shortcut 关闭时，相当于没有残差函数；而 ResNet 的 Shortcut 一直保证学习残差函数。可以将 ResNet 看作 Highway Networks 的特例，从效果上来看，ResNet 更好。

$F(x)$ 和 x 的尺寸需要保持相同，当 $F(x)$ 和 x 通道数不同时，文献[12]尝试了两种用来保持恒等映射的方式。第一种方式，简单地将缺失的维度直接补零，从而使其能够对齐，在实验中直接通过零填充（Zero Padding）方式来增加维度；第二种方式，通过使用 1×1 卷积让维度较少的部分与矩阵相乘，再投影到新的空间，最终让维度统一。实验表明，卷积投影法比填充法表现稍好一些，因为填充法的部分并没有参与残差学习，但是往往需要考虑复杂度和参数问题，故需要综合取舍。

同时，Shortcut 的提出诞生了一个问题，为何 Shortcut 的输入是 X，而不是 $X/2$ 或其他形式？何凯明在文献[13]中探讨了这个问题，对图 8.36 的 6 种残差块结构进行实验比较，阴影部分箭头为 Shortcut 部分。（a）为原始残差块，（b）为在 Shortcut 中只传输了 $X/2$ 的形式，（b）～（f）分别代表常量缩放、门控 Gate、1×1 卷积和 Dropout。通过实验结果发现，原始残差块效果好，并做出了（b）～（f）效果差的原因可能是这些增加操作（Multiplicative Manipulations）会阻碍信息传播并导致优化问题的解释，感兴趣的读者可以自行阅读原文[13]。

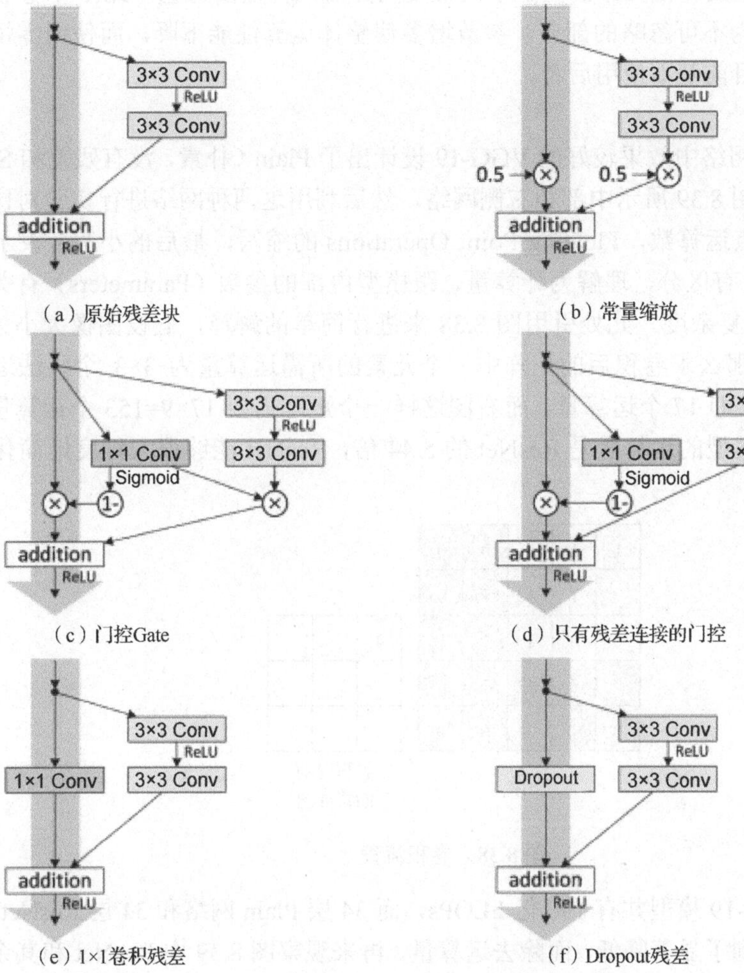

图 8.36　6 种残差块结构的示意图

出于在深层网络模型下时间花费的考虑，何凯明将原始残差块进行了一定的改进，如图 8.37 所示，左图为原始残差学习模块（Building Block），而右图改成了瓶颈（Bottleneck）结构，其中首端和末端的 1×1 卷积用来削减和恢复维度，先降维再升维，相比原本的结构，只有中间 3×3 成为瓶颈部分。

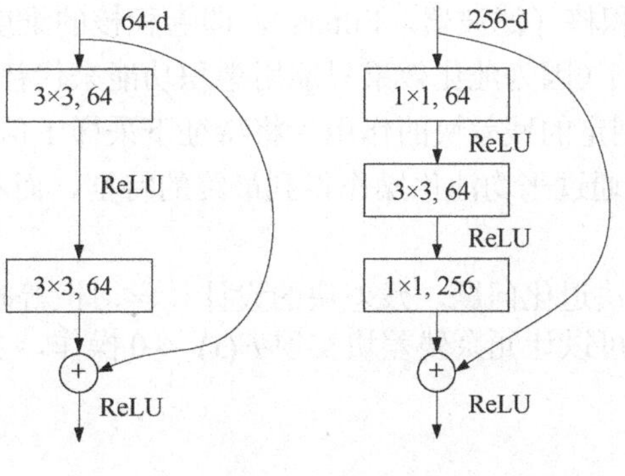

图 8.37　不同残差块结构的示意图

使用了瓶颈结构之后，上文中的匹配不同维度的方法同样需要考虑，此 1×1 卷积的投影法映射带来的参数成为不可忽略的部分，参数增多使整体运算性能下降，而使用零填充方式不需要任何参数，故目前基本使用后者。

2）网络结构

由 VGGNet 系列网络中效果较好的 VGG-19 设计出了 Plain（朴素，没有残差和 Shortcut）网络和残差网络，如图 8.39 所示中部和右侧网络，然后利用这两种网络进行实验对比。

FLOPs，意指浮点运算数，Floating Point Operations 的缩写，最后的小写 s 表示复数，这与全大写的 FLOPS 有区分，理解为计算量，跟模型内部的参数（Parameters）有关，可以用来衡量算法/模型的复杂度。此处引用图 8.38 来进行简单的解释，假设图像大小为 5×5，卷积核大小为 3×3，那么求卷积后的矩阵中一个元素的所需运算量为 3×3 个乘法运算量和 3×3−1 个加法运算量，即 17 个运算量，而右图这样一个矩阵需要 17×9=153 个运算量。因此可以看出，VGGNet 模型的运算量是 ResNet 的 5.44 倍，ResNet 能够很大程度地简化模型参数，便于运算。

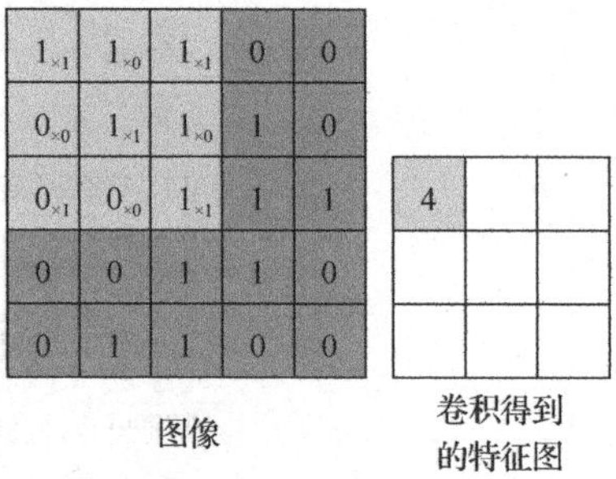

图 8.38 卷积流程

图 8.39 中，VGG-19 模型共有 196 亿 FLOPs，而 34 层 Plain 网络和 34 层 ResNet 仅有 36 亿 FLOPs，运算量得到了显著降低，而除去运算量，再来观察图 8.39 中 ResNet 和其余两种网络的区别。

（1）与 Plain 网络相比，ResNet 多了很多“旁路”，即 Shortcut，其首尾圈出的 Layers 构成一个残差块；在 ResNet 中，所有的残差块中都没有池化层，下采样是通过卷积层的步长参数实现的。

（2）每个卷积层之后都紧接着 BN 操作，而图中为了简化并没有标出。

（3）ResNet 中维度匹配的 Shortcut 连接为实线，反之为虚线。对于输出特征维度大小相同的层，有相同数量的卷积核（滤波器，Filters），即卷积核的维度参数相同；当特征维度大小减半时，卷积核数量翻倍（因为池化效果只能用卷积功能来代替）。图 8.39 右侧网络中，共有 3 条虚线，3 条虚线所划定的残差块的作用为将特征下采样 1 倍。

（4）ResNet 最后一次通过平均池化操作得到最终的特征，而不是跟一般的 CNN 一样通过全连接层。

ResNet 的动机在于解决退化问题，残差块的设计让学习恒等映射变得容易，即使堆叠了过量的残差块，ResNet 也可以让冗余残差块实现 $F(x) \to 0$ 操作，主要可以得到恒等映射，性能也不会下降。

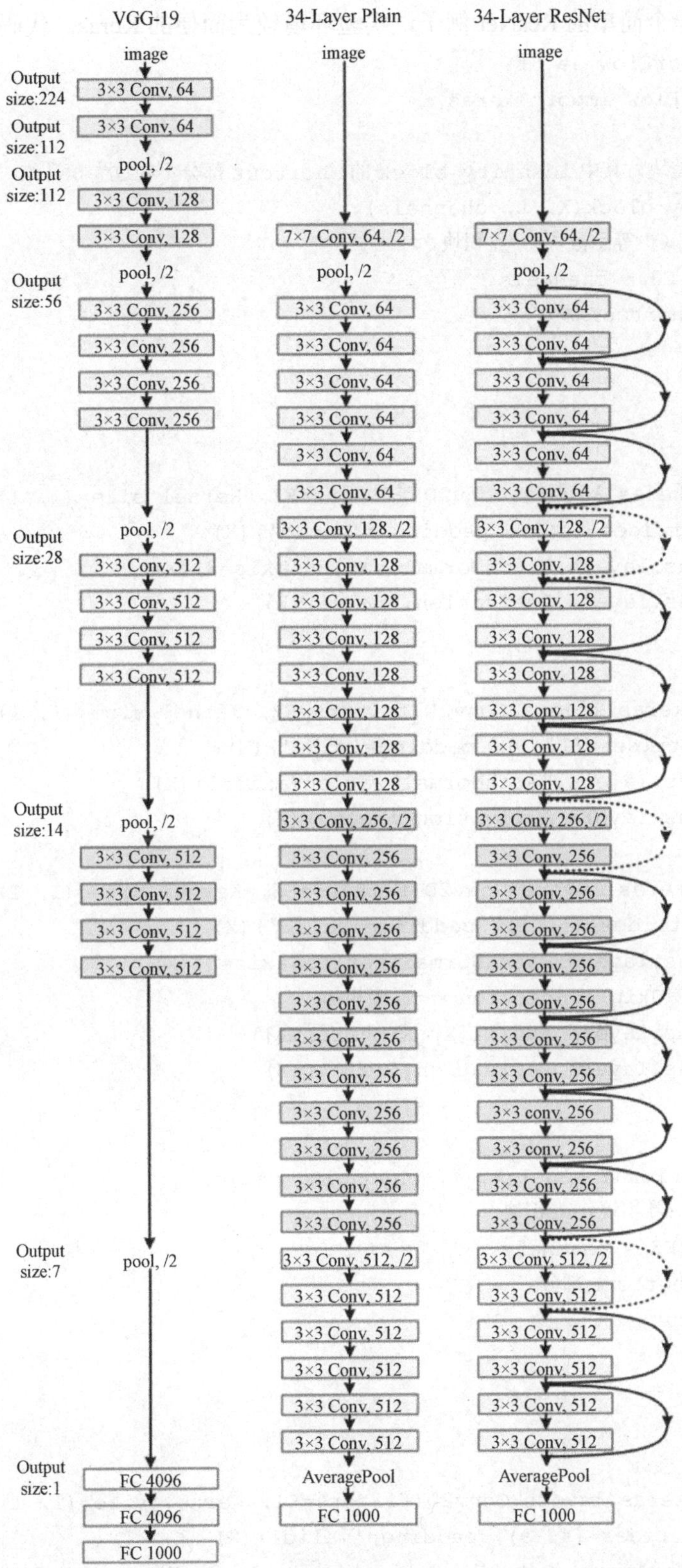

图 8.39　网络模型结构图

接下来给出一个简单的 ResNet 例子，实验环境较为简便的 Keras。代码如下：

```
import TensorFlow as tf
from TensorFlow import keras

# 定义两类残差块，其中 identity_block 的 shortcut 部分不经过卷积升维
def identity_block(X, f, channels):
    # 卷积块-（恒等函数块）-卷积块
    F1, F2, F3 = channels
        # shortcut 部分
X_shortcut = X

    # 主通路
    # 块 1
        X = keras.layers.Conv2D(filters=F1, Kernel_size=(1, 1), \
            strides=(1,1), padding ='valid')(X)
    X = keras.layers.BatchNormalization(axis=3)(X)
    X = keras.layers.Activation('relu')(X)
    # 块 2

        X = keras.layers.Conv2D(filters=F2, Kernel_size=(f, f), \
            strides=(1, 1), padding='same')(X)
    X = keras.layers.BatchNormalization(axis=3)(X)
    X = keras.layers.Activation('relu')(X)
    # 块 3
        X = keras.layers.Conv2D(filters=F3, Kernel_size=(1, 1), \
            strides=(1, 1), padding='valid')(X)
    X = keras.layers.BatchNormalization(axis=3)(X)
    # 跳跃连接 Skip connection——直接相加
    X = keras.layers.Add()([X, X_shortcut])
    X = keras.layers.Activation('relu')(X)
return X

def convolutional_block(X, f, channels, s=2):
    # 卷积块-(卷积块)-卷积块
    F1, F2, F3 = channels
        # shortcut 部分
    X_shortcut = X

    # 主通路

    # 块 1
        X = keras.layers.Conv2D(filters=F1, Kernel_size=(1, 1), \
            strides=(s, s), padding='valid')(X)
    X = keras.layers.BatchNormalization(axis=3)(X)
    X = keras.layers.Activation('relu')(X)
    # 块 2
```

```
        X = keras.layers.Conv2D(filters=F2, Kernel_size=(f, f), \
            strides=(1, 1), padding='same')(X)
    X = keras.layers.BatchNormalization(axis=3)(X)
    X = keras.layers.Activation('relu')(X)
    # 块 3
        X = keras.layers.Conv2D(filters=F3, Kernel_size=(1, 1), \
            strides=(1, 1), padding='valid')(X)
    X = keras.layers.BatchNormalization(axis=3)(X)
    # 跳跃连接 Skip connection——shortcut 先使用 1×1 升维再相加
    X_shortcut = keras.layers.Conv2D(filters=F3, Kernel_size=(1, 1), \
        strides=(s, s), padding='valid')(X_shortcut)
    X_shortcut = keras.layers.BatchNormalization(axis=3)(X_shortcut)
    X = keras.layers.Add()([X, X_shortcut])
    X = keras.layers.Activation('relu')(X)
    return X


# ResNet-50
IN_GRID = keras.layers.Input(shape=(256, 256, 3))
# 输入 256×256 的 RGB 图像
# 0 填充——zeropadding
X = keras.layers.ZeroPadding2D((3, 3))(IN_GRID)

# 主通路，第 1 层
X = keras.layers.Conv2D(64, (7, 7), strides = (2, 2))(X)
X = keras.layers.BatchNormalization(axis=3)(X)
X = keras.layers.Activation('relu')(X)
X = keras.layers.MaxPooling2D((3, 3), strides=(2, 2))(X)

    # 残差块 1～4 共计(3+4+6+3)=16×3=48 层
# 残差块 1
X = convolutional_block(X, 3, [64, 64, 256])
X = identity_block(X, 3, [64, 64, 256])
X = identity_block(X, 3, [64, 64, 256])
# 残差块 2
X = convolutional_block(X, 3, [128, 128, 512])
X = identity_block(X, 3, [128, 128, 512])
X = identity_block(X, 3, [128, 128, 512])
X = identity_block(X, 3, [128, 128, 512])
# 残差块 3
X = convolutional_block(X, 3, [256, 256, 1024], s=2)
X = identity_block(X, 3, [256, 256, 1024])
X = identity_block(X, 3, [256, 256, 1024])
X = identity_block(X, 3, [256, 256, 1024])
X = identity_block(X, 3, [256, 256, 1024])
X = identity_block(X, 3, [256, 256, 1024])
```

```
# 残差块 4
X = convolutional_block(X, 3, [512, 512, 2048])
X = identity_block(X, 3, [512, 512, 2048])
X = identity_block(X, 3, [512, 512, 2048])
# 全局均值池化
X = keras.layers.AveragePooling2D(pool_size=(1,1), padding='same')(X)
X = keras.layers.Flatten()(X)

# 输出分类-第 50 层
OUT = keras.layers.Dense(1000, activation='softmax')(X)
ResNet50 = keras.models.Model(inputs=IN_GRID, outputs=OUT)
opt = keras.optimizers.Adam(lr=0.001, decay=0.0)
ResNet50.compile(loss=keras.losses.categorical_crossentropy,optimizer=opt, \
      metrics=['accuracy'])
keras.utils.plot_model(ResNet50, show_shapes=True, show_layer_names=False)
ResNet50.fit_generator(...)
```

8.2.7 Inception-ResNet

Szegedy 将 Inception 和 ResNet 结合形成了 Inception-ResNet，其中 Inception ResNet v1 是 Inception v3 和 ResNet 的结合，而 Inception-ResNet v2 是 Inception v4 和 ResNet 的结合[10]。Inception ResNet 的整体结构如图 8.40 所示，其整体结构与 Inception 很相似，区别在于 Inception 模块换成了 Inception ResNet 模块，Inception ResNet v1 的 Stem 模块如图 8.41 所示，它比 Inception v4 的 Stem 模块更简易，可看出其对数据特征的预处理信息损失会更多。

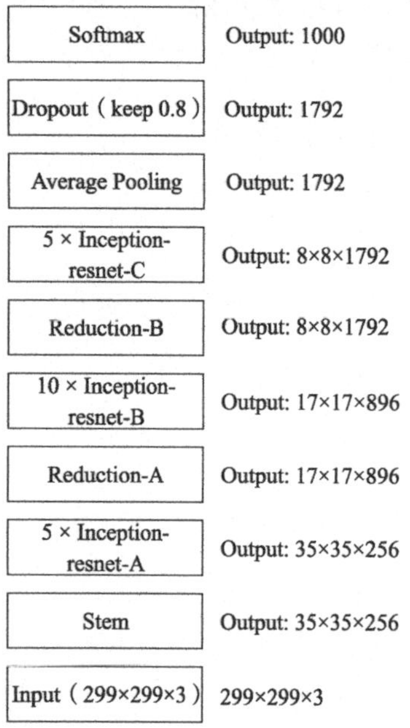

图 8.40 Inception ResNet 的整体结构

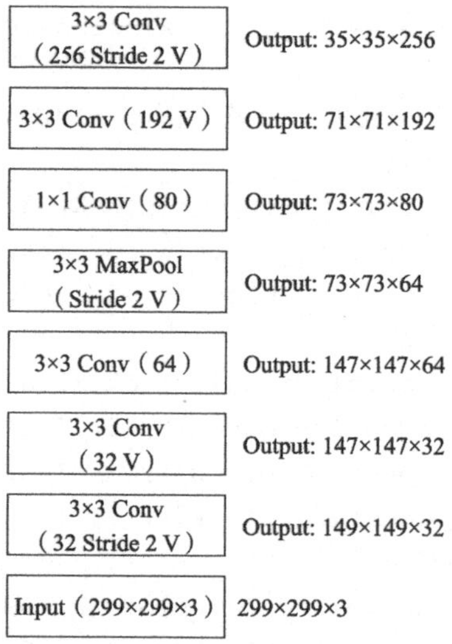

图 8.41 Inception ResNet v1 的 Stem 模块

图 8.42 所示为 Inception ResNet v2 的 Inception ResNet 模块 A、B、C。Inception ResNet v1 和 v2 除了 Stem 模块不同，Inception ResNet 模块也有细微区别（v2 中每个模块的全连接

层神经元更多等）。每个 Inception ResNet 模块都有加入残差的思想，以利用 ResNet 中深层网络的优异特性。在实验中，学者发现如果卷积层数量过多，那么网络很容易不稳定，梯度开始消失，大量的神经元学习生成的层开始只学到 0，因而表征能力有限。

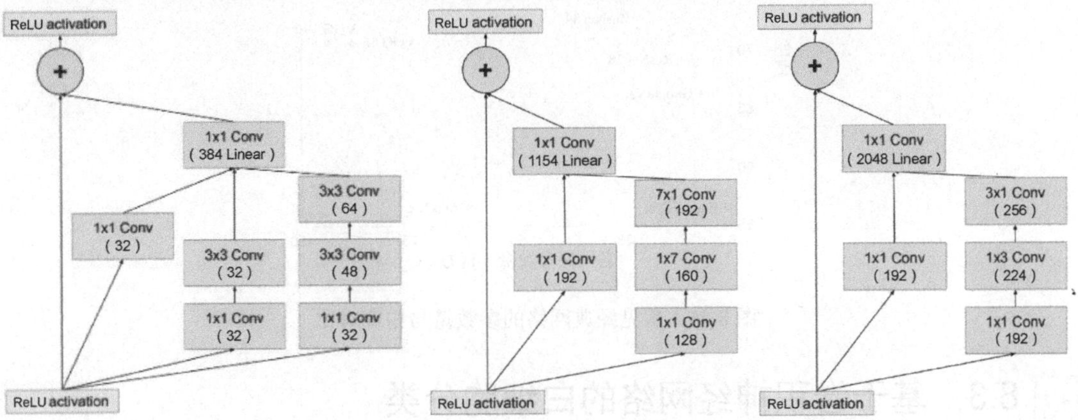

图 8.42 Inception ResNet v2 的 Inception ResNet 模块 A、B、C

为了解决梯度弥散的问题，文献[10]在激活层前对网络的输入的部分数据进行放缩使其稳定训练。通常实践中将放缩因子定位为 0.1～0.3。此外，文献[10]在训练 ResNet 时也发现了这个问题，提出了 Two Phase 的方法，即先热身用较小的学习率，再用较大的学习率训练网络，如图 8.43 所示。

由于 Inception ResNet v2 的效果好于 v1，收敛速度也显著好于 v1，因此这里只具体阐述 Inception ResNet v2 的结构优势，以上各 Inception 版本的 Top-1 和 Top-5 错误率如图 8.44 所示。

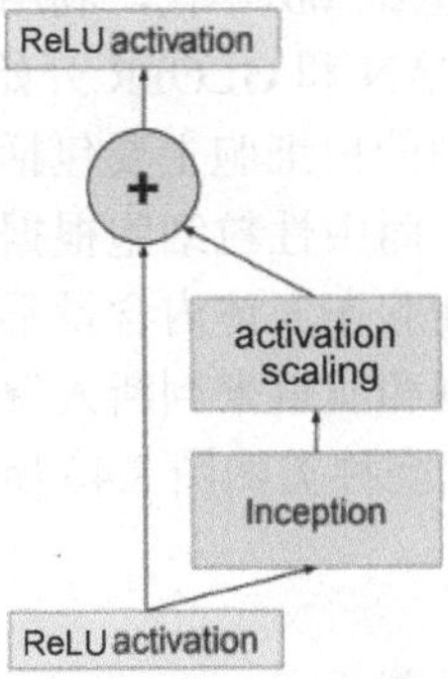

图 8.43 这样的缩放模块只适用于最后的线性激活

Inception版本	Top-1错误率	Top-5错误率
Inception v2	25.2%	7.8%
Inception v3	21.2%	5.6%
Inception ResNet v1	21.3%	5.5%
Inception v4	20.0%	5.0%
Inception ResNet v2	19.9%	4.9%

图 8.44 各 Inception 版本的 Top-1 和 Top-5 错误率

由图 8.45 可看出，在图像分类常用网络中，Inception 在保证高精度的同时使得参数量比 VGGNet 更少，其中 Inception ResNet v2 尤为优秀，在实践中，大多数场景下其精度性能都超过其他常用网络，这使其成为很多现代图像分类、目标检测等应用的佼佼者。

本节介绍了目前典型的卷积神经网络模型，后面将结合极限学习机、深度迁移学习等方法，提出一些新的深度卷积神经网络模型，并将这些模型用于识别，读者可以根据自身条件完成相应的应用实验。

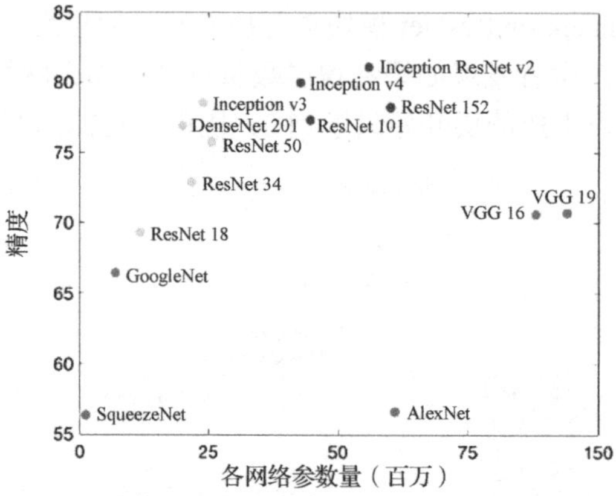

图 8.45　常见经典网络的参数量与精度对比

8.3　基于卷积神经网络的白细胞分类

显微白细胞图像的获取与识别是医学图像处理的一个重要研究领域，采用计算机辅助诊断不仅保证了医疗诊断的客观性和准确率，还节省了医务专家人员的时间和精力，具有很好的应用价值和实际意义，本节将详细阐述卷积神经网络在白细胞分类方面的实际应用[17]。本节将提出一种基于改进的卷积神经网络的显微白细胞图像识别方法，首先对显微白细胞图像进行预处理，包括高斯低通滤波去噪和 *k*-Means 算法对白细胞进行分割，然后用显微白细胞图像的训练图像对改进的卷积神经网络进行训练，最后用训练好的卷积神经网络对显微白细胞图像进行测试分类。

1952 年，Papanicolaou 成功发明了巴氏染色技术，成功制作了血玻片，这一举动为显微白细胞图像自动获取和识别技术的发展开创了先河[15]。20 世纪 60 年代，利用计算机数字图像辅助技术对显微白细胞图像的实现自动分类计数 CELLSCAN 和 GLOPR 开始出现，随后国内外对白细胞识别技术有了比较多的研究[16]。人体外周血中的白细胞主要包括中性粒细胞、嗜酸性粒细胞、单核细胞、嗜碱性粒细胞和淋巴细胞五类，而中性粒细胞根据细胞核是否分叶又可分为杆状中性粒细胞和分叶中性粒细胞。不同的白细胞在人体内含量不一样，正常人和病人的白细胞含量也不一样，医生通过检测白细胞的比例和质量来判断人健康或患有某种疾病，因此对白细胞识别的研究具有重要的临床意义。白细胞种类如图 8.46 所示。

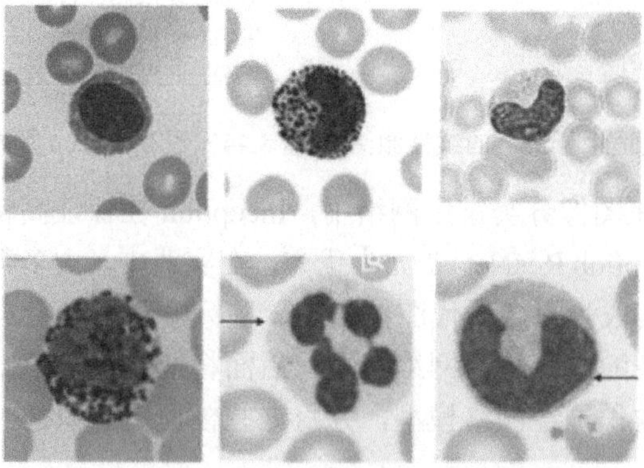

图 8.46　白细胞种类

可以看到白细胞的不同种类的细胞核与细胞质在使用染色剂之后的形态是不一样的，本节提出了一种基于改进卷积神经网络的显微白细胞图像识别方法，根据白细胞的特点，对白细胞图像进行去噪和分割，卷积神经网络通过学习算法更新参数。基于改进卷积神经网络的白细胞图像识别流程如图 8.47 所示。

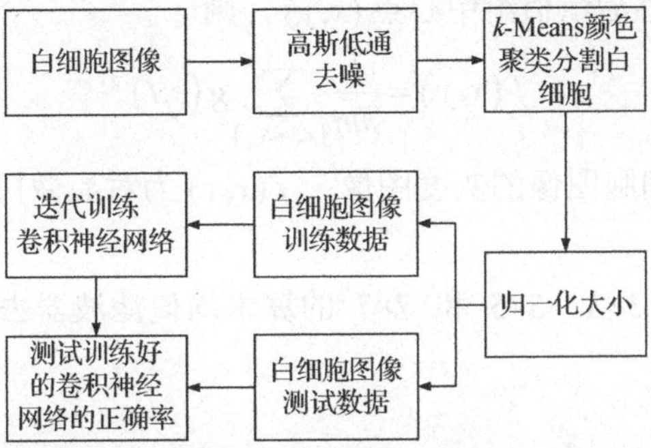

图 8.47　基于改进卷积神经网络的白细胞图像识别流程

8.3.1　白细胞图像去噪

在全自动显微镜获取的显微白细胞图像中，受到环境的影响，可能存在一定的噪声。在数字图像处理中，对输入图像进行分割、特征匹配和抽取时常常会受到各种噪声的干扰，从而影响后续的操作。对显微白细胞图像去噪的目的是去除干扰白细胞分割和识别的噪声。最大程度简化显微白细胞图像，从而提高分割、特征抽取、识别的可靠性。为了获取高质量的卷积神经网络的输入图像，要先对图像进行降噪处理，此处用高斯低通滤波对显微白细胞图像去噪。最常见的空间滤波器有中值滤波器和均值滤波器，常见的频域滤波有小波变换滤波和高斯低通滤波。下面介绍中值滤波器、均值滤波器、小波变换滤波和高斯低通滤波。

1）中值滤波器

中值滤波器是一种 $m \times n$ 滑动板滑动滤波器，将显微白细胞灰度图像中点用包含该点在内的某一区域的中值替代。主要将图像中任意灰度值用该点邻域窗内的所有像素点灰度值的中值代替，让任意点的灰度值接近中值去噪前的值，从而消除突出点的噪声。方法是用二维滑动板，将滑动板内像素按照灰度值进行升序或降序找到中点，然后滑动板中的中值填充滑动板所在区域的所有值。设 $f(x,y)$ 表示图像的灰度值 (x,y)，假设滑动板为 Q，则中值滤波为

$$\hat{f}(x,y) = \text{MED}\left\{ \underset{(x,y)\in Q}{f(x,y)} \right\} \tag{8.8}$$

图 8.48 所示为杆状中性粒细胞图像中值滤波后的效果图。

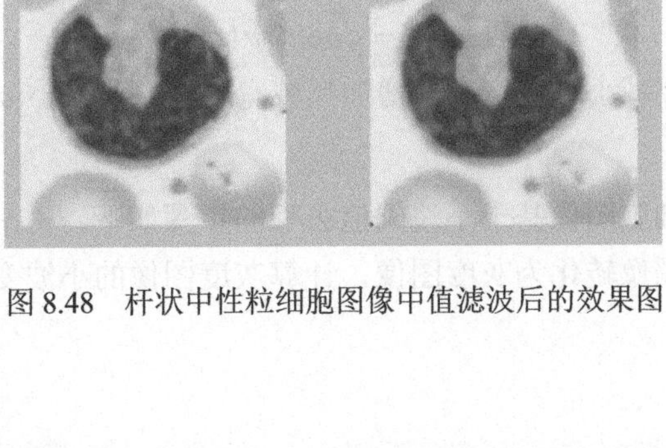

图 8.48　杆状中性粒细胞图像中值滤波后的效果图

2）均值滤波器

均值滤波器的主要原理是使用滑动板窗口内的像素灰度值的平均值来填充在滑动板内的原始图像灰度值。均值滤波器可以去除点尖锐的信号，但是由于均值处理很可能使边界平滑或边界模糊，其中变模糊的程度与滑动板的大小成正比。算术均值滤波器就是简单地计算滑动板中原始图像的均值，然后赋值给中心点(x,y)，则

$$f(x,y)=\frac{1}{mn}\sum_{(x,y\in S_{xy})} g(s,t) \tag{8.9}$$

式中，$g(s,t)$表示显微白细胞图像的灰度图像；$f(x,y)$为对显微白细胞图像的灰度图像均值滤波后的灰度图像。

用滑动板大小分别为 3×3、5×5 和 7×7 的算术均值滤波器去噪后的杆状中性粒细胞如图 8.49 所示。

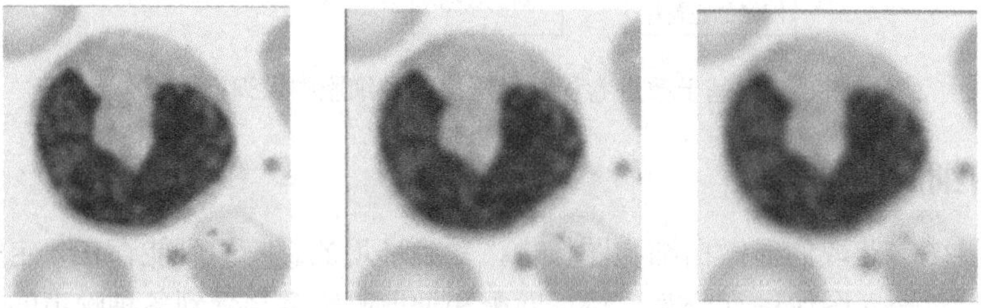

（a）3×3　　（b）5×5　　（c）7×7

图 8.49　不同滑动板均值滤波后的杆状中性粒细胞

3）小波变换滤波

一个小波函数可以由有限的区域函数$\psi(x)$构造，通过沿 x 轴的移动和大小变换，基本小波可以生成一组小波为

$$\psi_{a,b}(x)=\left|\frac{1}{\sqrt{a}}\right|\psi\left(\frac{x-b}{a}\right) \tag{8.10}$$

式中，a 为反应特定函数的宽度，是缩放大小的度；b 是沿 x 轴平移的度。

当$a=2j$，$b=i\times a$时，这组小波可以定义为

$$\psi_{i,j}(x)=2^{\frac{-j}{2}}\psi\left(2^{-j}x-i\right) \tag{8.11}$$

式中，i 为沿 x 轴移动的度；j 为放大或缩小的度。$f(x)$和$\psi_{a,b}(x)$的数量积是函数$f(x)$以小波$\psi(x)$为基的连续小波变换，即

$$\psi_{a,b}(x)=\left\langle f,\psi_{a,b}\right\rangle=\int_{-a}^{+a} f(x)\frac{1}{\sqrt{a}}\psi\left(\frac{x-b}{a}\right)\mathrm{d}x \tag{8.12}$$

相对的频域上有

$$\psi_{a,b}(x)=\sqrt{a}\mathrm{e}^{-j\omega}\psi(a\omega) \tag{8.13}$$

由上式可以看出，要减小时域宽度，增加频域宽度，需要减小$|a|$，$\psi_{a,b}(x)$的窗口中心向$|\omega|$增大。

总体来说，显微白细胞图像基于小波阈值去噪的步骤如下。

（1）将显微白细胞图像转化为灰度图像，计算灰度图像的小波变换。

（2）计算相对应的小波分解系数。

（3）对分解后出现次数比较多的系数进行阈值量化，得到小波系数。

（4）对显微白细胞进行重构，小波逆变换滤波得到去噪的显微白细胞图像。

杆状中性粒细胞图像小波变换滤波后的效果图如图 8.50 所示。

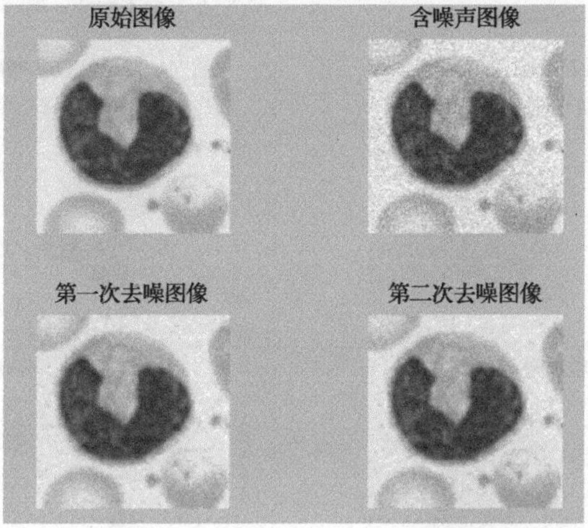

图 8.50　杆状中性粒细胞图像小波变换滤波后的效果图

4）高斯低通滤波

采用高斯低通滤波对白细胞图像高斯噪音进行滤波，高斯低通滤波的主要步骤如下。

（1）用 $(-1)^{(x+y)}$ 乘以输入显微白细胞图像进行中心变换。

（2）计算变换后的显微白细胞图像的傅里叶变换（DFT），即 $F(u,v)$，可以由式（8.14）表示。

（3）用高斯低通滤波的传递函数 $G(x,y)$ 乘以 $F(u,v)$，其中 $G(x,y)$ 由式（8.17）表示。

（4）计算步骤（3）中结果的傅里叶变换，可以由式（8.15）表示。

（5）得到步骤（4）中结果的实部。

（6）用 $(-1)^{(x+y)}$ 乘以步骤（5）的结果。

一维高斯函数由式（8.16）表示，二维高斯函数由式（8.17）表示：

$$F(u,v)=\frac{1}{MN}\sum_{x=0}^{M-1}\sum_{y=0}^{N-1}f(x,y)\,\mathrm{e}^{-j\times 2\pi\left(\frac{ux}{M}+\frac{vy}{N}\right)} \tag{8.14}$$

$$f(x,y)=\frac{1}{MN}\sum_{x=0}^{M-1}\sum_{y=0}^{N-1}F(v,u)\,\mathrm{e}^{j\times 2\pi\left(\frac{ux}{M}+\frac{vy}{N}\right)} \tag{8.15}$$

$$G(x)=\frac{1}{\sqrt{2\pi\partial}}\mathrm{e}^{-\frac{x^2}{2\partial^2}} \tag{8.16}$$

$$G(x,y)=\frac{1}{\sqrt{2\pi\partial^2}}\mathrm{e}^{-\frac{x^2+y^2}{2\partial^2}} \tag{8.17}$$

显微白细胞图像进行高斯低通滤波去噪之后，五类细胞高斯低通滤波的效果图如图 8.51 所示，其中包括两种中性粒细胞。

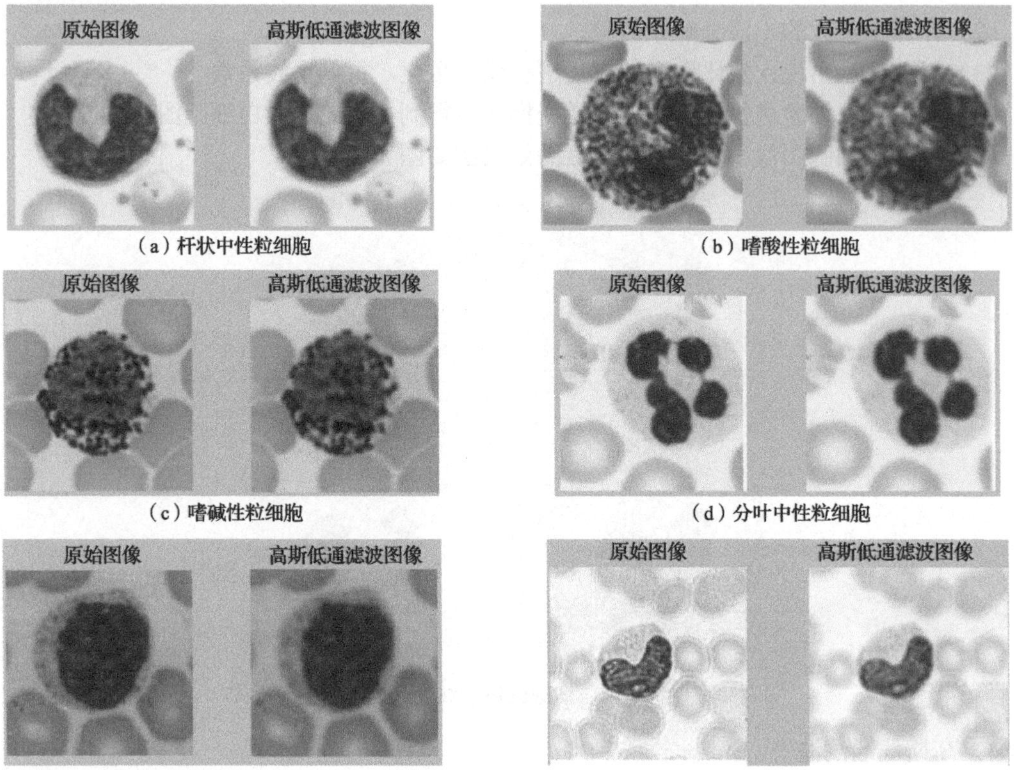

（a）杆状中性粒细胞　（b）嗜酸性粒细胞

（c）嗜碱性粒细胞　（d）分叶中性粒细胞

（e）单核细胞　（f）淋巴细胞

图 8.51　五类细胞高斯低通滤波的效果图

8.3.2　基于 *k*-Means 颜色聚类算法的显微白细胞图像分割

k-Means 颜色聚类算法是一种比较直观的聚类算法，其目的是在多维的欧几里得空间里将多个样本分成特定的几类。通常在使用 *k*-Means 颜色聚类算法时要确定将其分成 n 类，作为初始中心的值可随机选择。然后采用迭代计算每个数据点到所有初始中心的距离，再将这个数据点分配给距离最近的初始中心，根据这个初始中心数据点的均值更新初始中心的位置，反复更新直到收敛。显微白细胞图像分割结果如图 8.52～图 8.56 所示。

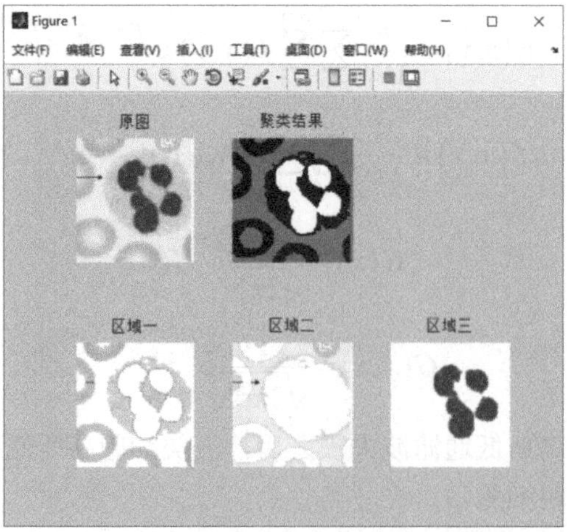

图 8.52　分叶中性粒细胞分割结果

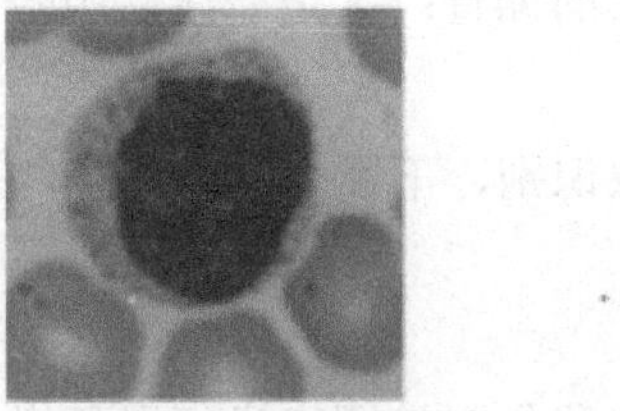

图 8.53　单核细胞分割结果

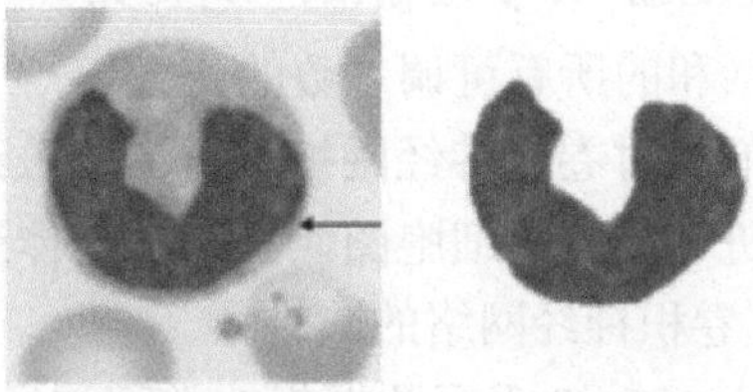

图 8.54　中性杆状粒细胞分割结果

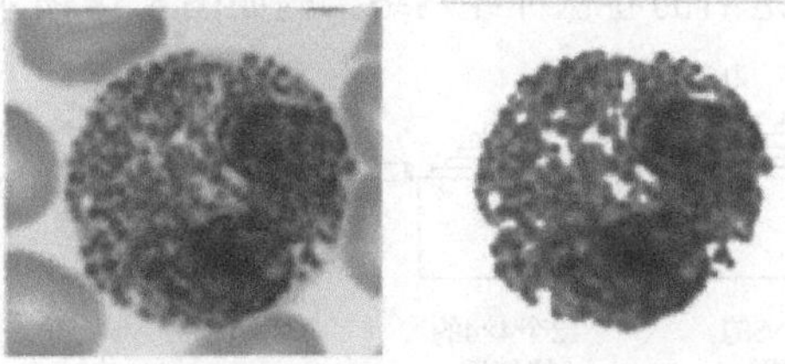

图 8.55　嗜酸性粒细胞分割结果

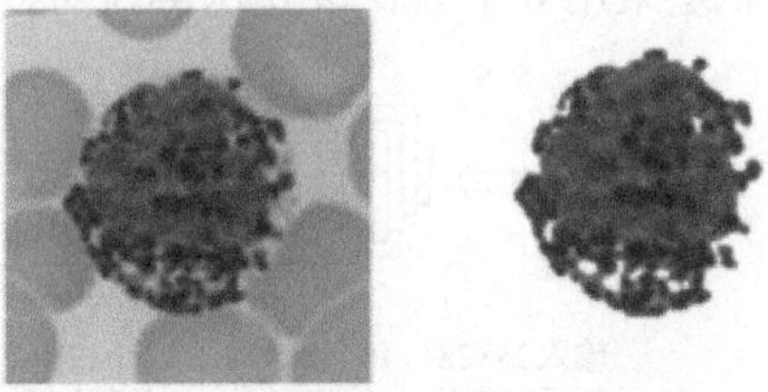

图 8.56　嗜碱性粒细胞分割结果

基于 *k*-Means 颜色聚类算法的显微白细胞图像分割的 MATLAB 基本伪代码如下。

1）读入白细胞图像

```
leukocyte _Imagename = input('选择图像 ','s');
leukocyte _A = imread(leukocyte _Imagename);
```

2）将彩色图像从 RGB 转化到 lab 彩色空间

```
leukocyte _B = makecform('srgb2lab');
leukocyte _C = applycform(leukocyte _A, leukocyte _B);
```

3）进行 *k*-Means 颜色聚类算法将图像分割成 3 个区域

```
#取出 lab 空间的 a 分量和 b 分量
leukocyte _D= double(leukocyte _C(:,:,2:3));
leukocyte _E = size(ab,1);
leukocyte _F = size(ab,2);
leukocyte _D= reshape(leukocyte _D, leukocyte _E* leukocyte _F,2);
leukocyte _G= 3; #分割的区域个数为 3
[leukocyte __H leukocyte __L] = kMeans(leukocyte _D, leukocyte ...
_G,'distance','sqEuclidean','Replicates', 3);
```

4）重复 3 次聚类

```
pixel_labels = reshape(leukocyte __H, leukocyte _E, leukocyte _F).
```

8.3.3　基于改进卷积神经网络的显微白细胞图像识别

卷积神经网络由连续的线性函数和非线性函数组成，但线性部分是通过卷积运算特别表达的。具体而言，已知卷积的局部性质在理解视觉数据方面是有效的，并且所引入的非线性允许更复杂的数据表示。网络越深入，图像的抽象就越大。

卷积神经网络输出 $\boldsymbol{y}$ 的最简单表示形式为

$$\boldsymbol{y}=F(\Theta,\boldsymbol{x})=f_n\left(\boldsymbol{W}_{n-1}f_{n-2}\left\{\cdots f_2\left[\boldsymbol{W}_2 f_1(\boldsymbol{W}_1\boldsymbol{x}+\boldsymbol{b}_1)+\boldsymbol{b}_2\right]\cdots\right\}+\boldsymbol{b}_{n-1}\right) \tag{8.18}$$

式中，$\boldsymbol{x}$是输入；$\boldsymbol{y}$是输出；$\boldsymbol{W}_i$是第i层的卷积矩阵；$\boldsymbol{b}_i$是第i层的偏置；f是非线性函数；Θ是包括和的所有可调参数的集合。

我们将对卷积神经网络进行一些改进并用于显微白细胞图像识别，下面介绍卷积神经网络的改进、显微白细胞图像识别的具体过程与实验结果。

1）卷积神经网络的改进

Mnist_Uint8 手写数据集的卷积神经网络结构如图 8.57 所示，我们对该网络进行了稍微改进，得到了简化的卷积神经网络结构，第一个卷积层采用 3 个卷积核卷积得到的特征图，第二个卷积层采用 6 个卷积核卷积得到的特征图，改进后的卷积神经网络结构如图 8.58 所示。

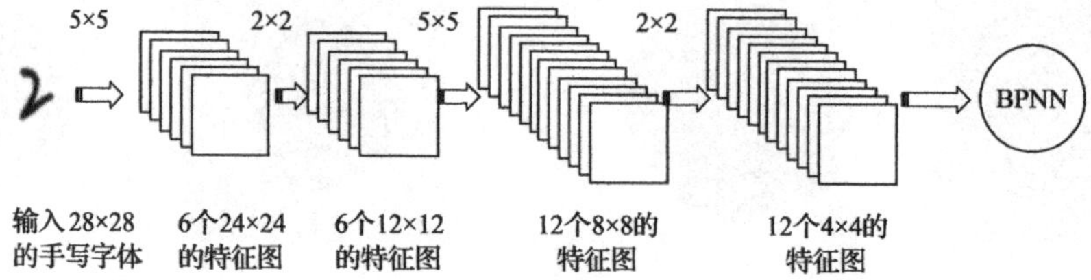

图 8.57　Mnist_Uint 8 手写数据集的卷积神经网络结构

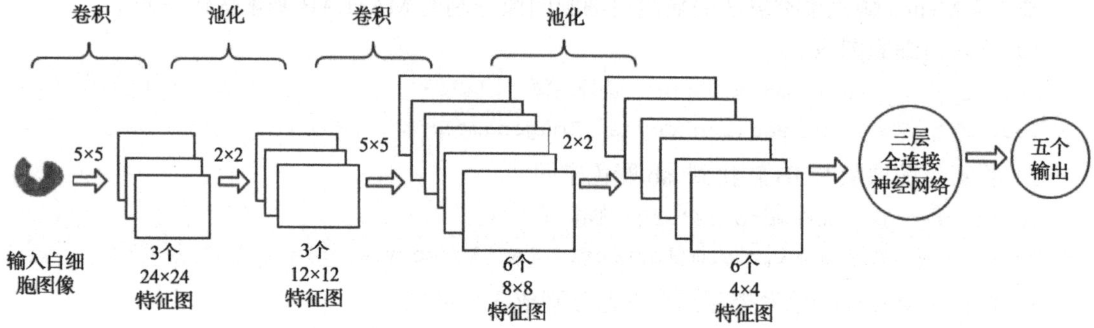

图 8.58　改进后的卷积神经网络结构

池化一般分为两种：一是最大池化，二是平均池化。此处卷积神经网络运用的是 2×2 的最大池化。池化窗口的四个灰度值累加变成一个像素值，通过加权，再加上偏置，然后通过激活函数产生一个缩小 2×2 的原始显微白细胞图像特征映射图。

将经过卷积和池化提取后的显微白细胞图像特征输入 BP 神经网络，再进行如下两个阶段的处理。

（1）第一阶段将输入的显微白细胞图像特征经过各隐含层处理，然后计算实际输出值。

计算隐含层第k个节点的输出为

$$Z_{pk}=f\left(\text{net}_{pk}\right)=f\left(\sum_{i=0}^{n}v_{ki}x_{pi}\right),\ k=0,1,\cdots,q \tag{8.19}$$

计算输出层第j个节点的输出为

$$y_{pj}=f\left(\text{net}_{pj}\right)=f\left(\sum_{k=0}^{q}w_{jk}Z_{pk}\right),\ j=0,1,\cdots,m \tag{8.20}$$

采用的激活函数是 Sigmoid 函数，即

$$f\left(x\right)=\frac{1}{1+\mathrm{e}^{-x}},\ f'=f\left(1-f\right) \tag{8.21}$$

（2）第二阶段是反向传播过程，若输出层与设定的白细胞种类标签不一致，则逐层递归地计算实际输出与设定输出之间的误差。通过梯度下降法调整权值，总误差达到要求。卷积神经网络内部向前传播和参数更新，此处卷积神经网络的全连接层是一个含隐含层的三层 BP 神经网络，全连接层的输入层是经过卷积核池化过程的显微白细胞图像的特征层。

调整输出层权值为

$$\begin{aligned}\Delta\omega_{jk} &= -\eta\frac{\partial E}{\partial\omega_{jk}} = \eta\sum_{p=1}^{p}\left(-\frac{\partial E}{\partial\omega_{jk}}\right) \\ &= \eta\sum_{p=1}^{p}\left(-\frac{\partial E_p}{\partial \mathrm{net}_{pj}}\cdot\frac{\partial \mathrm{net}_{pj}}{\partial\omega_{jk}}\right) \\ &= \eta\sum_{p=1}^{p}\delta_{pj}Z_{pk} = \eta\sum_{p=1}^{p}\left(t_{pj}-y_{pj}\right)\cdot y_{pj}\left(1-y\right)Z_{pk}\end{aligned} \tag{8.22}$$

全连接层参数更新为

$$\begin{aligned}x^l &= f\left(u^l\right) \\ u^l &= w^l x^{l-1} + b^l\end{aligned} \tag{8.23}$$

均方误差信息为

$$E\left(w,\beta,k,b\right) = \frac{1}{2}\sum_{n=1}^{N}\left\|t_n - y_n\right\|^2 \tag{8.24}$$

反向传播算法的代价函数为

$$\delta^l = \frac{\partial E}{\partial u^l} \tag{8.25}$$

更新卷积层的参数为

$$\begin{aligned}\Delta k_{ij}^l &= -\eta\frac{\partial E}{\partial k_{ij}^l} \\ \Delta b^l &= -\eta\frac{\partial E}{\partial b^l}\end{aligned} \tag{8.26}$$

更新下采样层的参数为

$$\begin{aligned}\Delta\beta^l &= -\eta\frac{\partial E}{\partial\beta^l} \\ \Delta b^l &= -\eta\frac{\partial E}{\partial b^l}\end{aligned} \tag{8.27}$$

式中，对神经网络设置了一个特定的学习率 η，学习率一般是靠经验，或者通过多次实验选取的，l 是第 l 层。本节经过设置不同参数后对比发现，当 $\eta = 1$ 时，基于改进卷积神经网络的显微白细胞图像识别效果相对较好。

2）实验环境

本节实验环境配置为：Window 10 64-bit Operating System，x64-Based Processor，Intel（R）Core（TM）i5-7300HQ CPU @ 2.5 GHz 2.50GHz，MATLAB R2014a（8.3.0.532）。

3）仿真实验

下面将所提出的改进卷积神经网络用于图像识别，并进行仿真实验。首先在 Mnist_Uint8 手写数据集上将改进卷积神经网络与原有卷积神经网络做对比仿真实验，然后将改进卷积神经网络对显微白细胞图像进行自动识别，对比实验结果表明了改进卷积神经网络的速度优于原有卷积神经网络，也表明了改进卷积神经网络用于显微白细胞图像识别的可行性，具体的仿真实验过程如下。

（1）手写数据集识别实验。

为了说明改进卷积神经网络在速度上具有一定的优势，采用改进卷积神经网络结构和原有卷积神经网络结构在 Mnist_Uint8 手写数据集的识别率和运行时间上做了对比。其中 Mnist_Uint8 包括 60000 张 28×28 的训练图像和 10000 张 28×28 的测试图像。

在原有卷积神经网络中，卷积核权值的调整个数为$5\times5\times6+5\times5\times12=450$个，但在改进卷积神经网络中，卷积核权值的调整个数为$5\times5\times3+5\times5\times6=225$，减少了一半。

原有卷积神经网络的卷积运算为$(28-1)\times(28-1)\times25\times6+(12-1)\times(12-1)\times25\times12$，改进卷积神经网络的卷积运算为$(28-1)\times(28-1)\times25\times3+(12-1)\times(12-1)\times25\times6$，可以看到卷积运算次数也减少了一半。

原有卷积神经网络的池化运算次数为$12\times12\times6+4\times4\times12$，改进卷积神经网络的池化运算次数为$12\times12\times3+4\times4\times6$，同样可以看出池化运算次数减少了一半。

综上分析，改进卷积神经网络的运算时间在理论上是会减少的。因此继续对 Mnist_Uint8 手写数据集做测试。

在训练 1 次的时候，Mnist_Uint8 手写数据集在原有卷积神经网络中训练时间是 72.6s，训练的错误率是 11.35%，在改进卷积神经网络中训练时间是 25.0s，训练的错误率是 12.10%。

在训练 5 次的时候，Mnist_Uint8 手写数据集在原有卷积神经网络中训练时间是 364.5s，训练的错误率是 4.46%，在改进卷积神经网络中训练时间是 125.2s，训练的错误率是 5.95%。

在训练 10 次的时候，Mnist_Uint8 手写数据集在原有卷积神经网络中训练时间是 710.5s，训练的错误率是 2.76%，在改进卷积神经网络中训练时间是 256.0s，训练的错误率是 3.91%。

表 8.3 所示为训练时间对比结果。由实验结果可知，改进卷积神经网络相比原有卷积神经网络，虽然在识别率上有轻微的降低，但是在可接受的范围内，且大大减少了运行时间，后续将改进卷积神经网络用于显微白细胞图像识别。

表 8.3 训练时间对比结果

训 练 时 间	训 练 次 数		
	1 次	5 次	10 次
原有卷积神经网络	72.6s	364.5s	710.5s
改进卷积神经网络	25.0s	125.2s	256.0s

（2）基于改进卷积神经网络的显微白细胞图像识别仿真实验。

前两节对显微白细胞图像进行了预处理，先采用高斯低通滤波对显微白细胞图像进行去噪，然后进行分割。分割好的用于识别的五类显微白细胞图像如图 8.59 所示。从左至右分别为分叶中性粒细胞、嗜碱性粒细胞、淋巴细胞、嗜酸性粒细胞和单核细胞，可以看出分叶中性粒细胞、单核细胞和淋巴细胞能很好地进行细胞核分割，但是嗜酸性粒细胞和嗜碱性粒细胞的细胞核和细胞质颜色相近，在 *k*-Means 颜色聚类算法分割的时候会把整个细胞分割出来，于是大胆地采用分叶中性粒细胞、单核细胞和淋巴细胞的细胞核与整个嗜酸性粒细胞和整个嗜碱性粒细胞图像数据输入卷积神经网络进行训练与识别。可以从图中看到嗜酸性粒细胞和嗜碱性粒细胞是完整的细胞，包括细胞核和细胞质。

图 8.59　分割好的用于识别的五类显微白细胞图像

此处采用爬虫技术从网上获取了数据图像。图 8.60 所示为部分图像集实验数据。训练集包括带标签的 240 张中性粒细胞图像、250 张嗜碱性粒细胞图像、250 张淋巴细胞图像、250 张嗜酸性粒细胞图像和 250 张单核细胞图像；测试集包括带标签的 100 张中性粒细胞图像、100 张淋巴细胞图像、100 张嗜碱性粒细胞图像、100 张嗜酸性粒细胞图像和 100 张单核细胞图像。然后统一化大小一次读入 MATLAB，并生成.Mat 数据集。首先将训练集的数据转成灰度图像，取名为 TrainLeukocyteImage_x，相对应地设置一个数据标签 TrainLeukocyteImage_y，用来训练卷积神经网络，然后将测试集的数据同样转成灰度图像，命名为 TestLeukocyteImage_x，相对应地也设置一个标签 TestLeukocyteImage_y，用来测试卷积神经网络。

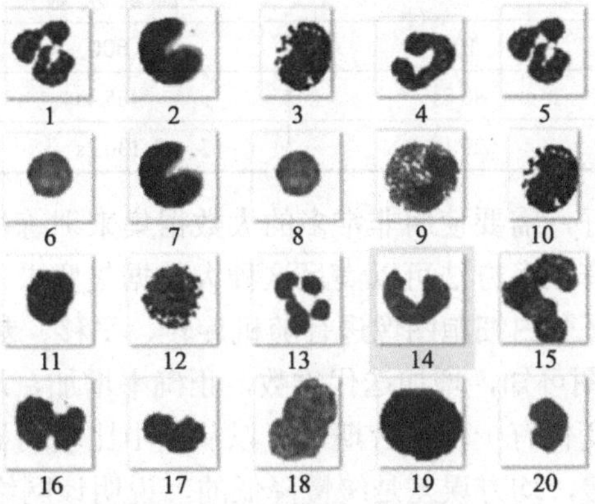

图 8.60　部分图像集实验数据

4）训练

本节卷积神经网络的监督训练与传统的 BP 权值调整相似。主要分为两个阶段。先随机初始化权值，其中卷积核初始参数是[−0.5,0.5]之间的随机数。

第一阶段为向前传播阶段。

（1）把输入的训练显微白细胞图像打乱，取出打乱后的样本和对应的标签。

（2）从打乱的样本中取出一个显微白细胞图像样本和标签，在当前的随机设置权值和样本输入下计算输出。

第二阶段是向后反向传播阶段。

（1）通过对应的显微白细胞图像的期望输出和实际输出得到误差。

（2）调整网络参数。

5）测试

（1）把输入的测试显微白细胞图像打乱，取出打乱后的样本和对应的标签。

（2）从打乱的样本中取出一个显微白细胞图像样本和标签，在当前的随机设置权值和样本输入下计算输出。与测试图像的标签对比，若与相对应的显微白细胞图像标签一致，则判断正确，若与相对应的显微白细胞图像标签不一致，则判断错误。

通过同一显微白细胞图像数据进行不同次数的迭代，并记录显微白细胞图像识别的正确率。在训练时间上与之前的卷积神经网络进行对比，明显比之前的速度快。测试结果如表 8.4 所示，其中正确率是指经过训练后用测试图像测试的正确率。从表中可以看出同一样本迭代训练 100 次的正确率为 21%，迭代训练 500 次的正确率为 96%，迭代 1000 次的正确率为 100%。表 8.5 表明，基于卷积神经网络的显微白细胞图像识别中迭代训练是有用的。在一定程度上会随着迭代次数增加，网络训练的参数学习得更好。

表 8.4 测试结果

迭代训练次数	正 确 率
100	21%
500	96%
1000	100%

表 8.5 显微白细胞图像训练时间对比

训 练 时 间	训 练 次 数		
	100	500	1000
原有卷积神经网络	80.8s	405.4s	714.3s
改进的卷积神经网络	29.1s	130.2s	270.5s

为了让网络训练得更好，需要使用非常多的大数据集来训练神经网络，这是使用卷积神经网络的最大难题，现在有很多方法可以满足这种大数据集要求，其中一种方法是人工增强数据集。具体做法包括对显微白细胞图像进行随机旋转、平移、裁剪和抖动等。

从图 8.61 的均方误差图可知，增加迭代次数，正确率增加，均方误差减少，所以迭代训练是有效的；均方误差的变化有一个平台期，可以从图中比较明显地看到，有一段距离的迭代均方误差变化得比较缓慢，均方误差是缓慢降低的，说明该网络总体是收敛的。

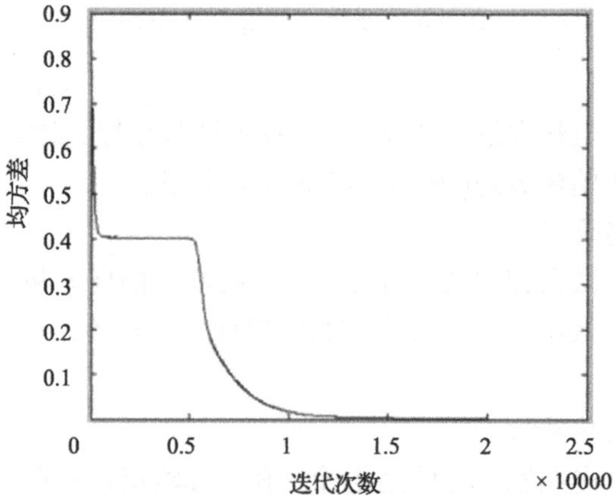

图 8.61 均方误差图

8.4 结合卷积神经网络和极限学习机的人脸识别

前面提到了极限学习机能够在无须迭代的情况下快速训练并具有良好的泛化能力，而本节将卷积神经网络和正则极限学习机结合起来，提出了一种基于卷积神经网络的正则极限学习机（Convolutional Neural Network Based Regularized ELM，CNN-RELM）模型，同时将该模型作为分类器应用到人脸识别[16]。该模型首先对卷积神经网络进行训练，在达到学习目标精度后，固定卷积神经网络模型的参数不变，把卷积神经网络的全连接层替换为正则极限学习机，得到 CNN-RELM 模型。将所提出的 CNN-RELM 模型在人脸数据集上进行仿真实验，并与其他方法对比分析，仿真实验结果表明 CNN-RELM 的识别率较高[17]。

在极限学习机理论上，结合正则化理论知识和卷积神经网络的思想，能够在一定程度上弥补这两种模型之间的不足[15]。CNN-RELM 模型首先使用卷积隐含层对原始图像进行特征提取，再将获得的特征作为正则极限学习机的输入进行分类，其模型如图 8.62 所示。

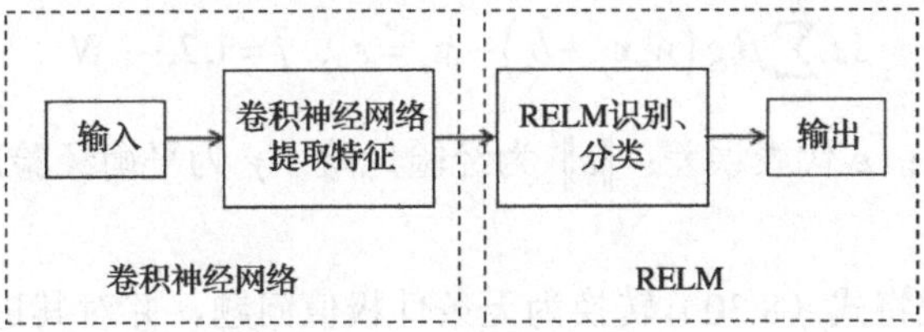

图 8.62　CNN-RELM 模型

8.4.1　卷积神经网络参数训练

CNN-RELM 模型的第一部分为卷积神经网络模块，如图 8.63 所示。该模块的训练采用初始卷积神经网络的训练方法：获得输入及指定网络参数和期望输出后，通过对比实际输出与期望输出的误差进行权值调整（本节采用梯度下降法），达到设定的最小误差或最大迭代次数后停止。此时固定通过迭代获得的网络参数不变，将卷积神经网络的全连接层替换为 RELM，即将最后一层池化层的输出作为 RELM 的输入，进行算法的下一个步骤。

（1）若第 m 层为卷积层，则第 n 个特征映射图为

$$x_n^m = f\left(\sum_{x_i^{m-1}\in \boldsymbol{M}_n} x_i^{m-1} \times k_{in}^m + b_n^m\right) \tag{8.28}$$

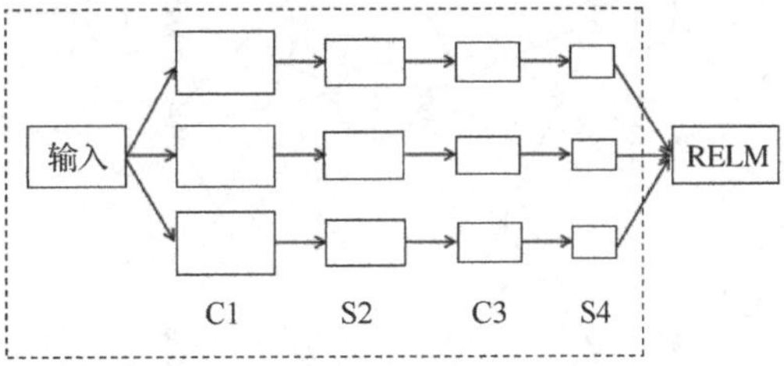

图 8.63　CNN-RELM 模型的卷积神经网络模块

式中，$\boldsymbol{M}_n$ 表示选择的输入特征映射图的集合，即 $m-1$ 层中与第 n 个特征映射图相连的特征映射图的集合；f 为非线性函数；k_{in}^m 为卷积核；b_n^m 为偏置。

（2）若第 m 层为池化层，则其第 n 个特征映射图为

$$x_n^m = f\left[\omega_n^m \text{down}\left(x_n^{m-1}\right) + b_n^m\right] \tag{8.29}$$

式中，ω_n^m 为权值；b_n^m 为偏置；$\text{down}(\cdot)$ 是子采样函数，通常使用的子采样方法有两种：最大值子采样（Max-Pooling）和均值子采样（Mean-Pooling）。

8.4.2　正则极限学习机进行图像分类

考虑原始极限学习机模型固有的缺点。

（1）只包含经验风险，未考虑结构风险。

（2）直接对最小二乘解进行计算，可控性差，可能会产生过拟合。

将正则化理论加入原始极限学习机模型，并采用遗传算法获得最优风险比例参数。其数学模型为

$$\begin{aligned}&\underset{\boldsymbol{\beta}}{\operatorname{argmin}}\,E(\boldsymbol{W})=\underset{\boldsymbol{\beta}}{\operatorname{argmin}}\left(0.5\|\boldsymbol{\beta}\|^2+0.5\gamma\|\boldsymbol{\varepsilon}\|^2\right)\\&s.t.\sum_{i=1}^{N}\beta_i g\left(w_i\boldsymbol{x}_j+b_i\right)-y_j=\varepsilon_j,\ j=1,2,\cdots,N\end{aligned}\tag{8.30}$$

式中，$\|\boldsymbol{\beta}\|^2$ 为结构风险；$\boldsymbol{\varepsilon}$ 代表误差；$\|\boldsymbol{\varepsilon}\|^2$ 为经验风险；γ 为平衡经验风险和结构风险的比例参数。

通过拉格朗日方程将式（8.30）转换为无条件极值问题，并对其进行求解，得

$$\begin{aligned}\ell(\boldsymbol{\beta},\boldsymbol{\varepsilon},\boldsymbol{\alpha})&=\frac{\gamma}{2}\|\boldsymbol{\varepsilon}\|^2+\frac{1}{2}\|\boldsymbol{\beta}\|^2-\sum_{j=1}^{N}\alpha_j\left[g\left(w_i\boldsymbol{x}_i+b_i\right)-y_j-\varepsilon_j\right]\\&=\frac{\gamma}{2}\|\boldsymbol{\varepsilon}\|^2+\frac{1}{2}\|\boldsymbol{\beta}\|^2-\alpha\left(\boldsymbol{H\beta}-\boldsymbol{Y}-\boldsymbol{\varepsilon}\right)\end{aligned}\tag{8.31}$$

式中，$\alpha_j\in R^m$，$j=1,2,\cdots,N$ 代表拉格朗日算子。令拉格朗日方程的梯度为 0 可得

$$\boldsymbol{\beta}=\left(\frac{I}{\gamma}+\boldsymbol{H}^{\mathrm{T}}\boldsymbol{H}\right)^{\dagger}\boldsymbol{H}^{\mathrm{T}}\boldsymbol{Y}\tag{8.32}$$

将卷积神经网络的全连接层替换为上述 RELM 模型，即将卷积神经网络训练得到的特征图作为 RELM 的输入，再经过 RELM 进行分类识别，如图 8.64 所示，就能够得到想要的人脸识别结果。其中，RELM 是充当整体模型的分类器。

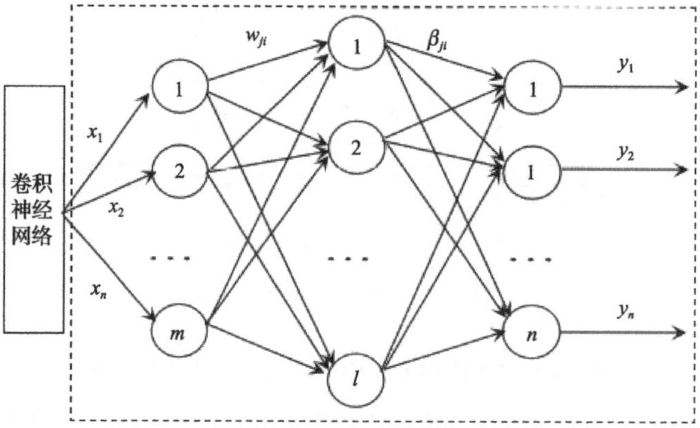

图 8.64　CNN-RELM 模型的 RELM 模型

将 CNN-RELM 模型应用于人脸识别，可得到人脸识别模型，如图 8.65 所示。

算法步骤描述如下。

（1）卷积神经网络参数训练。

Step1：初始化卷积神经网络。包括初始化网络参数、期望目标和最大迭代次数。

Step2：根据公式计算网络实际输出。

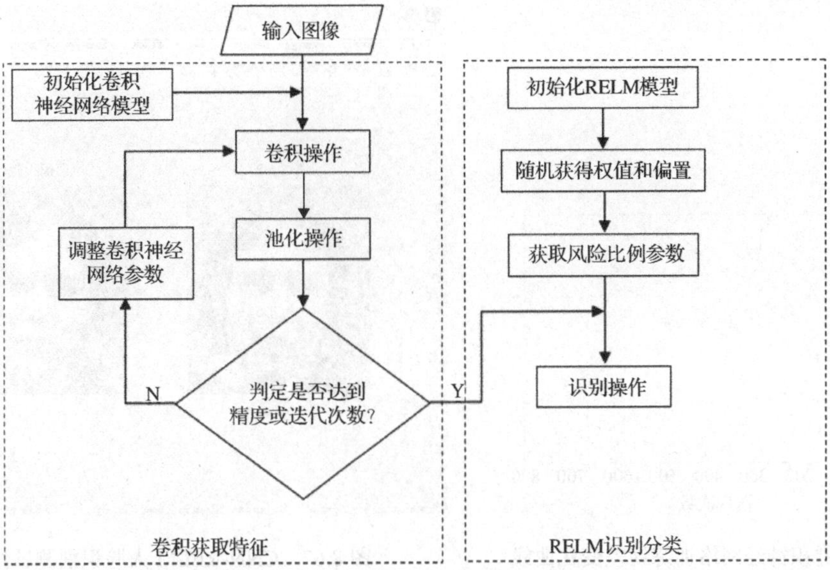

图 8.65 CNN-RELM 人脸识别模型

Step3：判定是否达到预定目标精度或最大迭代次数，若达到则执行 Step5；若未达到则执行 Step4。

Step4：调整卷积神经网络的参数，可以采用梯度下降法等，转到 Step2。

（2）CNN-RELM 模型训练。

Step5：初始化 RELM。包括随机生成的权值、偏置，以及选定一个正则化参数 γ，用以平衡经验风险及结构风险。

Step6：将卷积神经网络训练得到的特征图像作为输入，输入给 RELM，根据公式得到实验结果。

算法结束。

8.4.3 基于 CNN-RELM 的人脸识别模型实验与对比分析

实验部分首先介绍卷积正则极限学习机人脸识别模型实验，验证算法的可行性；然后通过人脸识别对比实验来验证该算法相对 RELM 和卷积神经网络算法是否具有更好的性能；最后通过使用不同的子采样法及不同的训练样本数量对模型性能进行实验分析。

1）基于 CNN-RELM 的人脸识别模型实验

在训练卷积神经网络模块时，设定两个卷积层 C1、C2，两个池化层 S2、S4。其中，C1 和 C3 的卷积核均设定为 9×9 大小的矩阵，S2 和 S4 均采用 Max-Pooling 子采样法，窗口大小为 3×3，参数调整方法采用梯度下降法，其训练误差变化曲线如图 8.66 所示，值得一提的是，在之后的实验中，训练卷积神经网络模块时所有参数均使用本实验所设置的参数。

卷积神经网络训练完成后，将 S4 之后的连接替换为 RELM，进行 CNN-RELM 的学习和分类。通过 S4 获得的特征图像，先将其转换成列向量，存储进矩阵，再输入正则极限学习机模型进行分类操作。初始化 RELM 时，采取随机的方式获得输入权值和偏置，同时使用最优风险比例参数 0.25，隐含层神经元设置为 200 个，测试结果如图 8.67 所示。该实验验证了 CNN-RELM 算法在人脸识别方面是可行的，接下来进行性能对比实验及结果分析。

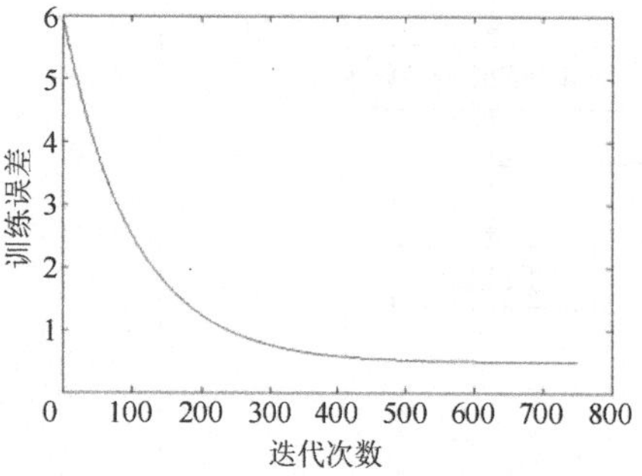

图 8.66　卷积神经网络训练误差变化曲线

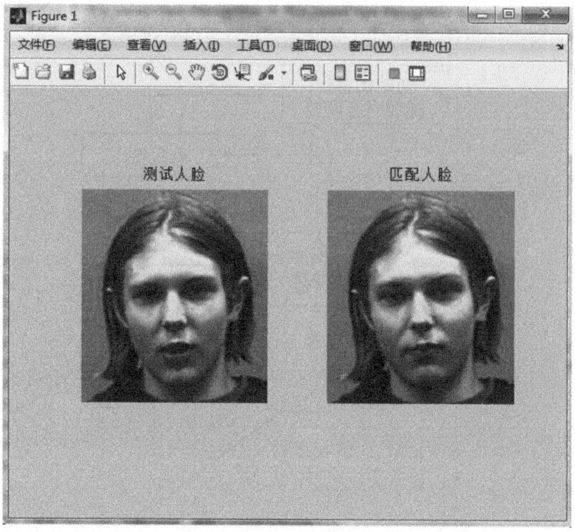

图 8.67　CNN-RELM 人脸识别测试结果

2）基于 CNN-RELM 的人脸识别对比实验

将卷积正则极限学习机与 RELM 和卷积神经网络进行人脸识别的对比实验分析，实验执行环境为 MATLAB R2014a。卷积神经网络采取基于 CNN-RELM 的人脸识别模型实验设置的参数，RELM 的风险比例参数选用上文的最优值。人脸数据库依旧采用 ORL 和 NUST，如表 8.6 所示。值得一提的是，进行的所有对比实验均未进行特征提取，而直接将两个数据库的原始图像作为输入进行实验。

表 8.6　人脸数据库信息

数据集	类别	属性	备注
ORL	40	10	包括表情变化，微小姿态变化，20%以内的尺度变化
NUST	96	10	主要包括人脸不同姿态的变化

在实验中，选取每个人的 7 张图像作为训练样本，其余 3 张图像作为测试样本，所有神经网络的隐含层神经元均设置为 200 个，且与单一算法所能达到的最优识别精度进行对比，结果如表 8.7 所示。

表 8.7　对比实验结果

数据集	算法	样本数量		识别成功数	识别精度（%）
		训练样本	测试样本		
ORL	RELM	280	120	110	91.67
	CNN	280	120	108	90.00
	CNN-RELM	280	120	116	96.67
NUST	RELM	672	288	258	89.58
	CNN	672	288	255	88.54
	CNN-RELM	672	288	279	96.88

从表 8.7 可知，与 RELM 和 CNN 算法相比，CNN-RELM 算法有更高的识别精度，接下来的实验考察不同的子采样方法对 CNN-RELM 的性能影响。

3）不同的子采样方法性能对比实验与结果分析

选取同基于 CNN-RELM 的人脸识别模型实验相同的 CNN-RELM 模型参数，数据库选用 ORL，子采样方法分别使用 Max-Pooling、Average-Pooling、Stochastic-Pooling 和 Lp-Pooling，每个人的训练样本分别选择 4、5、6、7 张图像，其余图像作为测试样本，实验结果如表 8.8 所示。

表 8.8　不同子采样方法的实验结果

子采样方法	训练样本数			
	4	5	6	7
Max-Pooling	83.75	88.00	94.37	96.67
Average-Pooling	84.17	92.00	96.25	97.50
Stochastic-Pooling	83.75	89.50	95.00	96.67
Lp-Pooling	84.58	92.50	96.88	98.33

不同子采样方法的人脸识别结果识别精度如图 8.68 所示。由以上结果可以看出在大多数情况下，Lp-Pooling 的结果比较好，而不同子采样方法的选择对 CNN-RELM 的性能是有影响的。在实际应用中，应该根据数据的实际情况选择合适的子采样方法，这样才有利于获得更好的应用效果。

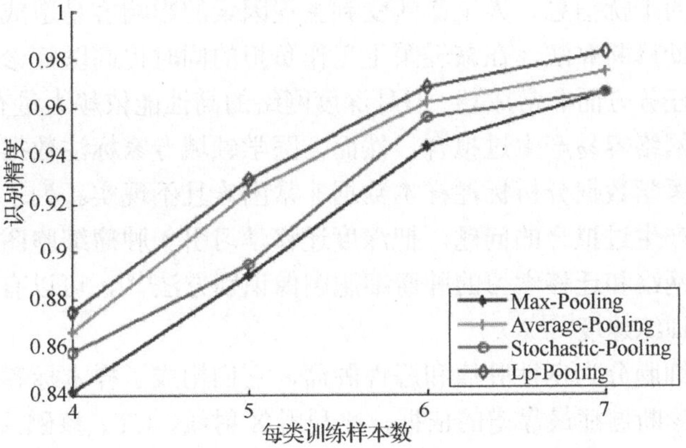

图 8.68　不同子采样方法的人脸识别结果识别精度

4）GA-RELM 与 CNN-RELM 性能对比分析

遗传算法（Genetic Algorithm，GA）是根据大自然中生物体进化规律而设计提出的，是模拟达尔文生物进化论的自然选择和遗传学生物进化过程的计算模型，是一种通过模拟自然进化过程搜索最优解的方法。除了 CNN-RELM，还可以将 GA 和 RELM 结合，得到 GA-RELM，同时将两种算法的性能进行对比分析。实验执行环境依旧选择 MATLAB R2014a。数据库选择 NUST，CNN-RELM 所有参数设定均参照基于 CNN-RELM 的人脸识别模型实验，子采样方法采用 Max-Pooling。两种算法的隐含层神经元均设定为 150 个，激活函数选择 Sigmoid。在进行实验时，选择每个人的前 7 张图像作为训练样本，其余 3 张图像作为测试样本，且所有图像均不进行特征提取。GA-RELM 与 CNN-RELM 性能对比如表 8.9 所示。

表 8.9 GA-RELM 与 CNN-RELM 性能对比

数据集	方法	样本数量		识别成功数	识别精度（%）	训练时间（s）
		训练样本	测试样本			
NUST	GA-RELM	672	288	261	90.63	281.32
	CNN-RELM	672	288	279	96.88	7312.1

从表 8.9 中可以看出，若将原始图像直接作为网络的输入进行分类操作，则 CNN-RELM 的识别精度将高于 GA-RELM，但在训练时间上，CNN-RELM 却比 GA-RELM 长很多。在采用小波分解方法进行特征提取后，将特征图像作为 GA-RELM 的输入进行分类操作，并采用 GA 获得最优风险比例参数，识别精度可高达 98.96%。而本次实验中 CNN-RELM 的识别精度仅为 96.88%，其主要原因为风险比例参数的获取方式不同，因实验条件有限，无法采用 GA 来获得 CNN-RELM 中的最优风险比例参数，即本次实验所使用的风险比例参数并不能保证为最优值，所以在识别精度上会有所下降。

8.5 基于深度迁移学习的肿瘤细胞图像识别

8.5.1 引言

基于新的网络技术来实现肿瘤细胞图像的正反例识别。在分类实践中，由于肿瘤细胞图像中常常存在大量的干扰信息，人工诊断受到主观因素的影响容易造成误诊，因此需要一个高精度的计算机辅助诊断算法，在减轻医生工作负担的同时提高医疗诊断精度。近年来，深度学习在图像相关任务方面非常成功。但是深度网络的高性能依赖大量有标记的训练数据集，若数据量不足，则网络容易产生过拟合。然而，医学领域专家标注数据非常昂贵，有些病例稀少，获得大规模医学数据分析标注样本数据非常困难且不现实。为了解决用小数据集训练大容量分类器容易产生过拟合的问题，把深度迁移学习引入肿瘤细胞图像识别，提出了一种基于正则卷积神经网络和迁移学习的肿瘤细胞图像识别方法[14]，可以有效提高肿瘤细胞图像的识别精度，加快训练速度[15]。

要分类的肿瘤细胞分为良性肿瘤和恶性肿瘤，它们构成了样本标签的正反例。目前，病理图像分析是医生诊断癌症最靠谱的依据，比利用 X 射线、CT、核磁共振、超声波等做出的诊断更具有权威性和客观性。用少量的训练实例训练一个深层神经网络通常会产生过拟合问题，所得模型的泛化能力较差。而由于隐私和技术上的原因，在医学领域可以获得的标签样本受到限制。

因此如何基于少量的带标签数据，快速构建强鲁棒性的医学图像识别模型，是一个重要问题。从预训练模型中迁移学习是机器学习领域用于解决标记数据难获取的有效手段。首先使用一个大的（可能不相关的）源数据集（如 ImageNet）训练深层神经网络。然后，使用来自目标域的数据对这种网络的权值进行微调（Fine-Tuning 微调法）。对比传统的非深度迁移学习，深度迁移学习直接提升了在不同任务上的学习效果。虽然深度迁移学习通常能以更好的精度和更快的收敛速度提高性能，但从不适当的网络上迁移权值会损害训练过程，可能导致更低的精度。因此，这里用一种基于正则神经网络和迁移学习的肿瘤识别方法解决肿瘤识别中高维少样本量的过拟合问题，其中经验损失指目标数据集上的适应度，正则化控制源网络和目标网络之间的差异（权值、特征映射等）[17]。

8.5.2　正则化与迁移学习

前面已经提到了在模型惩罚项中通过添加正则化项来解决模型过于复杂和降低过拟合的问题，本节将正则化这一技术加入深度卷积神经网络模型，提出了一种深度迁移学习模型：改进的 VGG-16 模型，其网络结构如图 8.69 所示，其中对 VGG-16 网络主要有如下几点改进[16]。

（1）全连接层并没有使用 VGG-16 原来庞大的三层结构，而是删去一层全连接层，又因实验所用的数据集为高维小数据集，原来全连接层的参数 4096 太大，容易产生过拟合，因此将全连接层的神经元个数由 4096 改为 128。

（2）原 VGGNet 针对 ImageNet 数据集进行训练，ImageNet 有 1000 个类别，只需要 2 个类别。对于二分类问题，把原 VGG-16 采用 Softmax 分类，改用 Sigmoid 函数进行二分类，最后一层神经元个数也由 1000 改为 1。

（3）用小数据集训练网络，参数正则化至关重要，通过限制网络的容量隐式地促进优化和避免过拟合。在迁移学习过程中，正则化的作用与小数据集训练网络参数正则化类似，通过稀疏参数矩阵降低不相关特征的权值和加大数据重要特征的权值。在改小全连接层网络容量的基础上，还添加了 L2 正则化来促进优化。

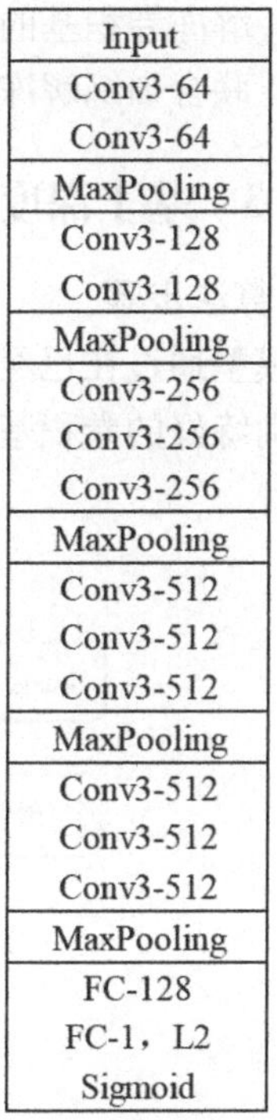

图 8.69　改进的 VGG-16 网络结构

迁移学习是机器学习中的另一大类技术，主要是为了解决深度学习中普遍存在的样本标签不足而无法对神经网络进行充足训练的问题，主要解决途径是利用现有其他相近领域的样本特征对目标样本进行训练，当今神经网络规模和应用不断增长，迁移学习的应用解决了很多现实场景中手工标签不足的问题，因而前景可观。根据是否基于深度学习网络，迁移学习也被分为传统迁移学习和深度迁移学习，这里使用深度迁移学习中的模型迁移学习方法——FineTune 微调法。其步骤是利用之前训练好的网络部分层参数直接冻结后再迁移，再根据任务需求将剩下的未冻结的层进行训练学习调整。然而，在微调过程中会发现网络中的某些参数会偏移其初始值，这将导致知识和与目标任务相关的初始知识大量损失。为了保留初始网络中的知识，考虑在微调过程用一些参数正则化方法，即首先研究使用源和目标网络的中间结果（如同一层生成的特征图）的距离作为正则化项的可能性。进一步，建议使用激活图之间的距离作为所谓的“注意转移”的正则化项。将源网络的权值设置为优化过程的起点，利用 L_2-SP 算法把源和目标网络权值之间欧几里得距离的平方作为知识迁移的正则化项。认为深度迁移学习是基于预训练权值的最小化经验损失和正则化函数的线性组合，其中经验损失是指目标数据集的适合度，而正则化控制权值差异。神经网络中更靠近底部的层学习到的是局部的、通用的、可复用的特征，而越靠近顶部的层学习到的是抽象的、专业化的特征。因此可以用预训练好的 VGG-16 卷积基权值初始化改进的网络的卷积基，固定卷积基底部的网络层，微调顶部的层，然后用这些层提取目标域中与源域相关的特征。由于本书篇幅原因，详细的关于 FineTune 微调法的介绍读者可自行查阅有关资料进行补充。

至此，这里将微调最后三个卷积层，换句话说，VGG-16 里直到 Block4_Pool 的所有层都被冻结。如果未对分类器进行很好的训练，那么在训练过程中经过网络传播的误差信号会非常大，微调的那几层先前学到的表示将被破坏。因此，微调网络的步骤如下。

（1）在已经训练好的卷积基上添加自定义网络。

（2）冻结卷积基。

（3）训练添加的自定义网络。

（4）解冻卷积基的一些层。

（5）联合训练解冻的层和添加的部分。

8.5.3　基于深度迁移学习的肿瘤细胞图像识别

1）算法步骤

本模型通过在已经训练好的卷积基上添加针对肿瘤图像识别任务的自定义分类器网络，微调预训练好的卷积基中的最后三层，实现肿瘤细胞图像识别。模型流程图如图 8.70 所示。

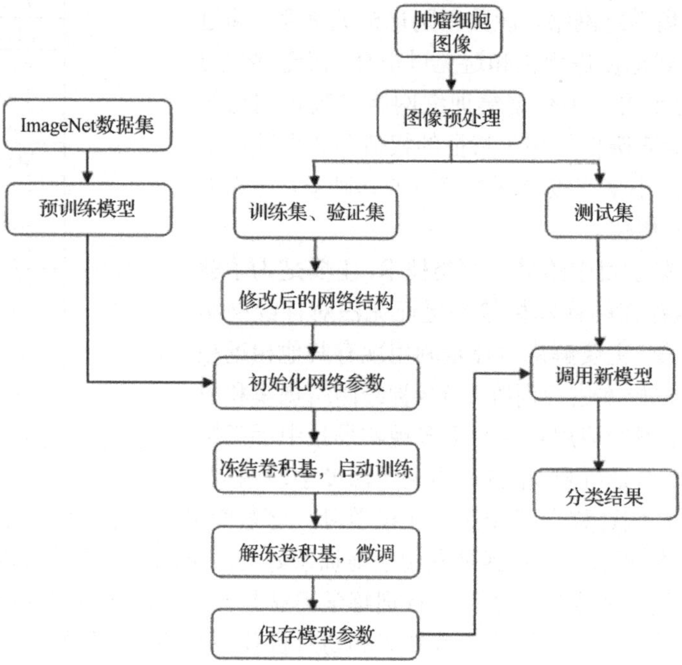

图 8.70　模型流程图

步骤描述如下。

（1）将肿瘤数据集随机打乱并分成训练集、验证集和测试集。

（2）根据 3.3 节，在卷积基上添加自定义网络。

（3）初始化网络参数。卷积基用预训练模型相应部分的参数初始化，所用的预训练模型是在 ImageNet 数据集上训练好的，添加的自定义网络是随机初始化的。

（4）冻结全部卷积基，并训练出适合肿瘤细胞图像识别的分类器。

（5）解冻卷积基最后三层，微调解冻的层和修改的网络部分，得到最终的模型参数并保存。

（6）调用新模型对测试样本进行预测并输出测试结果。

算法结束。

2）实验数据集

此次实验目标域所使用的数据集是从南昌大学第一附属医院收集到的胃上皮肿瘤细胞图像，一共 387 张病理图像，图像大小为 320×240。从病理学角度出发，胃上皮肿瘤细胞图像可以分成：正常胃上皮细胞、增生胃上皮细胞和癌变胃上皮细胞。

（1）正常胃上皮细胞图像。

如图 8.71 所示，单个正常胃上皮细胞大小相同，形状通常为圆形，细胞与细胞之间排列整齐有序、方向相同。

（2）增生胃上皮细胞图像。

增生胃上皮细胞可以再分成轻度增生、中度增生和重度增生。

如图 8.72 所示，轻度增生胃上皮细胞的细胞核一般呈杆状或长圆形，堆状排列，位于上皮细胞基底侧，细胞体积比正常细胞大且颜色更加深；多数细胞形状开始变形，呈现高柱状，少数细胞仍维持正常的形状；腺体结构呈轻度不规则，大小不一，密度不均，排列无序。

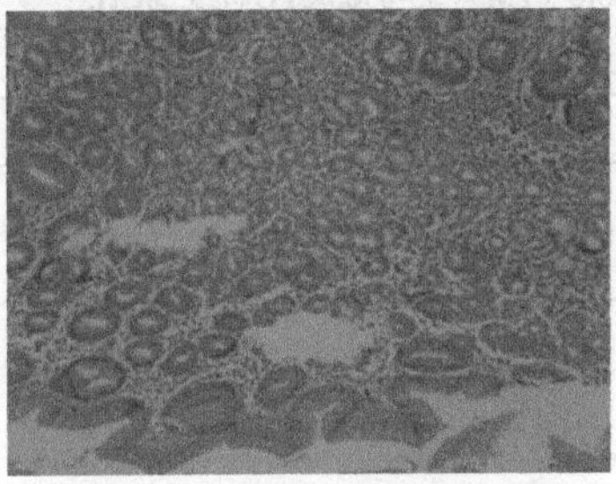

图 8.71　正常胃上皮细胞图像

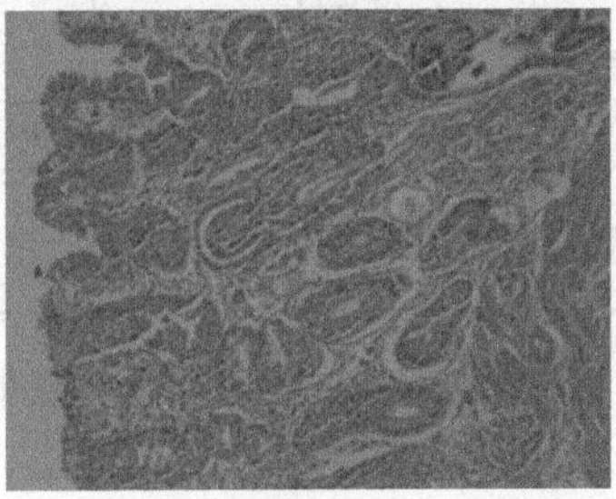

图 8.72　轻度增生胃上皮细胞图像

中度增生胃上皮细胞图像如图 8.73（a）所示，其比轻度增生的胃上皮细胞进一步恶化，细胞呈柱状。

重度增生胃上皮细胞里腺体结构无序，甚至一些腺体粘在一起；细胞核呈类圆形或杆状，核仁明显，体积变大；细胞疏松排列，大小不同，已经能明显观察到有丝分裂，如图 8.73（b）所示。

（3）癌变胃上皮细胞图像。

如图 8.73（c）所示，癌变胃上皮细胞腺体排列不规则，大小也不同，细胞呈条状且很难看到腺体结构；细胞核显示为长方形，细胞弥散。

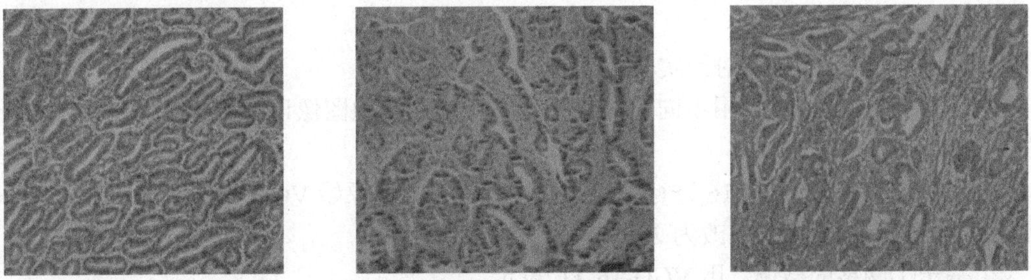

（a）中度增生胃上皮细胞图像　　（b）重度增生胃上皮细胞图像　　（c）癌变胃上皮细胞图像

图 8.73　胃上皮细胞图像

从不同类型的胃上皮细胞图像的特征可以知道：对于异常细胞图像，伴随异常加深，腺体排列逐渐出现紊乱，直到腺体、细胞和细胞核完全紊乱，然后生长为癌变细胞。癌变后，细胞组织和器官的形状是不规则的，与其他不同类型的细胞有很大的差异和复杂性。又因为本数据集属于高维小样本数据集，数据量不充分，所以本实验将胃上皮细胞分为两类：正常胃上皮细胞和癌变胃上皮细胞。

ImageNet 数据库是由美国普林斯顿大学的计算机科学家根据 WordNet 层次结构组织的图像数据库，是迄今为止图像识别领域里规模最大的数据库。本节实验所用的源域数据库，即预训练数据集，是 ImageNet 数据集，1000 种类别中一共有 140 万张带标签的图像。

3）实验设置

本节实验在 Windows 10 系统上搭建基于深度学习框架 Keras 的编程环境，软硬件环境配置如表 8.10 所示。

表 8.10 软硬件环境配置

实 验 环 境		配 置 说 明
硬件环境	CPU	Intel（R） Core（TM） i5-6500 CPU @ 3.20GHz
	内存	Seagate ST500DM002-1SB10A （500 GB /7200 rpm）
	硬盘	32 GB （Samsung DDR4 2666MHz）
软件环境	操作系统	Windows 10，64 位
	编程环境	深度学习框架 Keras，Python 3.6

在训练过程中，设置实验超参数如下。

学习率：冻结卷积基时，0.0002；微调时，0.0001。

正则项超参数 λ：0.001。

Dropout：0.5。

激活函数：ReLU。

每次输入网络训练的样本数量：20。

损失函数：交叉熵损失函数。

采用的优化方法：RMSProp 算法。

本节实验所用数据集为胃上皮肿瘤细胞图像数据集和 ImageNet 数据集。ImageNet 数据集是源域数据库，在原始 VGG-16 模型上预训练好，胃上皮肿瘤细胞图像数据集作为目标域，在改进的正则卷积神经网络上训练。将胃上皮肿瘤细胞图像数据集随机打乱，以 50%∶25%∶25%的比例划分训练集、验证集和测试集。

4）对比实验和结果分析

（1）肿瘤细胞图像识别对比实验。

将胃上皮肿瘤细胞图像用不同的网络模型进行肿瘤细胞图像识别实验。本章用作对比实验的网络模型如下。

① 使用预训练好 VGG-16 进行肿瘤细胞图像识别，与原始 VGG-16 网络结构相比，只将最后一层神经元个数由 1000 改为 2。

② 基于①网络的微调，用 VGG-16-TL 表示。

③ 与 8.6.2 节提出的网络结构相比，少了 L2 正则，用 Small 表示。

④ 基于③网络的微调，用 Small-TL 表示。

⑤ 8.6.2 节所提出的正则卷积神经网络，用 Small-L2 表示。

⑥ 基于⑤网络的微调，即本节重点描述的方法，用 Small-L2-TL 表示。

实验分别在六个网络模型上运行 150 个 epoch，以训练过程中的识别精度、所用时间和测试识别精度为评价指标，实验结果如表 8.11 所示。注意的是，进行的所有实验均用预训练好的 VGG-16 初始化卷积基，TL 表示训练好分类器后再开放卷积基顶部三层和分类器一起微调。同时，对比常用的传统机器学习方法，进一步说明本章所提出的方法在肿瘤细胞图像识别方面的有效性。

表 8.11　不同深度网络模型识别实验结果

实　验	方　法	训练时间（s）	训 练 精 度	测 试 精 度
1	VGG-16	398.2215	1.0000	0.77312
2	VGG-16-TL	3735.1642	1.0000	0.8763
3	Small	318.4262	1.0000	0.7835
4	Small-TL	435.1102	1.0000	0.8866
5	Small-L2	421.9025	1.0000	0.7938
6	Small-L2-TL	573.1222	1.0000	0.9175

由表 8.11 所示的结果，从实验 1 和实验 3 及实验 2 和实验 4，这两组对比实验可以得知，单纯地改小网络结构，能极大地减少训练时间，对最终的测试精度有一点提高。从实验 3、4、5、6 可以看出，引入 L2 正则可以提高网络的测试精度，在训练时间上却有些加长。从实验 1 和实验 2、实验 3 和实验 4 及实验 5 和实验 6，这三组对比实验可以明显看出，深度微调后的结果比直接用 VGG-16 预训练参数训练分类器的结果好。从实验 2、4、6 这三组微调实验结果可得知，在保证高测试精度的同时训练时间大大减少。

同时选取支持向量机（SVM）、K 近邻算法（KNN）、极限学习机（ELM）和核极限学习机（KELM）四种传统机器学习方法与所提出的基于正则卷积神经网络和迁移学习的算法相比，对比结果如表 8.12 所示。

表 8.12　与传统机器学习方法识别对比结果

方　法	SVM	KNN	ELM	KELM	Small-L2-TL
测 试 精 度	0.6000	0.5412	0.5412	0.6443	0.9175

由表 8.12 所示的结果，基于正则卷积神经网络和迁移学习的算法测试精度达到 0.9175，效果明显优于传统机器学习算法。后续本节还进行了一个小实验，研究不同的正则化方法对性能的影响。

（2）正则化方法对比实验。

实验中选取同 Small-L2-TL 相同的网络模型，数据库选用胃上皮肿瘤细胞图像，正则化方法分别选用 L1 和 Elastic Net 与 L2 正则相比，表 8.13 所示为对比实验结果。

由表 8.13 可以看出，不同的正则化方法对微调效果是有影响的，L1 和 Elastic Net 正则化方法表现都不如 L2 好，这表明 L2 正则化方法更适合调参和抑制模型过拟合。

表 8.13　不同正则化方法的对比实验结果

方　法	Small-L1-TL	Small-Elastic Net-TL	Small-L2-TL
测 试 精 度	0.7732	0.8247	0.9175

8.6 小结

本章介绍了卷积神经网络及一些经典网络模型结构和特点，从理论到应用介绍了各种网络的创新点，希望能给读者带来一些思考，而不仅仅学习它们的代码是怎么写的。在当前的计算机图像领域，卷积神经网络因其强大的表征能力得到了广泛的应用，目前的网络也因硬件条件的改善和算法层面的创新更加贴近实际场景下的应用。当下如人脸识别、扫脸支付、交通大数据分割、医疗图像辅助诊断等系统的推广也给深度卷积神经网络带来了光明的应用前景，着眼于社会需求，学好这部分内容并灵活运用其中的原理进行创造设计是未来更多 AI 人才的学习方向。

参考文献

[1] HUBEL D H, WIESEL T N. Receptive fields, binocular interaction and functional architecture in the cat's visual cortex [J]. Journal of Physiology, 1962, 160(1): 106-154.

[2] FUKUSHIMA K. Neocognitron: A self-organizing neural network model for a mechanism of pattern recognition unaffected by shift in position [J]. Biological Cybernetics, 1980, 36(4): 193-202.

[3] LECUN Y, BOTTOU L. Gradient-based learning applied to document recognition [C]. Proceedings of the IEEE, 1998, 86(11): 2278-2324.

[4] KRIZHEVSKY A, SUTSKEVER I, G HINTON. ImageNet classification with deep convolutional neural networks[C]. In NIPS, 2012.

[5] HINTON G E, SRIVASTAVA N, KRIZHEVSKY A, et al. Improving neural networks by preventing co-adaptation of feature detectors[J]. arXiv preprint arXiv: 1207.0580, 2012.

[6] SIMONYAN K, ZISSERMAN A. Very Deep Convolutional Networks for Large-Scale Image Recognition [C]. International Conference on Learning Representations, 2015.

[7] SZEGEDY C, LIU W, JIA Y, et al. Going Deeper with Convolutions [C]//Proceedings of the IEEE conference on computer vision and pattern recognition. 2015: 1-9.

[8] IOFFE S, SZEGEDY C. Batch Normalization: Accelerating Deep Network Training by Reducing Internal Covariate Shift [C]//International conference on machine learning. PMLR, 2015: 448-456.

[9] SZEGEDY C, VANHOUCKE V, IOFFE S, et, al. Rethinking the Inception Architecture for Computer Vision [C]//Proceedings of the IEEE conference on computer vision and pattern recognition. 2016: 2818-2826.

[10] SZEGEDY C, IOFFE S, VANHOUCKE V, et. al. Inception-v4, Inception-ResNet and the Impact of Residual Connections on Learning[C]//Thirty-first AAAI conference on artificial intelligence, 2017

[11] SRIVASTAVA R K, GREFF K, SCHMIDHUBER, et al. Highway Networks [J]. arXiv preprint arXiv: 1505.00387, 2015.

[12] HE K, ZHANG X, REN S, et.al. Deep Residual Learning for Image Recognition[C]// 2016

IEEE Conference on Computer Vision and Pattern Recognition (CVPR). IEEE, 2016.

[13] HE K, ZHANG X, REN S, et al. Identity Mappings in Deep Residual Networks[C]// European Conference on Computer Vision. Springer, Cham, 2016.

[14] 王永明，王贵锦. 图像局部不变性特征与描述[M]. 北京：国防工业出版社，2010.

[15] HE CHUNMEI, LIU YAQI, YAO TONG, et. al. A fast learning algorithm based on extreme learning machine for regular fuzzy neural network[J]. Journal of intelligent and fuzzy systems, 2018, 36(3): 1-13.

[16] HE CHUNMEI, LI XIAORUI, HU YANYUN, et. al. Microscope images automatic focus algorithm based on eight-neighborhood operator and least square planar fitting[J]. Optik-International Journal for Light and Electron, 2020, 3(206): 1-10

[17] HE CHUNMEI, KANG HONGYU, YAO TONG, et. al. An effective classifier based on convolutional neural network and regularized extreme learning machine[J]. Mathematical Biosciences and Engineering, 2019, 16(6): 8309-8321.

习题

8.1 什么是感受野？为什么说深度学习是受感受野的启发？

8.2 什么是卷积核，什么是 Padding 与 Striding？

8.3 假设步长为 1，有如下输入特征图和卷积核，请求出卷积操作后的输出特征图。

2	1	2	3
3	2	1	3
2	2	3	1
2	3	1	2

输入特征图

0	1
-1	0

卷积核

8.4 设有如下特征图，给定池化窗口为 2×2，请分别用最大池化法和平均池化法求出池化后的输出特征图。

3	5	2	4
2	4	5	3
6	3	5	7
5	8	6	4

8.5 请总结 LeNet-5、AlexNet、VGGNet、Inception 和 Inception-ResNet 这几种卷积神经网络的优点和缺点，并指出其适用场景。

第 9 章　生成对抗网络模型

9.1　引言

机器学习算法非常擅长识别现有数据中的模式，并利用这种洞察力来完成如分类和回归等任务。但是，当要求生成新数据时，计算机一直在挣扎。一种算法可以打败国际象棋大师，估算股票价格走势，并对信用卡交易是否欺诈进行分类。相比之下，任何与 Amazon 的 Alexa 或苹果的 Siri 闲聊的尝试都是注定的。确实，人类最基本的能力（包括欢乐的交谈或原创作品的手工制作）甚至可以使最复杂的超级计算机陷入数字痉挛[1]。

2014 年，Ian Goodfellow 提出了生成对抗网络（Generative Adversarial Networks，GAN）[2]。这项技术使计算机能够使用一个或两个独立的神经网络来生成现实数据。GAN 并不是用于生成数据的第一个计算机程序，但是 GAN 的结果和多功能性使其与所有其他计算机区分开。GAN 已取得了卓越的成果，长期以来人们一直认为对人工系统来说这几乎是不可能的。例如，能够生成具有真实世界质量的伪造图像，将涂鸦转换为照片或将马的视频片段转换为视频。这些都无须烦琐地给训练数据打上标签。

GAN 是一类机器学习技术，它在合成真实世界的图像和建模方面取得了巨大的成功。它广泛应用于各个领域，包括图像视觉计算、语言处理和消息安全性等。GAN 旨在学习实际数据的可能分布，并基于相同分布合成相似数据。GAN 由两个同时训练的模型组成：一个训练模型（Generator）以生成伪造数据，另一个训练模型（Discriminator）从真实示例中识别假数据。“生成”一词表示模型的总体目的是创建新数据，训练集的选择取决于 GAN 将学习生成的数据。例如，如果让 GAN 合成达・芬奇的图像，那么可以使用达・芬奇艺术品的训练数据集。

“对抗”一词指的是构成 GAN 框架的两个模型（生成器和鉴别器）之间的动态博弈式竞争。生成器的目的是创建与训练集中的真实数据没有区别的示例。在示例中，意味着制作出看起来像达・芬奇的图像。鉴别器的目的是将生成器生成的伪造示例与训练数据集中的真实示例区分开。在示例中，鉴别器扮演艺术专家的角色，评估被认为是达・芬奇图像的真实性。两个网络不断地相互取胜：生成器在创建令人信服的数据时越出色，鉴别器在区分真实示例与伪造实例方面就越好。

9.2　预备知识

GAN 的基础数学很复杂，我们将在后面的章节中探讨。幸运的是，许多现实世界的类比都可以使 GAN 更容易理解。下面讨论一个艺术伪造者（生成器）试图欺骗艺术专家（鉴别器）的示例。艺术伪造者制作的假画越有说服力，艺术专家就必须越好，以确定其真实性。在相反的情况下也是如此：艺术专家越能分辨一幅特定的绘画是否真实，艺术伪造者就必须改善得越多，以免被人抓到。很多人经常用来描述 GAN 的另一个隐喻是 Ian Goodfellow 自己喜欢使用的一个隐喻，即犯罪分子（生成器）造假钞，侦探（鉴别器）试图抓住他。假钞的外观越真实，侦探就必须更好地识别它们，反之亦然。

用更多的技术术语来说，Generator 的目标是生成一些样本来捕获训练数据集的特征，以至于它生成的样本看起来与训练数据没有区别。相反，可以将 Generator 视为对象识别模型，通过学习图像中的图案以识别图像的内容。生成器不是识别模式，而是学习从头开始创建它们。实际上，生成器的输入只不过是一个随机向量。

生成器通过从鉴别器分类中接收到的反馈来学习。鉴别器的目标是确定特定示例是真实的（来自训练数据集）还是伪造的（由生成器创建）。因此，每当鉴别器被愚弄到将伪造图像分类为真实图像时，生成器就知道它做得很好。相反，鉴别器每次正确鉴别生成器生成的图像是伪造图像时，生成器都会收到需要改进的反馈。

鉴别器也在不断改进。像任何分类器一样，它可以从预测值到真实标签（真实标签或伪造标签）的距离中学习。因此，随着 Generator 在生成逼真的数据方面变得更加出色，Discriminator 在从真实数据中辨别伪造数据方面也变得更加出色，并且两个网络都在不断改进。表 9.1 总结了生成器和鉴别器的主要内容。

表 9.1　生成器和鉴别器的主要内容

项　目	生 成 器	鉴 别 器
输入	随机向量	鉴别器从两个来源接收输入： 来自训练数据集的真实示例和来自 Generator 的伪造示例
输出	尽可能真实的假样本	输入示例为真实的预测概率
目标	生成与训练数据集的样本无法区分的伪造数据	区分来自 Generator 的伪造示例和来自训练数据集的真实示例

9.2.1　GAN 基础模型

现在，你已经对 GAN 及其组成网络有一个稍微地了解，下面仔细介绍其实际系统。想象一下，应该如何让 GAN 产生看起来逼真的手写数字。图 9.1 所示为 GAN 的基础模型。

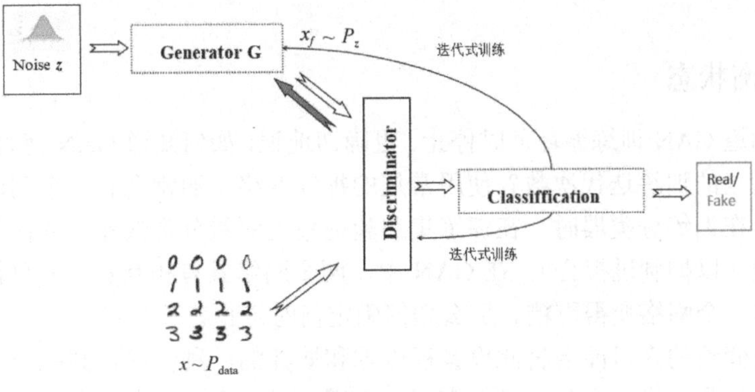

图 9.1　GAN 的基础模型

在图 9.1 中，训练数据集：希望生成器学习以接近完美的质量模拟真实示例的数据集。在这种情况下，数据集由手写数字图像组成。该数据集用作输入 x 到鉴别器。

随机噪声向量：生成器的原始输入。此输入是随机数向量，生成器将其用作合成伪造示例的起点。

生成器：采用随机数的向量 z 作为输入，并输出伪造示例 x_f。它的目的是使生成的伪造示例与训练数据集中的真实示例无法区分。

鉴别器：将来自训练数据集的真实示例 x 或生成器生成的伪造示例 x_f 作为输入。对于每个示例，鉴别器确定并输出该示例是否真实的概率。

迭代式训练：对于鉴别器的每个预测结果，通过反向传播迭代地调整鉴别器和生成器，鉴别器的权值和偏差会更新，以最大程度提高分类精度（最大化正确预测的概率：x 为真，x_f 为假）。生成器的权值和偏差会更新，以使鉴别器将 x_f 错误分类为真实示例的可能性最大化。

9.2.2 GAN 训练

了解 GAN 的各个组成部分的目的可能就像查看引擎的快照：在它运行之前无法完全理解它。首先，简单了解下 GAN 训练算法和它的训练过程，以便你可以看到实际的架构图。

GAN 训练算法的训练过程如下。

1）训练鉴别器

（1）从训练数据集中获取一个随机的真实示例 x。

（2）获取一个新的随机噪声向量 z，并使用生成器生成一个伪造示例 x_f。

（3）使用鉴别器对 x 和 x_f 进行分类。

（4）计算分类误差并反向传播总误差，以更新鉴别器的可训练参数，将分类误差降至最低。

2）训练生成器

（1）获得一个新的随机噪声向量 z，并使用生成器生成一个伪造示例 x_f。

（2）使用鉴别器对 x_f 进行分类。

（3）计算分类误差并反向传播该误差，以更新生成器的可训练参数，使鉴别器误差最大化。

3）结束

9.2.3 平衡状态

你可能想知道 GAN 训练循环何时停止。更确切地说，如何知道 GAN 何时经过全面训练，以便可以确定适当的训练迭代次数？使用常规的神经网络，通常会有一个明确的目标来实现和衡量。例如，在训练分类器时，在训练集和验证集上测量分类误差，并在验证误差开始恶化时停止该过程（以抑制过拟合）。在 GAN 中，两个网络具有相互竞争的目标：当一个网络变得更好时，另一个网络变得更糟。那么如何确定何时停止？

那些熟悉博弈论的人可能会将此设置视为零和博弈的一种情况，其中一个玩家的收益等于另一个玩家的损失。当一个参与者提高到一定程度时，另一名参与者恶化同样程度。所有零和游戏都有 Nash 平衡，在这一点上，任何玩家都无法通过更改其行为来改善其处境或收益。当满足以下条件时，GAN 达到 Nash 平衡。

生成器生成的伪造示例与训练数据集中的真实示例没有区别。

鉴别器只能依靠随机猜测来确定一个特定示例是真实的还是伪造的（以 1∶1 的比例猜测一个示例是真实的）。

为什么会这样？当每个伪造示例 x_f 与来自训练数据集的真实示例 x 确实无法区分时，鉴别器无法用来区分它们。由于接收到的示例中有一半是真实的，另一半是伪造的，因此鉴别器可以做的最好的事情是掷硬币，并将每个示例分类为真实或伪造的概率为 50%。

同样，生成器处于无法从进一步调整中获益的地步。因为它生成的示例与真实示例无法区分，所以将其用于将随机噪声向量 z 转换为伪造示例 x_f 的过程进行微小的更改，为鉴别器提供一个辨别特征的线索。真实数据中的伪造示例使 Generator 变得更糟。

达到平衡后，理论上 GAN 已经收敛。但这正是棘手的时候，在实践中，几乎不可能找到 GAN 的 Nash 平衡，因为在非凸博弈中达到收敛涉及巨大的复杂性。确实，GAN 收敛仍然是 GAN 研究中最重要的开放问题之一。

幸运的是，这并不妨碍 GAN 研究或生成对抗性学习的许多创新应用。即使在缺乏严格的数学保证的情况下，GAN 也取得了卓越的经验结果。本章涵盖一些极具影响力的内容，以下将对其中一些内容进行预览。

9.2.4 为什么学习 GAN

自发明以来，GAN 被学术界和行业专家誉为深度学习中最重要的创新之一。Facebook 的 AI 研究主管 Yann LeCun 说 GAN 及其变体是“过去 20 年来深度学习中最酷的想法”[3]。

也许最值得注意的是 GAN 创建超真实感图像的能力。图 9.2[4]中的面孔都不属于真实的人；它们都是伪造的，显示出 GAN 具有以逼真的质量合成图像的能力。这些图像是使用自注意 GAN（见 9.6 节）生成的。

图 9.2 自注意 GAN 合成逼真的伪造图像

更加实用的 GAN 示例同样引人入胜。在医学研究中，GAN 用于通过合成示例扩展数据集以提高诊断准确性[5]。在 9.4 节和 9.5 节中，掌握了训练 GAN 及其变体的来龙去脉之后，将详细探讨这个应用程序。

GAN 可以为世界带来很多好处，在本章中，你能摸索 GAN 所提供的一切。但是，希望本章能够为你提供必要的理论知识和实践技能，以继续探索你认为最有趣的领域。

9.2.5 GAN 概述

GAN 算法属于生成算法，生成算法和判别算法是机器学习算法的两类。如果机器学习算法是基于观测数据的完全概率模型，那么该算法是生成算法。生成算法由于其广泛的实际应用而变得越来越流行和重要。生成算法可以分为两类：显式密度模型和隐式密度模型。图 9.3[6]列出了具有代表性的 GAN 变体，其中几个将在后面章节中详细介绍。

<table>
<tr><th colspan="3">目标函数GAN的算法概括</th></tr>
<tr><td colspan="2">GAN的代表性变体</td><td>InfoGAN, cGANs, CycleGAN, f-GAN, WGAN, WGAN-GP, LS-GAN</td></tr>
<tr><td rowspan="3">GAN训练</td><td>目标函数</td><td>LSGAN, hinge loss based GA, MDGAN, unrolled GAN, SN-GANs, RGANs</td></tr>
<tr><td>技巧性</td><td>ImprovedGANs, AC-GAN</td></tr>
<tr><td>结构性</td><td>LAPGAN, DCGANs, PGGAN, StackedGAN, SAGAN, BigGANs
StyleGAN, hybrids of autoencoders and GANs (EBGAN, BEGAN, BiGAN/ALI, AGE),
multi-discrimina tor learning (D2GAN, GMAN),
multi-generator learning (MGAN ,MAD-GAN), multi-GAN learning (CoGAN)</td></tr>
<tr><td rowspan="3">任务驱动的GANs</td><td>半监督学习</td><td>CatGANs, feature matching GANs, VAT, △-GAN, Triple-GAN</td></tr>
<tr><td>迁移学习</td><td>CyCADA, ADDA, FCAN,
unsupervised pixel-level domain adaptation (PixelDA)</td></tr>
<tr><td>增强学习</td><td>GAIL</td></tr>
</table>

图 9.3 GAN 变体

9.2.6 显式密度模型

显式密度模型假设分布，并利用真实数据训练包含分布的模型或拟合分布参数。完成后，利用学习的模型或分布生成新的示例。显式密度模型包括最大似然估计（MLE）、近似推断和马尔可夫链算法。这些显式密度模型具有显式分布，但有局限性。例如，对真实数据进行 MLE，并根据真实数据直接更新参数，这会导致生成模型过于平滑。由于难以求解目标函数，因此通过近似推理学习的生成模型只能接近目标函数的下限，而不能直接接近目标函数。马尔可夫链算法可用于训练生成模型，但计算量大。此外，显式密度模型具有计算可处理性的问题。它可能无法代表真实数据分布的复杂性，而无法学习高维数据分布。

9.2.7 隐式密度模型

隐式密度模型不能直接估计或拟合数据分布。它从分布中产生示例而没有明确的假设[7]，并利用产生的示例修改模型。在 GAN 之前，通常需要使用祖先采样[8]或基于马尔可夫链的采样来训练隐式密度模型，效率低下并限制了它们的实际应用。GAN 属于有向隐式密度模型类别。详细的摘要和相关论文可以在文献[9]中找到。

9.2.8 GAN 与其他生成算法比较

对抗学习背后的基本思想是，生成器尝试创建尽可能真实的示例来欺骗鉴别器。鉴别器试图将伪造示例与真实示例区分开，生成器和鉴别器都可以通过对抗性学习来改善。与其他生成算法相比，这种对抗过程使 GAN 具有明显的优势。更具体地说，GAN 与其他生成算法相比具有以下优势。

（1）相对某些生成算法[10]可以并行化生成。

（2）生成器的设计几乎没有限制。

（3）相比其他生成算法，GAN 被认为可以产生更好的结果。

9.3　GAN 的基础理论

本节将探讨 GAN 的基础理论。如果你选择更深入地研究该领域，那么本节将介绍你可能会遇到的常用数学符号，也许是通过阅读以理论为重点的出版物，甚至是有关该主题的许多学术论文之一。本节还为更高级的章节提供背景知识。

但是，从严格的实践角度来看，你不必担心其中的许多形式主义，就像你不需要了解内燃机如何驱动汽车一样。Keras、TensorFlow 和 PyTorch 等机器学习库抽象了基础数学，并将它们整齐地打包为可导入的代码。

9.3.1　GAN 的基础——对抗训练

形式上，生成器和鉴别器由可区分的函数（如神经网络）表示，每个函数都有其自己的成本函数，通过使用鉴别器的损失进行反向传播训练这两个网络。鉴别器努力使真实示例和伪造示例的损失最小化，而生成器尝试使鉴别器产生的伪造示例的损失最大化。

图 9.4 总结了这一状态。它是 9.2 节中 GAN 的更一般的版本，一般训练 GAN 没有固定的训练数据集，而在理论上可以是任何东西，而不是手写数字的具体示例。

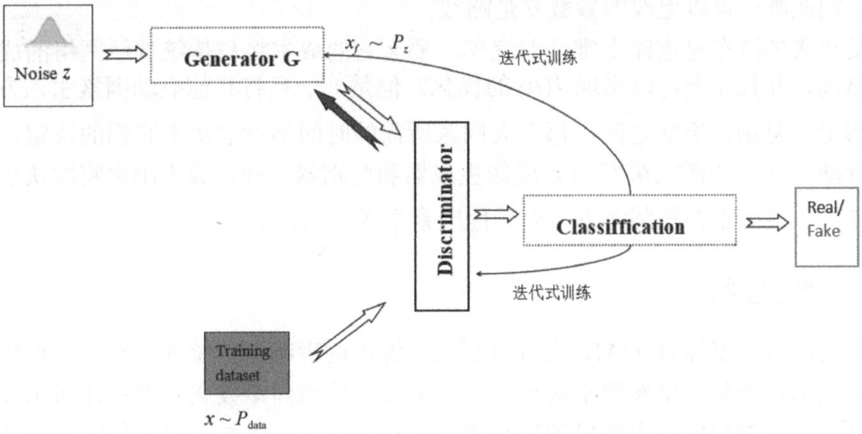

图 9.4　GAN 的对抗训练过程

在图 9.4 中，生成器和鉴别器均使用鉴别器的损失进行训练。鉴别器努力使损失最小化；生成器试图将其生成的伪造示例的损失最大化

重要的是，训练数据集确定了 Generator 将学习模仿的示例类型。例如，如果目标是生成看起来逼真的猫图像，那么将为 GAN 提供猫图像数据集。

用更多的技术术语来说，生成器的目标是提供一些示例，以捕获训练数据集的数据分布。

回想一下，在计算机上，图像只是一个值矩阵，用于灰度的二维和 RGB 图像的三维。当在屏幕上渲染时，这些矩阵中的像素值体现了图像的所有视觉元素，如线条、边缘、轮廓等。这些值遵循数据集中每张图像的复杂分布。如果不遵循分布，那么图像不过是随机噪声。对象识别模型通过学习图像中的模式以识别图像的内容。生成器可以被认为是该过程的逆向过程：与其识别这些模式，不如学习合成它们。

9.3.2 损失函数

我们先给出一些标准术语和符号。让 $J^{(G)}$ 表示生成器的成本函数，而 $J^{(D)}$ 表示鉴别器的成本函数。这两个网络的可训练参数（权值和偏差）由希腊字母 θ 表示：$\theta^{(G)}$ 表示生成器，$\theta^{(D)}$ 表示鉴别器。

GAN 在两个关键方面与传统神经网络不同。一方面，传统神经网络的成本函数 J 仅根据其自身的可训练参数 θ 进行定义。在数学上，表示为 $J(\theta)$。相反，GAN 由两个网络组成，其成本函数取决于两个网络的参数。即生成器的成本函数为 $J^{(G)}(\theta^{(G)},\theta^{(D)})$，鉴别器的成本函数为 $J^{(D)}(\theta^{(G)},\theta^{(D)})$ [9]。

另一方面，传统神经网络可以在训练过程中调整其所有参数 θ。在 GAN 中，每个网络只能调整自己的权值和偏差。在训练过程中，生成器只能调整 $\theta^{(G)}$，而鉴别器只能调整 $\theta^{(D)}$。因此，每个网络仅控制确定其损失的一部分。

这一点可能太抽象，请考虑以下类推。想象一下，你正在选择以哪种方式下班回家。如果没有交通，那么最快的选择是高速公路。但是，在高峰时段，最好走一条小路。尽管路途更长，风更大，但当高速公路都被交通堵塞时，走小路可能能够更快地回家。

将其表述为数学问题。J 是成本函数，被定义为回家所需的时间。目标是尽量减少 J。为简单起见，假设以固定的时间离开办公室，所以不能提早离开高峰时间，也不能迟到以避免高峰时间。因此唯一可以更改的参数 θ 是路线。

如果某个人的汽车是道路上唯一的汽车，那么它的成本将与传统神经网络的成本相似：仅取决于路线，并且完全可以实现 $J(\theta)$ 的优化。但是，一旦将其他驱动因素引入方程式，情况就会变得更加复杂。突然之间，每个人回家所需的时间不仅取决于它们的决定，还取决于驾驶员的行动方式，$J(\theta^{(us)},\theta^{(others)})$。就像生成器和鉴别器一样，成本函数将取决于因素的相互作用，其中一些因素在控制之下，而其他因素不在控制之下。

9.3.3 训练过程

本节描述的两个差异对 GAN 训练过程具有深远的影响。传统神经网络的训练是一个优化问题。试图通过找到一组参数来最小化成本函数，移动到参数空间中的任何相邻点都会增加成本。这可能是参数空间中的局部最小值或全局最小值，由寻求最小化的成本函数确定。图 9.5 说明了最小化成本函数的优化过程。碗形网状表示在参数空间 θ_1 和 θ_2 的损失 J，黑线表示优化使参数空间的损失最小化。

由于生成器和鉴别器只能调整自己的参数，不能彼此调整，因此 GAN 训练可以更好地描述为游戏，而不是优化。该游戏中的玩家是 GAN 所组成的两个网络。

回顾 9.2 节，GAN 训练在两个网络达到 Nash 平衡时结束，这是游戏中的一个点，在这个点上，任何玩家都无法通过改变策略来改善处境。从数学上讲，当生成器损失

$J^{(G)}(\theta^{(G)},\theta^{(D)})$ 时，相对生成器的可训练参数 $\theta^{(G)}$ 最小，同时鉴别器损失 $J^{(D)}(\theta^{(G)},\theta^{(D)})$ 在该网络控制下的参数 $\theta^{(D)}$ 最小。图 9.6 说明了两人零和游戏的设置及达到 Nash 平衡的过程。玩家 1 试图通过调整 θ_1 来最小化 V。玩家 2 试图通过调整 θ_2 来最小化 $-V$（最大化 V）。鞍形网格显示了参数空间 $V(\theta_1,\theta_2)$ 中的组合损耗。图中线段表示在鞍座中心收敛到 Nash 平衡。

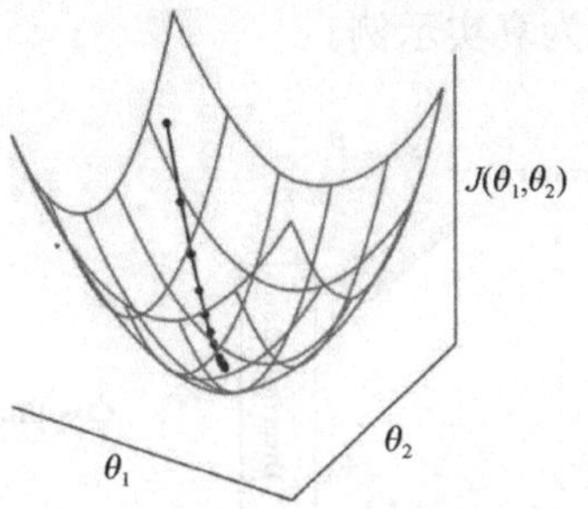

图 9.5　最小化成本函数的优化过程

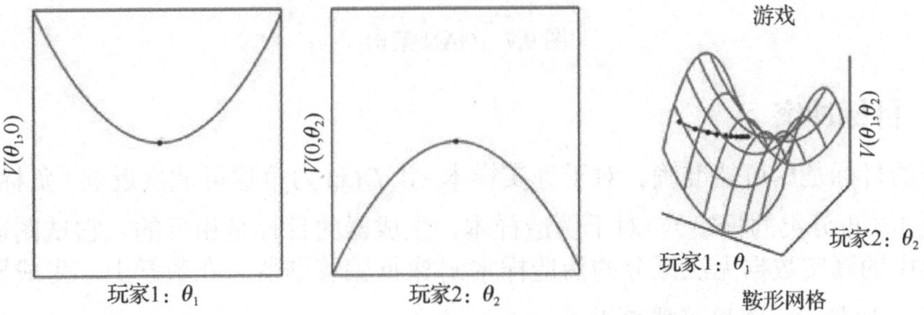

图 9.6　两人零和游戏的设置及达到 Nash 平衡的过程

回到之前的比喻，当每条回家的路线花费的时间完全相同时，Nash 平衡会发生在某个驾驶员和路上可能遇到的其他驾驶员间。任何较快的路线都会被按比例增加或抵消，从而使每个人的行驶速度减至恰到好处。如你所想，这种状态在现实生活中几乎是无法达到的。即使使用 Google Maps 之类的工具提供实时交通更新，通常也不可能完美地评估最佳回家路线。

在训练 GAN 的高维，非凸世界中也是如此。即使是 MNIST 数据集中的 28×28 的小灰度图像，也具有 $28\times28=784$ 的尺寸。如果它们是 RGB 图像，那么其尺寸将增加三倍，达到 2352。在训练数据集中的所有图像上捕获这种分布非常困难，尤其是当最好的学习方法是从对手（鉴别器）中学习时。

成功地训练 GAN 要求反复试验，尽管有最佳实践，但它仍然是一门艺术，也是一门科学。但你可以放心，情况并没有听起来那么糟。正如在 9.2 节中预览的那样，你将在本书中看到，无论是近似于生成分布的巨大复杂性，还是缺乏对 GAN 收敛的条件的完全理解，都没有妨碍 GAN 的实际可用性及其生成实际数据示例的能力。

9.3.4　生成器和鉴别器

通过引入更多的符号来回顾一下你学到的东西。生成器 G 接收随机噪声向量 z 并生成伪造示例 x_f。数学上，$G(z)=x_f$。鉴别器 D 带有真实示例 x 或伪造示例 x_f。对于每个输入，它都输出一个介于 0 和 1 之间的值，代表该输入为实数的概率。图 9.7 使用刚刚介绍的术语和符号描述了 GAN 架构。

如图 9.7 所示，生成器 G 变换随机向量 z 为伪造示例 $x_f: G(z)=x_f$。鉴别器 D 输出输入示例是否真实的分类。对于真实示例 x，鉴别器努力输出尽可能接近 1 的值。对于伪造示例 x_f，鉴别器努力输出尽可能接近 0 的值。相比之下，生成器希望 $D(x_f)$ 尽可能接近 1，这表明鉴别器被欺骗，将伪造示例归类为真实示例。

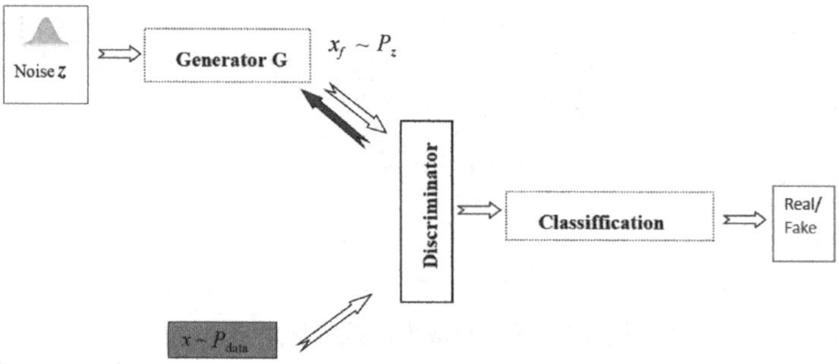

图 9.7　GAN 架构

9.3.5　目标冲突

鉴别器的目标是尽可能准确。对于真实样本 x，$D(x)$ 力争尽可能接近 0（负标签），寻求尽可能接近 1（正分类的标签）。对于伪造样本，生成器的目标是相反的。它试图通过生成与训练数据集中的真实数据无法区分的伪造样本 x_f 来欺骗鉴别器。在数学上，生成器努力生成伪造示例 x_f，以使 $D(x_f)$ 尽可能接近 1。

9.3.6　混淆矩阵

鉴别器的分类可以用混淆矩阵来表示，混淆矩阵是二进制分类中所有可能结果的表格表示。对于鉴别器，这些如下。

真正的积极被正确地分类为真实示例：$D(x)\approx 1$。

假阴性真实示例被错误地分类为伪造示例：$D(x)\approx 0$。

真否定伪造示例被正确地分类为伪造示例：$D(x_f)\approx 0$。

假阳性伪造示例被错误地分类为真实示例：$D(x_f)\approx 1$。

表 9.2 列出了这些结果。

表 9.2　混淆矩阵

输　入	鉴别器输出	
	接近 1（真实）	接近 0（伪造）
真实（x）	真阳性	假阴性
伪造（x_f）	假阳性	真阴性

使用混淆矩阵术语，鉴别器试图最大化真阳性和真阴性分类，或者等效地最小化错误的正负分类。相比之下，生成器的目标是最大化鉴别器的错误分类，在这些情况下，生成器成功地欺骗了鉴别器，使它们认为伪造示例是真实示例。生成器不关心鉴别器对真实示例进行分类的程度，它只在乎鉴别器对伪造示例的分类。

9.3.7　GAN 训练算法

对于每次训练迭代。

1）训练鉴别器

（1）从训练数据集中获取一个随机的真实示例 x。

（2）获取一个新的随机噪声向量 z，并使用生成器生成小批量的伪造示例：$G(z)=x_f$。

（3）计算 $D(x)$ 和 $D(x_f)$ 的分类损失并反向传播总损失，以更新鉴别器的可训练参数 $\theta^{(D)}$，将分类误差降至最低。

2）训练生成器

（1）获得一个新的随机噪声向量 z，并使用生成器生成小批量的伪造示例：$G(z)=x_f$。

（2）计算 $D(x_f)$ 的分类损失并反向传播该损失，以更新生成器的可训练参数 $\theta^{(D)}$，使鉴别器误差最大化。

请注意，在训练鉴别器时，生成器的参数保持不变。同样，在训练生成器时，鉴别器的参数保持不变。只允许更新正在训练的网络的权值和偏差，原因是将所有变化与网络控制下的参数进行隔离。这样可以确保每个网络都能获得将要进行的更新的相关信号，而不会受到其他更新的干扰。几乎可以将其想象为两名玩家轮流比赛。

当然，你也可以想象一个场景，其中每名玩家只会撤销对方的进度，因此即使是回合制游戏也不能保证产生有用的结果。（前面是否已经说过，GAN 训练起来非常棘手？）在 9.5 节中将对此进行更多讨论，还将讨论最大程度提高成功机会的技术。

9.4　训练和常见挑战

诸如“如何训练你的 DRAGAN”之类的论文既证明了机器学习研究人员的出色能力，又难以很好地训练 GAN。

但是 GAN 训练是一个不断发展的挑战，本节提供了训练技术的全面而较新的概述。也希望借此为你提供所有基本工具，以了解可能出现的绝大多数新论文。在许多书籍中，这会以利弊清单的形式出现，而这并不能使读者对选择全面了解。由于 GAN 是一个新兴领域，因此不可能有简单的清单就能够展示，因为大部分文献仍未就某些方面达成最终共识。GAN 也是一个快速发展的领域，因此本章更希望为你提供导航的能力，而不是可能很快过时的信息。

9.4.1　评价

重温一下 9.2 节中关于伪造达·芬奇画像的比喻。想象一下，一个伪造者（生成器）正在试图模仿达·芬奇，以便在一次展览中接受这幅伪造的画像。这个伪造者正在和一个艺术评论家（鉴别器）竞争，艺术评论家只想在展览中接受真正的作品。在这种情况下，如果你是伪造者，你的目标是创造一件“丢失的作品”，以一个完美的模仿达·芬奇的风格愚弄艺术评论家，由这位伟大的艺术评论家评价，他会评价谁做得好？

GAN 正试图解决伪造者和艺术评论家之间永无休止的竞争问题。实际上，考虑生成器通常比鉴别器更感兴趣，应该格外仔细地考虑它的评估。但是，如何量化一个伟大画家的风格，或者我模仿它有多近？如何量化子代？

9.4.2 评价框架

最好的解决方案是让达•芬奇使用他的风格绘画所有可能的画像，然后查看使用 GAN 生成的画像是否在该收藏集中。你可以将此过程视为最大似然最大化的非近似版本。实际上，会知道画像是否在该收藏集中，因此不涉及任何可能性。但是，实际上，这种解决方案永远是不可能的。

最好的方法是评估画像并指向要查找的内容的示例，然后加总错误或伪造画像的数量。但是这些将高度本地化，最终将始终需要艺术评论家来审视艺术品本身。从根本上讲，这是无法扩展的解决方案，尽管可能是次优的解决方案。

希望有一种统计方法来评估生成的样本的质量，因为这可以允许在进行实验时进行评估。如果没有容易计算的指标，那么无法监控进度，对于评估不同的实验尤其是一个问题。例如，每次在进行超参数初始化时，都想象在循环中由人类进行测量甚至反向传播。鉴于 GAN 往往对超参数非常敏感，因此，没有统计指标很困难，因为每次在评估训练质量时，都必须与人进行核对。

为什么不使用已经了解的东西，如极大似然值？它是统计数据，可以度量一些模糊的期望值。尽管如此，极大似然值还是很难使用在 GAN 中，因为需要对基础分布及其可能性进行良好的估计，这可能意味着数十亿张图像。即使只有一个很好的样本——在训练集中有效获得的样本，也有理由超出极大似然值。

极大似然还有什么问题？毕竟，在许多机器学习研究中，它是一个公认的指标。在一般情况下，极大似然有许多可取的性质，但使用它作为 GAN 的一种评估技术是不可行的。

此外，在实践中，极大似然的近似值过于笼统，提供的样本变化太大以至于无法使用它来评测[11]。在极大似然值下，可能会发现在真实世界中永远不会出现的样本，如多头狗或有数十只眼睛却没有身体的长颈鹿。我们并不想让 GAN 太过暴力而给任何人带来噩梦，应该使用损失函数和/或评估方法，淘汰过于笼统的样本。

考虑过度概括的另一种方法是从伪造数据和真实数据（如图像）的概率分布开始，并研究在以下情况下的距离函数（一种用于测量真实图像和伪造图像分布之间距离的方法）。如果这些通用样本之间的差异不大，那么产生额外损失的可能性很小。例如，在除几个关键地方（如头部）以外的所有方面都接近真实数据，但实际上却不是同一种动物。

这就是为什么研究人员认为需要不同的评估原则，即使一直在做的事情总是使可能性最大化，并且只是以不同的方式对其进行衡量。对于那些好奇的人，KL 散度和 JS 散度也是基于极大似然值的，因此在这里可以将它们视为可互换的。

因此，你现在了解到，必须能够评估一个样本，并且不能简单地使用极大似然值来做这一点。接下来，将讨论统计评估所生成样本质量的两个最常用和公认的度量标准：Inception Score（IS）和 Frechet Inception Distance（FID）。这两个度量的优点在于，它们已被广泛验证为至少与某些所需属性（如图像的视觉吸引力或真实感）高度相关。初始分数的设计仅基于样本应可识别的想法，但也已证明与人类对构成真实图像的直觉相关联。

9.4.3　Inception Score

GAN 的生成器希望生成的样本看起来像一些真实的、可区分的东西，如桶或牛。样本看起来很真实，可以在数据集中生成目标样本。此外，分类器希望看到的是它可以识别的项目。幸运的是，已经有了计算机视觉分类器，其能够以一定的信心将图像分类为特定类别。IS 本身是以 Inception 命名的，该网络是这些分类器之一。

生成的样本是多种多样的，并且在理想情况下包含原始数据集中表示的所有类。这一点也是非常可取的，因为生成的样本应该代表提供的数据集。如果生成 MNIST 数据集的 GAN 始终缺少数字 8，那么即便没有出现类间模式崩溃[12]，也不是良好的生成模型。

虽然可能对生成模型有进一步的要求，但这是一个良好的开端。IS[13]最初是在 2016 年的一篇论文中引入的，该论文广泛地验证了这一度量，并证实了它确实与人类对构成高质量样本的看法有关。此后，这种度量标准在 GAN 研究界变得流行起来。已经解释了为什么想要有这个度量，现在深入研究技术细节。计算 IS 是一个简单的过程，IS 函数定义为

$$\mathrm{IS}(G)=\exp\left\{\frac{1}{N}\sum_{i=1}^{N}D_{\mathrm{KL}}\left[p\left(y\mid x^{(i)}\right)\|\hat{p}(y)\right]\right\}\tag{9.1}$$

输入图像 x 被反馈到预先训练的模型并获得分类概率。边缘概率 $p(\hat{y})$ 的值越大，生成的图像的多样性越高。通过计算真实分布 $p(y\mid x^{(i)})$ 和生成分布 $\hat{p}(y)$ 的 KL 散度[14]获得 IS。较高的 IS 表示生成的图像具有较高的多样性和质量。

9.4.4　Frechet Inception Distance（FID）

下一个要解决的问题是 GAN 生成的样本往往缺乏多样性。通常，GAN 只为每个类学习少量的图像。2017 年，提出了一个新的解决方案 FID[15]。FID 距离是评估生成图像质量的度量标准，专门用于评估 GAN 的性能，它能比 IS 更好地计算生成图像与真实图像的相似性，是 IS 的一种改进。

这一点很重要，因为如果使用 IS 基线，那么可能只产生一种类别。但是，如果正在试图创建一个 Cat-Generation 算法，结果可能并不是想要的。希望 GAN 从多个角度输出呈现猫的样本，通常是不同的图像。

同样不希望 GAN 只是简单地记住这些图像。幸运的是，可以在像素空间中查看图像之间的距离。FID 的实现更复杂，但它更好的想法是，正在寻找一个生成的样本分布，以尽量减少必须进行的修改，并确保生成的分布看起来像真实数据的分布。

FID 通过 Inception 网络运行图像来计算。在实践中，比较中间的表示特征映射层，而不是最终输出（这是一种嵌入）。相较 IS 而言，FID 对噪声更具鲁棒性。FID 函数定义为

$$\mathrm{FID}\left(P_x,P_g\right)=\left\|u_x-u_g\right\|+\mathrm{Tr}\left(\sigma_x+\sigma_g-2\left(\sigma_x\sigma_g\right)^{\frac{1}{2}}\right)\tag{9.2}$$

式中，u_x 和 u_g 是特征的均值；σ_x 和 σ_y 是特征的方差；Tr 是对角元素的总和。较低的 FID 表示生成的图像具有较高的多样性和质量。

为了从图像中抽象出来，如果有一个理解良好的分类器领域，那么可以使用它的预测来衡量这个特定的样本是否真实。总之，FID 是一种从艺术评价者那里抽象出来的方法，它允许从分布上进行统计推理，甚至是关于图像的真实性那样难以量化的事情。

9.4.5 训练挑战

训练一个 GAN 可能是复杂的，其训练可能遭遇如下的问题。

1）模式崩溃

在模式崩溃中，一些模式（如类）在生成的样本中没有得到很好地表示。即使实际数据分布支持这部分分布中的样本，也可能发生模式崩溃。例如，MNIST 数据集中将没有数字 8。请注意，即使网络已经收敛，模式崩溃也可能发生。在解释 FID 时，讨论了类内模式崩溃，在解释 IS 时，讨论了类间模式崩溃。

2）收敛速度慢

对于 GAN 和不受监管的设置，这是一个大问题，在这种情况下，收敛速度和可用计算通常是主要限制因素。与监督学习不同，在非监督学习中，可用的标记数据通常是第一个障碍。而且，有些人认为，计算而非数据将成为未来 AI 竞赛的决定性因素。另外，每个人都希望不需要几天的训练就能快速完成模型。

3）过度泛化

在这里，主要讨论不应存在的模式（潜在数据样本）起作用的情况。例如，你可能会看到一头牛具有多个身体，但只有一个头，反之亦然。发生这种情况时，GAN 会根据实际数据过度概括并学习不应存在的事物。

注意，模式崩溃和过度泛化有时可以通过重新初始化算法来解决，但是这样的算法是脆弱的、糟糕的。总的来说，这里给了两个关键指标：速度和质量。但即使这两个指标也是相似的，因为大多数训练最终都集中在更快地缩小真实分布和生成分布之间的差距。

那么该如何解决上述问题呢？在进行 GAN 训练时，可以采用多种技术，就像使用其他任何机器学习算法一样，可以帮助改善训练过程。

（1）增加网络深度。

（2）更改游戏设置。

① 原始论文提出的极小、极大设计和停止标准。

② 原始论文提出的非饱和设计和停止标准。

③ 使用 Wasserstein GAN。

（3）训练技巧。

① 标准化输入。

② 梯度惩罚。

③ 多训练鉴别器。

④ 避免稀疏渐变。

⑤ 更改为平滑带噪声的标签。

9.4.6 增加网络深度

与许多机器学习算法一样，使训练更稳定的最简单方法是降低复杂性。如果你可以从简单的算法开始并进行迭代添加，那么可以在训练过程中获得更高的稳定性、更快的收敛性及潜在的其他好处。你可以使用简单的 Generator 和 Discriminator 来快速实现稳定性，然后在训练时增加复杂性。在这里，NVIDIA 的作者逐渐发展了这两个网络，最终在每个训练周期中，将生成器的输出增加一倍，将鉴别器的输入增加一倍。从两个简单的网络开始，并进行训练，直到获得良好的性能。

这样可以确保不是从比初始输入大小大几个数量级的庞大参数空间开始，而是从生成4×4的图像开始，并在将输出尺寸加倍之前导航此参数空间。重复此过程，直到获得大小为1024×1024的图像。这种方法具有以下优点：稳定性、训练速度，以及最重要的产生样品的质量及其规模。尽管这种方式很新，但希望越来越多的论文可以使用它。你也应该尝试一下，因为它是一种几乎可以应用于任何类型 GAN 的技术。

9.4.7　各种 GAN 游戏设置

思考 GAN 具有两人竞争性质的一种方法是，假设你正在玩围棋游戏或任何其他可以在任何时候结束的棋盘游戏，如国际象棋（事实上，这是借鉴 DeepMind 的 AlphaGo 方法，将其分解为政策和价值网络）。作为一名玩家，你不仅需要了解游戏的目标及两名玩家都想达成的目标，还应该了解你是如何接近胜利的。因此，你有规则，并且有距离（胜利）度量标准，如丢失的棋子数量。

但是，正如并非每个棋盘游戏的胜利指标都适用于每个游戏一样，某些 GAN 胜利指标（距离或差异）倾向于与特定游戏设置一起使用，而不与其他游戏设置一起使用。分别检查每个损失函数（胜利指标）和玩家动态（游戏设置）。

在这里，开始介绍一些描述 GAN 问题的数学符号。公式很重要，保证不会以不必要的任何东西吓到你。之所以介绍它们，是为了使你有一个高层次的了解，并为你提供许多 GAN 研究人员似乎仍无法区分的工具。

1）极小极大 GAN

正如在本书前面所解释的那样，你可以从游戏理论的角度来考虑 GAN 的设置，在这种情况下，两名玩家试图互相击败。但即使是 2014 年的原始论文也提到了游戏的两个版本,原则上，原始论文所描述的另一个版本是一种更易理解，理论上更扎实的方法：将 GAN 问题视为最小最大博弈，鉴别器的损失函数为

$$J^{(\mathrm{D})} = E_x \sim p_{\mathrm{data}}\left[\log D(x)\right] + E_{\mathrm{Z}} \sim p_z\left(\log\left\{1 - D\left[G(z)\right]\right\}\right) \tag{9.3}$$

E 代表对 x（真实数据分布）或 Z（潜在空间）的期望；噪声样本 $z \sim p(z)$ 来自正态分布或均匀分布；p 是真实样本的分布；$G(z)$代表生成器的功能（将潜在矢量映射到图像）；$D(x)$代表鉴别器的功能（将图像映射到概率）。鉴别器的目的是鉴别训练中生成器合成的真实样本和伪造样本。$\log(D(x))$是$[0,1]$和$[D(x),1-D(x)]$之间的交叉熵。类似地，$\log\{1-D[G(z)]\}$是$[0,1]^{\mathrm{T}}$和$[D[G(z)],1-D[G(z)]]^{\mathrm{T}}$之间的交叉熵。任何二进制分类问题都应该熟悉第一个方程。如果摆脱它的复杂性，那么可以将损失函数重写为

$$J^{(\mathrm{D})} = D(x) - D(G(z)), D(x), D(G(z)) \in [0,1] \tag{9.4}$$

这说明鉴别器正在尝试最大程度减少将真实样本误认为是伪造样本（第一部分）或将伪造样品误认为是真实样本（第二部分）的可能性。而 Generator 损失函数为

$$J^{(\mathrm{G})} = -J^{(\mathrm{D})} \tag{9.5}$$

因为只有两名玩家，并且他们彼此竞争，所以可以理解，生成器的损失将是鉴别器的负数。将所有损失放在一起，有两个损失函数，一个是另一个的负值，对抗性很明显，生成器正试图比鉴别器更智能。至于鉴别器，请记住它是一个二进制分类器。鉴别器也能输出一个数字（但不是二进制数字），因此会因其信心不足而受到惩罚。剩下的只是一些花哨的数学运算，它提供了很好的特性，如 Jensen–Shannon（JS）散度的渐近一致性。

前面已经解释了为什么不使用极大似然值，取而代之的是 KL 散度、JS 散度及最近的推土机距离（也称为 Wasserstein 距离）等度量。所有这些差异都有助于理解真实分布与生成分布之间的差异。将 JS 散度视为 KL 分歧的对称版本。

接下来简单推导一下目标函数和 KL 散度及 JS 散度的关系，定义 Min-Max GAN 目标函数为

$$\underset{\mathrm{G}}{\mathrm{Min}}\text{-}\underset{\mathrm{D}}{\mathrm{Max}}\left\{E_x \sim p_{\mathrm{data}}\left[\log D(x)\right]+E_{\mathrm{Z}} \sim p_z\left(\log\left[\left\{1-D\left[G(z)\right]\right\}\right]\right)\right\} \tag{9.6}$$

对于固定 G，最优的鉴别器为

$$D_{\mathrm{G}}^{*}(x)=\frac{p_{\mathrm{data}}(x)}{p_{\mathrm{data}}(x)+p_z(x)} \tag{9.7}$$

因此原始的 Mini-Max 游戏可以更新为

$$\begin{aligned}
C(G)&=\max\nolimits_{\mathrm{D}} V(D,G)\\
&=E_x \sim p_{\mathrm{data}}\left[\log D_{\mathrm{G}}^{*}(x)\right]+E_{\mathrm{Z}} \sim p_z\left(\log\left\{1-D_{\mathrm{G}}^{*}\left[G(x)\right]\right\}\right)\\
&=E_x \sim p_{\mathrm{data}}\left[\log D_{\mathrm{G}}^{*}(x)\right]+E_x \sim p_z\left(\log\left\{1-D_{\mathrm{G}}^{*}\left[G(z)\right]\right\}\right)\\
&=E_x \sim p_{\mathrm{data}}\left[\log\frac{p_{\mathrm{data}}(x)}{p_{\mathrm{data}}(x)+p_z(x)}\right]+E_x \sim p_g\left[\log\frac{p_g(x)}{\frac{1}{2}p_{\mathrm{data}}(x)+p_z(x)}\right]-2\log 2
\end{aligned} \tag{9.8}$$

两个概率分布 $p(x)$ 和 $q(x)$ 之间的 KL 散度和 JS 散度的定义为

$$\mathrm{KL}(p\,\|\,q)=\int p(x)\log\frac{p(x)}{q(x)}\mathrm{d}x \tag{9.9}$$

$$\mathrm{JS}(p\,\|\,q)=\frac{1}{2}\mathrm{KL}\left(p\,\|\,\frac{p+q}{2}\right)+\frac{1}{2}\mathrm{KL}\left(q\,\|\,\frac{p+q}{2}\right) \tag{9.10}$$

因此，GAN 的目标函数与 KL 散度和 JS 散度均相关。

KL 散度和 JS 散度通常被视为 GAN 最终试图最小化的距离度量标准，可以帮助了解高维空间中两种分布的差异。一些简洁的证明将这些差异与 GAN 的 Max 版本联系在一起，它是理解 GAN 的简洁的理论框架：既是博弈论的概念（源于两个网络/玩家之间的竞争性质），又是信息论的概念。除此之外，Min-Max GAN 通常没有任何优势。通常，仅使用接下来的设置。

2）非饱和 GAN

在实践中，经常发现极小极大 GAN 会带来更多问题，如鉴别器收敛缓慢。GAN 的原始论文提出了一种替代公式：非饱和 GAN（NS-GAN）。在此版本的问题中，没有使两个损失函数成为彼此的直接竞争者，而使这两个损失函数相互独立，如式（9.11）所示，但在方向上与原始公式［式（9.5）］一致。

同样，着重于一个一般性的理解：这两个损失函数不再直接相对设置。但是在式（9.11）中，你可以看到生成器尝试使式（9.12）中鉴别器第二项最小，试图不被它生成的样本吸引。

$$J^{(\mathrm{G})}=E_{\mathrm{Z}} \sim p_z\left(\log\left\{1-D\left[G(z)\right]\right\}\right) \tag{9.11}$$

$$J^{(\mathrm{D})}=E_x \sim p_{\mathrm{data}}\left[\log D(x)\right]+E_x \sim p_z\left(\log\left\{1-D\left[G(z)\right]\right\}\right) \tag{9.12}$$

鉴别器的直觉与之前完全相同，式（9.3）和式（9.12）相同，但是式（9.5）的等效项现在已更改。使用 NS-GAN 的主要原因是，在 Min-Max GAN 的情况下，梯度很容易饱和，即接近 0，这会导致收敛缓慢，因为反向传播的权值更新为 0 或很小。

3）Wasserstein GAN

最近，GAN 训练的新发展出现了，并很快引起了人们的普遍欢迎：Wasserstein GAN（WGAN）[17]。现在几乎所有主要学术论文和从业人员都提到了这一点。WGAN 之所以重要是因为如下三个原因。

（1）它显著改进了损失函数，这些函数现在可以解释，并且提供了更清晰的停止标准。

（2）根据经验，WGAN 趋向于有更好的结果。

（3）与对 GAN 的大量研究不同，WGAN 具有从损失开始的明确理论支持，并显示了试图接近的 KL 散度，最终在理论上或实践上都没有充分的理由。基于此理论，提出了一个更好的损失函数来缓解该问题。

从上一节中我们发现，（1）的重要性应该很明显。鉴于生成器和鉴别器之间的竞争性质，尚不明确要停止训练的时间点。WGAN 使用 Wasserstein 距离作为损失函数，该函数与生成的样本的视觉质量明显相关。（2）和（3）的好处是显而易见的，希望拥有更高质量的样本和更好的理论基础。这种魔力如何实现？更详细地看看 Wasserstein 对鉴别器的损失，就像 WGAN 所说的那样

$$\max E_x \sim p_{\text{data}}[f_w(x)] - E_Z \sim p_z\{f_w[g\theta(z)]\} \tag{9.13}$$

该方程式与你之前所见的有些相似，但有一些重要区别。现在有了函数 f_w，它可以用作鉴别器。鉴别器试图估算 Wasserstein 距离，并在 f_w 的不同（有效）参数化条件下，寻找真实分布（第一项）与生成分布（第二项）之间的最大差值。现在，只是在测量差异。鉴别器试图使用 f_w 进入共享空间查看不同的投影，以使 Generator 的生活变得最艰难，其必须移动的概率最大化。

式（9.14）显示了生成器，因为它现在必须包括 Wasserstein 距离

$$\min E_x \sim p_{\text{data}}[f_w(x)] - E_Z \sim p_z\{f_w[g\theta(z)]\} \tag{9.14}$$

从较高的角度来看，在此等式中，试图最小化实际分布的期望值与生成分布的期望值之间的距离。介绍 WGAN 本身的论文很复杂，但要点是 f_w 是一个函数满足技术约束的位置。

注：f_w 满足 $1-\text{Lipschitz}$ 限制，对于所有 x_1 和 x_2，都有 $|f(x_1)-f(x_2)| \leqslant x_1 - x_2$。

Generator 试图解决的问题与之前的问题类似，但无论如何，更详细地介绍如下。

（1）从真实分布 $(x \sim p_{\text{data}})$ 或生成分布 $xf[g\theta(z)]$ 中提取 x，其中 $z \sim p(z)$。

（2）生成的样本是从 Z（潜在空间）中采样的，然后通过 g 进行变换以获得相同空间中的样本 x_f，然后使用 f_w 进行评估。

（3）努力使损失函数（或本例中的距离函数）最小化 Wasserstein 的距离。实际数字是使用 Wasserstein 距离计算的，将在后面解释。

设置也很好，因为有一个更容易理解的损失（如没有对数）。也有更多的可调训练，因为在 WGAN 设置中，必须设置一个裁剪常数，这在标准机器学习中很像一个学习率。给了一个额外的参数来调整，但其可能是一把双刃剑，如果你的 GAN 架构对它来说最终是非常敏感的。但在不太深入数学的情况下，WGAN 有两个实际意义。

现在有了更清晰的停止标准，因为这个 GAN 已经被后来的论文验证，这些论文显示了鉴

别器丢失与知觉质量之间的相关性。可以简单地测量 Wasserstein 距离，有助于通知什么时候停止。

现在可以训练 WGAN 收敛。这一点是相关的，因为使用 JS 散度和生成器在实际分布中的差异作为度量训练，进展往往是毫无意义的[18]。要将其转化为人类术语，有时在国际象棋中，你需要失去几轮，因此暂时做得更糟，以便在几次迭代中学习，最终做得更好。

听起来像魔法。但这部分是因为 WGAN 使用的距离度量与迄今为止遇到的任何东西都不同。它被称为地球移动者的距离或 Wasserstein 距离，它背后的想法是聪明的。很高兴的是，不是用更多的数学折磨你，但我们谈谈这个想法。

你含蓄地理解，有两个分布是非常高维的：真正的数据生成分布（从未完全看到）和来自生成器的样本（伪造的）。想想 32×32（32×32×256 像素值）RGB 图像的样本空间有多大。现在，假设这两个分布的所有概率质量都只是两组山丘，它在很大程度上建立在与第 2 章相同的思想之上。

想象一下，必须从伪造分布中移动所有表示概率质量的地面，这样分布看起来就像真实分布一样，或者至少已经看到了它。这就像你的邻居有一个超级酷的沙堡，你有很多沙子，并试图制造完全相同的沙堡。移动所有的质量需要多少工作进入正确的地方？有时你只是希望你的沙堡更凉爽，更有火花。

使用 Wasserstein 距离的近似版本，可以评估离生成样本有多近，这些样本看起来像是来自真实分布。为什么近似？因为对于一个从来没有看到的真实分布，它是不同的评估 Wasserstein 距离。

最后，你需要知道的是，Wasserstein 距离比 JS 散度或 KL 散度具有更好的特性，在 WGAN 的基础上已经有了重要的贡献，并验证了它的普遍优越的性能。虽然在某些情况下，WGAN 并不完全优于所有其他的方法，但它至少在每一种情况下都是一样好的[19]。

总的来说，WGAN 被广泛使用，已成为 GAN 研究和实践中的事实上的标准，尽管 NS-GAN 不应该很快被遗忘。当你看到一篇新的论文没有将 WGAN 作为被比较的基准之一，并且没有很好的理由不包括它时，就要小心了！

9.4.8 什么时候停止训练

严格来说，NS-GAN 不再与 JS 散度渐近一致，具有理论上更加难以捉摸的平衡状态。

第一点很重要，因为 JS 散度是解释为什么隐式生成分布甚至应该收敛的有意义的工具到真实分布。原则上，这给了停止的标准。但实际上，这几乎没有意义，因为永远无法验证真实分布和生成分布何时收敛。人们通常通过每两次迭代查看生成的样本来决定何时停止。最近，有些人开始考虑通过 FID、IS 或不太流行的切片 Wasserstein 距离来定义停止标准。

第二点也很重要，因为不稳定显然会导致训练问题。更重要的问题之一是知道何时停止。在 GAN 问题的两个原始表述中，没有明确的条件可以在实践中完成训练。原则上，总是被告知，一旦达到 Nash 平衡，就完成了训练，但是实际上，这又很难验证，因为高维数使平衡难以证明。

要绘制生成器和鉴别器的损失函数，它们通常会在各处跳跃。这是有道理的，因为它们彼此竞争，所以如果一个人变得更好，另一个人就会遭受更大的损失。仅通过查看两个损失函数，还不清楚何时真正完成训练。

在 NS-GAN 的防御中，它仍然比 WGAN 快得多。结果，NS-GAN 可以通过更快地运行来克服这些限制。

9.5 训练技巧

现在正在从基础良好的学术成果转向学术领域。这些只是简单的技巧，通常你只需要尝试它们，看看它们是否适合你。本节的内容主要是由 Soumith Chintala 在 2016 年列出的："How To Train A GAN: Tips And Tricks To Make GANs Work"，但从那以后，有些发生了变化。

发生变化的一个例子是一些体系结构建议，深度卷积 GAN 是一切的基准。目前，大多数人都是从 WGAN 开始的。将来，自注意 GAN（SAGAN，将在第 9.6 节中介绍）可能会成为关注焦点。此外，有些事情仍然是正确的，认为它们是普遍接受的，如使用 Adam 优化器而不是 Vanilla 随机梯度下降（SGD）。为什么 Adam 优于 SGD？因为 Adam 是 SGD 的延伸，在实践中往往效果更好。Adam 将几个训练技巧与 SGD 一起归类为一个易于使用的程序包。建议你查看清单，因为它的创建是 GAN 形成具有历史性意义的时刻。

9.5.1 输入标准化

根据几乎所有机器学习资源（包括 Chintala 的列表），将图像规范化在–1 到 1 之间仍然是一个好主意。和其他机器学习一样，使之标准化能让计算更容易。考虑输入上的限制，最好使用 Tanh 函数来限制 Generator 的最终输出。

9.5.2 批量标准化

谷歌科学家谢尔盖·艾菲（Sergey Ioffe）和克里斯蒂安·塞格迪（Christian Szegedy）于 2015 年引入了批量标准化[12]。他们的见解既简单又具有开创性。就像对网络输入进行标准化一样，他们建议对每个训练微型批处理流经网络时对每层的输入进行标准化。

9.5.3 理解标准化

理解标准化有助于提醒自己什么是标准化，以及为什么要先对输入要素值进行标准化。归一化是数据的缩放比例，以使其均值和单位方差为零。这是通过取每个数据点 x 减去均值 μ，然后将结果除以标准偏差 σ 得出的，即

$$\hat{x}=\frac{x-u}{\sigma} \tag{9.15}$$

规范化有几个优点。最重要的是，它使尺度差异很大的特征之间的比较变得容易，并由此扩展了训练过程对特征尺度的敏感性。考虑下面的示例，想象一下，试图基于两个特征来预测家庭的每月支出：家庭的年收入和家庭规模。一般而言，一个家庭的收入越多，他们的消费就越多；一个家庭越大，他们的消费就越多。

但是，这些功能的规模截然不同：年收入增加 10 美元可能不会影响一个家庭的支出，但是增加 10 个成员可能会给任何家庭的预算造成严重破坏。归一化通过将每个特征值缩放到标准化比例来解决此问题，这样，每个数据点不表示其面值，而表示相对的"分数"，表示给定数据点与平均值之间有多少标准偏差。

批处理规范化背后的见解是，在处理具有多层的深度神经网络时，仅规范化输入可能远

远不够。当输入值从一层到另一层流经网络时，它们将由这些层中每层的可训练参数进行缩放。而且，随着参数通过反向传播进行调整，各层输入的分布在随后的训练迭代中容易发生变化，从而破坏学习过程的稳定性。在学术界，这个问题被称为协变量偏移。批归一化（BN）通过按每个微型批次的均值和方差缩放每个微型批次中的值来解决该问题。

9.5.4 计算 BN

BN 的计算方式与之前介绍的简单归一化方程在几个方面有所不同，本节将逐步进行介绍。令 μB 为小批量 B 的平均值，σ_B^2 为小批量 B 的方差（均方差），则归一化值为

$$\hat{x} = \frac{x - \mu B}{\sqrt{\sigma^2 + \varepsilon}} \tag{9.16}$$

添加 ε 是为了保持数值的稳定性，避免被零除。通常设置为较小的正常数值，如 0.001。

在 BN 中，不直接使用这些归一化值。相反，将它们乘以 γ 并加上 β，然后将它们作为输入传递到下一层，即

$$y = \gamma\hat{x} + \beta \tag{9.17}$$

重要的是，γ 和 β 是可训练的参数，就像权值和偏置一样，它们是在网络训练期间进行调整的。这样做的原因是，中间输入值围绕除 0 以外的平均值进行标准化，并且具有除 1 之外的方差可能是有益的。

不必为此担心。Keras 函数为处理所有小批量计算并在后台进行更新。

BN 限制了更新前一层中的参数可能影响当前层接收到的输入分布的数量，减少了跨层参数之间的任何不必要的相互依赖性，从而有助于加快网络训练过程并提高其健壮性，尤其是在涉及网络参数初始化时。事实证明，批量规范化对于许多深度学习体系结构（包括深度卷积 GAN）的可行性至关重要。最初，批处理规范通常被认为是一种非常成功的技术，但最近它显示有时会产生不良结果，尤其是在 Generator 中。

9.5.5 梯度惩罚

此训练技巧建立在 Chintala 列表中的第 10 点上，根据直觉，若梯度的范数过高，则存在问题。即使在今天，BigGAN 之类的网络也在这一领域进行创新。

但是，技术问题仍然存在：天真的权值裁剪可能会产生深度学习中其余大部分已知的梯度消失或梯度爆炸，可以限制鉴别器输出相对其输入的梯度范数。换句话说，如果稍微改变输入内容，那么更新后的权值应该不会有太大变化，深度学习充满了这样的魔力。这在 WGAN 设置中尤其重要，但也可以在其他地方应用。通常，此技巧以某种形式被许多论文使用[20]。在这里，可以简单地使用你喜欢的深度学习框架的本机实现来惩罚梯度，而不关注描述之外的实现细节。顶级研究人员最近发布了更智能的方法，并在 ICML 2018 上进行了介绍，但尚未得到广泛的学术认可。为了使 GAN 更加稳定，目前正在开展大量工作[21]，如 Jacobian Clamping，在任何元研究中都还需要重现。因此需要等待，看采用哪种方法。

9.5.6 多训练鉴别器

最近，对鉴别器进行更多的训练是一种成功的方法。在 Chintala 的原始列表中，这被标记为不确定的，因此请谨慎使用。有两种广泛的方法。

（1）在生成器没有机会生成任何东西之前对鉴别器进行预训练。

（2）在每个训练周期对鉴别器进行更多更新。生成器和鉴别器权值更新的常见比率是 1∶5。

用深度学习研究人员和老师杰里米·霍华德（Jeremy Howard）的话说，之所以有用，是因为它是"盲人领导盲人"，你首先需要连续注入有关真实数据外观的信息。

9.5.7 避免稀疏梯度

从直觉上讲，稀疏梯度（如 ReLU 或 MaxPool 产生的梯度）会使训练变得更加困难。原因如下。

这种直觉尤其是在平均池化之后，可能会令人困惑，但是请这样思考：如果使用标准的最大池化，那么除了卷积的整个感受野的最大值外，将失去所有的值，在深度卷积 GAN 的情况下使用转置卷积来恢复信息，这使得它变得更难。使用平均池化，至少可以了解平均值是多少。它仍然是不完美的，仍然在丢失信息，但至少比以前少了，因为平均值比简单的最大值更具代表性。

如果使用常规的修正线性单元激活函数（ReLU），那么另一个问题是信息丢失。解决此问题的一种方法是考虑应用此操作时丢失了多少信息，因为稍后可能需要复原它。回想一下，ReLU(x)只是 Max(0,x)，这意味着对于所有负值，所有这些信息都会永远丢失。相反，如果确保从负区域继承信息并表示此信息不同，那么可以保留所有这些信息。

就像建议的那样，幸运的是，这两种方法都存在一个简单的解决方案：使用 Leaky ReLU(x) 和平均池化。还存在其他激活函数（如 Sigmoid、ELU 和 Tanh），但是人们倾向于使用 Leaky ReLU(x)。注意，Leaky ReLU(x)可以是任何实数，通常为 $0<x<1$。

9.5.8 使用软标签和带噪声的标签

研究人员使用多种方法来添加标签噪音或使其平滑。Ian Goodfellow 倾向于使用单面平滑处理标签（使用 0 和 0.9 作为二进制标签），但是增加噪声或裁剪的效果可能更好。

9.6 自注意生成对抗网络

有学者提出了自注意生成对抗网络（SAGAN）[4]，该网络可为图像生成任务提供注意力驱动的远程依赖关系建模。传统的卷积 GAN 生成的高分辨率细节仅是低分辨率特征图中空间上局部点的函数，而在 SAGAN 中，可以使用来自所有特征位置的提示来生成详细信息。此外，鉴别者可以检查图像的远处部分中的高度详细的特征是否彼此一致。本节我们首先介绍注意力和自注意力机制及其核心代码，然后介绍 SAGAN 模型的基本原理。

9.6.1 注意力

注意力基于一个非常人性化的想法，即通过一次小的关注点看待世界。和 GAN 的关注原理类似：你的思维只能有意识地关注桌子的一小部分，但是你的大脑可以控制，轻微转转眼球就能快速地扫描整张桌子，同时仍只关注图像的一部分。

注意力已用于许多领域，包括自然语言处理和计算机视觉。例如，注意力可以帮助解决 CNN 问题。众所周知，CNN 依赖小的接收场，这取决于卷积的大小。但是，在 GAN 中，感受野的大小也可能会引起问题（如具有多个头部或身体的母牛），并且 GAN 不会认为它们很奇怪。

这是因为在生成或评估图像的该子集时，可能会看到一条腿出现在一个字段中，但是看不到其他腿已经存在于另一个字段中。这可能是因为卷积忽略了对象的结构，或者腿和腿旋转由彼此不交谈的不同的更高级别的神经元表示。对其他人来说，没有人可以绝对肯定地说出为什么注意力可以解决这个问题，但是考虑它的一个好方法是，现在可以创建具有灵活接收场（形状）的特征检测器来真正聚焦在给定图像的几个关键方面（见图 9.8）。

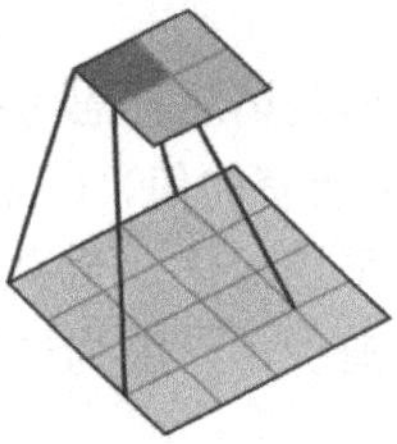

图 9.8　注意力示意图

回想一下，当图像大小为 512×512，但是最大的常用卷积大小为 7 时，就会出现问题，加重特征的忽略。即使在更高级别的神经元中，神经网络也可能无法适当地检查如正确位置的头部。结果，只要母牛的头部靠近母牛的身体，该网络就不会关心其他头部，只要它具有至少一个头部即可，但是该结构是错误的。

图 9.8 输出像素（2×2 色块）会忽略除蓝色小高亮区域以外的任何内容。注意力可以帮助解决这个问题。这些更高层次的表示很难推理，因此，甚至研究人员也不清楚为什么会发生这种情况，但是从经验上讲，网络似乎并没有意识到这一点。注意力能够选择相关区域（无论形状或大小）并适当考虑它们。要查看可以灵活关注的区域类型，请考虑图 9.9[4]。

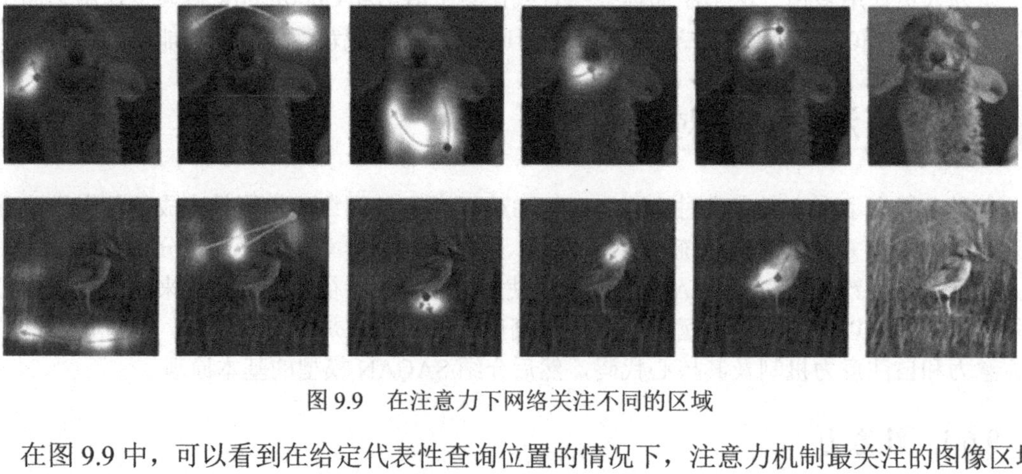

图 9.9　在注意力下网络关注不同的区域

在图 9.9 中，可以看到在给定代表性查询位置的情况下，注意力机制最关注的图像区域。可以看到一般的注意力机制关心不同形状和大小的区域，这是一个好兆头，因为希望它挑选出来表明它是物体的种类。

DeOldify 是 SAGAN 的流行应用之一，是由 Jeremy Howard 的 Fast.ai 课程的学生 Jason Antic 制作的。DeOldify 使用 SAGAN 为旧图像和工程图着色，以达到惊人的准确性。

随着 GAN 的出现，在这一方向上取得了显著进步。基于深度 CNN 的 GAN 尤其成功。

但是，通过仔细检查这些模型生成的样本，可以观察到卷积 GAN 在建模某些图像类别时比在其他模型上困难得多，无法捕获在某些类别中一致出现的几何或结构图案（例如，通常以逼真的皮毛纹理绘制狗，但没有明确定义单独的脚）。一方面，以前的模型严重依赖卷积对不同图像区域之间的依赖关系进行建模。由于卷积算子具有局部接收场，因此仅在经过几个卷积层后才能处理长距离依存关系。这可能会由于多种原因而阻止学习长期依赖关系：使用小模型可能无法表示它们，优化算法可能难以发现仔细协调多层以捕获这些依赖关系的参数值，这些参数值从统计上讲可能是脆性的，并且在应用于以前看不见的输入时容易出现故障。增加卷积核的大小可以增加网络的表示能力，但这样做也会失去通过使用局部卷积结构获得的计算和统计效率。另一方面，自注意在对远程依赖进行建模的能力与计算能力和计算能力之间表现出更好的平衡统计效率。自注意模块将某个位置的响应作为所有位置的特征的加权总和进行计算，其中权值（或关注向量）的计算量很小。

9.6.2　自注意力

大多数传统的 GAN 都使用 CNN 为图像建模。但是，卷积运算具有局部的各自的感受野。经过多次卷积运算后，学习图像中的远程依赖关系更加困难，而忽略了全局相关性的学习。因此，基于 CNN 的 GAN 模型难以调整细节与整体之间的平衡。在本节中，SAGAN 采用非本地模型对 GAN 框架引入自注意，从而使生成器和鉴别器能有效地对广泛分离的空间区域之间的关系进行建模。如图 9.10 所示，因为它具有自注意模块，所以称其为自注意生成对抗网络（SAGAN）。图中 $\otimes$ 表示矩阵乘法，Softmax 函数用于自注意特征图 β_{ji} 映射的每一行。

在图 9.10 中，自注意模块的输入是特征图，而不是整张图像。自注意模块分别应用于鉴别器和生成器，以分别改进 AEGAN 中的相关性计算。对自注意力机制的特征向量进行了归一化，该方法引入了更多的全局信息，并减少了额外的计算。

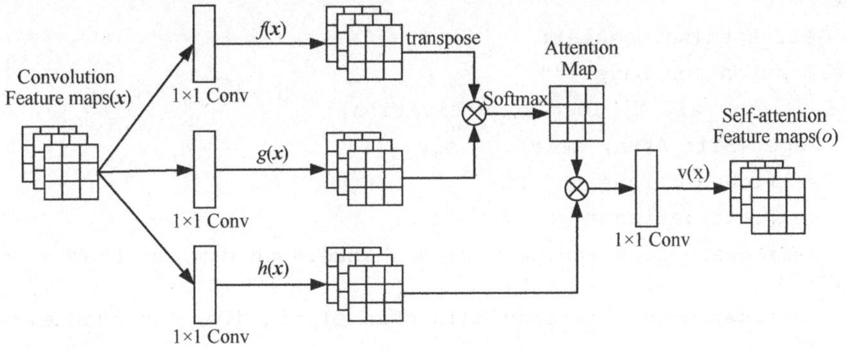

图 9.10　自注意模块

在图 9.10 中，图像深层特征 $\boldsymbol{x} \in R^{C \times N}$，其中 C 和 N 分别是通道数量和特征位置。首先，将 $\boldsymbol{x}$ 转换为 $f(\boldsymbol{x})$ 和 $g(\boldsymbol{x})$，即

$$\begin{aligned} f(\boldsymbol{x}) &= \boldsymbol{W}_f \boldsymbol{x} \\ g(\boldsymbol{x}) &= \boldsymbol{W}_g \boldsymbol{x} \end{aligned} \tag{9.18}$$

SAGAN 学习权值 $\boldsymbol{W}_g \in R^{\bar{C} \times C}$，$\boldsymbol{W}_f \in R^{\bar{C} \times C}$。通道数量 $\bar{C}$ 减少到 c/m 以提高存储效率，其中 m 在实验中设置为 2。自注意特征图 β_{ji} 表示生成 j^{th} 个区域时 i^{th} 位置的注意力程度，相当于对

$f^{\mathrm{T}} \cdot g$ 的结果使用了 Softmax 函数，自注意特征图定义为

$$\beta_{ji} = \frac{\exp\left[f^{\mathrm{T}}(\boldsymbol{x}) \cdot g(\boldsymbol{x})\right]}{\sum_{i=1}^{N} \exp\left[f^{\mathrm{T}}(\boldsymbol{x}) \cdot \mathrm{norm}\, g(\boldsymbol{x})\right]} \tag{9.19}$$

自注意层的输出为

$$\boldsymbol{o}_j = v\left(\sum_{i=1}^{N} \beta_{ji} m(x_i)\right) \tag{9.20}$$

式中，$m(x_i) = W_m x_i$，可理解为将原数据 $\boldsymbol{x}$ 的每个位置都乘以一个自注意特征图，而最终输出为

$$\boldsymbol{y}_i = \mu \boldsymbol{o}_i + \boldsymbol{x} \tag{9.21}$$

式中，$\boldsymbol{x}$ 是原始输入；μ 是收缩参数；$\boldsymbol{o}_i$ 是自注意层的输出。最终输出代表会给原始输入加上一个代表其各个位置联系的自注意层。因此自注意层可以根据深度特征的重要性为不同的图像位置分配不同的权值。

在 SAGAN 中，所提出的自注意模块已经应用于生成器和鉴别器，它们通过最小化顶点的铰链版本损失（Hinge Loss[22]）来交替训练生成器和鉴别器。

$$\begin{aligned} L_{\mathrm{D}} &= -E_x \sim p_{\mathrm{data}}\left\{\min\left[0, -1 + D(\boldsymbol{x})\right]\right\} - E_{\mathrm{Z}} \sim p_z\left(\min\left\{0, -1 - D\left[G(z)\right]\right\}\right) \\ L_{\mathrm{G}} &= -E_{\mathrm{Z}} \sim p_z D\left[G(z)\right] \end{aligned} \tag{9.22}$$

9.6.3 核心代码

以下是自注意层的 PyTorch 版本的核心代码。

```
    import torch.nn as nn
    import torch
    class Self_Attn(nn.Module):
    """ Self attention Layer"""
        def __init__(self, in_dim, activation):
            super(Self_Attn, self).__init__()
            self.chanel_in = in_dim
            self.activation = activation
            self.query conv =nn.Conv2d(in channels=in dim,out channels=in dim,
Kernel_size=1)
            self.key conv = nn.Conv2d(in channels=in dim, out channels=in dim ,
Kernel_size=1)
            self.value conv=nn.Conv2d(in channels=in dim, out channels=in dim,
Kernel_size=1)
            self.gamma = nn.Parameter(torch.zeros(1))
            self.softmax = nn.Softmax(dim=-1)  #
        def forward(self, x):
    """
           inputs :
                x : input feature maps( B X C X W X H)
              returns :
                out : self attention value + input feature
```

```
                attention: B X N X N (N is Width*Height)
                proj_value : m(x)
                attention : beta
                energy:f(x)*g(x)
                proj_query:f(x)
                proj_key:g(x)
                Norm-self-attention: norm(f(x)),norm(g(x))
                _
    """
        m_batchsize, C, width, height = x.size()
        proj_query = self.query_conv(x).view(m_batchsize, -1, width * height).
permute(0, 2, 1)
        proj_key = self.key_conv(x).view(m_batchsize, -1, width * height)
        energy = torch.bmm(proj_query, proj_key)  # transpose check
        attention = self.softmax(energy)
        proj_value = self.value_conv(x).view(m_batchsize, -1, width * height)
        out = torch.bmm(proj_value, attention.permute(0, 2, 1))
        out = out.view(m_batchsize, C, width, height)
        out = self.gamma * out + x
        return out, attention
```

9.7 进化生成对抗网络

9.7.1 基本介绍

进化生成对抗网络（EGAN）[23]是 GAN 领域的一个极具创新的模型。GAN 能够有效地利用真实数据学习生成模型。然而，现有的 GANs（GAN 及其变体）往往存在如不稳定性和模式崩溃等训练问题。

EGAN 与现有的 GAN 不同，传统的 GANs 一般采用提前定义好的对抗目标迭代式训练 Generators 和 Discriminator，利用不同的对抗训练目标作为变异算子，并演化为 Generators 群体来适应对抗 Discriminator。EGAN 同时利用一种评价机制测试生成样本的质量和多样性，以便保留良好性能的 Generator，并用于进一步训练。通过这种方式，EGAN 克服了单一对抗训练目标的局限性，并始终保留最佳后代，有助于 GAN 的进步和成功。此外，AEGAN[24]通过将 EGAN 与自注意力机制进行结合进一步提升 GAN 模型的性能。

9.7.2 动机

尽管 GAN 已经在各种应用中得到了很好的应用，但是它们依然存在难以训练的难题。

（1）如果数据分布和生成分布没有实质性重叠（通常在训练开始时），那么 Generator 梯度可能会指向随机方向，甚至导致梯度消失问题。

（2）GAN 也可能遭受模式崩塌，即 Generator 将其所有概率聚集到给定空间中的一个小区域。

（3）另外，合适的超参 Hyper-Parameters（如学习率和更新步数）和网络结构都是 GAN 的关键配置。不合适的设置会降低 GAN 的性能，甚至无法产生任何合理的结果。

最近关于 GAN 的许多努力都侧重于通过制定各种对抗性训练目标来克服这些训练困难，如 JS 散度、最小二乘、绝对偏差、KL 散度和 Wasserstein 距离。然而，根据理论分析和实验结果，这些指标有其自身的缺点。例如，尽管测量 KL 散度在很大程度上消除了梯度消失问题，但它容易导致模式崩溃。同样，Wasserstein 距离大大提供了训练稳定性，但在平衡附近具有非收敛极限环。为了利用这些优势并抑制不同指标（GAN 目标）的弱点，设计了一个利用不同指标来共同优化 Generator 的框架，这样，改善了训练稳定性和生成性能。作者构建了 EGAN[23]，将对抗训练过程视为优化问题。EGAN 克服了个体对对抗训练目标中的固有局限性，并始终保留由不同训练目标（突变）产生的最佳后代。

9.7.3 进化算法

与传统的采用迭代更新生成器 G 和鉴别器 D 方式的 GANs 不同，设计一种进化算法在给定的环境下（如 D）优化 G 的群体。在该群体中，每个个体都表示在 G 中的参数空间中的一种可能解。在进化过程中，期望群体能够逐渐适应它的环境，也就是说，进化能够生成更加真实的样本，并最终学习到真实数据分布。如图 9.11 所示，在进化过程中，每个步骤都由三个阶段组成。

（1）变异（Variation）：给定群体中的一个个体，利用变异算子产生新的子代。特别地，每个父代通过不同的变异方式生成多个副本。每个副本作为一个子代。

（2）评价（Evaluation）：对于子代，它们的性能通过当前环境下的适应度函数来评价。

（3）选择（Selection）：子代根据它们的适应度值进行选择，删除差的部分，剩余的优秀个体被保留到下一代。在每个进化步骤之后，鉴别网络 D 将更新，从而进一步区分真实样本 x 和由优化后的 G_s 的伪造样本 y。

在每个进化步骤之后，更新判别网络 D（环境），以进一步区分由进化生成器生成的真实样本 x 和伪造样本 y，即

$$L_{\mathrm{D}} = -E_x \sim p_{\mathrm{data}}\left[\log D(x)\right] - E_y \sim p_z\left\{\log\left[1 - D(y)\right]\right\} \tag{9.23}$$

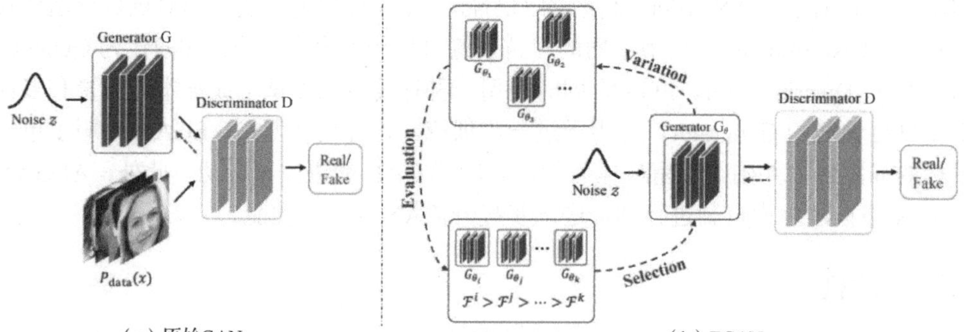

（a）原始GAN （b）EGAN

图 9.11 原始 GAN 和 EGAN 框架

图 9.11（a）是原始 GAN 框架。生成器 G 和鉴别器 D 进行两人对抗游戏。生成器 G 的更新梯度取决于鉴别器 D。而图 9.11（b）是 EGAN 框架，一群生成器 $\{G_\theta\}$ 在鉴别器 D 中不断进化。

因此，判别网络 D 可以连续地提供自适应梯度，以驱使生成器数量的演变产生更优解。接下来，详细说明变异和评价。

1. 变异

采用具有不同突变的无性繁殖来生产下一代的个体（子代）。具体而言，这些变异算子对应不同的训练目标，企图从不同的角度缩小生成分布与数据分布之间的距离。

1）极小极大变异（Minmax Mutation）

极小极大变异对应原始 GAN 中的极小极大目标函数，即

$$M_{\mathrm{G}}^{\mathrm{minmax}}=\frac{1}{2}E_{\mathrm{Z}}\sim p_z\left(\log\left\{1-D\left[G(z)\right]\right\}\right) \tag{9.24}$$

极小极大变异的目的在于最小化数据分布和生成分布的 JS 散度。如果生成分布与数据分布重叠，那么极小极大变异提供有效梯度，并且不断缩小数据分布与生成分布之间的差距。如果两个分布属于两种流行，那么 JS 散度是常数，导致梯度消失。

2）启发式变异（Heuristic Mutation）

与极小极大变异（最小化 Discriminator 正确的对数概率）不同，启发式变异旨在最大化 Discriminator 错误的对数概率，即

$$M_{\mathrm{G}}^{\mathrm{heuristic}}=-\frac{1}{2}E_{\mathrm{Z}}\sim p_z\left(\log\left\{D\left[G(z)\right]\right\}\right) \tag{9.25}$$

与极小极大变异相比，当 Discriminator 拒绝生成的样本时，启发式变异不会饱和。因此，它可以避免梯度消失并提供有效的 Generator 更新，但其可能导致训练不稳定和生成质量波动。

3）最小二乘法变异（Least-Squares Mutation）

最小二乘法变异利用惩罚它的 Generator 来欺骗 Discriminator。在 EGAN 中，定义最小二乘法变异为

$$M_{\mathrm{G}}^{\mathrm{least\text{-}square}}=E_{\mathrm{Z}}\sim p_z\left(\left\{D\left[G(z)\right]-1\right\}^2\right) \tag{9.26}$$

与启发式变异相似，最小二乘法变异在 Discriminator 占据显著优势的情况下能够避免梯度消失。同时，比较启发式变异，尽管最小二乘法变异不会产生极高的成本来生成伪造样本，但它也不会为了模式下降分配极低的成本，这在一定程度上避免了模式崩溃。

2. 评价

在进化算法中，评价是指对个体质量的测量操作。为了确定进化方向（个体选择），设计了一种评价（或适应度）函数来衡量进化个体的表现。首先，简单地将 G 生成的图像输入 D 并观察输出的平均值，并将其命名为质量适应度分数，即

$$F_{\mathrm{q}}=E_{\mathrm{Z}}\left\{D\left[G(z)\right]\right\} \tag{9.27}$$

除了生成的质量，还应关注生成样本的多样性，并尝试克服在 GAN 优化过程中的模式崩溃。在形式上，多样性适应度分数定义为

$$F_{\mathrm{d}}=-\log\left\|\nabla_{\mathrm{D}}-E_x\left[\log D(x)\right]-E_{\mathrm{Z}}\left(\log\left\{1-D\left[G(z)\right]\right\}\right)\right\| \tag{9.28}$$

更新 D 的对数梯度值用于测量生成样本的多样性。如果更新的 G 获得相对高的多样性适应度分数，其对应小的 D 梯度，那么其生成的样本具有足够的广度，以避免 D 具有明显的对策。因此，可以抑制模式崩溃并且平滑地改变 D，有助于提高训练稳定性。

基于前面提到的两个适应度，最终的评价函数为

$$F=F_{\mathrm{q}}+\eta F_{\mathrm{d}} \tag{9.29}$$

式中，η 平衡两个测量：生成质量和多样性。总之，适应度分数越高，训练效率越高，生成性能越好。

9.7.4 生成的图像

由于人类擅长识别面部缺陷，因此生成高质量的人脸图像具有挑战性。与生成卧室图像类似，采用相同的架构生成 128×128 RGB 人脸图像（见图 9.12[23]）。另外，给定训练有素的生成器，评价在噪声向量 z 的潜在空间中嵌入的性能。首先选择生成的人脸对，并记录它们对应的潜在向量 z_1 和 z_2。一对人脸中的两张图像具有不同的属性，如性别、表情、发型和年龄。然后，通过在这些人脸对之间进行线性插值（对应的噪声向量）来生成新颖的样本。最终发现，这些生成的样本可以在这些语义上有意义的面孔属性之间无缝切换。该实验表明，生成器训练不仅可以记住训练样本，还可以学习从潜在的嘈杂空间到人脸图像的有意义的投影。同时表明，由 EGAN 训练的生成器不会遭受模式崩溃，并显示出很大的空间连续性。

图 9.12　在 128×128 CelebA 数据集上生成的人脸图像

9.8 生成对抗网络和迁移学习

本节将介绍一个与 GAN 有“巧妙”联系的领域——迁移学习。为什么说它们之间有联系呢，因为 GAN 的对抗思想能够帮助知识更好地迁移，并为这一领域提供非常多有趣的想法。

9.8.1 迁移学习的概念

迁移学习是什么呢？看名字，就是需要迁移，在人工智能领域中就是一种学习的思想[25]。好比从学习骑单车推演到如何骑电动车；从上海的天气推测深圳的天气。迁移学习的核心问题是，找到新问题和原问题之间的相似性，才可以顺利地实现知识的迁移。例如，在一开始说的天气问题中，那些北半球的天气之所以相似，是因为它们的地理位置相似；而南北半球的天气之所以有差异，也是因为地理位置有根本不同。

其实人类对于迁移学习这种能力，是与生俱来的。如图 9.13 所示，如果会打乒乓球，就可以类比学习打网球；如果会下中国象棋，就可以类比下国际象棋。因为这些活动之间，往往有着极高的相似性。生活中常用的“举一反三”“照猫画虎”就很好地体现了迁移学习的思想。回到问题中来，用更加学术、更加机器学习的语言来定义迁移学习下。

迁移学习是指利用数据、任务或模型之间的相似性，将在旧领域学习过的模型，应用于新领域的一种学习过程。那么如何更好地迁移呢？就是减少差异知识迁移。如何减少差异知识迁移呢？如今最火的方式之一是利用深度 GAN 的思想。将在后面具体介绍这一思想。

图 9.13　迁移学习的示例

9.8.2　为什么要迁移学习

其主要原因概括为以下几个方面。

1．大数据与少标注之间的矛盾

当今正处在一个大数据时代，每天每时，社交网络、智能交通、视频监控、行业物流等，都产生着海量的图像、文本、语音等各类数据，如图 9.14 所示。数据的增多，使得机器学习和深度学习模型可以依赖如此海量的数据，持续不断地训练和更新相应的模型，使得模型的性能越来越好，越来越适合特定场景的应用。然而，这些大数据带来了严重的问题：总是缺乏完善的数据标注。

众所周知，机器学习模型的训练和更新均依赖数据标注。然而，尽管可以获取海量的数据，但这些数据往往是很初级的原始形态，很少有数据被加以正确的人工标注。数据标注是一个耗时且昂贵的操作，目前为止，尚未有行之有效的方式来解决这一问题。这给机器学习和深度学习模型的训练和更新带来了挑战。反之，因为特定的领域缺少足够的数据标注用来学习，所以不能很好地发展。

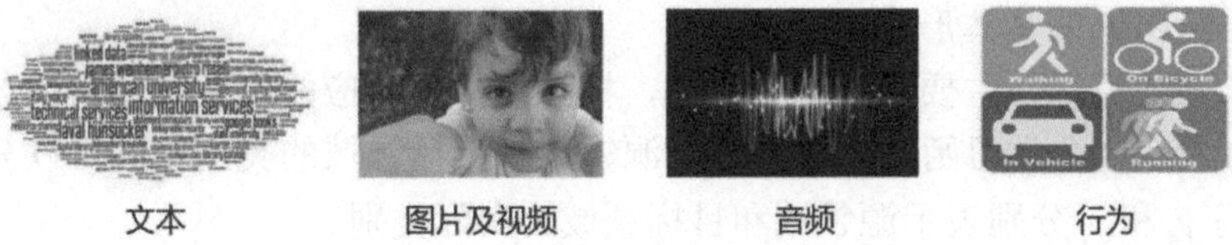

图 9.14　多种多样的数据

2．大数据与弱计算之间的矛盾

大数据需要大设备、强计算能力的设备来进行存储和计算。然而，大数据的强计算能力是“有钱人”才能玩得起的游戏。Google、Facebook 和 Microsoft 这些公司有着雄厚的计算能力利用这些数据训练模型。例如，ResNet 需要很长的时间进行训练；Google TPU 也都是有钱人才可以用得起的。绝大多数普通人是不可能具有这些强计算能力的，这就引发了大数据和弱计算之间的矛盾。在这种情况下，普通人想要利用这些海量的大数据去训练模型完成自己的任务，基本上不太可能。那么如何让普通人也能利用这些数据和模型呢？

3．普适化模型与个性化需求之间的矛盾

机器学习的目标是构建一个尽可能通用的模型，使得这个模型对于不同用户、不同设备、不同环境、不同需求，都可以很好地满足，这是美好的愿景。要尽可能提高机器学习模型的泛化能力，使之适应不同的数据情形。基于这样的愿望，构建了多种多样的普适化模型服务于现实应用。然而，这只能是竭尽全力想要做的，目前却始终无法彻底解决的问题。人们的个性化需求五花八门，短期内根本无法用一个通用的模型满足。例如，导航模型可以定位及导航所有的路线，但是不同的人有不同的需求。有的人喜欢走高速，有的人喜欢走偏僻小路，这就是个性化需求。而且不同的用户通常有不同的隐私需求，这也是构建应用时需要着重考虑的。

所以目前的情况是，对于每个通用的任务都构建一个通用的模型。这个模型可以解决绝大多数的公共问题。但是具体到每个个体、每个需求，都存在其唯一性和特异性，一个通用的普适化模型根本无法满足。那么，能否将这个通用的模型加以改造和适配，使其更好地服务于人们的个性化需求呢？

9.8.3 迁移学习的基本形式

迁移学习的形式化是进行迁移学习研究的前提。在迁移学习中，有两个基本的概念：领域（Domain）和任务（Task），分别定义如下。

领域：学习的主体，主要由两部分构成，数据和生成这些数据的概率分布。通常用 D 表示一个领域，用 P 表示一个概率分布。特别地，因为涉及迁移，所以对应两个基本的领域，源领域（Source Domain）和目标领域（Target Domain），这两个概念很好理解。源领域就是有知识、有大量数据标注的领域，是要迁移的对象；目标领域就是最终要赋予知识、赋予标注的对象。知识从源领域传递到目标领域，就完成了迁移。

领域上的数据通常用 x 表示。例如，x_i 表示第 i 个样本或特征。用 X 表示一个领域的数据，$\mathcal{X}$ 表示数据的特征空间。通常用小写下标 s 和 t 分别指代两个领域。结合领域的表示方式，D_s 表示源领域，D_t 表示目标领域。

值得注意的是，概率分布 P 通常只是一个逻辑上的概念，即认为不同领域有不同的概率分布，一般不给出 P 的具体形式。

任务：学习的目标，主要由两部分组成，标签和标签对应的函数。通常用 $\mathcal{Y}$ 表示一个标签空间，$f(\cdot)$ 表示一个学习函数。相应地，源领域和目标领域的类别空间可以分别表示为 $\mathcal{Y}_\mathrm{s}$ 和 $\mathcal{Y}_\mathrm{t}$。用小写 y_s 和 y_t 分别表示源领域和目标领域的实际类别。

有了上面领域和任务的定义，就可以对迁移学习进行形式化。

迁移学习（Transfer Learning）：给定一个有标注的源领域 $D_\mathrm{s}=\{x_i,y_i\}$ 和一个无标注的目标领域 $D_\mathrm{t}=\{x_j\}$。这两个领域的数据分布 $P_\mathrm{s}(x_\mathrm{s})$ 和 $P_\mathrm{t}(x_\mathrm{t})$ 不同，即 $P_\mathrm{s}(x_\mathrm{s})\neq P_\mathrm{t}(x_\mathrm{t})$。迁移学习的目的就是借助 D_s 的知识，学习 D_t 的知识。

更进一步，结合前面说过的迁移学习研究领域，迁移学习的定义需要进行如下考虑。

（1）特征空间的异同，即 $\mathcal{X}_\mathrm{s}$ 和 $\mathcal{X}_\mathrm{t}$ 是否相等。

（2）类别空间的异同：即 $\mathcal{Y}_\mathrm{s}$ 和 $\mathcal{Y}_\mathrm{t}$ 是否相等。

（3）条件概率分布的异同：即 $P_\mathrm{s}(y_\mathrm{s}\mid x_\mathrm{s})$ 和 $P_\mathrm{t}(y_\mathrm{t}\mid x_\mathrm{t})$ 是否相等。

结合上述形式化，给出领域自适应（Domain Adaptation）这一热门研究方向的定义。

领域自适应[25]：给定一个有标注的源领域 $D_\mathrm{s}=\{x_i,y_i\}_{i=1}^{n}$ 和一个无标记的目标领域 $D_t=\{x_j\}_{j=n+1}^{n+m}$，假定它们的特征空间相同，即 $\mathcal{X}_\mathrm{s}=\mathcal{X}_\mathrm{t}$，并且它们的类别空间也相同，即 $\mathcal{Y}_\mathrm{s}=\mathcal{Y}_\mathrm{t}$，条件概率分布也相同，即 $P_\mathrm{s}(y_\mathrm{s}\mid x_\mathrm{s})=P_\mathrm{t}(y_\mathrm{t}\mid x_\mathrm{t})$。但是这两个领域的概率分布不同，即

$P(x_s) \neq P(x_t)$。迁移学习的目标就是，利用有标注的 D_s 学习一个分类器 $f: x_t \to y_t$ 来预测 D_t 的知识 $y_t \in \mathcal{Y}_t$。

在实际的研究和应用中，读者可以针对自己的不同任务，结合上述表述，灵活地给出相关的形式化定义。形式化之后，可以进行迁移学习的研究。迁移学习的总体思路可以概括为：开发算法来最大限度地利用有标注的源领域的知识，辅助目标领域的知识获取和学习。

迁移学习的核心是，找到源领域和目标领域之间的相似性，并加以合理利用，这种相似性非常普遍。例如，不同人的身体构造是相似的；自行车和摩托车的骑行方式是相似的；国际象棋和中国象棋是相似的；羽毛球和网球的打球方式是相似的。这种相似性也可以理解为不变量。以不变应万变，才能立于不败之地。

举一个杨强教授经常举的例子来说明：都知道在中国内地开车时，驾驶员坐在左边，靠马路右侧行驶。这是基本的规则。然而，在英国、香港等地区开车，驾驶员坐在右边，需要靠马路左侧行驶。那么，从中国内地到香港，应该如何快速地适应他们的开车方式呢？诀窍就是找到这里的相似性：不论在哪个地区，驾驶员都紧靠马路中间，这就是开车问题中的相似性。找到相似性是进行迁移学习的核心。有了这种相似性后，下一步工作就是，如何度量和利用这种相似性。度量工作的目标有两点：一是很好地度量两个领域的相似性，不仅定性地告诉它们是否相似，而且定量地给出相似程度。二是以度量为准则，通过采用的学习手段，增大两个领域之间的相似性，从而完成迁移学习。

一句话总结：相似性是核心，度量相似性的准则是重要手段。

9.8.4 GAN 和迁移学习的联系

GAN 的目标很明确：生成训练样本。这似乎与迁移学习的大目标有些许出入。然而，由于在迁移学习中，天然地存在一个源领域，一个目标领域，因此，可以免去生成样本的过程，而直接将其中一个领域的数据（通常是目标领域）当作生成样本。此时，生成器的职能发生变化，不再生成新样本，而是扮演特征提取的功能：不断学习领域数据的特征，使得鉴别器无法对两个领域进行分辨。这样，原来的生成器也可以称为特征提取器（Feature Extractor）。通常用 G_f 表示特征提取器，G_d 表示鉴别器。基于这样的领域对抗的思想，深度 GAN 可以被很好地运用于迁移学习。深度 GAN 的损失由两部分构成：网络训练的损失 L_c 和领域判别损失 L_d，即

$$L = L_c\left(D_s, y_s\right) + \lambda L_d\left(D_s, D_t\right) \tag{9.30}$$

9.9 对抗领域自适应用于肿瘤图像诊断

深度学习广泛应用于医学图像诊断。使用深度学习进行医学图像诊断的重要先决条件是有足够的训练样本，但是在实践中获取标记样本非常困难且耗时长。小样本问题是医学领域中经常发生的问题。如何处理现有的小样本并获得良好的诊断准确性在医学诊断中具有实用价值。领域自适应是解决医学诊断中小样本问题的一种有效的机器学习方法。

本节提出了一种对抗领域自适应网络[26]来解决肿瘤图像诊断中的小样本问题，建立了肿瘤图像诊断对抗领域自适应网络框架。在该框架中，构建了一个特征提取器来获取源领域和目标领域之间的域不变特征。构造域识别符以预测域标签。域鉴别器与特征提取器对

抗，对抗可以使两个领域之间的距离最小化，并确保特征提取器学习域不变特征。同时，将标记预测子设计为基于域不变特征对目标领域的肿瘤图像进行分类。进行针对肿瘤图像数据集的实验，以验证所提出方法的性能。实验结果和与其他方法的比较表明，该模型优于现有模型。

9.9.1 对抗领域自适应网络模型

在这一部分中，我们提出了对抗领域自适应网络模型。GAN 一般有生成器和鉴别器。但在对抗领域自适应模型中，不需要生成器生成样本，而是直接使用目标领域中的数据作为生成样本。生成器用作特征提取器，因此将迭代器称为特征提取器。特征提取器主要学习域不变特征，使鉴别器无法区分数据是否来自源领域或目标领域。该模型的框架如图 9.15 所示。提出的对抗领域自适应模型的过程如下。

假设有两个领域具有不同的分布：源领域 D_{s} 和目标领域 D_{t}。考虑分类任务，其中 X 是输入空间，$Y=\{0,1,2,\cdots,L-1\}$ 是标签的有限集合。源领域数据集为 $S=\{x_i,y_i\}_{i=1}^{n}\sim(D_{\mathrm{s}})^n$，其中，$n$ 是源领域中的样本数。目标领域数据集为 $T=\{(x_i)\}_{i=1}^{n}\sim(D_{\mathrm{t}})^n$，$n$ 是目标领域中的样本数，且目标领域中的样本标签未知。域自适应模型的目的是在源领域和目标领域之间建立关联，并通过使用源领域具有标签而目标领域没有标签信息的两个领域的样本对目标样本进行正确分类。

首先，将源领域和目标领域的样本共同输入特征提取器 G_f 以分别提取特征。特征提取器 G_f 是多层卷积神经网络。然后将从源领域中提取的特征输入预测器 G_y 和域鉴别器 G_d，而从目标领域中提取的特征仅输入域鉴别器 G_d。转到域鉴别器 G_d 并计算相应的损失函数 $E(\theta_f,\theta_y,\theta_d)$。损失函数由两部分组成：标签预测变量的分类损失函数 L_y^i 和域鉴别器的域损失函数 L_d^i，其中 λ 是相应的权值系数。损失函数定义如下：

$$E\left(\theta_f,\theta_y,\theta_d\right)=\frac{1}{n}\sum_{i=1}^{n}L_y^i\left(\theta_f,\theta_y\right)-\lambda\left(\frac{1}{n}\sum_{i=1}^{n}L_d^i\left(\theta_f,\theta_d\right)+\frac{1}{n}\sum_{i=n+1}^{N}L_d^i\left(\theta_f,\theta_d\right)\right) \tag{9.31}$$

图 9.15 中的模型优化了基础域不变特征，以及针对这些特征的标签预测子和域鉴别器。①预测班级标签的标签预测器，该标签预测器在训练期间和测试时间都可以使用。②在训练过程中区分源领域和目标领域的域标识符。虽然优化了标签预测变量的参数以最小化训练集上的分类误差，但优化了基础深度特征映射的参数以最小化标签预测变量的损失并最大化了域标识符的损失。特征提取器更新并与域鉴别器对抗，并且对抗过程确保在优化过程中出现域不变特征。

该对抗网络设计的目的有两个方面。一是通过调整网络参数以实现肿瘤图像的准确分类，最小化分类损失函数，二是可以学习域不变性特征，即网络无法区分输入肿瘤图像来自哪个领域。这可以通过最大化域损失函数来实现。对于来自源领域和目标领域的图像，除了它自己的类标签，还人为地定义了一个二进制域标签，该二进制域标签指示样本来自源领域还是目标领域。若 $d_i=0$，则 x_i 来自源领域；若 $d_i=1$，则 x_i 来自目标领域。

本节详细介绍了用于肿瘤图像诊断的拟议对抗域适应网络模型，该模型可预测每个输入的标签 $y\in\mathcal{Y}$ 及其域标签 $d\in\{0,1\}$。如图 9.15 所示，模型分解为三个部分：首先，假设输入通过（特征提取器 G_f）映射获得 D 维特征向量 $\boldsymbol{f} \in R^D$，并在特征提取器中定义要表示的参数向量 $\boldsymbol{\theta}_f$，然后存在 $\boldsymbol{f} = G_f(x;\boldsymbol{\theta}_f)$。其次，特征向量 $\boldsymbol{f}$ 通过预测器 G_y 预测标签 y，用 $\boldsymbol{\theta}_y$ 表示其参数。最终，使用相同的特征向量通过带有参数 $\boldsymbol{\theta}_d$ 的域鉴别器 G_d 获得域标签。

定义分类损失函数和域损失函数为

$$L_y^i\left(\boldsymbol{\theta}_f,\boldsymbol{\theta}_y\right)=L_y\left\{G_y\left[G_f\left(x_i;\boldsymbol{\theta}_f\right);\boldsymbol{\theta}_y\right];y_i\right\} \tag{9.32}$$

$$L_d^i\left(\boldsymbol{\theta}_f,\boldsymbol{\theta}_d\right)=L_d\left\{G_d\left[G_f\left(x_i;\boldsymbol{\theta}_f\right);\boldsymbol{\theta}_d\right];d_i\right\} \tag{9.33}$$

式中，$G_f(x_i;\boldsymbol{\theta}_f)=f(wx+b)$；$G_y[G_f(x_i;\boldsymbol{\theta}_f);\boldsymbol{\theta}_y]=\text{Softmax}[G_f(x)]$，通过使用 Softmax 函数，$G_y[G_f(x)]$ 的每个分量表示神经网络分配给将 x 分配给 Y 中的类的条件概率。给定一个源领域样本，省略具体过程，该样本的分类损失函数为

$$L_y\left\{G_y\left[G_f\left(x_i;\boldsymbol{\theta}_f\right);\boldsymbol{\theta}_y\right];y_i\right\}=\log\frac{1}{G_y\left[G_f\left(x\right)\right]_{y_i}} \tag{9.34}$$

领域分类损失函数定义为

$$L_d\left\{G_d\left[G_f\left(x_i;\boldsymbol{\theta}_f\right);\boldsymbol{\theta}_d\right];d_i\right\}=d_i\log\frac{1}{G_d\left[G_f\left(x\right)\right]_{d_i}}+\left(1-d_i\right)\log\frac{1}{G_d\left[G_f\left(x\right)\right]_{d_i}} \tag{9.35}$$

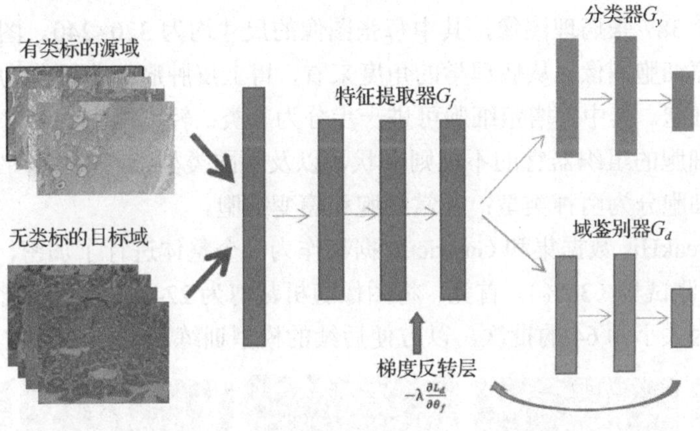

图 9.15　对抗领域自适应网络模型的框架

图 9.15 所示为对抗领域自适应网络模型的框架，其所提出的体系结构包括特征提取器（中间部分）和标签预测器（右上角），一起形成标准的前馈结构。在基于反向传播的训练过程中，梯度反转层将梯度乘以某个负常数，并且将域识别符（右下角）连接到特征提取器，以实现无监督的域自适应。

9.9.2　特征提取器

良好的特征表示对于领域适应至关重要。它应该最小化域之间的分布差异，同时保留原始数据的重要属性。本节设计了一个特征提取器网络来获取特征表示。由于 CNN 在特征提取方面具有出色的性能，并且肿瘤数据集具有较小的尺寸，因此设计了六层 CNN 作为特征提取器。这是一个非常简单的 CNN，只有三个卷积层：C1、C2、C3，三个池化层：S1、S2、S3。C1 和 C2 的卷积核大小被设置为 5×5，而 C3 的卷积核大小被设置为 3×3，步长为 1，并通过

ReLU 函数激活。S1 和 S2 均使用 2×2 最大池化子采样方法。S1 也使用最大池化，但是池化内核为 3×3，三个池化层的步长为 1。

9.9.3 数据集和实验设置

源领域使用公共数据集 BreakHis[19]，该数据集由 82 位乳腺癌患者的 7909 张带标签的病理图像组成，包含 2480 张良性肿瘤图像和 5429 张恶性肿瘤图像。表 9.3 所示为 BreakHis 数据集的具体分布。该数据集使用 4 种不同的放大率，图像尺寸为 700×460，模式为 RGB 图像。

表 9.3 BreakHis 数据集的具体分布

放 大 率	良 性	恶 性	全 部
40X	625	1370	1995
100X	644	1437	2081
200X	623	1390	2013
400X	588	1232	1820
病例个数	24	58	82

目标领域使用从中国南昌大学第一附属医院收集的胃上皮肿瘤细胞图像数据集（Gastric）。它包含 387 张病理图像，其中每张图像的尺寸均为 320×240。图 9.16 显示了一些原始的胃上皮肿瘤细胞图像。从病理学的角度来看，胃上皮肿瘤细胞可分为三类：正常细胞、增生细胞和癌变细胞。其中，增殖细胞可进一步分为三类：轻度增生、中度增生和重度增生。然而，由于癌变细胞的组织器官的不规则形状，以及不同类型细胞的多样性和复杂性，该实验将胃上皮肿瘤细胞分为两种类型：正常细胞和癌变细胞。

在实验中，BreakHis 数据集和 Gastric 数据集作为一个整体进行了加密，并分为两个部分：训练集（70%）和测试集（30%）。首先，将图像随机裁剪为 224×224，以统一输入数据大小，然后将数据集分为大小为 64 的批次，以方便后续的模型训练。

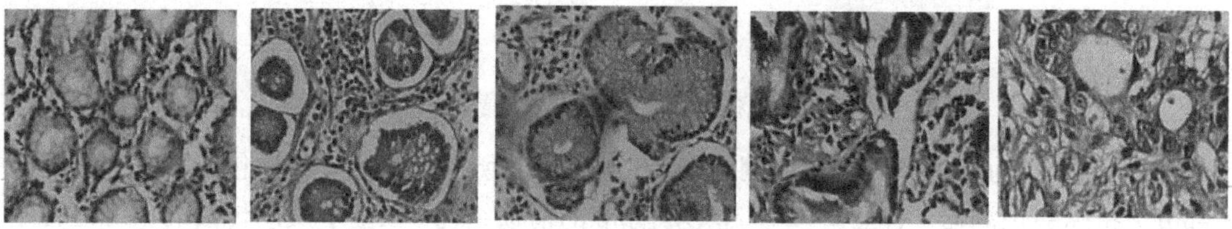

图 9.16 胃上皮肿瘤细胞图像

9.9.4 结果分析与讨论

在上述实验中，将提出的方法与其他深度迁移学习方法进行比较。比较方法包括“Source Only”和“DDC[27]”。在 Source Only 中，将源领域数据输入网络进行训练，并直接对目标领域进行分类，而不会增加域丢失。在 DDC 中，基于标签成本函数引入了域混淆损失，具体方法是在最后一个全连接层之前添加域适应层。在 DDC 中，源样本和目标样本通过域自适应层的输出特性后，将计算最大平均偏差距离（MMD），新的目标函数是该距离与标记损失的总和。实验比较结果如表 9.4 所示。

表 9.4 肿瘤识别中不同方法的比较

方 法	BreakHis→Gastric	
	精度（%）	时间（s）
Source Only	47.56	4146.30
DDC	52.84	15288.36
对抗领域自适应	85.53	7563.93

在 Source Only 中，使用 BreakHis 数据集训练的 CNN 模型直接用于在 Gastrics 数据集上进行分类，其准确性仅为 47.56%。DDC 在识别肿瘤方面优于 Source Only，提高了 5.28%。对抗域适应网络模型在肿瘤识别方面明显优于 Source Only 和 DDC，这说明对抗域适应网络模型在转移学习中的有效性及更好的识别恶性肿瘤的能力。随着训练时间的增加，对抗域适应网络模型的肿瘤识别成本比 Source Only 更高，但远低于 DDC。

9.9.5 探讨

为了解决肿瘤图像识别中的小样本问题，提出了一种对抗域自适应网络模型，该模型包括特征提取器、标签预测器和域预测器。该模型在源域领和目标领域上训练域鉴别器，并与特征提取器竞争。通过竞争，特征提取器可以学习使两个域领之间的距离最小的域不变特征。在 BreakHis 和 Gastric 数据集上进行的一系列实验表明，对抗域适应网络模型在分类上优于 Source Only 和 DDC，并证明了该模型的效率和准确性。从这项工作和其他深度对抗迁移的工作来看，GAN 和迁移学习的结合具有可行性和丰富性。因此，未来的工作是探讨如何将二者更好地结合，以处理真实世界中更棘手的问题。

9.10 小结

本章介绍了 GAN 的基础知识和基础理论，指出了其训练中常见的问题及技巧；不仅介绍了几篇代表性的极具创新的 GAN 文章，还介绍了 GAN 与迁移学习在医学上的应用。作为一门新兴的技术，GAN 在计算机视觉、医学等众多领域做了非常多的贡献。相信在未来的发展中会带来更多惊喜。

参考文献

[1] LANGR J, BOK V. GANs in Action[M]. United States of America: The manning publications co, 2019.

[2] GOODFELLOW I, POUGET ABADIE J, MIRZA M, et al. Generative adversarial nets[C]// In Advances in Neural Information Processing Systems (NIPS), 2014: 2672-2680.

[3] METZ C. Google’s dueling neural networks spar to get smarter, no humans required [J]. Wired, BUSINESS, 2017.

[4] ZHANG H, GOODFELLOW I, METAXAS D, et al. Self-Attention Generative Adversarial Networks [C] //International conference on machine learning. PMLR, 2019: 7354-7363.

[5] FRID ADAR M, KLANG E, AMITAI M, et al. Synthetic data augmentation using GAN for

improved liver lesion classification[C]. 2018 IEEE 15th International Symposium on Biomedical Imaging (ISBI 2018). IEEE, 2018.

[6] GUI J, SUN Z, WEN Y, et al. A review on generative adversarial networks: Algorithms, theory, and applications[J]. IEEE Transactions on Knowledge and Data Engineering, 2021.

[7] BENGIO Y, LAUFER E, ALAIN G, et al. Deep generative stochastic networks trainable by backprop[C] //International Conference on Machine Learning (ICML). 2014.

[8] BENGIO Y, YAO L, ALAIN G, et al, Generalized denoising auto-encoders as generative models[J]. Advances in Neural Information Processing Systems, 2013: 899-907.

[9] GOODFELLOW I. Generative Adversarial Networks [J]. Advances in Neural Information Processing Systems, 2014, 3: 2672-2680.

[10] SALIMANS T, KARPATHY A, CHEN X, et al. PixelCNN++: Improving the PixelCNN with discretized logistic mixture likelihood and other modifications[J]. arXiv preprint arXiv:1701.05517, 2017.

[11] HUSZÁR F. How (not) to Train your Generative Model: Scheduled Sampling, Likelihood, Adversary? [J]. arXiv preprint arXiv:1511.05101, 2015.

[12] SALIMANS T, GOODFELLOW I, ZAREMBA W, et al. Improved techniques for training GANs[J]. Advances in Neural Information Processing Systems, 2016: 2234-2242.

[13] HUANG H, YU P S, WANG C. An Introduction to Image Synthesis with Generative Adversarial Nets [J]. arXiv preprint arXiv:1803.04469, 2018.

[14] RADFORD A, METZ L, CHINTALA S. Unsupervised Representation Learning with Deep Convolutional Generative Adversarial Networks [J]. arXiv preprint arXiv:1511.06434, 2015.

[15] HEUSEL M, RAMSAUER H, UNTERTHINER T, et al. GANs Trained by a Two Time-Scale Update Rule Converge to a Local Nash Equilibrium [C]. Neural Information Processing Systems(NIPS), 2017.

[16] LUCIC M, KURACH K, MICHALSKI M, et al. Are GANs Created Equal? A Large-Scale Study [C]. Advances in neural information processing systems. 2018: 700-709.

[17] ARJOVSKY M, CHINTALA S, AND BOTTOU L. Wasserstein generative adversarial networks[C]. In proceedings of the 34th international conference on machinc lcarning (ICML), 2017: 214-223.

[18] FEDUS W, ROSCA M, LAKSHMINARAYANAN B, et al. Many Paths to Equilibrium: GANs Do Not Need to Decrease a Divergence At Every Step [J]. arXiv preprint arXiv:1710.08446, 2017.

[19] SPANHOL F A, OLIVEIRA L S, PETITJEAN C, et al. A Dataset for Breast Cancer Histopathological Image Classification [J]. IEEE Transactions on Biomedical Engineering, 2016, 63(7):1455-1462.

[20] MAO X, LI Q, XIE H, et al. Least Squares Generative Adversarial Networks[C]. 2017 IEEE International Conference on Computer Vision (ICCV). IEEE, 2017.

[21] ODENA A, BUCKMAN J, OLSSON C, et al. Is Generator Conditioning Causally Related to GAN Performance? [C]. International conference on machine learning. PMLR, 2018: 3849-3858.

[22] MIYATO T, KATAOKA T, KOYAMA M, et al. Spectral Normalization for Generative

Adversarial Networks [C]. International conference on Learning Representations, 2018.

[23] WANG CHAOYUE, XU CHANG, YAO XIN, et al. Evolutionary Generative Adversarial Networks [J]. IEEE Transactions on Evolutionary Computation, 2018, 23(6): 921-934.

[24] WU Z, HE C, YANG L, et al. Attentive evolutionary generative adversarial network [J]. Applied Intelligence, 2020, (6): 1-15.

[25] 王晋东. 迁移学习简明手册[OL]. 中科院计算基数研究所，2018.

[26] 康红宇. 基于迁移学习的肿瘤识别研究[D]. 湘潭：湘潭大学，2020.

[27] TZENG E, HOFFMAN J, ZHANG N, et al. Deep Domain Confusion: Maximizing for Domain Invariance [J]. arXiv preprint arXiv:1412.3474, 2014.

习题

9.1　请以自己的语言详细介绍 GAN 的构成，对抗思想。

9.2　生成模型是怎样工作的？GAN 相比其他的生成模型有什么区别和优势？

9.3　GAN 是如何工作的？

9.4　GAN 产生模式崩溃的主要原因有哪些，你能想到哪些能改善的点和思路？

9.5　GAN 训练有哪些技巧？

9.6　GAN 有哪些研究课题和方向。

9.7　GAN 最需要研究人员解决的问题是什么？

9.8　请仔细阅读几篇顶级期刊的 GAN 论文，总结这些工作的创新点及解决思路，并发现它们的相同点和不同点，想想它们这样做的动机。

9.9　请尝试使用深度学习框架实现一个简单的 GAN，找一些数据集（如手写数字集）进行训练并生成与其尽可能相似的图像，并利用本章介绍的指标测得生成图像的质量。

第 10 章　长短时记忆网络

10.1　引言

递归神经网络（Recurrent Neural Networks，RNN）在某些参考文献中又叫作循环神经网络，它主要包括两种：结构递归神经网络和时间递归神经网络。长短时记忆网络（Long Short Term Memory，LSTM）是一种经典的时间递归神经网络，它在语音识别、自然语言处理、机器翻译、光学字符识别（Optical Character Recognition，OCR）和手写文字识别等领域得到了广泛应用。本章将阐述模型、学习算法及一些实际应用。

10.2　RNN

LSTM 是时间递归神经网络的一种改进模型，因此我们先描述时间递归神经网络模型的结构和相关基础知识。在神经网络领域中，RNN 与多层感知机（Multilayer Perceptron，MLP）相比，虽然在其结构上只有细微的变化，但 RNN 对序列学习的影响却是非常深远的。MLP 只能将单个的输入向量映射到单个的输出向量，而 RNN 基本上可以将先前输入的整个历史向量映射到每个输出向量。在实际应用中，当有足够数量的隐含层神经元时，RNN 可以逼近任何可测量的序列映射到序列的任意精度，效果等同于 MLP 的全局逼近结果，其关键在于 RNN 隐含层之间的循环连接保存了先前网络结构的内部状态，可影响网络每个时刻的输出。由于 RNN 拥有特定的记忆模式，类似人类的记忆功能，因此 RNN 在模式识别等序列数据模式方面得到了广泛应用。

10.2.1　RNN 的结构模型

RNN 是随时间运作，且层与层之间为全连接的网络模型。以单个自反馈隐含层的简单 RNN 为例，RNN 沿时间轴展开的结构如图 10.1 所示。RNN 模型构建后，其训练运作的原理主要是前向传播、根据目标函数计算损失函数、后向传播、优化参数反复迭代，直至逼近目标输出或达到迭代上限，结束训练。

对于一个长度为 T 的序列样本 $(\boldsymbol{X},\boldsymbol{Y})$，输入序列为 $\boldsymbol{X}_t=(x_1,x_2,\cdots,x_t)$，$t\in T,i\in I$，输出序列为 $\boldsymbol{Y}_t=(y_1,y_2,\cdots,y_t)$，$t\in T,k\in K$，分别用 I、H、O 表示输入层、隐含层、输出层神经元个数，w_{ih}、$w_{h'h}$、w_{ho} 分别为输入层与隐含层、隐含层与隐含层、隐含层与输出层的权值参数。RNN 模型前向传播过程与 MLP 模型一样，具体运算如下

$$
\begin{cases}
a_h^t=\sum\limits_{i=1}^{I}w_{ih}x_i^t\sum\limits_{h'}^{H}w_{ih'}b_{h'}^t\\
h_h^t=\theta_h(a_h^t)\\
a_o^t=\sum\limits_{h=1}^{H}w_{ho}b_h^t\\
\hat{y}_o^t=\theta_o(a_o^t)
\end{cases}
\tag{10.1}
$$

式中，a_h^t 表示隐含层第 h 个单元在 t 时刻的输入；h_h^t 表示 t 时刻隐含层第 h 个单元经过激活函数 $\theta_h(x)$ 变换后得到的输出；a_o^t 表示输出层第 o 个单元在 t 时刻的输入；$\hat{y}_o^t$ 为 t 时刻输出层第 o 个单元经过激活函数 $\theta_o(x)$ 变换后得到的模型输出。

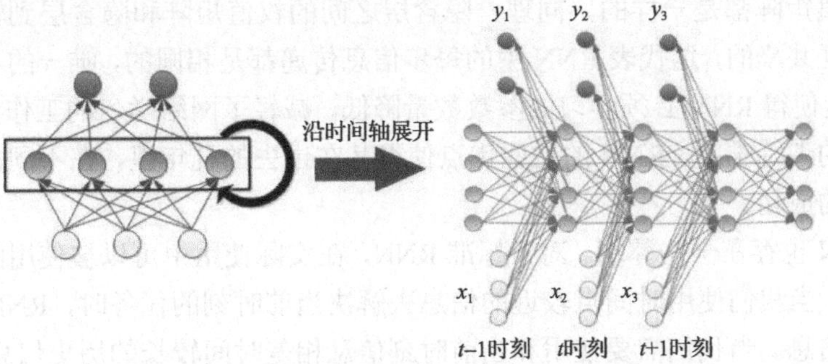

图 10.1　RNN 结构

设定模型参数为向量 $\boldsymbol{\phi}=[w_{ih},w_{h'h},w_{ho}]$，模型的目标就是让模型输出变量 $\hat{y}$ 尽可能逼近实际输出 y，故 RNN 的目标函数也可称为损失函数，可表示为

$$\min E(\boldsymbol{\phi})=L(\hat{y};y) \tag{10.2}$$

式中，L 为距离函数，针对不同问题，如二分类、多分类或预测等，可选取不同的损失函数。

在前向传播计算得到损失函数后，需要对模型的权值参数进行调整，随时间反向传播，根据时间反向传播算法（Back Propagation Through Time，BPTT）迭代优化调整权值参数。由于 BPTT 的概念简单、计算较快等优点，被广泛应用于时序模型的训练。类似标准的反向传播算法，BPPT 算法反复利用链式法则，计算损失函数对权值的偏导，将一定比例的误差分配给每个权值，并按照时间序列进行有序的计算。其区别在于，在反向传播过程中，目标函数依赖隐含层的激活值不但受输出层的影响，而且受下一时刻隐含层的影响。用 δ_h^t 表示 t 时刻隐含层激活值的局部梯度，根据链式法则可求得

$$\delta_h^t=\theta_h'\left(\sum_{o=1}^{o}\delta_h^t w_{ho}+\sum_{h'=1}^{H}\delta_{h'}^{t+1}w_{h'h}\right)=\frac{\partial E}{\partial a_j^t} \tag{10.3}$$

整个序列的局部梯度计算均从 $t=T$ 开始，按照时间降序进行。在 $T+1$ 时刻，由于没有任何误差来自整个序列之外，因此任意层的局部梯度 δ_j^{T+1} 均为 0。同时，隐含层输入、输出的权值系数在每个时刻都是一致的，故它们在整个序列的偏导数等同于各时刻权值偏导数之和，如

$$\frac{\partial E}{\partial w_{ij}}=\sum_{t=1}^{T}\frac{\partial E}{\partial a_j^t}\frac{\partial a_j^t}{\partial w_{ij}}=\sum_{t=1}^{T}\delta_j^t b_i^t \tag{10.4}$$

在求得各网络层之间的局部梯度后，可选择 SGD、Momentum、Adam 等优化算法更新各网络层之间的参数，进行迭代，直到非常逼近目标输出或达到迭代上限，完成模型训练。

10.2.2　RNN 模型的优缺点

RNN 模型相对传统神经网络模型而言，优势非常显著。以人脑的思考方式为例，传统神经网络是在大脑一片空白的情况下思考的，即传统神经网络的信息传递不具有持久性。RNN 极其重要的一个优点是当它需要映射输入与输出序列的关系时，有使用前后时刻信息的能力。RNN 模型是基于之前的思考进行推理的，不会将之前思考得到的东西忽视掉，其思考具有持

久性。从网络结构上说，传统神经网络每层的参数、每个神经元的参数都是根据自身确定的，即参数都是不一样的。但是RNN不同，只要往输入神经元输入一个值，网络的每层参数就是共同使用的，将RNN进行展开变成多层网络，那么在各个时间点中，从输入层神经元到隐含层神经元的权值矩阵都是一样的，同理，隐含层之间的权值矩阵和隐含层到输出层之间的权值矩阵也是相互共享的，这代表RNN中的每步信息传递都是相同的，唯一的不同之处是输入的值。所以，这使得RNN必须学习的参数数量降低，减轻了网络学习的工作量，在很大程度上减轻了模型的训练难度。RNN的这些优点使得其在过去的几年里，在不同问题的应用上取得了不可思议的成功。

然而，RNN也存在一些弊端。对于标准RNN，在实际使用中可以被使用的信息时间跨度是非常有限的。当我们使用时间点较近的信息去解决当前时刻的任务时，RNN可以有效地学习历史时刻的信息。当我们需要使用和当前时刻信息相差时间较长的历史信息时，RNN学习信息的能力会减弱，这就是RNN的梯度消失问题。该问题主要是隐含层上一个给定的输入造成的，它使网络的输出出现衰减或呈指数性爆炸。梯度回传是RNN训练的基础，当时间跨度较长时，梯度信息的传播会产生衰减现象，信息衰减越快，梯度回转的信息量越少，回传的效果越差。理论上RNN能够处理时间跨度很长的信息，但在实际操作中，因为衰减现象的存在，一般不可能达到保留所有时间段信息的效果。

自20世纪90年代开始，人们无数次尝试解决梯度消失问题。1990年，Lang提出时间延误算法；1992年，Mozer提出时间常数算法，Schmidhuber提出分层序列压缩算法；1994年，Bengio提出模拟锻炼算法和离散误差传播算法；1997年，Hochreiter和Schmidhuber提出LSTM算法。目前，这是最受人们青睐的算法。

10.3 LSTM的结构模型与实现

RNN在许多情况下运行良好，特别是在分析短时间序列数据时，但是简单RNN存在一个长期依赖问题，即它只能处理我们需要较接近的上下文情况。LSTM是一种特殊的RNN，是增加了长短时记忆功能的RNN，可以保持RNN的持久性，使模型能够解决长期依赖问题，使用LSTM可以有效地传递和表达长时间序列中的信息，并且不会导致长时间前的有用信息被忽略（遗忘），LSTM还可以解决RNN中的梯度消失或爆炸问题。与此同时，相对于标准RNN，LSTM在结构上并没有什么巨大的改变，只是对隐含层做了一些改进。

实际上，长短时记忆功能是LSTM的自身行为，不同于它通过数据训练而学习到的东西。前面提到标准RNN会有梯度消失问题，LSTM就是为了克服梯度消失问题而产生的，我们给RNN加上长短时记忆功能，让信息不再衰减。在过去的十年里，LSTM已经成功地在一些范畴里实现了长短时记忆，包括学习与上下文无关的语言，在扩展噪声序列上回顾高精度实数和各种需要精确计时和计数的任务。

LSTM工作的第一步是确定该删除什么样的信息，这由Sigmoid函数中的遗忘门决定，图10.2所示为LSTM记忆阀门的结构。图10.2中的实心圆点代表信息传递，节点的计算结果值将继续传递到下一层或下一时间点；叉号表示信息屏蔽，节点的计算结果没有传递到下一层或下一时间点。LSTM的记忆功能是由这些阀门节点实现的，当阀门打开的时候，前面神经元的训练结果会影响当前神经元的计算，而当阀门关闭的时候，前面神经元的训练结果不会影响当前神经元的计算。故通过阀门开关的调节，可以实现历史时间序列对后期神经元的影响。如果我们不希望之前时刻的信息对之后的数据产生影响，如自然语言处理中的分析新段落或新章节，那么只要关掉阀门就可以阻止信息的传递。LSTM 通过打开阀门与关闭阀门控制序列相互之间的影响，如图 10.2 所示，时刻输入变量影响了时刻输出变量的结果。

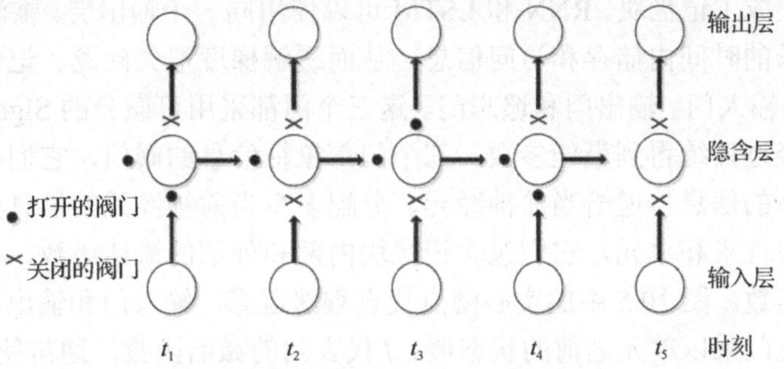

图 10.2　LSTM 记忆阀门的结构

10.4　LSTM 的学习算法

LSTM 作为特殊 RNN 也具备模块链状结构，但隐含层模块结构有所改变。LSTM 由一组递归连接的子网组成，称为记忆块或内存块。这些记忆块可以被理解为一个计算机中可分辨的存储器。每个记忆块都包含一个或多个自连接存储单元和三个乘法单元，这三个乘法单元是输入门、输出门和遗忘门，为单元提供读、写和重置操作，如图 10.3 所示，LSTM 并不是单一的神经网络层，而是一个四层结构，它以一种非常特殊的方式相互作用。中间部分的矩形模块表示学习神经网络层，圆形模块表示逐点操作，如向量加法。单个箭头表示向量转移。从一个节点的输出到另一个节点的输入，每行携带一个完整的向量。线的合并代表连接，而线的分叉代表信息被复制和拷贝到不同的地点。

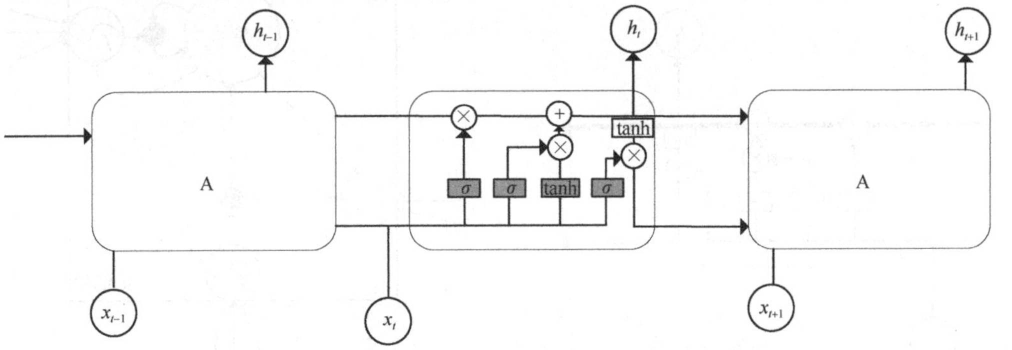

图 10.3　LSTM 的模块链的四个交互层

LSTM 的关键是图 10.4 上边那条直线的状态，它是一条平行贯穿的直线，包括两个逐点操作。这条线如同传送带一样传送信息，它可以保证信息传递不轻易发生改变。LSTM 最重要的构成部分是门，它可以有效地向该方格内添加或删除信息。门可以让信息选择性通过，它包括单个 Sigmoid 神经网络层和单个乘法操作。一个 LSTM 结构有三个门，它们一起工作以控制该模块的运转。如图 10.4 所示，阀门节点的计算规则为：Sigmoid 函数将网络的记忆态作为输入值；规定一个阈值，若输出结果达到该阈值，则将该阀门的输出值与当前层的计算结果相乘，相乘是指矩阵中的逐元素相乘，并将相乘结果作为下一层的输入值；若达不到该阈值，则将该输出结果抛弃，即遗忘规则产生作用。

图 10.5 显示了 LSTM 的记忆块内部结构。LSTM 和标准 RNN 几乎相同，只是将 RNN 隐含层的加法单元换成了记忆块。RNN 和 LSTM 可以使用同一个输出层。乘法使 LSTM 的记忆块可以在一段较长的时间内储存和访问信息，从而缓解梯度消失问题。记忆块包括一个单元和三个门，分别是输入门、输出门和遗忘门。这三个门都采用可微分的 Sigmoid 函数，该函数可以保证三个门经过训练得到最佳参数。三个门都象征信息的阀门，它们控制神经元信息的传递，分配多少新的信息传递给当前神经元，分配多少当前神经元的信息给下一个神经元。这三个门都是非线性求和单元，它们包含记忆块内部和外部的激活函数，并通过乘法运算来控制单元的激活函数。图 10.5 中的实心圆点代表乘法运算，输入门和输出门乘以单元的输入值和输出值，遗忘门乘以单元之前的状态值。f 代表门的激活函数，通常使用 Sigmoid 函数，因此门的激活函数的取值在 0 到 1 之间。g 是单元的输入函数，h 是单元的输出函数，它们通常使用 Tanh 函数或 Sigmoid 函数。单元和门之间的权值关系使用虚线表示，不使用虚线没有权值关系。该记忆块输出给网络其他结构的输出值由输出门乘法算法提供。在 LSTM 模型中，Sigmoid 函数用于三个门中，产生 0 到 1 之间的值。Tanh 函数一般用在状态和输出上，是对数据的处理。

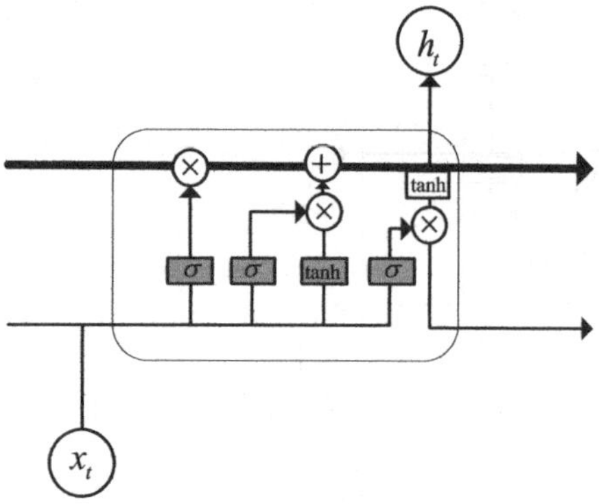

图 10.4　LSTM 隐含层运算图

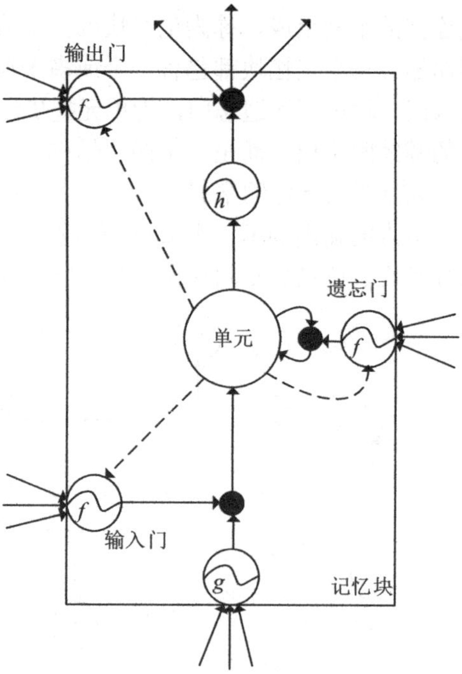

图 10.5　LSTM 的记忆块内部结构

Sigmoid 函数称为 S 型生长曲线，它是神经网络中激活函数的一种。使用 Sigmoid 函数作为门的激活函数的原因在于它可以为 LSTM 模型引入非线性因素，它的输出范围有限，当数据在网络中传递时易聚拢。向 Sigmoid 函数输入一个实际的数值，可将其压缩到 0 到 1 范围内。特别大的负数被映射成 0，特别大的正数被映射成 1。它明确地表达了激活的概念，即数据未激活时是 0，完全饱和的激活是 1。

Sigmoid 函数公式为

$$S(x)=\frac{1}{1+\mathrm{e}^{-x}} \tag{10.5}$$

Tanh 函数是双曲正切函数，它将一个实际输入值映射到[-1,1]区间内。当输入值为 0 时，Tanh 函数的输出值为 0，Tanh 函数符合激活函数的形式，主要通过类 Tanh 实现，该类继承自 Abstrcact Activation 类，主要实现 Activating 接口和 Derivating 接口。Tanh 函数公式为

$$\tanh x=\frac{\sinh x}{\cosh x}=\frac{\mathrm{e}^{x}-\mathrm{e}^{-x}}{\mathrm{e}^{x}+\mathrm{e}^{-x}} \tag{10.6}$$

我们将 LSTM 的记忆块展开，如图 10.6 显示，该网络结构中输入层有四个输入神经元，隐含层有两个记忆块，输出层有五个神经元。图中只给出了部分重要的传输关系。我们可以从图中看出，输入层 X_t 分别向两个记忆块的输入门、遗忘门、输出门、单元的输入门传递值，记忆块 A 通过内部处理后，共有三种信息流传送，首先将信息流返回给自身记忆块的输入门、遗忘门、输出门和单元的输入门，然后将信息流传送给记忆块 B 的输入门、遗忘门、输出门和单元的输入门，当然最重要的一条信息流传送给输出神经元 y_{t+1}。可以看出，每个记忆块都接收四个输入信息值，但分别只输出一个信息值。LSTM 含有的输入值数量比输出值数量多，其原因是门和单元都需要网络的其余部分接收输入值，但只有神经元提供给网络一个可见的输出值。

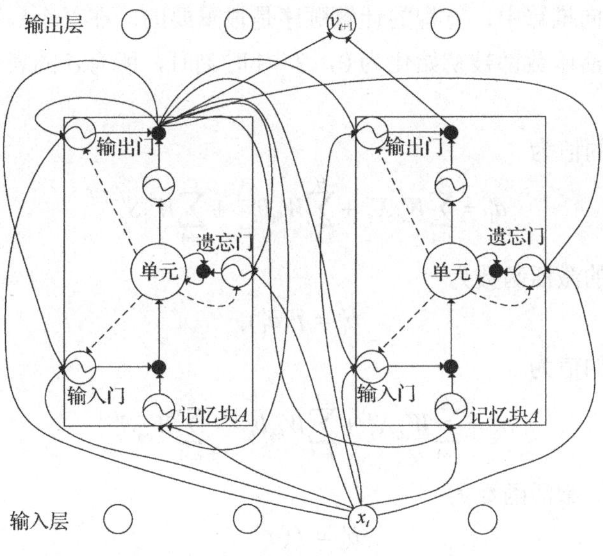

图 10.6　将记忆块展开的 LSTM 结构

10.5　LSTM 的网络方程

在本节中，LSTM 的前向推算使用激活函数，反向推算使用 BPTT 梯度计算。因为各个记忆块的运算是相同的，所以这里我们只给出 LSTM 结构中一个记忆块的方程。将从神经元 i 到神经元 j 的权值设为 w_{ij}，网络在 t 时刻输入神经元 j 的值设为 a_j^t，神经元 j 在 t 时刻的激活函数设为 b_j^t。下标 1 表示输入门，ϕ表示遗忘门，W 表示输出门，下标 c 代表神经元。从神

经元 c 到输入门的权值记作 W_{c1}，到输出门的权值记作 W_{cw}，到遗忘门的权值记作 $W_{c\phi}$。在 t 时刻，神经元 c 的状态记作 S_c^t。输入门、输出门和遗忘门的激活函数记作 f，神经元的输入激活函数记作 g，输出激活函数记作 h。

设输入神经元的数量为 I，输出神经元的数量为 K，隐含层的单元数量为 H。在隐含层中，神经元通过自身的输出 b_c^t 与其余记忆块连接，而记忆块中其余的激活函数，如神经元状态、神经元输入值和门激活函数都只在记忆块内部起作用。使用索引表示隐含层中其他记忆块传送过来的输出值。设整个隐含层的输入神经元数为 G，G 包括所有单元和门，使用索引 g 表示这些输入神经元。LSTM 的前向推算是为了计算一个时间长度为 T 的输入序列 X，该时间长度 T 的起始点为 $t=1$，当 t 的值不断递增时，方程也相应递归更新，一直持续到 $t=T$。反向推算同前向推算一样，也是计算一个时间长度为 T 的输入序列 X，但是反向推算的起始时间点为 $t=T$，当 t 不断递减时，递归计算出单元倒数，一直持续到 $t=1$。根据以上每个时间点的导数，最终得到的权值导数值为

$$\delta_j^t = \frac{\partial l}{\partial a_j^t} \tag{10.7}$$

式中，l 是训练所使用的损失函数。损失函数是指当参数值不同时系统产生的损失。由于 RNN 的损失可以通过参数衡量，所以可以运用损失函数训练整个网络，以改善目标值的变异。损失函数包含两个部分：损失项和正则项。

在前向推算与反向推算中，方程的计算顺序是很重要的。在一个标准 LSTM 中，0 时刻时，所有的状态和激活函数都被初始化为 0，$T+1$ 时刻时，所有 δ 的表达式都被初始化为 0。

1）前向推算

输入门在 t 时刻的值为

$$a_1^t = \sum_{i=1}^{I} W_{i1} X_i^t + \sum_{h=1}^{H} W_{h1} b_h^{t-1} + \sum_{c=1}^{C} W_{c1} S_c^{t-1} \tag{10.8}$$

输入门在 t 时刻的激活函数为

$$b_1^t = f(a_1^t) \tag{10.9}$$

遗忘门在 t 时刻的值为

$$a_\phi^t = \sum_{i=1}^{I} W_{i\phi} X_i^t + \sum_{h=1}^{H} W_{h\phi} b_h^{t-1} + \sum_{c=1}^{C} W_{c\phi} S_c^{t-1} \tag{10.10}$$

遗忘门在 t 时刻的激活函数为

$$b_\phi^t = f(a_\phi^t) \tag{10.11}$$

单元在 t 时刻的输入值为

$$a_c^t = \sum_{i=1}^{I} W_{ic} X_i^t + \sum_{h=1}^{H} W_{hc} b_h^{t-1} \tag{10.12}$$

单元在 t 时刻的状态为

$$S_c^t = b_\phi^t S_c^{t-1} + b_1^t g(a_c^t) \tag{10.13}$$

输出门在 t 时刻的值为

$$a_{\mathrm{W}}^t = \sum_{i=1}^{I} W_{i\mathrm{W}} X_i^t + \sum_{h=1}^{H} W_{h\mathrm{W}} b_h^{t-1} + \sum_{c=1}^{C} W_{c\mathrm{W}} S_c^{t-1} \tag{10.14}$$

输出门在 t 时刻的激活函数为

$$b_{\mathrm{W}}^t = f(a_{\mathrm{W}}^t) \tag{10.15}$$

2）反向推算

设

$$\varepsilon_c^t = \frac{\partial l}{\partial b_c^t},\ \varepsilon_S^t = \frac{\partial l}{\partial S_c^t} \tag{10.16}$$

单元在 t 时刻的值为

$$\delta_c^t = \sum_{k=1}^{K} W_{ck}\delta_k^t + \sum_{g=1}^{G} W_{cg}\delta_g^{t+1} \tag{10.17}$$

输出门在 t 时刻的值为

$$\delta_{\mathrm{W}}^t = f'(a_{\mathrm{W}}^t)\sum_{c=1}^{C} h(S_c^t)\varepsilon_c^t \tag{10.18}$$

t 时刻的状态为

$$\varepsilon_S^t = b_{\mathrm{W}}^t h'(S_c^t)\varepsilon_c^t + b_\phi^{t+1}\varepsilon_S^{t+1} + W_{ct}\delta_1^{t+1} + W_{c\phi}\delta_\phi^{t+1} + W_{c\mathrm{W}}\delta_{\mathrm{W}}^t \tag{10.19}$$

单元权值导数值为

$$\delta_\phi^t = f'(a_\phi^t)\sum_{c=1}^{C} S_c^{t-1}\varepsilon_S^t \tag{10.20}$$

遗忘门权值导数值为

$$\delta_\phi^t = f'(a_\phi^t)\sum_{c=1}^{C} S_c^{t-1}\varepsilon_S^t \tag{10.21}$$

输入门权值导数值为

$$\delta_1^t = f'(a_1^t)\sum_{c=1}^{C} g(a_c^t)\varepsilon_S^t \tag{10.22}$$

10.6 LSTM 的实际应用

在本章引言中有提及 LSTM 如今已广泛应用于自然语言处理，这里就举一个自然语言处理中的简单例子：文本分类，让读者感受一下 LSTM 是如何进行实际应用的。

10.6.1 数据预处理

在 TensorFlow 上进行实验，数据集源于互联网，其中包括 10 个类别，分别是书籍、酒店、计算机、衣服、水果、平板、手机、洗发水、热水器和蒙牛，总共对应 62774 个评论来形容这些类别，文本类别分布如图 10.7 所示。我们要做的就是通过这些数据集来训练我们所搭建的 LSTM，以达到能够用其对未知评语进行分类的目的。

首先，所有评语和类别都是中文，所以需要将类别转换为数字 ID，以方便后续的分类，如图 10.8 所示。

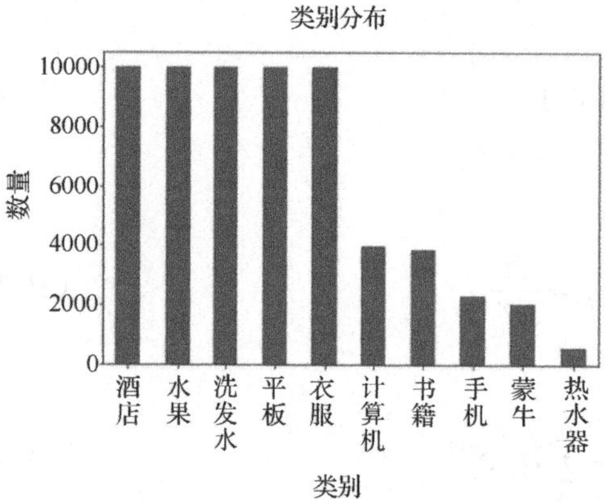

图 10.7　文本类别分布

类别	类别ID
书籍	0
平板	1
手机	2
水果	3
洗发水	4
热水器	5
蒙牛	6
衣服	7
计算机	8
酒店	9

图 10.8　类别对应数字 ID

接着由于中文中有许多标点符号，以及一些高频语气词如“吧”“呢”“啊”“嗯”等，但是对文本具体表达的主要意思没有任何的影响和帮助，反而会增加计算的复杂度，因此需要将其过滤处理，过滤后的文本不再有标点符号和语气词。为了简化计算复杂度，再进行分词，将文本分成一个个单独的词语，如图 10.9 所示。分词完成后，拆分数据集为训练集和测试集，接下来进行模型的建立。

	cat	review	cat_id	clean_review	cut_review
0	书籍	做父母一定要有刘墉这样的心态，不断地学习，不断地进步，不断地给自己补充新鲜血液，让自己保持...	0	做父母一定要有刘墉这样的心态不断地学习不断地进步不断地给自己补充新鲜血液让自己保持一颗年轻的...	做 父母 一定 刘墉 心态 不断 学习 不断 进步 不断 补充 新鲜血液 保持 一颗 年轻 ...
1	书籍	作者真有英国人严谨的风格，提出观点、进行论述论证，尽管本人对物理学了解不深，但是仍然能感受到...	0	作者真有英国人严谨的风格提出观点进行论述论证尽管本人对物理学了解不深但是仍然能感受到真理的火...	作者 真有 英国人 严谨 风格 提出 观点 进行 论述 论证 物理学 了解 不深 仍然 感受...
2	书籍	作者长篇大论借用详细报告数据处理工作和计算结果支持其新观点。为什么荷兰曾经县有欧洲最高的生产...	0	作者长篇大论借用详细报告数据处理工作和计算结果支持其新观点为什么荷兰曾经县有欧洲最高的生产率...	作者 长篇大论 借用 详细 报告 数据处理 工作 计算结果 支持 其新 观点 荷兰 曾经 县...
3	书籍	作者在少年时即喜阅读，能看出他精读了无数经典，因而他有一个庞大的内心世界。他的作品最难能可贵...	0	作者在少年时即喜阅读能看出他精读了无数经典因而他有一个庞大的内心世界他的作品最难能可贵的有两...	作者 少年 时即 喜 阅读 看出 精读 无数 经典 一个 庞大 内心世界 作品 难能可贵 两...

图 10.9　文本分词

10.6.2　建立模型与训练

网络层一共有五层，第一层为输入层；第二层为词嵌入层（Embedding），其作用就是将分词转化为向量，设定每条评论的分词的最大数目为 250，词嵌入层使用长度为 100 的向量表示每个词语；第三层为 Spatial Dropout1D 层，随机地将部分区域清零，这样做的作用是能够有效地抑制过拟合；第四层为 LTSM 层，设定有 100 个记忆单元，同样加入 Dropout 操作；第五层为输出层，是包含 10 个类别的全连接层，激活函数为常用的分类函数 Softmax，优化器为 Adam 优化器，损失函数为分类交叉熵。

核心代码如下：

```
model = Sequential()
model.add(Embedding(MAX_NB_WORDS,EMBEDDING_DIM,input_length=X.shape[1]))
model.add(SpatialDropout1D(0.2))
model.add(LSTM(100, dropout=0.2, recurrent_dropout=0.2))
model.add(Dense(10, activation='softmax'))
model.compile(loss='categorical_crossentropy',optimizer='adam',metrics=['accuracy'])
```

模型建立好后，便开始进行训练神经网络，为方便演示，设定 epoch 为 5，batch_size 为 16。

10.6.3 结果展示

训练完成后得到的训练集与测试集的损失值和精度趋势如图 10.10 所示。

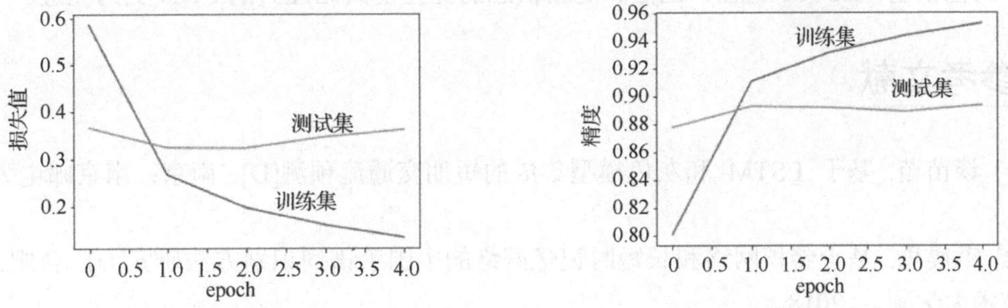

（a）损失值趋势　　（b）精度趋势

图 10.10　训练集与测试集的损失值和精度趋势

由于只是演示，训练的时长较短，次数较少，所以并没达到收敛的程度，但也能看出精度有明显提升。

进行随机输入测试，得到的结果如图 10.11 所示，多次测试发现准确率还是较高的，可见 LSTM 因其特性对于文本分类等自然语言处理有着显著成效。

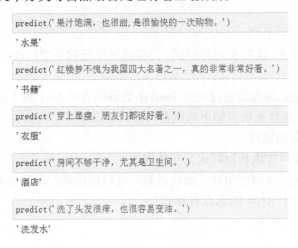

```
predict('果汁饱满，也很甜，是很愉快的一次购物。')
'水果'
predict('红楼梦不愧为我国四大名著之一，真的非常非常好看。')
'书籍'
predict('穿上显瘦，朋友们都说好看。')
'衣服'
predict('房间不够干净，尤其是卫生间。')
'酒店'
predict('洗了头发很痒，也很容易变油。')
'洗发水'
```

图 10.11　随机输入测试结果

10.7　小结

在 RNN 训练期间，信息不断循环往复，神经网络模型权值的更新非常大。因为在更新过程中累积了错误梯度，会导致网络不稳定。在极端情况下，权值可能变得大到溢出并导致 NaN 值。爆炸通过拥有大于 1 的值的网络层反复累积梯度导致指数增长，如果值小于 1 就会出现梯度消失。

RNN 的上述缺点促使学者们提出了一种新的 RNN 模型变体，名为 LSTM。由于 LSTM 使用门来控制记忆过程，因此它可以解决 RNN 的上述缺点。经典 RNN 和 LSTM 的架构存在很大差异，在 LSTM 中，我们的模型要学习在长短时记忆中存储哪些信息，以及忽略哪些信息。

LSTM 是一种特殊的 RNN，其可以很好地解决长期依赖问题。LSTM 已经被广泛用于语音识别、语言建模、情感分析和文本预测。当我们希望我们的模型从长期依赖中学习时，LSTM 要强于其他模型。LSTM 遗忘、记忆和更新信息的能力使其比经典的 RNN 更为先进。

参考文献

[1] 谈苗苗. 基于 LSTM 和灰色模型集成的短期交通流预测[D]. 南京：南京邮电大学，2017.

[2] 毛晨思. 基于卷积网络和长短时记忆网络的中国手语词识别方法研究[D]. 合肥：中国科学技术大学硕， 2018

[3] 陈恬. 基于 LSTM-RNN 局部建模的在线人群异常事件检测[D]. 广州：广东工业大学，2017.

[4] 陈浩. 面向手机传感器活动识别的深度神经网络对比研究[D]. 秦皇岛：燕山大学，2017.

[5] 俞福福. 基于神经网络的股票预测[D]. 哈尔滨：哈尔滨工业大学，2016.

习题

10.1　在相同条件下，比较长短时记忆、门控循环单元和不带门控的循环神经网络的运行时间。

10.2　既然候选记忆细胞已通过使用 Tanh 函数确保值域在-1 到 1 之间，为什么隐藏状态还需要再次使用 Tanh 函数来确保输出值域在-1 到 1 之间呢？

10.3　简述 LSTM 的原理。

10.4　LSTM 是如何实现长短时记忆功能的？

10.5　LSTM 各模块分别使用什么激活函数，可以使用别的激活函数吗？

10.6　LSTM 相对于 RNN 的优点有哪些？

第 11 章　模糊神经网络

11.1　绪论

模糊神经网络（Fuzzy Neural Network，FNN）是由模糊系统（Fuzzy System）和神经网络交叉综合产生的，它充分地考虑了模糊系统与神经网络之间的互补性，是一个集逻辑推理、语言计算、分布式处理与非线性动力学过程于一体的系统，吸取了模糊系统和神经网络的优点，部分避免了二者的缺点，是软计算技术的主要研究内容之一。20 世纪 90 年代，FNN 与其他智能优化方法，如遗传算法、模拟退火算法等之间的交叉综合已经成为研究的主要内容。自 Jang 于 1993 年正式提出 FNN 的概念以来，FNN 就越来越多地引起了研究者的关注，成为智能控制研究中一个活跃的分支。本章将对 FNN 模型、学习算法、性能及其应用进行全面阐述，在此之前，我们先介绍模糊集合和模糊逻辑理论的基础知识。

11.1.1　模糊集合、模糊逻辑理论及其运算

1965 年，美国加州大学的控制论专家 Zadeh L A 率先提出了模糊集合的概念，Zadeh 提出模糊集合与模糊逻辑理论是模糊计算的数学基础。它主要用来处理真实世界中因模糊而引起的不确定性。目前，模糊逻辑理论已经在推理、控制、决策等方面得到了非常广泛的应用。本节将简单介绍 FNN 的数学基础：模糊集合和模糊逻辑理论的有关知识。

首先我们介绍模糊集合与模糊逻辑理论的若干定义。

设 U 为某些对象的集合，称为论域，其可以是连续的也可以是离散的；u 表示 U 的元素，记作 $U=\{u\}$。

在论域中，把具有某种属性的事物的全体称为集合。由于集合中的元素都具有某种属性，因此可以用集合表示某种概念，可用一个函数来刻画它，该函数称为特征函数。

1）模糊集合定义

设 U 是论域，U 到[0,1]区间的任一映射 μ_F，即 $\mu_F:U\to[0,1]$，确定 U 的一个模糊集合 F，μ_F 称为 F 的隶属函数或隶属度，表示 u 属于 F 的程度或等级。$\mu_F(u)$ 的大小反映了 u 对于 F 的从属程度。

在 U 中，可将 F 表示为元素 u 与其隶属函数 $\mu_F(u)$ 的序偶集合，记为 $F=\{(u,\mu_F(u))|u\in U\}$。

例：论域 $U=\{1,2,3,4,5\}$，用模糊集合表示“大”和“小”。

解：设 A、B 分别表示“大”与“小”的模糊集合，μ_A、μ_B 分别为相应的隶属函数。

$A=\{0,0,0.1,0.6,1\}$，$B=\{1,0.5,0.01,0,0\}$，其中，$\mu_A(1)=0$，$\mu_A(2)=0$，$\mu_A(3)=0.1$，$\mu_A(4)=0.6$，$\mu_A(5)=1$；$\mu_B(1)=1$，$\mu_B(2)=0.5$，$\mu_B(3)=0.01$，$\mu_B(4)=0$，$\mu_B(5)=0$。

2）模糊集合表示方法

若论域 $U=\{u_1,u_2,\cdots,u_n\}$ 离散且有限，则模糊集合 A 表示为

$$A=\{\mu_A(u_1),\mu_A(u_2),\cdots,\mu_A(u_n)\}$$

也可写为

$$A=\mu_A(u_1)/u_1+\mu_A(u_2)/u_2+\cdots+\mu_A(u_n)/u_n$$

其中，隶属函数为 0 的元素可以不写。例如，$A=1/u_1+0.7/u_2+0/u_3+0.4/u_4=1/u_1+0.7/u_2+0.4/u_4$。

若论域 U 连续，则模糊集合 A 可用实函数表示。

例：以年龄为论域 $U=[0,100]$，“年轻”和“年老”这两个概念可表示为

$$\mu_{年轻}(u)=\begin{cases}1, & 0\leqslant u\leqslant 25\\ \left[1+\left(\dfrac{u-25}{5}\right)^2\right]^{-1}, & 25<u\leqslant 100\end{cases}$$

$$\mu_{年老}(u)=\begin{cases}0, & 0\leqslant u\leqslant 50\\ \left[1+\left(\dfrac{5}{u-50}\right)^2\right]^{-1}, & 50<u\leqslant 100\end{cases}$$

一般地，不管论域 U 是有限的还是无限的，是连续的还是离散的，Zadeh 都给出了一种类似积分的一般表示形式，即

$$A=\int_{u\in U}\mu_A(u)/u$$

其中，$\int$ 不是数学中的积分符号，也不是求和，只是表示论域中各元素与其隶属函数对应关系的总括。

3）模糊支集（交叉点及模糊单点）的定义

如果某模糊集合是论域 U 中所有满足 $\mu_F(u)>0$ 的元素 u 构成的集合，那么称该集合为模糊集合 F 的支集，当 u 满足 $\mu_F(u)=0.5$ 时，称该模糊支集为交叉点。当 u 满足 $\mu_F(u)=1$ 时，称该模糊支集为模糊单点。

4）模糊集合的运算

设 A、B 分别是 U 上的两个模糊集合，若对任意 $u\in U$，都有 $\mu_B(u)\leqslant\mu_A(u)$ 成立，则称 A 包含 B，记为 $B\subseteq A$。

设 A、B 分别是 U 上的两个模糊集合，则 A 和 B 的并集 $A\cup B$、交集 $A\cap B$ 和 A 的补集 $\neg A$ 的隶属函数分别为

$$A\cup B:\mu_{A\cup B}(u)=\max_{u\in U}\{\mu_A(u),\mu_B(u)\}=\mu_A(u)\vee\mu_B(u)$$

$$A\cap B:\mu_{A\cap B}(u)=\min_{u\in U}\{\mu_A(u),\mu_B(u)\}=\mu_A(u)\wedge\mu_B(u)$$

$$\neg A:\mu_{\neg A}(u)=1-\mu_A(u)$$

5）直积、代数积、笛卡儿乘积

若 $A_1,A_2,\cdots,A_n$ 分别为论域 $U_1,U_2,\cdots,U_n$ 中的模糊集合，则这些集合的直积 $A_1\times A_2\times\cdots\times A_n$ 是乘积空间 $U_1\times U_2\times\cdots\times U_n$ 中的一个模糊集合，其隶属函数如下。

直积（极小算子）为

$$\mu_{A_1\times A_2\times\cdots\times A_n}(u_1\times u_2\times\cdots\times u_n)=\min\{\mu_{A_1}(u_1),\mu_{A_2}(u_2),\cdots,\mu_{A_n}(u_n)\}$$

代数积为

$$\mu_{A_1\times A_2\times\cdots\times A_n}(u_1\times u_2\times\cdots\times u_n)=\mu_{A_1}(u_1)\mu_{A_2}(u_2)\cdots\mu_{A_n}(u_n)$$

设 A_i 是 U_i，$i=1,2,\cdots,n$ 上的模糊集合，则称

$$A_1 \times A_2 \times \cdots \times A_n = \int_{U_1\times U_2\times\cdots\times U_n} [\mu_{A_1}(u_1)\wedge\mu_{A_2}(u_2)\wedge\cdots\wedge\mu_{A_n}(u_n)]/(u_1,u_2,\cdots,u_n)$$

为 $A_1,A_2,\cdots,A_n$ 的笛卡儿乘积，它是 $U_1\times U_2\times\cdots\times U_n$ 上的一个模糊集合。

6）模糊关系

在 $U_1\times U_2\times\cdots\times U_n$ 上，一个 n 元模糊关系 R 是指以 $U_1\times U_2\times\cdots\times U_n$ 为论域的一个模糊集合，记为

$$R = \int_{U_1\times U_2\times\cdots\times U_n} \mu_R(u_1,u_2,\cdots,u_n)/(u_1,u_2,\cdots,u_n)$$

7）模糊关系的合成（又称复合关系）

设 R_1 与 R_2 分别是 $U\times V$ 与 $V\times W$ 上的两个模糊关系，则 R_1 与 R_2 的复合是指从 U 到 W 的一个模糊关系，记为 $R_1\circ R_2$，其隶属函数为

$$\mu_{R_1\circ R_2}(u,w) = \vee\left\{\mu_{R_1}(u,v)\wedge\mu_{R_2}(v,w)\right\}$$

隶属函数计算方法：首先取 R_1 的第 i 行元素分别与 R_2 的第 j 列元素相比较，两个数中取其小者，然后在所得的一组最小数中取最大者，以此作为 $R_1\circ R_2$ 的第 i 行第 j 列的元素。

8）正态模糊集合、凸模糊集合、模糊数

以实数 R 为论域的模糊集合 F，若其隶属函数满足 $\max\limits_{x\in R}\mu_F(x)=1$，则称 F 为正态模糊集合；若对于任意实数 x，$a<x<b$，都有 $\mu_F(x)\geqslant\min\{\mu_F(a),\mu_F(b)\}$，则称 F 为凸模糊集合；若 F 既是正态的又是凸的，则称 F 为模糊数。

一个语言变量定义为多元组 $(x,T(x),U,G,M)$，其中 x 为变量名，$T(x)$ 为 x 的词集，即语言值名称的集合；U 为论域；G 是阐述语言值名称的语法规则；M 是与语言值含义有关的语法规则。语言变量的每个语言值都对应一个定义在 U 中的模糊数。语言变量基本词集把模糊概念与精确值联系起来，实现对定性概念的定量化及定量数据的定性模糊化。

例：某工业窑炉模糊控制系统，把温度作为一个语言变量，其词集 T（温度）可为

$$T=\{\text{超高},\text{很高},\text{较高},\text{中等},\text{较低},\text{很低},\text{过低}\}$$

9）模糊集合的 λ 水平截集合

λ 水平截集合的定义：设 A 是论域 U 上的模糊集合，$\lambda\in[0,1]$，则称普通集合 $A_\lambda=\{u\,|\,u\in U,\mu_A(u)\geqslant\lambda\}$ 为 A 的一个 λ 水平截集合，λ 称为阈值或置信水平。

λ 越大，其水平截集合 A_λ 越小。当 $\lambda=1$ 时，A_λ 最小，称为模糊集合的核。

称 $\mathrm{Ker}A=\{u\,|\,u\in U,\mu(u)\geqslant\lambda\}$ 和 $\mathrm{Supp}A=\{u\,|\,u\in U,\mu_A(u)>0\}$ 分别为模糊集合 A 的核及支集。当 $\mathrm{Ker}A\neq\Phi$ 时，称 A 为正规模糊集合。

10）模糊集合的基本运算定律

常规集合的许多运算特性对模糊集合也同样成立。设模糊集合 A、B、$C\in U$，则其交、并和补运算满足下列基本运算定律。

幂等律 $A\cup A=A, A\cap A=A$

交换律 $A\cap B=B\cap A, A\cup B=B\cup A$

结合律 $(A\cup B)\cup C=A\cup(B\cup C)$
$(A\cap B)\cap C=A\cap(B\cap C)$

分配律 $A\cap(B\cup C)=(A\cap B)\cup(A\cap C)$
$A\cup(B\cap C)=(A\cup B)\cap(A\cup C)$

吸收律 $A\cap(A\cup B)=A, A\cup(A\cap B)=A$

两极律 $A\cap U=A, A\cup U=U$

$A\cap\varnothing=\varnothing, A\cup\varnothing=A$

复原律 $\overline{\overline{A}}=A$

摩根律 $\overline{A\cup B}=\overline{A}\cap\overline{B}, \overline{A\cap B}=\overline{A}\cup\overline{B}$

11.1.2 模糊逻辑推理

模糊逻辑推理建立在模糊逻辑基础上，是一种不确定性推理方法，是在二值逻辑三段论基础上发展起来的。这种推理方法以模糊判断为前提，动用模糊语言规则，推理出一个近似的模糊判断结论。模糊逻辑推理已经提出了 Zadeh 法、Baldwin 法、Tsukamoto 法、Yager 法和 Mizumoto 法等，本书只介绍 Zadeh 法。

1）模糊逻辑推理的基本模式

（1）模糊假言推理。

知识：IF　x is A，　THEN　y is B

证据：　　x is A'

结论：　　y is B'

其中 $A\in F(U)$，$B\in F(V)$，$A'\in F(U)$，而且 A 与 A' 可以模糊匹配，推出 y is B'，$B'\in F(V)$，如果涉及可信度因子，那么还需要对结论的可信度按照某种方法进行计算。

（2）模糊拒取式推理。

知识：IF　x is A，　THEN　y is B

证据：　　y is B'

结论：　　x is A'

知识：IF　x is A，　THEN　y is B

证据：　　y is not B'

结论：　　x is not A'

（3）模糊三段论推理。

知识：IF　x is A，　THEN　y is B

证据：IF　y is B，　THEN　z is C

结论：IF　x is A，　THEN　z is C

2）简单模糊推理

知识中只含有简单条件，且不带可信度因子的模糊逻辑推理称为简单模糊推理。

关于如何由已知的模糊知识和证据推出模糊结论，有多种推理方法，其中包括 Zadeh 等人提出的基于模糊关系合成的推理规则（Zadeh 法）。

Zadeh 法：对于知识“IF　x is A，　THEN　y is B”，首先构造出 A 与 B 之间的模糊关系 $\boldsymbol{R}$，再将 $\boldsymbol{R}$ 与证据合成，求出结论。

知识：IF　x is A,　THEN　y is B

如果已知证据是 x is A'，且 A 与 A'可以模糊匹配，那么可以通过下述合成运算求取 B'，

$B'=A'\circ R$

如果已知证据是 y is B'，且 B 与 B'可以模糊匹配，那么可以通过下述合成运算求出 A'，

$A'=\boldsymbol{R}\circ B'$

条件命题的极大极小规则：记获得的模糊关系为 $\boldsymbol{R}_m$，设 $A\in F(U)$，$B\in F(V)$，其表示分别为

$$A=\int_U \mu_A(u)/u,\ B=\int_V \mu_B(v)/v$$

Zadeh 法把 $\boldsymbol{R}_m$ 定义为

$$\boldsymbol{R}_m=\int_{U\times V}[\mu_A(u)\wedge\mu_B(v)]\vee[1-\mu_A(u)]/(u,v)$$

Zadeh 法推理举例。

设 $U=V=\{1,2,3,4,5\}$，$A=1/1+0.5/2$，$B=0.4/3+0.6/4+1/5$，并设模糊知识为 IF　x is A，THEN y is B。

模糊证据为 x is A'，其中，A'的模糊集合为 $A'=1/1+0.4/2+0.2/3$，则由模糊知识可得

$$\boldsymbol{R}_m=\begin{bmatrix}0&0&0.4&0.6&1\\0.5&0.5&0.5&0.5&0.5\\1&1&1&1&1\\1&1&1&1&1\\1&1&1&1&1\end{bmatrix}$$

求 B'

$$\begin{aligned}B'&=A'\circ\boldsymbol{R}_m\\&=(1,0.4,0.2,0,0)\circ\begin{bmatrix}0&0&0.4&0.6&1\\0.5&0.5&0.5&0.5&0.5\\1&1&1&1&1\\1&1&1&1&1\\1&1&1&1&1\end{bmatrix}\\&=(0.4,0.4,0.4,0.6,1)\end{aligned}$$

若已知证据为 y is B'，$B'=0.2/1+0.4/2+0.6/3+0.5/4+0.3/5$，则

$$A'=\boldsymbol{R}_m\circ B'=\begin{bmatrix}0&0&0.4&0.6&1\\0.5&0.5&0.5&0.5&0.5\\1&1&1&1&1\\1&1&1&1&1\\1&1&1&1&1\end{bmatrix}\circ\begin{bmatrix}0.2\\0.4\\0.6\\0.5\\0.3\end{bmatrix}=(0.5,0.5,0.6,0.6,0.6)$$

自 Zadeh 在近似推理中引入复合推理规则以来，已提出数十种具有模糊变量的隐含函数，它们基本上可以分为三类：模糊合取、模糊析取和模糊蕴涵。以合取、析取和蕴涵定义为基础，利用三角范式和三角协范式，能产生模糊逻辑推理中常用的模糊蕴涵关系。

3）三角范式和三角协范式

三角范式*是从 $[0,1]\times[0,1]$ 到 $[0,1]$ 的两位函数，即 $*:[0,1]\times[0,1]\to[0,1]$，包括交、代数积、有界积、强积。对于所有 $x,y\in[0,1]$，都有

交：$x \wedge y = \min\{x, y\}$。

代数积：$x \cdot y = xy$。

有界积：$x \odot y = \max(0, x+y-1)$。

强积：$x \odot y = \begin{cases} x, & y=1 \\ y, & x=1 \\ 0, & x<1, y<1 \end{cases}$

三角协范式 V 是从 $[0,1]\times[0,1]$ 到 $[0,1]$ 的两位函数，即 $\dot{+}:[0,1]\times[0,1]\to[0,1]$，它包括并、代数和、有界和、强和及不相交和。对于所有 $x, y \in [0,1]$，都有

并：$x \vee y = \max\{x, y\}$。

代数和：$x + y = x + y - xy$。

有界和：$x \oplus y = \min(1, x+y)$。

强和：$x \odot y = \begin{cases} x, & y=0 \\ y, & x=0 \\ 1, & x>0, y>0 \end{cases}$

不相交和：$x \Delta y = \max\{\min(x, 1-y), \min(1-x, y)\}$。

三角范式用于定义近似推理中的合取，三角协范式用于定义近似推理中的析取。

一个模糊控制规则为

$$\text{IF} \quad x \text{ is } A, \quad \text{THEN} \quad y \text{ is } B$$

用模糊隐含函数表示为

$$A \to B$$

式中，A 和 B 分别为论域 U 和 V 中的模糊集合，其隶属函数分别为 μ_A 和 μ_B。以此假设为基础，可给出如下三个定义。

模糊合取：对所有 $u \in U$，$v \in V$，模糊合取为

$$A \to B = A \times B = \int_{U\times V} \mu_A(u) * \mu_B(v) / (u, v)$$

式中，*为三角范式的一个算子。

模糊析取：对所有 $u \in U$，$v \in V$，模糊析取为

$$A \to B = A + B = \int_{U\times V} \mu_A(u) \dot{+} \mu_B(v) / (u, v)$$

式中，$\dot{+}$ 为三角协范式的一个算子。

模糊蕴涵：由 $A \to B$ 表示的模糊蕴涵是定义在 $U \times V$ 上的一个特殊的模糊关系，其关系及隶属函数如下。

（1）模糊合取

$$A \to B = A \times B$$

$$\mu_{A\to B}(u, v) = \mu_A(u) * \mu_B(u)$$

（2）模糊析取

$$A \to B = A + B$$

$$\mu_{A\to B}(u, v) = \mu_A(u) \dot{+} \mu_B(u)$$

（3）基本蕴涵

$$A \to B = \overline{A} + B$$

$$\mu_{A\to B}(u,v) = \mu_{\overline{A}}(u) + \mu_B(u)$$

（4）命题演算

$$A \to B = \overline{A} + (A * B)$$

$$\mu_{A\to B}(u,v) = \mu_{\overline{A}}(u) + \mu_{A*B}(u)$$

（5）GMP 推理

$$A \to B = \sup\{c \in [0,1], A * c \leqslant B\}$$

$$\mu_{A\to B}(u,v) = \sup\{c \in [0,1] \mid \mu_A(u) * c \leqslant \mu_B(v)\}$$

（6）GMT 推理

$$A \to B = \inf\{c \in [0,1], B + c \leqslant A\}$$

$$\mu_{A\to B}(u,v) = \inf\{c \in [0,1] \mid \mu_B(v) + c \leqslant \mu_A(u)\}$$

可以把模糊蕴涵 $A \to B$ 理解为一条 IF-THEN 规则：IF x is A，THEN y is B，其中 $x \in U$，$y \in V$，x, y 均为语言变量。因此上述六种模糊关系及其隶属函数的表达式对应六种 IF-THEN 规则的表达式，形成六种模糊逻辑推理规则。

11.1.3　FNN 概述

模糊系统和神经网络虽然在概念和内涵上有着显著不同，模糊系统模仿人脑的逻辑思维，用来处理模型未知或不精确的控制问题，而神经网络则模仿人脑神经元的功能，可用作一般的函数估计器，映射输入、输出关系，但是二者都是为了处理现实生活中具有不确定性和不精确性等引起系统难以控制的问题。模糊系统和神经网络各自从不同角度研究人类的认知问题。模糊系统从宏观角度出发，研究认知中的模糊性问题；而神经网络从微观角度出发，模拟人脑神经细胞的结构和功能。模糊系统和神经网络的比较如表 11.1 所示。从表 11.1 中可见，模糊系统与神经网络有着本质的不同，但是因为模糊系统和神经网络都被用于处理不确定性和不精确性问题，因此二者又有着天然的联系。

表 11.1　模糊系统和神经网络的比较

项　目	神 经 网 络	模 糊 系 统
基本组成	多个神经元	模糊规则
知识获取	样本、算法实例	专家知识、逻辑推理
知识表示	分布式表示	隶属函数
推理机制	学习函数的自控制、并行计算、速度快	模糊规则的组合、启发式搜索、速度慢
推理操作	神经元的叠加	隶属函数的最大、最小
自然语言	实现不明确，灵活性低	实现明确，灵活性高
自适应性	通过调整权值学习，容错性高	归纳学习，容错性低
优点	自学习自组织能力，容错，泛化能力	可利用专家的经验
缺点	黑箱模型，难以表达知识	难以学习，推理过程中模糊性增加

模糊系统与神经网络的融合主要有以下三种方式，其中前两种方式将模糊成分引入神经

网络，从而提高原有神经网络的可解释性和灵活性，而第三种方式则用神经网络来实现模糊系统，并且利用神经网络的学习算法对模糊系统的参数进行调整。

1）FNN

这是模糊系统向神经网络的一种融合方式，在一些参考文献中也被称为狭义的 FNN，它在传统的神经网络中增加了模糊成分。FNN 保留了神经网络的一些基本性质和结构，只是神经网络中某些元件（包括输入、输出、转移函数、权值、学习算法等）的一种“模糊化”。例如，用模糊算子代替 Sigmoid 函数、输入信号或权值采用的都是模糊向量等。在 FNN 中，“领域知识”采用模糊集合来表示，从而提高 FNN 的透明度和解释能力。从微观角度来看，FNN 是由普通神经元或模糊神经元组成的，其中模糊神经元与普通神经元的拓扑结构相同，不过用模糊数学来描述部分网络参数，因此具备处理模糊信息的能力。常用的模糊神经元一般包括两种：处理实数输入的模糊神经元和处理模糊输入的模糊神经元。

图 11.1 给出了常用 FNN 的分类，FNN 主要包括三种：基于模糊算子的 FNN、模糊化神经网络和模糊推理网络，其中基于模糊算子的 FNN 主要是指网络输入、输出和权值全部或部分采用模糊实数，计算节点输出的权值相加采用模糊算子（包括∧-∨算子和三角模糊算子）的 FNN，本节所研究的单体 FNN 就是一种典型的基于∧-∨算子的 FNN。模糊化神经网络是指网络的输入、输出及权值均为模糊集合，可以将其视为一种纯模糊系统，模糊集合输入通过系统内部的模糊关系产生模糊输出。正则 FNN 是模糊化神经网络中最重要的一类。这里的正则 FNN 主要是指普通前馈神经网络的模糊化，其拓扑结构与对应的普通前馈神经网络相同，而内部运算基于 Zadeh 扩展原理。模糊推理网络是一种多层前馈神经网络，将模糊系统表示为一类神经系统的 I/O 关系，模糊推理网络的可调参数一般是非线性的，并且可调参数众多，具有强大的自学习功能，可以用作离线辨识的有效工具。但是模糊推理网络计算量大，只适合离线使用。模糊推理网络的主要特点是采用模糊规则来确定神经网络结构，其中模糊规则由领域专家给出，因此它能够充分利用领域专家的专门知识，其网络结构简明且具有学习能力，模糊规则易于理解，但是网络互联结构和权值的确定依赖领域专家的知识，自适应性较差。

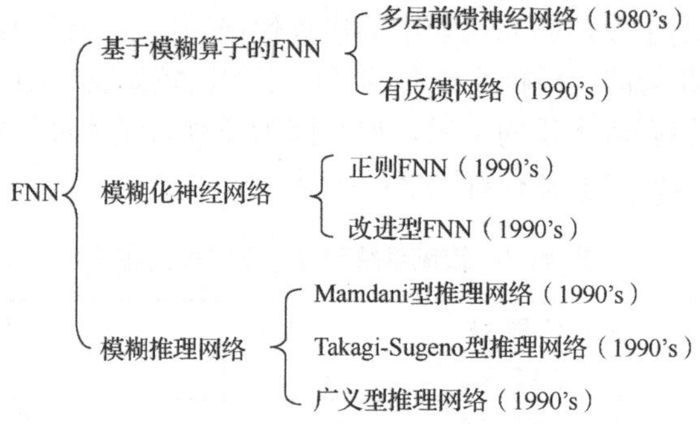

图 11.1　常用 FNN 的分类

2）用模糊逻辑增强网络功能的神经网络

在这种融合方式中，FNN 不是将神经网络与模糊逻辑直接融合，而是通过模糊逻辑改进神经网络的学习算法。首先通过分析神经网络的性能得到启发式知识，然后将启发式知识用于调整神经网络的学习参数，从而加快学习收敛速度。这方面研究起步不久，所做的研究工作还不多。

3）神经模糊系统

这是一种神经网络向模糊系统的融合，是一种利用神经网络学习算法的模糊系统，它把神经网络的学习功能赋予模糊系统，使得模糊系统能自动从学习中获取相关的模糊规则。这类 FNN 能够按照模糊逻辑的运算步骤分层构造，但不会改变模糊系统的基本功能，因此神经模糊系统本质上是一种模糊逻辑系统。在神经模糊系统中，神经网络被用于处理模糊集合扩大的数值，如隶属函数的选取及模糊集合之间映射的实现。通常，神经模糊系统的实现步骤是：先提取相关的模糊规则，再采用神经网络的学习算法对神经模糊系统的参数进行调整。由于这种系统由模糊规则组成，因此既能通过先验知识初始化系统的模糊规则，又能利用训练样本直接建立相关的模糊规则，神经模糊系统的学习过程可以是数据驱动的也可以是知识驱动的，从而体现了 FNN 的特点。一般来说，采用专家经验获取模糊规则的方法实现十分困难。但是在引入神经网络后，不仅解决了先验知识不足时模糊规则的相关确定问题，而且能较好地改善和提高模糊逻辑推理的自适应能力，可以推动新的算法和结构的发现和发展，使得神经模糊系统在保持较强的知识表示时提高其自适应能力。神经模糊系统的学习算法非常丰富多样，它的学习主要包括结构学习和参数学习，表 11.2 列出了神经模糊系统的几种学习算法。

表 11.2　神经模糊系统的几种学习算法

学习目标	特　点	具体算法
结构学习	主要采用聚类方法，从样本数据中提取规则	各种聚类和分类方法、归纳学习法 ILA、快速构造法、遗传算法
参数学习	对神经模糊系统的参数进行学习，本质上是一个优化过程	BP 算法、重述算法、时间分段 BP 算法、遗传算法、Hopfield 网络优化法
混合学习	在学习过程中，动态地进行参数学习与结构学习	训练剪枝法、用改进 CPN 实现法、基于模糊 RBF 的 OLS 法、增强学习法

从图 11.1 中我们可以看到，FNN 种类繁多，本章不能一一介绍，简单阐述与本章联系紧密的正则 FNN，至于单体 FNN 和折线 FNN，我们将在后面专门介绍。

模糊化神经网络中的正则 FNN 与本章关系密切，因为不管是折线 FNN 的泛逼近性还是学习算法研究，都在很大程度上借鉴了正则 FNN 的相关研究经验，因此下面对正则模糊神经元与正则 FNN 进行简单介绍。

正则模糊神经元具有三种基本类型。

（1）正则型，输入与权值是模糊集合，而运算基于扩展原理与模糊算术。

（2）模糊算子型，相关信息均在[0,1]区间取值，运算由 t-模与 s-模定义。

（3）模糊代数结构型，神经元的输入是模糊子空间。

其中最常用的是前两种，下面我们将简单介绍正则模糊神经元及由它们连接而成的正则 FNN。在此之前，我们首先利用 Zadeh 扩展原理定义有界模糊数集中的扩展运算与模糊算术。

设 $\tilde{A}$、$\tilde{B}\in F_0(R)$ 及 $\lambda\in R_+$，定义扩展“+”“−”“·”及数算如下：设 $z\in R$

$$\begin{cases} (\tilde{A}+\tilde{B})(z)=\bigvee_{x+y=z}\{\tilde{A}(x)\wedge\tilde{B}(y)\} \\ (\tilde{A}-\tilde{B})(z)=\bigvee_{x-y=z}\{\tilde{A}(x)\wedge\tilde{B}(y)\} \\ (\tilde{A}\cdot\tilde{B})(z)=\bigvee_{x\cdot y=z}\{\tilde{A}(x)\wedge\tilde{B}(y)\} \\ (\lambda\cdot\tilde{A})(z)=\bigvee_{\lambda\cdot x=z}\{\tilde{A}(x)\}=\begin{cases}\tilde{A}\left(\dfrac{z}{\lambda}\right), & \lambda>0 \\ X\{0\}, & \lambda=0\end{cases} \end{cases} \tag{11.1}$$

对 $\tilde{\boldsymbol{X}}=\left(\tilde{X}_1,\cdots,\tilde{X}_d\right)$，$\tilde{\boldsymbol{Y}}=\left(\tilde{Y}_1,\cdots,\tilde{Y}_d\right)\in F_0\left(R\right)^d$，$\left\langle\tilde{\boldsymbol{X}},\tilde{\boldsymbol{Y}}\right\rangle$ 是模糊内积：$\left\langle\tilde{\boldsymbol{X}},\tilde{\boldsymbol{Y}}\right\rangle=\sum_{i=1}^{d}\tilde{X}_i\cdot\tilde{Y}_i$。当 $\tilde{\boldsymbol{X}}$，$\tilde{\boldsymbol{Y}}$ 都退化为向量 $\boldsymbol{x}=\left(x_1,\cdots,x_d\right)$，$\boldsymbol{y}=\left(y_1,\cdots,y_d\right)\in R^d$ 时，$\left\langle\tilde{\boldsymbol{X}},\tilde{\boldsymbol{Y}}\right\rangle$ 就是 R^d 中的内积。若 $A\in R^d$ 有界，则此处用 $s(\cdot,A)$ 表示 A 的支撑函数，则

$$s\left(\boldsymbol{x},A\right)=\sup\left\{\left\langle\boldsymbol{x},\boldsymbol{y}\right\rangle\middle|\boldsymbol{y}\in A\right\},\left(\boldsymbol{x}\in R^d\right)$$

正则模糊神经元是由普通神经元直接模糊化得到的，其结构如图 11.2 所示，对于 d 个输入 $\tilde{X}_1,\cdots,\tilde{X}_d\in F_0\left(R\right)^d$ 及其相应的权值 $\tilde{W}_1,\cdots,\tilde{W}_d\in F_0\left(R\right)^d$，由图 11.2 确定的正则模糊神经元的输入、输出关系定义为

$$\tilde{\boldsymbol{Y}}\triangleq F\left(\tilde{X}_1,\cdots,\tilde{X}_d\right)=\sigma\left(\sum_{i=1}^{d}\tilde{X}_i\cdot\tilde{W}_i+\tilde{\theta}\right)=\sigma\left(<\tilde{X}_i\cdot\tilde{W}_i>+\tilde{\theta}\right) \tag{11.2}$$

式中，$\tilde{\theta}$ 为模糊阈值；$\tilde{\boldsymbol{X}}=\left(\tilde{X}_1,\cdots,\tilde{X}_d\right)$；$\tilde{\boldsymbol{W}}=\left(\tilde{W}_1,\cdots,\tilde{W}_d\right)\in F_0\left(R\right)^d$ 是模糊向量；$\sigma:R\to R$ 是转移函数，当 $\sigma\left(x\right)=x$ 时，该神经元为线性的。实际上，σ 常选取为下列形式（其中 $\alpha>0$ 是常数）。

（1）逐段线性函数：$\sigma\left(x\right)=\dfrac{\left|1+\alpha x\right|+\left|1-\alpha x\right|}{2}$。

（2）硬判决函数：$\sigma\left(x\right)=\text{sign}\left(x\right)$。

（3）Sigmoid 函数：$\sigma\left(x\right)=\dfrac{1}{1+\exp\left(-\alpha x\right)}$。

（4）RBF 函数：$\sigma\left(x\right)=\exp\left(-\left|\alpha x\right|\right)$。

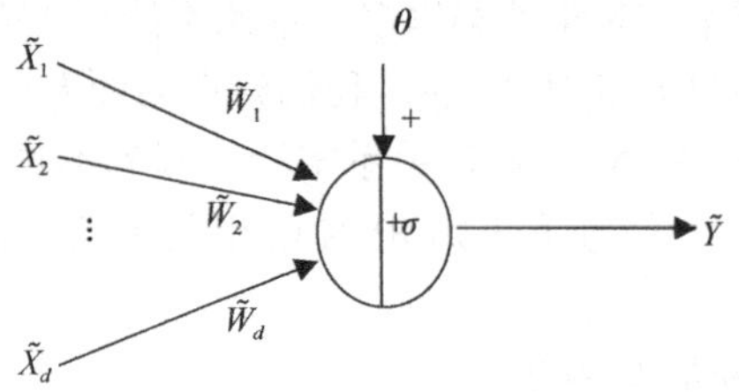

图 11.2　正则模糊神经元结构

将普通神经元推广为正则模糊神经元后，可以有效地处理各种模糊信息，从而使神经元相应的信息处理能力得到本质提高。

将多个正则模糊神经元有机地连接成一个整体，即构成正则 FNN。以多输入/单输出的三层前馈正则 FNN 为例，其拓扑结构如图 11.3 所示，其中输入层神经元 i 与隐含层神经元 j 之间的权值是 $\tilde{W}_{ij}\in F_0\left(R\right)$，而神经元 j 与输出神经元的权值是 $\tilde{V}_j\in F_0\left(R\right)$。设输入层与输出层神经元都是线性的，而隐含层神经元有转移函数 σ，记 $\tilde{\boldsymbol{W}}\left(j\right)=\left(\tilde{W}_{1j},\cdots,\tilde{W}_{dj}\right)$，$\tilde{\boldsymbol{X}}=\left(\tilde{X}_1,\cdots,\tilde{X}_d\right)$，则由图 11.3 决定的正则 FNN 的输入、输出关系为

$$\tilde{\boldsymbol{Y}}\triangleq F_{nn}\left(\tilde{\boldsymbol{X}}\right)=\sum_{j=1}^{m}\tilde{V}_j\cdot\sigma\left(\sum_{i=1}^{d}\tilde{X}_i\cdot\tilde{W}_{ij}+\tilde{\theta}_j\right)=\sum_{j=1}^{m}\tilde{V}_j\cdot\sigma\left(\left\langle\tilde{\boldsymbol{X}}\cdot\tilde{\boldsymbol{W}}\left(j\right)\right\rangle+\tilde{\theta}_j\right) \tag{11.3}$$

式中，$\tilde{\theta}_j\in F_0\left(R\right)\left(j=1,\cdots,m\right)$ 是隐含层神经元 j 的阈值。

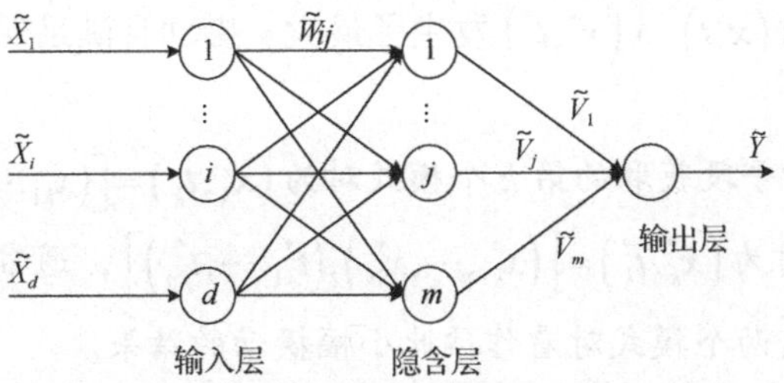

图 11.3 三层前馈正则 FNN 的拓扑结构

11.2 训练模式对的摄动对 MFNN 的影响

在 11.1.3 节中已经讨论过，在模糊逻辑推理中，规则或训练模式对集的摄动带给模糊系统的设计者一些困难，这些规则或训练模式对的小幅摄动可能会对模糊系统产生一定的副作用。在传统模糊推理中，有关训练模式对的摄动问题已有学者给予了关注和研究，而基于 FNN 的模糊推理中也有类似的问题要解决。

我们主要关注单体模糊神经网络（Monolithic Fuzzy Neural Network，MFNN）的训练模式对摄动的鲁棒性。MFNN 是在神经网络与模糊系统相结合的基础上得到的一种前馈 FNN，它在一定程度上解决了多变量、非线性及参数时变等复杂系统的模型辨识、自适应等控制难题，在模糊推理、系统预测、模式识别等方面都有成功应用。本节首先从训练模式对的摄动在 FNN 中的鲁棒性定义入手，然后以前馈 FNN 中的 MFNN 为例，对 MFNN 的拓扑结构、学习算法和训练模式对的摄动对该网络产生的影响等问题进行系统研究。

11.2.1 FNN 中的摄动鲁棒性

本节将给出训练模式对的摄动在 FNN 中的一般鲁棒性定义，并将它与容错性进行比较。

定义 11.1 设 $\boldsymbol{x}=(x_1,\cdots,x_m)\in[0,1]^m$，$\boldsymbol{t}=(t_1,\cdots,t_n)\in[0,1]^n$，称模糊模式对 $(\boldsymbol{x},\boldsymbol{t})$ 中的 $\boldsymbol{x}$ 为模式对的前件，$\boldsymbol{t}$ 为模式对的后件。

定义 11.2 设 $\boldsymbol{x}^*,\boldsymbol{x}\in[0,1]^m$，称 $W(\boldsymbol{x}^*,\boldsymbol{x})=\vee_{i\in I}|x_i^*-x_i|$ 为 $\boldsymbol{x}^*$ 与 $\boldsymbol{x}$ 的最大摄动误差，其中 $\boldsymbol{x}=(x_1,\cdots,x_m)\in[0,1]^m$，$\boldsymbol{x}^*=(x_1^*,\cdots,x_m^*)\in[0,1]^m$。

$W(\boldsymbol{x}^*,\boldsymbol{x})\in[0,1]^n$，若 $W(\boldsymbol{x}^*,\boldsymbol{x})>1$，则 $W(\boldsymbol{x}^*,\boldsymbol{x})=1$；若 $W(\boldsymbol{x}^*,\boldsymbol{x})<0$，则 $W(\boldsymbol{x}^*,\boldsymbol{x})=0$。其余类似情形可类似定义，此处略。

定义 11.3 设 $\boldsymbol{X}^{(j)}=(x_1^{(j)},\cdots,x_m^{(j)})\in[0,1]^m$，$j=1,2,\cdots$，对所有的 $i=1,\cdots,m$，都有 $x_i^{(1)}\leqslant x_i^{(2)}$，称 $\boldsymbol{X}^{(1)}$ 与 $\boldsymbol{X}^{(2)}$ 间存在序关系，并记为 $\boldsymbol{X}^{(1)}\leqslant\boldsymbol{X}^{(2)}$。

定义 11.4 记 $\boldsymbol{Y}_1$，$\boldsymbol{Y}_2$ 为 MFNN 对应输入 $\boldsymbol{X}^{(1)}$ 和 $\boldsymbol{X}^{(2)}$ 的输出，当 $\boldsymbol{X}^{(1)}\leqslant\boldsymbol{X}^{(2)}$ 时，有 $\boldsymbol{Y}_1\leqslant\boldsymbol{Y}_2$，则称 MFNN 的输出对于输入具有保序性。

定义 11.5 若模式对 $(\boldsymbol{x},\boldsymbol{t})\to(\boldsymbol{x}^*,\boldsymbol{t})$，且 $W(\boldsymbol{x},\boldsymbol{x}^*)\leqslant\gamma$，则称该模式对发生了前件最大 γ 摄动；若模式对 $(\boldsymbol{x},\boldsymbol{t})\to(\boldsymbol{x},\boldsymbol{t}^*)$，且 $W(\boldsymbol{t},\boldsymbol{t}^*)\leqslant\gamma$，则称该模式对发生了后件最大 γ 摄动；若模式对 $(\boldsymbol{x},\boldsymbol{t})\to(\boldsymbol{x}^*,\boldsymbol{t}^*)$，且 $W(\boldsymbol{x},\boldsymbol{x}^*)\vee W(\boldsymbol{t},\boldsymbol{t}^*)\leqslant\gamma$，则称该模式对发生了最大 γ 摄动。

定义 11.6 若模式对$(x,t)\to(x^*,t^*)$发生了最大γ摄动且满足保序性，则称该模式对发生了最大γ保序摄动。

注意：假设通过某种手段获取的第k个模式对为$(x_k,t_k)=[(x_{k1},\cdots,x_{kn}),(t_{k1},\cdots,t_{kn})]$，相应真实的或最理想的模式对为$(x_k^*,t_k^*)=[(x_{k1}^*,\cdots,x_{kn}^*),(t_{k1}^*,\cdots,t_{kn}^*)]$，通常$(x_k,t_k)$和$(x_k^*,t_k^*)$有一定的小幅误差，我们可把这两个模式对看作彼此小幅摄动的结果。

定义 11.7 设某 FNN 采用学习算法f，对任意的训练模式对集$\text{Set}=\{(x_k,t_k)|k=1,\cdots,p\}$和$\gamma\in(0,1)$，当各模式对$(x_k,t_k)$发生任意最大$\gamma$摄动致使 Set 变成新训练模式对集 New_Set 时，若对任意输入$X\in[0,1]^m$，都基于原训练模式对集，该 FNN 产生的输出序列$\{f_t(X,\text{Set})$ $[0,1]^n\mid t\in T\}$和基于摄动后的训练模式对集 FNN 产生的输出序列$\{f_t(X,\text{New_Set})\in[0,1]^n\mid t\in T\}$总满足$W\{f_t(X,\text{Set}),f_t(X,\text{New_Set})\}\leqslant h\cdot\gamma$，则称采用学习算法$f$的 FNN 对训练模式对集的摄动在系数为$h$的条件下全局拥有好的鲁棒性，即 FNN 对训练模式对集的摄动幅度全局不放大，其中$T=\{1\}$或$T=\{1,2,3\}$。

注意：①定义 11.7 中的训练模式对集的模式对是任意的，模式对的数目p是任意的，模式对(x_k,t_k)的摄动幅度γ是任意的；②定义 11.7 中的“全局”一词意味着送给 FNN 的输入X是任意的；③每个模式的分量都在闭区间[0,1]中取值，其摄动可以是连续的，也可以是停顿的；④当 FNN 为前馈神经网络时，它的输出序列项数为 1，即$T=\{1\}$，而当 FNN 为反馈网络时，它的输出序列项数为无穷，即$T=\{1,2,3,\cdots\}$，该序列可能收敛，也可能不收敛。

一般文献中对神经网络的研究有一个容错性问题，它是指对于在含有噪声的训练模式对集的基础上构建的模型，再次输入其他含噪声的模式时，该模型仍能正确回忆相应模式。该容错性与本节提出的鲁棒性存在很大区别，具体如表 11.3 所示。

表 11.3 通常的容错性与本节提出的鲁棒性的区别

区　别	容　错　性	本节提出的鲁棒性
具体网络个数和训练次数	1 个具体网络，训练 1 次	对同一模型的 2 个不同的网络，分别基于摄动前和摄动后的训练模式对集各训练 1 次
权值集个数	1 个权值集	2 个权值集对应同一模型的 2 个不同网络
输入模式的要求	输入模式为某个训练模式对的前件附加噪声的结果，最好在训练模式对的吸引域内	输入模式是任意的，没有附带要求，也可以是某训练模式对的前件附加噪声的结果
比较的对象	只把网络的输出与某个已知模式对的后件进行比较	对于任意给定输入，把基于 Set 训练的网络的输出与基于 New_Set 训练的另一网络的输出比较
涉及的关键概念有细微差异	噪声一般意味着变化量大，不围绕一个中心变化，具有随机性。对数据采集情形更多由环境干扰导致	摄动一般意味着变化量小，且围绕一个中心变化。对数据集情形更多由采集卡精度或数据采集算法的局限导致

将一般 FNN 训练模式对摄动的鲁棒性定义具体应用到 MFNN 中，可得到下面的定义，由于 MFNN 是前馈神经网络，因此其中输出序列项数为 1，即$T=\{1\}$。

定义 11.8 设某 MFNN 采用学习算法f_1，对任意的训练模式对集$\text{Set}=\{(x_k,t_k)|k=1,\cdots,p\}$和$\gamma\in[0,1]$时，当各模式对$(x_k,t_k)$发生任意最大$\gamma$摄动致使 Set 变成新训练模式对集 New_Set，

若对一切任意输入 $X \in [0,1]^m$，基于原训练模式对集，该 MFNN 产生的输出序列 $\{f_t(X,\text{Set})[0,1]^n \mid t \in T\}$ 和基于摄动后的训练模式对集 MFNN 产生的输出序列 $\{f_t(X,\text{New\_Set}) \in [0,1]^n \mid t \in T\}$ 总满足

$$W\{f_t(X,\text{Set}), f_t(X,\text{New\_Set})\} \leqslant h \cdot \gamma$$

则称采用学习算法 f_1 的 MFNN 对训练模式对集的摄动在系数为 h 的条件下全局拥有好的鲁棒性，即 MFNN 对训练模式对集的摄动幅度全局不放大，其中 $T = \{1\}$。

11.2.2　MFNN 及其学习算法

MFNN 是在神经网络与模糊理论相结合的基础上得到的一种前馈 FNN。有学者对 MFNN 的收敛性和函数泛逼近性进行了系统研究。MFNN 是在普通前馈神经网络的基础上，将传统神经网络中的 $\langle \cdot, \Sigma \rangle$ 算子改为 $\langle \wedge, \vee \rangle$ 算子而形成的一种前馈 FNN，由单体模糊神经元连接组成。单体模糊神经元的形式与一般所谓的神经元类似，但是它引入了模糊神经元算子：Zadeh 算子 $\langle \wedge, \vee \rangle$，该算子满足对输入信息处理的交换律、结合律和零元律。不同于 $\langle \cdot, \Sigma \rangle$ 算子型神经网络，MFNN 不是将所有的输入进行加权累积，而是取小（$\wedge$）和取大（$\vee$）运算，忽略了输入和权值的部分信息，因此，MFNN 和传统神经网络的计算和映射机理有很大区别。单体模糊神经元模型依旧采用多输入/单输出形式。

考虑某个模糊神经元 A_i，接收多个输入信号 x_j，$j = 1, \cdots, N$，各突触强度以实系数 w_{ji} 表示。在一般神经网络中，对各输入信号以突触强度为权值进行加权运算得到神经元的净输入为

$$\text{Net}_i = \sum_{j=1}^{N} x_j \cdot w_{ji}$$

然而单体模糊神经元的净输入由输入信号向量与突触强度集通过模糊合成运算得到 $\text{Net}_i = (x_1, \cdots, x_N) \cdot (w_{1i}, \cdots, w_{Ni})$，其中“$\cdot$”为如下定义的模糊合成运算。

$\boldsymbol{X} = \{x_1, \cdots, x_n\}$，$\boldsymbol{Y} = \{y_1, \cdots, y_n\}$，$\boldsymbol{X} \cdot \boldsymbol{Y} = \bigcup_{i=1}^{n} (x_i \cap y_i)$，“$\cup$”表示求大运算，“$\cap$”表示求小运算。

对净输入进行函数映射运算得到 MFNN 的输出为 $y = f(\text{Net})$。

下面我们将描述由单体模糊神经元组成的含有一个隐含层的三层 MFNN，其具体拓扑结构如图 11.4 所示，假设 $I = \{1, \cdots, m\}$，$J = \{1, \cdots, n\}$。

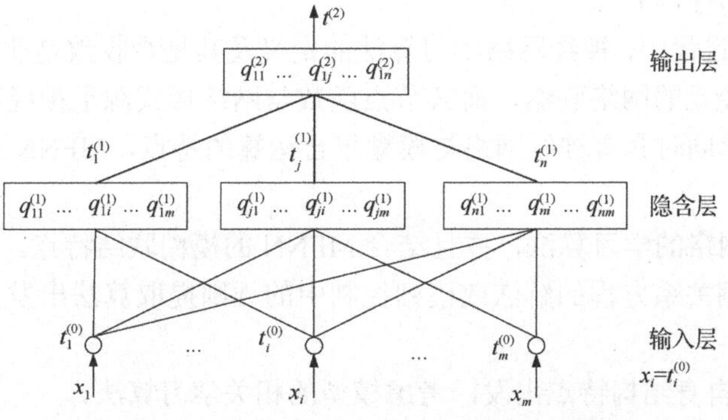

图 11.4　三层 MFNN 的具体拓扑结构

假设输入层有 m 个神经元，$\boldsymbol{X}=(x_1,x_2,\cdots,x_m), x_i\in[0,1]$；隐含层有 n 个神经元，输入层到隐含层的权值为 $Q^{(1)}=\{q_{ji}^{(1)}\mid q_{ji}^{(1)}\in[0,1], i=1,\cdots,m, j=1,\cdots,n\}$。

隐含层的净输入为 $I_j^{(1)}=\cup_{i=1}^{m}\left(x_i\cap q_{ji}^{(1)}\right),\ i=1,\cdots,m, j=1,\cdots,n$。

隐含层的净输出为 $t_j^{(1)}=f\left(I_j^{(1)}\right)=\cup_{i=1}^{m}\left(x_i\cap q_{ji}^{(1)}\right)$；隐含层与输出层的权值为 $Q^{(2)}=\{q_{1j}^{(2)}\mid q_{1j}^{(2)}\in[0,1], j=1,\cdots,n\}$；输出层的净输入为 $I^{(2)}=\cup_{j=1}^{n}\left(t_j^{(1)}\cap q_{1j}^{(2)}\right), j=1,\cdots,n$；网络的输出为 $t^{(2)}=\cup_{j=1}^{n}\left(t_j^{(1)}\cap q_{1j}^{(2)}\right)$。

上述传递函数 $f(x)$ 在通常情况下可以取简单线性模型、线性阈值单元、Sigmoid 函数模型和多项式阈值函数模型。在这里，为了保证 $f(x)$ 的数值在 $[0,1]$ 区间内，取 $f(x)$ 为线性函数或 $f(x)=1/\left(1+\mathrm{e}^{-4(x-0.5)}\right)$。

由于 MFNN 的连接形式具有独到之处，因此它具有以下几个重要特征。

1）可学习性与多样、有效的学习算法

可证明，在对系统输入进行预处理后，含有一个隐含层的前馈 MFNN 能够映射各种复杂的输入、输出关系，因此能够在控制系统中经过学习成功地创建网络权值集。MFNN 的学习算法丰富，这是神经网络的学习算法、模糊规则提取算法和自身结构特点三个方面的原因。

2）权值的容错性及其对参数变化的鲁棒性

与神经网络不同，MFNN 节点之间采用模糊关系连接，模糊合成运算代替内积运算。由于模糊合成运算具有竞争择优的特点，MFNN 的运算结果取决于优胜节点的行为，而不是全体权值的代数运算，因此权值等网络参数一定程度的漂移、干扰对网络的输入、输出映射关系影响是有限的。

3）网络前向运算量小，高速并行

MFNN 具有一般神经网络类似的并行处理结构，其网络的连接采用模糊合成运算，用最大、最小逻辑运算代替乘法、加法代数运算，因而运用多值逻辑电流型 CMOS 电路设计可以简化电路形式，减少计算量，从而得到高速并行的网络运行方式，适用于 VLSI 实现。

4）与多重规则模糊控制器类似的推理过程

有学者证明在一定形式的输入、输出预处理基础上，含有一个隐含层的前馈 MFNN 拥有与多重规则模糊控制器类似的推理过程，因而用作控制器时拥有模糊控制器优良的控制性（稳定性、鲁棒性、容错性等）。

在 FNN 的研究过程中，神经网络学习算法的定义及其是否收敛是非常重要的。MFNN 的结构基础是模糊神经元的网络联结，而其节点函数与网络形式源于神经网络，节点联结采用模糊关系运算，因此同时具有神经网络与模糊集合运算的特点，MFNN 的学习算法可源于以下三个方面。

（1）借鉴神经网络的学习算法，并且结合 MFNN 的模糊联结特点。

（2）通过从模糊关系方程的解法或模糊控制中的规则提取算法出发并引入网络形式与节点函数运算。

（3）从 MFNN 自身结构特点出发，考虑模型的相关学习算法。

按照上述三个方面对 MFNN 的学习算法进行了系统讨论，给出了 MFNN 的一系列算法，包括有监督学习中单层网络的模糊感知机的学习算法、非监督学习中的自适应矢量化（AVQ）

算法和多层网络的权值训练算法、类似 BP 算法的梯度算法、竞争-择优 WTA（Winner-Take-All）算法及将权值的学习视为模糊方程的求解算法等，另外还有高速在线调整算法。

下面我们简单介绍本节所用到的 MFNN 权值的学习算法。

假设(x,o)为 MFNN 的训练样本模式对集，其中 x 为输入，o 为期望输出，t 为网络实际输出，采用的学习算法 f_1 如下。

（1）当 $t^{(2)}=o$ 时，权值无须调整。

（2）当 $t^{(2)}<o$ 时，若 $q_{ji}<o$，则 $q_{ji}=1\cap\left(q_{ji}+\eta\delta_j^k\right)$；若 $q_{ji}\geqslant o$，则 $q_{ji}=q_{ji}$。

（3）当 $t^{(2)}>o$ 时，若 $q_{ji}>o$，则 $q_{ji}=0\cup\left(q_{ji}-\eta\delta_j^k\right)$；若 $q_{ji}\leqslant o$，则 $q_{ji}=q_{ji}$。

其中 $\delta_j^1=\left|o-t_j^{(1)}\right|$，$\delta_j^2=\left|o-t^{(2)}\right|$，$j=1,\cdots,n$，$k=1,2$，$\eta\in[0,1]$ 为学习参数。

显然，上述提出的 MFNN 的学习算法是简洁的，具有直观性和可操作性。

11.2.3　分析训练模式对的摄动对 MFNN 的影响

模式对（规则）摄动问题最初是在模糊逻辑系统的模糊推理中展开研究的，后来有学者推广到 FNN 中，研究了训练模式对的摄动对 MBAM 的影响和控制，本节将系统地研究训练模式对的摄动对 MFNN 的影响，首先给出理论证明中用到的相关引理。

引理 11.1　设 $a',a\in[0,1]^m$，I 为非空有限指标集，则

$$\left|\vee_{i\in I}a'-\vee_{i\in I}a\right|\leqslant\vee_{i\in I}\left|a'-a\right|$$

引理 11.2　设 $c_1,c_2,d\in[0,1]^m$，则

$$\left|c_1\wedge d-c_2\wedge d\right|\leqslant\left|c_1-c_2\right|$$

$$\left|c_1\vee d-c_2\vee d\right|\leqslant\left|c_1-c_2\right|$$

引理 11.3　设 $F(X)$ 为 MFNN 对应输入 X 时的输出，$G(X)\in CR^m,R^n$ 为任意函数，当 MFNN 的传递函数为单调非减函数时，不存在 $F(X)\in M_fR^m,R^n$ 使得对非保序映射具有泛逼近性能，即存在 $G(X)\in CR^m$，R^n 和 $\varepsilon>0$，使得对任何的 MFNN，其输入、输出关系都为 $Y=F(X)\in M_fR^m,R^n$，都有 $\left\|F(X)-G(X)\right\|>\varepsilon$。

引理 11.4　当 MFNN 的训练模式对集发生最大 γ 保序摄动时，摄动前后的两个网络的输入分别为 x_i 和 x_i^*，隐含层的权值分别为 $q_{ji}^{(1)}$ 和 $q_{ji}^{*(1)}$，它们将满足以下关系

$$\left|x_i^*\cap q_{ji}^{*(1)}(w)-x_i\cap q_{ji}^{(1)}(w)\right|\leqslant\left|q_{ji}^{*(1)}(w)-q_{ji}^{(1)}(w)\right|$$

分下面两种情况证明。

证明：

（1）当 $x_i^*>x_i$ 时，有

$$\begin{aligned}\left|x_i^*\cap q_{ji}^{*(1)}(w)-x_i\cap q_{ji}^{(1)}(w)\right|&=\left|x_i\cap q_{ji}^{(1)}(w)-x_i^*\cap q_{ji}^{*(1)}(w)\right|\\&=\left|q_{ji}^{*(1)}(w)-q_{ji}^{(1)}(w)\right|\\&\leqslant\left|x_i^*\cap q_{ji}^{(1)}(w)-x_i^*\cap q_{ji}^{*(1)}(w)\right|\\&\leqslant\left|q_{ji}^{(1)}(w)-q_{ji}^{*(1)}(w)\right|\end{aligned}$$

（2）当$x_i^* \leqslant x_i$时，有

$$\begin{aligned}\left|x_i^* \cap q_{ji}^{*(1)}(w) - x_i \cap q_{ji}^{(1)}(w)\right| &= \left|x_i \cap q_{ji}^{(1)}(w) - x_i^* \cap q_{ji}^{*(1)}(w)\right| \\ &\leqslant \left|x_i \cap q_{ji}^{*(1)}(w) - x_i \cap q_{ji}^{(1)}(w)\right| \\ &\leqslant \left|q_{ji}^{*(1)}(w) - q_{ji}^{(1)}(w)\right|\end{aligned}$$

综合（1）和（2）所述，引理得证。

下面我们具体研究 MFNN 的训练模式对集的摄动对 MFNN 输出的影响。由于训练模式对的摄动方式多种多样，为了方便研究，下面总假设 MFNN 的训练模式对集产生了最大γ保序摄动。

首先采用 11.2.2 节中所描述的学习算法f_1，对于具有相同拓扑结构的两个 MFNN，分别以原模式对集和摄动后模式对集为基础，训练好网络分别得到 MFNN 和 MFNN*；然后让训练好的 MFNN 和 MFNN*开始工作，对于同一任意输入 $\boldsymbol{Z}$，考察两个网络不同输出之间的误差，即$\left|t^{(1)}(w+1) - t^{(2)}(w+1)\right|$的取值范围。训练好的 MFNN 得到的隐含层和输出层的相关权值分别为

$$q_{ji}^{(1)}(w+1) = \begin{cases} 0 \cup \left(q_{ji}^{(1)}(w) - \eta\left|o - t_j^{(1)}(w)\right|\right), & t^{(2)}(w) > o \\ 1 \cap \left(q_{ji}^{(1)}(w) + \eta\left|o - t_j^{(1)}(w)\right|\right), & t^{(2)}(w) < o \\ q_{ji}^{(1)}(w), & t^{(2)}(w) = o \end{cases} \tag{11.4}$$

$$q_{1j}^{(2)}(w+1) = \begin{cases} 0 \cup \left(q_{1j}^{(2)}(w) - \eta\left|o - t^{(2)}(w)\right|\right), & t^{(2)}(w) > o \\ 1 \cap \left(q_{1j}^{(2)}(w) + \eta\left|o - t^{(2)}(w)\right|\right), & t^{(2)}(w) < o \\ q_{1j}^{(2)}(w), & t^{(2)}(w) = o \end{cases} \tag{11.5}$$

式中，$t_j^{(1)}(w) = \cup_{i=1}^{m}\left[x_i \cap q_{ji}^{(1)}(w)\right]$；$t^{(2)}(w) = \cup_{j=1}^{n}\left[t_j^{(1)}(w) \cap q_{1j}^{(2)}(w)\right]$。

相应地，训练好的 MFNN*得到的隐含层和输出层的相关权值分别为

$$q_{ji}^{*(1)}(w+1) = \begin{cases} 0 \cup \left[q_{ji}^{*(1)}(w) - \eta\left|o^* - t_j^{*(1)}(w)\right|\right], & t^{*(2)}(w) > o^* \\ 1 \cap \left[q_{ji}^{*(1)}(w) + \eta\left|o^* - t_j^{*(1)}(w)\right|\right], & t^{*(2)}(w) < o^* \\ q_{ji}^{*(1)}(w), & t^{*(2)}(w) = o^* \end{cases} \tag{11.6}$$

$$q_{ji}^{*(2)}(w+1) = \begin{cases} 0 \cup \left[q_{1j}^{*(2)}(w) - \eta\left|o^* - t^{*(2)}(w)\right|\right], & t^{*(2)}(w) > o^* \\ 1 \cap \left[q_{1j}^{*(2)}(w) + \eta\left|o^* - t^{*(2)}(w)\right|\right], & t^{*(2)}(w) < o^* \\ q_{ji}^{*(2)}(w), & t^{*(2)}(w) = o^* \end{cases} \tag{11.7}$$

式中，$t_j^{*(1)} = \cup_{i=1}^{m}\left[x_i^* \cap q_{ji}^{*(1)}(w)\right]$；$t^{*(2)}(w) = \cup_{j=1}^{n}\left[t_j^{*(1)}(w) \cap q_{1j}^{*(2)}(w)\right]$。

定理 11.1 当模式对$(x,o) \to (x^*,o^*)$发生最大γ保序摄动时，摄动前后的 MFNN 和 MFNN*的输入层与隐含层的权值$q_{ji}^{(1)}$和$q_{ji}^{*(1)}$满足关系式：$\left|q_{ji}^{*(1)} - q_{ji}^{(1)}\right| < 5\gamma$。

证明：下面根据学习算法 f_1 中 $q_{ji}^{(1)}$ 和 $q_{ji}^{*(1)}$ 的定义式（11.4）和式（11.6）采用数学归纳法证明。由于训练网络时两个网络采用的是同一学习算法 f_1，故

$$q_{ji}^{*(1)}(0)=q_{ji}^{(1)}(0)，\ \vee_{i\in I}\left|x_i^*-x_i\right|\leqslant\gamma 且 \vee_{i\in I}\left|o^*-o\right|\leqslant\gamma$$

由于本节的 MFNN 的传递函数 $f(x)=x$ 为单调非减函数，故由引理 11.3 可知，MFNN 的输出对输入具有保序性。

当 $x_i^*\geqslant x_i$ 时，有 $t^{*(2)}(w)\geqslant t^{(2)}(w)$；当 $x_i^*<x_i$ 时，有 $t^{*(2)}(w)<t^{(2)}(w)$。

再由引理 11.3 可知，$t^{*(2)}(w)$、o^*、$t^{(2)}(w)$ 和 o 之间的大小关系只能为以下两种情况。

（1）$t^{*(2)}(w)>o^*$ 且 $t^{(2)}(w)>o$。

（2）$t^{*(2)}(w)\leqslant o^*$ 且 $t^{(2)}(w)\leqslant o$。

下面将分这两种情况采用数学归纳法对定理加以证明。

（1）当 $t^{*(2)}(w)>o^*$ 且 $t^{(2)}(w)>o$ 时。

因为 $t^{(2)}(w)\cup_{j=1}^{n}\left[t_j^{*(1)}(w)\cap q_{1j}^{*(2)}(w)\right]>o$，故 $t^{(1)}(w)>t^{(2)}(w)\geqslant o$，同理可得，$t^{*(1)}(w)\geqslant t^{*(2)}(w)>o^*$。

当 $k=1$ 时，由式（11.4）和式（11.6）可知

$$q_{ji}^{(1)}(1)=0\cup\left\{q_{ji}^{(1)}(0)-\eta\left|o-\cup_{i=1}^{m}\left[x_i\cap q_{ji}^{(1)}(0)\right]\right|\right\} \tag{11.8}$$

$$q_{ji}^{*(1)}(1)=0\cup\left\{q_{ji}^{*(1)}(0)-\eta\left|o-\cup_{i=1}^{m}\left[x_i^*\cap q_{ji}^{*(1)}(0)\right]\right|\right\} \tag{11.9}$$

故

$$\begin{aligned}\left|q_{ji}^{*(1)}(1)-q_{ji}^{(1)}(1)\right|&=\left|\left(0\cup\left\{q_{ji}^{*(1)}(0)-\eta\left|o^*-\cup_{i=1}^{m}\left[x_i\cap q_{ji}^{*(1)}(0)\right]\right|\right\}\right)\right.\\&\quad\left.-\left(0\cup\left(\left\{q_{ji}^{(1)}(0)-\eta\left|o-\cup_{i=1}^{m}\left[x_i\cap q_{ji}^{(1)}(0)\right]\right|\right\}\right)\right|\\&\leqslant\left|\left\{q_{ji}^{*(1)}(0)-\eta\left[\cup_{i=1}^{m}(x_i^*\cap q_{ji}^{*(1)}(0)-o^*\right]\right\}-\left\{q_{ji}^{(1)}(0)-\eta\left[\cup_{i=1}^{m}(x_i\cap q_{ji}^{(1)}(0)-o\right]\right\}\right|\\&=\left|q_{ji}^{*(1)}(0)-q_{ji}^{(1)}(0)+\eta\cdot\cup_{i=1}^{m}\left[x_i\cap q_{ji}^{(1)}(0)-x_i^*\cap q_{ji}^{*(1)}(0)\right]+\eta\left(o^*-o\right)\right|\\&\leqslant\eta\left|\cup_{i=1}^{m}\left[x_i\cap q_{ji}^{(1)}(0)-x_i^*\cap q_{ji}^{*(1)}(0)\right]+\left(o^*-o\right)\right|\\&\leqslant\eta\left|\cup_{i=1}^{m}\left(x_i^*-x_i\right)+\left(o^*-o\right)\right|\leqslant\eta(\gamma+\gamma)<5\gamma\end{aligned}$$

假设当 $k=w$，$w=1,\cdots,m$ 时，结论 $\left|q_{ji}^{*(1)}(w)-q_{ji}^{(1)}(w)\right|<5\gamma$ 成立，则当 $k=w+1$ 时，证明该结论也成立。

$k=w+1$ 时，有

$$\begin{aligned}&\left|q_{ji}^{*(1)}(w+1)-q_{ji}^{(1)}(w+1)\right|\\&=\left|q_{ji}^{*(1)}(w+1)-\eta\left\{\cup_{i=1}^{m}\left[x_i^*\cap q_{ji}^{*(1)}(w+1)-o^*\right]\right\}-q_{ji}^{(1)}(w+1)-\eta\left\{\cup_{i=1}^{m}\left[x_i\cap q_{ji}^{(1)}(w+1)-o\right]\right\}\right|\\&\leqslant\left|q_{ji}^{*(1)}(w+1)-q_{ji}^{(1)}(w+1)+\eta\cdot\cup_{i=1}^{m}\left(o^*-o\right)-x_i^*\cap q_{ji}^{*(1)}(w+1)-\left[x_i\cap q_{ji}^{(1)}(w+1)\right]\right|\\&\leqslant 2\gamma+\eta\gamma+2\eta\gamma\\&<5\gamma\end{aligned}$$

（2）当$t^{*(2)}(w)\leqslant o^*$且$t^{(2)}(w)\leqslant o$时。

当$k=1$时，有

$$\begin{aligned}&\left|Q_{ji}^{*(1)}(1)-q_{ji}^{(1)}(1)\right|\\ \leqslant&\left|\left\{q_{ji}^{*(1)}(0)+\eta\left[o^*-t_j^{*(1)}(0)\right]\right\}-\left\{q_{ji}^{(1)}(0)+\eta\left[o-t_j^{(1)}(0)\right]\right\}\right|\\ =&\left|\left[q_{ji}^{*(1)}(0)-q_{ji}^{(1)}(0)\right]+\eta\left(o^*-o\right)+\eta\left[t_j^{*(1)}(0)-t_j^{(1)}(0)\right]\right|\\ \leqslant&\eta\left|\cup_{i=1}^{m}\left[x_i\cap q_{ji}^{(1)}(0)\right]-\cup_{i=1}^{m}\left[x_i^*\cap q_{ji}^{*(1)}(0)\right]+\left(o^*-o\right)\right|\\ \leqslant&\eta\left|\cup_{i=1}^{m}\left(o^*-o\right)\right|<5\gamma\end{aligned}$$

假设当$k=w$，$w=1,\cdots,m$时，$|q_{ji}^{*(1)}(w)-q_{ji}^{(1)}(w)|<5\gamma$成立，则当$k=w+1$时，证明该结论也成立。

当$k=w+1$时，有

$$\begin{aligned}&\left|q_{ji}^{*(1)}(w+1)-q_{ji}^{(1)}(w+1)\right|\\ \leqslant&\left|\left\{q_{ji}^{*(1)}(w+1)+\eta\left[o^*-t_j^{*(1)}(w+1)\right]\right\}-\left\{q_{ji}^{(1)}(w+1)+\eta\left[o-t_j^{(1)}(w+1)\right]\right\}\right|\\ \leqslant&\eta\left|\cup_{i=1}^{m}\left[x_i\cap q_{ji}^{(1)}(w+1)\right]-\cup_{i=1}^{m}\left[x_i^*\cap q_{ji}^{*(1)}(w+1)\right]+\left(o^*-o\right)\right|\\ \leqslant&2\gamma+\eta\left|\cup_{i=1}^{m}\left[q_{ji}^{*(1)}(w)-q_{ji}^{(1)}(w)\right]\right|+\eta\gamma<5\gamma\end{aligned}$$

证毕。

定理 11.2 当训练模式对发生最大γ保序摄动时，采用本章所述的学习算法f_1的 MFNN 对训练模式对集的摄动在 h=5 的条件下，网络对训练模式对集的摄动幅度全局不放大，全局拥有好的鲁棒性。

证明：当训练模式对发生最大γ保序摄动时，即$W(x,x^*)\vee W(o,o^*)=\vee\left|x_i-x_i^*\right|\vee\left|o-o^*\right|\leqslant\gamma$，分析此时模式摄动对 MFNN 输出的影响。让训练好的 MFNN 和 MFNN*分别工作，对于同一输入$X_i\in[0,1]$，$i=1,\cdots,m$，分析两个不同输出的摄动范围，即$\left|t^{*(2)}(w+1)-t^{(2)}(w+1)\right|$的取值范围，即

$$\begin{aligned}&\left|t^{*(2)}(w+1)-t^{(2)}(w+1)\right|\\ =&\left|\cup_{j=1}^{n}\left\{\cup_{i=1}^{m}\left[X_i\cap q_{ji}^{*(1)}(w+1)\right]\cap q_{1j}^{*(2)}(w+1)\right\}-\cup_{j=1}^{n}\left\{\cup_{i=1}^{m}\left[X_i\cap q_{ji}^{(1)}(w+1)\right]\cap q_{1j}^{(2)}(w+1)\right\}\right|\\ \leqslant&\cup_{j=1}^{n}\cup_{i=1}^{m}\left|q_{ji}^{*(1)}(w+1)\cap q_{1j}^{*(2)}(w+1)-q_{ji}^{(1)}(w+1)\cap q_{1j}^{(2)}(w+1)\right|\\ \leqslant&\cup_{j=1}^{n}\cup_{i=1}^{m}\left|q_{ji}^{*(1)}(w+1)-q_{ji}^{(1)}(w+1)\right|\leqslant5\gamma\end{aligned}$$

证毕。

注意：①定理 11.1 中的参数 h 表示 MFNN 摄动的幅度大小，当 $h\leqslant5$ 时，我们可以认定其摄动鲁棒性较好，将该网络用于模式识别时，网络能够识别多种模式，就算模式通过预处理或数据采集设备采集后发生了较大摄动，FNN 分类器仍能正确识别该模式。②定理 11.2 给出的是一个充分性证明，其必要性很容易得到，本节不再赘述。

11.3 折线 FNN 的泛逼近性

在研究正则 FNN 的泛逼近性过程中，为了更方便判断一个模糊 I/O 系统是否为闭包模糊映射，基于折线模糊数，提出了一类新的 FNN——折线 FNN，折线 FNN 继承了正则 FNN 的拓扑结构，其内部运算基于一类重新定义的简化的扩展原理，从而与该网络相关的折线模糊数要比三角形或梯形模糊数的应用范围更广泛。下面我们将对折线 FNN 的泛逼近性进行系统的深入研究，首先从折线模糊数入手，然后系统分析折线 FNN 的性能，包括其结构和泛逼近分析。

11.3.1 相关记号与术语

设 N 表示自然数集，Z 是整数集，R^d 为 d 维欧氏空间，$\|\cdot\|$ 指 R^d 中的欧氏模，$R \triangleq R^1$，而 R^- 为负实数集，用 $A,B,C,\cdots$ 表示实数集 R 的子集，对 $A,B \subset R^d$，A、B 间的 Hausdorff 距离为

$$d_{\mathrm{H}}(A,B)=\max\left\{\bigvee_{x\in A}\bigwedge_{y\in B}\{\|x-y\|\},\bigvee_{y\in B}\bigwedge_{x\in A}\{\|x-y\|\}\right\} \tag{11.10}$$

式中，$\vee$ 表示上确界算子“sup”；$\wedge$ 表示下确界算子“inf”。对于区间 $[a,b],[c,d]\subset R$，定义距离 $d_{\mathrm{E}}([a,b],[c,d])$ 为

$$d_{\mathrm{E}}([a,b],[c,d])=\left\{(a-c)^2+(b-d)^2\right\}^{\frac{1}{2}} \tag{11.11}$$

若给定区间 $[a,b],[c,d]\subset R$，我们很容易验证

$$d_{\mathrm{H}}([a,b],[c,d])\leqslant d_{\mathrm{E}}([a,b],[c,d])\leqslant \sqrt{2}\cdot d_{\mathrm{H}}([a,b],[c,d]) \tag{11.12}$$

从而知道距离 d_{E} 与 d_{H} 是等价的。若 X 是论域，用 $F(X)$ 表示 X 上的全体模糊集合，R 上的模糊集合则用 $\tilde{A},\tilde{B},\cdots$ 表示。记 $F_{\mathrm{o}}(R)$ 是满足下列条件的模糊数全体，即对 $\tilde{A}\in F_{\mathrm{o}}(R)$，以下几条成立。

（1）$\tilde{A}$ 的核 $\mathrm{Ker}(\tilde{A})\triangleq\left\{x\in R\middle|\tilde{A}(x)=1\right\}\neq\varnothing$。

（2）若 $\forall\alpha\in(0,1]$，则 $\tilde{A}_\alpha\triangleq\left[a_\alpha^1,a_\alpha^2\right]$ 为有界闭区间。

（3）$\tilde{A}$ 的支撑 $\mathrm{Supp}(\tilde{A})\triangleq\left\{x\in R\middle|\tilde{A}(x)\rangle 0\right\}$ 是 R 的有界闭集。

今后用 $\tilde{A}_0$ 表示模糊数 $\tilde{A}$ 的支撑集 $\mathrm{Supp}(\tilde{A})$。若 $\tilde{A},\tilde{B}\in F_o(R)$，则定义 $\tilde{A},\tilde{B}$ 间的距离为

$$D(\tilde{A},\tilde{B})=\bigvee_{\alpha\in[0,1]}\left\{d_{\mathrm{H}}(\tilde{A}_\alpha,\tilde{B}_\alpha)\right\} \tag{11.13}$$

可知，$(F_o(R),D)$ 是一个完备度量空间，若将限制条件（2）减弱为如下条件。

（4）$\tilde{A}$ 是凸模糊集，即 $\vee x_1,x_2\in R$，$\forall\alpha\in[0,1]$，$\tilde{A}[\alpha x_1+(1-\alpha)x_2]\geqslant\tilde{A}(x_1)\wedge\tilde{A}(x_2)$，那么满足条件（1）、（2）、（3）的模糊集合全体称为有界模糊数，记为 $F_{\mathrm{c}}(R)$。

从上述定义可知，$F_{\mathrm{o}}(R)\subset F_{\mathrm{c}}(R)$，而且条件（4）等价于 $\forall\alpha\in[0,1]$，$\tilde{A}_\alpha$ 是一个区间。对 $\tilde{A}\in F_o(R)$，$|\tilde{A}|$ 表示 $D(\tilde{A},\{0\})$，即 $|\tilde{A}|=\bigvee_{\alpha\in[0,1]}\left\{|a_\alpha^1|,|a_\alpha^2|\right\}\left(\tilde{A}_\alpha=\left[a_\alpha^1,a_\alpha^2\right]\right)$。

定义 11.9 设$g:R\to R$，若$F_N:R^d\to R$是以g为转移函数的三层前馈神经网络，则

$$\forall\left(x_1,\cdots,x_d\right)\in R^d,\ F_N\left(x_1,\cdots,x_d\right)=\sum_{j=1}^{p}v_j\cdot g\left(\sum_{i=1}^{d}w_{ij}\cdot x_i+\theta_j\right)$$

若$F_N(\cdot)$构成一类泛逼近器，则称g为Tauber-Wiener函数。

若g为广义Sigmodial函数$\sigma:R\to R$，即σ有界，且$\lim\limits_{x\to+\infty}\sigma(x)=1$，$\lim\limits_{x\to-\infty}\sigma(x)=0$，则此时$g$是Tauber-Wiener函数。

称$g:R\to R$是连续Sigmodial函数，若g连续递增，而$\lim\limits_{x\to+\infty}g(x)=1$，$\lim\limits_{x\to-\infty}g(x)=0$，则$g$函数是Tauber-Wiener函数。

如果将模糊数空间限制为一个较小类，即$F_{\text{oc}}(R)$，使$\tilde{A}\in F_{\text{oc}}(R)$，设$\tilde{A}$的支撑$\text{Supp}(\tilde{A})=\left[a_0^1,a_0^2\right]$，核$\text{Ker}(\tilde{A})=\left[e_0^1,e_0^2\right]$，那么$\tilde{A}(\cdot)$在$\left[a_0^1,e_0^1\right]$上递增，在$\left[e_0^2,a_0^2\right]$上递减。显然，$F_{\text{oc}}(R)$对扩展运算“+”“−”“·”均是封闭的，而且实际中经常使用的模糊数种类，如三角形和梯形模糊数等也包含在$F_{\text{oc}}(R)$中。本章均在模糊数空间$F_{\text{oc}}(R)$中研究相关问题。

设$\tilde{A}\in F_{\text{oc}}(R)$，记$\tilde{A}_0=\left[a_0^1,a_0^2\right]$，$\text{Ker}(\tilde{A})=\left[e_0^1,e_0^2\right]$，则$\tilde{A}(\cdot)$在$\left[a_0^1,e_0^1\right]$上递增且右连续，在$\left[e_0^2,a_0^2\right]$上递减且左连续，在$\left[e_0^1,e_0^2\right]$上$\tilde{A}(x)\equiv1$。由上述可知，若$\tilde{A}\in F_{\text{o}}(R)$，则$\tilde{A}\in F_{\text{oc}}(R)$的充分必要条件是$\forall\alpha\in[0,1]$，集合$\{x\in R\,|\,\tilde{A}(x)=\alpha\}$不含非退化子区间。

11.3.2 折线模糊数

本节将定义折线模糊数，并介绍经过修改后的基于Zadeh扩展原理的模糊算术和折线算子，以及折线模糊数空间的相关拓扑性质。

作为三角形模糊数与梯形模糊数的一种推广，下面我们给出n-折线模糊数的定义，其中$n\in N$。

定义 11.10 模糊数$\tilde{A}\in F_{\text{oc}}(R)$，$n\in N$，$k=1,2,\cdots,n$，若有$2n+2$个实数构成实数序列：$a_0^1,a_1^1,\cdots,a_n^1,a_n^2,\cdots,a_1^2,a_0^2\in R$，且$a_0^1\leqslant\cdots\leqslant a_n^1\leqslant a_n^2\leqslant\cdots\leqslant a_0^2$，则模糊数$\tilde{A}$的隶属函数定义为

$$\forall x\in R,\tilde{A}(x)=\begin{cases}((\tilde{A}(a_k^1)-\tilde{A}(a_{k-1}^1))/(a_k^1-a_{k-1}^1))(x-a_{k-1}^1)+\tilde{A}(a_{k-1}^1), & a_k^1\leqslant x\leqslant a_{k-1}^1\\((\tilde{A}(a_k^2)-\tilde{A}(a_{k-1}^2))/(a_k^2-a_{k-1}^2))(x-a_{k-1}^2)+\tilde{A}(a_{k-1}^2), & a_k^2\leqslant x\leqslant a_{k-1}^2\\1, & a_n^1\leqslant x\leqslant a_n^2\\0, & \text{否则}\end{cases}\tag{11.14}$$

其中假设0/0=0，那么称模糊数$\tilde{A}$为n-折线模糊数，$\tilde{A}=([a_n^1,a_n^2];a_0^1,\cdots a_{n-1}^1,\ a_{n-1}^2,\cdots,a_0^2)$。

说明：本节称定义11.10中的模糊数$\tilde{A}$为n-折线模糊数，取消了对称性的限制，有利于折线模糊数的应用推广。

将全体n-折线模糊数集合记作$F_{\text{oc}}^{in}(R)$，全体负折线模糊数集合记作$F_{\text{oc}}^{in}(R^-)$。如果n=1，那么$\tilde{A}$可能是三角模糊数或梯形模糊数，当$a_n^1=a_n^2$时，$\tilde{A}$是梯形模糊数。因此折线模糊数包含三角模糊数和梯形模糊数，而三角模糊数和梯形模糊数是折线模糊数的特例，普通的模糊数可以由折线模糊数近似表示。

下面我们简单阐述定义 11.10 中的 n-折线模糊数 $\tilde{A}$ 及其隶属函数曲线 $F_{\text{oc}}^{in}(R)$ 的简单构造步骤。

若 $\tilde{A}\in F_{\text{oc}}(R)$，$n\in N$ ，$k=1,2,\cdots,n$ ，则有 $2n+2$ 个实数构成序列：$a_0^1,a_1^1,\cdots,a_n^1,a_n^2,\cdots,a_1^2,a_0^2\in R$ ，且 $a_0^1\leqslant\cdots\leqslant a_n^1\leqslant a_n^2\leqslant\cdots\leqslant a_0^2$ ，将[0,1]剖分成 n 等份：$0<\dfrac{1}{n}<\cdots<\dfrac{n-1}{n}<1$ ，令 $\tilde{A}\left(a_0^1\right)=\tilde{A}\left(a_0^2\right)=0$，$\tilde{A}\left(a_k^q\right)=\dfrac{k}{n}(q=1,2，k=1,\cdots,n)$。依次连接点：$\left[a_0^1,A\left(a_0^1\right)\right],\cdots,\left[a_n^1,A\left(a_n^1\right)\right]$，$\left[a_n^2,A\left(a_n^2\right)\right],\cdots,\left[a_0^2,A\left(a_0^2\right)\right]$，可以得到折线 $\widetilde{iA}_n(\cdot)$，该折线 $\widetilde{iA}_n(\cdot)$ 就是 n-折线模糊数 $\tilde{A}$ 的隶属函数曲线。称模糊集 $\widetilde{iA}_n(\cdot)\in F_{\text{oc}}(R)$ 为 $\tilde{A}$ 的 n-折线模糊数。

此时，我们很容易推出 $\text{Ker}\left(\tilde{A}\right)=\text{Ker}\left(\widetilde{iA}_n\right)=\left[a_1^1,a_1^2\right]$，$\text{Supp}\left(\tilde{A}\right)=\text{Supp}\left(\widetilde{iA}_n\right)=\left[a_0^1,a_0^2\right]$，且

$$\begin{cases}a_0^1\leqslant a_1^1\leqslant\cdots\leqslant a_n^1\leqslant a_n^2\leqslant a_{n-1}^2\leqslant\cdots\leqslant a_0^2\\ \forall i=0,1,\cdots n,\ \tilde{A}_{i/n}=\left[a_i^1,a_i^2\right]\end{cases}\tag{11.15}$$

设 $\forall\tilde{A}\in F_{\text{oc}}^{in}(R)$，则由**定义 11.10** 有

$$0=\tilde{A}\left(a_0^1\right)<\tilde{A}\left(a_1^1\right)<\cdots\tilde{A}\left(a_n^1\right)=1>\tilde{A}\left(a_n^2\right)>\cdots>\tilde{A}\left(a_0^2\right)=0$$

设 $\tilde{A}=\left(\left[a_n^1,a_n^2\right];a_0^1,\cdots,a_{n-1}^1,a_{n-1}^2,\cdots,a_0^2\right)$，$\tilde{B}=\left(\left[b_n^1,b_n^2\right];b_0^1,\cdots,b_{n-1}^1,b_{n-1}^2,\cdots,b_0^2\right)\in F_{\text{oc}}^{in}(R)$，则

$$\begin{cases}D\left(\tilde{A},\tilde{B}\right)=\vee_{i=0}^{n}\left[d_{\text{H}}\left(\left[a_i^1,a_i^2\right],\left[b_i^1,b_i^2\right]\right)\right]\\ A\subset B\Leftrightarrow\forall i=0,\cdots,n,b_i\leqslant b_{i+1}\leqslant a_{i+1}\leqslant a_i\end{cases}\tag{11.16}$$

可证，若 $u\subset F_{\text{oc}}(R)$［或 $F_{\text{oc}}^{in}(R)$］为紧集，那么存在 R 的紧集 U，使得 $\forall\tilde{A}\in u,\tilde{A}_0\subset U$ ，称 U 为对应 u 的紧集。

图 11.5 给出了 n-折线模糊数 $\tilde{A}$ 的隶属函数曲线。显然，一个 n-折线模糊数由有限个点唯一确定，而且其分段形式简单明了。定义 11.10 中的 n-折线模糊数，其中“折线”指隶属函数曲线由 n 段折线连接而成。

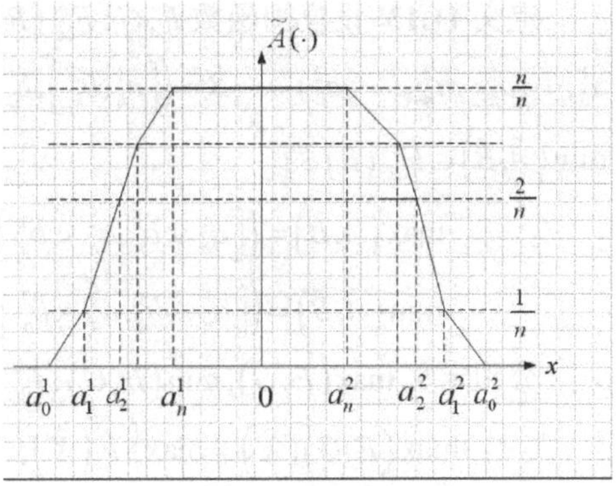

图 11.5 n-折线模糊数 $\tilde{A}$的隶属函数曲线

定义 11.11 设 $n\in N$ ，称 $\forall\tilde{A}\in F_{\text{oc}}^{in}(R)$ ，$Z_n\left(\tilde{A}\right)=\widetilde{iA}_n=\left(\left[a_n^1,a_n^2\right];a_0^1,\cdots,a_{n-1}^1,a_{n-1}^2,\cdots,a_0^2\right)$ 为 $Z_n:F_{\text{oc}}(R)\to F_{\text{oc}}^{in}(R)$上的折线算子。

在空间$\left[F_{\text{oc}}^{in}(R),D\right]$中，定义模糊算术：$\oplus,\ominus,\otimes,\oslash$，它们并不是基于 Zadeh 扩展原理，但同样称为扩展加法“+”、扩展减法“−”、扩展乘法“·”与扩展除法“/”。若 $\sigma:R\to R$ 是单调函数，则σ也能扩展为 $F_{\text{oc}}^{in}(R)\to F_{\text{oc}}^{in}(R)$上的模糊函数。

定义 11.12 设折线模糊数 $\tilde{A}=([a_n^1,a_n^2];a_0^1,\cdots,a_{n-1}^1,a_{n-1}^2,\cdots,a_0^2)$，$\tilde{B}=([b_n^1,b_n^2];b_0^1,\cdots,b_{n-1}^1,b_{n-1}^2,\cdots,b_0^2)\in F_{\text{oc}}^{in}(R)$，$a\in R$，而且 $\text{Supp}\left(\tilde{B}\right)\subset(-\infty,0)$ 或 $\text{Supp}\left(\tilde{B}\right)\subset(0,+\infty)$，定义扩展运算“+”“−”“·”“/”及数乘运算为

$$\begin{cases}\tilde{A}+\tilde{B}=\left(\left[a_n^1+b_n^1,a_n^2+b_n^2\right];a_0^1+b_0^1,\cdots,a_{n-1}^1+b_{n-1}^1,a_{n-1}^2+b_{n-1}^2,\cdots,a_0^2+b_0^2\right)\\ \tilde{A}-\tilde{B}=\left(\left[a_n^1-b_n^1,a_n^2-b_n^2\right];a_0^1-b_0^1,\cdots,a_{n-1}^1-b_{n-1}^1,a_{n-1}^2-b_{n-1}^2,\cdots,a_0^2-b_0^2\right)\\ \tilde{A}\cdot\tilde{B}=\left(\left[c_n^1,c_n^2\right];c_0^1,\cdots,c_{n-1}^1,c_{n-1}^2,\cdots,c_0^2\cdot c_0^2\right)\\ \dfrac{1}{\tilde{B}}=\left(\left[\dfrac{1}{b_n^1},\dfrac{1}{b_n^2}\right];\dfrac{1}{b_0^1},\cdots,\dfrac{1}{b_{n-1}^1},\dfrac{1}{b_{n-1}^2},\cdots,\dfrac{1}{b_0^2}\right),\ \dfrac{\tilde{A}}{\tilde{B}}=\tilde{A}\cdot\dfrac{1}{\tilde{B}}\\ a\cdot\tilde{A}=\begin{cases}\left(\left[a\cdot a_n^1,a\cdot a_n^2\right];a\cdot a_0^1,\cdots,a\cdot a_{n-1}^1,a\cdot a_{n-1}^2,\cdots,a\cdot a_0^2\right),\ a\geqslant 0\\ \left(\left[a\cdot a_n^2,a\cdot a_n^1\right];a\cdot a_0^2,\cdots,a\cdot a_{n-1}^2,a\cdot a_{n-1}^1,\cdots,a\cdot a_0^1\right),\ a<0\end{cases}\end{cases} \tag{11.17}$$

式中，$c_i^1,c_i^2\left(i=0,1,\cdots,n\right)$由区间乘法决定，$\left[c_i^1,c_i^2\right]=\left[a_i^1,a_i^2\right]\times\left[b_i^1,b_i^2\right]$。

若$\sigma:R\to R$是单调函数，则σ可做如下扩展：$\sigma:F_{\mathrm{oc}}^{in}\left(R\right)\to F_{\mathrm{oc}}^{in}\left(R\right)$，$\forall\tilde{A}\in F_{\mathrm{oc}}^{in}\left(R\right)$，即

$$\sigma\left(\tilde{A}\right)=\begin{cases}\left\{\left[\sigma\left(a_n^1\right),\sigma\left(a_n^2\right)\right];\sigma\left(a_0^1\right),\cdots,\sigma\left(a_{n-1}^1\right),\sigma\left(a_{n-1}^2\right),\cdots,\sigma\left(a_0^2\right)\right\},\ \sigma\text{不增}\\ \left\{\left[\sigma\left(a_n^2\right),\sigma\left(a_n^1\right)\right];\sigma\left(a_0^2\right),\cdots,\sigma\left(a_{n-1}^2\right),\sigma\left(a_{n-1}^1\right),\cdots,\sigma\left(a_0^1\right)\right\},\ \sigma\text{不减}\end{cases} \tag{11.18}$$

由式（11.17）和式（11.18）可知，模糊集合$F_{\mathrm{oc}}\left(R\right)$和$F_{\mathrm{oc}}^{in}\left(R\right)$对于扩展的“+”“−”“.”及数乘运算均为封闭的，对于折线模糊数间的上述扩展运算比基于 Zadeh 扩展原理的扩展运算要简单一些。

为了方便研究折线 FNN 对连续模糊函数的泛逼近性，下面我们给出 max 和 min 算子的定义。

定义 11.13 设模糊函数$F,G:F_{\mathrm{oc}}^{in}\left(R\right)\to F_{\mathrm{oc}}^{in}\left(R\right)$，$\forall\tilde{X}\in F_{\mathrm{oc}}^{in}\left(R\right)$，折线模糊数$\tilde{A}=(\left[a_n^1,a_n^2\right];a_0^1,\cdots,a_{n-1}^1,a_{n-1}^2,\cdots,a_0^2)$，$\tilde{B}=\left(\left[b_n^1,b_n^2\right];b_0^1,\cdots,b_{n-1}^1,b_{n-1}^2,\cdots,b_0^2\right)\in F_{\mathrm{oc}}^{in}\left(R\right)$，分别定义$\max\left(\tilde{A},\tilde{B}\right)$，$\min\left(\tilde{A},\tilde{B}\right)\in F_{\mathrm{oc}}^{in}\left(R\right)$为

$$\begin{aligned}\max\left(\tilde{A},\tilde{B}\right)&=\left(\left[a_n^1\vee b_n^1,a_n^2\vee b_n^2\right];a_0^1\vee b_0^1,\cdots,a_{n-1}^1\vee b_{n-1}^1,a_{n-1}^2\vee b_{n-1}^2,\cdots,a_0^2\vee b_0^2\right)\\ \min\left(\tilde{A},\tilde{B}\right)&=\left(\left[a_n^1\wedge b_n^1,a_n^2\wedge b_n^2\right];a_0^1\wedge b_0^1,\cdots,a_{n-1}^1\wedge b_{n-1}^1,a_{n-1}^2\wedge b_{n-1}^2,\cdots,a_0^2\wedge b_0^2\right)\end{aligned} \tag{11.19}$$

分别定义$\max\left(F,G\right),\min\left(F,G\right):F_{\mathrm{oc}}^{in}\left(R\right)\to F_{\mathrm{oc}}^{in}\left(R\right)$为

$$\max\left(F,G\right)\left(\tilde{X}\right)=\max\left[F\left(\tilde{X}\right),G\left(\tilde{X}\right)\right],\ \min\left(F,G\right)\left(\tilde{X}\right)=\min\left[F\left(\tilde{X}\right),G\left(\tilde{X}\right)\right] \tag{11.20}$$

11.3.3 三层前馈折线 FNN

所谓折线 FNN 是指 FNN 的权值和阈值在$F_{\mathrm{oc}}^{in}\left(R\right)$中取值，而其内部运算由式（11.17）、式（11.18）定义的一类 FNN。由上述讨论可知，折线 FNN 通过确定折线模糊数的有限点，从而完成模糊信息处理，它将相关运算直接作用于相关模糊集合上，不像正则 FNN 那样，必须通过计算模糊截集等中间步骤来研究 FNN。

本节将以单输入/单输出（SISO）的三层前馈折线 FNN 为研究对象，图 11.6 给出了这类 FNN 的拓扑结构，该系统的结构如下：输出层神经元为线性的，而隐含层神经元具有转移函数$\sigma:R\to R$，其中输入信号$\tilde{X}$在$F_{\mathrm{oc}}^{in}\left(R\right)$或$F_{\mathrm{oc}}\left(R\right)$中取值，当$\tilde{X}\in F_{\mathrm{oc}}\left(R\right)$时，输入神经元具有折线算子$Z_n(\cdot)$，而输出是模糊集合$\tilde{Y}$。

在折线 FNN 的拓扑结构中，其模糊权值 $\tilde{V}_j,\tilde{U}_j,\tilde{\theta}_j$ 均在 $F_{\rm oc}^{in}(R)$ 中取值，下面我们总假设转移函数 $\sigma:R\to R$ 是连续递增的广义 Sigmoid 函数，即 σ 连续递增且处处可微：$\lim\limits_{x\to+\infty}\sigma(x)=1$，$\lim\limits_{x\to-\infty}\sigma(x)=0$。折线 FNN 系统的 I/O 关系为

$$\tilde{Y}\triangleq F_{nn}(\tilde{X})=\sum_{j=1}^{p}\tilde{V}_j\cdot\sigma(\tilde{U}_j\cdot\tilde{X}+\tilde{\theta}_j)$$

其中，折线模糊数间的运算均由式（11.17）和式（11.18）决定，故系统的输出 $\tilde{Y}\in F_{\rm oc}(R)$，若 $j=1,\cdots,p$，则

$$\begin{cases}\tilde{X}=([x_n^1,x_n^2];x_0^1,\cdots,x_{n-1}^1,x_{n-1}^2,\cdots,x_0^2)\\ \tilde{U}_j=\{[u_n^1(j),u_n^2(j)];u_0^1(j),\cdots,u_{n-1}^1(j),u_{n-1}^2(j),\cdots,u_0^2(j)\}\\ \tilde{V}_j=\{[v_n^1(j),v_n^2(j)];v_0^1(j),\cdots,v_{n-1}^1(j),v_{n-1}^2(j),\cdots,v_0^2(j)\}\\ \tilde{\theta}_j=\{[\theta_n^1(j),\theta_n^2(j)];\theta_0^1(j),\cdots,\theta_{n-1}^1(j),\theta_{n-1}^2(j),\cdots,\theta_0^2(j)\}\end{cases}$$

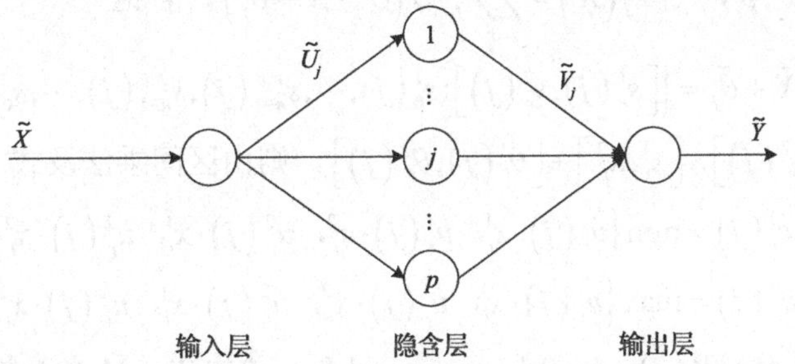

图 11.6 三层前馈折线 FNN 的拓扑结构

令

$$\begin{cases}\tilde{P}[\sigma]=\left\{F_{nn}:F_{\rm oc}^{in}(R)\to F_{\rm oc}^{in}(R)\left|\begin{array}{c}F_{nn}(\tilde{X})=\sum\limits_{j=1}^{p}\tilde{V}_j\cdot\sigma(\tilde{U}_j\cdot\tilde{X}+\tilde{\theta}_j)\\ p\in N,\ \tilde{V}_j,\tilde{U}_j,\tilde{\theta}_j\in F_{\rm oc}^{in}(R)\end{array}\right.\right\}\\ \tilde{Z}[\sigma]=\left\{T_{nn}:F_{\rm oc}(R)\to F_{\rm oc}^{in}(R)\left|\begin{array}{c}T_{nn}(\tilde{X})=\sum\limits_{j=1}^{p}\tilde{V}_j\cdot\sigma(\tilde{U}_j\cdot Z_n(\tilde{X})+\tilde{\theta}_j)\\ p\in N,\tilde{V}_j,\ \tilde{U}_j,\tilde{\theta}_j\in F_{\rm oc}^{in}(R)\end{array}\right.\right\}\end{cases}\tag{11.21}$$

显然，若 $F_{nn}\in\tilde{P}[\sigma]$，则 F_{nn} 与一个 SISO 的三层前馈折线 FNN 相对应，其中隐含层神经元有转移函数 σ，输入、输出层神经元都是线性的，输入信号属于 $F_{\rm oc}^{in}(R)$，输出信号属于 $F_{\rm oc}^{in}(R)$，网络内部的运算法则基于式（11.17）和式（11.18）；若 $T_{nn}\in\tilde{Z}[\sigma]$，则 T_{nn} 也对应一个 SISO 三层前馈折线 FNN，输入 $\tilde{X}\in F_{\rm oc}(R)$，输出 $F_{\rm oc}^{in}(R)$，输出层神经元是线性的，输入具有算子 $Z_n(\cdot)$，内部运算及转移函数与 $\tilde{P}[\sigma]$ 相同。

定理 11.3 设 $p\in N,\tilde{V}_j,\tilde{U}_j,\tilde{\theta}_j\in F_{\rm oc}^{in}(R)$，$j=1,2,\cdots,p$，则对任意 $\tilde{X}\in F_{\rm oc}^{in}(R)$，$\tilde{X}=\{[x_n^1,x_n^2(x_n^1,x_n^2)];x_0^1(x_0^1,x_n^2),\cdots,x_{n-1}^1,x_{n-1}^2,\cdots,x_0^2\}$，都有

$$F_{nn}(\tilde{X})=\sum_{j=1}^{p}\tilde{V}_j\cdot\sigma(\tilde{U}_j\cdot\tilde{X}+\tilde{\theta}_j)=\Big\{\big[f_n^1(x_n^1,x_n^2),f_n^2(x_n^1,x_n^2)\big];f_0^1(x_0^1,x_0^2),\cdots,$$
$$f_{n-1}^1(x_{n-1}^1,x_{n-1}^2),f_{n-1}^2(x_{n-1}^1,x_{n-1}^2),\cdots,f_0^2(x_0^1,x_0^2)\Big\} \tag{11.22}$$

式中，$f_i^q(x_i^1,x_i^2)$，$i=0,1,\cdots,n$，$q=1,2$ 可以表示为

$$\big[f_i^1(x_i^1,x_i^2),f_i^2(x_i^1,x_i^2)\big]=\Bigg[\sum_{j=1}^{p}\Big(\big\{v_i^1(j)\cdot\sigma[s_i^1(j)]\big\}\wedge\big\{v_i^1(j)\cdot\sigma[s_i^2(j)]\big\}\Big)$$
$$\sum_{j=1}^{p}\Big(\big\{v_i^2(j)\cdot\sigma[s_i^1(j)]\big\}\vee\big\{v_i^2(j)\cdot\sigma[s_i^2(j)]\big\}\Big)\Bigg] \tag{11.23}$$

而 $s_i^1(j)$ 和 $s_i^2(j)$ 表示为

$$\begin{cases}s_i^1(j)=\min\big\{u_i^1(j)\cdot x_i^1,u_i^1(j)\cdot x_i^2,u_i^2(j)\cdot x_i^1,u_i^2(j)\cdot x_i^2\big\}+\theta_i^1(j)\\ s_i^2(j)=\max\big\{u_i^1(j)\cdot x_i^1,u_i^1(j)\cdot x_i^2,u_i^2(j)\cdot x_i^1,u_i^2(j)\cdot x_i^2\big\}+\theta_i^2(j)\end{cases}$$

证明：对 $j=1,\cdots,p$，令 $\mathcal{T}_j(\tilde{X})=\sum_{j=1}^{p}\tilde{V}_j\cdot\sigma(\tilde{U}_j\cdot\tilde{X}+\tilde{\theta}_j)$，若记

$$\tilde{U}_j\cdot\tilde{X}+\tilde{\theta}_j=\Big\{\big[s_n^1(j),s_n^2(j)\big];s_0^1(j),\cdots,s_{n-1}^1(j),s_{n-1}^2(j),\cdots,s_0^2(j)\Big\}$$

且 $[c_i^1,c_i^2]=[u_i^1(j),u_i^2(j)]\times[x_i^1,x_i^2]+[\theta_i^1(j),\theta_i^2(j)]$，则由区间乘法及式（11.17）可得

$$\begin{cases}c_i^1(j)=\min\big\{u_i^1(j)\cdot x_i^1,\ u_i^1(j)\cdot x_i^2,\ u_i^2(j)\cdot x_i^1,\ u_i^2(j)\cdot x_i^2\big\}\\ c_i^2(j)=\max\big\{u_i^1(j)\cdot x_i^1,\ u_i^1(j)\cdot x_i^2,\ u_i^2(j)\cdot x_i^1,\ u_i^2(j)\cdot x_i^2\big\}\end{cases}$$

又因 $s_i^q(j)=c_i^q(j)+\theta_i^q(j)$，$i=0,1,\cdots,n$，$q=1,2$，故由式（11.18）推得

$$\mathcal{T}_j(\tilde{X})=\tilde{V}_j\cdot\Big(\big\{\sigma[s_n^1(j)],\sigma[s_n^2(j)]\big\};\sigma[s_0^1(j)],\cdots,\sigma[s_{n-1}^1(j)],\sigma[s_{n-1}^2(j)],\cdots,\sigma[s_0^2(j)]\Big)$$

式中，$\sigma[s_i^q(j)]\geqslant 0$，$q=1,2$。所以对 $i=0,1,\cdots,n$，则由式（11.17）和式（11.18）得

$$\begin{aligned}\big[f_i^1(x_i^1,x_i^2),f_i^2(x_i^1,x_i^2)\big]&=\sum_{j=1}^{p}\Big(\big[v_i^1(j),v_i^2(j)\big]\times\big\{\sigma[s_i^1(j)],\sigma[s_i^2(j)]\big\}\Big)\\&=\sum_{j=1}^{p}\Big[\Big(\big\{v_i^1(j)\cdot\sigma[s_i^1(j)]\big\}\wedge\big\{v_i^1(j)\cdot\sigma[s_i^2(j)]\big\}\Big),\\&\qquad\Big(\big\{v_i^2(j)\cdot\sigma[s_i^1(j)]\big\}\vee\big\{v_i^2(j)\cdot\sigma[s_i^2(j)]\big\}\Big)\Big]\\&=\Bigg[\sum_{j=1}^{p}\Big(\big\{v_i^1(j)\cdot\sigma[s_i^1(j)]\big\}\wedge\big\{v_i^1(j)\cdot\sigma[s_i^2(j)]\big\}\Big),\\&\qquad\sum_{j=1}^{p}\Big(\big\{v_i^2(j)\cdot\sigma[s_i^1(j)]\big\}\vee\big\{v_i^2(j)\cdot\sigma[s_i^2(j)]\big\}\Big)\Bigg]\end{aligned}$$

从而

$$F_{nn}(\tilde{X})=\Big\{\big[f_n^1(x_n^1,x_n^2),f_n^2(x_n^1,x_n^2)\big];f_0^1(x_0^1,x_0^2),\cdots,$$
$$f_{n-1}^1(x_{n-1}^1,x_{n-1}^2),f_{n-1}^2(x_{n-1}^1,x_{n-1}^2),\cdots,f_0^2(x_0^1,x_0^2)\Big\}$$

定理得证。

11.3.4　折线 FNN 对模糊函数的通用逼近性

由上节讨论可知，折线 FNN 将相关运算直接作用在相关模糊集合上，通过确定折线模糊数的有限点来完成模糊信息处理。折线 FNN 的权值和阈值都是模糊数，如果不加任何限制，那么该类 FNN 的通用逼近性研究将会很困难，因此本节将三层折线 FNN 的输入限制为一小类模糊数：负模糊数 $F_{oc}^{in}(R_{-})$或$F_{oc}(R_{-})$，系统研究该特殊折线 FNN 的通用逼近性。

1）折线 FNN 的输入、输出关系分析

定义 11.14　设模糊函数$F:F_{oc}^{in}(R_{-})\to F_{oc}^{in}(R)$，称$\tilde{P}[\sigma]$对$F$有泛逼近性，若$\forall\varepsilon>0$，则对于任意紧集$u\subset F_{oc}^{in}(R_{-})$，都存在$F_{nn}\in\tilde{P}[\sigma]$，使$\forall\tilde{X}\in u,\ D\left[F_{nn}(\tilde{X}),F(\tilde{X})\right]<\varepsilon$，也称$\tilde{P}[\sigma]$为$F$的泛逼近器。同样可以定义$\tilde{Z}[\sigma]$对模糊函数$F:F_{oc}(R_{-})\to F_{oc}^{in}(R)$的泛逼近性。

易证，若$F\in\tilde{P}[\sigma]$（或$\tilde{Z}[\sigma]$），则模糊函数在$F_{oc}^{in}(R_{-})$（或$F_{oc}(R_{-})$）上连续。

定理 11.4　设模糊函数$F:F_{oc}^{in}(R_{-})\to F_{oc}^{in}(R)$，存在$\tilde{V},\tilde{U},\tilde{\theta}\in F_{oc}^{in}(R)$使得$F(\tilde{X})=\tilde{V}\cdot\sigma(\tilde{U}\cdot\tilde{X}+\tilde{\theta})$，当且仅当下列条件成立

$\forall\tilde{X}=\left(\left[x_n^1,x_n^2\right];x_0^1,\cdots,x_{n-1}^1,x_{n-1}^2,\cdots,x_0^2\right)\in F_{oc}^{in}(R_{-})$，$F(\tilde{X})$是$F_{oc}^{in}(R)$中有如下的折线模糊数

$$\begin{cases}F(\tilde{X})=\left\{\left[f_n^1(x_n^1,x_n^2),f_n^2(x_n^1,x_n^2)\right];f_0^1(x_0^1,x_0^2),\cdots,f_{n-1}^1(x_{n-1}^1,x_{n-1}^2),f_{n-1}^2(x_{n-1}^1,x_{n-1}^2),\cdots,f_0^2(x_0^1,x_0^2)\right\}\\ f_i^q(x_i^1,x_i^2)=a(i,q)\sigma\left[b^1(i,q)\cdot x_i^1+b^2(i,q)\cdot x_i^2+r(i,q)\right]\end{cases}\tag{11.24}$$

而且$a(i,q)$、$b^1(i,q)$、$b^2(i,q)$及$r(i,q)$，$q=1,2$，$i=0,\cdots,n$，满足下列关系

$$\begin{cases}b^1(i,q)b^2(i,q)=0,a(i,1)\leqslant a(i+1,1)\leqslant a(i+1,2)\leqslant a(i,2)\\ a(i,1)\geqslant 0\Rightarrow\begin{cases}r(i,1)\leqslant r(i+1,1)\leqslant r(i+1,2)\leqslant r(i,2)\\ 0\leqslant b^1(i,1)\leqslant b^1(i+1,1),b^2(i,1)\leqslant b^2(i+1,1)\leqslant 0\\ 0\geqslant b^1(i,2)\geqslant b^1(i+1,2),b^2(i,2)\geqslant b^2(i+1,2)\geqslant 0\\ b^1(i,1)\geqslant b^2(i,2),b^2(i,1)\geqslant b^1(i,2)\end{cases}\\ a(i,1)<0\leqslant a(i,2)\Rightarrow\begin{cases}b^1(i+1,1)\leqslant b^1(i,1)\leqslant 0,0\leqslant b^2(i+1,1)\leqslant b^2(i,1)\\ b^1(i,2)\geqslant b^1(i+1,2)\geqslant 0,b^2(i+1,2)\leqslant b^2(i,2)\leqslant 0\\ b^q(i,1)=b^q(i,2),r(i,1)=r(i,2)\\ r(i+1,1)\geqslant r(i,1),r(i+1,2)\leqslant r(i,2)\end{cases}\\ a(i,1)<0\Rightarrow\begin{cases}b^1(i,1)\leqslant b^1(i+1,1)\leqslant 0,0\leqslant b^2(i,1)\leqslant b^2(i+1,1)\\ b^1(i+1,2)\geqslant b^1(i,2)\geqslant 0,0\geqslant b^2(i+1,2)\geqslant b^2(i,2)\\ b^1(i,1)\leqslant b^2(i,2),b^2(i,1)\leqslant b^1(i,2)\\ r(i,2)\leqslant r(i+1,2)\leqslant r(i+1,1)\leqslant r(i,1)\end{cases}\end{cases}\tag{11.25}$$

证明：必要性。设$F(\tilde{X})=\tilde{V}\cdot\sigma(\tilde{U}\cdot\tilde{X}+\tilde{\theta})\left[\tilde{X}\in F_{oc}^{in}(R_{-})\right]$，由式（11.17）和式（11.18）易证明$F(\tilde{X})$具有式（11.24）。若令

$$\begin{cases}\tilde{V}=\left(\left[v_n^1,v_n^2\right];v_0^1,\cdots,v_{n-1}^1,v_{n-1}^2,\cdots,v_0^2\right)\\ \tilde{U}=\left(\left[u_n^1,u_n^2\right];u_0^1,\cdots,u_{n-1}^1,u_{n-1}^2,\cdots,u_0^2\right)\\ \tilde{\theta}=\left(\left[\theta_n^1,\theta_n^2\right];\theta_0^1,\cdots,\theta_{n-1}^1,\theta_{n-1}^2,\cdots,\theta_0^2\right)\end{cases}$$

则$\tilde{U}\cdot\tilde{X}+\tilde{\theta}=\left(\left[c_n^1,c_n^2\right];c_0^1,\cdots,c_{n-1}^1,c_{n-1}^2,\cdots,c_0^2\right)$，其中$\left[c_i^1,c_i^2\right]=\left(\left[u_i^1,u_i^2\right]\times\left[x_i^1,x_i^2\right]\right)+\left[\theta_i^1,\theta_i^2\right]$，因为$x_i^1<x_i^2<0$，故$c_i^1,c_i^2$可表示为

$$\begin{cases}c_i^1=\begin{cases}u_i^2x_i^1+\theta_i^2, & u_i^2\geqslant 0\\ u_i^2x_i^2+\theta_i^1, & u_i^2<0\end{cases}\\ c_i^2=\begin{cases}u_i^1x_i^2+\theta_i^2, & u_i^1\geqslant 0\\ u_i^1x_i^1+\theta_i^2, & u_i^1<0\end{cases}\end{cases}\tag{11.26}$$

从而$F(\tilde{X})=\tilde{V}\cdot\left(\left[s_n^1,s_n^2\right];s_0^1,\cdots,s_{n-1}^1,s_{n-1}^2,\cdots,s_0^2\right)$，其中$s_i^q=\sigma\left(c_i^q\right)$，$q=1,2$。因此对$i=0,\cdots,n$，有

$$\left[f_i^1\left(x_i^1,x_i^2\right),f_i^2\left(x_i^1,x_i^2\right)\right]=\begin{cases}\left[v_i^1s_i^1,v_i^2s_i^2\right], & v_i^1\geqslant 0\\ \left[v_i^1s_i^2,v_i^2s_i^2\right], & v_i^1<0\leqslant v_i^2\\ \left[v_i^1s_i^2,v_i^2s_i^1\right], & v_i^2\leqslant 0\end{cases}\tag{11.27}$$

由式(11.24)中$f_i^q\left(x_i^1,x_i^2\right)$的表达式及式(11.27)可得，对$i=0,\cdots,n$，若令$a(i,1)=v_i^1$，$a(i,2)=v_i^2$且

$$\begin{cases}r(i,1)=\begin{cases}\theta_i^1, & a(i,1)\geqslant 0\\ \theta_i^2, & a(i,1)<0\end{cases}\\ r(i,2)=\begin{cases}\theta_i^2, & a(i,2)\geqslant 0\\ \theta_i^1, & a(i,2)<0\end{cases}\end{cases}\tag{11.28}$$

$$\begin{cases}b^1(i,1)=\begin{cases}u_i^2, & a(i,1)\geqslant 0,\ u_i^2\geqslant 0\\ u_i^1, & a(i,1)<0,\ u_i^1<0\\ 0, & \text{否则}\end{cases}\\ b^2(i,1)=\begin{cases}u_i^2, & a(i,1)\geqslant 0,\ u_i^2<0\\ u_i^1, & a(i,1)<0,\ u_i^1\geqslant 0\\ 0, & \text{否则}\end{cases}\end{cases}\tag{11.29}$$

$$\begin{cases}b^1(i,2)=\begin{cases}u_i^1, & a(i,2)\geqslant 0,\ u_i^1<0\\ u_i^2, & a(i,2)<0,\ u_i^2\geqslant 0\\ 0, & \text{否则}\end{cases}\\ b^2(i,2)=\begin{cases}u_i^1, & a(i,2)\geqslant 0,\ u_i^1\geqslant 0\\ u_i^2, & a(i,2)<0,\ u_i^2<0\\ 0, & \text{否则}\end{cases}\end{cases}\tag{11.30}$$

则由式（11.28）和式（11.30）不难验证式（11.25）成立。

充分性。$F(\tilde{X})$ 是折线模糊数，由式（11.24）可知

$$f_i^1\left(x_i^1,x_i^2\right)\leqslant f_i^2\left(x_i^1,x_i^2\right)\leqslant f_{i+1}^1\left(x_{i+1}^1,x_{i+1}^2\right)\leqslant f_{i+1}^2\left(x_{i+1}^1,x_{i+1}^2\right),\ i=0,\cdots,n$$

定义参数为

$$v_i^q=a(i,q),\ q=1,2$$

$$\theta_i^1=\begin{cases}r(i,1), & a(i,1)\geqslant 0\\ r(i,2), & a(i,2)<0,\\ 0, & \text{否则}\end{cases}\quad \theta_i^2=\begin{cases}r(i,1), & a(i,1)<0\\ r(i,2), & a(i,2)\geqslant 0\\ 0, & \text{否则}\end{cases}$$

$$u_i^2=\begin{cases}b^1(i,1),a(i,1)\geqslant 0, & b^1(i,1)\geqslant 0\\ b^2(i,1),a(i,1)\geqslant 0, & b^2(i,1)<0\\ b^1(i,2),a(i,2)<0, & b^1(i,2)\geqslant 0\\ b^2(i,2),a(i,2)<0, & b^2(i,2)<0\\ 0, & \text{否则}\end{cases}$$

$$u_i^1=\begin{cases}b^1(i,1),a(i,1)<0, & b^1(i,1)<0\\ b^2(i,1),a(i,1)<0, & b^2(i,1)\geqslant 0\\ b^1(i,2),a(i,2)\geqslant 0, & b^1(i,2)<0\\ b^2(i,2),a(i,2)\geqslant 0, & b^2(i,2)\geqslant 0\\ 0, & \text{否则}\end{cases}$$

则由式（11.25）可验证，对 $\forall i=0,\cdots,n$，有

$$\begin{cases}v_i^1\leqslant v_{i+1}^1\leqslant v_{i+1}^2\leqslant v_i^2\\ u_i^1\leqslant u_{i+1}^1\leqslant u_{i+1}^2\leqslant u_i^2\\ \theta_i^1\leqslant \theta_{i+1}^1\leqslant \theta_{i+1}^2\leqslant \theta_i^2\end{cases}\tag{11.31}$$

下面只验证式（11.31）中的 $u_i^1\leqslant u_i^2$，其余同理可证。

若 $a(i,1)\geqslant 0$，则 $a(i,2)\geqslant 0$，由条件（11.25）可知，$b^1(i,1)\geqslant 0,\ b^2(i,1)\leqslant 0$。

情形 1：当 $b^2(i,1)=0$ 时。

因 $a(i,1)\geqslant 0$，故 u_i^2 只能取值 $b^1(i,1)\geqslant 0$ 或 0，此时 u_i^1 可取 $b^1(i,2)$、$b^2(i,2)$ 或 0。当 u_i^1 取值 $b^1(i,2)\leqslant 0$ 或 0 时，$u_i^2=b^1(i,1)\geqslant u_i^1$。当 $u_i^1=b^2(i,2)$ 时，由式（11.25）可知，$u_i^2=b^1(i,1)\geqslant b^2(i,2)=u_i^1$，故当 $b^2(i,1)=0$ 时，有 $u_i^1\leqslant u_i^2$。

情形 2：当 $b^2(i,1)>0$ 时，同理可证 $u_i^1\leqslant u_i^2$。

当 $a(i,2)\leqslant 0$ 时，同理可证 $u_i^1\leqslant u_i^2$。若

$$\tilde{V}=\left(\left[v_n^1,v_n^2\right];v_0^1,\cdots,v_{n-1}^1,v_{n-1}^2,\cdots,v_0^2\right),\ \tilde{U}=\left(\left[u_n^1,u_n^2\right];u_0^1,\cdots,u_{n-1}^1,u_{n-1}^2,\cdots,u_0^2\right)$$

$$\tilde{\theta}=\left(\left[\theta_n^1,\theta_n^2\right];\theta_0^1,\cdots,\theta_{n-1}^1,\theta_{n-1}^2,\cdots,\theta_0^2\right)\in F_{\mathrm{oc}}^{in}(R)$$

则 $F\left(\tilde{X}\right)=\tilde{V}\cdot\sigma\left(\tilde{U}\cdot\tilde{X}+\tilde{\theta}\right)$ 成立，定理得证。

由定理 11.4 可得如下推论。

推论 11.1 设模糊函数 $F:F_{\mathrm{oc}}^{in}(R_-)\to F_{\mathrm{oc}}^{in}(R)$，则下述命题成立。

（1）若 $F_{nn}\in\tilde{P}[\sigma]$，则 $\forall\tilde{A},\tilde{B}\in F_{\mathrm{oc}}^{in}(R_-)$，$\tilde{A}\subset\tilde{B}\Rightarrow F_{nn}\left(\tilde{A}\right)\subset F_{nn}\left(\tilde{B}\right)$。

（2）$F_{nn}\in\tilde{P}[\sigma]\Leftrightarrow\forall\tilde{X}=\left(\left[x_n^1,x_n^2\right];x_0^1,\cdots,x_{n-1}^1,x_{n-1}^2,\cdots,x_0^2\right)\in F_{oc}^{in}\left(R_-\right)$，$F_{nn}\left(\tilde{X}\right)$可以表示为

$$\left\{\left[s_n^1\left(x_n^1,x_n^2\right),s_n^2\left(x_n^1,x_n^2\right)\right];s_0^1\left(x_0^1,x_0^2\right),\cdots,s_{n-1}^1\left(x_{n-1}^1,x_{n-1}^2\right),s_{n-1}^2\left(x_{n-1}^1,x_{n-1}^2\right),\cdots,s_0^2\left(x_0^1,x_0^2\right)\right\}$$

其中 $q=1,2$，$i=0,1,\cdots,n$，$s_i^q(x_i^1,x_i^2)=\sum_{j=1}^{p}\tilde{V}_j\left(i,q\right)\cdot\sigma\left[u_j^1\left(i,q\right)\cdot x_i^1+u_j^2\left(i,q\right)\cdot x_i^2+\theta_j\left(i,q\right)\right]$ 满足条件 $\forall j=1,\cdots,p$，若 $a\left(i,q\right)=v_j\left(i,q\right)$，$b^1\left(i,q\right)=u_j^1\left(i,q\right)$，$b^2\left(i,q\right)=u_j^2\left(i,q\right)$，$r\left(i,q\right)=\theta_j\left(i,q\right)$，则式（11.25）成立，若记 $h_i^q(x_i^1,x_i^2)\triangleq\sum_{j=1}^{p}v_j\left(i,q\right)\cdot\sigma\left[u_j^1\left(i,q\right)\cdot x_i^1+u_j^2\left(i,q\right)\cdot x_i^2+\theta_j\left(i,q\right)\right]$，则有

$$h_i^1\left(x_i^1,x_i^2\right)\leqslant h_{i+1}^1\left(x_{i+1}^1,x_{i+1}^2\right)\leqslant h_{i+1}^2\left(x_{i+1}^1,x_{i+1}^2\right)\leqslant h\left(x_i^1,x_i^2\right)\tag{11.32}$$

定理 11.5 设模糊函数 $F:F_{oc}\left(R_-\right)\to F_{oc}\left(R\right)$，而 $\tilde{Z}[\sigma]$ 是 F 的泛逼近器，则 F 是递增的，即若 $\tilde{A},\tilde{B}\in F_{oc}\left(R_-\right)$，$\tilde{A}\subset\tilde{B}$，则 $F\left(\tilde{A}\right)\subset F\left(\tilde{B}\right)$。

证明：若结论不真，则存在 $\tilde{A},\tilde{B}\in F_{oc}\left(R_-\right)$，$\tilde{A}\subset\tilde{B}$，但 $F\left(\tilde{A}\right)\not\subset F\left(\tilde{B}\right)$，则存在 $n\in N$，$Z_n\left[F\left(\tilde{A}\right)\right]\not\subset Z_n\left[F\left(\tilde{B}\right)\right]$。

对 $\tilde{X}\in F_{oc}\left(R_-\right)$，设

$$\begin{aligned}&Z_n\left[F\left(\tilde{A}\right)\right]\\&=\left\{\left[f_n^1\left(x_n^1,x_n^2\right),f_n^2\left(x_n^1,x_n^2\right)\right];f_0^1\left(x_0^1,x_0^2\right),\cdots,f_{n-1}^1\left(x_{n-1}^1,x_{n-1}^2\right),f_{n-1}^2\left(x_{n-1}^1,x_{n-1}^2\right),\cdots,f_0^2\left(x_0^1,x_0^2\right)\right\}\end{aligned}$$

则存在 $i=0,1,\cdots,n$，使得 $f_i^1\left(\tilde{A}\right)<f_i^1\left(\tilde{B}\right)$ 或 $f_i^2\left(\tilde{A}\right)>f_i^2\left(\tilde{B}\right)$，不妨设 $f_i^1\left(\tilde{A}\right)<f_i^1\left(\tilde{B}\right)$。$u=\left\{\tilde{A},\tilde{B}\right\}$，$\varepsilon=\left[f_i^1\left(\tilde{B}\right)-f_i^1\left(\tilde{A}\right)\right]/4$。由**定理 11.4** 的条件可得，存在 $T_{nn}\left(\tilde{X}\right)\in\tilde{Z}[\sigma]$，使得 $D\left[F\left(\tilde{X}\right),T_{nn}\left(\tilde{X}\right)\right]<\varepsilon$,（$\tilde{X}=\tilde{A}$或$\tilde{B}$）。

故 $D\left\{Z_n\left[F\left(\tilde{X}\right)\right],Z_n\left[T_{nn}\left(\tilde{X}\right)\right]\right\}\leqslant D\left[F\left(\tilde{X}\right),T_{nn}\left(\tilde{X}\right)\right]<\varepsilon$,（$\tilde{X}=\tilde{A}$或$\tilde{B}$）。对 $\tilde{X}\in F_{oc}\left(R_-\right)$，记 $Z_n\left[T_{nn}\left(\tilde{X}\right)\right]=\left\{\left[t_n^1\left(\tilde{X}\right),t_n^2\left(\tilde{X}\right)\right];t_0^1\left(\tilde{X}\right),\cdots,t_{n-1}^1\left(\tilde{X}\right),t_{n-1}^2\left(\tilde{X}\right),\cdots,t_0^2\left(\tilde{X}\right)\right\}$，则 $\left|f_i^1\left(\tilde{X}\right)-t_i^1\left(\tilde{X}\right)\right|\vee\left|f_i^2\left(\tilde{X}\right)-t_i^2\left(\tilde{X}\right)\right|<\varepsilon,\tilde{X}=\left\{\tilde{A},\tilde{B}\right\}$，所以 $-\varepsilon<f_i^1\left(\tilde{A}\right)-t_i^1\left(\tilde{A}\right)<\varepsilon$ 且 $-\varepsilon<f_i^1\left(\tilde{B}\right)-t_i^1\left(\tilde{B}\right)<\varepsilon$，即 $-2\varepsilon<f_i^1\left(\tilde{A}\right)-f_i^1\left(\tilde{B}\right)+t_i^1\left(\tilde{B}\right)-t_i^1\left(\tilde{A}\right)<2\varepsilon$，又因为 $\varepsilon=\left[f_i^1\left(\tilde{B}\right)-f_i^1\left(\tilde{A}\right)\right]/4$，故 $t_i^1\left(\tilde{B}\right)>t_i^1\left(\tilde{A}\right)$，又 $\tilde{A}\subset\tilde{B}\Rightarrow T_{nn}\left(\tilde{A}\right)\subset T_{nn}\left(B\right)\Rightarrow t_i^1\left(\tilde{B}\right)<t_i^1\left(\tilde{A}\right)$，产生矛盾，故定理结论为真，得证。

与**定理 11.5** 类似，我们可得以下推论。

推论 11.2 设模糊函数 $F:F_{oc}^{in}\left(R_-\right)\to F_{oc}^{in}\left(R\right)$，而 $\tilde{P}[\sigma]$ 是 F 的泛逼近器，则 F 是递增的。

2）折线 FNN 对模糊值函数的泛逼近分析

为了研究 $\tilde{P}(\sigma)$ 与 $\tilde{Z}(\sigma)$ 对连续模糊函数的泛逼近性，我们在 $F_{oc}^{in}\left(R\right)$ 中定义了 max 和 min 算子，参见式（11.29）和式（11.30）。

定理 11.6 设 $F,G\in\tilde{P}(\sigma)$，则 $\tilde{P}(\sigma)$ 是 $\max\left(F,G\right)$ 的通用逼近器，即对任意紧集 $u\in F_{oc}^{in}\left(R_-\right)$ 及 $\varepsilon>0$，都存在 $F_{nn}\left(\tilde{X}\right)\in\tilde{P}(\sigma)$，使得 $\forall\tilde{X}\in u$, $D\left[F_{nn}\left(\tilde{X}\right),\max\left(F,G\right)\right]<\varepsilon$，同样 $\tilde{P}(\sigma)$ 也是 $\min\left(F,G\right)$ 的通用逼近器。

证明：任取紧集 $u \in F_{oc}^{in}(R_-)$ 及 $\varepsilon > 0$，对 $\forall \tilde{X} = \left(\left[x_n^1, x_n^2\right]; x_0^1, \cdots, x_{n-1}^1, x_{n-1}^2, \cdots, x_0^2\right) \in F_{oc}^{in}(R_-)$，都有

$$F(\tilde{X}) = \left\{\left[f_n^1(x_n^1, x_n^2), f_n^2(x_n^1, x_n^2)\right]; f_0^1(x_0^1, x_0^2), \cdots, f_{n-1}^1(x_{n-1}^1, x_{n-1}^2), f_{n-1}^2(x_{n-1}^1, x_{n-1}^2), \cdots, f_0^2(x_0^1, x_0^2)\right\}$$

$$G(\tilde{X}) = \left\{\left[g_n^1(x_n^1, x_n^2), g_n^2(x_n^1, x_n^2)\right]; g_0^1(x_0^1, x_0^2), \cdots, g_{n-1}^1(x_{n-1}^1, x_{n-1}^2), g_{n-1}^2(x_{n-1}^1, x_{n-1}^2), \cdots, g_0^2(x_0^1, x_0^2)\right\}$$

对 $q = 1,2$，$i = 0,1,\cdots,n$，设

$$\begin{cases} g_i^q(x_i^1, x_i^2) \triangleq \sum_{j=1}^{p} v_j(i,q) \cdot \sigma\left\{u_j^1\left[g(i,q)\right] \cdot x_i^1 + u_j^2\left[g(i,q)\right] \cdot x_i^2 + \theta_j\left[g(i,q)\right]\right\} \\ f_i^q(x_i^1, x_i^2) \triangleq \sum_{j=1}^{p} v_j(i,q) \cdot \sigma\left\{u_j^1\left[f(i,q)\right] \cdot x_i^1 + u_j^2\left[f(i,q)\right] \cdot x_i^2 + \theta_j\left[f(i,q)\right]\right\} \end{cases} \tag{11.33}$$

若分别取 $h_i^q(x_i^1, x_i^2)$ 为 $f_i^q(x_i^1, x_i^2)$ 和 $g_i^q(x_i^1, x_i^2)$，则**推论 11.1** 的条件成立，即

$$\begin{cases} g_i^1(x_i^1, x_i^2) \leqslant g_{i+1}^1(x_{i+1}^1, x_{i+1}^2) \leqslant g_{i+1}^2(x_{i+1}^1, x_{i+1}^2) \leqslant g(x_i^1, x_i^2) \\ f_i^1(x_i^1, x_i^2) \leqslant f_{i+1}^1(x_{i+1}^1, x_{i+1}^2) \leqslant f_{i+1}^2(x_{i+1}^1, x_{i+1}^2) \leqslant f(x_i^1, x_i^2) \end{cases}$$

将 $f_i^q(x_i^1, x_i^2), g_i^q(x_i^1, x_i^2)$ 按照式（11.33）把定义域扩充为 R^2，易验证 $f_i^q(x_i^1, x_i^2), g_i^q(x_i^1, x_i^2)$ 在 R^2 上连续。记

$$\max(F,G)(\tilde{X}) = \left\{\left[m_n^1(x_n^1, x_n^2), m_n^2(x_n^1, x_n^2)\right]; m_0^1(x_0^1, x_0^2), \cdots, m_{n-1}^1(x_{n-1}^1, x_{n-1}^2), m_{n-1}^2(x_{n-1}^1, x_{n-1}^2), \cdots, m_0^2(x_0^1, x_0^2)\right\}$$

其中对 $q = 1,2$，$i = 0,1,\cdots,n$，有 $m_i^q(x_i^1, x_i^2) = f_i^q(x_i^1, x_i^2) \vee g_i^q(x_i^1, x_i^2)$，将 $m_i^q(x_i^1, x_i^2)$ 按上式把定义域扩充为 R^2，易验证 $m_i^q(x_i^1, x_i^2)$ 在 R^2 上连续，且对 $q = 1,2$，$i = 0,1,\cdots,n$，存在

$$\begin{cases} \lim\limits_{\substack{x_i^1 \to +\infty \\ x_i^2 \to +\infty}} m_i^q(x_i^1, x_i^2), \lim\limits_{\substack{x_i^1 \to -\infty \\ x_i^2 \to +\infty}} m_i^q(x_i^1, x_i^2) \\ \lim\limits_{\substack{x_i^1 \to +\infty \\ x_i^2 \to -\infty}} m_i^q(x_i^1, x_i^2), \lim\limits_{\substack{x_i^1 \to -\infty \\ x_i^2 \to -\infty}} m_i^q(x_i^1, x_i^2) \end{cases} \tag{11.34}$$

因此 $\forall \varepsilon > 0$，存在 $p \in N$，$u_j, v_j, \theta_j \in R(j = 1,\cdots,p)$，使得 $q = 1,2$，$i = 0,1,\cdots,n$，存在 $c_{ij}^q \in R$ 满足

$$\forall x_i^q \in R, \left| f_i^q(x_i^1, x_i^2) \vee g_i^q(x_i^1, x_i^2) - \sum_{j=1}^{p} c_{ij}^q \cdot \sigma\left(u_j^1 \cdot x_i^1 + u_j^2 \cdot x_i^2 + \theta_j\right) \right| < \frac{\varepsilon}{2} \tag{11.35}$$

由式（11.34）和式（11.35）易验证，调整系数 c_{ij}^q 及增加项数可使 $c_{ij}^1 \leqslant c_{(i+1)j}^1 \leqslant c_{(i+1)j}^2 \leqslant c_{ij}^2$。因此**推论 11.1** 的条件成立，故 $F_{nn}(\tilde{X}) \in \tilde{P}(\sigma)$，$\forall \tilde{X} = \left(\left[x_n^1, x_n^2\right]; x_0^1, \cdots, x_{n-1}^1, x_{n-1}^2, \cdots, x_0^2\right) \in F_{oc}^{in}(R_-)$，若记

$$S(\tilde{X}) = \left\{\left[s_n^1(x_n^1, x_n^2), s_n^2(x_n^1, x_n^2)\right]; s_0^1(x_0^1, x_0^2), \cdots, s_{n-1}^1(x_{n-1}^1, x_{n-1}^2), s_{n-1}^2(x_{n-1}^1, x_{n-1}^2), \cdots, s_0^2(x_0^1, x_0^2)\right\}$$

则有 $S_i^q(x_i^1, x_i^2) = \sum_{j=1}^{p} c_{ij}^q \cdot \sigma\left(u_j^1 \cdot x_i^1 + u_j^2 \cdot x_i^2 + \theta_j\right)$，由式（11.17）和式（11.36）可知，$D[F_{nn}(\tilde{X}),$

$\max(F,G)]<\varepsilon$，即 $\tilde{P}(\sigma)$ 是 $\max(F,G)$ 的通用逼近器，同理可证 $\tilde{P}(\sigma)$ 是 $\min(F,G)$ 的通用逼近器，定理得证。

由**定理 11.6** 的证明及数学归纳法可证，若 $F_1,\cdots,F_n\in\tilde{P}(\sigma)$，则 $\tilde{P}(\sigma)$ 分别是 $\max(F_1,\cdots,F_n)$ 和 $\min(F_1,\cdots,F_n)$ 的通用逼近器。

引理 11.5 设 $\tilde{A},\tilde{B},\tilde{C},\tilde{D}\in F_{oc}^{in}(R_-)$，且 $\tilde{A}\subset\tilde{B}\Rightarrow\tilde{C}\subset\tilde{D}$，$\tilde{B}\subset\tilde{A}\Rightarrow\tilde{D}\subset\tilde{C}$，则存在 $F_{nn}(\tilde{X})\in\tilde{P}(\sigma)$，使得 $F_{nn}(\tilde{A})=\tilde{C}$，$F_{nn}(\tilde{B})=\tilde{D}$。

定理 11.7 设 $F:F_{oc}^{in}(R_-)\to F_{oc}^{in}(R)$ 是连续模糊函数，则 $\tilde{P}(\sigma)$ 是 F 的通用逼近器，当且仅当 F 递增。

证明： 必要性由**推论 11.2** 可得，此处只证明其充分性。

任取 $\varepsilon>0$ 和紧集 $u\in F_{oc}^{in}(R_-)$，$\forall\tilde{A},\tilde{B}\in u$，设 $\tilde{C}=F(\tilde{A})$，$\tilde{D}=F(\tilde{B})$，假设 F 为连续模糊函数，对 $\tilde{A},\tilde{B},\tilde{C},\tilde{D}$，**引理 11.5** 的条件成立，故有 $F_{nn}(\tilde{A})=F(\tilde{A})$，$F_{nn}(\tilde{B})=F(\tilde{B})$，由 $F_{nn}(\tilde{X})$ 的连续性可知，存在 $\delta>0$，使得

$$\forall\tilde{X}\in\wp_\delta(\tilde{B})\cap u,D\left[F_{nn}(\tilde{X}),\max(F,G)\right]<\frac{\varepsilon}{2} \tag{11.36}$$

式中，$\wp_\delta(\tilde{B})$ 为度量空间 $\left[F_{oc}^{in}(R_-),D\right]$ 中 $\tilde{B}$ 的 δ 邻域。

因为 u 是紧集，所以存在 $B_1,\cdots,B_n\in F_{oc}^{in}(R_-)$，使得 $u\subset\cup_{j=1}^{m}\wp_\delta(\tilde{B}_j)$。若令 $F_{nn}(\tilde{X})=\max\left[F_{nn}(\tilde{A},\tilde{B}_1),\cdots,F_{nn}(\tilde{A},\tilde{B}_m)\right]$，则由**定理 11.7** 可知，存在 $T(\tilde{A})\in\tilde{P}(\sigma)$ 使得

$$\forall\tilde{X}\in u,D\left[F_{nn}[\tilde{A}](\tilde{X}),T[\tilde{A}](\tilde{X})\right]<\frac{\varepsilon}{4}$$

又对 $\tilde{X}\in F_{oc}^{in}(R^-)$，若令

$$\begin{cases}F(\tilde{X})=\{[f_n^1(\tilde{X}),f_n^2(\tilde{X})];f_0^1(\tilde{X}),\cdots,f_{n-1}^1(\tilde{X}),f_{n-1}^2(\tilde{X}),\cdots,f_0^2(\tilde{X})\}\\ F_{nn}[\tilde{A}](\tilde{X})=\{[r_n^1(\tilde{X}),r_n^2(\tilde{X})];r_0^1(\tilde{X}),\cdots,r_{n-1}^1(\tilde{X}),r_{n-1}^2(\tilde{X}),\cdots,r_0^2(\tilde{X})\}\\ T[\tilde{A}](\tilde{X})=\{[t_n^1(\tilde{X}),t_n^2(\tilde{X})];t_0^1(\tilde{X}),\cdots,t_{n-1}^1(\tilde{X}),t_{n-1}^2(\tilde{X}),\cdots,t_0^2(\tilde{X})\}\end{cases} \tag{11.37}$$

则由式（11.36）和式（11.37）可知，$\forall\tilde{X}\in u$，$i=0,\cdots,n$，$q=1,2$，$-\frac{\varepsilon}{4}<r_i^q[\tilde{A}](\tilde{X})-t_i^q(\tilde{X})<\frac{\varepsilon}{4}$。

又因为 $r_i^q[\tilde{A}](\tilde{X})=\max[F_{nn}(\tilde{A},\tilde{B}_1)(\tilde{X}),\cdots,F_{nn}(\tilde{A},\tilde{B}_m)(\tilde{X})]=\max[F(\tilde{A},\tilde{B}_1)(\tilde{X}),\cdots,F(\tilde{A},\tilde{B}_m)(\tilde{X})]$，所以 $r_i^q[\tilde{A}](\tilde{X})-t_i^q(\tilde{X})=\max[f_i^q(\tilde{X})-t_i^q(\tilde{X})]<\frac{\varepsilon}{4}$，即 $f_i^q(\tilde{X})-t_i^q(\tilde{X})<\frac{\varepsilon}{4}$。

同理，存在 $\eta>0$，使得 $\forall\tilde{X}\in\wp_\eta(\tilde{A})\cap u,D\left[F(\tilde{X}),F_{nn}(\tilde{X})\right]<\frac{\varepsilon}{4}$，则存在 $A_1,\cdots,\tilde{A}_m\in F_{oc}^{in}(R_-)$，使得 $u\subset\cup_{j=1}^{m}\wp_\eta(\tilde{A}_j)$，令 $H[\tilde{B}]=\min\left[H(\tilde{A}_1,\tilde{B}),\cdots,H(\tilde{A}_m,\tilde{B})\right]$，由**定理 11.7** 可知，存在 $T(\tilde{B})\in\tilde{P}(\sigma)$，使得 $\forall\tilde{X}\in u,D\left[F_{nn}(\tilde{X}),T(\tilde{X})\right]<\frac{\varepsilon}{4}$。与上述相似，可得 $-\frac{\varepsilon}{4}<r_i^q(\tilde{X})-t_i^q(\tilde{X})<\frac{\varepsilon}{4}$，则 $r_i^q[\tilde{B}](\tilde{X})-t_i^q(\tilde{X})=\min\left[f_i^q(\tilde{X})-t_i^q(\tilde{X})\right]>-\frac{\varepsilon}{4}$，故 $f_i^q(\tilde{X})-t_i^q(\tilde{X})>-\frac{\varepsilon}{4}$。

由上述可得$\left|f_i^q\left(\tilde{X}\right)-t_i^q\left(\tilde{X}\right)\right|<\frac{\varepsilon}{4}$，即$\forall\tilde{X}\in u,\ D\left[F\left(\tilde{X}\right),T\left(\tilde{X}\right)\right]<\frac{\varepsilon}{4}$，故$T\in\tilde{P}(\sigma)$是$F\left(\tilde{X}\right)$的通用逼近器，定理得证。

定理 11.8　设$F:F_{oc}\left(R_-\right)\to F_{oc}\left(R\right)$是连续模糊函数，则$\tilde{Z}(\sigma)$是$F$的通用逼近器，当且仅当$F$递增。

定理 11.8 的必要性由**定理 11.5** 可得，充分性证明与**定理 11.7** 类似，此处略。

3）仿真实例

下面给出一个用折线 FNN 模拟一个 SISO 模糊推理模型的例子。推理规则库$\{R_l:|l=1,\cdots,L\}$，由L条模糊规则组成，R_l：IF　x is $\tilde{X}(l)$，THEN　z is $\tilde{Y}(l)$。我们设L=3，那么$\tilde{X}(l)$是推理的前件模糊集合，$\tilde{Y}(l)$是后件模糊集合，而且$\tilde{X}(l)\in F_{oc}^{in}\left(R_-\right)$, $\tilde{Y}(l)\in F_{oc}^{in}\left(R\right)$。用一个 I/O 关系来表示上述模糊推理，可用于 FNN 训练的学习模式集合，即模糊模式对集$N=\left\{\left[\tilde{X}(1),\tilde{Y}(1)\right],\left[\tilde{X}(2),\tilde{Y}(2)\right],\left[\tilde{X}(3),\tilde{Y}(3)\right]\right\}$，设$x_1=z_1=0$，而$x_i-x_{i+1}=0.5$，$z_i-z_{i+1}=0.3$，$i=1,2$，$\tilde{X}(l)$与$\tilde{Y}(l)$分别定义如表 11.4 所示。

设转移函数为

$$\forall x\in R,\sigma(x)=\begin{cases}\dfrac{x^2}{1+x^2}, & x\geqslant 0\\ 0, & x<0\end{cases}$$

表 11.4　训练模式对集

$\tilde{X}(l)$	$\tilde{Y}(l)$
$\tilde{X}(1)=\left([0,-0.1];0,0,-0.2,-0.5\right)$	$\tilde{Y}(1)=\left([0,0.05];0,0,0.2,0.35\right)$
$\tilde{X}(2)=\left([-0.5,-0.6];-0.1,-0.4,0.8,-1.1\right)$	$\tilde{Y}(2)=\left([0.25,0.35];0.05,0.2,0.45,0.65\right)$
$\tilde{X}(3)=\left([-1,-1.1];-0.6,-0.9,-1.3,-1.6\right)$	$\tilde{Y}(3)=\left([0.55,0.65];0.35,0.5,0.75,0.95\right)$

由表 11.4 可知，n=2。容易验证σ在$\left(-\infty,0\right]$区间内是连续单调递增的可微函数，在$\left(0,+\infty\right)$区间上恒为 0。选取隐含层具有 60 个神经元的三层前馈折线 FNN 来近似实现上述 SISO 模糊函数关系，取误差界$\varepsilon=0.2$，使$\left|\tilde{O}(l)-\tilde{Y}(l)\right|\leqslant\varepsilon$。采用模糊 BP 算法，迭代 300 次后，得出实际输出为

$$\tilde{O}(1)=\left([0.0103,0.0305];0.0061,0.0076,0.198,0.386\right)$$
$$\tilde{O}(2)=\left([0.2691,0.2963];0.0631,0.2324,0.4835,0.7038\right)$$
$$\tilde{O}(3)=\left([0.6027,0.6713];0.3633,0.5964,0.8024,0.9236\right)$$

通过比较$\tilde{Y}(l)$与$\tilde{O}(l)$可知，该折线 FNN 以较高精度近似实现了给定的模糊推理规则。

11.3.5　输入为一般模糊数的折线 FNN 的通用逼近性

在上一节中，我们将折线 FNN 的输入限制为负模糊数，权值和阈值为折线模糊数$F_{oc}^{in}\left(R\right)$，分析了该类折线 FNN 对模糊函数的通用逼近性，这显然有别于实际应用，本节我们将折线 FNN 的输入$\tilde{X}$推广到一般的模糊数$F_{oc}^{in}\left(R\right)$［或$F_{oc}\left(R\right)$］，将权值$U_j$限制为正实数，即$U_j\in R^+$，下面我们来研究该类折线 FNN 的通用逼近性。

1）折线 FNN 的性质

对于式（11.21）定义的三层前馈折线 FNN，若限制 $U_j \in R^+$，则得到 $\tilde{P}_0[\sigma]$ 和 $\tilde{Z}_0[\sigma]$ 的子集为

$$\begin{cases}\tilde{P}[\sigma]=\left\{F_{nn}:F_{oc}^{in}(R)\to F_{oc}^{in}(R)\left|\begin{array}{l}F_{nn}(\tilde{X})=\sum\limits_{j=1}^{p}\tilde{V}_j\cdot\sigma(\tilde{U}_j\cdot\tilde{X}+\tilde{\theta}_j)\\ p\in N,\ \tilde{V}_j,\tilde{\theta}_j\in F_{oc}^{in}(R),\ U_j\in R^+\end{array}\right.\right\}\\ \tilde{Z}[\sigma]=\left\{T_{nn}:F_{oc}(R)\to F_{oc}^{in}(R)\left|\begin{array}{l}T_{nn}(\tilde{X})=\sum\limits_{j=1}^{p}\tilde{V}_j\cdot\sigma[\tilde{U}_j\cdot Z_n(\tilde{X})+\tilde{\theta}_j]\\ p\in N,\ \tilde{V}_j,\tilde{\theta}_j\in F_{oc}^{in}(R),\ \tilde{U}_j\in R^+\end{array}\right.\right\}\end{cases} \tag{11.38}$$

与上一节类似，我们可以定义 $\tilde{P}[\sigma]$ 对模糊函数 $F:F_{oc}^{in}(R)\to F_{oc}^{in}(R)$ 的泛逼近性：称 $\tilde{P}[\sigma]$ 对 F 具有泛逼近性，若 $\forall\varepsilon>0$，则对于任意紧集 $u\subset F_{oc}^{in}(R)$，都存在 $F_{nn}\in\tilde{P}[\sigma]$，使得 $\forall\tilde{X}\in u,\ D\left[F_{nn}(\tilde{X}),F(\tilde{X})\right]<\varepsilon$，也称 $\tilde{P}[\sigma]$ 为模糊函数 F 的泛逼近器。同样可以定义 $\tilde{Z}[\sigma]$ 对 $F:F_{oc}(R)\to F_{oc}^{in}(R)$ 的泛逼近性。

下面的定理给出了折线 FNN 和模糊函数 F 之间的关系。

定理 11.9 设模糊函数 $F:F_{oc}^{in}(R)\to F_{oc}^{in}(R)$，则 $F\in\tilde{P}[\sigma]$，当且仅当下列条件成立。

$\forall\tilde{X}=\left([x_n^1,x_n^2];x_0^1,\cdots,x_{n-1}^1,x_{n-1}^2,\cdots,x_0^2\right)\in F_{oc}^{in}(R)$，存在 $\tilde{V},\tilde{\theta}\in F_{oc}^{in}(R),\ U\in R^+$，使得 $F(\tilde{X})$ 是 $F_{oc}^{in}(R)$ 中有如下形式的折线模糊数

$$\begin{cases}F(\tilde{X})=\{[f_n^1(x_n^1,x_n^2),f_n^2(x_n^1,x_n^2)];f_0^1(x_0^1,x_0^2),\cdots,f_{n-1}^1(x_{n-1}^1,x_{n-1}^2),\\ f_{n-1}^2(x_{n-1}^1,x_{n-1}^2),\cdots,f_0^2(x_0^1,x_0^2)\}\\ f_i^q(x_i^1,x_i^2)=a(i,q)\sigma\left[b^1(i,q)\cdot x_i^1+b^2(i,q)\cdot x_i^2+r(i,q)\right]\end{cases} \tag{11.39}$$

证明：对于 $\tilde{X}=\left([x_n^1,x_n^2];x_0^1,\cdots,x_{n-1}^1,x_{n-1}^2,\cdots,x_0^2\right)\in F_{oc}^{in}(R)$，存在三种情况，在文献[14]中分析了 $\tilde{X}\in F_{oc}^{in}(R_+)$ 的情形，在**定理 11.4** 中分析了 $\tilde{X}\in F_{oc}^{in}(R_-)$ 的情形，故此处只分析一正一负的情形，即 $x_i^1<0\leqslant x_i^2$。

必要性。因为 $x_i^1<0\leqslant x_i^2$，故 $u_j x_i^1\leqslant u_j x_i^2$，则 c_i^1、c_i^2 可表示为

$$\begin{cases}c_i^1=u_jx_i^1+\theta_i^1\\ c_i^2=u_jx_i^2+\theta_i^1\end{cases} \tag{11.40}$$

令 $s_i^q=\sigma(c_i^q),\ q=1,2$，可知 $s_i^q\geqslant0$ 且 $f_i^q(x_i^1,x_i^2)=[V_i^1,V_i^2]\times[S_i^1,S_i^2]$，由区间运算法则可知，对于 $i=0,1,\cdots,n$，有

$$\left[f_i^1(x_i^1,x_i^2),f_i^2(x_i^1,x_i^2)\right]=\begin{cases}[v_i^1s_i^1,v_i^2s_i^2],\ v_i^1\geqslant0\\ [v_i^1s_i^2,v_i^2s_i^2],\ v_i^1<0\leqslant v_i^2\\ [v_i^1s_i^2,v_i^2s_i^1],\ v_i^2\leqslant0\end{cases} \tag{11.41}$$

由式（11.41）及 $f_i^q(x_i^1,x_i^2)$ 的表达式可知，对于 $i=0,1,\cdots,n$，若令

$$\begin{cases} a(i,1)=v_i^1,\ a(i,2)=v_i^2,\ \beta=u_j \\ r(i,1)=\begin{cases}\theta_i^1, a(i,1)\geqslant 0\\ \theta_i^2, a(i,1)<0\end{cases} \\ r(i,2)=\begin{cases}\theta_i^2, a(i,2)\geqslant 0\\ \theta_i^1, a(i,2)<0\end{cases}\end{cases} \tag{11.42}$$

则可验证式（11.38）成立。

充分性。$F(\tilde{X})$ 是折线模糊数，且由式（11.38）可知

$$f_i^1(x_i^1,x_i^2)\leqslant f_{i+1}^1(x_{i+1}^1,x_{i+1}^2)\leqslant f_{i+1}^2(x_{i+1}^1,x_{i+1}^2)\leqslant f_i^2(x_i^1,x_i^2)$$

对于 $\forall i=0,1,\cdots,n$，定义参数为

$$v_i^1=a(i,1),\ v_i^2=a(i,2),\ u_j=\beta$$

$$\theta_i^1=\begin{cases} r(i,1),\ a(i,1)\geqslant 0\\ r(i,2),\ a(i,2)<0\\ 0,\ \text{否则}\end{cases}\qquad \theta_i^2=\begin{cases} r(i,1),\ a(i,1)<0\\ r(i,2),\ a(i,2)\geqslant 0\\ 0,\ \text{否则}\end{cases}$$

可以验证，存在 $\tilde{V},\tilde{\theta}\in F_{oc}^{in}(R), U\in R^+$，且 $F(\tilde{X})=\tilde{V}\cdot\sigma(\tilde{U}\cdot\tilde{X}+\tilde{\theta})$，即 $F\in\tilde{P}[\sigma]$，得证。

由**定理 11.9** 可得如下引理。

引理 11.6　设模糊函数 $F:F_{oc}^{in}(R)\to F_{oc}^{in}(R)$，则下述命题成立。

（1）若 $F_{nn}\in\tilde{P}[\sigma]$，则 $\forall\tilde{A},\tilde{B}\in F_{oc}^{in}(R)$，$\tilde{A}\subset\tilde{B}\Rightarrow F_{nn}(\tilde{A})\subset F_{nn}(\tilde{B})$。

（2）$F_{nn}\in\tilde{P}[\sigma]\Leftrightarrow\forall\tilde{X}=([x_n^1,x_n^2];x_0^1,\cdots,x_{n-1}^1,x_{n-1}^2,\cdots,x_0^2)\in F_{oc}^{in}(R)$，$F_{nn}(\tilde{X})$ 可以表示为

$$F_{nn}(\tilde{X})=\{[f_n^1(x_n^1,x_n^2),f_n^2(x_n^1,x_n^2)];f_0^1(x_0^1,x_0^2),\cdots,$$
$$f_{n-1}^1(x_{n-1}^1,x_{n-1}^2),f_{n-1}^2(x_{n-1}^1,x_{n-1}^2),\cdots,f_0^2(x_0^1,x_0^2)\}$$

其中 $q=1,2$，$i=0,1,\cdots,n$，$j=1,\cdots,p$，$f_i^q(x_i^1,x_i^2)=\Sigma_{j=1}^p a(i,q)\cdot\sigma[\beta x_i^1+\beta x_i^2+r(i,q)]$ 满足条件：若 $a(i,q)=v_j(i,q)$，$b^1(i,q)=u_i^1$，$b^2(i,q)=u_i^2$，$r(i,q)=\theta_j(i,q)$，则由**定理 11.19** 得

$$f_i^q(x_i^1,x_i^2)=\sum_{j=1}^p v_j(i,q)\cdot\sigma[u_j^1(i,q)\cdot x_i^1+u_j^2(i,q)\cdot x_i^2+\theta_j(i,q)]$$

$$f_i^1(x_i^1,x_i^2)\leqslant f_{i+1}^1(x_{i+1}^1,x_{i+1}^2)\leqslant f_{i+1}^2(x_{i+1}^1,x_{i+1}^2)\leqslant f_i^2(x_i^1,x_i^2)$$

引理 11.7　设 $\tilde{A},\tilde{B}\in F_{oc}^{in}(R)$，对于 $\forall n\in N$，若

$$Z_n(\tilde{A})=([a_n^1,a_n^2];a_0^1,\cdots,a_{n-1}^1,a_{n-1}^2,\cdots,a_0^2)$$
$$Z_n(\tilde{B})=([b_n^1,b_n^2];b_0^1,\cdots,b_{n-1}^1,b_{n-1}^2,\cdots,b_0^2)$$

则有

（1）$Z_n(\tilde{A})\subset Z_n(\tilde{B})K\Leftrightarrow\forall i=0,1,\cdots,n,\ [a_i^1,a_i^2]\subset[b_i^1,b_i^2]$。

（2）$\tilde{A}\subset\tilde{B}$，当且仅当 $\forall n\in N$，$Z_n(\tilde{A})\subset Z_n(\tilde{B})$。

（3）对 $\forall m\in N$，$D[Z_m(\tilde{A}),Z_m(\tilde{B})]\leqslant D(\tilde{A},\tilde{B})$ 且 $\lim\limits_{m\to+\infty}D[\tilde{A},Z_m(\tilde{A})]=0$。

引理 11.8　设 $\tilde{A},\tilde{B}\in F_{oc}^{in}(R)$，则下列结论成立。

（1）$D\left(\tilde{A},\tilde{B}\right)=\vee_{i=0}^{n}\left\{d_{\mathrm{H}}\left(\left[a_i^1,a_i^2\right],\left[b_i^1,b_i^2\right]\right)\right\}$。

（2）$\tilde{A}\subset\tilde{B}\Leftrightarrow\forall i=0,1,\cdots,n,\ b_i^1\leqslant a_i^1\leqslant a_i^2\leqslant b_i^2$。

引理 11.9 对于给定 $n\in N$，空间 $\left[F_{\mathrm{oc}}^{in}(R),D\right]$ 是完备可分的度量空间。

引理 11.10 设 $u\subset F_{\mathrm{oc}}(R)$，则下列结论成立。

（1）u 有界，当且仅当存在紧集 $U\subset R$，使得 $\forall\tilde{X}\in u$，$\mathrm{Supp}\left(\tilde{X}\right)\subset U$。

（2）$u\subset F_{\mathrm{oc}}(R)$ 是紧集，当且仅当 u 有界。

引理 11.11 若 $F\in\tilde{P}[\sigma]$［或 $\tilde{Z}(\sigma)$］，则模糊函数在 $F_{\mathrm{oc}}^{in}(R)$［或 $F_{\mathrm{oc}}(R)$］上连续。

此引理由 $\tilde{P}[\sigma]$ 或 $\tilde{Z}(\sigma)$ 的表达式中的模糊算子的性质推得。

下面的定理给出了 $\tilde{Z}(\sigma)$ 的普遍近似性和模糊函数的单调性之间的关系。

定理 11.10 设模糊函数 $F:F_{\mathrm{oc}}(R)\to F_{\mathrm{oc}}^{in}(R)$，而 $\tilde{Z}(\sigma)$ 是 F 的泛逼近器，则 F 是递增的，即若 $\tilde{A},\tilde{B}\in F_{\mathrm{oc}}(R)$，$\tilde{A}\subset\tilde{B}$，则 $F\left(\tilde{A}\right)\subset F\left(\tilde{B}\right)$。

与**定理 11.5** 类似，**定理 11.10** 采用反证法很容易证明，此处略。

由**引理 11.7** 和**定理 11.10** 的证明可知如下推论。

推论 11.3 设模糊函数 $F:F_{\mathrm{oc}}^{in}(R)\to F_{\mathrm{oc}}^{in}(R)$，而 $\tilde{P}(\sigma)$ 是连续模糊函数 F 的泛逼近器，则 F 是递增的。

2）一般输入的折线 FNN 的泛逼近性

在给出折线 FNN 的通用逼近定理之前，我们先给出以下几个引理用于定理的证明，其中涉及的 max 和 min 算子的定义，参见式（11.19）和式（11.20）。

引理 11.12 设 $F\left(\tilde{X}\right),G\left(\tilde{X}\right)\in\tilde{P}[\sigma]$，则 $\tilde{P}[\sigma]$ 是 $\max\left[\tilde{F}(X),\tilde{G}(X)\right]$ 的通用逼近器，即对于任意紧集 $u\subset F_{\mathrm{oc}}^{in}(R)$ 及 $\varepsilon>0$，都存在 $H\left(\tilde{X}\right)\in\tilde{P}[\sigma]$，使得 $\forall\tilde{X}\in u,\ D\left[H\left(\tilde{X}\right),\max(F,G)\left(\tilde{X}\right)\right]<\varepsilon$。同样 $\tilde{P}[\sigma]$ 也是 $\min\left[F\left(\tilde{X}\right),G\left(\tilde{X}\right)\right]$ 的通用逼近器。

证明：因为 $F\left(\tilde{X}\right),G\left(\tilde{X}\right)\in\tilde{P}[\sigma]$，由**定理 11.9** 可知，$F\left(\tilde{X}\right),G\left(\tilde{X}\right)$ 分别表示为

$$F\left(\tilde{X}\right)=\left\{\left[f_n^1\left(x_n^1,x_n^2\right),f_n^2\left(x_n^1,x_n^2\right)\right];f_0^1\left(x_0^1,x_0^2\right),\cdots,f_{n-1}^1\left(x_{n-1}^1,x_{n-1}^2\right),f_{n-1}^2\left(x_{n-1}^1,x_{n-1}^2\right),\cdots,f_0^2\left(x_0^1,x_0^2\right)\right\}$$

$$G\left(\tilde{X}\right)=\left\{\left[g\left(x_n^1,x_n^2\right),g_n^2\left(x_n^1,x_n^2\right)\right];g_0^1\left(x_0^1,x_0^2\right),\cdots,g_{n-1}^1\left(x_{n-1}^1,x_{n-1}^2\right),g_{n-1}^2\left(x_{n-1}^1,x_{n-1}^2\right),\cdots,g_0^2\left(x_0^1,x_0^2\right)\right\}$$

且对于 $q=1,2,\ i=0,1,\cdots,n$，有

$$\begin{cases}f_q^i\left(x_i^1,x_i^2\right)=\sum_{j=1}^{p}v_j(f,i,q)\cdot\sigma\left[u_j\cdot x_i^1+u_j\cdot x_i^2+\theta_j(f,i,q)\right]\\ g_q^i\left(x_i^1,x_i^2\right)=\sum_{j=1}^{p}v_j(g,i,q)\cdot\sigma\left[u_j\cdot x_i^1+u_j\cdot x_i^2+\theta_j(g,i,q)\right]\end{cases}$$

设 $M(\tilde{X})=\max[F(\tilde{X}),G(\tilde{X})]=\{[m_n^1(\tilde{X}),m_n^2(\tilde{X})];m_0^1(\tilde{X}),\cdots,m_{n-1}^1(\tilde{X}),m_{n-1}^2(\tilde{X}),\cdots,m_0^2(\tilde{X})\}$，由 max 算子定义可知，对于 $q=1,2,\ i=0,1,\cdots,n$，$m_i^q(\tilde{X})=\max[f_i^q(\tilde{X}),g_i^q(\tilde{X})]$，有

$$m_i^q\left(\tilde{X}\right)=\max\left[f_i^q\left(\tilde{X}\right),g_i^q\left(\tilde{X}\right)\right]=\frac{1}{2}\left[f_i^q\left(\tilde{X}\right)+g_i^q\left(\tilde{X}\right)\right]+\frac{1}{2}\left|f_i^q\left(\tilde{X}\right)-g_i^q\left(\tilde{X}\right)\right| \tag{11.43}$$

由实数 Stone-Weierstrass 定理可知，$\tilde{P}[\sigma]$ 中的函数 $H\left(\tilde{X}\right)$ 可以任意地一致逼近函数

$\frac{1}{2}\left|f_i^q\left(\tilde{X}\right)-g_i^q\left(\tilde{X}\right)\right|$，这也表示 $H\left(\tilde{X}\right)$ 可以一致逼近函数 $m_i^q\left(\tilde{X}\right)$，因此函数 $M\left(\tilde{X}\right)$ 的组成部分可以被 $H\left(\tilde{X}\right)$ 一致逼近。通过增加多余的项，整实数函数的系数得到适当的调整，我们可以得到

$$\forall\tilde{X}\in F_{\mathrm{oc}}^{in}(R),\ q=1,2,\ i=0,1,\cdots,n$$

$$H\left(\tilde{X}\right)=\left\{\left[h_n^1\left(\tilde{X}\right),h_n^2\left(\tilde{X}\right)\right];h_0^1\left(\tilde{X}\right),\cdots,h_{n-1}^1\left(\tilde{X}\right),h_{n-1}^2\left(\tilde{X}\right),\cdots,h_0^2\left(\tilde{X}\right)\right\}$$

使得 $D\left[M\left(\tilde{X}\right),H\left(\tilde{X}\right)\right]<\varepsilon$，其中

$$h_i^q\left(x_i^1,x_i^2\right)=\sum_{j=1}^{p}\tilde{V}_j(h,i,q)\cdot\sigma\left[u_j\cdot x_i^1+u_j\cdot x_i^2+\tilde{\theta}_j(h,i,q)\right]$$

即 $\tilde{P}[\sigma]$ 是 $\max\left[F\left(\tilde{X}\right),G\left(\tilde{X}\right)\right]$ 的通用逼近器。同理可证 $\tilde{P}[\sigma]$ 是 $\min\left[F\left(\tilde{X}\right),G\left(\tilde{X}\right)\right]$ 的通用逼近器，定理得证。

采用归纳法，我们可以将**引理 11.12** 的情况推广。设 $F_1(X),\cdots,F_n(X)\in\tilde{P}[\sigma]$，$i=0,1,\cdots,n$，则 $\tilde{P}[\sigma]$ 分别是 $F_i\left(\tilde{X}\right)$ 的上包线函数 $M\left(\tilde{X}\right)=\max\left[F_i\left(\tilde{X}\right)\right]$ 和下包线函数 $m\left(\tilde{X}\right)=\min\left[F_i\left(\tilde{X}\right)\right]$ 的通用逼近器。

引理 11.13　设 $\tilde{A},\tilde{B},\tilde{C},\tilde{D}\in F_{\mathrm{oc}}^{in}(R)$，且 $\tilde{A}\subset\tilde{B}\Rightarrow\tilde{C}\subset\tilde{D},\tilde{B}\subset\tilde{A}\Rightarrow\tilde{D}\subset\tilde{C}$，则存在 $F_{nn}\left(\tilde{X}\right)\in\tilde{P}[\sigma]$，使得 $F_{nn}\left(\tilde{A}\right)=\tilde{C}$，$F_{nn}\left(\tilde{B}\right)=\tilde{D}$。

引理 11.13 可以通过解方程的形式加以证明，此处略。

定理 11.11　设 $F:F_{\mathrm{oc}}^{in}(R)\to F_{\mathrm{oc}}^{in}(R)$ 是连续模糊函数，则 $\tilde{P}[\sigma]$ 是模糊函数 F 的通用逼近器，当且仅当 F 递增。

证明：必要性由**推论 11.3** 可得，此处只证明其充分性。

任取 $\varepsilon>0$ 及紧集 $u\in F_{\mathrm{oc}}^{in}(R)$，$\forall\tilde{A}\subset\tilde{B}\in u$，设 $\tilde{C}=F(\tilde{A})$，$\tilde{D}=F(\tilde{B})$，由**引理 11.13** 可知，$F_{nn}(\tilde{A})=\tilde{C}=F(\tilde{A})$，$F_{nn}(\tilde{B})=\tilde{D}=F(\tilde{B})$。由函数 $F_{nn}\left(\tilde{X}\right)$ 的连续性可知，存在一个包含 $\tilde{B}$ 的开集 $\wp(\tilde{B})$，使得 $\forall\tilde{X}\in\wp(\tilde{B})\cap u,D\left[F(\tilde{X}),F_{nn}(\tilde{X})\right]<\frac{\varepsilon}{4}$。因为 u 是紧集，所以存在有限多个点 $\tilde{B}_1,\cdots,\tilde{B}_m\in F_{\mathrm{oc}}^{in}(R)$，它们对应的开集 $\wp\left(\tilde{B}_1\right),\cdots,\wp\left(\tilde{B}_m\right)$ 覆盖 u，令 $F_{nn}\left[\tilde{A}\right]\left(\tilde{X}\right)=\max\left[F_{nn}\left(\tilde{A},\tilde{B}_1\right),\cdots,F_{nn}\left(\tilde{A},\tilde{B}_m\right)\right]$，由**引理 11.12** 可知，存在 $T\left(\tilde{A}\right)\in\tilde{P}[\sigma]$，使得 $\forall\tilde{X}\in u$，$D[F_{nn}[\tilde{A}](\tilde{X}),T\tilde{A}(\tilde{X})]<\frac{\varepsilon}{4}$，又对 $\tilde{X}\in F_{\mathrm{oc}}^{in}(R)$，若令

$$\begin{cases}F\left(\tilde{X}\right)=\left\{\left[f_n^1\left(\tilde{X}\right),f_n^2\left(\tilde{X}\right)\right];f_0^1\left(\tilde{X}\right),\cdots,f_{n-1}^1\left(\tilde{X}\right),f_{n-1}^2\left(\tilde{X}\right),\cdots,f_0^2\left(\tilde{X}\right)\right\}\\F_{nn}\left[\tilde{A}\right]\left(\tilde{X}\right)=\left\{\left[r_n^1\left(\tilde{X}\right),r_n^2\left(\tilde{X}\right)\right];r_0^1\left(\tilde{X}\right),\cdots,r_{n-1}^1\left(\tilde{X}\right),r_{n-1}^2\left(\tilde{X}\right),\cdots,r_0^2\left(\tilde{X}\right)\right\}\\T\left[\tilde{A}\right]\left(\tilde{X}\right)=\left\{\left[t_n^1\left(\tilde{X}\right),t_n^2\left(\tilde{X}\right)\right];t_0^1\left(\tilde{X}\right),\cdots,t_{n-1}^1\left(\tilde{X}\right),t_{n-1}^2\left(\tilde{X}\right),\cdots,t_0^2\left(\tilde{X}\right)\right\}\end{cases}$$

则对于 $\forall\tilde{X}\in u$，$q=1,2$，$i=0,1,\cdots,n$，有 $-\frac{\varepsilon}{4}<r_i^q\left[\tilde{A}\right]\left(\tilde{X}\right)-t_i^q\left(\tilde{X}\right)<\frac{\varepsilon}{4}$ 成立。又因为 $r_i^q\left[\tilde{A}\right]\left(\tilde{X}\right)=\max\left[F_{nn}\left(\tilde{A},\tilde{B}_1\right)\left(\tilde{X}\right),\cdots,F_{nn}\left(\tilde{A},\tilde{B}_m\right)\left(\tilde{X}\right)\right]$，故 $r_i^q\left[\tilde{A}\right]\left(\tilde{X}\right)-t_i^q\left(\tilde{X}\right)=\max\left[f_i^q\left(\tilde{X}\right)-t_i^q\left(\tilde{X}\right)\right]$

$<\dfrac{\varepsilon}{4}$，即

$$f_i^q\left(\tilde{X}\right)-t_i^q\left(\tilde{X}\right)<\frac{\varepsilon}{4} \tag{11.44}$$

同理，存在一个包含 $\tilde{A}$ 的开集 $\wp\left(\tilde{A}\right)$，使得 $\forall\tilde{X}\in\wp\left(\tilde{A}\right)\cap u$，$D\left[F\left(\tilde{X}\right),F_{nn}\left(\tilde{X}\right)\right]<\dfrac{\varepsilon}{4}$，因为 u 是紧集，所以存在有限多个点 $\tilde{A}_1,\cdots,\tilde{A}_m\in F_{\mathrm{oc}}^{in}(R)$，它们对应的开集 $\wp\left(\tilde{A}_1\right),\cdots,\wp\left(\tilde{A}_m\right)$ 覆盖 u，令 $F_{nn}\left[\tilde{B}\right]\left(\tilde{X}\right)=\min\left[F_{nn}\left(\tilde{A}_1,\tilde{B}\right),\cdots,F_{nn}\left(\tilde{A}_m,\tilde{B}\right)\right]$，由**引理 11.12** 可知，存在 $T\left(\tilde{B}\right)\in\tilde{P}[\sigma]$，使得 $\forall\tilde{X}\in u$, $D\left[F_{nn}\left[\tilde{B}\right]\left(\tilde{X}\right),T\left[\tilde{B}\right]\left(\tilde{X}\right)\right]<\dfrac{\varepsilon}{4}$，与上述相似可得 $f_i^q\left(\tilde{X}\right)-t_i^q\left(\tilde{X}\right)>-\dfrac{\varepsilon}{4}$，则 $r_i^q\left(\tilde{X}\right)-t_i^q\left(\tilde{X}\right)=\min\left[f_i^q\left(\tilde{X}\right)-t_i^q\left(\tilde{X}\right)\right]>-\dfrac{\varepsilon}{4}$，故

$$f_i^q\left(\tilde{X}\right)-t_i^q\left(\tilde{X}\right)>-\frac{\varepsilon}{4} \tag{11.45}$$

由式（11.44）和式（11.45）可得 $\left|f_i^q\left(\tilde{X}\right)-t_i^q\left(\tilde{X}\right)\right|<\dfrac{\varepsilon}{4}$，即 $\forall\tilde{X}\in u$，$D\left[F\left(\tilde{X}\right),F_{nn}\left(\tilde{X}\right)\right]<\dfrac{\varepsilon}{4}$，故 $T\in\tilde{P}[\sigma]$ 是 $F\left(\tilde{X}\right)$ 的通用逼近器。定理得证。

定理 11.12 设 $F:F_{\mathrm{oc}}(R)\to F_{\mathrm{oc}}^{in}(R)$ 是连续模糊函数，则 $\tilde{Z}[\sigma]$ 是 F 的通用逼近器，当且仅当 F 递增。

定理 11.12 的必要性由**定理 11.10** 可得，充分性证明与**定理 11.11** 类似，此处略。

11.3.6 一般折线 FNN 的通用逼近性分析

在上两节中，我们分析了两种特殊的折线 FNN 的通用逼近性，为了方便实际应用，本节将研究一般折线 FNN 的通用逼近性，此处的一般折线 FNN 是指网络的输入、权值和阈值没有其他限制，即网络的输入 $\tilde{X}\in F_{\mathrm{oc}}^{in}(R)$ 或 $F_{\mathrm{oc}}(R)$，权值和阈值 $\tilde{V}_j,U_j,\tilde{\theta}_j\in F_{\mathrm{oc}}^{in}(R)$。下面我们首先来看看一般折线 FNN 的性质。

1）一般折线 FNN 的性质

引理 11.14 设 $\tilde{A},\tilde{B}\in F_{\mathrm{oc}}^{in}(R)$，对于 $\forall n\in N$，若 $Z_n\left(\tilde{A}\right)=\left(\left[a_n^1,a_n^2\right];a_0^1,\cdots,a_{n-1}^1,a_{n-1}^2,\cdots,a_0^2\right)$，$Z_n\left(\tilde{B}\right)=\left(\left[b_n^1,b_n^2\right];b_0^1,\cdots,b_{n-1}^1,b_{n-1}^2,\cdots,b_0^2\right)$，则有

（1）$Z_n\left(\tilde{A}\right)\subset Z_n\left(\tilde{B}\right)\Leftrightarrow\forall i=0,1,\cdots,n,\ \left[a_i^1,a_i^2\right]\subset\left[b_i^1,b_i^2\right]$

（2）$\tilde{A}\subset\tilde{B}$ 当且仅当 $\forall n\in N$，$Z_n\left(\tilde{A}\right)\subset Z_n\left(\tilde{B}\right)$。

（3）对 $\forall m\in N$，$D\left[Z_m\left(\tilde{A}\right),Z_m\left(\tilde{B}\right)\right]\leqslant D\left(\tilde{A},\tilde{B}\right)$ 且 $\lim\limits_{m\to+\infty}D\left[\tilde{A},Z_m\left(\tilde{A}\right)\right]=0$。

由式（11.21）和**引理 11.14** 可知，若 $F\in\tilde{P}[\sigma]$（或 $\in\tilde{Z}[\sigma]$），则 F 在 $F_{\mathrm{oc}}^{in}(R)$（或 $F_{\mathrm{oc}}(R)$）上连续。

定理 11.13 设模糊函数 $F:F_{\mathrm{oc}}^{in}(R)\to F_{\mathrm{oc}}^{in}(R)$，则存在 $\tilde{V},\tilde{U},\tilde{\theta}\in F_{\mathrm{oc}}^{in}(R)$，使得 $F(\tilde{X})=\tilde{V}\cdot\sigma(\tilde{U}\cdot\tilde{X}+\tilde{\theta})$ 成立，当且仅当 $\forall\tilde{X}=\left(\left[x_n^1,x_n^2\right];x_0^1,\cdots,x_{n-1}^1,x_{n-1}^2,\cdots,x_0^2\right)\in F_{\mathrm{oc}}^{in}(R)$，$F\left(\tilde{X}\right)$ 是 $F_{\mathrm{oc}}^{in}(R)$ 中有如下形式的折线模糊数

$$\begin{cases}F\left(\tilde{X}\right)=\left\{\left[f_n^1\left(x_n^1,x_n^2\right),f_n^2\left(x_n^1,x_n^2\right)\right];f_0^1\left(x_0^1,x_0^2\right),\cdots,f_{n-1}^1\left(x_{n-1}^1,x_{n-1}^2\right),f_{n-1}^2\left(x_{n-1}^1,x_{n-1}^2\right),\cdots,f_0^2\left(x_0^1,x_0^2\right)\right\}\\ f_i^q\left(x_i^1,x_i^2\right)=a(i,q)\sigma\left[b^1(i,q)\cdot x_i^1+b^2(i,q)\cdot x_i^2+r(i,q)\right]\end{cases}\tag{11.46}$$

而且$a(i,q)$、$b^1(i,q)$、$b^2(i,q)$及$r(i,q)$，$q=1,2$，满足下列关系

$$\begin{cases}b^1(i,q)b^2(i,q)=0,a(i,1)\leqslant a(i+1,1)\leqslant a(i+1,2)\leqslant a(i,2)\\ a(i,1)\geqslant 0\Rightarrow\begin{cases}b^1(i,1)\geqslant b^2(i,1),\ b^1(i,2)\leqslant b^2(i,2)\\ 0\leqslant b^1(i+1,1)\leqslant b^1(i,1),\ b^2(i,1)\leqslant b^2(i+1,1)<0\\ b^1(i,2)\leqslant b^1(i+1,2)<0,\ 0\leqslant b^2(i+1,2)\leqslant b^2(i,2)\\ r(i,1)\leqslant r(i+1,1)\leqslant r(i+1,2)\leqslant r(i,2)\end{cases}\\ (i,1)<0\leqslant a(i,2)\Rightarrow\begin{cases}b^2(i,1)\geqslant b^1(i,1),\ b^2(i,2)\leqslant b^1(i,2),\ b^q(i,1)\leqslant b^q(i,2)\\ b^1(i,1)\leqslant b^1(i+1,1)<0,\ b^2(i,1)\geqslant b^2(i+1,1)\geqslant 0\\ b^1(i,2)\leqslant b^1(i+1,2)<0,\ b^2(i+1,2)\leqslant b^2(i,2)\geqslant 0\\ r(i,1)\leqslant r(i+1,1),\ r(i+1,2)\leqslant r(i,2),\ r(i,1)=r(i,2)\end{cases}\\ a(i,1)<0\Rightarrow\begin{cases}b^2(i,1)\geqslant b^1(i,1),\ b^1(i,2)\geqslant b^2(i,2)\\ b^1(i,1)\leqslant b^1(i+1,1)<0,\ b^2(i,1)\geqslant b^2(i+1,1)\geqslant 0\\ b^1(i,2)\geqslant b^1(i+1,2)\geqslant 0,\ b^2(i,2)\leqslant b^2(i+1,2)\leqslant 0\\ r(i,1)\leqslant r(i+1,1)\leqslant r(i+1,2)\leqslant r(i,2)\end{cases}\end{cases}\tag{11.47}$$

证明：对于$\forall\tilde{X}\in F_{\text{oc}}^{in}(R)$存在三种情况，在文献[14]中分析了$\tilde{X}\in F_{\text{oc}}^{in}(R_+)$的情形，在定理 **11.4** 中分析了$\tilde{X}\in F_{\text{oc}}^{in}(R_-)$的情形，故此处只分析一正一负的情形，即$x_i^1<0\leqslant x_i^2$。

必要性。$\forall\tilde{X}\in F_{\text{oc}}^{in}(R)$，则由模糊集合$F_{\text{oc}}^{in}(R)$对于扩展的“+”“−”“·”及数乘运算的封闭性可知，$F\left(\tilde{X}\right)=\tilde{V}\cdot\sigma\left(\tilde{U}\cdot\tilde{X}+\tilde{\theta}\right)\in F_{\text{oc}}^{in}(R)$，故$F\left(\tilde{X}\right)$能表示为式（11.46）。若

$$\begin{cases}\tilde{V}=\left(\left[v_n^1,v_n^2\right];v_0^1,\cdots,v_{n-1}^1,v_{n-1}^2,\cdots,v_0^2\right)\\ \tilde{U}=\left(\left[u_n^1,u_n^2\right];u_0^1,\cdots,u_{n-1}^1,u_{n-1}^2,\cdots,u_0^2\right)\\ \tilde{\theta}=\left(\left[\theta_n^1,\theta_n^2\right];\theta_0^1,\cdots,\theta_{n-1}^1,\theta_{n-1}^2,\cdots,\theta_0^2\right)\end{cases}$$

则$\tilde{U}\cdot\tilde{X}+\tilde{\theta}\in F_{\text{oc}}^{in}(R)$，若$\tilde{U}\cdot\tilde{X}+\tilde{\theta}=\left(\left[c_n^1,c_n^2\right];c_0^1,\cdots,c_{n-1}^1,c_{n-1}^2,\cdots,c_0^2\right)$，其中$\left[c_i^1,c_i^2\right]=\left[u_i^1,u_i^2\right]\times\left[x_i^1,x_i^2\right]+\left[\theta_i^1,\theta_i^2\right]$由区间运算法则决定。又因为$x_i^1<0\leqslant x_i^2$，故$c_i^1,c_i^2$可表示为

$$\begin{cases}c_i^1=\begin{cases}u_i^2x_i^1+\theta_i^1,\ u_i^1\geqslant 0\text{或}u_i^1<0\leqslant u_i^2,u_i^1x_i^2>u_i^2x_i^1\\ u_i^1x_i^2+\theta_i^1,\ u_i^2<0\text{或}u_i^1<0\leqslant u_i^2,u_i^1x_i^2<u_i^2x_i^1\end{cases}\\ c_i^2=\begin{cases}u_i^2x_i^2+\theta_i^2,\ u_i^1\geqslant 0\text{或}u_i^1<0\leqslant u_i^2,u_i^1x_i^1<u_i^2x_i^2\\ u_i^1x_i^1+\theta_i^2,\ u_i^2<0\text{或}u_i^1<0\leqslant u_i^2,u_i^1x_i^1>u_i^2x_i^2\end{cases}\end{cases}\tag{11.48}$$

令$s_i^q=\sigma\left(c_i^q\right)$，$q=1,2$可知，$s_i^q\geqslant 0$且$f_i^q\left(x_i^1,x_i^2\right)=\left[V_i^1,V_i^2\right]\times\left[S_i^1,S_i^2\right]$，由区间运算法则可知，对于$i=0,1,\cdots,n$，有

$$\left[f_i^1\left(x_i^1,x_i^2\right),f_i^2\left(x_i^1,x_i^2\right)\right]=\begin{cases}\left[v_i^1 s_i^1,v_i^2 s_i^2\right], & v_i^1\geqslant 0\\ \left[v_i^1 s_i^2,v_i^2 s_i^2\right], & v_i^1<0\leqslant v_i^2\\ \left[v_i^1 s_i^2,v_i^2 1\right], & v_i^2\leqslant 0\end{cases}\tag{11.49}$$

由式（11.48）、式（11.49）及 $f_i^q\left(x_i^1,x_i^2\right)$ 的表达式可知，对于 $i=0,1,\cdots,n$，若令 $a(i,1)=v_i^1$，$a(i,2)=v_i^2$，则

$$r(i,1)=\begin{cases}\theta_i^1,a(i,1)\geqslant 0\\ \theta_i^2,a(i,1)<0\end{cases},\quad r(i,2)=\begin{cases}\theta_i^2,a(i,2)\geqslant 0\\ \theta_i^1,a(i,2)<0\end{cases}\tag{11.50}$$

$$b^1(i,1)=\begin{cases}u_i^2, & a(i,1)\geqslant 0,u_i^1\geqslant 0\text{或}u_i^1<0\leqslant u_i^2,u_i^1x_i^2>u_i^2x_i^1\\ u_i^1, & a(i,1)<0,u_i^2<0\text{或}u_i^1<0\leqslant u_i^2,u_i^1x_i^1>u_i^2x_i^2\\ 0, & \text{否则}\end{cases}\tag{11.51}$$

$$b^2(i,1)=\begin{cases}u_i^1, & a(i,1)\geqslant 0,u_i^2<0\text{或}u_i^1<0\leqslant u_i^2,u_i^1x_i^2<u_i^2x_i^1\\ u_i^2, & a(i,1)<0,u_i^1\geqslant 0\text{或}u_i^1<0\leqslant u_i^2,u_i^1x_i^1<u_i^2x_i^2\\ 0, & \text{否则}\end{cases}\tag{11.52}$$

$$b^1(i,2)=\begin{cases}u_i^1, & a(i,2)\geqslant 0,u_i^2<0\text{或}u_i^1<0\leqslant u_i^2,u_i^1x_i^1>u_i^2x_i^2\\ u_i^2, & a(i,2)<0,u_i^1\geqslant 0\text{或}u_i^1<0\leqslant u_i^2,u_i^1x_i^2>u_i^2x_i^1\\ 0, & \text{否则}\end{cases}\tag{11.53}$$

$$b^2(i,2)=\begin{cases}u_i^2, & a(i,2)\geqslant 0,u_i^1\geqslant 0\text{或}u_i^1<0\leqslant u_i^2,u_i^1x_i^2<u_i^2x_i^1\\ u_i^1, & a(i,2)<0,u_i^2<0\text{或}u_i^1<0\leqslant u_i^2,u_i^1x_i^1<u_i^2x_i^2\\ 0, & \text{否则}\end{cases}\tag{11.54}$$

由式（11.50）～式（11.54）不难验证式（11.47）成立。

充分性。相反地，假设式（11.48）和式（11.49）成立，那么对于 $\forall i=0,1,\cdots,n$，都有

$$f_i^1\left(x_i^1,x_i^2\right)\leqslant f_{i+1}^1\left(x_{i+1}^1,x_{i+1}^2\right)\leqslant f_{i+1}^2\left(x_{i+1}^1,x_{i+1}^2\right)\leqslant f_i^2\left(x_i^1,x_i^2\right)$$

对于 $i=0,1,\cdots,n$，令 $a(i,1)=v_i^1$，$a(i,2)=v_i^2$，由式（11.51）～式（11.55）可知，我们可以定义相应的参数 $u_i^q,\theta_i^q\,(q=1,2)$，满足 $u_i^1\leqslant u_{i+1}^1\leqslant u_{i+1}^2\leqslant u_i^2$，$\theta_i^1\leqslant\theta_{i+1}^1\leqslant\theta_{i+1}^2\leqslant\theta_i^2$。令

$$\begin{cases}\tilde{V}=\left(\left[v_n^1,v_n^2\right];v_0^1,\cdots,v_{n-1}^1,v_{n-1}^2,\cdots,v_0^2\right)\\ \tilde{U}=\left(\left[u_n^1,u_n^2\right];u_0^1,\cdots,u_{n-1}^1,u_{n-1}^2,\cdots,u_0^2\right)\\ \tilde{\theta}=\left(\left[\theta_n^1,\theta_n^2\right];\theta_0^1,\cdots,\theta_{n-1}^1,\theta_{n-1}^2,\cdots,\theta_0^2\right)\end{cases}$$

可得 $\tilde{V},\tilde{\theta},\tilde{U}\in F_{oc}^{in}(R)$，且 $F\left(\tilde{X}\right)=\tilde{V}\cdot\sigma\left(\tilde{U}\cdot\tilde{X}+\tilde{\theta}\right)$，即 $F\in\tilde{P}[\sigma]$，定理得证。

由**定理 11.13** 可得如下推论。

推论 11.4 设模糊函数 $F:F_{oc}^{in}(R)\to F_{oc}^{in}(R)$，则下述命题成立。

（1）若 $F_{nn}\in\tilde{P}[\sigma]$，则 $\forall\tilde{A},\tilde{B}\in F_{oc}^{in}(R)$，$\tilde{A}\subset\tilde{B}\Rightarrow F_{nn}\left(\tilde{A}\right)\subset F_{nn}\left(\tilde{B}\right)$。

（2）$F_{nn}\in\tilde{P}[\sigma]\Leftrightarrow\forall\tilde{X}=\left(\left[x_n^1,x_n^2\right];x_0^1,\cdots,x_{n-1}^1,x_{n-1}^2,\cdots,x_0^2\right)\in F_{oc}^{in}(R)$，$F_{nn}\left(\tilde{X}\right)$ 可表示为

$$F\left(\tilde{X}\right)=\left(\left[f_n^1\left(x_n^1,x_n^2\right),f_n^2\left(x_n^1,x_n^2\right)\right];f_0^1\left(x_0^1,x_0^2\right),\right.$$

$$\cdots,f_{n-1}^1\left(x_{n-1}^1,x_{n-1}^2\right),f_{n-1}^2\left(x_{n-1}^1,x_{n-1}^2\right),\cdots,f_0^2\left(x_0^1,x_0^2\right)\Big)$$

对于 $q=1,2$，$i=0,1,\cdots,n$，$j=1,\cdots,p$，$f_i^q(x_i^1,x_i^2)=\sum_{j=1}^{p}v_j(i,q)\cdot\sigma\left[u_j^1(i,q)\cdot x_i^1+u_j^2(i,q)\cdot x_i^2+\theta_j(i,q)\right]$ 满足条件：若 $a(i,q)=v_j(i,q)$，$b^1(i,q)=u_i^1$，$b^2(i,q)=u_i^2$，$r(i,q)=\theta_j(i,q)$，则式（11.50）成立。因此若

$$f_q^i(x_i^1,x_i^2)=\sum_{j=1}^{p}v_j(i,q)\cdot\sigma\left[u_j^1(i,q)\cdot x_i^1+u_j^2(i,q)\cdot x_i^2+\theta_j(i,q)\right]$$

则

$$f_i^1\left(x_i^1,x_i^2\right)\leqslant f_{i+1}^1\left(x_{i+1}^1,x_{i+1}^2\right)\leqslant f_{i+1}^2\left(x_{i+1}^1,x_{i+1}^2\right)\leqslant f_i^2\left(x_i^1,x_i^2\right)$$

下面的定理给出了 $\tilde{Z}(\sigma)$ 的普遍近似性和模糊函数的单调性之间的关系。

定理 11.14 设模糊函数 $F:F_{oc}(R)\to F_{oc}^{in}(R)$，而 $\tilde{Z}(\sigma)$ 是 F 的泛逼近器，则 F 是递增的，即若 $\tilde{A},\tilde{B}\in F_{oc}^{in}(R)$，$\tilde{A}\subset\tilde{B}$，则 $F(\tilde{A})\subset F(\tilde{B})$。

证明：若结论不成立，则存在 $\tilde{A},\tilde{B}\in F_{oc}(R)$，使得 $\tilde{A}\subset\tilde{B}$，又 $F(\tilde{A})\not\subset F(\tilde{B})$，由**引理 11.14** 可知，存在 $n\in N$，$Z_n\left[F(\tilde{A})\right]\not\subset Z_n\left[F(\tilde{B})\right]$。对于 $X\in F_{oc}(R)$，设

$$Z_n\left[F(\tilde{X})\right]=\Big\{\left[f_n^1(x_n^1,x_n^2),f_n^2(x_n^1,x_n^2)\right];f_0^1(x_0^1,x_0^2),\cdots,$$
$$f_{n-1}^1(x_{n-1}^1,x_{n-1}^2),f_{n-1}^2(x_{n-1}^1,x_{n-1}^2),\cdots,f_0^2(x_0^1,x_0^2)\Big]$$

存在 $i=0,1,\cdots,n$，使得 $f_i^1(\tilde{A})\left\langle f_i^1(\tilde{B})\text{ 或 }f_i^2(\tilde{A})\right\rangle f_i^2(\tilde{B})$，不妨设 $f_i^2(\tilde{A})>f_i^2(\tilde{B})$。令 $u=\{\tilde{A},\tilde{B}\}$，$\varepsilon=\left[f_i^2(\tilde{A})-f_i^2(\tilde{B})\right]/3$，由已知条件 $Z[\sigma]$ 是 F 的泛逼近器可知，存在 $T_{nn}(\tilde{X})\in Z[\sigma]$，使 $D\left[F(\tilde{X}),T_{nn}(X)\right]<\varepsilon$。由**引理 11.14** 可知

$$D\left\{Z_n\left[F(\tilde{X})\right],Z_n\left[T_{nn}(X)\right]\right\}\leqslant D\left[F(\tilde{X}),T_{nn}(X)\right]<\varepsilon,\ \tilde{X}=\{\tilde{A},\tilde{B}\}$$

对于 $\forall\tilde{X}\in F_{oc}(R)$，若记

$$Z_n\left[T_{nn}(X)\right]=\left\{\left[t_n^1(\tilde{X}),t_n^2(\tilde{X})\right];t_0^1(\tilde{X}),\cdots,t_{n-1}^1(\tilde{X}),t_{n-1}^2(\tilde{X}),\cdots,t_0^2(\tilde{X})\right\}$$

则 $\left|f_i^1(\tilde{X})-t_i^1(\tilde{X})\right|\vee\left|f_i^2(\tilde{X})-t_i^2(\tilde{X})\right|<\varepsilon,\tilde{X}\in\{\tilde{A},\tilde{B}\}$，故 $-2\varepsilon<f_i^1(\tilde{A})-f_i^1(\tilde{B})+t_i^1(\tilde{B})-t_i^1(\tilde{A})<2\varepsilon$，假设 $f_i^1(\tilde{A})-f_i^1(\tilde{B})=\varepsilon/3$，故 $t_i^2(\tilde{B})<t_i^2(\tilde{A})$。又由**引理 11.14** 及**推论 11.13** 可知，$\tilde{A}\subset\tilde{B}\Rightarrow t_i^2(\tilde{B})>t_i^2(\tilde{A})$，产生矛盾，故结论成立，定理得证。

由**引理 11.14** 和**定理 11.14** 的证明可得如下推论。

推论 11.5 设模糊函数 $F:F_{oc}^{in}(R)\to F_{oc}^{in}(R)$，而 $\tilde{P}(\sigma)$ 是连续模糊函数 F 的泛逼近器，则 F 递增。

下面我们具体研究一般折线 FNN 的通用逼近性。

定理 11.15 设 $F(\tilde{X}),G(\tilde{X})\in\tilde{P}[\sigma]$，则 $\tilde{P}[\sigma]$ 是 $\max\left[\tilde{F}(X),\tilde{G}(X)\right]$ 的通用逼近器，即对于任意紧集 $u\subset F_{oc}^{in}(R)$ 及 $\varepsilon>0$，都存在 $H(\tilde{X})\in\tilde{P}[\sigma]$，使得 $\forall\tilde{X}\in u$，$D\left[H(\tilde{X})\max(F,G)(\tilde{X})\right]<\varepsilon$。同理可证 $\tilde{P}[\sigma]$ 是 $\min\left[\tilde{F}(X),\tilde{G}(X)\right]$ 的通用逼近器。

证明：因为$F(\tilde{X}),G(\tilde{X})\in\tilde{P}[\sigma]$，则由**定理 11.13** 可知，$F(\tilde{X}),G(\tilde{X})$可以分别表示为

$$F(\tilde{X})=\left\{\left[f_n^1(x_n^1,x_n^2),f_n^2(x_n^1,x_n^2)\right];f_0^1(x_0^1,x_0^2),\cdots,f_{n-1}^1(x_{n-1}^1,x_{n-1}^2),f_{n-1}^2(x_{n-1}^1,x_{n-1}^2),\cdots,f_0^2(x_0^1,x_0^2)\right\}$$

$$G(\tilde{X})=\left\{\left[g(x_n^1,x_n^2),g_n^2(x_n^1,x_n^2)\right];g_0^1(x_0^1,x_0^2),\cdots,g_{n-1}^1(x_{n-1}^1,x_{n-1}^2),g_{n-1}^2(x_{n-1}^1,x_{n-1}^2),\cdots,g_0^2(x_0^1,x_0^2)\right\}$$

且对于$q=1,2,\ i=0,1,\cdots,n$，有

$$\begin{cases}g_q^i(x_i^1,x_i^2)=\sum\limits_{j=1}^{p}v_j(g,i,q)\cdot\sigma\left[u_j^1(g,i,q)\cdot x+u_j^2(g,i,q)\cdot y+\theta_j(g,i,q)\right]\\ f_q^i(x_i^1,x_i^2)=\sum\limits_{j=1}^{p}v_j(f,i,q)\cdot\sigma\left[u_j^1(f,i,q)\cdot x+u_j^2(f,i,q)\cdot y+\theta_j(f,i,q)\right]\end{cases}$$

设$M(\tilde{X})=\max\left[F(\tilde{X}),G(\tilde{X})\right]=\left\{\left[m_n^1(\tilde{X}),m_n^2(\tilde{X})\right];m_0^1(\tilde{X}),\cdots,m_{n-1}^1(\tilde{X}),m_{n-1}^2(\tilde{X}),\cdots,m_0^2(\tilde{X})\right\}$，由 max 算子定义可知，对于$q=1,2$，$i=0,1,\cdots,n$，$m_i^q(\tilde{X})=\max\left[f_i^q(\tilde{X}),g_i^q(\tilde{X})\right]=\frac{1}{2}\left[f_i^q(\tilde{X})+g_i^q(\tilde{X})\right]+\frac{1}{2}\left|f_i^q(\tilde{X})-g_i^q(\tilde{X})\right|$。

由实数 Stone-Weierstrass 定理可知，$\tilde{P}[\sigma]$中的函数$H(\tilde{X})$可以任意地一致逼近函数$\frac{1}{2}\left|f_i^q(\tilde{X})-g_i^q(\tilde{X})\right|$，这也表示$H(\tilde{X})$可以一致逼近函数$m_i^q(\tilde{X})$，因此函数$M(\tilde{X})$的组成部分可以被$H(\tilde{X})$一致逼近。通过增加多余的项，整实数函数的系数得到适当的调整，我们可以得到一个模糊多项式，即

$$\forall\tilde{X}\in F_{oc}^{in}(R),H(\tilde{X})=\left\{\left[h_n^1(\tilde{X}),h_n^2(\tilde{X})\right];h_0^1(\tilde{X}),\cdots,h_{n-1}^1(\tilde{X}),h_{n-1}^2(\tilde{X}),\cdots,h_0^2(\tilde{X})\right\}$$

使得$D\left[M(\tilde{X}),H(\tilde{X})\right]<\varepsilon$，其中

$$h_q^i(x_i^1,x_i^2)=\sum_{j=1}^{p}\tilde{V}_j(h,i,q)\cdot\sigma\left[u_j\cdot x_i^1+u_j\cdot x_i^2+\tilde{\theta}_j(h,i,q)\right]$$

即$\tilde{P}[\sigma]$是$\max\left[F(\tilde{X}),G(\tilde{X})\right]$的通用逼近器，同理可证$\tilde{P}[\sigma]$是$\min\left[F(\tilde{X}),G(\tilde{X})\right]$的通用逼近器，定理得证。

采用归纳法，我们可以将**定理 11.15** 的情况推广。设$F_1(X),\cdots,F_n(X)\in\tilde{P}[\sigma]$，$i=0,1,\cdots,n$，则$\tilde{P}[\sigma]$分别是$F_i(\tilde{X})$的上包线函数$M(\tilde{X})=\max(F_i(\tilde{X}))$和下包线函数$m(\tilde{X})=\min(F_i(\tilde{X}))$的通用逼近器。

引理 11.15 设$\tilde{A},\tilde{B},\tilde{C},\tilde{D}\in F_{oc}^{in}(R)$，且$\tilde{A}\subset\tilde{B}\Rightarrow\tilde{C}\subset\tilde{D}$，$\tilde{B}\subset\tilde{A}\Rightarrow\tilde{D}\subset\tilde{C}$，则存在$F_{nn}(\tilde{X})\in\tilde{P}[\sigma]$，使得$F_{nn}(\tilde{A})=\tilde{C}$，$F_{nn}(\tilde{B})=\tilde{D}$。

引理 11.15 可以通过解方程的形式加以证明，此处略。

定理 11.16 设$F:F_{oc}^{in}(R)\to F_{oc}^{in}(R)$是连续模糊函数，则$\tilde{P}[\sigma]$是$F$的通用逼近器，当且仅当$F$递增。

证明：必要性由**推论 11.5** 可得，此处只证明充分性。

任取$\varepsilon>0$和紧集$u\in F_{oc}^{in}(R),\forall\tilde{A}\subset\tilde{B}\in u$，设$\widetilde{C}=F(\tilde{A})$，$\tilde{D}=F(\tilde{B})$，则由**引理 11.15** 可知，

$F_{nn}\left(\tilde{A}\right)=\tilde{C}=F\left(\tilde{A}\right)$，$F_{nn}\left(\tilde{B}\right)=\tilde{D}=F\left(\tilde{B}\right)$。由函数$F_{nn}\left(\tilde{X}\right)$的连续性可知，存在一个包含$\tilde{B}$的开集$\wp\left(\tilde{B}\right)$，使得$\forall\tilde{X}\in\wp\left(\tilde{B}\right)\cap u$，$D\left[F\left(\tilde{X}\right),F_{nn}\left(\tilde{X}\right)\right]<\dfrac{\varepsilon}{4}$。因为 u 是紧集，所以存在有限多个点$\tilde{B}_1,\cdots,\tilde{B}_m\in F_{\mathrm{oc}}^{in}(R)$，它们对应的开集$\wp(\tilde{B}_1),\cdots,\wp(\tilde{B}_m)$覆盖 u。令$F_{nn}[\tilde{A}](\tilde{X})=\max[F_{nn}(\tilde{A},\tilde{B}_1),\cdots,F_{nn}(\tilde{A},\tilde{B}_m)]$，由**引理 11.15** 可知，存在$T\left(\tilde{A}\right)\in\tilde{P}[\sigma]$，使得$\forall\tilde{X}\in u$，$D\left[F_{nn}\left[\tilde{A}\right]\left(\tilde{X}\right),T\left[\tilde{A}\right]\left(\tilde{X}\right)\right]<\dfrac{\varepsilon}{4}$，又对于$\tilde{X}\in F_{\mathrm{oc}}^{in}(R)$，若令

$$\begin{cases}F\left(\tilde{X}\right)=\left\{\left[f_n^1\left(\tilde{X}\right),f_n^2\left(\tilde{X}\right)\right];f_0^1\left(\tilde{X}\right),\cdots,f_{n-1}^1\left(\tilde{X}\right),f_{n-1}^2\left(\tilde{X}\right),\cdots,f_0^2\left(\tilde{X}\right)\right\}\\F_{nn}\left[\tilde{A}\right]\left(\tilde{X}\right)=\left\{\left[r_n^1\left(\tilde{X}\right),r_n^2\left(\tilde{X}\right)\right];r_0^1\left(\tilde{X}\right),\cdots,r_{n-1}^1\left(\tilde{X}\right),r_{n-1}^2\left(\tilde{X}\right),\cdots,r_0^2\left(\tilde{X}\right)\right\}\\T\left[\tilde{A}\right]\left(\tilde{X}\right)=\left\{\left[t_n^1\left(\tilde{X}\right),t_n^2\left(\tilde{X}\right)\right];t_0^1\left(\tilde{X}\right),\cdots,t_{n-1}^1\left(\tilde{X}\right),t_{n-1}^2\left(\tilde{X}\right),\cdots,t_0^2\left(\tilde{X}\right)\right\}\end{cases}$$

则对于$\forall\tilde{X}\in u$，$q=1,2$，$i=0,1,\cdots,n$，$-\dfrac{\varepsilon}{4}<r_i^q\left[\tilde{A}\right]\left(\tilde{X}\right)-t_i^q\left(\tilde{X}\right)<\dfrac{\varepsilon}{4}$成立。又因为

$$\begin{aligned}r_i^q\left[\tilde{A}\right]\left(\tilde{X}\right)&=\max\left[F_{nn}\left(\tilde{A},\tilde{B}_1\right)\left(\tilde{X}\right),\cdots,F_{nn}\left(\tilde{A},\tilde{B}_m\right)\left(\tilde{X}\right)\right]\\&=\max\left[F\left(\tilde{A},\tilde{B}_1\right)\left(\tilde{X}\right),\cdots,F\left(\tilde{A},\tilde{B}_m\right)\left(\tilde{X}\right)\right]\end{aligned}$$

故$r_i^q\left[\tilde{A}\right]\left(\tilde{X}\right)-t_i^q\left(\tilde{X}\right)=\max\left[f_i^q\left(\tilde{X}\right)-t_i^q\left(\tilde{X}\right)\right]<\dfrac{\varepsilon}{4}$，即$f_i^q\left(\tilde{X}\right)-t_i^q\left(\tilde{X}\right)<\dfrac{\varepsilon}{4}$。

同理，存在一个包含$\tilde{A}$的开集$\wp\left(\tilde{A}\right)$，使得$\forall\tilde{X}\in\wp\left(\tilde{A}\right)\cap u$，$D\left[F\left(\tilde{X}\right),F_{nn}\left(\tilde{X}\right)\right]<\dfrac{\varepsilon}{4}$，因为$u$是紧集，所以存在有限多个点$\tilde{A}_1,\cdots,\tilde{A}_m\in F_{\mathrm{oc}}^{in}(R)$，它们对应的开集$\wp\left(\tilde{A}_1\right),\cdots,\wp\left(\tilde{A}_m\right)$覆盖$u$。令$F_{nn}\left[\tilde{B}\right]\left(\tilde{X}\right)=\min\left[F_{nn}\left(\tilde{A}_1,\tilde{B}\right),\cdots,F_{nn}\left(\tilde{A}_m,\tilde{B}\right)\right]$，由**引理 11.15** 可知，存在$T\left(\tilde{B}\right)\in\tilde{P}[\sigma]$，使得$\forall\tilde{X}\in u$，$D\left[F_{nn}\left[\tilde{B}\right]\left(\tilde{X}\right),T\left[\tilde{B}\right]\left(\tilde{X}\right)\right]<\dfrac{\varepsilon}{4}$，与上述相似可得$f_i^q\left(\tilde{X}\right)-t_i^q\left(\tilde{X}\right)>-\dfrac{\varepsilon}{4}$。又因为$f_i^q\left(\tilde{X}\right)-t_i^q\left(\tilde{X}\right)<\dfrac{\varepsilon}{4}$，故$\left|f_i^q\left(\tilde{X}\right)-t_i^q\left(\tilde{X}\right)\right|<\dfrac{\varepsilon}{4}$。因此$\forall\tilde{X}\in u$，$D\left[F\left(\tilde{X}\right),T\left(\tilde{X}\right)\right]<\dfrac{\varepsilon}{4}$，故$T\in\tilde{P}[\sigma]$是$F\left(\tilde{X}\right)$的通用逼近器，定理得证。

引理 11.16 设紧集$u\subset F_{\mathrm{oc}}(R)$，对于任意$\varepsilon>0$，都存在$n\in N$，使得$\forall\tilde{A}\in F_{\mathrm{oc}}(R)$，$D\left[\tilde{A},Z_n\left(\tilde{A}\right)\right]<\varepsilon$。

定理 11.17 设$F:F_{\mathrm{oc}}(R)\to F_{\mathrm{oc}}^{in}(R)$是连续模糊函数，则$\tilde{Z}[\sigma]$是$F$的通用逼近器，当且仅当$F$递增。

定理 11.17 的必要性由**推论 11.5** 可得，充分性证明与**定理 11.16** 类似，此处不再赘述。

11.4 模糊化神经网络的学习算法

模糊化神经网络是指 FNN 的输入、输出及权值都是模糊集合，可以将其视为一种纯模糊系统，模糊集合输入通过系统内部的模糊集合关系产生模糊输出。模糊化神经网络的拓扑结构基本和前馈神经网络相似。折线 FNN 和正则 FNN 是模糊化神经网络的两种重要类型，这里的

正则 FNN 主要是指普通前馈神经网络的模糊化，其拓扑结构与对应的普通神经网络相同，而内部运算基于 Zadeh 扩展原理，折线 FNN 是正则 FNN 的一种改进模型，二者主要区别在于内部运算规则和输入、输出不同。本节将对这两种模糊化神经网络的学习算法展开讨论。

正则 FNN 由于输入、权值和阈值均为模糊数，因此其权值和阈值的学习算法的设计比普通神经网络困难得多，解决这一问题的基本思想仍然是先定义合适的误差函数，然后由此设计权值和阈值的迭代格式。这里，通常采用的方法大体上分为两种：一种是利用模糊集合的截集，称为 $\alpha-$截学习算法；另一种是利用 GA 求得误差函数的极小值，从而得出对应的模糊权值和阈值，称为模糊权值遗传算法。不管是模糊权值的 $\alpha-$截学习算法还是 GA，其适应范围都十分有限，只对极少数模糊数有效，甚至限制权值为正或为负的模糊数，这无疑限制了该方法在实际中的有效应用，将其推广到较为一般的模糊数是模糊化神经网络学习算法的相关研究必须解决的问题。为此，本节为折线 FNN 和正则 FNN 分别提出了一种新的学习算法，并将其应用到模糊控制中。

11.4.1 折线 FNN 的学习算法

折线 FNN 是指网络的权值和阈值在 $F_{oc}^{in}(R)$ 中取值，而内部运算基于重新定义的 Zadeh 扩展原理的一类网络系统。折线 FNN 一般具有以下优点。

（1）比起基于 Zadeh 扩展原理的正则 FNN，能被折线 FNN 以任意精度逼近的模糊函数必须满足的等价条件简化了很多，从而更方便实际应用。

（2）和处理三角形模糊数信息的 FNN 一样，比较容易设计并实现权值的学习算法。

（3）因为能直接处理模糊信息，所以比一般模糊系统拥有更强的近似实现输入、输出系统的能力。

（4）拥有比正则 FNN 更强的泛逼近性和学习能力。例如，正则 FNN 对连续递增的模糊函数不具有泛逼近性，而折线 FNN 具有。

因此本章将继续研究折线 FNN，为该网络设计调整权值的新的学习算法。一个折线模糊数由满足一定序关系的有限点唯一确定，所以研究折线 FNN 的学习算法的主要目标就是确定满足相应大小关系的有限点的值。因为折线 FNN 的内部运算基于重新定义的扩展原理，故该系统 I/O 关系的基础是区间运算，因此相关的讨论首先要解决的是定义合适的误差函数 $E(\cdot)$，以及误差函数 $E(\cdot)$ 关于网络中的可调整参数的所有偏导数的相关计算方法，同样 $\vee$-$\wedge$ 函数在这里扮演了一个基本角色。本节基于遗传算法或量子遗传算法为折线 FNN 设计了两种新的模糊共轭梯度算法。

在折线 FNN 的算法设计中，分别引入了遗传算法和量子遗传算法对学习参数进行优化，对于遗传算法和量子遗传算法的运算流程此处没有详细阐述，具体请参考其他文献。

在折线 FNN 的算法设计中，分别引入了遗传算法和量子遗传算法对学习参数进行优化，因此在开始算法研究前，先简单回顾这两种算法。

1）遗传算法。

遗传算法是一种宏观意义下的仿生算法，它将一切生命与智能的产生与进化过程作为仿制机制，模拟达尔文的“优胜劣汰、适者生存”的基本原理，尽量鼓励产生好的结构，它还通过模拟孟德尔遗传变异理论，在迭代过程中保持已有的最优结构，同时寻找更好的结构。下面对遗传算法的运算流程进行阐述。

遗传算法模拟了自然界中选择和遗传中发生的复制、交叉和变异等现象，它从任意初始群体（Population）出发，采用随机选择、交叉和变异等操作，产生一群更加适应环境的个体，使得群体进化到搜索空间中越来越好的区域，从而不断繁衍进化，最后收敛到一群最适应环境的个体（Individual），获得问题的最优解。下面我们看看遗传算法的基本运算流程。

完整的遗传算法运算流程如图 11.7 所示，可以看出，遗传算法的进化操作过程简单，容易理解。

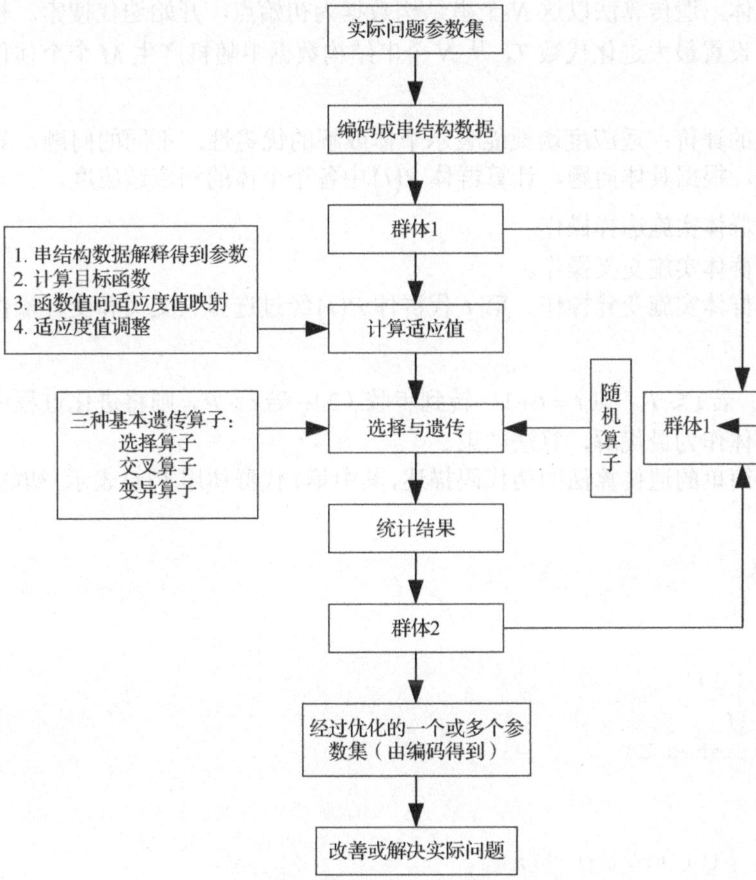

图 11.7　完整的遗传算法运算流程

遗传算法有选择（Selection）、交叉（Crossover）及变异（Mutation）三种基本操作，具体如下。

（1）选择。该操作的目的是首先从当前群体中挑选出若干优良个体，使它们有机会能够作为父代为下一代繁衍后代。然后根据各个个体的适应度值，按照既定的规则或方法从上一代群体中选择一些较为优良的个体遗传到下一代群体。遗传算法采用选择操作体现这一思想，其中选择的原则是：适应性越强的个体为下一代繁衍后代的概率越大。

（2）交叉。该操作是遗传算法中最主要的遗传操作之一。通过交叉操作能够获得新一代个体，而新一代个体总是具备父代的特征。之后将群体内的各个个体随机搭配成对，将每个个体以一定概率（交叉概率）交换它们之间的部分染色体。交叉操作体现的是信息交换的思想。

（3）变异。该操作首先在群体中随机挑中一个个体，对于挑中的个体采用一定的概率随机地更改串结构数据中某个串的值，即对群体中的每个个体，以某一变异概率更改某个或某些基因座上的基因值成为其他等位基因。遗传算法中发生变异的概率较低，这和生物界是一样的，变异为产生新个体提供了可能。

由图 11.7 可以看出，遗传算法的运算步骤主要如下。

（1）编码：解空间中的解数据 x 是遗传算法的表现型形式。从表现型到基因型的映射过程被称为编码。遗传算法在搜索之前，首先将解空间的解数据表示为遗传空间的基因型串结构数据，这些串结构数据的不同组合将构成搜索空间中不同的点。

（2）初始化：随机产生 N 个初始串结构数据，其中每个串结构数据称为一个个体，这 N 个个体构成一个群体。遗传算法以这 N 个串结构数据为初始点，开始迭代搜索。初始化进化代数计数器 $t=0$，设置最大进化代数 T，从 N 个串结构数据中随机产生 M 个个体作为初始群体 $P(0)$。

（3）适应度值的评价：适应度函数能表示个体或解的优劣性。不同的问题，其适应度函数的定义方式不同。根据具体问题，计算群体 $P(t)$ 中各个个体的相应适应度。

（4）选择：对群体实施选择操作。

（5）交叉：对群体实施交叉操作。

（6）变异：对群体实施变异操作。第 t 代群体 $P(t)$ 经过选择、交叉和变异操作后获得下一代群体 $P(t+1)$。

（7）终止条件：若 $t \leqslant T$，则 $t=t+1$，转到步骤（2）；若 $t>T$，则将进化过程中得到的具有最大适应度的个体作为最优解，算法结束。

下面给出一个简单的遗传算法的伪代码描述，其中第 t 代群体用 $P(t)$ 表示，初始群体 $P(0)$ 是随机设计的。

```
Procedure GA
Begin
t=0;
initialize p(t);
evaluate p(t);
while not finished do
  begin
       t=t+1;
       select p(t) fromp(t-1);
       reproduce pairs in p(t);
evaluate p(t);
end
end
```

2）量子遗传算法

Narayanan A 和 Mark M 等人于 1996 年提出了量子遗传算法（QGA）的概念，以量子计算理论为基础，是一种量子计算理论与进化算法相结合的概率搜索优化算法。

量子遗传算法是一种基于量子位的新的编码方法。在量子遗传算法中，最小的信息单元采用量子位表示，量子位又被称为量子比特，一个量子位不仅能够表示 0 和 1 两种状态，而且能够同时表示这两种状态之间的任意叠加状态。也就是说，一个量子位可能处于 $|1>$ 和 $|0>$ 的不同叠加态 $|1>$ 或 $|0>$，或者处于二者之间的任意中间态，因此一个量子位的状态 $|\Psi>$ 可表示为

$$|\Psi>=\alpha|0>+\beta|1>$$

式中，α 和 β 分别是 $|0>$ 和 $|1>$ 的概率幅，并且满足下列归一化条件，即

$$\alpha^2+\beta^2=1$$

式中，α^2 表示量子态观测值为 0 的概率；β^2 表示量子态观测值为 1 的概率。若一个系统有 m 个量子位，则该系统包含的信息具有 2^m 个状态。最基本的量子遗传算法的结构描述如下。

（1）初始化。产生包含 n 个个体的初始群体 $P(t)=\left\{\boldsymbol{p}_1^t,\boldsymbol{p}_2^t,\cdots,\boldsymbol{p}_j^t\right\}$，其中 $\boldsymbol{p}_j^t$，$j=1,2,\cdots,n$ 是群体中第 t 代的一个个体，并且

$$\boldsymbol{p}_j^t=\begin{bmatrix}\alpha_1^t & \alpha_2^t & \cdots & \alpha_m^t\\ \beta_1^t & \beta_2^t & \cdots & \beta_m^t\end{bmatrix}$$

式中，m 为量子位数目，即量子染色体的长度。初始时所有 α_i,β_i，$i=1,2,\cdots,m$ 都为 $\dfrac{1}{\sqrt{2}}$。

（2）依据群体 $P(t)$ 中概率幅的取值情况，构造 $R(t)$，其中 $R(t)=\left\{a_1^t,a_2^t,\cdots,a_j^t\right\}$，而 a_j^t 是长度为 m 的二进制串。

（3）使用适应度值评价函数评价 $R(t)$ 中的每个个体，并保留此代的最优个体。如果获得了满意解，那么算法终止，否则，转到步骤（4）。

（4）采用恰当的量子门 $U(t)$ 来更新 $P(t)$。

（5）遗传代数 $t=t+1$，算法转至步骤（2）继续进行。

11.4.2 折线 FNN 的模糊学习算法

下面我们将为折线 FNN 设计相应的模糊学习算法。由于折线 FNN 内部的运算建立在区间运算的基础上，因此我们先简单介绍一下区间运算。

1）区间运算

假设有闭区间 $\left[a^L,a^U\right],\left[b^L,b^U\right]$，用运算符“*”代表“+”“−”“·（或×）”“÷”这 4 种运算，我们给出如下定义

$$\left[a^L,a^U\right]*\left[b^L,b^U\right]=\left[\inf\left\{x*y|x\in\left[a^L,a^U\right],y\in\left[b^L,b^U\right]\right\},\sup\left\{x*y|x\in\left[a^L,a^U\right],y\in\left[b^L,b^U\right]\right\}\right]$$

容易验证

$$\left[a^L,a^U\right]+\left[b^L,b^U\right]=\left[a^L+b^L,a^U+b^U\right]$$

$$\left[a^L,a^U\right]-\left[b^L,b^U\right]=\left[a^L-b^U,a^U-b^L\right]$$

$$\left[a^L,a^U\right]\times\left[b^L,b^U\right]=\left[c^L,c^U\right]$$

其中

$$c^L=\min\left\{a^L\cdot b^L,a^L\cdot b^U,a^U\cdot b^L,a^U\cdot b^U\right\}$$

$$c^U=\max\left\{a^L\cdot b^L,a^L\cdot b^U,a^U\cdot b^L,a^U\cdot b^U\right\}$$

若 $0\notin\left[b^L,b^U\right]$，则

$$\frac{1}{\left[b^L,b^U\right]}=\left[\frac{1}{b^U},\frac{1}{b^L}\right],\left[a^L,a^U\right]\div\left[b^L,b^U\right]=\left[a^L,a^U\right]\cdot\left[\frac{1}{b^L},\frac{1}{b^U}\right]$$

如果 $f:R\to R$ 是单调函数，那么 f 可被扩展为 $f\left(\left[a^L,a^U\right]\right)=\left[f\left(a^L\right)\wedge f\left(a^U\right),f\left(a^L\right)\vee f\left(a^U\right)\right]$。

折线 FNN 的学习过程实际上是一种监督学习，其本质是采用监督学习的方式求解一个二次最优化问题，因此我们可以借鉴神经网络中多层感知机有关监督训练的学习算法，将其加以改造应用于折线 FNN 的学习训练，本节的目的就在于此。在二次最优化方法中，我们知道共轭梯度算法或许是能应用于大规模问题的唯一方法。由于折线 FNN 的学习中设计的参数调整众多，因此下面我们先将神经网络中的普通共轭梯度算法改造成一个基本的模糊共轭梯度（FCG）算法，然后基于遗传算法或量子遗传算法，给出两种不同的模糊共轭梯度算法，并将它们分别用来调整和学习折线 FNN 的权值和阈值。多层感知机中有监督训练的普通共轭梯度算法参考有关文献，此处不再赘述。

2）折线 FNN 的有效学习算法

由于折线 FNN 和多层感知机有所不同，折线 FNN 的输入、输出及权值都是模糊数，因此我们必须将上述共轭梯度算法加以调整，使得算法能够处理模糊信息。下面对模糊共轭梯度算法加以改造，基于遗传算法或量子遗传算法，分别设计折线 FNN 的两种新的学习算法。

要学习调整折线 FNN 的权值和阈值各个参数，首先需要定义合适的误差函数 $E(\cdot)$，然后计算误差函数 $E(\cdot)$ 关于各调节参数的所有偏导数，并由此设计各参数的迭代格式。下面分析该学习算法的基本构造过程。

在折线 FNN 中，$\left[\tilde{X}(1),\tilde{Y}(1)\right],\cdots,\left[\tilde{X}(L),\tilde{Y}(L)\right]$ 是用于训练的模糊模式对集，即当折线 FNN 的输入为 $\tilde{X}(l)$ 时，网络的相应期望输出是 $\tilde{Y}(l)$，而假定 $\tilde{O}(l)$ 是网络的实际输出，即 $\tilde{O}(l)=F\left[\tilde{X}(l)\right]$，其中 $l=1,\cdots,L$。对折线 FNN 采用监督学习训练，我们的主要目标是对于 $l=1,\cdots,L$，使得 $\tilde{O}(l)$ 近似等于 $\tilde{Y}(l)$，采用的方法是调节网络的模糊权值 $\tilde{U}_j$、$\tilde{V}_j$ 和 $\tilde{\theta}_j$。对 $l=1,\cdots,L$，记

$$\begin{cases}\tilde{X}(1)=\left\{\left[x_n^1(l),x_n^2(l)\right];x_0^1(l),\cdots,x_{n-1}^1(l),x_{n-1}^2(l),\cdots,x_0^2(l)\right\}\\ \tilde{Y}(1)=\left\{\left[y_n^1(l),y_n^2(l)\right];y_0^1(l),\cdots,y_{n-1}^1(l),y_{n-1}^2(l),\cdots,y_0^2(l)\right\}\\ \tilde{O}(1)=\left\{\left[o_n^1(l),o_n^2(l)\right];o_0^1(l),\cdots,o_{n-1}^1(l),o_{n-1}^2(l),\cdots,o_0^2(l)\right\}\end{cases}$$

为了方便对误差函数 $E(\cdot)$ 求偏导数，下面引进折线模糊数 $\tilde{X},\tilde{Y}\in F_{\text{oc}}^{in}(R)$ 的另一种度量

$$D_{\text{E}}\left(\tilde{X},\tilde{Y}\right)=\left\{\sum_{i=1}^{n}\left[d_{\text{E}}\left(\left[x_i^1,y_i^1\right],\left[x_i^2,y_i^2\right]\right)\right]\right\}^{\frac{1}{2}} \tag{11.55}$$

式中，$\tilde{X}=\left\{\left[x_n^1,x_n^2\right];x_0^1,\cdots,x_{n-1}^1,x_{n-1}^2,\cdots,x_0^2\right\}$；$\tilde{Y}=\left\{\left[y_n^1,y_n^2\right];y_0^1,\cdots,y_{n-1}^1,y_{n-1}^2,\cdots,y_0^2\right\}$。由度量 D_{H} 与 D_{E} 的等价性及式（11.16）容易证明，度量 D_{E} 与 D 相互等价。定义误差函数为

$$E=\frac{1}{2}\left\{\sum_{l=1}^{L}D_{\text{E}}\left[\tilde{O}(l),\tilde{Y}(l)\right]^2\right\}=\frac{1}{2}\sum_{l=1}^{L}\left\{\sum_{i=0}^{n}\left[d_{\text{E}}\left(\left[o_i^1(l),y_i^1(l)\right],\left[o_i^2(l),y_i^2(l)\right]\right)\right]^2\right\} \tag{11.56}$$

显然，E=0 当且仅当对于任意 $l=1,\cdots,L$，都有 $\tilde{O}(l)$=$\tilde{Y}(l)$。由于对称折线模糊数由有限个数唯一决定，因此设计规则来调整更新这些参数，最后将结果重新组合得出新的折线模糊数，据此可以通过学习得出相应的模糊权值和阈值。

将所有可调节参数 $v_i^q(j)$，$u_i^q(j)$，$\theta_i^q(j)$，$i=0,1,\cdots,n$，$j=1,\cdots,p$，$q=1,2$ 写成一个统一向量 $\boldsymbol{W}$，从而由式（11.56）定义的误差函数 E 可表示为 $E(\boldsymbol{W})$，其中

$$W=\begin{bmatrix} u_0^1(1),\cdots,u_0^2(1),\cdots,u_0^1(p),\cdots,u_0^2(p),v_0^1(1),\cdots,v_0^2(1),\cdots,v_0^1(p),\cdots, \\ v_0^2(p),\theta_0^1(1),\cdots,\theta_0^2(1),\cdots,\theta_0^1(p)\cdots,\theta_0^2(p) \end{bmatrix}$$

定理 11.18 设 E 是由式（11.56）定义的误差函数，则 $E=E(\boldsymbol{W})$ 在 R^N 中关于 Lebesgue 测度几乎处处可微，$\text{lor}(x)$为如下形式的函数

$$\text{lor}(x)=\begin{cases}1, & x>0\\ 0.5, & x=0\\ 0, & x<0\end{cases}$$

而且对于 $l=1,\cdots,L$，$i=0,\cdots,n$，$j=1,\cdots,p$，$q=1,2$，若记

$$D_i^1(j,l)=\sigma'\left[s_i^1(j,l)\right]v_i^1(j)\cdot\text{lor}\left[v_i^1(j)\right]$$
$$D_i^2(j,l)=\sigma'\left[s_i^2(j,l)\right]v_i^1(j)\cdot\text{lor}\left[-v_i^1(j)\right]$$
$$D_i^3(j,l)=\sigma'\left[s_i^1(j,l)\right]v_i^2(j)\cdot\text{lor}\left[-v_i^2(j)\right]$$
$$D_i^4(j,l)=\sigma'\left[s_i^2(j,l)\right]v_i^2(j)\cdot\text{lor}\left[v_i^2(j)\right]$$
$$t_i^1(l)=o_i^1(l)-y_i^1(l),t_i^2(l)=o_i^2(l)-y_i^2(l),$$
$$\underline{k}(j,l)=\{u_i^1(j)x_i^1(l)\}\wedge\{u_i^2(j)x_i^1(l)\}-\{u_i^1(j)x_i^2(l)\}\wedge\{u_i^2(j)x_i^2(l)\}$$
$$\overline{k}(j,l)=\{u_i^1(j)x_i^1(l)\}\vee\{u_i^2(j)x_i^1(l)\}-\{u_i^1(j)x_i^2(l)\}\vee\{u_i^2(j)x_i^2(l)\}$$

则对于每个 $i=0,\cdots,n$，$j=1,\cdots,p$，$q=1,2$，都有

$$\frac{\partial E}{\partial v_i^q(j)}=\sum_{l=1}^{L}t_i^q(l)\cdot\left\{\text{lor}\left[-v_i^q(j)\right]\sigma\left[s_i^{3-q}(j,l)\right]+\text{lor}\left[v_i^q(j)\right]\sigma\left[s_i^q(j,l)\right]\right\} \quad (11.57)$$

$$\frac{\partial E}{\partial \theta_i^q(j)}=\sum_{l=1}^{L}\left\{t_i^1(l)\text{lor}\left[(-1)^{q+1}v_i^1(j)\right]v_i^1(j)+t_i^2(l)\text{lor}\left[(-1)^q v_i^2(j)\right]v_i^2(j)\right\}\sigma'\left[s_i^q(j,l)\right] \quad (11.58)$$

$$\begin{aligned}\frac{\partial E}{\partial u_i^q(j)}=\sum_{l=1}^{L}\Big(&\left[t_i^1(l)D_i^1(j,l)+t_i^2(l)D_i^3(j,l)\right]\Big\{\text{lor}\left[\underline{k}(j,l)\right]\text{lor}\left[(-1)^{q+1}x_i^2(l)\right]x_i^2(l)\\&+\text{lor}\left[-\underline{k}(j,l)\right]\text{lor}\left[(-1)^{q+1}x_i^1(l)\right]x_i^1(l)\Big\}+\left[t_i^1(l)D_i^2(j,l)+t_i^2(l)D_i^4(j,l)\right]\\&\times\Big\{\text{lor}\left[\overline{k}(j,l)\right]\text{lor}\left[(-1)^q x_i^1(l)\right]x_i^1(l)+\text{lor}\left[-\overline{k}(j,l)\right]\text{lor}\left[(-1)^q x_i^2(l)\right]x_i^2(l)\Big\}\Big)\end{aligned} \quad (11.59)$$

定理的证明此处略。

设计由式（11.57）～式（11.59）定义的折线 FNN 的学习算法的关键是确定参数向量 $\boldsymbol{W}$ 的迭代格式，以及 $v_i^q(j)$、$u_i^q(j)$ 和 $\theta_i^q(j)$ 的迭代规律。下面的模糊共轭梯度算法就是经过调整后的算法，适合 FNN 模糊权值的学习训练。算法在每次迭代中的学习率 η 都得到合理调节，并且在时间 n，我们采用遗传算法和量子遗传算法来寻找学习率 η 的最小值，从而迭代序列将收敛到误差函数 $E(\boldsymbol{W})$ 的全局最小点。利用**定理 11.18** 给出的偏导数，可以得到如下基本的模糊共轭梯度算法。

算法 11.2　基本的模糊共轭梯度算法

（1）令迭代时间 t=1，随机初始化权值向量 $\boldsymbol{W}=\boldsymbol{W}[1]=(\boldsymbol{W}_1,\cdots,\boldsymbol{W}_N)$，保证 $\boldsymbol{W}$ 的每列向量

都是一个折线模糊数，令误差精度$\varepsilon = 0.001$。

（2）对于$\boldsymbol{W}[1]$，根据定理 11.18，计算对应的梯度向量$\boldsymbol{E}(\boldsymbol{W}[1])$。

（3）令方向向量$\boldsymbol{h}(1) = -\boldsymbol{E}(\boldsymbol{W}[1])$，$\boldsymbol{v}(1) = -\boldsymbol{E}(\boldsymbol{W}[1])$。

（4）计算数值$\eta[t] > 0 : \eta[t] = \max\{\eta > 0 | \boldsymbol{E}(\boldsymbol{W}[t]) + \lambda \boldsymbol{h}[t] \text{对} \lambda \in (0, \eta] \text{递减}\}$。

（5）判断$\boldsymbol{v}(n) \leqslant \varepsilon$，若是，则转到步骤（9），否则转到步骤（6）。

（6）令$\boldsymbol{W}[t+1] = \boldsymbol{W}[t] + \eta[t]\boldsymbol{h}(t)$，并将 $\boldsymbol{W}[t+1]$的每列向量进行重新排序成为新的折线模糊数。

（7）对于$\boldsymbol{W}[t+1]$，根据**定理 11.18**，计算对应的梯度向量$\boldsymbol{E}(\boldsymbol{W}[t+1])$。

（8）令$\boldsymbol{v}(t+1) = -\boldsymbol{E}(\boldsymbol{W}[t+1])$，$\boldsymbol{h}(t+1) = \boldsymbol{v}(t+1) + \beta[t+1] * \boldsymbol{h}(t)$，其中$\beta[t+1] = \max\left\{0, \dfrac{\boldsymbol{v}'(t+1)[\boldsymbol{v}(t+1) - \boldsymbol{v}(t)]}{\boldsymbol{v}'(t)\boldsymbol{v}(t)}\right\}$。令 t=t+1，转到步骤（4）。

（9）输出权值向量 $\boldsymbol{W}$ 和实际输出 O。

实现上述基本模糊共轭梯度算法的关键因素之一是求得学习率$\eta[t]$，求解$\eta[t]$可以通过以下带约束的极值问题来实现

$$\begin{cases} \boldsymbol{E}(\boldsymbol{W} + \eta h) = \min\limits_{\lambda > 0} \boldsymbol{E}(\boldsymbol{W} + \lambda h) \\ \text{Subject to} \begin{cases} \boldsymbol{E}(\boldsymbol{W}) - \boldsymbol{E}(\boldsymbol{W} + \lambda h) + \lambda b_1 \cdot h, \nabla \boldsymbol{E}(\boldsymbol{W}) \geqslant 0 \\ \langle h, \nabla \boldsymbol{E}(\boldsymbol{W} + \lambda h) \rangle - b_2 \cdot \langle h, \nabla \boldsymbol{E}(\boldsymbol{W}) \rangle \geqslant 0 \end{cases} \end{cases} \tag{11.60}$$

求解式（11.60）的方法很多，采用非精确线搜索如 Armijo-Goldstein （A-G）线搜索等可以求解得出最优的学习率$\eta[t]$，但是本节将采用遗传算法和量子遗传算法求解式（11.60）。

首先考虑$\boldsymbol{E}(\boldsymbol{W} + \lambda h) \geqslant 0$，将上述带约束问题转化为无约束形式，即

$$\max_{\lambda > 0}\{G(\lambda)\} \triangleq \max_{\lambda > 0}\left\{\frac{1}{1 + [1.1]^{\boldsymbol{E}(\boldsymbol{W} + \lambda h)}} \cdot \frac{1}{[1.1]^{C(\lambda)}}\right\} \tag{11.61}$$

其中

$$C(\lambda) = \left|\boldsymbol{E}(\boldsymbol{W}) - \boldsymbol{E}(\boldsymbol{W} + \lambda h) + \lambda b_1 \langle h, \nabla \boldsymbol{E}(\boldsymbol{W}) \rangle\right| + \left|\langle h, \nabla \boldsymbol{E}(\boldsymbol{W} + \lambda h) \rangle - b_2 \langle h, \nabla \boldsymbol{E}(\boldsymbol{W}) \rangle\right|$$

为了保证误差函数序列振荡不致过大，限定学习率$\eta \in (0, 0.2]$，下面我们首先采用遗传算法来求解式（11.61）。

遗传算法是一种优化搜索技术，是一种不严格地建立自然选择和自然进化相关概念基础上的非导数的随机优化技术。本节采用遗传算法[8]来求解式（11.61），遗传算法作为一种优化算法，将它嵌入**算法 11.1** 中寻求学习率的局部最优值毋庸置疑是可行的，其主要过程如下。

（1）编码。将每个学习率$\eta \in (0, 0.2]$近似地表示为一个固定长度的二进制数β。一个二进制串β就代表式（11.61）的一个可能解，所有可能解共同组成了式（11.61）的解空间S_0。

（2）初始化。设置进化过程中群体个体的总数为 n。从解空间 S_0 中随机选取 n 个点$\lambda(0, j)(j = 1, \cdots, n)$组成初始群体$P(0) = \{\lambda(0,1), \cdots, \lambda(0, n)\}$，并设置迭代次数 t=0，最大迭代次数 Max_gen=50。

（3）计算适应度。任取$\lambda(t, j) \in P(t)$，计算$G(\lambda(t, j))$，其中$P(t)$表示第 t 代群体。

（4）遗传选择。采用赌轮选择机制，个体 $\lambda(t,j)$ 生存概率为 $p_j = \dfrac{G(\lambda(t,j))}{\sum_{j'=1}^{n} G(\lambda(t,j'))}$，即第 t 代群体第 j 个个体 $\lambda(t,j)$ 被繁殖到下一代的概率是 p_j。

（5）遗传算子。从群体 $P(t)$ 中随机选取两两配对的个体 $[\lambda(t,j_1),\lambda(t,j_2)]$，设 C_r 是交叉算子，其中的交叉概率为 p_C，交叉算子将 $[\lambda(t,j_1),\lambda(t,j_2)]$ 变成两个新的个体 $[\lambda(t+1,j_1)$, $\lambda(t+1,j_2)]$ 的运算操作过程为

$$\begin{aligned}\lambda(t,j_1)&: 101|101 \xrightarrow{C_r} \lambda(t,j'_1): 101110\\ \lambda(t,j_2)&: 010|110 \quad\; \lambda(t,j'_2): 010101\end{aligned}$$

变异算子会使二进制串个体的某些基因位的值发生改变，变异概率一般选取较小的值，如 0.005。

（6）停止条件，重复步骤（3）～（5）直至找到满意的解或达到最大迭代次数。

量子遗传算法是一种新的遗传算法，是量子计算理论与进化算法相结合的一种概率搜索优化算法。量子遗传算法具有群体规模小、寻优能力强、计算时间短和收敛速度快等特点。为了加快**算法 11.1** 的收敛速度，我们首次将量子遗传算法用于 FNN 的学习算法，用于求解式(11.61)，寻求学习率 $\eta[t]$ 的局部最优值。用量子遗传算法求解式（11.62）的主要步骤如下。

（1）群体初始化。随机产生初始群体 Q：$Q_j = \begin{vmatrix}\alpha_{j1} & \alpha_{j2} & \cdots & \alpha_{jm}\\ \beta_{j1} & \beta_{j2} & \cdots & \beta_{jm}\end{vmatrix}$，其中 m 是群体规模，n 是量子染色体位数，初始化时 α_{ji}，β_{ji}，$i=1,2,\cdots,m$，均为 $1/\sqrt{2}$。设 t=0，初始化变异概率 P_m 与最大迭代次数 Max_gen。

（2）依据 Q 中各个个体的概率幅构造 Q 中各个个体的量子叠加态的对应观察态 R，$R=\{a_1,a_2,\cdots,a_n\}$，其中 a_j 是每个个体的观察状态，它是一个长度为 m 的二进制串，即 $a_j = b_1 b_2 \cdots b_m$。

（3）采用适应度函数评价群体中的所有个体。

（4）保留最优个体，同时判断算法是否达到最大迭代次数，若达到则算法终止，否则继续下一步。

（5）更新 Q，更新公式为 $Q_j^{t+1} = G(t)\cdot Q_j^t$，其中 Q_j^{t+1} 和 Q_j^t 分别为第 t+1 和 t 代群体的第 j 个个体的概率幅，$G(t)$是第 t 代群体的量子旋转门 $G=\begin{bmatrix}\cos\theta & -\sin\theta\\ \sin\theta & \cos\theta\end{bmatrix}$，$\theta = k\cdot h(\alpha,\beta)$ 是量子门的旋转角，$k=0.5\mathrm{e}^{-t/\mathrm{Max\_gen}}$，$t$ 是迭代次数，Max_gen 是最大迭代次数。函数 $h(\alpha,\beta)$ 的取值如表 11.5 所示。令 t=t+1，返回步骤（2）。

表 11.5　函数 $h(\alpha,\beta)$的取值

$d_1>0$	$d_2>0$	$h(\alpha_i,\beta_i)$	
		$\lvert\varrho_1\rvert>\lvert\varrho_2\rvert$	$\lvert\varrho_1\rvert<\lvert\varrho_2\rvert$
True	True	+1	−1
True	False	−1	+1
False	True	−1	+1
False	False	+1	−1

在表 11.5 中，α_1和β_1为最优解的概率幅，且$d_1=\alpha_1\cdot\beta_1$，$\varrho_1=\arctan\left(\dfrac{\alpha_1}{\beta_1}\right)$；$\alpha_2$和$\beta_2$为当前解的概率幅，且$d_2=\alpha_2\cdot\beta_2$，$\varrho_2=\arctan\left(\dfrac{\alpha_2}{\beta_2}\right)$。

1）仿真实验

采用上述基于遗传算法或量子遗传算法的两种模糊共轭梯度算法训练折线 FNN，并用训练好的折线 FNN 模拟一个 SISO 模糊推理模型，该推理模型可被应用于容器的水位控制和冶炼炉的炉温控制等一些实际控制问题。模糊推理规则库由 L 条模糊推理规则$\{R_L|l=1,\cdots,L\}$组成，其中R_L可由下列形式给出：IF t is $\tilde{X}(l)$，THEN s is $\tilde{Y}(l)$，其中$l=1,\cdots,L$。

假设 L=5，$\tilde{X}(l)$是模糊推理规则的前件模糊集合，$\tilde{Y}(l)$是后件模糊集合，且$\tilde{X}(l),\tilde{Y}(l)\in F_{oc}^{in}(R)$，其中 n=3。采用一个 I/O 关系来表示上述模糊推理的前件和后件，可得出用于训练折线 FNN 的学习算法的模糊模式对集为$M=\left\{\left[\tilde{X}(1),\tilde{Y}(1)\right],\cdots,\left[\tilde{X}(5),\tilde{Y}(5)\right]\right\}$。$\tilde{X}(l)$与$\tilde{Y}(l)$，$l=1,\cdots,5$，分别定义为如表 11.6 所示。

表 11.6　模糊模式对集

$\tilde{X}(l)$	$\tilde{Y}(l)$
$\tilde{X}(1)=([-0.2,0.1];-0.4,-0.3,0.2,0.5)$	$\tilde{Y}(1)=([0,0.05];0,0,0.2,0.35)$
$\tilde{X}(2)=([-0.1,0.7];-0.5,-0.4,0.8,1.1)$	$\tilde{Y}(2)=([0.35,0.45];0.05,0.2,0.6,0.75)$
$\tilde{X}(3)=([-0.2,1.3];-0.7,-0.4,1.4,1.7)$	$\tilde{Y}(3)=([0.75,0.85];0.45,0.6,1.0,1.15)$
$\tilde{X}(4)=([-0.4,1.9];-1.3,-0.6,2.0,2.3)$	$\tilde{Y}(4)=([1.15,1.25];0.85,1.0,1.4,1.55)$
$\tilde{X}(5)=([-1.0,2.4];-1.5,-1.2,2.4,2.4)$	$\tilde{Y}(5)=([1.55,1.6];1.25,1.4,1.6,1.6)$

转移函数σ：$R\to R$定义为

$$\forall x\in R,\sigma(x)=\begin{cases}\dfrac{x^2}{1+x^2}, & x\geqslant 0\\ 0, & x<0\end{cases}$$

取隐含层神经元个数 p=30，即用具有 30 个神经元的折线 FNN 来近似实现上述 SISO 模糊函数关系。利用遗传算法优化求解学习率时，选取群体规模 n=20，学习率$\eta\in(0,0.2]$，染色体长度 l=6，$b_1=0.4$，$b_2=0.45$，由于群体规模 n=20，故进化过程中不选取变异算子。为相互比较，采用量子遗传算法优化学习率时，选取类似的参数：群体规模 n=20 和量子染色体位数 l=6。

2）实验结果与分析

算法 11.1 采用遗传算法优化学习率时，迭代 200 次后折线 FNN 得到的实际输出为

$$\tilde{O}(1)=([0.0752,0.1080];0.0747,0.0751,0.1460,0.2894)$$

$$\tilde{O}(2)=([0.2886,0.4043];0.1072,0.2364,0.4671,0.6715)$$

$$\tilde{O}(3)=([0.6700,0.8151];0.4022,0.5998,0.8895,1.1171)$$

$$\tilde{O}(4)=([1.1152,1.2673];0.8115,1.0389,1.3430,1.5678)$$

$$\tilde{O}(5)=\left(\left[1.5655,1.6388\right];1.2623,1.4912,1.6392,1.6407\right)$$

算法 11.1 采用量子遗传算法优化学习率时，迭代 200 次后折线 FNN 得到的实际输出为

$$\tilde{O}'(1)=\left(\left[0.0753,0.1102\right];0.0746,0.0752,0.1509,0.3036\right)$$
$$\tilde{O}'(2)=\left(\left[0.3012,0.4218\right];0.1091,0.2464,0.4868,0.6953\right)$$
$$\tilde{O}'(3)=\left(\left[0.6908,0.8348\right];0.4183,0.6206,0.9083,1.1309\right)$$
$$\tilde{O}'(4)=\left(\left[1.1246,1.2697\right];0.8288,1.0516,1.3426,1.5571\right)$$
$$\tilde{O}'(5)=\left(\left[1.5492,1.6182\right];1.2618,1.4799,1.6202,1.6253\right)$$

通过比较上述实际输出与期望输出可知，不管是采用遗传算法还是量子遗传算法，所得的折线 FNN 都以较高精度实现了给定的模糊推理规则。

在学习过程中，嵌入遗传算法时，学习率 $\eta[\mathrm{t}]$ 随迭代次数变化的曲线如图 11.8 所示，嵌入量子遗传算法时，学习率 $\eta[t]$ 随时间变化的曲线如图 11.9 所示，而算法迭代过程中采用遗传算法或量子遗传算法优化时，其误差函数变化的曲线如图 11.10 所示。可见随着迭代的进行，两种模糊共轭梯度算法的误差均按照一定速度下降，经过不到 140 次迭代的误差函数即可收敛到全局最小点。为了方便比较，本节同时采用模糊 BP 算法对折线 FNN 进行了学习训练，并将训练好的折线 FNN 模拟仿真上述模糊推理过程，该算法迭代次数超过 200 次，而本节提出的基于遗传算法或量子遗传算法的模糊梯度算法的迭代次数不到 140 次，其收敛速度均快于模糊 BP 算法，具有一定优越性。

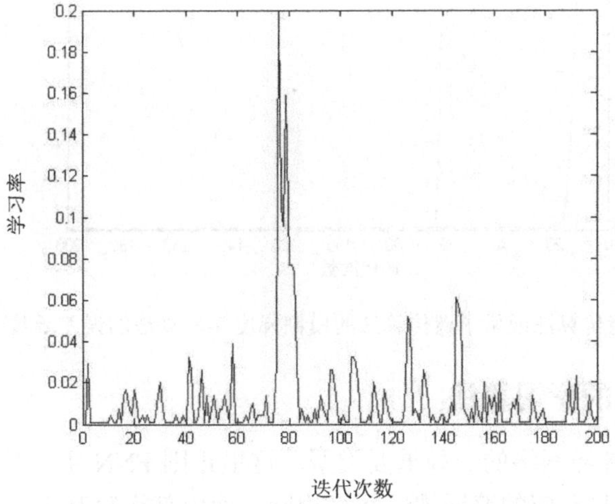

图 11.8 用遗传算法优化的学习率变化曲线

将本节提出的基于遗传算法或量子遗传算法的两种模糊梯度算法用于折线 FNN 的学习训练时，不需要手工设置学习率，节省了实际应用中的人力和时间，而且算法能够较快地收敛，便于折线 FNN 在实际应用领域中的推广。

本节在改造普通共轭梯度算法的基础上，为折线 FNN 设计了两种快速收敛的实现权值的学习算法：基于遗传算法或量子遗传算法的模糊共轭梯度算法，算法中分别采用遗传算法或量子遗传算法学习获取折线 FNN 的最优学习率，并将采用上述两种学习算法的折线 FNN 用于模糊推理的近似实现，仿真实验表明其效果优于普通的模糊 BP 算法。

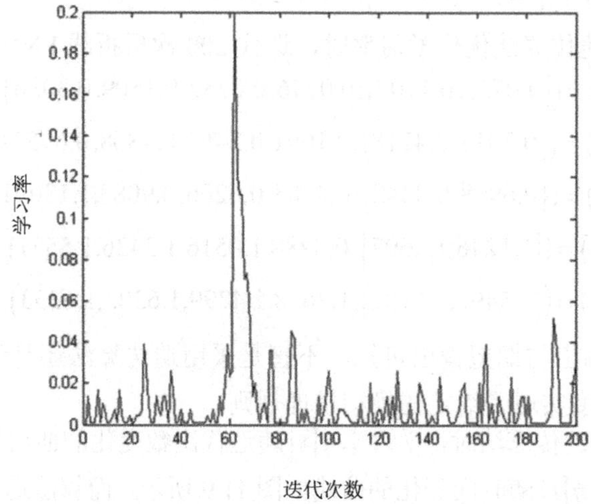

图 11.9 用量子遗传算法优化的学习率变化曲线

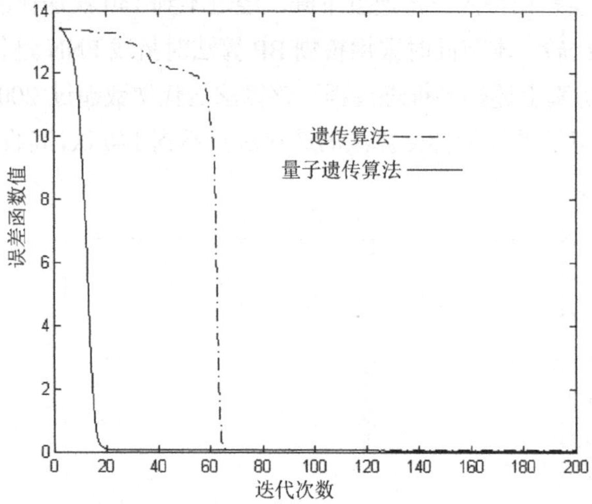

图 11.10 基于遗传算法或量子遗传算法的模糊梯度学习算法的误差函数变化曲线

11.4.3 正则 FNN 的学习算法

正则 FNN 是模糊化神经网络的一种重要类型，这里正则 FNN 主要是指普通前馈神经网络的模糊化，其拓扑结构与对应的普通神经网络相同，而内部运算基于 Zadeh 扩展原理。下面我们将为正则 FNN 提出一种基于极限学习机的学习算法，将其用于正则 FNN 的学习训练，以及模糊控制中逼近模糊控制规则。正则 FNN 的基本模型已在 11.1.3 节中阐述，其拓扑结构如图 11.3 所示，我们将其复制为图 11.11。极限学习机模型参考第 5 章，此处不再赘述。

在图 11.11 中，正则 FNN 具有多个输入和单个输出，多输入/多输出的正则 FNN 结构与此类似。图中，输入向量为 $\tilde{\boldsymbol{X}}=\left(\tilde{X}_1,\cdots,\tilde{X}_i,\cdots,\tilde{X}_n\right)\in F_0\left(R\right)$，目标输出是 $\tilde{O}$，网络输入层神经元 i 与隐含层神经元 j 之间的权值是 $\tilde{W}_{ij}\in F_0\left(R\right)$，而神经元 j 与输出神经元的权值是 $\tilde{V}_j\in F_0\left(R\right)$。设输入层与输出层神经元都是线性的，而隐含层神经元有转移函数 σ，记

$\tilde{\boldsymbol{W}}(j)=\left(\tilde{W}_{1j},\cdots,\tilde{W}_{dj}\right)$，$\tilde{\boldsymbol{X}}=\left(\tilde{X}_1,\cdots,\tilde{X}_d\right)$，则由图 11.11 决定的正则 FNN 的输入、输出关系为

$$\tilde{\boldsymbol{Y}}\triangleq F_{nn}\left(\tilde{\boldsymbol{X}}\right)=\sum_{j=1}^{m}\tilde{V}_j\cdot\sigma\left(\sum_{i=1}^{d}\tilde{X}_i\cdot\tilde{W}_{ij}+\tilde{\theta}_j\right)=\sum_{j=1}^{m}\tilde{V}_j\cdot\sigma\left[<\tilde{\boldsymbol{X}}\cdot\tilde{\boldsymbol{W}}(j)>+\tilde{\theta}_j\right] \tag{11.62}$$

式中，$j=1,\cdots,m$，$i=1,\cdots,n$，$m,n\in N$；$\tilde{\theta}_j\in F_0(R)$，$j=1,\cdots,m$ 是隐含层神经元 j 的阈值。隐含层的激活函数为 $f(x)=\dfrac{1}{1+\exp(-x)}$，而输入层和输出层的激活函数均为线性函数 $f(x)=x$。

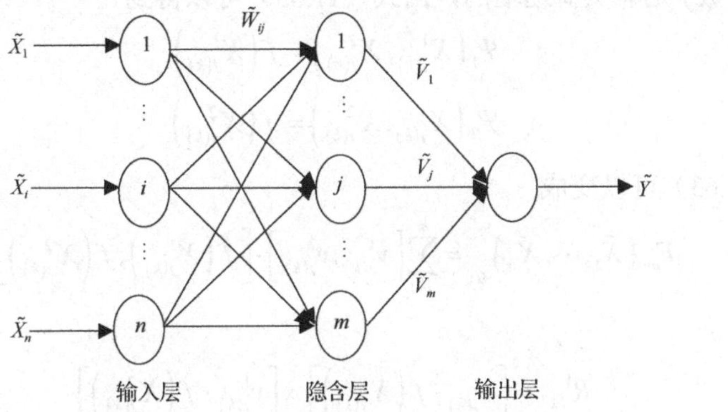

图 11.11 正则 FNN 的拓扑结构

1）正则 FNN 中输出向量的水平集

首先我们讨论如图 11.11 所示的正则 FNN 的输出向量的水平集。记 $\alpha_k=k/\gamma$，$k=0,1,\cdots,\gamma$，对于 $i=1,\cdots,n$，$j=1,\cdots,m$，我们定义

$$\left(\tilde{X}_i\right)_{\alpha_k}=\left[x_{i(k)}^1,x_{i(k)}^2\right],\ \left(\tilde{W}_{ij}\right)_{\alpha_k}=\left[w_{ij(k)}^1,w_{ij(k)}^2\right]$$

$$\left(\tilde{V}_j\right)_{\alpha_k}=\left[v_{j(k)}^1,v_{j(k)}^2\right],\ \left(\tilde{\Theta}_j\right)_{\alpha_k}=\left[\theta_{j(k)}^1,\theta_{j(k)}^2\right]$$

令转移函数 f 是连续可微分的。设输入向量 $\tilde{\boldsymbol{X}}_i\in F_0(R)$，$i=1,\cdots,n$。由式（11.62）和区间运算可以推导得到

$$F_{nn}\left(\tilde{X}_1,\cdots,\tilde{X}_n\right)_{\alpha_k}=\sum_{j=1}^{m}\left[v_{j(k)}^1,v_{j(k)}^2\right]\cdot f\left(\left[X_{j(k)}^1,X_{j(k)}^2\right]\right) \tag{11.63}$$

其中

$$\begin{cases}X_{j(k)}^1=\theta_{j(k)}^1+\sum\limits_{i=1}^{n}\min\left\{x_{j(k)}^1\cdot w_{j(k)}^1,x_{j(k)}^1\cdot w_{j(k)}^2,x_{j(k)}^2\cdot w_{j(k)}^1,x_{j(k)}^2\cdot w_{j(k)}^2\right\}\\X_{j(k)}^2=\theta_{j(k)}^2+\sum\limits_{i=1}^{n}\max\left\{x_{j(k)}^1\cdot w_{j(k)}^1,x_{j(k)}^1\cdot w_{j(k)}^2,x_{j(k)}^2\cdot w_{j(k)}^1,x_{j(k)}^2\cdot w_{j(k)}^2\right\}\end{cases} \tag{11.64}$$

由于转换函数 f 是连续的，因此对于 $j=1,\cdots,m,\ k=0,1,\cdots,\gamma$，可以得出

$$f\left(\left[X_{j(k)}^1,X_{j(k)}^2\right]\right)\triangleq\left[\varPsi_1\left(X_{j(k)}^1,X_{j(k)}^2\right),\varPsi_2\left(X_{j(k)}^1,X_{j(k)}^2\right)\right] \tag{11.65}$$

式中 $\varPsi_1(\cdot)$、$\varPsi_2(\cdot)$ 是连续的。由式（11.63）可以得到，$F_{nn}\left(\tilde{X}_1,\cdots,\tilde{X}_n\right)_{\alpha_k}\triangleq\sum\limits_{j=1}^{m}\left[R_{j(k)}^1,R_{j(k)}^2\right]$，$R_{j(k)}^1$ 和 $R_{j(k)}^2$ 的计算如下

$$\begin{aligned} R^1_{j(k)} &= \left\{v^1_{j(k)} \cdot \Psi_1\left(X^1_{j(k)}, X^2_{j(k)}\right)\right\} \wedge \left\{v^1_{j(k)} \cdot \Psi_2\left(X^1_{j(k)}, X^2_{j(k)}\right)\right\} \\ &\quad \wedge \left\{v^2_{j(k)} \cdot \Psi_1\left(X^1_{j(k)}, X^2_{j(k)}\right)\right\} \wedge \left\{v^2_{j(k)} \cdot \Psi_2\left(X^1_{j(k)}, X^2_{j(k)}\right)\right\} \\ R^2_{j(k)} &= \left\{v^1_{j(k)} \cdot \Psi_1\left(X^1_{j(k)}, X^2_{j(k)}\right)\right\} \vee \left\{v^1_{j(k)} \cdot \Psi_2\left(X^1_{j(k)}, X^2_{j(k)}\right)\right\} \\ &\quad \vee \left\{v^2_{j(k)} \cdot \Psi_1\left(X^1_{j(k)}, X^2_{j(k)}\right)\right\} \vee \left\{v^2_{j(k)} \cdot \Psi_2\left(X^1_{j(k)}, X^2_{j(k)}\right)\right\} \end{aligned} \tag{11.66}$$

如果转换函数f是非负荷递增的，由式（11.65）可以得到

$$\Psi_1\left(X^1_{j(k)}, X^2_{j(k)}\right) = f\left(X^1_{j(k)}\right)$$

$$\Psi_2\left(X^1_{j(k)}, X^2_{j(k)}\right) = f\left(X^2_{j(k)}\right)$$

那么式（11.63）可以变成

$$F_{nn}\left(\tilde{X}_1, \cdots, \tilde{X}_n\right)_{\alpha_k} = \sum_{j=1}^{m}\left[v^1_{j(k)}, v^2_{j(k)}\right] \cdot \left[f\left(X^1_{j(k)}\right), f\left(X^2_{j(k)}\right)\right]$$

因此

$$\begin{aligned} R^1_{j(k)} &= \left[v^1_{j(k)} \cdot f\left(X^1_{j(k)}\right)\right] \wedge \left[v^1_{j(k)} \cdot f\left(X^2_{j(k)}\right)\right] \\ R^2_{j(k)} &= \left[v^2_{j(k)} \cdot f\left(X^1_{j(k)}\right)\right] \vee \left[v^2_{j(k)} \cdot f\left(X^2_{j(k)}\right)\right] \end{aligned} \tag{11.67}$$

2）正则 FNN 的误差函数和偏导数

令$\left\{\left[\tilde{X}_1(1), \cdots, \tilde{X}_n(1)\right]; \tilde{O}(1), \cdots, \left[\tilde{X}_1(L), \cdots, \tilde{X}_n(L)\right]; \tilde{O}(L)\right\}$是正则 FNN 的一系列模糊模式对，即当$\left[\tilde{X}_1(l), \cdots, \tilde{X}_n(l)\right]$是输入时，它的期望输出是$\tilde{O}(l)$，其中$l = 1, \cdots, L$。令

$$\left[\tilde{X}_i(l)\right]_{\alpha_k} = \left[x^1_{i(k)}(l), x^2_{i(k)}(l)\right], \left[\tilde{O}(l)\right]_{\alpha_k} = \left[o^1_{(k)}(l), o^2_{(k)}(l)\right]$$

由距离$D(\cdot,\cdot)$的定义和**推论 11.1** 可得，$D\left\{F_{nn}\left[\tilde{X}_1(l), \cdots, \tilde{X}_n(l)\right], \tilde{O}(l)\right\} \approx 0$，当且仅当$\gamma \in N$足够大时，可以推出

$$\sum_{k=0}^{\gamma} d_{\mathrm{H}}\left(\left\{F_{nn}\left[\tilde{X}_1(l), \cdots, \tilde{X}_n(l)\right]\right\}_{\alpha_k}, \left[\tilde{O}(l)_{\alpha_k}\right]\right) \approx 0$$

定义平方误差函数如下，该函数可以被相应的均方误差近似逼近

$$E = \frac{1}{2}\sum_{l=1}^{L}\sum_{k=0}^{\gamma}\left(\left[o^1_{(k)}(l) - \sum_{j=1}^{m} R^1_{j(k)}(l)\right]^2 + \left[o^2_{(k)}(l) - \sum_{j=1}^{m} R^2_{j(k)}(l)\right]^2\right) \tag{11.68}$$

其中当正则 FNN 的输入是$\tilde{X}_1(l), \cdots, \tilde{X}_n(l)$，$l = 1, \cdots, L$时，$X^1_{j(k)}(l)$和$X^2_{j(k)}(l)$由式（11.65）确定，$R^1_{j(k)}(l)$和$R^2_{j(k)}(l)$由式（11.67）确定。对于给定的$i \in \{1, \cdots, n\}$，$j \in \{1, \cdots, m\}$，$k \in \{1, \cdots, \gamma\}$，由式（11.68）可得，如果分别令$\rho = w^q_{ij(k)}, v^q_{j(k)}, \theta^q_{j(k)}$，$q = 1, 2$，那么

$$\frac{\partial E}{\partial \rho} = \sum_{l=1}^{L}\left(\left[\sum_{j'=1}^{m} R^1_{j'(k)}(l) - o^1_{(k)}(l)\right]\frac{\partial R^1_{j'(k)}(l)}{\partial \rho} + \left[\sum_{j'=1}^{m} R^2_{j'(k)}(l) - o^2_{(k)}(l)\right]\frac{\partial R^2_{j'(k)}(l)}{\partial \rho}\right) \tag{11.69}$$

定理 11.18　令转换函数$f: R \to R^+$是可微分、非负和递增的。那么误差函数E分别对

$w^q_{ij(k)}$，$v^q_{j(k)}$，$\theta^q_{j(k)}$，$q=1,2$ 都是可微的。而且，对于 $i\in\{1,\cdots,n\}$，$j\in\{1,\cdots,m\}$，$k\in\{1,\cdots,\gamma\}$，如果令

$$D^q_{(k)}(l)=\sum_{j'=1}^{m}R^1_{j'(k)}(l)-o^1_{(k)}(l),\ q=1,2$$

$$\Phi^q_{ij(k)}(l)=x^2_{i(k)}(l)\operatorname{lor}\left[-\bar{\Psi}_{ij(k)}(l)\right]\left[(-1)^q x^2_{i(k)}(l)\right]+x^1_{i(k)}(l)\operatorname{lor}\left[-\bar{\Psi}_{ij(k)}(l)\right]\left[(-1)^q x^1_{i(k)}(l)\right]$$

$$\Gamma^q_{ij(k)}(l)=x^1_{i(k)}(l)\operatorname{lor}\left[-\underline{\Psi}_{ij(k)}(l)\right]\left[(-1)^{q+1} x^1_{i(k)}(l)\right]+x^2_{i(k)}(l)\operatorname{lor}\left[-\underline{\Psi}_{ij(k)}(l)\right]\left[(-1)^{q+1} x^2_{i(k)}(l)\right]$$

$$\begin{aligned}\Lambda^q_{i(k)}(l)&=v^1_{j(k)}\operatorname{lor}\left(v^1_{j(k)}\right)D^1_{(k)}(l)+v^2_{j(k)}\operatorname{lor}\left(-v^2_{j(k)}\right)D^2_{(k)}(l)\Delta^q_{i(k)}(l)\\&=v^1_{j(k)}\operatorname{lor}\left(-v^1_{j(k)}\right)D^1_{(k)}(l)+v^2_{j(k)}\operatorname{lor}\left(v^2_{j(k)}\right)D^2_{(k)}(l)\end{aligned}$$

那么下面对于 $w^q_{ij(k)}$，$v^q_{j(k)}$，$\theta^q_{j(k)}$，$q=1,2$ 的偏导数公式成立

$$\frac{\partial E}{\partial w^q_{ij(k)}}=\sum_{l=1}^{L}\left(\left\{\Lambda_{j(k)}(l)\Gamma^q_{ij(k)}(l)f'\left[X^1_{j(k)}(l)\right]\right\}+\left\{\Delta_{j(k)}(l)\Phi^q_{ij(k)}(l)f'\left[X^2_{j(k)}(l)\right]\right\}\right)\tag{11.70}$$

$$\frac{\partial E}{\partial v^q_{j(k)}}=\sum_{l=1}^{L}D^q_{(k)}(l)\left\{\left[\operatorname{lor}(-1)^{3-q}v^q_{j(k)}\right]f\left[X^1_{j(k)}(l)\right]+\left[\operatorname{lor}(-1)^q v^q_{j(k)}\right]f\left[X^2_{j(k)}(l)\right]\right\}\tag{11.71}$$

$$\frac{\partial E}{\partial \theta^1_{j(k)}}=\sum_{l=1}^{L}\left[\Lambda_{j(k)}(l)\right]\cdot f\left[X^1_{j(k)}(l)\right],\frac{\partial E}{\partial \theta^2_{j(k)}}=\sum_{l=1}^{L}\left[\Delta_{j(k)}(l)\right]\cdot f\left[X^2_{j(k)}(l)\right]\tag{11.72}$$

3）正则 FNN 的一种基于极限学习机的学习算法及其仿真实验

利用**定理 11.18** 中的偏导数式（11.70）～式（11.72），提出了一种新颖的基于极限学习机的学习算法，用于正则 FNN 的学习训练。我们将该算法用于模糊权值 $\tilde{W}_{ij}$、$\tilde{V}_j$ 和 $\tilde{\Theta}_j$ 的 α_k - 水平集合 $\left[w^1_{ij(k)},w^2_{ij(k)}\right]$,$\left[v^1_{j(k)},v^2_{j(k)}\right]$ 和 $\left[\theta^1_{j(k)},\theta^2_{j(k)}\right]$ 的计算。利用该算法调整端点参数：$w^1_{ij(k)},w^2_{ij(k)}$, $v^1_{j(k)},v^2_{j(k)},\theta^1_{j(k)},\theta^2_{j(k)}$，其中 $i\in\{1,\cdots,n\}$，$j\in\{1,\cdots,m\}$，$k\in\{1,\cdots,\gamma\}$。假设这些参数的总个数是 d，而且这 d 个参数在一个闭区间 $[a,b]$ 上。将上述参数重写为

$$W=\left(w^1_{ij(0)},\cdots,w^1_{ij(\gamma)},w^2_{ij(0)},w^2_{ij(\gamma)}\right),\ V=\left(v^1_{j(0)},\cdots,v^1_{j(\gamma)},v^2_{j(0)},v^2_{j(\gamma)}\right),\ \Theta=\left(\theta^1_{j(0)},\cdots,\theta^1_{j(\gamma)},\theta^2_{j(0)},\theta^2_{j(\gamma)}\right)$$

我们为正则 FNN 提出了如下基于极限学习机的学习算法。

（1）初始化：令所有的权值 W、V 和偏置 Θ 在区间 $[-1,1]$ 上随机生成。给定输入 $\tilde{X}=\left[\tilde{X}_1(l),\cdots,\tilde{X}_n(l)\right]$ 和目标输出 $\tilde{O}=\tilde{O}(l)$，$l=1,\cdots,L$。

（2）权值 $\tilde{V}$ 由 $\tilde{V}=H^{\dagger}\tilde{O}$ 计算，其中

$$H=\begin{bmatrix}f(w_1,\theta_1,x_1)&\cdots&f(w_L,\theta_L,x_1)\\\vdots&&\vdots\\f(w_1,\theta_1,x_N)&\cdots&f(w_L,\theta b_L,x_N)\end{bmatrix},\quad f(w_1,\theta_1,x_1)=f\left(\sum_{i=1}^{n}\tilde{X}_i\cdot\tilde{W}_{ij}+\Theta_j\right)$$

（3）保存权值 $\tilde{V}$ 用于测试阶段供正则 FNN 使用。

为了验证正则 FNN 的性能，我们现在给出一个仿真实例。将如图 11.11 所示的正则 FNN 用于近似逼近实现一系列的模糊 IF-THEN 推理规则。而且将所提出的正则 FNN 的学习算法和其他模糊化神经网络进行对比分析。

假设输入是一个二维向量 $(\boldsymbol{x}_1,\boldsymbol{x}_2)$，而输出是一个一维向量 $\boldsymbol{y}$。模糊规则是如图 11.12 所示的

一系列模糊规则表，其中只给定了 9 条模糊规则，没有其他模糊规则。前件和后件模糊集合“low”“medium”“high”分别是定义在区间[0,4]上的模糊数。记作“ $\tilde{H}_i$=high”“ $\tilde{M}_e$=medium”“ $\tilde{L}_o$=low”，它们的模糊隶属函数曲线如图 11.13 所示。选用训练模式对 $\left\{\left[\tilde{X}_1(1),\cdots,\tilde{X}_n(1)\right];\tilde{O}(1),\cdots,\left[\tilde{X}_1(L),\cdots,\tilde{X}_n(L)\right];\tilde{O}(L)\right\}$ 用于设计正则 FNN 的学习算法。

$$\begin{array}{c}\text{IF } \boldsymbol{x}_1 \text{ is high AND } \boldsymbol{x}_2 \text{ is high, THEN } \boldsymbol{y} \text{ is high}\\ \text{IF } \boldsymbol{x}_1 \text{ is high AND } \boldsymbol{x}_2 \text{ is low, THEN } \boldsymbol{y} \text{ is medium}\\ \text{IF } \boldsymbol{x}_1 \text{ is low AND } \boldsymbol{x}_2 \text{ is high, THEN } \boldsymbol{y} \text{ is medium}\\ \text{IF } \boldsymbol{x}_1 \text{ is low AND } \boldsymbol{x}_2 \text{ is low, THEN } \boldsymbol{y} \text{ is low}\end{array} \tag{11.73}$$

在仿真实例中，正则 FNN 的模糊运算在 h-水平集上的每个模糊数的区间运算近似执行。此处在学习阶段使用了 6 个水平集。在正则 FNN 中，令 $\gamma=5$，$\alpha_k=k/5,\ k=0,1,\cdots,5$。在隐含层中有 5 个神经元，即 m=5。令转换函数为 $f(x)=\dfrac{1}{1+\exp(-x)}$。

	$\tilde{L}_o$	$\tilde{M}_e$	$\tilde{H}_i$
$\tilde{L}_o$	$\tilde{L}_o$		$\tilde{M}_e$
$\tilde{M}_e$			
$\tilde{H}_i$	$\tilde{M}_e$		$\tilde{H}_i$

图 11.12　模糊规则表

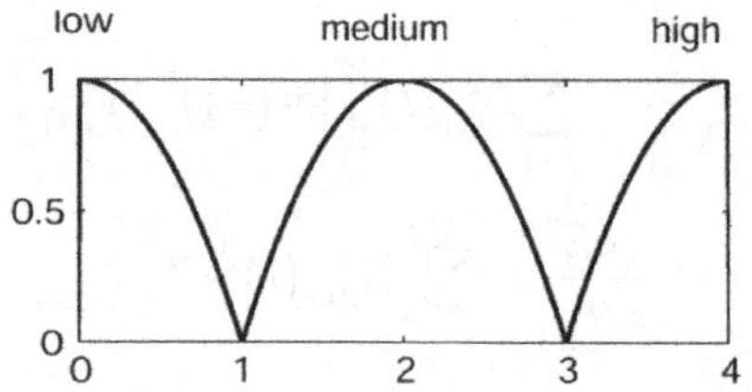

图 11.13　模糊数“low”“medium”“high”的隶属函数曲线

利用学习**算法 11.3**，完成了正则 FNN 的学习训练过程。对应训练集中的输入模式，可得到 FNN 期望输出和实际输出对比，如表 11.7 所示。**算法 11.3** 的误差函数曲线如图 11.14 所示。

表 11.7　期望输出和实际输出对比

α_k	期望输出			实际输出		
	$\tilde{L}_o$	$\tilde{M}_e$	$\tilde{H}_i$	$\tilde{L}_o$	$\tilde{M}_e$	$\tilde{H}_i$
0	[0,1.00]	[1.00,3.00]	[3.00,4.00]	[0.00,1.00]	[1.00,3.00]	[3.00,4.00]
0.2	[0,0.89]	[1.11,2.89]	[3.11,4.00]	[0.00,0.89]	[1.11,2.89]	[3.11,4.00]
0.4	[0,0.77]	[1.23,2.77]	[3.23,4.00]	[0.00,0.77]	[1.23,2.77]	[3.23,4.00]
0.6	[0,0.63]	[1.38,2.63]	[3.38,4.00]	[0.00,0.63]	[1.38,2.63]	[3.38,4.00]
0.8	[0,0.45]	[1.55,2.45]	[3.55,4.00]	[0.00,0.45]	[1.55,2.45]	[3.55,4.00]
1.0	[0,0]	[2.00,2.00]	[4.00,4.00]	[0.00,0.00]	[2.00,2.00]	[4.00,4.00]

我们对比了**算法 11.3** 和文献[18]中模糊 BP 算法的性能。采用模糊 BP 算法训练正则 FNN 实现了同样的模糊 IF-THEN 推理规则。模糊 BP 算法的误差函数曲线如图 11.15 所示。系统均方误差和运行时间对比如表 11.8 所示。明显可以看出，对于模糊 BP 算法，**算法 11.3** 更快，而且具有更好的均方误差性能。这是因为**算法 11.3** 在学习训练过程中需要迭代计算，花费的时间非常少，因此速度很快。

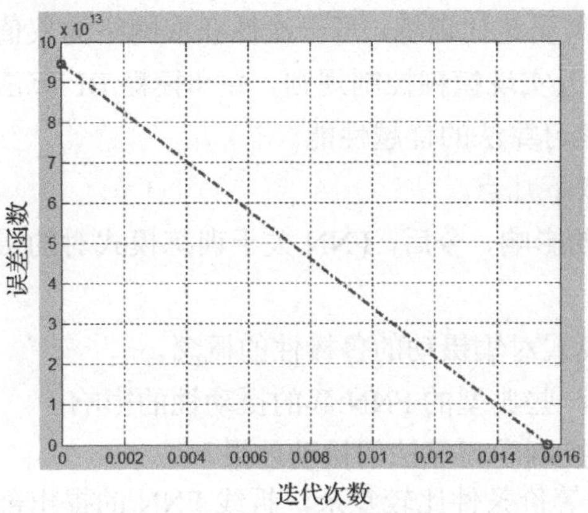

图 11.14 算法 11.3 的误差函数曲线

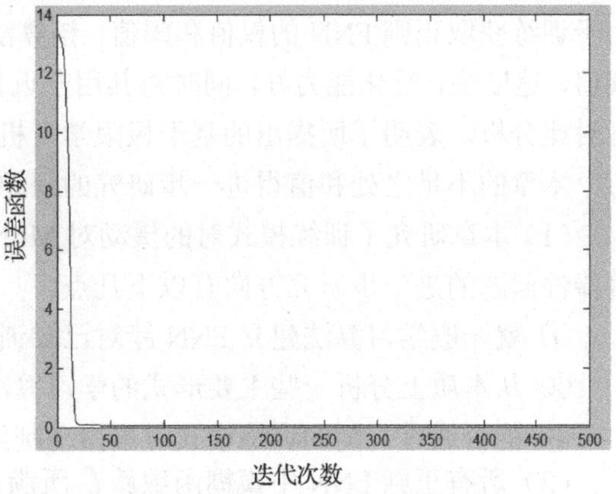

图 11.15 模糊 BP 算法的误差函数曲线

表 11.8 系统均方误差和运行时间对比

算 法	系统均方误差	系统运行时间/s
算法 11.3	7.6819e-007	0.0156
模糊 BP 算法	0.0395	3.1044

11.5 小结

FNN 是伴随神经网络理论研究热潮的兴起而发展起来的理论与技术，它已经形成了一个热门的研究领域。FNN 为研究人脑科学提供了一种新的途径，并且在各个领域获得了广泛的应用。因此，本章在前人的基础上重点研究了 FNN 的摄动鲁棒性问题、泛逼近性和学习算法，并获得了以下主要研究成果。

（1）对 FNN 的训练模式对的摄动问题进行了研究。提出了一般 FNN 的摄动鲁棒性概念，具体以 MFNN 为例，当 MFNN 发生保序摄动时，研究网络的输出变化，证明发生保序摄动时，MFNN 具有良好的鲁棒性。首先给出了一般 FNN 的训练模式对摄动的鲁棒性定义，然后分析了 MFNN 的拓扑结构和学习算法，具体分析了训练模式对的摄动对 MFNN 输出的影响，理论研究表明当训练模式对发生最大 γ 保序摄动时，在 $h=5$ 时 MFNN 对训练模式对的摄动全局拥有好的鲁棒性。

（2）对折线 FNN 的泛逼近性进行了深入研究。首先限制了折线 FNN 的输入或权值，对两种特殊的折线 FNN 的拓扑结构和相关性质，特别是泛逼近性进行了系统分析，然后进一步分析了一般意义上的折线 FNN 的泛逼近性，此处的一般折线 FNN 是指对网络输入和权值无任何限制的普通折线 FNN。理论研究表明，上述三种折线 FNN 均能作为模糊连续函数的通用逼近器，并给出了通用逼近的等价条件，从而系统地解决了折线 FNN 的泛逼近性。

（3）对模糊化神经网络的学习算法展开了深入讨论，为模糊化神经网络提出了一些学习算法。首先为折线 FNN 设计了实用简单的学习算法，分别建立了基于遗传算法和量子遗传算法的两种模糊共轭梯度算法，在算法每次迭代时，分别利用遗传算法和量子遗传算法来确定最优学习率，并从理论上证明了该模糊共轭梯度算法的收敛性，仿真实验表明该算法具有快速收敛性和良好的效果。然后为三层前馈正则 FNN 设计了一种基于极限学习机的学习算法，用于训练获取正则 FNN 的权值和阈值，该算法不需要迭代训练，可一次性获取网络的权值和阈值，速度快，泛化能力好，同时将其用于近似逼近实现模糊控制规则，并和模糊 BP 算法进行对比分析，表明了所提出的基于极限学习机的学习算法的优越性能。

本章的不足之处和值得进一步研究的问题有以下几点。

（1）本章研究了训练模式对的摄动对 MFNN 的影响，今后，FNN 关于训练模式对的摄动鲁棒性问题的进一步研究方向有以下几点。

① 就一般学习算法建立 FNN 簇对已知训练模式对集摄动的鲁棒性的概念。

② 从本质上分析一些主要形式的学习算法对一些典型的 FNN 簇的摄动性的影响。

③ 能否通过一定的训练模式对集摄动制约来控制学习算法的摄动效果？

（2）所有正则 FNN 中模糊函数簇 $\mathcal{C}_F$ 所满足的等价条件比较复杂，折线 FNN 的提出部分解决了该问题，但是由于正则 FNN 具有统一的拓扑结构、广泛的应用范围，因此正则 FNN 的泛逼近性仍然是关注的重点，对此问题需要进一步研究的方向有以下两个。

① 当传递函数不连续，如传递函数有界时，如何建立正则 FNN 泛逼近性中模糊函数簇 $\mathcal{C}_F$ 所满足的等价条件？

② 除了 Bernstein 多项式方法，寻求其他方法实现正则 FNN 对连续模糊函数的通用逼近性，以减少正则 FNN 的规模。

（3）对于本章所说的模糊化神经网络，其学习算法大体分为两类：模糊权值的 α – 截学习算法和遗传算法。但是这两种算法的适应范围十分有限，只针对极少数模糊数有效，甚至严格限制网络中权值的取值范围，这无疑将限制该学习算法在实际中的有效应用，因此将上述两类学习算法推广到较为一般的模糊数是今后必须解决的重要课题。同时为折线 FNN 提出更多学习算法，将其应用范围进一步扩大也是一个重要课题。

（4）一些基于 $\vee$ - $\wedge$ 算子的 FNN 的性能有些局限，因此可以提出相应的广义模型，如 MFNN 等，并提出新的学习算法。

参考文献

[1] ZADEH L A. Fuzzy logic, neural networks and soft computing[M]. One-page Course Announcement of CS-the University of California at Berkeley, 1993.

[2] 王立新. 自适应模糊系统与控制——设计与稳定性分析[M]. 北京：国防工业出版社，1995.

[3] ZADEH L A. Fuzzy set[J]. Information and Control, 1965, 8(3): 338-358.

[4] 王振雷. 模糊神经网络理论及其在复杂系统中的应用研究[D]. 沈阳：东北大学，2002.

[5] GUPTA M M, RAO D H. On the principle of fuzzy neural networks[J]. Fuzzy Sets and Systems, 1994, 61(1): 1-18.

[6] 刘普寅，张汉江，吴孟达，等. 模糊神经网络理论研究综述[J]. 模糊系统与数学，1998，22（1）：77-87.

[7] BARUCH I S, LOPEZ R B, GUZMAN J L O, et al. A fuzzy-neural multi-model for nonlinear systems identification and control[J]. Fuzzy Sets and Systems, 2008, 159(20): 2650-2667.

[8] 刘普寅. 模糊神经网络理论及应用研究[D]. 北京：北京师范大学数学研究所，2002.

[9] 朱晓铭，王士同. 单体模糊神经网络的学习规则及其收敛性研究[J]. 计算机研究与发展，2001，38（9）：1057-1060.

[10] 徐蔚鸿，宋鸾姣，李爱华，等. 训练模式对的摄动对模糊双向联想记忆网络的影响和控制[J]. 计算机学报，2006，29（2）：337-344.

[11] 梁久祯，何新贵. 单体模糊神经网络的函数逼近能力[J]. 计算机研究与发展，2000，37（9）：1045-1049.

[12] DIAMOND P, KLOEDEN P. Metric spaces of fuzzy sets[M]. Singapore: World Scientific Press, 1994.

[13] RONG M, MAHAPATRA N K, MAITI M. A multi-objective wholesaler-retailers inventory-distribution model with controllable lead-time based on probabilistic fuzzy set and triangular fuzzy number[J]. Applied Mathematical Modelling, 2008, 32(12): 2670-2685.

[14] 何春梅. 模糊神经网络的性能及其学习算法研究[D]. 南京：南京理工大学，2010.

[15] 刘普寅. 一种新的模糊神经网络及其逼近性能[J]. 中国科学（E 辑），2002，32（1）：76-86.

[16] WANG L, MENDEL J. Fuzzy basis functions, approximation, and orthogonal least square learning[J]. IEEE Transactions on Neural Network, 1992, 3 (5): 807-814.

[17] HEC M, LIU Y Q, YAO T, et al. A fast learning algorithm based on extreme learning machine for regular fuzzy neural network[J]. Journal of Intelligent & Fuzzy Systems, 2019, 36(3): 1-7.

[18] LIU P Y, LI H X. Efficient learning algorithms for three-layer regular feedforward fuzzy neural networks[J]. IEEE Transactions on Neural Networks, 2004, 15(3): 545-558.

习题

11.1　什么是模糊集合？什么是隶属函数？

11.2　模糊集合有哪些运算？满足哪些规律？

11.3　什么是模糊逻辑推理？有哪些模糊逻辑推理方法？

11.4　有哪些蕴涵关系？

11.5　设有如下两个模糊关系

$$\boldsymbol{R}_1=\begin{bmatrix}0.2 & 0.9 & 0.4\\0.4 & 0 & 0.8\\1 & 0.6 & 0\\0.7 & 0.5 & 0.6\end{bmatrix},\quad \boldsymbol{R}_2=\begin{bmatrix}0.8 & 0.3\\0.4 & 0.7\\0.3 & 0.9\end{bmatrix}$$

试着求 $\boldsymbol{R}_1$与$\boldsymbol{R}_2$ 的复合关系 $\boldsymbol{R}_1\circ\boldsymbol{R}_2$ 。

11.6　什么是 FNN 的摄动鲁棒性？

11.7　什么是 FNN 的泛逼近性？分析 FNN 的泛逼近性有什么意义？

反侵权盗版声明